中国制造2025

现代机械设计手册

第二版

单行本

MODERN HANDBOOK OF MECHANICAL DESIGN

U0387297

机构设计

李瑰贤　郝振洁　主编

化学工业出版社

·北　京·

《现代机械设计手册》第二版单行本共20个分册，涵盖了机械常规设计的所有内容。各分册分别为：《机械零部件结构设计与禁忌》《机械制图及精度设计》《机械工程材料》《连接件与紧固件》《轴及其连接件设计》《轴承》《机架、导轨及机械振动设计》《弹簧设计》《机构设计》《机械传动设计》《减速器和变速器》《润滑和密封设计》《液力传动设计》《液压传动与控制设计》《气压传动与控制设计》《智能装备系统设计》《工业机器人系统设计》《疲劳强度可靠性设计》《逆向设计与数字化设计》《创新设计与绿色设计》。

本书为《机构设计》，主要介绍了机构的基本知识和结构分析、基于杆组解析法对平面机构的运动分析和受力分析、连杆机构的设计及运动分析、齿轮机构设计、凸轮机构设计、间歇机构设计、空间机构设计、组合机构设计、机构选型范例等。本书可作为机械设计人员和有关工程技术人员的工具书，也可供高等院校相关专业师生参考。

图书在版编目（CIP）数据

现代机械设计手册：单行本．机构设计/李瑰贤，郝振洁主编．—2版．—北京：化学工业出版社，2020.2
ISBN 978-7-122-35652-9

Ⅰ.①现… Ⅱ.①李… ②郝… Ⅲ.①机械设计-手册②机构综合-手册 Ⅳ.①TH122-62②TH112-62

中国版本图书馆CIP数据核字（2019）第252683号

责任编辑：张兴辉 王烨 贾娜 邢涛 项潋 曾越 金林茹　　装帧设计：尹琳琳
责任校对：王静

出版发行：化学工业出版社（北京市东城区青年湖南街13号 邮政编码100011）
印　　装：大厂聚鑫印刷有限责任公司
787mm×1092mm 1/16 印张19½ 字数662千字 2020年2月北京第2版第1次印刷

购书咨询：010-64518888　　售后服务：010-64518899
网　　址：http://www.cip.com.cn
凡购买本书，如有缺损质量问题，本社销售中心负责调换。

定　价：69.00元

《现代机械设计手册》第二版单行本出版说明

《现代机械设计手册》是一部面向“中国制造 2025”，适应智能装备设计开发新要求、技术先进、数据可靠、符合现代机械设计潮流的现代化机械设计大型工具书，涵盖现代机械零部件设计、智能装备及控制设计、现代机械设计方法三部分内容。旨在将传统设计和现代设计有机结合，力求体现“内容权威、凸显现代、实用可靠、简明便查”的特色。

《现代机械设计手册》自 2011 年出版以来，赢得了广大机械设计工作者的青睐和好评，先后荣获全国优秀畅销书、中国机械工业科学技术奖等，第二版于 2019 年初出版发行。为了给读者提供篇幅较小、便携便查、定价低廉、针对性更强的实用性工具书，根据读者的反映和建议，我们在深入调研的基础上，决定推出《现代机械设计手册》第二版单行本。

《现代机械设计手册》第二版单行本，保留了《现代机械设计手册》（第二版 6 卷本）的优势和特色，结合机械设计人员工作细分的实际状况，从设计工作的实际出发，将原来的 6 卷 35 篇重新整合为 20 个分册，分别为：《机械零部件结构设计与禁忌》《机械制图及精度设计》《机械工程材料》《连接件与紧固件》《轴及其连接件设计》《轴承》《机架、导轨及机械振动设计》《弹簧设计》《机构设计》《机械传动设计》《减速器和变速器》《润滑和密封设计》《液力传动设计》《液压传动与控制设计》《气压传动与控制设计》《智能装备系统设计》《工业机器人系统设计》《疲劳强度可靠性设计》《逆向设计与数字化设计》《创新设计与绿色设计》。

《现代机械设计手册》第二版单行本，是为了适应机械设计行业发展和广大读者的需要而编辑出版的，将与《现代机械设计手册》第二版（6 卷本）一起，成为机械设计工作者、工程技术人员和广大读者的良师益友。

化学工业出版社

前言

FORWORD

《现代机械设计手册》第一版自2011年3月出版以来，赢得了机械设计人员、工程技术人员和高等院校专业师生广泛的青睐和好评，荣获了2011年全国优秀畅销书（科技类）。同时，因其在机械设计领域重要的科学价值、实用价值和现实意义，《现代机械设计手册》还荣获2009年国家出版基金资助和2012年中国机械工业科学技术奖。

《现代机械设计手册》第一版出版距今已经8年，在这期间，我国的装备制造业发生了许多重大的变化，尤其是2015年国家部署并颁布了实现中国制造业发展的十年行动纲领——中国制造2025，发布了针对“中国制造2025”的五大“工程实施指南”，为机械制造业的未来发展指明了方向。在国家政策号召和驱使下，我国的机械工业获得了快速的发展，自主创新的能力不断加强，一批高技术、高性能、高精尖的现代化装备不断涌现，各种新材料、新工艺、新结构、新产品、新方法、新技术不断产生、发展并投入实际应用，大大提升了我国机械设计与制造的技术水平和国际竞争力。《现代机械设计手册》第二版最重要的原则就是紧密结合“中国制造2025”国家规划和创新驱动发展战略，在内容上与时俱进，全面体现创新、智能、节能、环保的主题，进一步呈现机械设计的现代感。鉴于此，《现代机械设计手册》第二版被列入了“十三五国家重点出版物规划项目”。

在本版手册的修订过程中，我们广泛深入机械制造企业、设计院、科研院所和高等院校进行调研，听取各方面读者的意见和建议，最终确定了《现代机械设计手册》第二版的根本宗旨：一方面，新版手册进一步加强机、电、液、控制技术的有机融合，以全面适应机器人等智能化装备系统设计开发的新要求；另一方面，随着现代机械设计方法和工程设计软件的广泛应用和普及，新版手册继续促进传动设计与现代设计的有机结合，将各种新的设计技术、计算技术、设计工具全面融入传统的机械设计实际工作中。

《现代机械设计手册》第二版共6卷35篇，它是一部面向“中国制造2025”，适应智能装备设计开发新要求、技术先进、数据可靠、符合现代机械设计潮流的现代化的机械设计大型工具书，涵盖现代机械零部件及传动设计、智能装备及控制设计、现代机械设计方法及应用三部分内容，具有以下六大特色。

1. 权威性。《现代机械设计手册》阵容强大，编、审人员大都来自设计、生产、教学和科研第一线，具有深厚的理论功底、丰富的设计实践经验。他们中很多人都是所属领域的知名专家，在业内有广泛的影响力和知名度，获得过多项国家和省部级科技进步奖、发明奖和技术专利，承担了许多机械领域国家重要的科研和攻关项目。这支专业、权威的编审队伍确保了手册准确、实用的内容质量。

2. 现代感。追求现代感，体现现代机械设计气氛，满足时代要求，是《现代机械设计手册》的基本宗旨。“现代”二字主要体现在：新标准、新技术、新材料、新结构、新工艺、新产品、智能化、现代的设计理念、现代的设计方法和现代的设计手段等几个方面。第二版重点加强机械智能化产品设计（3D打印、智能零部件、节能元器件）、智能装备（机器人及智能化装备）控制及系统设计、数字化设计等内容。

（1）“零件结构设计”等篇进一步完善零部件结构设计的内容，结合目前的3D打印（增材制造）技术，增加3D打印工艺下零件结构设计的相关技术内容。

“机械工程材料”篇增加3D打印材料以及新型材料的内容。

（2）机械零部件及传动设计各篇增加了新型智能零部件、节能元器件及其应用技术，例如“滑动轴承”篇增加了新型的智能轴承，“润滑”篇增加了微量润滑技术等内容。

（3）全面增加了工业机器人设计及应用的内容：新增了“工业机器人系统设计”篇；“智能装备系统设计”篇增加了工业机器人应用开发的内容；“机构”篇增加了自动化机构及机构创新的内容；“减速器、变速器”篇增加了工业机器人减速器选用设计的内容；“带传动、链传动”篇增加并完善了工业机器人适用的同步带传动设计的内容；“齿轮传动”篇增加了RV减速器传动设计、谐波齿轮传动设计的内容等。

（4）“气压传动与控制”“液压传动与控制”篇重点加强并完善了控制技术的内容，新增了气动系统自动控制、气动人工肌肉、液压和气动新型智能元器件及新产品等内容。

（5）继续加强第5卷机电控制系统设计的相关内容：除增加“工业机器人系统设计”篇外，原“机电一体化系统设计”篇充实扩充形成“智能装备系统设计”篇，增加并完善了智能装备系统设计的相关内容，增加智能装备系统开发实例等。

“传感器”篇增加了机器人传感器、航空航天装备用传感器、微机械传感器、智能传感器、无线传感器的技术原理和产品，加强传感器应用和选用的内容。

“控制元器件和控制单元”篇和“电动机”篇全面更新产品，重点推荐了一些新型的智能和节能产品，并加强产品选用的内容。

（6）第6卷进一步加强现代机械设计方法应用的内容：在3D打印、数字化设计等智能制造理念的倡导下，“逆向设计”“数字化设计”等篇全面更新，体现了“智能工厂”的全数字化设计的时代特征，增加了相关设计应用实例。

增加“绿色设计”篇；“创新设计”篇进一步完善了机械创新设计原理，全面更新创新实例。

（7）在贯彻新标准方面，收录并合理编排了目前最新颁布的国家和行业标准。

3. 实用性。新版手册继续加强实用性，内容的选定、深度的把握、资料的取舍和章节的编排，都坚持从设计和生产的实际需要出发：例如机械零部件数据资料主要依据最新国家和行业标准，并给出了相应的设计实例供设计人员参考；第5卷机电控制设计部分，完全站在机械设计人员的角度来编写——注重产品如何选用，摒弃或简化了控制的基本原理，突出机电系统设计，控制元器件、传感器、电动机部分注重介绍主流产品的技术参数、性能、应用场合、选用原则，并给出了相应的设计选用实例；第6卷现代机械设计方法中简化了繁琐的数学推导，突出了最终的计算结果，结合具体的算例将设计方法通俗地呈现出来，便于读者理解和掌握。

为方便广大读者的使用，手册在具体内容的表述上，采用以图表为主的编写风格。这样既增加了手册的信息容量，更重要的是方便了读者的查阅使用，有利于提高设计人员的工作效率和设计速度。

为了进一步增加手册的承载容量和时效性，本版修订将部分篇章的内容放入二维码中，读者可以用手机扫描查看、下载打印或存储在PC端进行查看和使用。二维码内容主要涵盖以下几方面的内容：即将被废止的旧标准（新标准一旦正式颁布，会及时将二维码内容更新为新标准的内容）；部分推荐产品及参数；其他相关内容。

4. 通用性。本手册以通用的机械零部件和控制元器件设计、选用内容为主，主要包括机械设计基础资料、机械制图和几何精度设计、机械工程材料、机械通用零部件设计、机械传动系统设计、液压和气压传动系统设计、机构设计、机架设计、机械振动设计、智能装备系统设计、控制元器件和控制单元等，既适用于传统的通用机械零部件设计选用，又适用于智能化装备的整机系统设计开发，能够满足各类机械设计人员的工作需求。

5. 准确性。本手册尽量采用原始资料，公式、图表、数据力求准确可靠，方法、工艺、技术力求成熟。所有材料、零部件和元器件、产品和工艺方面的标准均采用最新公布的标准资料，对于标准规范的编写，手册没有简单地照抄照搬，而是采取选用、摘录、合理编排的方式，强调其科学性和准确性，尽量避免差错和谬误。所有设计方法、计算公式、参数选用均经过长期检验，设计实例、各种算例均来自工程实际。手册中收录通用性强、标准化程度高的产品，供设计人员在了解企业实际生产品种、规格尺寸、技术参数，以及产品质量和用户的实际反映后选用。

6. 全面性。本手册一方面根据机械设计人员的需要，按照“基本、常用、重要、发展”的原则选取内容，另一方面兼顾了制造企业和大型设计院两大群体的设计特点，即制造企业侧重基础性的设计内容，而大型的设计院、工程公司侧重于产品的选用。因此，本手册力求实现零部件设计与整机系统开发的和谐统一，促进机械设计与控制设计的有机融合，强调产品设计与工艺技术的紧密结合，重视工艺技术与选用材料的合理搭配，倡导结构设计与造型设计的完美统一，以全面适应新时代机械新产品设计开发的需要。

经过广大编审人员和出版社的不懈努力，新版《现代机械设计手册》将以崭新的风貌和鲜明的时代气息展现在广大机械设计工作者面前。值此出版之际，谨向所有给过我们大力支持的单位和各界朋友表示衷心的感谢！

主　编

目录

CONTENTS

第 11 篇 机构

第 1 章 机构的基本知识和结构分析

1.1 机构的定义和组成 …… 11-3
1.1.1 机构相关名词术语和定义 …… 11-3
1.1.2 运动副及分类 …… 11-3
1.2 机构运动简图 …… 11-5
1.2.1 定义 …… 11-5
1.2.2 构件运动的规范符号 …… 11-5
1.2.3 构件及机构简图 …… 11-6
1.2.4 机构运动简图的绘制 …… 11-17
1.3 机构自由度计算 …… 11-18
1.3.1 机构自由度的定义 …… 11-18
1.3.2 平面机构自由度的计算 …… 11-18
1.3.3 公共约束的意义和判定方法 …… 11-22
1.3.4 单闭环空间机构自由度的计算 …… 11-22
1.3.5 多闭环空间机构自由度的计算 …… 11-25
1.4 平面机构高副低代 …… 11-29
1.4.1 高副低代满足条件 …… 11-29
1.4.2 高副低代方法 …… 11-29
1.4.2.1 曲线接触的高副机构 …… 11-29
1.4.2.2 曲线和直线接触的高副机构 … 11-30
1.5 平面机构的组成原理和结构分析 …… 11-31
1.5.1 平面机构的组成原理 …… 11-31
1.5.2 平面机构基本杆组分类 …… 11-31
1.5.2.1 无油缸和气缸的基本杆组的分类 …… 11-31
1.5.2.2 含油缸、气缸基本杆组分类 … 11-32
1.5.3 平面机构级别的判定 …… 11-32
1.5.3.1 不含油缸、气缸机构的判别 … 11-32
1.5.3.2 含油缸、气缸机构的判别 …… 11-36

第 2 章 基于杆组解析法对平面机构的运动分析和受力分析

2.1 机构运动分析 …… 11-38
2.1.1 平面机构运动分析解析法基本方法简介 …… 11-38
2.1.2 杆组法运动分析数学模型和子程序 …… 11-38
2.1.2.1 杆组法运动分析数学模型 …… 11-38
2.1.2.2 杆组法运动分析子程序 …… 11-43
2.1.2.3 应用实例 …… 11-47
2.1.3 高级机构的运动分析 …… 11-49
2.1.4 基于瞬心法对平面机构的速度分析 …… 11-51
2.1.4.1 速度瞬心和机构中瞬心的数目 …… 11-51
2.1.4.2 机构中瞬心位置的确定 …… 11-51
2.1.4.3 速度瞬心在平面机构速度分析中的应用实例 …… 11-52
2.2 平面机构的力分析 …… 11-53
2.2.1 基于杆组解析法对机构的受力分析 …… 11-54
2.2.1.1 杆组法受力分析数学模型 …… 11-54
2.2.1.2 杆组法受力分析子程序 …… 11-55
2.2.1.3 杆组法受力分析例题 …… 11-57
2.2.2 计及运动副摩擦时机构的受力分析 …… 11-58
2.2.2.1 移动副的摩擦受力分析法 …… 11-58
2.2.2.2 转动副的摩擦受力分析法 …… 11-59
2.2.2.3 应用实例 …… 11-60

第 3 章 连杆机构的设计及运动分析

3.1 平面连杆机构的类型及其应用 …… 11-62
3.1.1 平面四杆机构的结构形式 …… 11-62
3.1.2 平面四杆机构的基本特性 …… 11-63
3.1.3 平面四杆机构的应用示例 …… 11-64
3.2 平面连杆机构的运动分析 …… 11-65
3.2.1 速度瞬心法运动分析 …… 11-65
3.2.2 解析法运动分析 …… 11-66

3.3 平面连杆机构设计 …………………… 11-68
3.3.1 刚体导引机构设计 ………………… 11-68
3.3.2 函数机构设计（解析法） ………… 11-71
3.3.3 轨迹机构的设计 …………………… 11-75
3.4 气液动连杆机构 ……………………… 11-77
3.4.1 气液动连杆机构位置参数的计算和选择 ………………………………… 11-77
3.4.2 气液动连杆机构运动参数和动力参数的计算 ………………………… 11-78
3.4.3 气液动连杆机构的设计 ………… 11-79

第4章 齿轮机构设计

4.1 基本概念 ……………………………… 11-80
4.1.1 瞬心及瞬心线 ……………………… 11-81
4.1.2 齿轮副的节曲面 …………………… 11-83
4.1.3 齿轮副的齿面 ……………………… 11-84
4.2 瞬心线机构 …………………………… 11-86
4.2.1 瞬心线机构数学模型 ……………… 11-86
4.2.2 瞬心线机构连续运动的封闭条件 … 11-86
4.2.3 解析法设计瞬心线机构 …………… 11-87
4.2.3.1 已知中心距和一个构件的瞬心线函数 …………………………… 11-87
4.2.3.2 已知中心距和一个构件的运动规律 …………………………………… 11-89
4.3 共轭曲线机构设计及应用实例 ……… 11-91
4.3.1 平面啮合共轭曲线机构 …………… 11-91
4.3.1.1 共轭曲面的定义及成形原理 … 11-91
4.3.1.2 平面啮合共轭曲线机构 ……… 11-92
4.3.2 共轭曲线机构设计相关数学基础 … 11-93
4.3.2.1 常用矢量代数 ………………… 11-93
4.3.2.2 坐标变换 ……………………… 11-94
4.3.3 平面共轭曲线机构设计 …………… 11-98
4.3.3.1 基于运动学法设计共轭曲线机构 …………………………………… 11-98
4.3.3.2 基于包络法设计共轭曲线机构 …………………………………… 11-102
4.3.3.3 基于齿廓法线法设计共轭曲线机构 …………………………………… 11-104
4.3.4 共轭曲线机构诱导法曲率的计算 ……………………………………… 11-109
4.3.5 平面啮合的根切界限曲线条件方程 ……………………………………… 11-112
4.4 定轴齿轮机构的应用 ………………… 11-114
4.4.1 齿轮传动机构的类型及应用 ……… 11-114
4.4.2 定轴齿轮机构传动比计算 ………… 11-116
4.4.3 齿轮结构设计 ……………………… 11-117
4.5 行星齿轮机构设计 …………………… 11-120
4.5.1 行星轮系基础知识 ………………… 11-120
4.5.2 行星轮系各构件角速度之间的关系 ……………………………………… 11-121
4.5.3 行星轮系各轮齿数和行星轮数的选择 ……………………………………… 11-123
4.5.4 行星轮系的均载装置 ……………… 11-125

第5章 凸轮机构设计

5.1 凸轮机构的基础知识 ………………… 11-128
5.1.1 凸轮机构的组成及常用名词术语 ……………………………………… 11-128
5.1.2 凸轮机构的类型特点及封闭方式 ……………………………………… 11-129
5.1.3 凸轮机构设计的相关问题 ………… 11-132
5.1.3.1 凸轮机构的压力角 …………… 11-132
5.1.3.2 基圆半径 R_b、圆柱凸轮最小半径 R_{min} 和滚子半径 R_r …… 11-134
5.1.3.3 凸轮理论轮廓的最小曲率半径 ρ_{cmin} 与 R_b 的关系 ……… 11-137
5.1.3.4 滚子半径 R_r 的确定 ………… 11-137
5.2 从动件运动规律及数学模型 ………… 11-138
5.2.1 常用从动件运动规律分类 ………… 11-138
5.2.2 基本运动规律的参数曲线 ………… 11-140
5.2.3 常用组合运动规律应用 …………… 11-145
5.3 盘形凸轮工作轮廓的设计 …………… 11-145
5.3.1 作图法 ……………………………… 11-145
5.3.2 解析法 ……………………………… 11-149
5.4 空间凸轮的设计 ……………………… 11-152
5.5 圆弧凸轮工作轮廓设计 ……………… 11-153
5.5.1 单圆弧凸轮（偏心轮） …………… 11-153
5.5.2 多圆弧凸轮 ………………………… 11-153
5.6 凸轮及滚子结构、材料、强度、精度、表面粗糙度及工作图 ……………… 11-155
5.6.1 凸轮及滚子结构 …………………… 11-155
5.6.2 常用材料、热处理及极限应力 …… 11-157
5.6.3 凸轮机构强度计算 ………………… 11-158
5.6.4 强度校核及许用应力 ……………… 11-158
5.6.5 凸轮精度及表面粗糙度 …………… 11-158
5.6.6 凸轮工作图 ………………………… 11-158

第6章 间歇机构设计

6.1 棘轮机构 ……………………………… 11-160

6.1.1 棘轮机构的常见形式 …………… 11-160
6.1.2 外啮合齿啮式棘轮机构运动设计 …………… 11-161
6.2 槽轮机构的设计 …………… 11-163
6.2.1 槽轮机构的常见形式 …………… 11-163
6.2.2 平面槽轮机构运动设计 …………… 11-165
6.2.3 球面槽轮机构运动设计 …………… 11-167
6.2.4 椭圆齿轮槽轮组合机构运动设计 … 11-168
6.2.5 行星齿轮槽轮组合机构运动设计 … 11-169
6.3 不完全齿轮机构设计 …………… 11-174

第7章 空间机构设计

7.1 空间机构基础知识 …………… 11-179
7.1.1 空间机构的组成原理 …………… 11-179
7.1.2 空间机构的数学基础 …………… 11-183
7.1.2.1 回转变换矩阵 …………… 11-183
7.1.2.2 多项式方程解法 …………… 11-187
7.1.2.3 非线性方程组解法（牛顿法） …………… 11-188
7.2 空间机构的运动分析 …………… 11-188
7.2.1 运动分析基础 …………… 11-188
7.2.2 空间机构的位移分析 …………… 11-191
7.2.3 空间机构的速度、加速度分析 …… 11-194
7.3 空间机构的受力分析 …………… 11-196
7.3.1 空间闭链机构的受力分析 …………… 11-196
7.3.1.1 空间闭链机构的静力分析 …… 11-196
7.3.1.2 空间闭链机构的动力分析 …… 11-199
7.3.2 空间开链机构的受力分析 …………… 11-200
7.3.2.1 空间开链机构的静力分析 …… 11-200
7.3.2.2 空间开链机构的动力分析 …… 11-201
7.4 空间闭链机构设计 …………… 11-201
7.4.1 空间闭链机构设计基本问题 …………… 11-201
7.4.1.1 设计空间与约束条件 …………… 11-201
7.4.1.2 设计要求与可行方案数目 …… 11-202
7.4.1.3 型综合与尺寸综合 …………… 11-202
7.4.2 空间闭链机构的设计方法 …………… 11-202

第8章 组合机构设计

8.1 组合机构的组合方式及其特性 ………… 11-207
8.2 凸轮连杆组合机构 …………… 11-213
8.2.1 固定凸轮-连杆机构 …………… 11-213
8.2.2 转动凸轮-连杆机构 …………… 11-214
8.2.3 联动凸轮-连杆机构 …………… 11-217
8.3 齿轮-连杆组合机构 …………… 11-218
8.3.1 行星轮系与Ⅱ级杆的组合机构 …… 11-218
8.3.2 四杆机构与周转轮系的组合机构 …………… 11-221
8.3.3 五杆机构与齿轮机构的组合机构 …………… 11-224
8.4 凸轮-齿轮组合机构 …………… 11-226
8.4.1 周期变速运动的凸轮-齿轮机构 … 11-226
8.4.2 按预定轨迹运动的凸轮-齿轮机构 …………… 11-227
8.4.3 周期停歇运动的凸轮-齿轮机构 … 11-228
8.5 链-连杆组合机构 …………… 11-229

第9章 机构选型范例

9.1 匀速转动机构 …………… 11-231
9.1.1 定传动比匀速转动机构 …………… 11-231
9.1.2 有级变速机构 …………… 11-236
9.1.3 无级变速机构 …………… 11-238
9.2 非匀速转动机构 …………… 11-240
9.3 往复运动机构 …………… 11-243
9.4 急回运动机构 …………… 11-251
9.5 行程放大机构 …………… 11-252
9.6 可调行程机构 …………… 11-256
9.7 间歇运动机构 …………… 11-259
9.8 超越止动及单向机构 …………… 11-269
9.9 换向机构 …………… 11-271
9.10 差动补偿机构 …………… 11-275
9.11 气、液驱动机构 …………… 11-279
9.12 增力及加持机构 …………… 11-284
9.13 实现预期轨迹的机构 …………… 11-292

参考文献 …………… 11-300

第 11 篇
机构

篇主编：李瑰贤　郝振洁

撰　稿：李瑰贤　郝振洁　孙开元　张丽杰

徐来春　马　超　李改玲　孙爱丽

王文照　刘雅倩　赵永强

审　稿：李瑰贤　孙开元

MODERN HANDBOOK OF MECHANICAL DESIGN

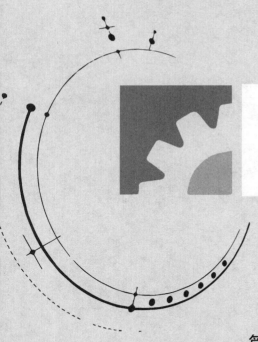

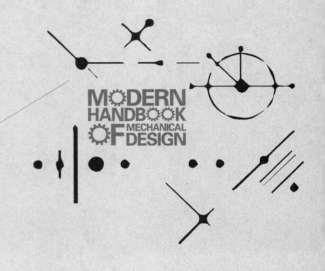

第1章　机构的基本知识和结构分析

机械是机器和机构的总称。机器和机构的区别在于，机器能完成给定的功能，而机构是机器的组成部分，也是相对运动构件的组合体，它能独立地完成给定运动。

本篇的目的：一是为了了解和分析现有机构的性能，对已有机构进行结构分析、运动分析和受力分析；二是对新机构进行创新设计，即机构综合，包括机构的型综合、运动学和动力学等方面的设计，为创新机械设计奠定基础。

1.1　机构的定义和组成

虽然机构的形式和结构各不相同，但通过大量的分析可以看出，机构是具有相对运动的构件组合体，而这种“构件组合体”，实际上是将各构件按一定方式连接而成的。总的来说，机构是由构件和运动副等要素组成的。

1.1.1　机构相关名词术语和定义

对机械、机器、机构、运动链、构件及运动副等常用术语进行定义和分类，如表 11-1-1 所示。

1.1.2　运动副及分类

按照运动副的结构和运动形式，对基本运动副进行分类，如表 11-1-2 所示。

表 11-1-1　常用术语

术语	意义及其分类	
构件	组成机构的最基本单元，或为最基本组件，可实现独立运动的单元体	
	构件分类	
	机架	机构中用以支持运动构件的部分，通常被看成是静止的，用作研究运动的参考坐标系
	主动件（原动件）	由外界给予的确定独立运动或力的构件
	从动件	机构中除机架和主动件以外的构件，其中直接输出运动或力的构件为输出构件
运动副	两构件之间的活动连接部分称为运动副	
	运动副分类（详细图例参见表 11-1-2）	
	高副	点、线接触的运动副
	低副（铰链）	面接触的运动副
运动链	若干个构件通过运动副连接组成的构件系统，与机构的区别是无原动件和机架，并且不能完成确定运动	
	运动链分类	
	闭式链	首末封闭的运动链
	开式链	首末不封闭的运动链
机构	以机架为基础，原动件作为输入，从动件作为输出，并具有确定运动的运动链	
	机构分类	
	平面机构	各构件均能实现在相互平行的平面内运动的机构
	空间机构	能实现在空间运动的机构
零件	加工制造的基本单元，如螺钉、螺母、齿轮，也是组成构件的单元体	
部件	由零件装配而成	
机器	由一个或若干机构组成，并具备一定功能，如机械运动、能量、物料及信息的交换和传递	
机械	机器和机构的总称	

表 11-1-2 **运动副的基本类型**

名称	图例	简图符号	级别	代号	自由度	运动与约束		
球面高副	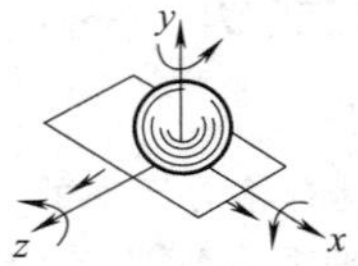		Ⅰ	P_1	5		独立运动数目	约束数目
						转动	3	0
						移动	2	1
柱面高副	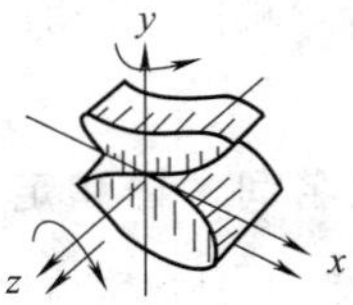	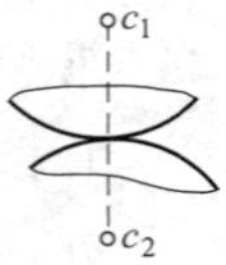	Ⅱ	P_2	4		独立运动数目	约束数目
						转动	2	1
						移动	2	1
球面低副	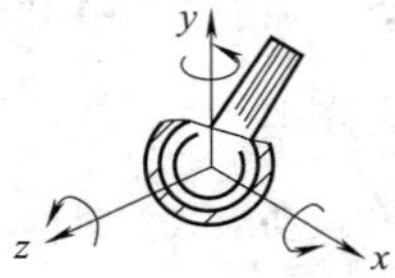		Ⅲ	P_3(S)	3		独立运动数目	约束数目
						转动	3	0
						移动	0	3
球销副	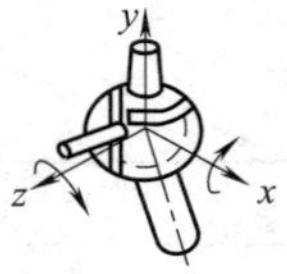		Ⅳ	P_4(S′)	2		独立运动数目	约束数目
						转动	2	1
						移动	0	3
圆柱副	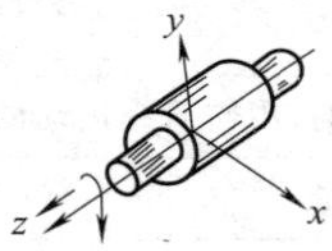	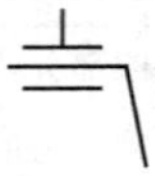	Ⅳ	P_4(C)	2		独立运动数目	约束数目
						转动	1	2
						移动	1	2
螺旋副	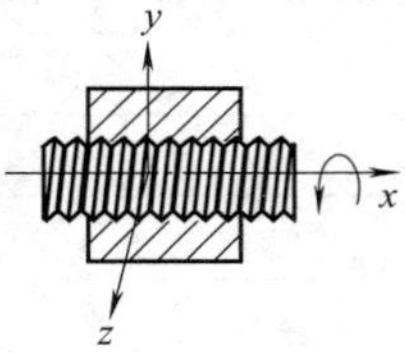	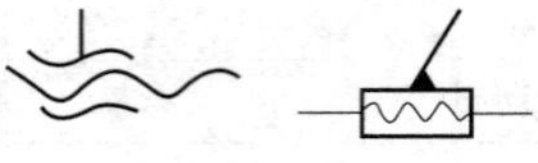	Ⅴ	P_5(H)	1		独立运动数目	约束数目
						转动	1(0)	2(3)
						移动	0(1)	3(2)
转动副	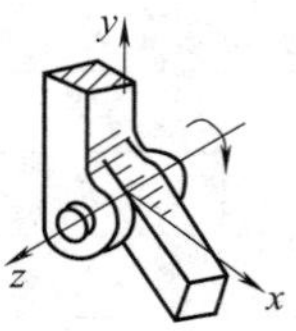	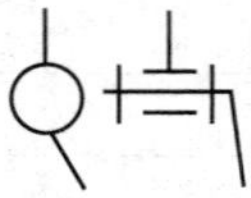	Ⅴ	P_5(R)	1		独立运动数目	约束数目
						转动	1	2
						移动	0	3
移动副	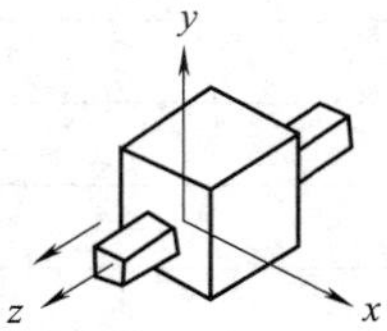	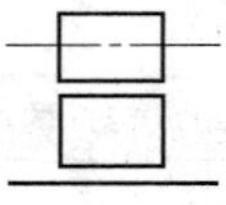	Ⅴ	P_5(P)	1		独立运动数目	约束数目
						转动	0	3
						移动	1	2

注：1. 表中 P_1、P_2、…、P_5 分别表示运动副的级别为Ⅰ、Ⅱ、…、Ⅴ级副，即引入的约束数。

2. 括号中的符号 H、R 和 P 分别表示螺旋副、转动副和移动副。

1.2　机构运动简图

1.2.1　定义

为研究机构的运动性能和力学性能，必须进行运动学分析、静力学分析和动力学分析等，必须将工程中三维实体机器或机构用简单的工程符号和线条画成书面表示的二维图，即结构简图。

在不考虑构件、运动副的外形和具体结构的情况下，用简单的线条和符号代表构件和运动副，画出与实际机构运动完全相同的图称为机构运动简图，可以根据机构运动简图对机构进行运动分析和受力分析。

1.2.2　构件运动的规范符号

为查阅方便，采用大量组成机构运动简图对构件、运动副及相互运动的表达形式加以规范，如表 11-1-3 所示。

表 11-1-3　　构件运动表示符号

类别	名称	基本符号	附注及可用符号
构件的运动	运动轨迹	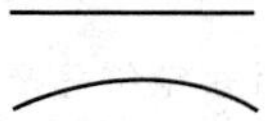	直线运动 回转运动
	运动指向		表示点沿运动轨迹的指向
	中间位置的瞬时停歇	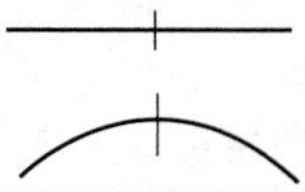	直线运动 回转运动
	中间位置的停留	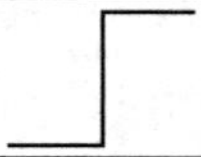	—
	极限位置的停留	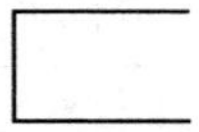	—
	局部反向运动	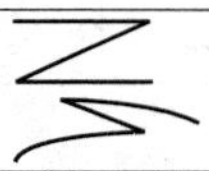	直线运动 回转运动
	停止	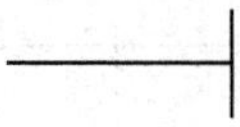	—
	单向运动	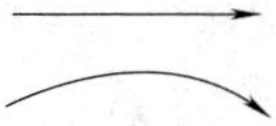	直线运动 回转运动
	具有瞬时停歇的单向运动	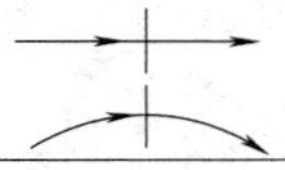	直线运动 回转运动
	具有停歇的单向运动	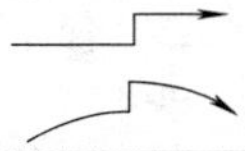	直线运动 回转运动
	具有局部反向的单向运动	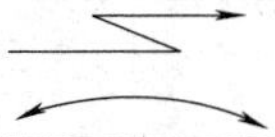	直线运动 回转运动
	往复运动	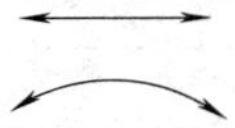	直线运动 回转运动
	在一个极限位置停歇的往复运动	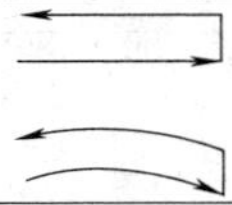	直线运动 回转运动
	在两个极限位置停歇的往复运动	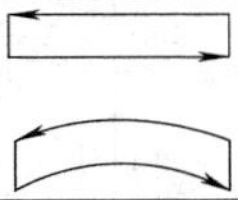	直线运动 回转运动
	在中间位置停歇的往复运动	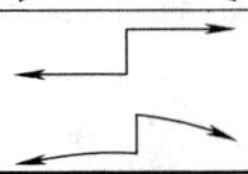	直线运动 回转运动

续表

类别	名称	基本符号	附注及可用符号
构件的运动	具有局部反向及停歇的单向运动	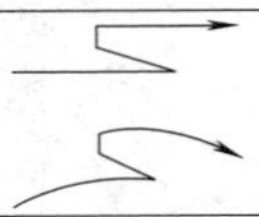	直线运动 回转运动
	运动终止	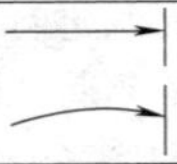	直线运动 回转运动

1.2.3　构件及机构简图

因为所有机构均应有原动件和机架，下面只给出构件和各种运动副的规定基础符号及所组成的机构范例，如表 11-1-4 ～表 11-1-7 所示。

表 11-1-4　　构件规范符号及组成的低副机构示例

类别	名称	基本符号	附注及可用符号
构件及其连接	机架		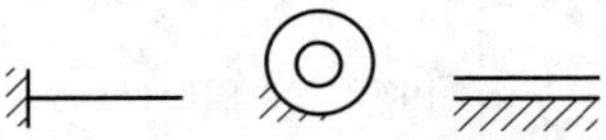
	轴、杆	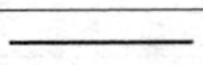	
	构件组成部分的永久连接(焊接等)		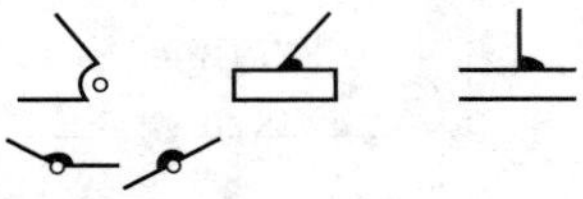
	构件组成部分与轴(杆)的固定连接	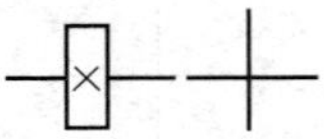	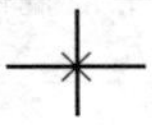
	构件组成部分的可调连接		
组成低副的构件	构件是转动副的一部分	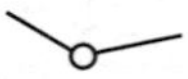	平面机构
			空间机构
	机架是转动副的一部分　平面机构		
	机架是转动副的一部分　空间机构	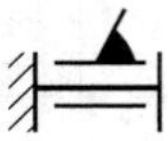	
	构件是移动副的一部分		
	构件是圆柱副的一部分		—
具有多个低副的构件	构件是球面副的一部分	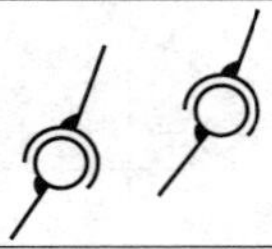	—
	具有两个转动副的连杆	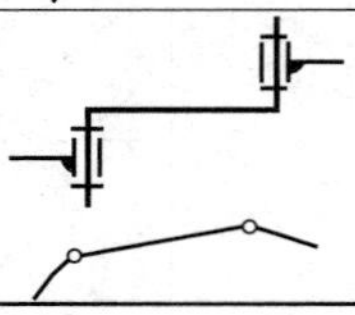	平面机构

续表

类别	名称		基本符号	附注及可用符号
具有多个低副的构件	具有两个转动副的连杆		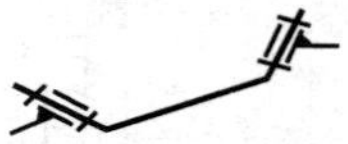	空间机构
	具有两个转动副的曲柄(或摇杆)		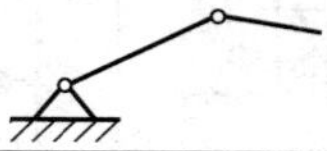	平面机构
			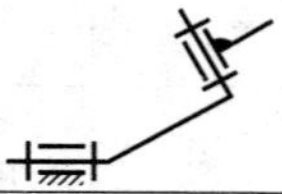	空间机构
	具有两个转动副的偏心轮			—
	具有两个移动副的构件	通用情况	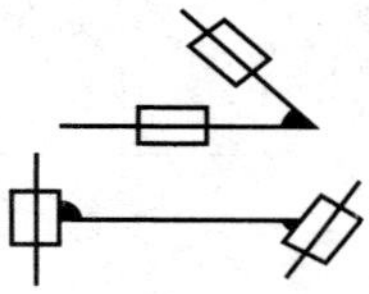	可用符号 θ角为任意值 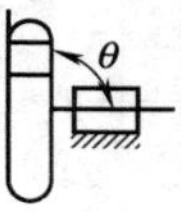
		滑块	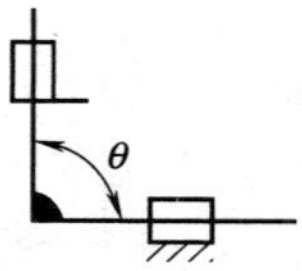	滑块可用符号 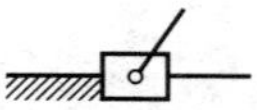
	具有一个转动副和一个移动副的构件	通用情况	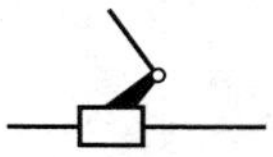	导杆可用符号 
		导杆		
	具有三个运动副的构件		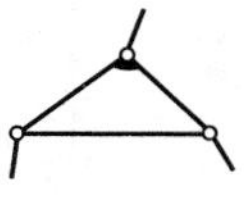	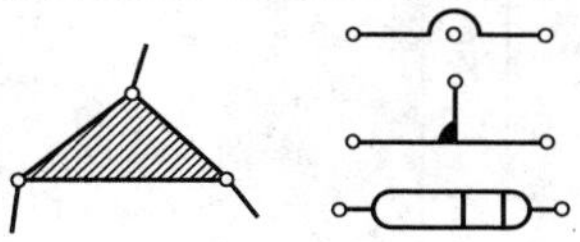
由低副组成的四杆机构示例	名称	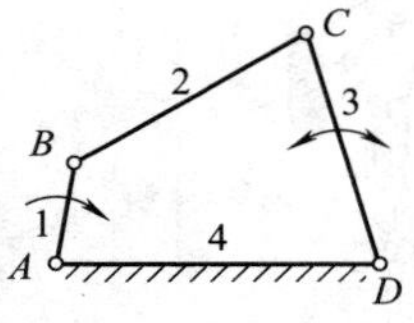 图(a)　曲柄摇杆	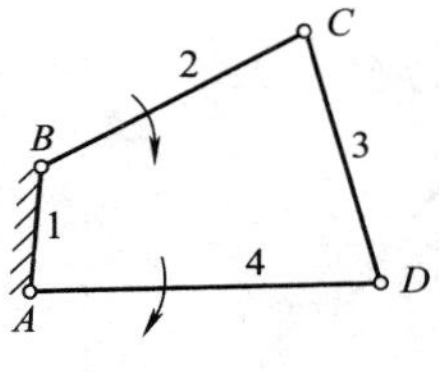 图(b)　双曲柄	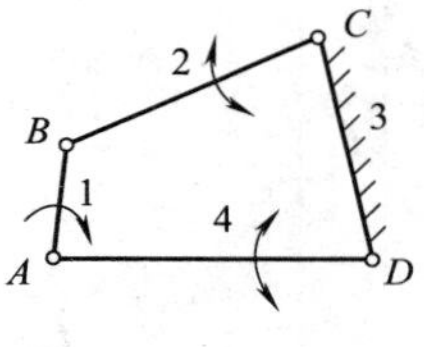 图(c)　双摇杆

续表

由低副组成的四杆机构示例	实例	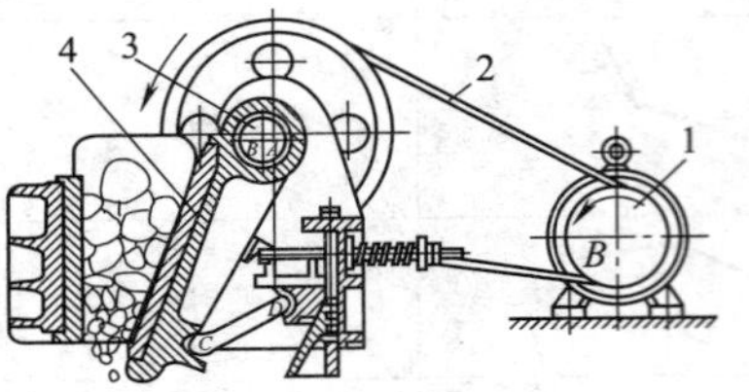 图(a) 颚式碎矿机	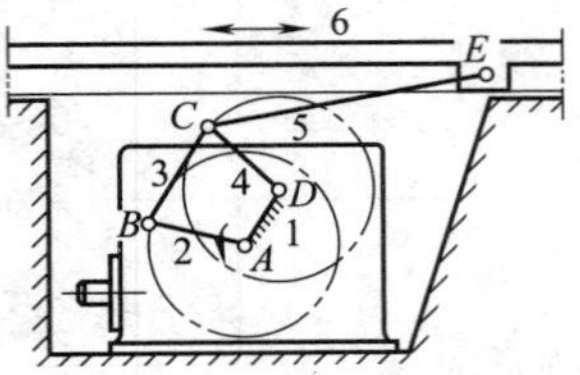 图(b) 惯性筛	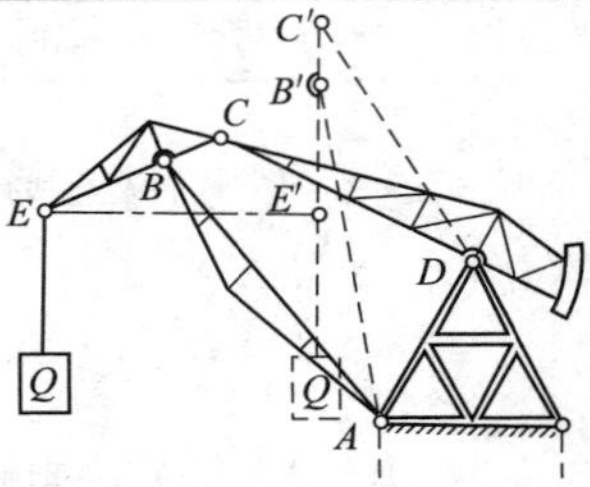 图(c) 鹤式起重机
	用途	搅拌机、颚式碎矿机等	插床、惯性筛，平行双曲柄机构用于机车车轮联动机构、反向双曲柄机构等	鹤式起重机、飞机起落架及汽车、拖拉机上操纵前轮转向等
	名称	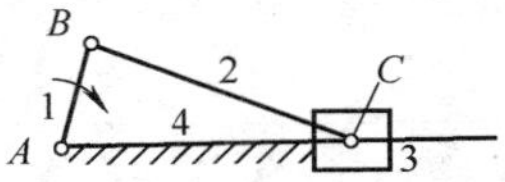 图(a) 曲柄滑块	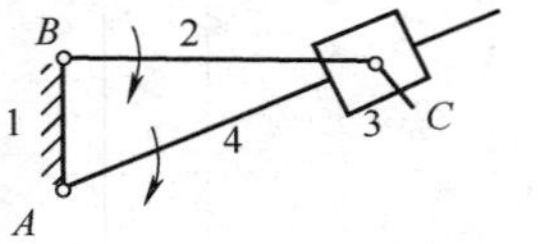 图(b) 转动导杆	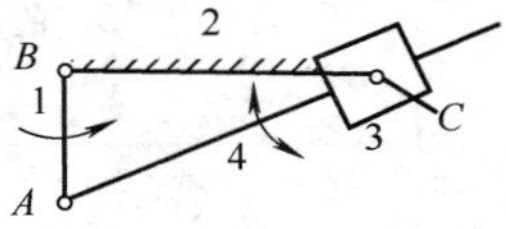 图(c) 曲柄摇块
	实例	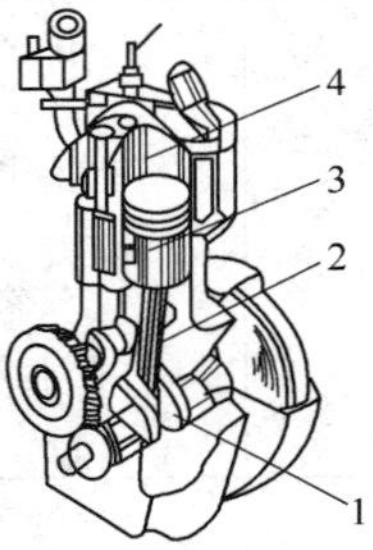 图(a) 内燃机	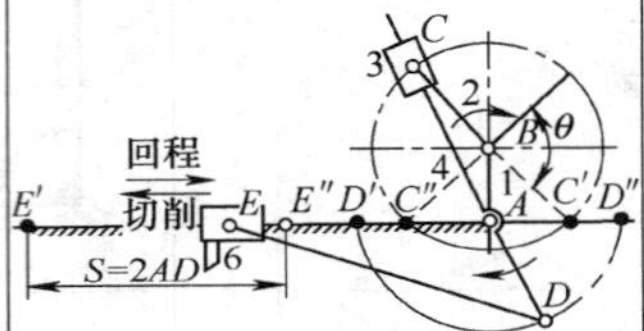 图(b) 小型刨床	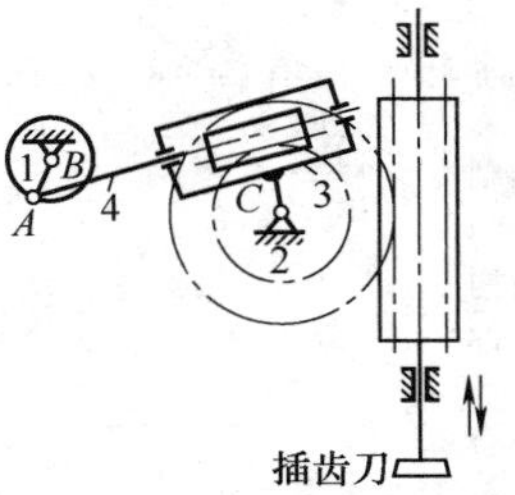 图(c) 插齿机主传动机构
	用途	冲床、内燃机、空气压缩机等	回转式液压泵、小型刨床、插床等	摆缸式原动机、液压驱动装置、气动装置、插齿机主传动机构等
	名称	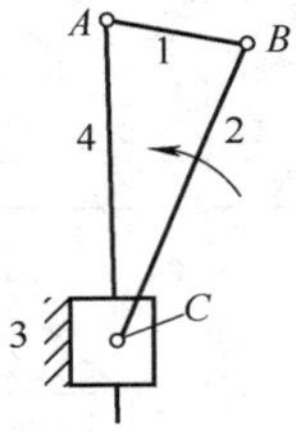 图(a) 移动导杆	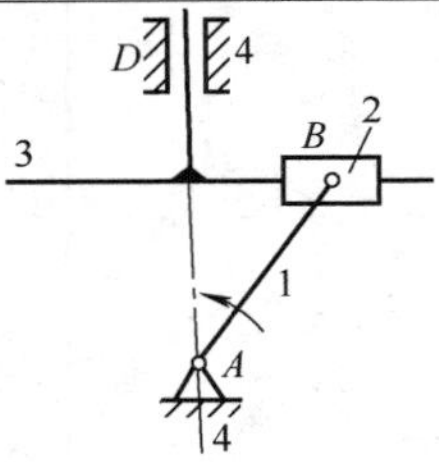 图(b) 正弦机构	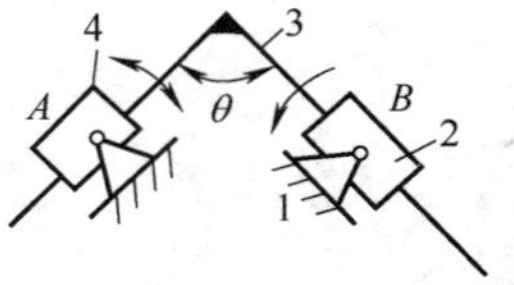 图(c) 双转块
	实例	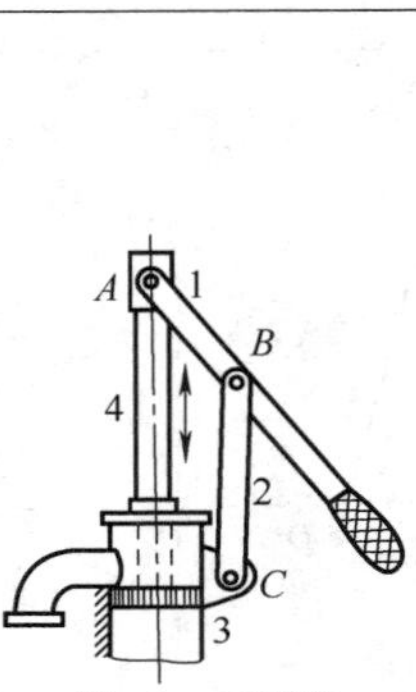 图(a) 手唧筒	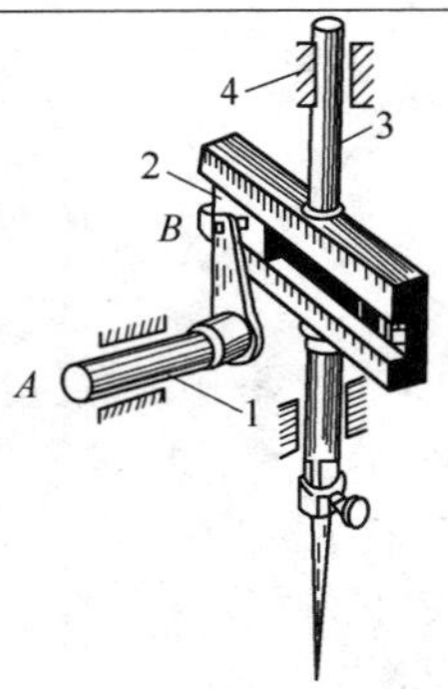 图(b) 缝纫机针杆机构	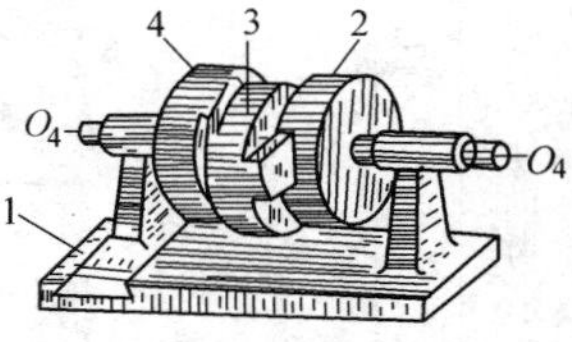 图(c) 十字滑块联轴器

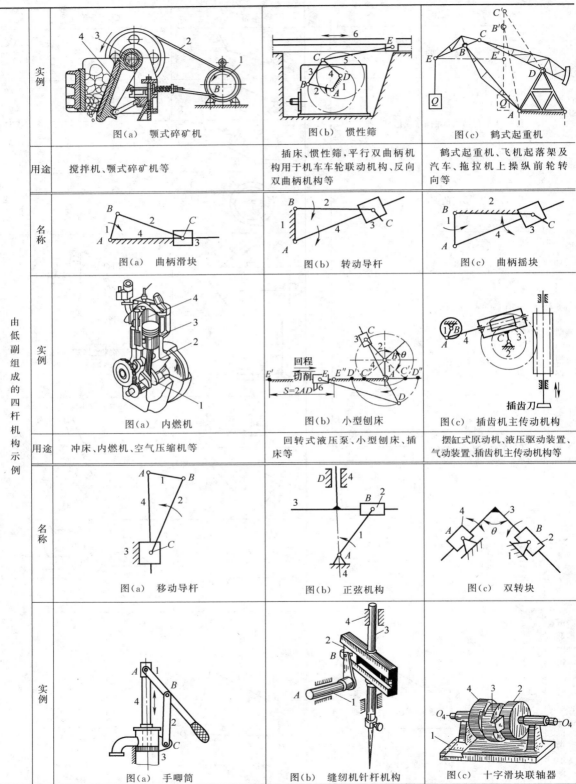

第11篇

续表

	用途	手唧筒、双作用式水泵等	仪表、解算装置、织布机构、印刷机械等	十字滑块联轴器等
由低副组成的四杆机构示例	名称	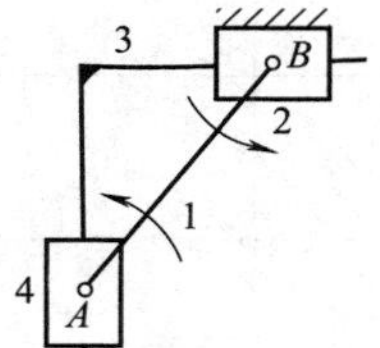 图(a)　曲柄移动导杆	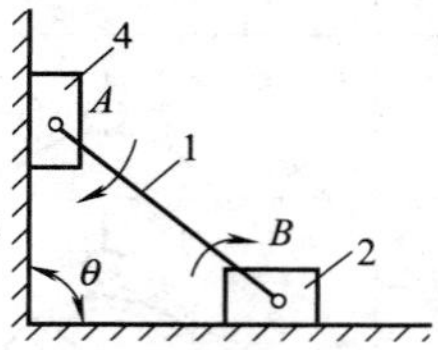 图(b)　双滑块	—
	实例		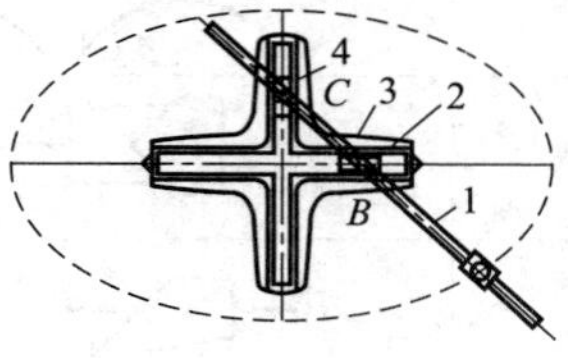 椭圆仪	—
	用途	仪表、解算装置等	椭圆仪等	—
由低副组成的多杆机构示例		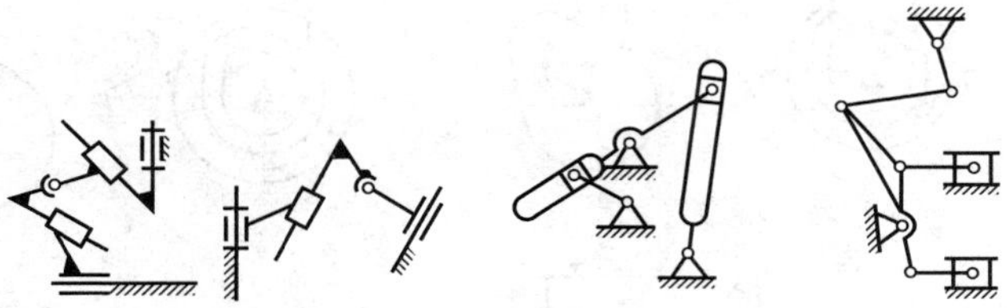		

表 11-1-5　　凸轮组件及构件示例

类别	名称	基本符号	附注及可用符号
凸轮副	盘形凸轮	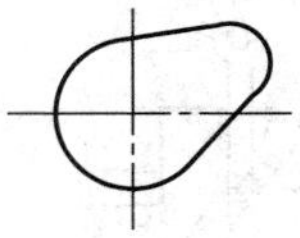	沟槽盘形凸轮 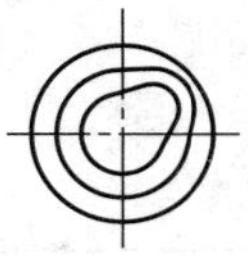
	移动凸轮	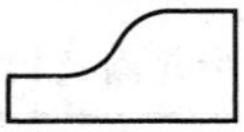	—
	与杆固连的盘形凸轮	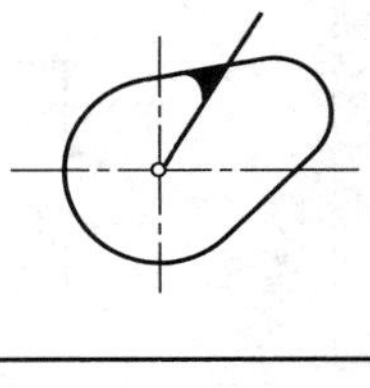	可调连接 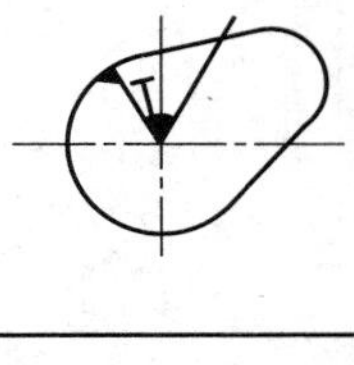

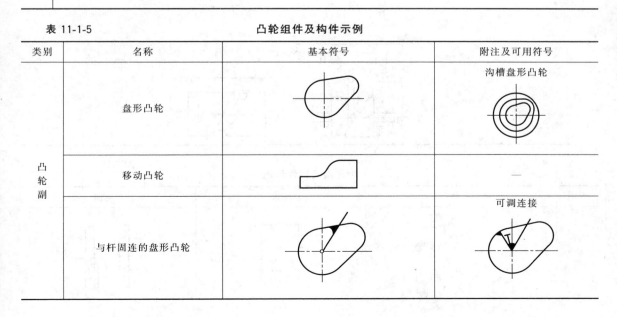

第11篇

续表

类别	名称		基本符号	附注及可用符号
凸轮副	凸轮从动件	尖顶从动件		—
		曲面从动件		—
		滚子从动件	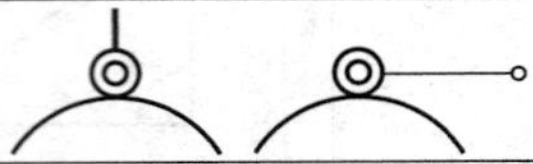	—
		平底从动件	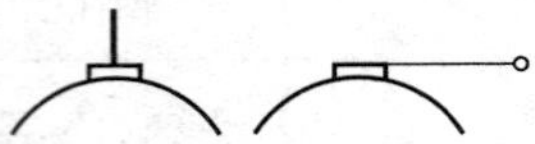	—
	空间凸轮	圆柱凸轮	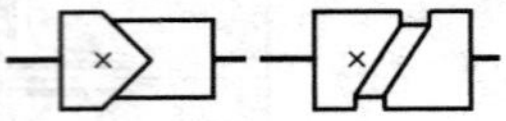	—
		圆锥凸轮	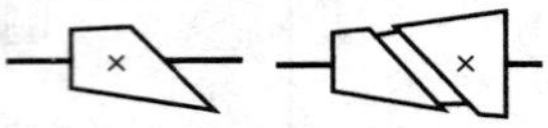	—
		双曲面凸轮	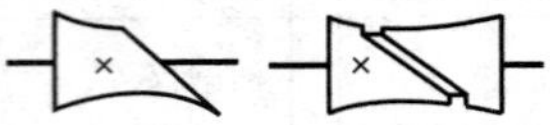	—
凸轮机构示例	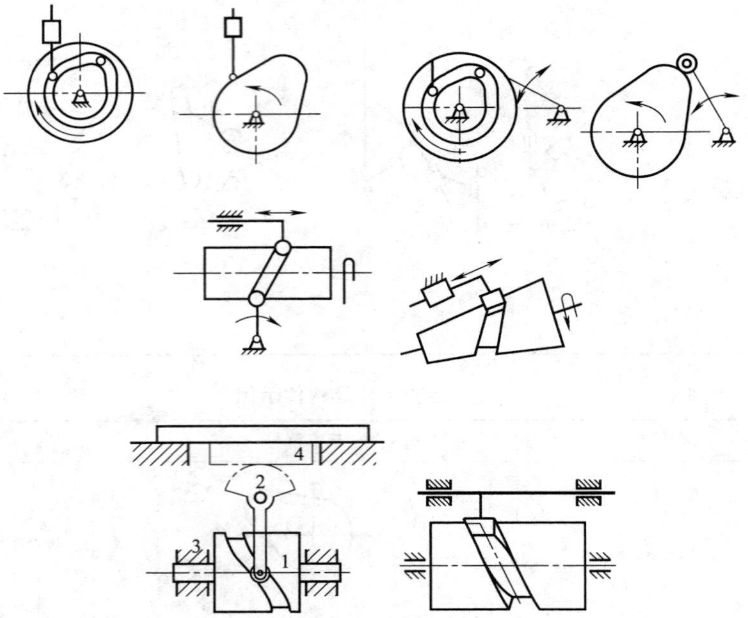			

表 11-1-6　　**齿轮副及构件示例**

类别	名称	基本符号	附注及可用符号
齿轮副	圆柱齿轮	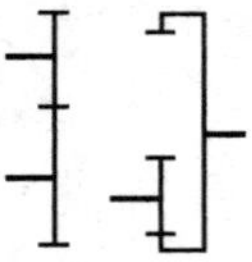	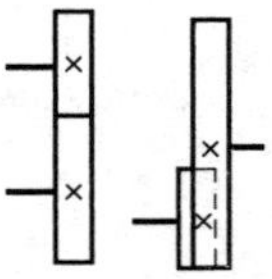

续表

类别	名称		基本符号	附注及可用符号
齿轮副	齿轮齿条	一般表示	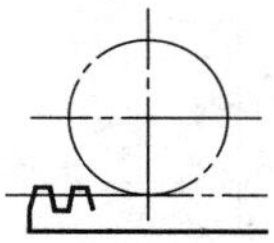	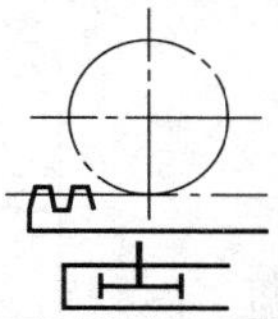
		蜗线齿条与蜗杆	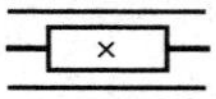	—
		齿条与蜗杆	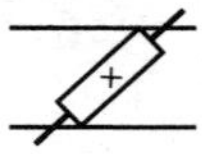	—
	非圆齿轮		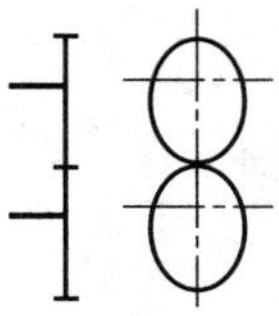	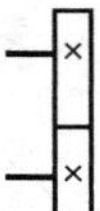
	圆锥齿轮		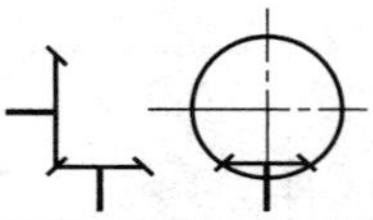	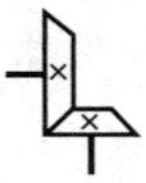
	准双曲面齿轮		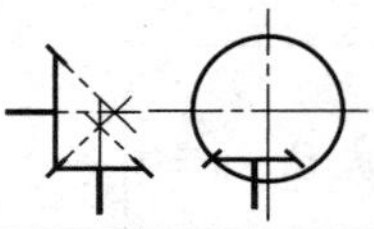	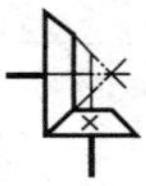
	蜗轮与圆柱蜗杆		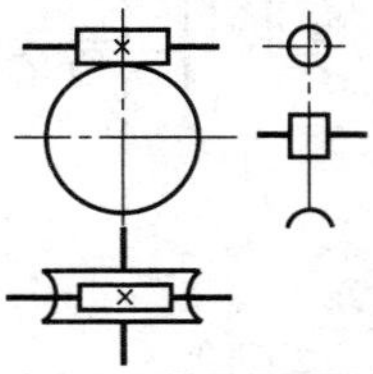	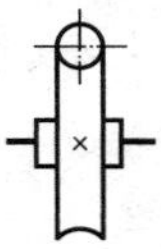
	蜗轮与环面蜗杆		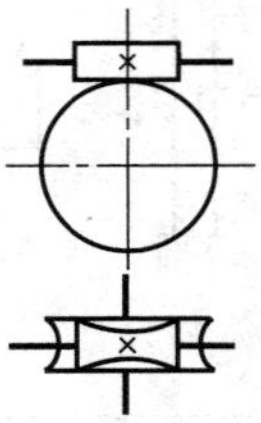	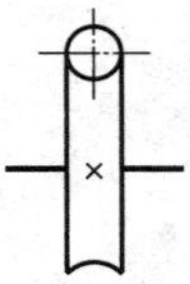
	螺旋齿轮		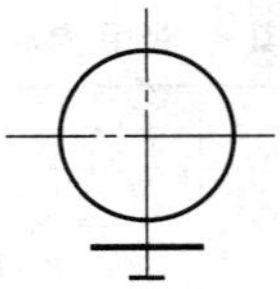	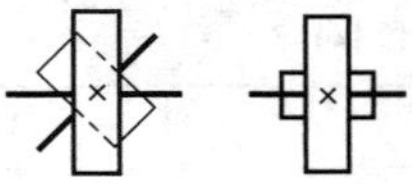
	扇形齿轮		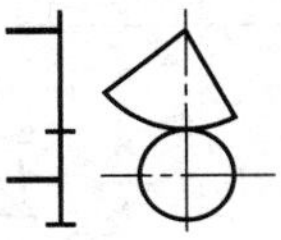	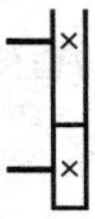

续表

类别	名称		基本符号	附注及可用符号
齿形符号	圆柱齿轮	直齿	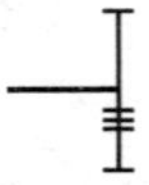	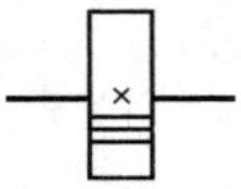
		斜齿	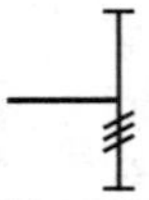	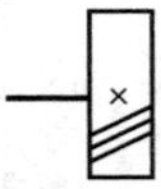
		人字齿	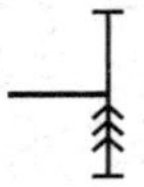	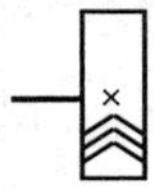
	锥齿轮	直齿	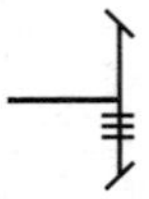	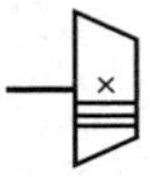
		斜齿	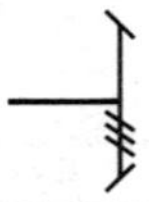	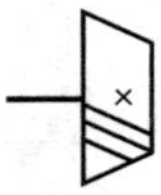
		弧齿	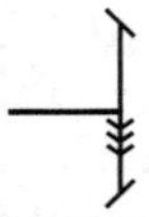	
齿轮副机构示例	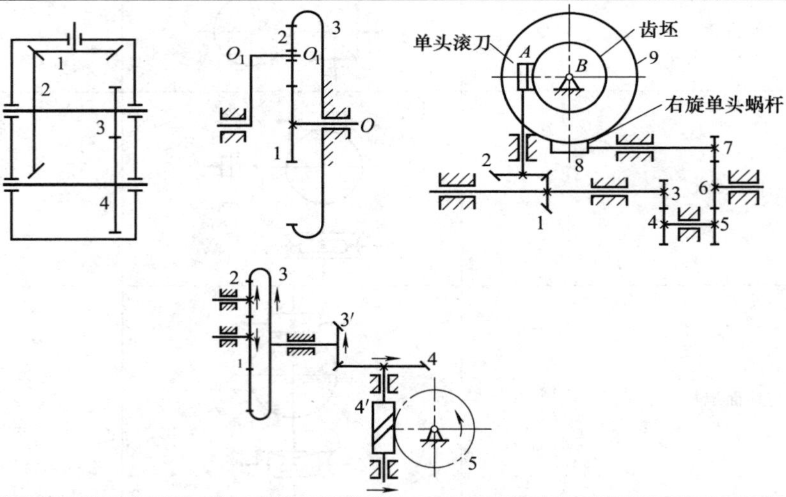			

表 11-1-7 **其他常用传动构件和组件**

类别	名称		基本符号	附注及可用符号
其他传动	槽轮机构构件	一般符号	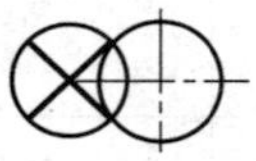	—
		外啮合	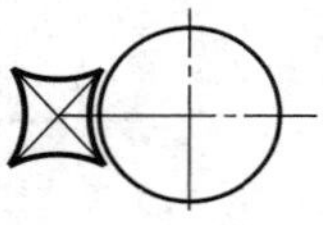	可用符号 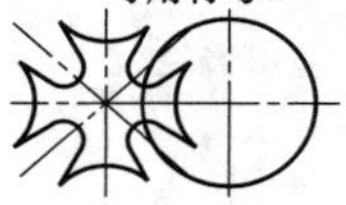

续表

类别	名称		基本符号	附注及可用符号
其他传动	槽轮机构构件	内啮合	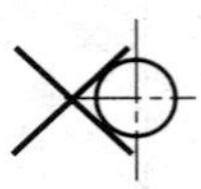	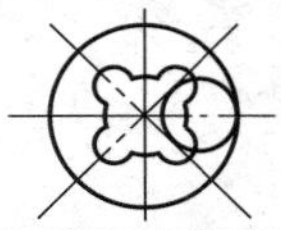
	棘轮机构构件	外啮合	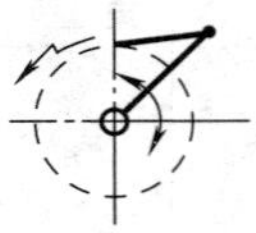	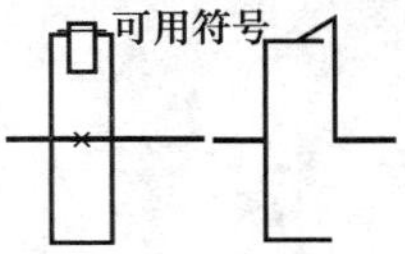
		内啮合	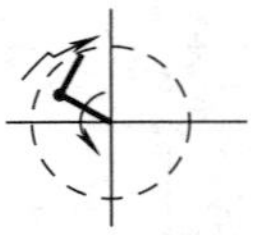	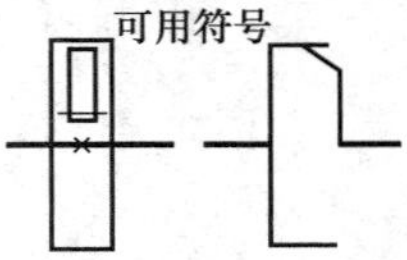
		棘齿条啮合	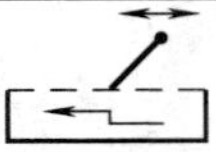	
	带传动构件	一般符号(不指明类型)	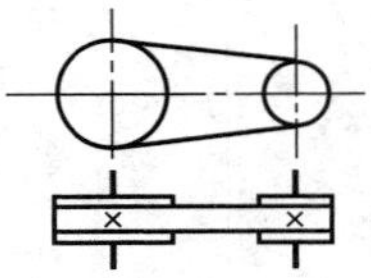	若需指明带类型,可采用下列符号 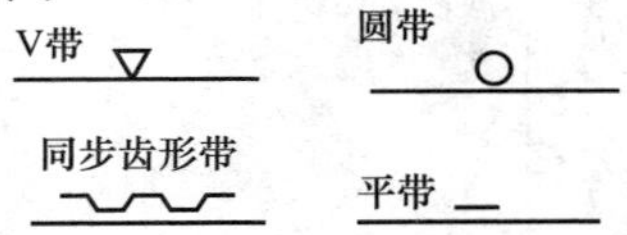 例: V带传动 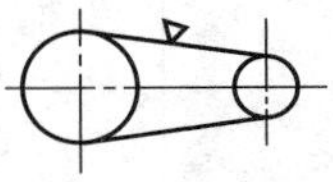
		轴上的宝塔轮	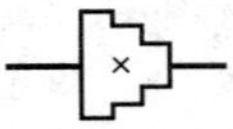	—
	链传动构件	一般符号(不指明类型)	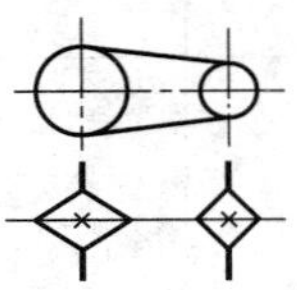	若需指明链条类型,可采用下列符号 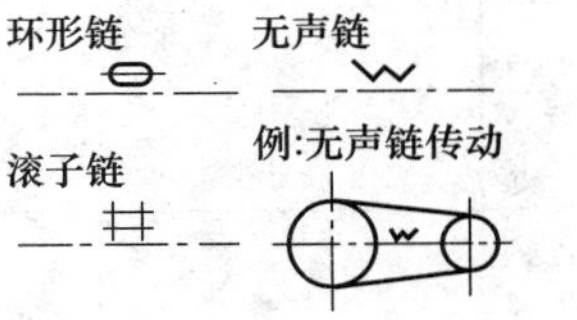
	螺杆传动构件	整体螺母	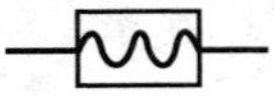	
		开合螺母	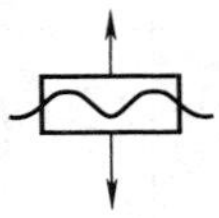	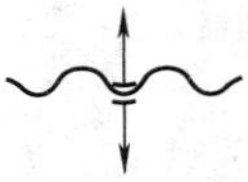
		滚珠螺母	—	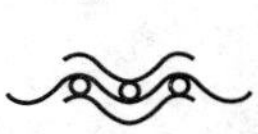

第 11 篇

续表

类别	名称		基本符号	附注及可用符号
其他传动	摩擦机构构件	圆柱轮	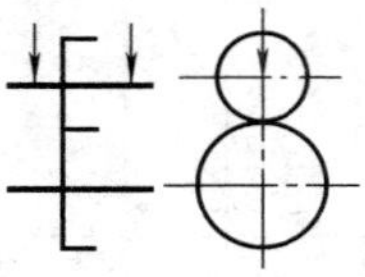	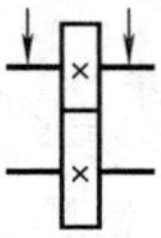
		圆锥轮	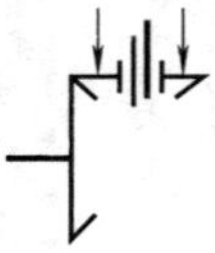	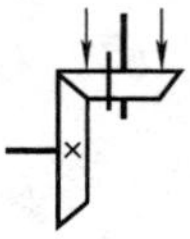
		双曲面轮	—	可用符号 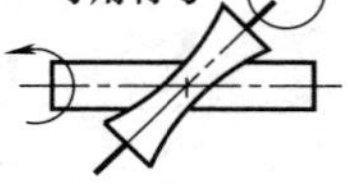
		可调圆锥轮	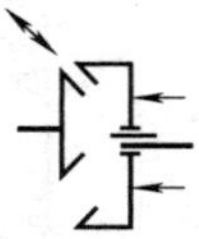	可用符号 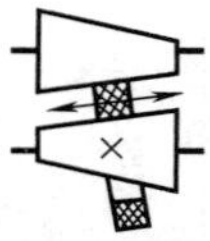 图(a)　带中间体的可调圆锥轮 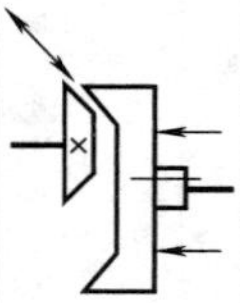 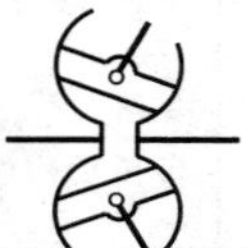 图(b)　带可调圆环的圆锥轮  图(c)　带可调球面轮的圆锥轮
		可调冕状轮	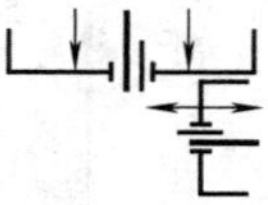	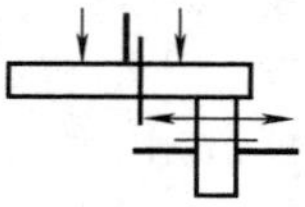
其他组件	联轴器	一般符号(不指明类型)	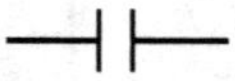	—
		固定联轴器	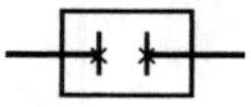	—
		可移式联轴器	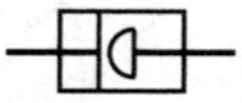	—
		弹性联轴器	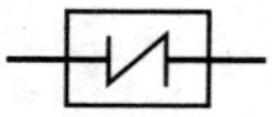	—

续表

类别	名称			基本符号	附注及可用符号
其他组件	离合器	可控离合器	一般符号	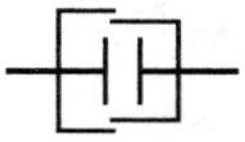	对可控离合器、自动离合器及制动器，当需要表明操纵方式时，可使用下列符号 M—机动；H—液动；P—气动；E—电动 例：具有气动开关启动的单向摩擦离合器
			啮合式离合器　单向式	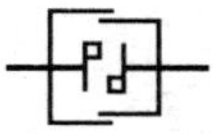	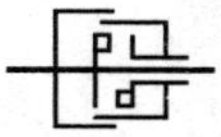
			啮合式离合器　双向式	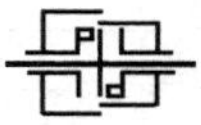	—
			摩擦式离合器　单向式	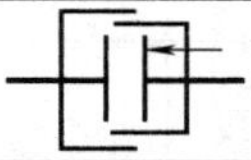	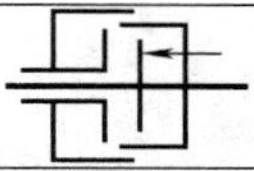
			摩擦式离合器　双向式	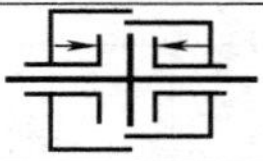	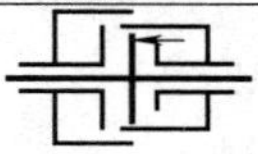
			液压离合器	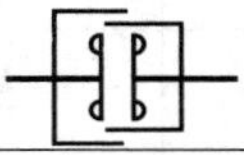	—
			电磁离合器		—
		自动离合器	一般符号	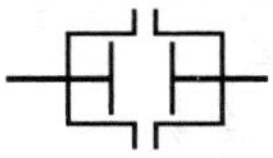	—
			离心摩擦离合器	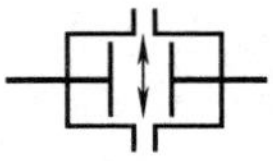	—
			超越离合器	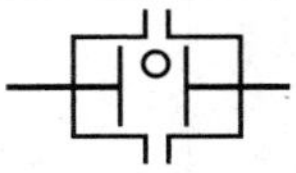	—
			安全离合器　有易损元件	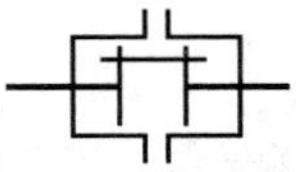	—
			安全离合器　无易损元件	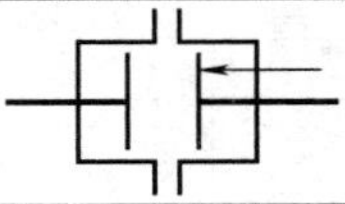	—
	制动器			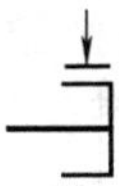	不规定制动器外观
	轴承	向心轴承	普通轴承		—
			滚动轴承	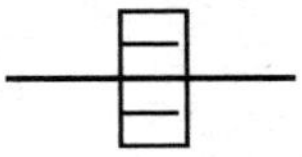	

第 11 篇

续表

类别	名称			基本符号	附注及可用符号
其他组件	轴承	推力轴承	单向推力普通轴承	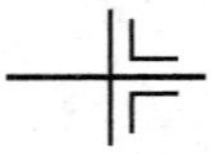	—
			双向推力普通轴承	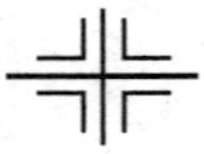	—
			推力滚动轴承	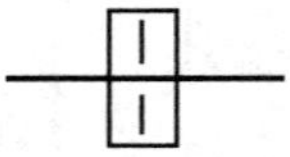	
		向心推力轴承	单向向心推力普通轴承	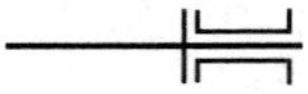	—
			双向向心推力普通轴承	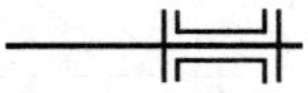	—
			向心推力滚动轴承	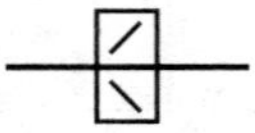	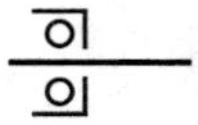
	弹簧	压缩弹簧			—
		拉伸弹簧		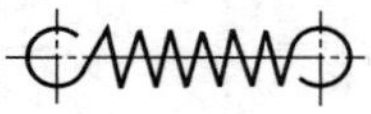	—
		扭转弹簧		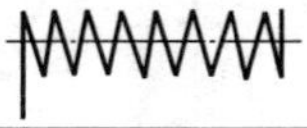	—
		碟形弹簧		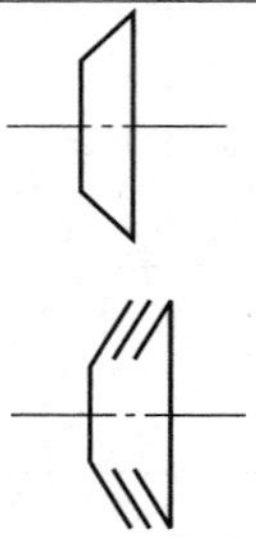	—
		截锥弹簧		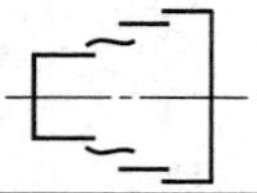	—
		蜗卷弹簧			—
		板弹簧		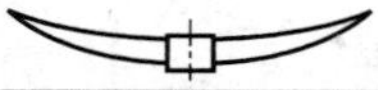	—
	挠性轴			 可以只画一部分 	—
	轴上飞轮			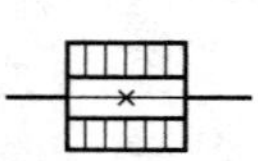	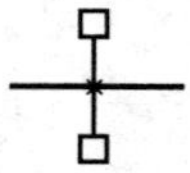

续表

类别	名称		基本符号	附注及可用符号
其他组件	分度头		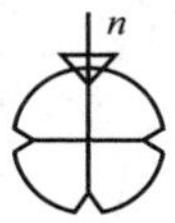	n 为分度头数
	原动机	通用符号(不指明类型)	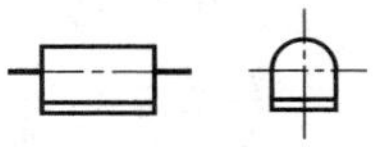	—
		电动机一般符号	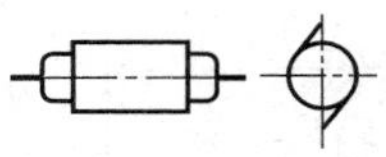	—
		装在支架上的电动机	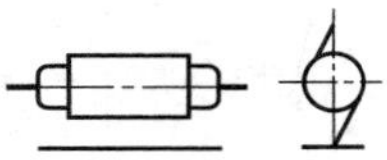	—

1.2.4　机构运动简图的绘制

根据表 11-1-3～表 11-1-7 中规定的符号，可以画出给定机构的运动简图，具体的绘制方法如下。

① 确定机架和活动构件数，标上序号。

② 由组成运动副两构件间的相对运动特性，定出该运动副要素：转动副中心位置、移动副导路的方位和高副廓线的形状等。具有两个以上转动副的构件，其转动副中心的连线即代表该构件。

③ 选择恰当的视图，以主动件的某一位置为作图位置，可令主动件与水平线呈某一角度，然后用规定的符号，根据构件尺寸，选定比例尺，按比例画出机构运动简图。

④ 必要时应标出主动件的运动方向和参数，如转速、功率和转矩，以及齿轮的基本参数。

为了实现对机构的运动分析和受力分析，以机构的组成原理为基础，对工程中常用机构给出机构简图范例，如表 11-1-8 所示。

表 11-1-8　　机构运动简图范例

图　例	说　明
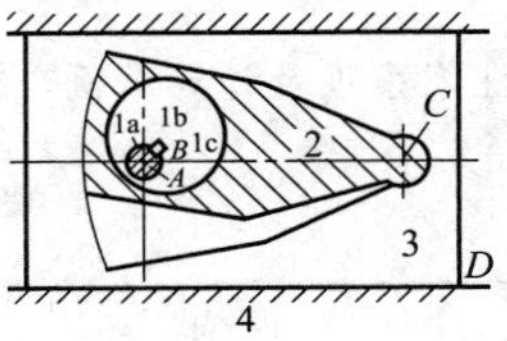图(a) 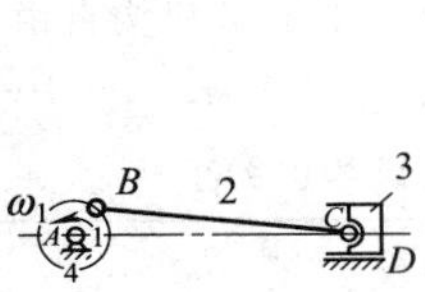图(b)	图(a)为一冲床机构,包含的构件有主动件 1(包括 1a、1b 和 1c 三个零件)、连杆 2、滑块 3 三个活动构件及固定机架 4 其中,4 与 1、1 与 2 以及 2 与 3 分别绕 A、B、C 相对转动(B 为圆盘 1c 的圆心),为三个Ⅴ级转动副,而 3 与 4 可沿 AC 方向相对移动,是一个Ⅴ级移动副 连接 AB 和 BC 可分别代表杆 1 和杆 2,得到的机构运动简图如图(b)所示,为一曲柄滑块机构
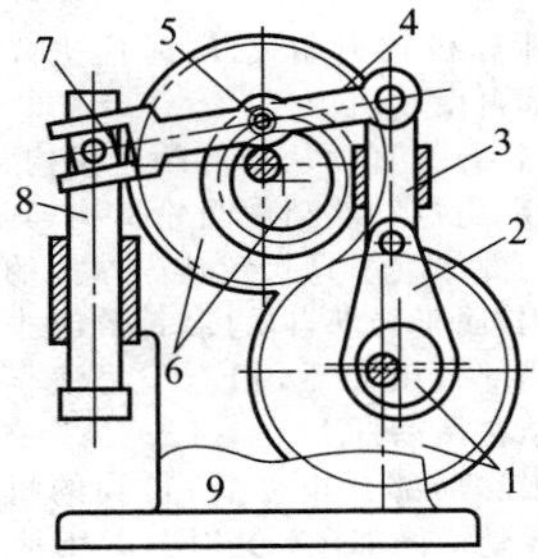图(c) 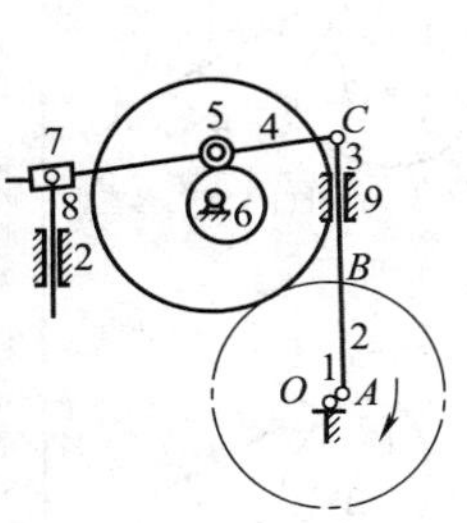图(d)	图(c)为一压力机机构,构件 1 为主动曲轴,构件 2、3 和 4 为从动杆,5 为滚子,6 为凸轮,7 为滑块,8 为压杆,9 为机架。其中凸轮 6 的转动是用一对齿轮(分别与 1 和 6 固连)由曲轴 1 传入 构件 1 与 9、1 与 2、2 与 3、3 与 4、4 与 5、7 与 8、6 与 9 组成的为转动副;构件 3 与 9、4 与 7、8 与 9 组成的是移动副;构件 5 与 6、1 与 6(一对齿轮啮合)组成高副。得到的机构运动简图如图(d)所示

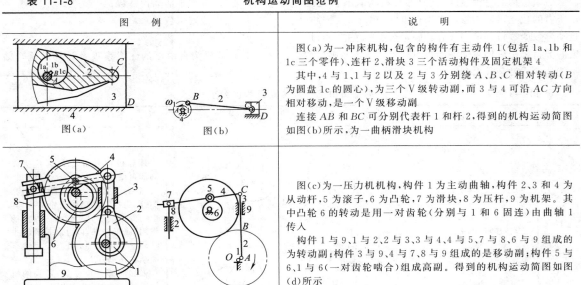

续表

图　　例	说　　明
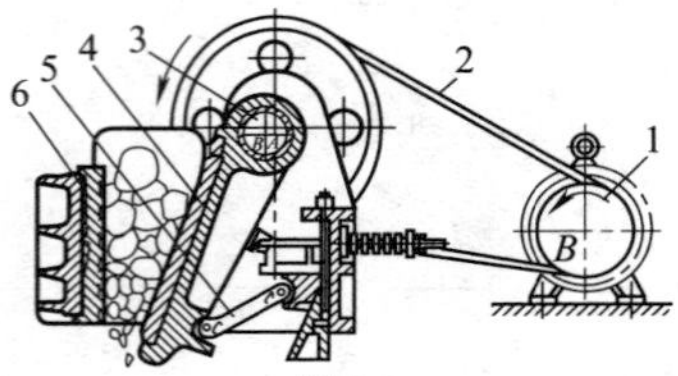 图(e) 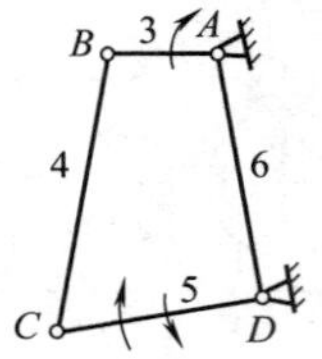 图(f)	图(e)为颚式破碎机，构件 1 为主动带轮，2 为传动带，3 为曲轴即曲柄，4 为连杆即为活动颚板，5 为摇杆，6 为固定颚板 构件 3 与 6、3 与 4、4 与 5、5 与 6 组成转动副 得到的机构运动简图为一曲柄摇杆机构，如图(f)所示
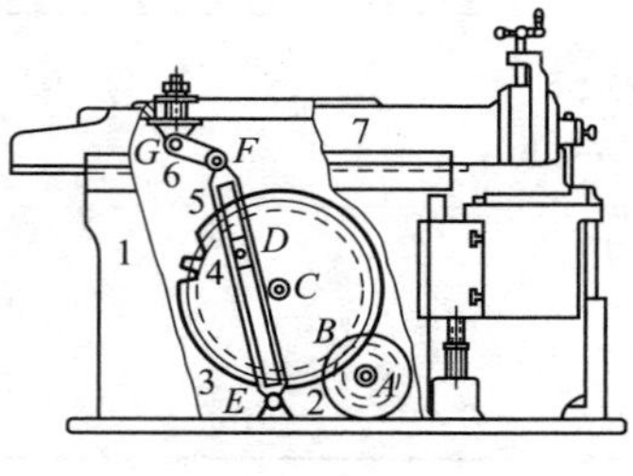 图(g) 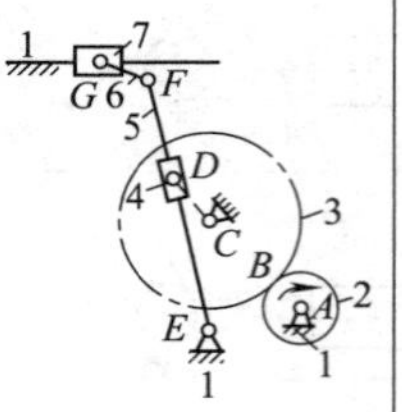 图(h)	图(g)所示为牛头刨床机构，安装于机架 1 上的主动齿轮 2 将回转运动传递给与之相啮合的齿轮 3，齿轮 3 带动滑块 4 而使导杆 5 绕 E 点摆动，并通过连杆 6 带动滑枕 7 使刨刀做往复直线运动 齿轮 2、3 及导杆 5 分别与机架 1 组成转动副 A、C 和 E。构件 3 与 4、5 与 6、6 与 7 之间的连接组成转动副 D、F 和 G，构件 4 与 5、7 与机架 1 之间组成移动副，齿轮 2 与 3 之间的啮合为平面高副 B 选择与各转动副回转轴线垂直的平面作为投影面。选择长度比例尺 μ(m/mm)，根据机构的实际运动尺寸和长度比例尺，定出各运动副之间的相对位置，用构件和运动副的规定符号绘制机构运动简图，如图(h)所示

1.3　机构自由度计算

为了合理地设计新机构或分析现有机构，首先均应判断机构是否满足给定的运动要求，所以必须进行机构自由度计算。

1.3.1　机构自由度的定义

所谓机构的自由度 F 就是保证机构具有确定运动所需的独立运动参数，机构自由度的数目即是独立运动参数的数目。机构具有其确定运动的条件是自由度的数目等于机构主动件的数目，若不相等，则机构不能运动或做杂乱无章不确定的运动。

1.3.2　平面机构自由度的计算

① 自由度计算公式。组成平面机构的运动副只有转动副、移动副以及平面高副，每个平面运动构件只有三个自由度（分别为沿平面内两个直角坐标的移动和平面内转动），其中每个低副引入两个约束，每个平面高副引入一个约束，则平面机构自由度的计算式为：

$$F=3n-2P_5-P_4 \qquad (11\text{-}1\text{-}1)$$

式中　n——机构中活动构件数；

P_5——低副个数；

P_4——高副个数。

② 计算机构自由度的注意事项及计算示例，如表 11-1-9、表 11-1-10 所示。

表 11-1-9　　**局部自由度、复合铰链和虚约束**

注意事项	定义	图例	计算说明
局部自由度	和机构运动无关的自由度，称之为局部自由度	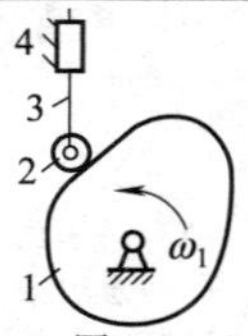 图(a) 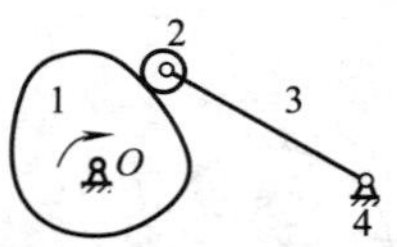 图(b) 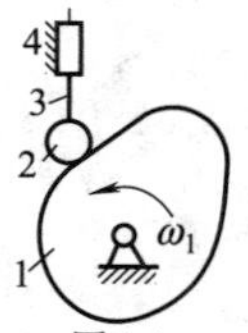 图(c) 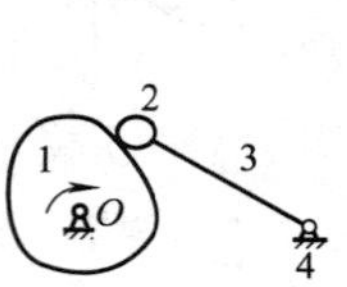 图(d)	计算机构自由度 F 时应去除局部自由度 图(a)为直动从动件凸轮机构，图(b)为摆动从动件凸轮机构，其中构件 2 滚子只起到减少摩擦的作用，属于局部自由度，计算时去除局部自由度后，相当于将滚子固结在从动杆上 去除局部自由度后，得到的机构运动简图如图(c)和图(d)所示

第11篇

续表

注意事项	定义	图例	计算说明
复合运动副和复合铰链	三个或三个以上构件（含固定构件）组成的含有两个以上的运动副处，称为复合运动副。例如，图(e)中 D 处 两个以上构件用同一个铰链连接时，就形成复合铰链。例如，图(f)中 C 处	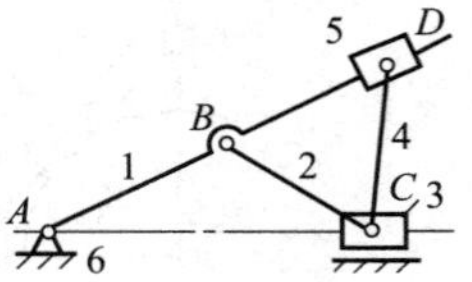 图(e) 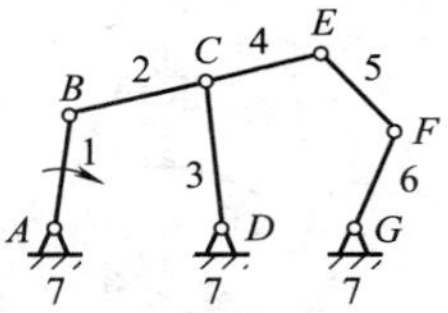 图(f) 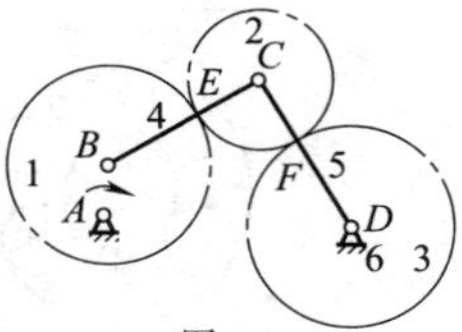 图(g)	运动副的数目为组成该复合铰链的构件数减去 1 这里要特别注意有齿轮或凸轮的机构。如图(g)所示，连杆 4 和连杆 5 均与齿轮 2 连接，在 C 点形成了两个转动副，从而形成了一个复合铰链。同样，在 D 点，机架 6 与齿轮 3、连杆 5 也形成了一个复合铰链
虚约束	两构件形成多个运动副	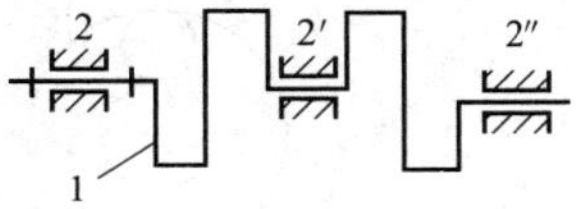 图(h) 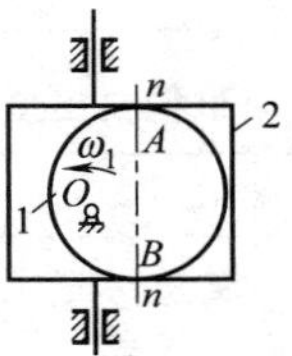 图(i) 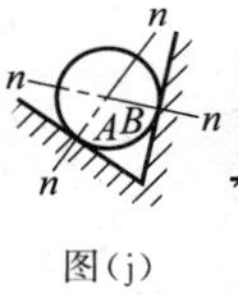 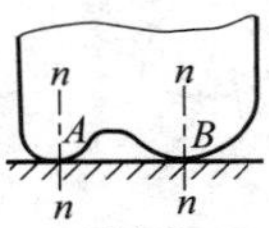 图(j)　图(k)	图(h)曲轴 1 与机架形成了三个转动副，而转动副的轴线重合，为虚约束 图(i)为等宽凸轮机构，凸轮 1 与从动件 2 形成了两个高副，但这两个高副接触点的法线重合，所以为虚约束 如果两构件接触形成的两个高副接触点的法线不重合，则不形成虚约束，如图(j)和图(k)所示。图(j)相当于一个转动副，图(k)相当于一个移动副
	不同构件上两点距离始终保持不变	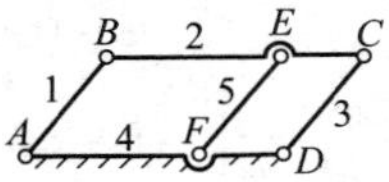 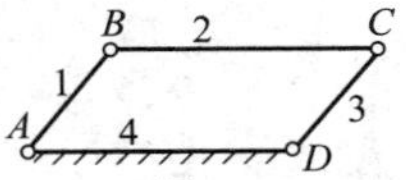 图(l)　图(m) 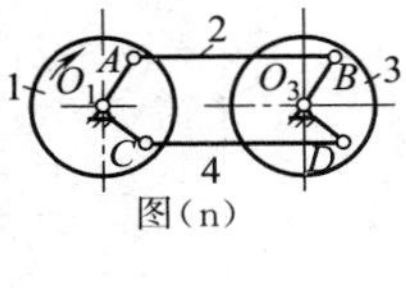 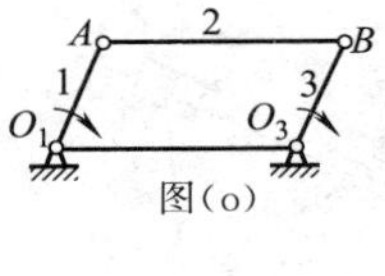 图(n)　图(o)	图(l)中由于杆 5 不论存在与否，EF 的距离都保持不变，所以去除相关的虚约束，转换后的机构简图如图(m)所示 图(n)中由于 C 和 D 的间距也保持不变，也同样为虚约束，也应去除，转换后的机构简图如图(o)所示

续表

注意事项	定义	图例	计算说明
虚约束	连杆上一点的轨迹为一直线	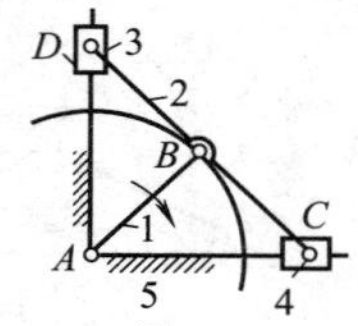 图(p) 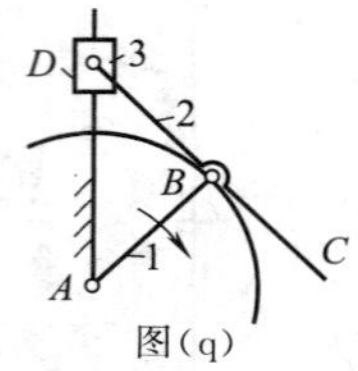 图(q)	图(p)中 C 点的轨迹始终为直线，滑块 4 的存在对其运动轨迹并不产生影响。故计算自由度时，滑块 4 连同 C 点的转动副和移动副都应去除，得到的转换机构如图(q)所示
	对运动起重复限制作用的对称部分	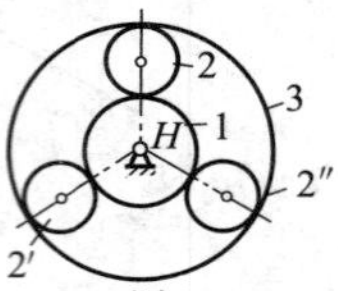 图(r) 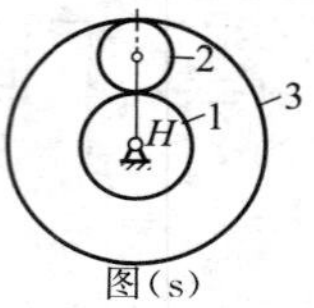 图(s)	图(r)所示的行星轮系，为了受力均衡，采取三个行星轮 2、2′和 2″对称布置的结构，而事实上只要一个行星轮便可满足运动要求，其他两个行星轮则引入两个虚约束

表 11-1-10　　平面机构自由度计算图例

注意事项	图　　例	自由度分析
无需考虑注意事项的机构	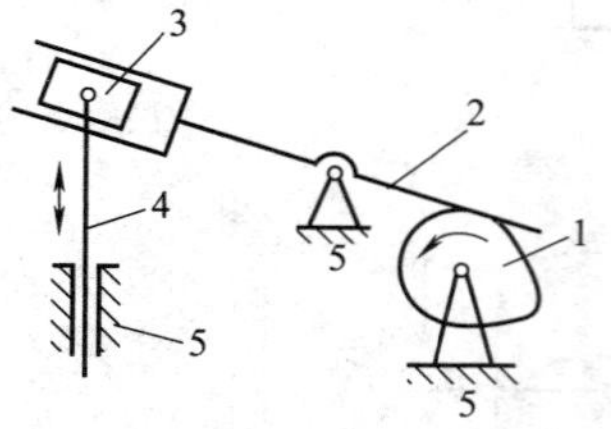	机构各构件均在同一平面运动，活动构件数 $n=4$，1 与 5、2 与 5、3 与 4 形成 3 个转动副，2 与 3、4 与 5 形成 2 个移动副，1 与 2 形成一个高副 机构自由度为 $$F=3n-2P_5-P_4=3\times4-2\times5-1=1$$ 其中　$n=4, P_4=1, P_5=5$
考虑复合铰链的机构	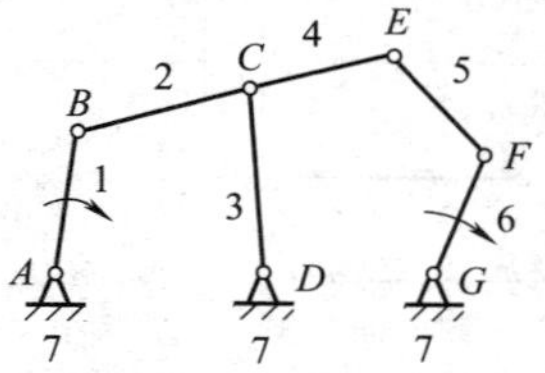	机构中 C 处是构件 2、3、4 的复合铰链 机构自由度为 $$F=3n-2P_5-P_4=3\times6-2\times8=2$$ 其中　$n=6, P_4=0, P_5=8$
	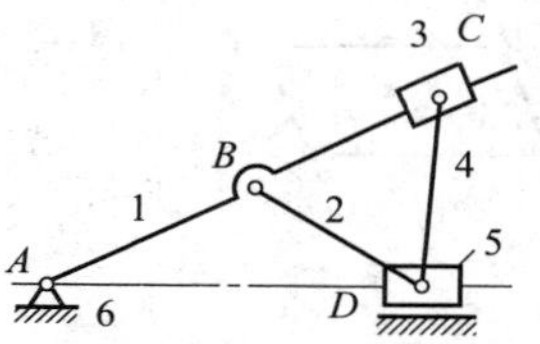	C 处是构件 1、3、4 的复合运动副，D 处是构件 2、4、5 的复合铰链 机构自由度为 $$F=3n-2P_5-P_4=3\times5-2\times7=1$$ 其中　$n=5, P_4=0, P_5=7$

第 11 篇

续表

<table>
<tr><th>注意事项</th><th>图　例</th><th>自由度分析</th></tr>
<tr><td>考虑局部自由度的机构</td><td>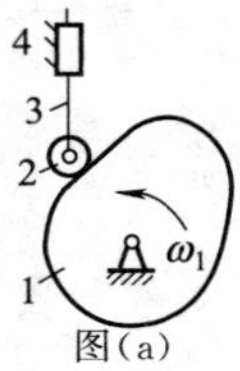

图(a)
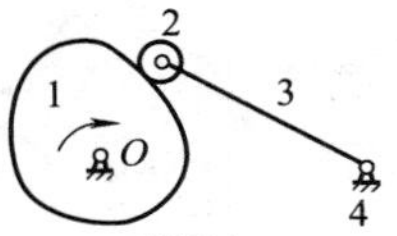

图(b)</td><td>直动和摆动从动件的凸轮机构中，从动件的滚子部分存在局部自由度，将滚子和从动件看成一个构件，计算得机构的自由度为
$F=3n-2P_5-P_4=1$
其中　$n=2,P_4=1,P_5=2$</td></tr>
<tr><td rowspan="2">考虑复合铰链和局部自由度的机构</td><td>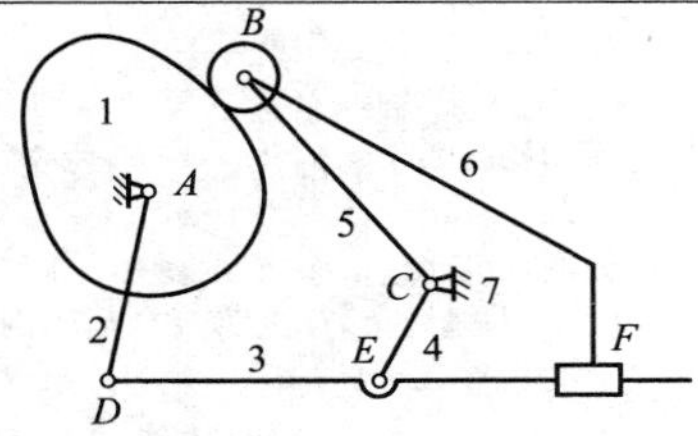

图(c)</td><td>需要注意的是：滚子 B 为一局部自由度，将其与构件 5 固连在一起，构件 5 与构件 6 还构成 1 个转动副；C 处为一复合铰链，3 个构件 4、5 和 7 形成 2 个转动副；A 处为一复合铰链，3 个构件 1、2 和 7 形成 2 个转动副
由左图可知：
$n=6,P_5=8,P_4=1$
$F=3n-2P_5-P_4=1$</td></tr>
<tr><td>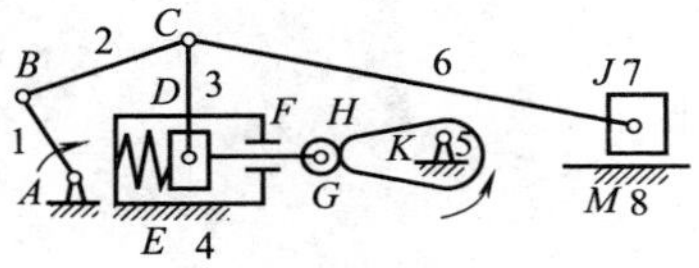

图(d)
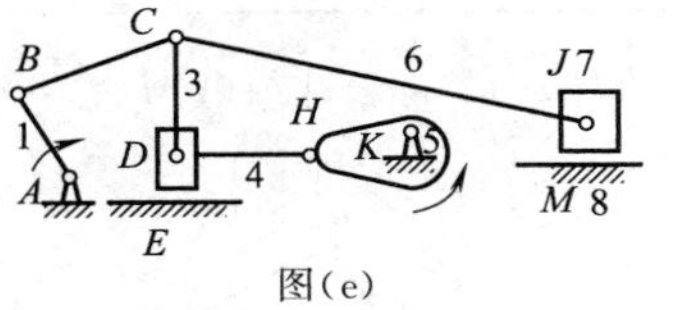

图(e)</td><td>机构各构件均在同一平面运动，活动构件数 $n=7$，A、B、C、D、G、K 和 J 为转动副，E、F 和 M 为移动副，H 为高副。G 处滚子及转动副为局部自由度，E 和 F 处活塞及活塞杆与气缸组成两平行移动副，其中有一个是虚约束，计算运动副时应减去。按图(e)分析，C 处为复合铰链，转动副应为 $3-1=2$ 个，$P_5=9$，$P_4=1$，则机构自由度为
$F=3n-2P_5-P_4=1$</td></tr>
<tr><td rowspan="2">考虑虚约束的机构</td><td>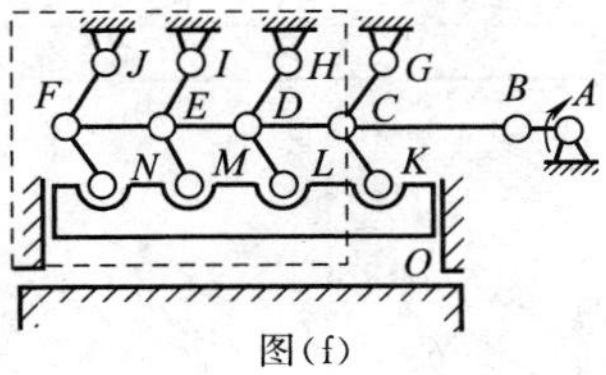

图(f)
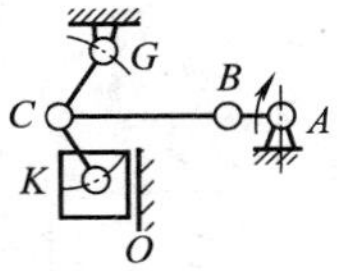

图(g)</td><td>由图(f)中可知，除 O 为移动副外，其余均为转动副。其中虚线内部分为虚约束，去除后得机构简图如图(g)所示，根据其计算机构的自由度
$n=5,P_5=7$（C 处有一复合铰链），$P_4=0$
$F=3n-2P_5-P_4=1$</td></tr>
<tr><td>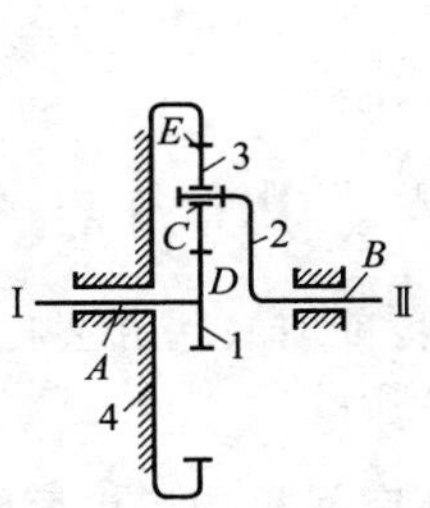

图(h)
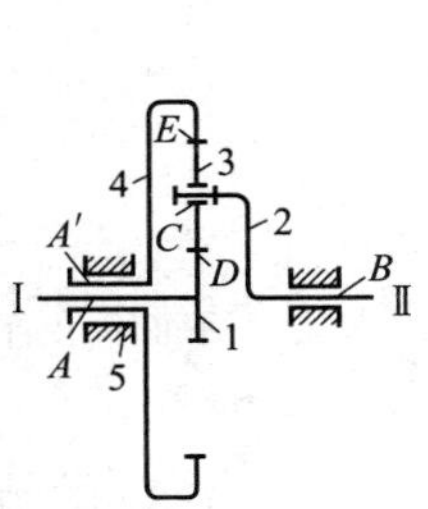

图(i)</td><td>图(h)所示为行星轮系，有 A、B 和 C 三个转动副，D、E 两个高副，去除虚约束（起重复限制作用的对称部分）后可知
$n=3,P_5=3,P_4=2$
则机构自由度为
$F=3n-2P_5-P_4=1$
图(i)所示为差动轮系（齿圈 4 不固定），与行星轮系相比，增加了一个构件 5 和一个转动副 A'，则
$n=4,P_5=4,P_4=2$
$F=3n-2P_5-P_4=2$
可知，需要给定其中两个构件的运动，机构才有确定的运动</td></tr>
</table>

续表

注意事项	图例	自由度分析
考虑虚约束和复合运动副	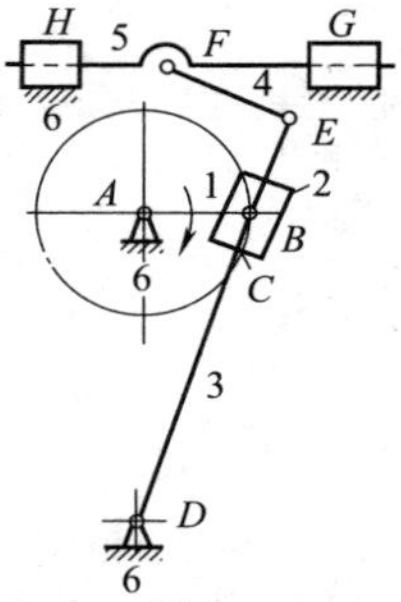 图(j) 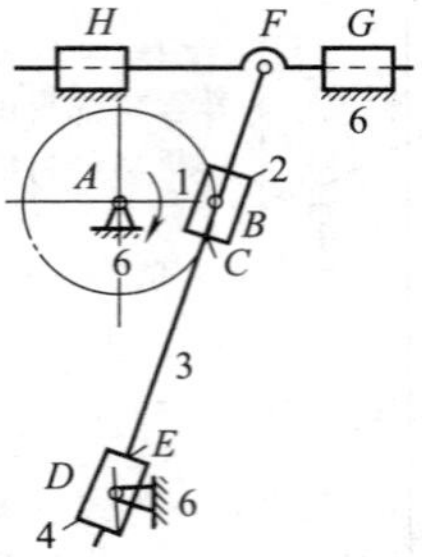 图(k) 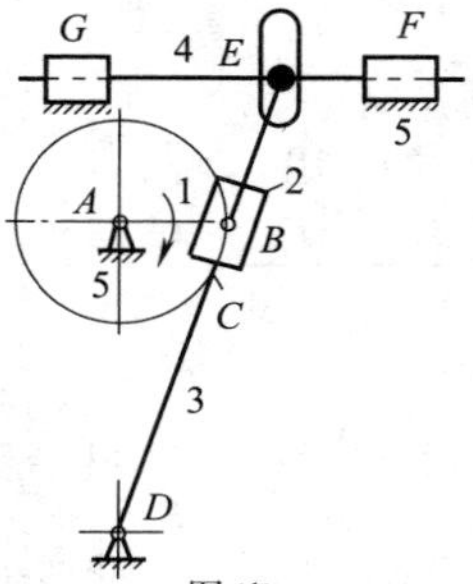 图(l) 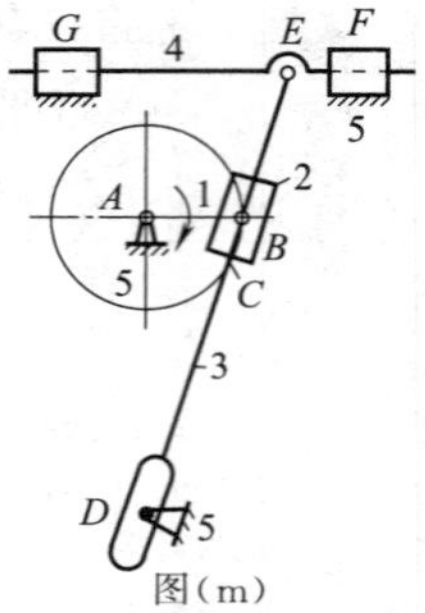 图(m)	如图(j)与图(k)中所示： G、H 为虚约束，B 处为复合运动副 活动构件数 $n=5$，$P_5=7$，$P_4=0$ $F=3n-2P_5-P_4=1$ 如图(l)与图(m)中所示： G、F 为虚约束，B 处为复合运动副 活动构件数 $n=4$，$P_5=5$，$P_4=1$ $F=3n-2P_5-P_4=1$

1.3.3 公共约束的意义和判定方法

前面给出了平面机构自由度的计算，但工程应用中很多机构属于空间机构，所谓空间机构，是指机构中所有构件的运动不完全在一个平面内。

为了计算空间机构的自由度，首先应分析机构的公共约束。所谓公共约束是指机构中所有构件共同失去的自由度或各运动副共同的有效约束。公共约束的数值 M 等于机构中所有构件共同失去的自由度数或各运动副共同的有效约束数。

判定公共约束 M 的方法常采用割断机架法。

割断机架法的思路为：割断机架后，将最末杆看成活动构件，它所不能实现的独立运动数，必然是原机构中各运动构件所共同失去的独立运动数，或运动副共同得到的有效约束数，即公共约束数 M。

如图 11-1-1 所示机构，其中 A、B 为两个转动副 R（P_5），C 为球面副 S（P_3），由图 11-1-1（b）清晰可见，构件 3 与 4 组成圆柱副 C（P_4）。机构形成的单闭环由构件 4-1-2-3-4 组成，为计算公共约束 M，将机架割断，分成 4 与 4′两部分，最末杆变为 4′，将 4′看成活动构件，可以看出 4′的自由度为沿 x、y 轴两个方向移动以及绕 x、y、z 轴三个方向的转动，共有 5 个自由度，可知，它所不能实现的独立运动数为 1，即公共约束 $M=1$（沿 z 轴方向移动）。

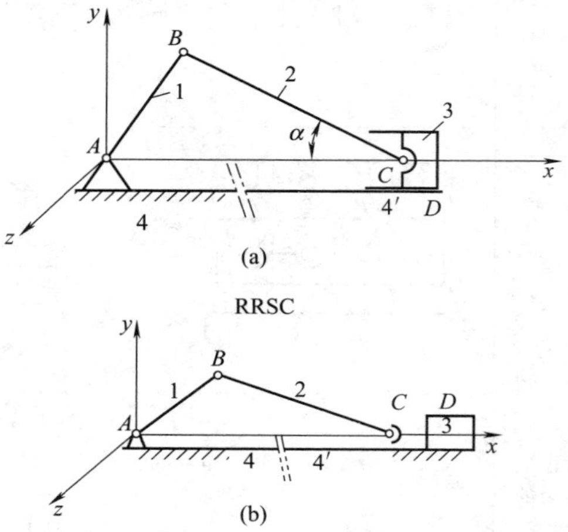

图 11-1-1 机构示例

下面给出平面机构和空间机构中公共约束数判定的图例，如表 11-1-11 所示。

1.3.4 单闭环空间机构自由度的计算

两个以上的构件通过运动副的连接而构成的系统称为运动链。如果运动链的构件未构成首末封闭的系

表 11-1-11　　**单闭环机构公共约束数 M 的判定**

M	M 不同的各种机构图例			
0	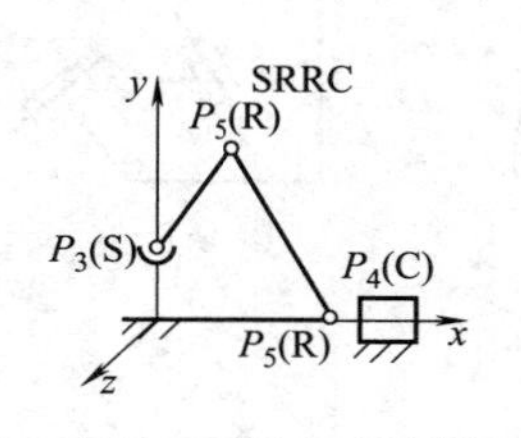	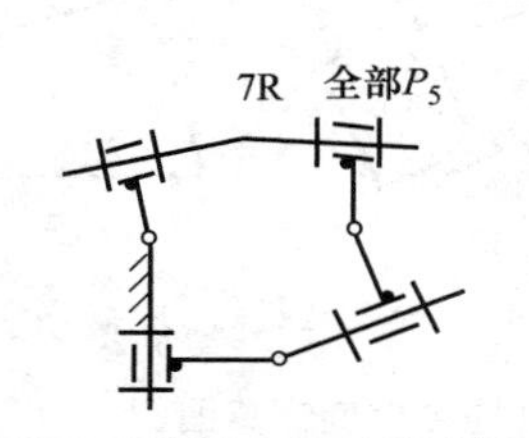	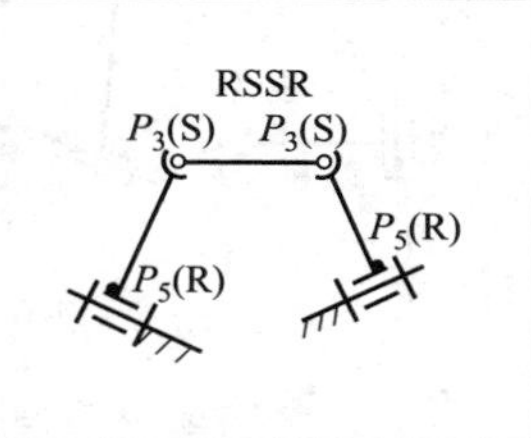	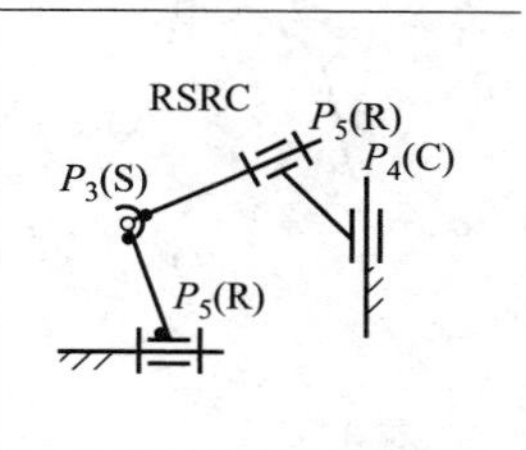
1	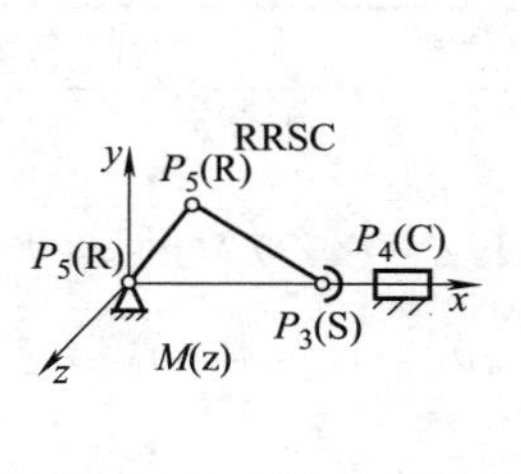	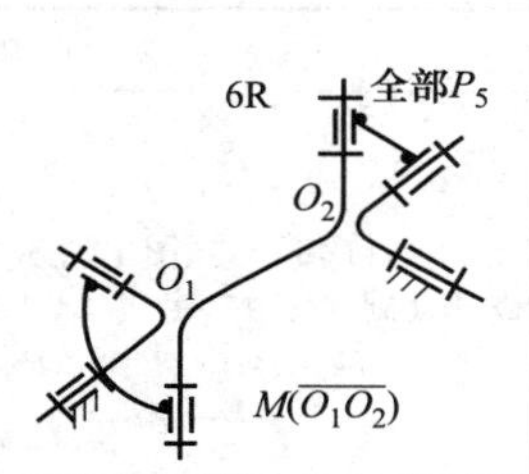	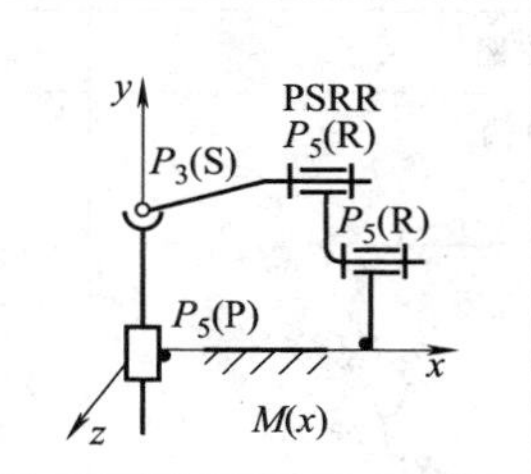	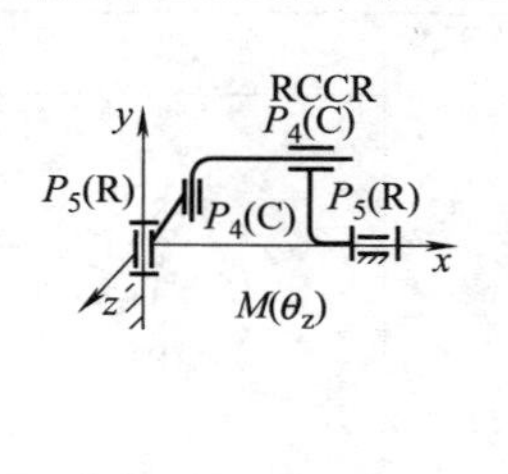
2	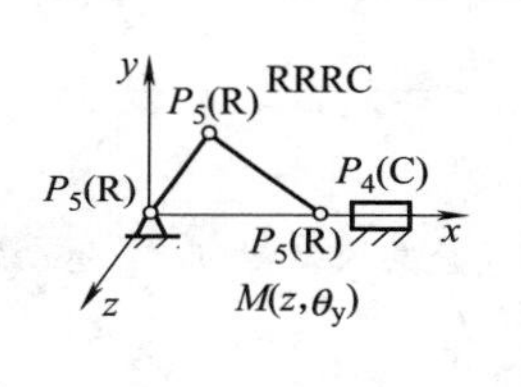	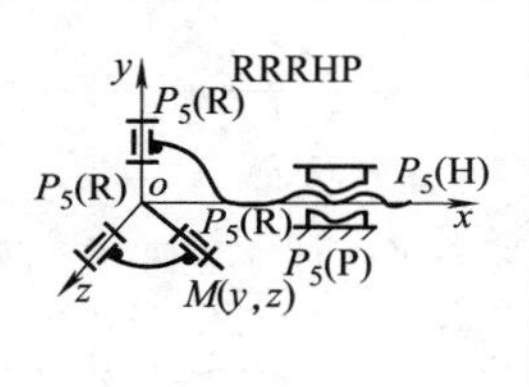	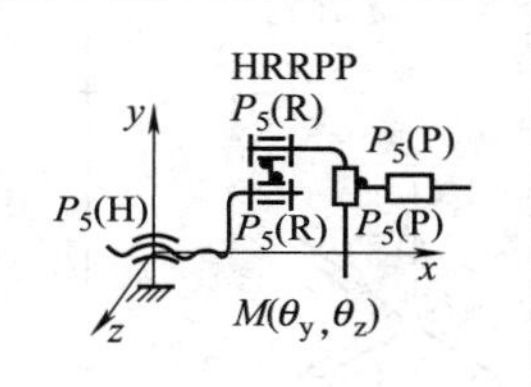	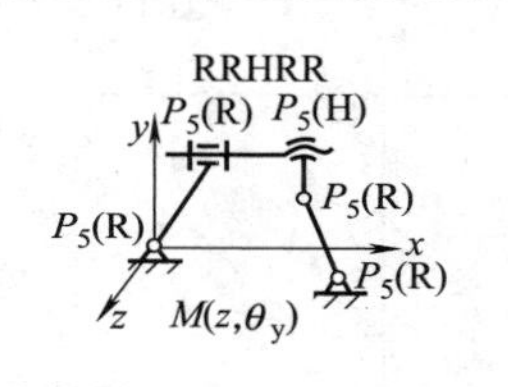
3	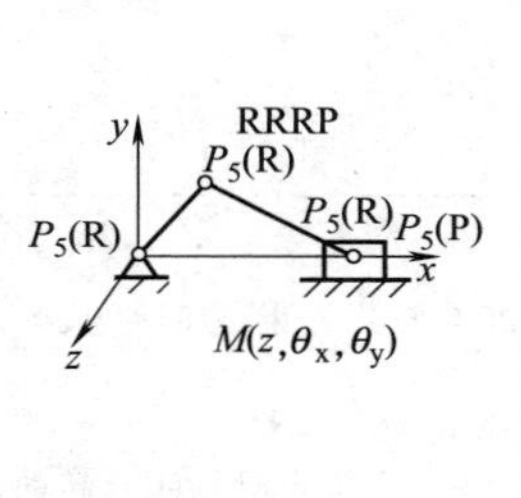	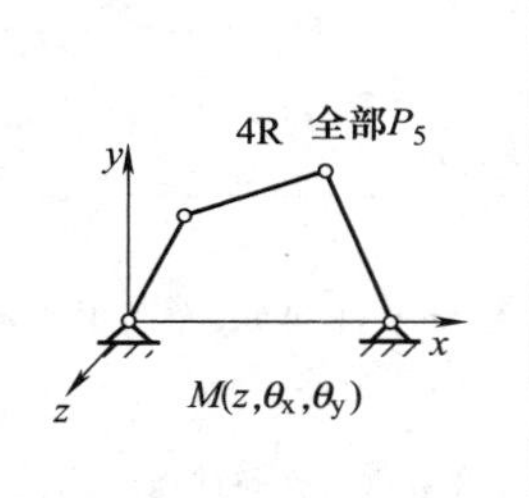	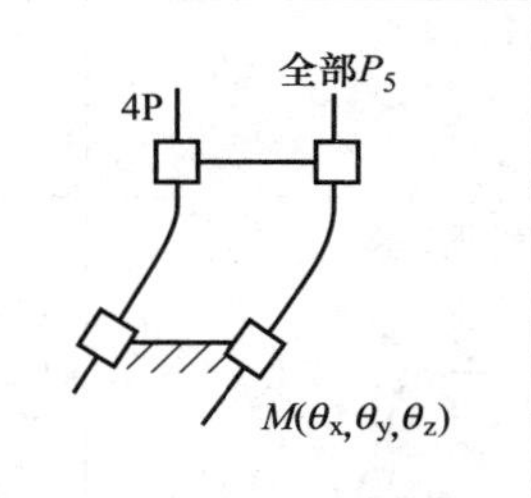	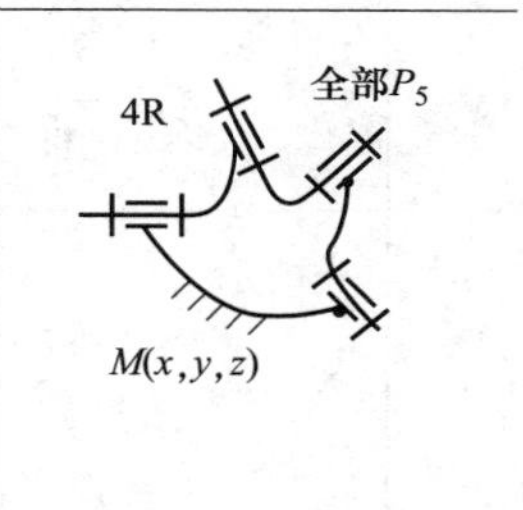
4	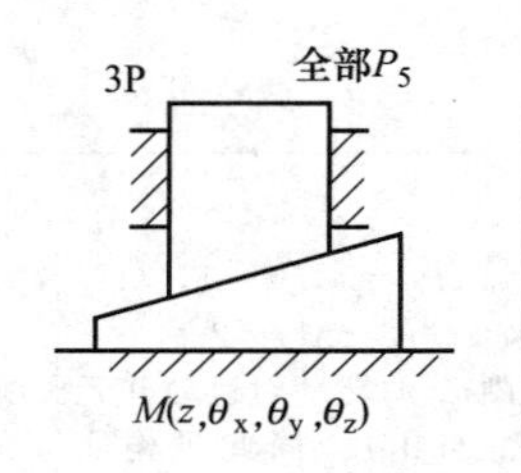	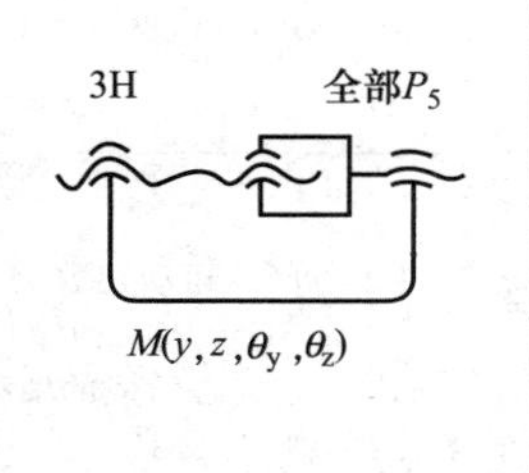	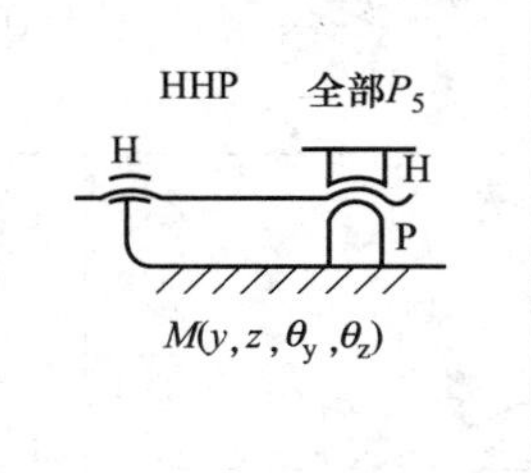	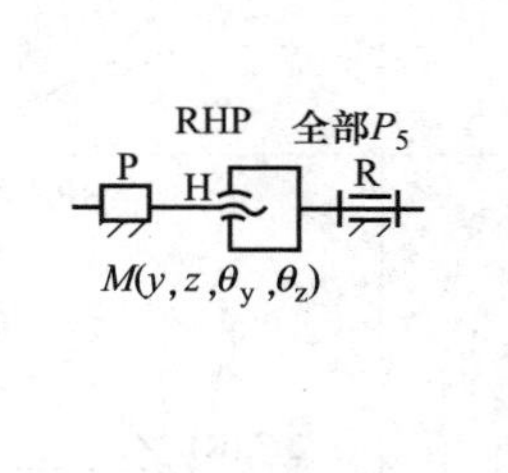

统，则称为开式运动链，简称开链，如图 11-1-2 (a)、(b) 所示。如果运动链的各构件构成首尾封闭的结构，则称为闭式运动链，简称闭链，如图 11-1-2 (c)～(e) 所示。闭链中有单环闭链和多环闭链。

所谓单闭环空间机构是指一个封闭空间运动链组成的机构，该机构只有一个主动件。

多数的空间机构属于单闭环，如表 11-1-11 所示的机构。

每个构件空间自由度为 6，因为单闭环空间机构必须满足运动副总数与活动构件数之差等于 1，所以单闭环空间机构的自由度数 F 为：

$$F=P_5+2P_4+3P_3+4P_2+5P_1-(6-M) \tag{11-1-2}$$

式中　M——各运动副的公共约束。

式 (11-1-2) 除适用于单闭环空间机构外，还适用于 M 相同的单闭环组成的多闭环机构，计算空间机构自由度时也需考虑局部自由度等注意事项，计算图例如表 11-1-12 所示。

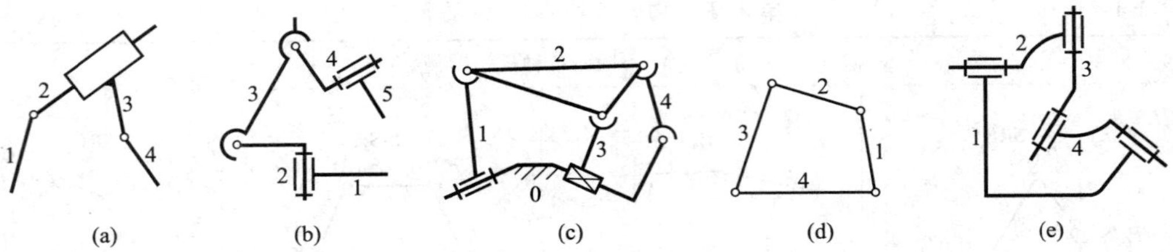

图 11-1-2 运动链

表 11-1-12 单闭环空间机构自由度计算图例

序号	图例	自由度计算
1	7R机构 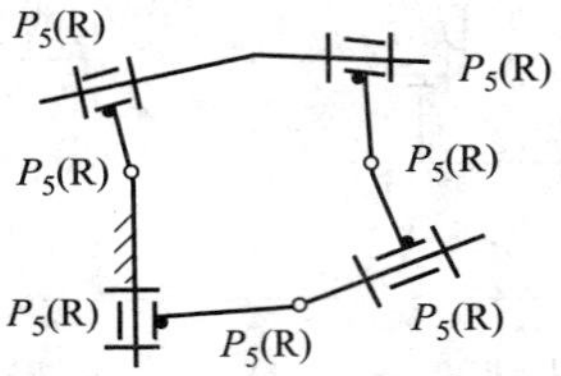	查表 11-1-11 可知，左图中所示机构公共约束数 $M=0$，运动副全部为Ⅴ级转动副，$P_5=7$，由式(11-1-2)得 $F=P_5+2P_4+3P_3+4P_2+5P_1-(6-M)$ $=P_5-(6-M)=1$
2	6R机构 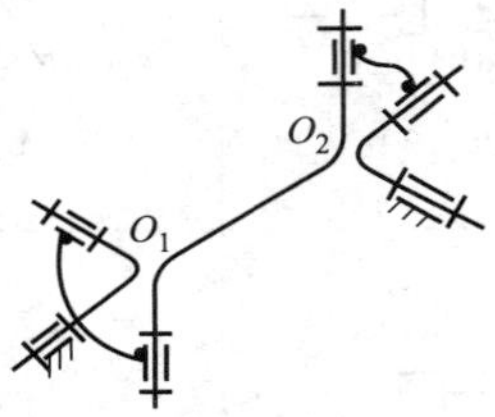	查表 11-1-11 可知，左图中所示机构公共约束数 $M=1$，运动副全部为Ⅴ级转动副，$P_5=6$，由式(11-1-2)得 $F=P_5+2P_4+3P_3+4P_2+5P_1-(6-M)$ $=P_5-(6-M)=1$
3	RSSR机构 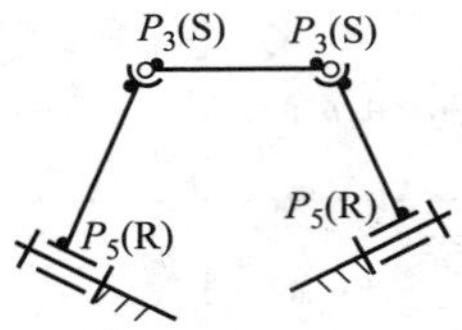	查表 11-1-11 可知，左图中所示机构公共约束数 $M=0$，运动副数 $P_5=2$，$P_3=2$，故 $F=P_5+3P_3-(6-M)=2$ 由于连杆带有两个球面副，因此存在一个绕自身轴线自转的局部自由度，故机构的实际自由度 $F=1$
4	RRSC机构 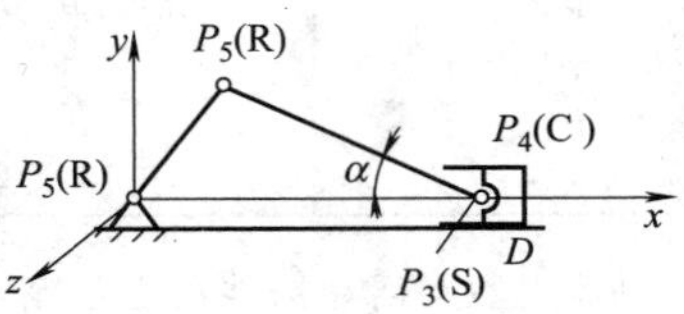	查表 11-1-11 可知，运动副数 $P_5=2$，$P_4=1$，$P_3=1$，故 $F=P_5+2P_4+3P_3-(6-M)=2$ 由于活塞与固定气缸组成的圆柱副 D 的转动对运动并无影响，相当于一个移动副，所以具有一个局部自由度，因此机构实际的自由度 $F=1$
5	RRHRR机构 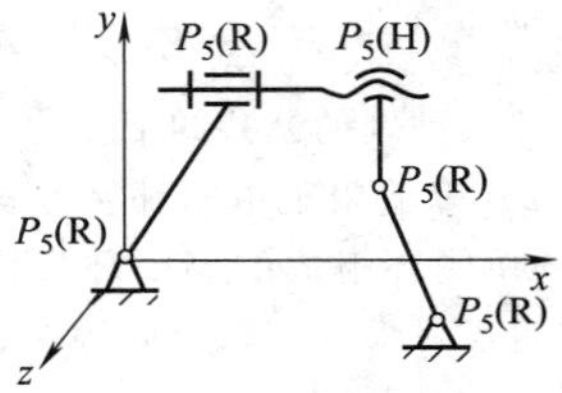	查表 11-1-11 可知，$M=2$，$P_5=5$，故机构的自由度 $F=P_5-(6-M)=1$

续表

序号	图例	自由度计算
6	HHP机构 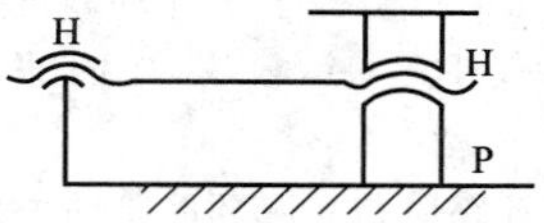	查表 11-1-11 可知，$M=4$，$P_5=3$，故机构的自由度 $F=P_5-(6-M)=1$

1.3.5　多闭环空间机构自由度的计算

(1) 虚拟环路和虚拟环路的自由度公式

在多闭环空间机构中，每个独立环路与其相邻环路不重复的独立杆件的组合称为杆组。杆组的自由度可以小于零、等于零和大于零，杆组的构件可以是从动件，也可以是原动件。这里定义的杆组是广义的杆组，不是自由度为零的阿苏尔杆组，例如图 11-1-3 所示的九杆机构有四个独立环路，它含有图 11-1-4 中所示的 $ABCD$、EFG、HK、PRM 四个杆组。

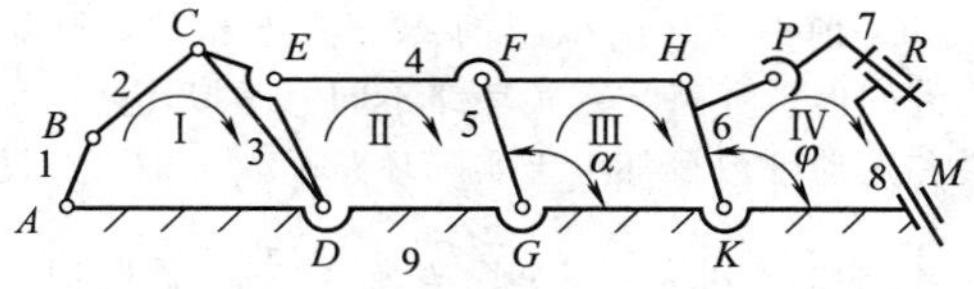

$ED=FG=HK$，$ED /\!/ FG /\!/ HK$

图 11-1-3　九杆机构

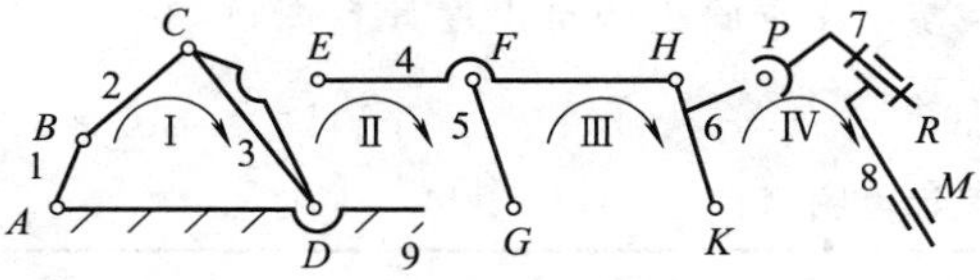

图 11-1-4　各环路杆件不重复的独立部分

为了把相邻两个环路不同的运动传递方式用统一的术语来描述，引入虚拟运动副的概念。设相邻两个环路传递运动的构件为 M、J，无论它们是否相邻，都假想地看成是由一个运动副连接的，这个假想的运动副称为虚拟运动副，简称为虚拟副。当组成虚拟副的两个构件 M、J 相邻时，虚拟副是一个真实的运动副；当组成虚拟副的两个构件 M、J 不相邻时，虚拟副是一个广义副，即广义运动副。任意两个相邻的独立环路之间的运动传递，都是通过虚拟副完成的。第 j 个杆组与其所连接的前一个环路的虚拟副组成的环路称为虚拟环路。

利用虚拟副的概念，可以这样来描述多环路机构的组成：具有 L 个独立环路的机构，是用 $L-1$ 个杆组依次添加到前一环路组成虚拟副的两个构件 M、J 上形成的。

这样就可以把具有 L 个独立环路的机构，看成是由 L 个独立的虚拟环路组成的。前一虚拟环路所谓的运动输出构件 M、J，也是后一虚拟环路的运动输入构件。依此类推，直到把运动传递到组后一个环路。

在多环路机构中，第 j 个环路不相邻的两个构件 M、J 组成的广义副用 $G_j^{M,J}$ 表示，它的相对运动参数称为广义副的阶，用 $d_j^{M,J}$ 表示，虚拟环路的阶用 d_j^X 表示，杆组自身的阶用 d_j^{gz} 表示，自由度为 F_j，杆组的构件数为 n_j、总的运动副数为 P_j，第 i 个运动副的自由度数目为 f_i，则第 j 个虚拟环路杆组的自由度公式为

$$F_j=\sum_{i=1}^{P_j} f_i-d_j^X \tag{11-1-3}$$

式中　$\sum_{i=1}^{P_j} f_i$——第 j 个杆组的运动副自由度之和；

d_j^X——杆组与广义副闭合后所失去的自由度。

上述两者之差 F_j，就是第 j 个杆组添加后机构自由度的变化，它可以小于零、等于零和大于零。

多闭环机构的自由度计算，就是根据机构组成的先后连接顺序，依次求出第 j 个环路杆组的自由度 F_j，L 个独立环路杆组的自由度之和就是机构的自由度 F，即

$$F=F_1+F_2+\cdots+F_L=\sum_{j=1}^{L} F_j \tag{11-1-4}$$

把式 (11-1-3) 代入式 (11-1-4)，经推导得到虚拟环路法的机构自由度公式，即

$$F=\sum_{i=1}^{P} f_i-\sum_{j=1}^{L} d_j^X \tag{11-1-5}$$

式中　f_i——第 i 个运动副的自由度数目；

P——机构总的运动副数目。

需要强调说明的是，F 是包括局部自由度 F^r 在内的自由度，$F-F^r$ 是机构从动件具有确定运动所需的原动件数目。

设机构各环路虚拟阶之和为 d^X，则

$$d^X=\sum_{j=1}^{L}d_j^X \qquad (11\text{-}1\text{-}6)$$

对于一个确定的机构，在非奇异位形的位置，它的虚拟环路阶之和 d^X 是个确定的值，该值与“运动的方程组”求出的值相等。

（2）虚拟环路阶的表示方法和运算规则

为了能反映出第 j 个虚拟环路运动参数的多少和类型，用 d_j^X（$\alpha\beta\gamma$，$x\,y\,z$）表示，括弧中的 α、β、γ、x、y、z 是形式参数，分别代表含有绕 x、y、z 轴的转动和移动。为了讨论方便，也可以把 α、β、γ 所代表的实际转角符号写入对应的位置，例如 $\alpha=\varphi$，$\beta=\theta$，$\gamma=\psi$，则写成 d_j^X（$\varphi\,\theta\,\psi$，$x\,y\,z$）。形式参数的值只有 0、1 两种。0 表示没有参数对应的运动，直接写入 0；1 表示有对应参数的运动，写入符号。d_j^X 的值为各参数值之和，$d_j^X=\alpha+\beta+\gamma+x+y+z$。例如 d_j^X（$0\,0\,\gamma$，$x\,y\,0$）是第 j 个虚拟环路的阶，代表环路中含有绕 z 轴的转动 γ 和沿 x、y 轴的移动，没有绕 x、y 的转动和沿 z 轴的移动，其值为 $d_j^X=3$。

d_j^X 的计算方法为：d_j^X 等于广义副的阶 $d_{j-1}^{M,J}$ 与杆组自身的阶 d_j^{gz} 之和，即

$$d_j^X=d_{j-1}^{M,J}+d_j^{gz} \qquad (11\text{-}1\text{-}7)$$

该式为第 j 个虚拟环路阶的约束方程，简称为阶约束方程。

在 $d_{j-1}^{M,J}+d_j^{gz}$ 的运算中，代表对应参数的因子相加，运算法则为

$$x_i+x_i=x_i,x_i+0=x_i,0+0=0,x_i=0,1 \qquad (11\text{-}1\text{-}8)$$

值得强调的是，计算机构自由度时，对于任意选定的独立环路Ⅰ，因为它没有前一环路，所以环路Ⅰ的虚拟环路阶 $d_{\text{Ⅰ}}^X$ 总是等于实际环路的阶 $d_{\text{Ⅰ}}$，或者说环路Ⅰ仅仅是一个名义上的虚拟环路，即 $d_{\text{Ⅰ}}^X=d_{\text{Ⅰ}}$。

（3）虚拟环路阶与实际环路阶的关系

虚拟环路阶 d_j^X 与实际环路阶 d_j 的关系为

$$d_j^X\leqslant d_j \qquad j=1,2,\cdots,L \qquad (11\text{-}1\text{-}9)$$

d_j 值可以直接用观察法求得，也可以用观察法或螺旋理论求环路的公共约束 m_j，再求 $d_j=6-m_j$。使用公式（11-1-5）时，首先要根据虚拟副的 M、J 是否邻接，判定哪些环路的 d_j^X 与 d_j 相等，这个判断法则称为阶的判定定理：①任选的第Ⅰ环路 $d_{\text{Ⅰ}}^X=d_{\text{Ⅰ}}$；②若虚拟副的 M、J 相邻，则 $d_j^X=d_j$（添加第 j 个杆组时，如果前一环路虚拟副的 M、J 构件相邻，则第 j 个虚拟环路与机构的真实环路相同，两种环路的构件数和运动副数完全相同，所以 $d_j^X=d_j$）；③若虚拟副的 M、J 不相邻，则由式（11-1-7）确定 d_j^X 值，可能 $d_j^X=d_j$，也可能 $d_j^X\neq d_j$（如果前一环路虚拟副的 M、J 不相邻，则添加后得到的虚拟环路与真实环路不同，虚拟环路的构件数目和运动副数目都少于实际环路，$d_j^X\leqslant d_j$）。设各独立环路阶之和为 d^L，则 $d^L=\sum\limits_{j=1}^{L}d_j$，机构的虚拟约束数为 $v=d^L-d^X$。

（4）多闭环空间机构自由度的计算图例

多闭环空间机构自由度计算图例如表 11-1-13 所示。

表 11-1-13　　多闭环空间机构自由度计算图例

序号	图　例	自由度计算
1	3-RPS 机构 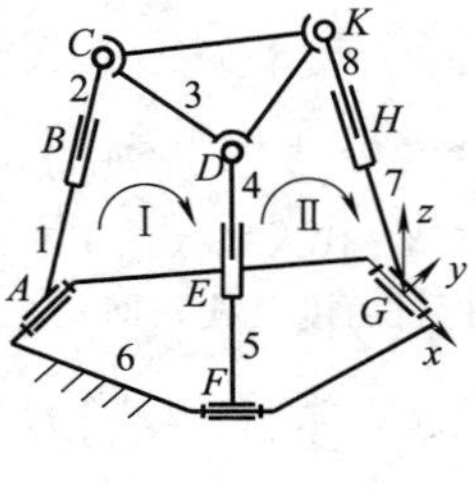 	根据阶的判定定理，任选的第Ⅰ环路，它的虚拟环路阶 $d_{\text{Ⅰ}}^X$ 总是等于该环路的环路阶 $d_{\text{Ⅰ}}$。环路Ⅰ没有公共约束，它的阶 $d_{\text{Ⅰ}}^X$（$\alpha\beta\gamma$，$x\,y\,z$）$=6$，广义副 $G_{\text{Ⅰ}}^{3,6}$ 的阶为 $d_{\text{Ⅰ}}^{3,6}$（$\alpha\beta\gamma$，$x\,y\,z$）$=6$，杆组Ⅱ自身的阶 $d_{\text{Ⅱ}}^{gz}$（$\alpha\beta\gamma$，$0\,y\,z$）$=5$，环路Ⅱ的阶 $d_{\text{Ⅱ}}^X=d_{\text{Ⅰ}}^{3,6}$（$\alpha\beta\gamma$，$x\,y\,z$）$+d_{\text{Ⅱ}}^{gz}$（$\alpha\beta\gamma$，$0\,y\,z$）$=d_{\text{Ⅱ}}^X$（$\alpha\beta\gamma$，$x\,y\,z$）$=6$，由式（11-1-5）得：$F=\sum\limits_{i=1}^{P}f_i-\sum\limits_{j=1}^{L}d_j^X=15-(6+6)=3$

续表

序号	图 例	自由度计算
2	3-RRRP 机构 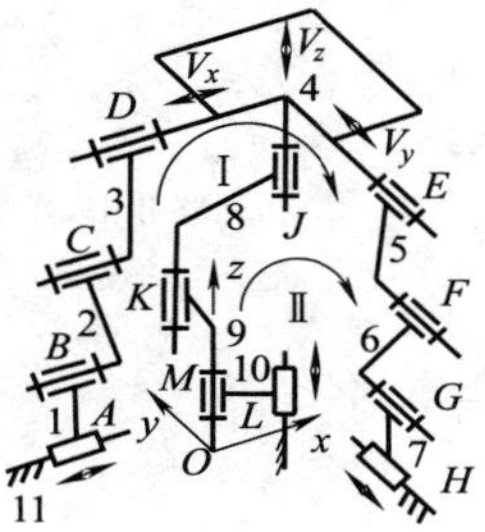	环路Ⅰ有一个不能饶 z 轴回转的公共约束，阶为 $d_{\mathrm{I}}^{X}(\alpha\ \beta\ 0, x\ y\ z)=5$。与动平台4固结的 D、E 点的两个回转副总是平行于 xOy 平面的，所以件4只能做平动，广义副 $G_{\mathrm{I}}^{4,11}$ 的阶为 $d_{\mathrm{I}}^{4,11}(0\ 0\ 0, x\ y\ z)=3$。杆组Ⅱ自身的阶 $d_{\mathrm{II}}^{gz}(0\ 0\ \gamma, x\ y\ z)=4$，环路Ⅱ的阶 $d_{\mathrm{II}}^{X}=d_{\mathrm{I}}^{4,11}(0\ 0\ 0, x\ y\ z)+d_{\mathrm{II}}^{gz}(0\ 0\ \gamma, x\ y\ z)=d_{\mathrm{II}}^{X}(0\ 0\ \gamma, x\ y\ z)=4$。由式(11-1-5)得： $F=\sum_{i=1}^{P} f_i-\sum_{j=1}^{L} d_j^X=12-(5+4)=3$
3	三环路七杆机构 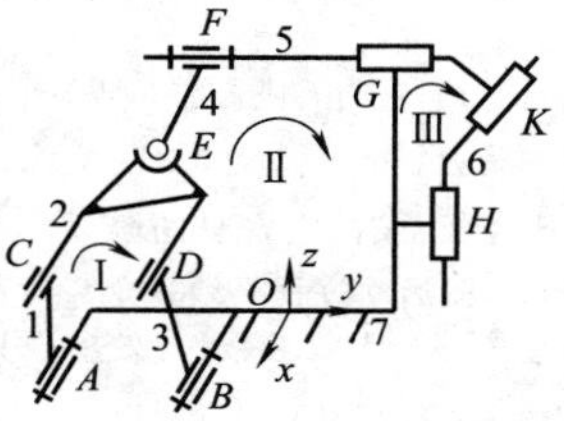	环路Ⅰ中，杆组 $ABCD$ 的四个轴线平行，阶为 $d_{\mathrm{I}}^{X}=d_{\mathrm{I}}^{X}(\alpha\ 0\ 0, x\ y\ z)=4$，广义副 $G_{\mathrm{I}}^{2,7}$ 的阶为 $d_{\mathrm{I}}^{2,7}(\alpha\ 0\ 0, x\ y\ z)=4$。环路Ⅱ中，考虑由件4转动引起的位移为 x 和 z，杆组 EFG 的阶 $d_{\mathrm{II}}^{gz}(\alpha\ \beta\ \gamma, x\ y\ z)=6$。$d_{\mathrm{II}}^{X}=d_{\mathrm{I}}^{2,7}(\alpha\ 0\ 0, x\ y\ z)+d_{\mathrm{II}}^{gz}(\alpha\ \beta\ \gamma, x\ y\ z)=d_{\mathrm{II}}^{X}(\alpha\ \beta\ \gamma, x\ y\ z)=6$，广义副 $G_{\mathrm{I}}^{5,7}$ 的阶为 $d_{\mathrm{II}}^{5,7}(0\ 0\ 0, 0\ y\ 0)=1$。环路Ⅲ中，杆组 KH 的阶 $d_{\mathrm{III}}^{gz}(0\ 0\ 0, 0\ y\ z)=2$。$d_{\mathrm{III}}^{X}=d_{\mathrm{II}}^{5,7}(0\ 0\ 0, 0\ y\ 0)+d_{\mathrm{III}}^{gz}(0\ 0\ 0, 0\ y\ z)=d_{\mathrm{III}}^{X}(0\ 0\ 0, 0\ y\ z)=2$。由式(11-1-5)得： $F=\sum_{i=1}^{P} f_i-\sum_{j=1}^{L} d_j^X=13-(4+6+2)=1$ 注意：E 点的球面副存在一个消极自由度，用式(11-1-5)计算并不需要单独考虑它，得出的结果是正确的。这说明了该公式具有处理消极自由度的功能，通用性强
4	3-RRR 机构 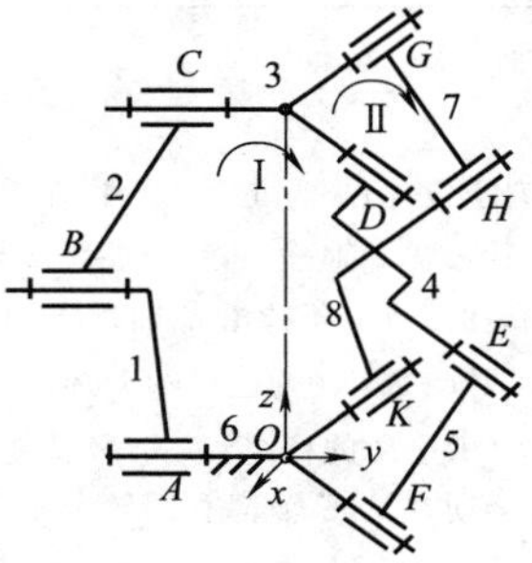	$ABCDEF$ 组成环路Ⅰ，阶 $d_{\mathrm{I}}^{X}=d_{\mathrm{I}}^{X}(\alpha\ \beta\ 0, x\ y\ z)=5$，广义副 $G_{\mathrm{I}}^{3,6}$ 的阶 $d_{\mathrm{I}}^{3,6}(0\ 0\ 0, 0\ 0\ z)=1$。环路Ⅱ中，杆组 GHK 自身的阶 $d_{\mathrm{II}}^{gz}=d_{\mathrm{II}}^{gz}(\alpha\ 0\ 0, 0\ y\ z)=3$，$d_{\mathrm{II}}^{X}=d_{\mathrm{I}}^{3,6}(0\ 0\ 0, 0\ 0\ z)+d_{\mathrm{II}}^{gz}(\alpha\ 0\ 0, 0\ y\ z)=d_{\mathrm{II}}^{X}(\alpha\ 0\ 0, 0\ y\ z)=3$。由式(11-1-5)得：$F=\sum_{i=1}^{P} f_i-\sum_{j=1}^{L} d_j^X=9-(5+3)=1$
5	3-PUU 机构 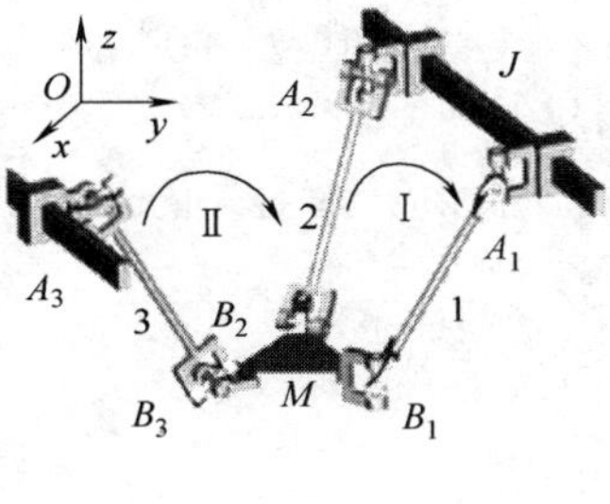	环路Ⅰ有3个转动和3个移动（一个移动副和两个转动引起的移动）。它的阶 $d_{\mathrm{I}}^{X}(\alpha\ \beta\ \gamma, x\ y\ z)=6$。广义副 $G_{\mathrm{I}}^{M,J}$ 的阶为 $d_{\mathrm{I}}^{M,J}(0\ 0\ \gamma, x\ y\ z)=4$。由于 B_3 点的水平轴线也是固结在动平台上的，该轴线的转动在 x、y 轴都有分量。B_3 点U副的另一回转轴与动平台有一个夹角，所以它在 y、z 轴也都有回转分量。因此，杆组3自身的运动参数有3个转动和3个移动，即 $d_{\mathrm{II}}^{gz}(\alpha\ \beta\ \gamma, x\ y\ z)=6$，$d_{\mathrm{II}}^{X}=d_{\mathrm{I}}^{M,J}(0\ 0\ \gamma, x\ y\ z)+d_{\mathrm{II}}^{gz}(\alpha\ \beta\ \gamma, x\ y\ z)=d_{\mathrm{II}}^{X}(\alpha\ \beta\ \gamma, x\ y\ z)=6$。由式(11-1-5)得： $F=\sum_{i=1}^{P} f_i-\sum_{j=1}^{L} d_j^X=15-(6+6)=3$

续表

序号	图例	自由度计算
6	2-RPC/RRC 机构 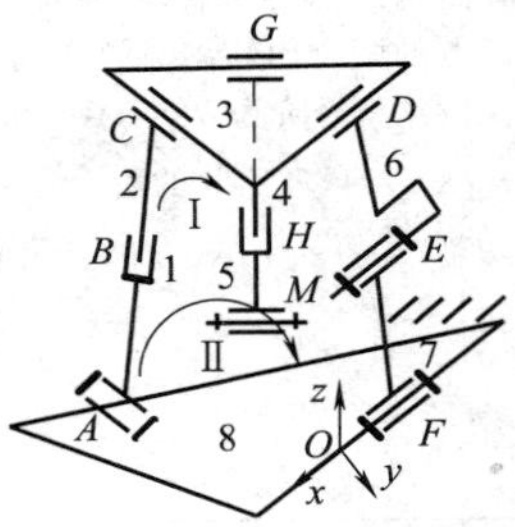	环路Ⅰ的所有构件都不能绕 z 轴转动，$d_{\mathrm{I}}=d_{\mathrm{I}}(\alpha\ \beta\ 0, x\ y\ z)=5$，广义副 $G_{\mathrm{I}}^{3,8}$ 的阶为 $d_{\mathrm{I}}^{3,8}(0\ 0\ 0, x\ y\ z)$。环路Ⅱ中，杆组 DEF 自身的阶 $d_{\mathrm{II}}^{gz}(\alpha\ 0\ 0, 0\ y\ z)$。$d_{\mathrm{II}}^{X}=d_{\mathrm{I}}^{3,8}(0\ 0\ 0, x\ y\ z)+d_{\mathrm{II}}^{gz}(\alpha\ 0\ 0, 0\ y\ z)=d_{\mathrm{II}}^{X}(\alpha\ 0\ 0, x\ y\ z)=4$。$F=\sum_{i=1}^{P} f_i-\sum_{j=1}^{L} d_j^X=12-(5+4)=3$
7	平面 6R 杆机构 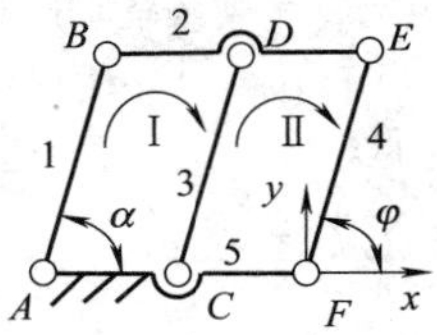 $AB=CD=EF, AB/\!/CD/\!/EF$	环路Ⅰ中，$d_{\mathrm{I}}^{X}(0\ 0\ \gamma, x\ y\ z)=3$。由于环路Ⅰ是个平行四边形，件 2 只能做平动，广义副 $G_{\mathrm{I}}^{2,5}$ 的阶 $d_{\mathrm{I}}^{2,5}=d_{\mathrm{I}}^{2,5}(0\ 0\ 0, x\ y\ 0)$。环路Ⅱ中，只有一杆两副的 EF 杆组，从表面上看，它自身的阶 $d_{\mathrm{II}}^{gz}(0\ 0\ \gamma, x\ y\ 0)$。由于构件 4 与 x 轴的夹角 φ，在运动过程必须每个瞬时都与 α 相等，所以 φ 是非独立运动参数，它是一个无效参数，有效参数只有两个 x、y，也就是 $d_{\mathrm{II}}^{gz}(0\ 0\ 0, x\ y\ 0)=2$。$d_{\mathrm{II}}^{X}=d_{\mathrm{I}}^{2,5}(0\ 0\ 0, x\ y\ 0)+d_{\mathrm{II}}^{gz}(0\ 0\ 0, x\ y\ 0)=d_{\mathrm{II}}^{X}(0\ 0\ 0, x\ y\ 0)=2$。由式(11-1-5)得：$F=\sum_{i=1}^{P} f_i-\sum_{j=1}^{L} d_j^X=6-(3+2)=1$ 由于 $d_{\mathrm{II}}^{X}(0\ 0\ 0, x\ y\ 0)=2$，由式(11-1-5)得：$F_{\mathrm{II}}=\sum_{i=1}^{P} f_i-\sum_{j=1}^{L} d_j^X=2-2=0$。这个例子说明该机构中，一杆两副的 EF 杆组是一个阶为 2、自由度为零的最小杆组
8	2-PRU /PR(Pa)R 机构 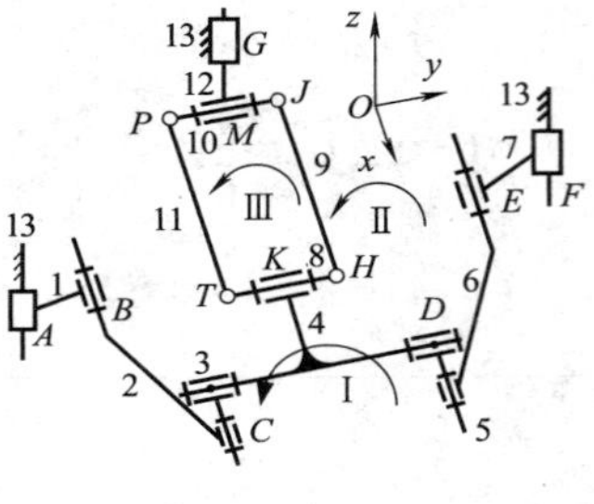 图(a) 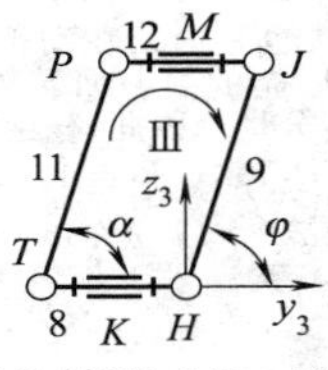 $JH/\!/PT, JH=PT$ 图(b)	在 yOz 平面内，2-PRU（C、D 为 U 副）杆组串联成环路Ⅰ（$ABCDEF$），所有构件都不能沿 x 轴移动，也不能绕 z 轴转动，环路Ⅰ的阶 $d_{\mathrm{I}}^{X}(\alpha\ \beta\ 0, 0\ y\ z)=4$，由于件 4 不能沿 x 轴移动，也不能绕 z 轴转动，广义副 $G_{\mathrm{I}}^{4,13}$ 的约束 $d_{\mathrm{I}}^{4,13}(\alpha\ \beta\ 0, 0\ y\ z)=4$。环路Ⅱ为 $GMJHK$-DEF，它含有一个 $PR\perp R \parallel R\perp R$ 的杆组，K 和 M 点的回转轴线都平行于 y 轴，H 和 J 的回转运动在 x、z 轴都有回转分量，杆组自身的阶为 $d_{\mathrm{II}}^{gz}(\alpha\ \beta\ \gamma, x\ y\ z)=6$，$d_{\mathrm{II}}^{X}=d_{\mathrm{I}}^{4,13}(\alpha\ \beta\ 0, 0\ y\ z)+d_{\mathrm{II}}^{gz}(\alpha\ \beta\ \gamma, x\ y\ z)=d_{\mathrm{II}}^{X}(\alpha\ \beta\ \gamma, x\ y\ z)=6$。件 8 相对于件 12 只能平动，广义副 $G_{\mathrm{II}}^{8,12}$ 的阶为 $d_{\mathrm{II}}^{8,12}(0\ 0\ 0, 0 y\ z)=2$ 环路Ⅲ为 $HJPT$，它含一个 2R 杆组(PT)，由例 7 的分析知，它是一个阶为 2 的杆组，即 $d_{\mathrm{III}}^{gz}(0\ 0\ 0, 0\ y\ z)=2$，$d_{\mathrm{III}}^{X}=d_{\mathrm{II}}^{8,12}(0\ 0\ 0, 0\ y\ z)+d_{\mathrm{III}}^{gz}(0\ 0\ 0, 0\ y\ z)=d_{\mathrm{III}}^{X}(0\ 0\ 0, 0\ y\ z)=2$。由式(11-1-5)得：$F=\sum_{i=1}^{P} f_i-\sum_{j=1}^{L} d_j^X=15-(4+6+2)=3$

续表

序号	图　例	自由度计算
9	4-PUU 机构 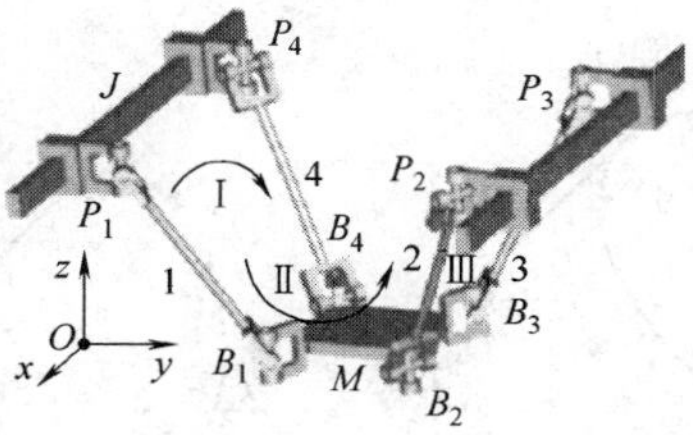 图(a) 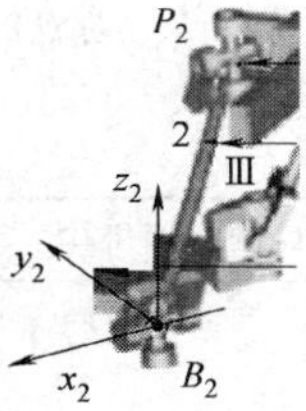 图(b)	环路Ⅰ有 3 个转动和 3 个移动，它的阶 $d_{\mathrm{I}}^{X}(\alpha\ \beta\ \gamma, x\ y\ z)=6$。$xOy$ 固结在动平台 M 上，B_1 和 B_2 轴线与动平台平行。动平台不能绕 x 和 y 轴转动，只有 3 个移动和绕 z 轴的转动。广义副 $G_{\mathrm{I}}^{M,J}$ 的阶为 $d_{\mathrm{I}}^{M,J}(0\ 0\ \gamma, x\ y\ z)=4$。环路Ⅱ中，按图(b)重新建立坐标系，$y_2$ 轴垂直于 B_2P_2。杆组 2 所有构件都不能绕 y_2 轴转动，它的阶为 $d_{\mathrm{II}}^{gz}(\alpha\ 0\gamma, x\ y\ z)$(省略了下脚标 2，不影响结果)，$d_{\mathrm{II}}^{X}=d_{\mathrm{I}}^{M,J}(0\ 0\ \gamma, x\ y\ z)+d_{\mathrm{II}}^{gz}(\alpha\ 0\ \gamma, x\ y\ z)=d_{\mathrm{II}}^{X}(\alpha\ 0\ \gamma, x\ y\ z)=5$。环路Ⅲ中，杆组的阶 $d_{\mathrm{III}}^{gz}(\alpha\ 0\ \gamma, x\ y\ z)$，$d_{\mathrm{III}}^{X}=d_{\mathrm{I}}^{M,J}(0\ 0\ \gamma, x\ y\ z)+d_{\mathrm{III}}^{gz}(\alpha\ 0\ \gamma, x\ y\ z)=d_{\mathrm{III}}^{X}(\alpha\ 0\ \gamma, x\ y\ z)=5$。由式(11-1-5)得：$F=\sum_{i=1}^{P}f_i-\sum_{j=1}^{L}d_j^X=20-(6+5+5)=4$

1.4　平面机构高副低代

在对机构进行运动分析和力分析之前，必须对机构进行结构分析，而结构分析、运动分析和力分析都是依据低副机构的组成原理进行的，所以首先必须将高副机构转化成低副机构，即常用的高副低代。

1.4.1　高副低代满足条件

为了保证机构代替前后的运动保持不变，进行高副低代必须满足下列条件：

① 被代替的原机构和代替后的虚拟机构自由度相等；

② 代替前后机构的瞬时速度和瞬时加速度完全相同。

一定要注意高副机构只能用瞬时低副机构代替，高副机构运动到不同位置时，只有一个相应的瞬时低副机构替代。

1.4.2　高副低代方法

为保证高副低代的条件①，前后机构的约束数目应相同，如要实现一个自由度的机构，其中一个高副带来一个约束，如果引入一个低副（两个约束）代替高副就比原机构多一个约束，代替前后机构的自由度不相等。所以，一般用一个构件（三个自由度）加上两个低副（四个约束），总的给机构带来一个约束，即可满足被代替的高副带来的一个约束条件。

总之，满足第一个条件的高副低代方法是用一个构件两个低副代替一个高副。

1.4.2.1　曲线接触的高副机构

为满足高副低代的条件②，因为高副的接触点处始终可以认为是两个小圆弧的接触点，该点的回转中心应在接触点公法线上，回转中心的位置在曲率半径上，所以代替高副的构件是由两个曲率中心之间的连接杆件组成的，如图 11-1-5（a）与图 11-1-6（a）所示；瞬时替代的低副机构如图 11-1-5（b）与图11-1-6（b）所示。

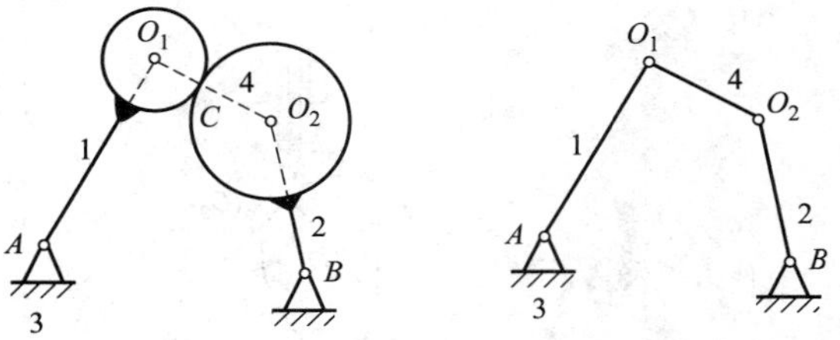

(a)　　(b)

图 11-1-5　圆盘接触的高副机构

第 11 篇

1.4.2.2 曲线和直线接触的高副机构

若高副中两元素之一为直线，直线的曲率中心在无穷远处，则可以用移动副替代转动副，如图 11-1-7 所示。高副低代图例如表 11-1-14 所示。

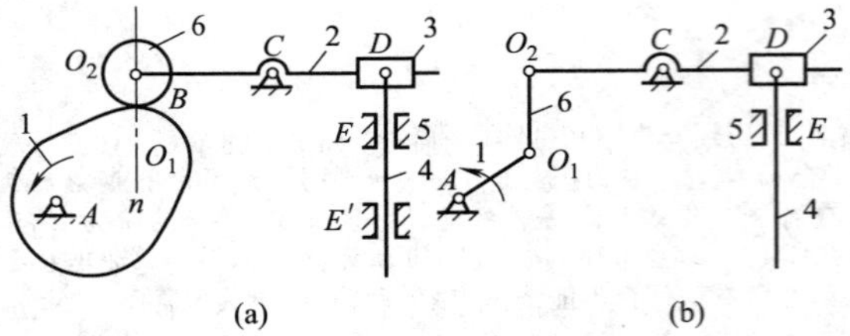

图 11-1-6 平面高副机构

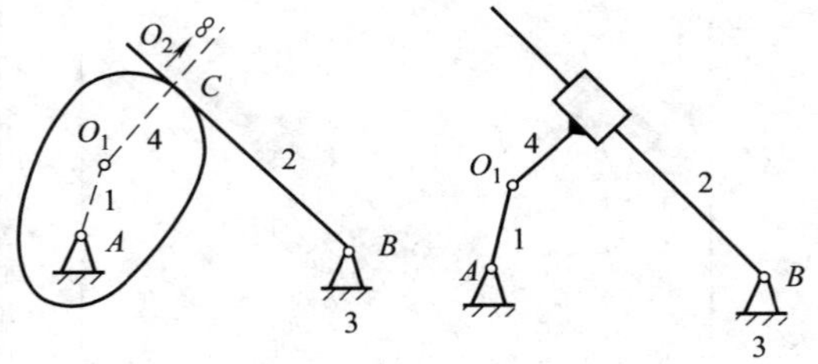

图 11-1-7 摆动从动件盘形凸轮机构

表 11-1-14 高副低代图例

机构形式	原高副机构	替换后的低副机构
双回转机构	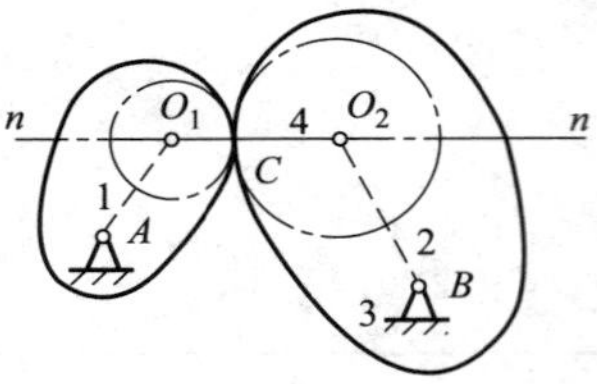	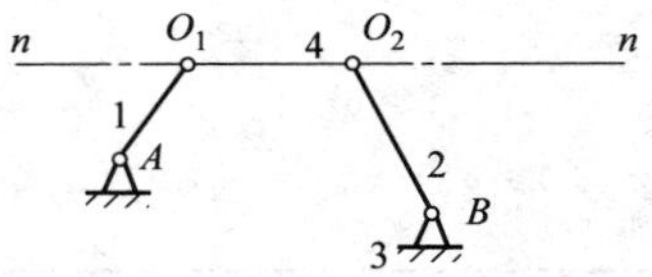
平底摆动从动件凸轮机构	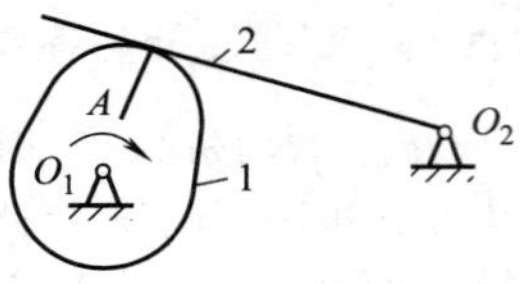	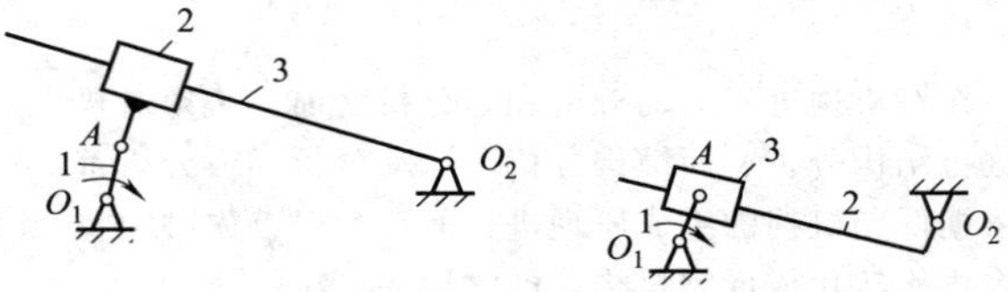 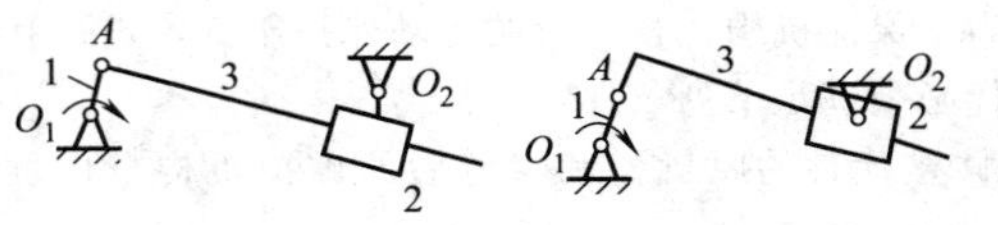
尖底直动从动件凸轮机构	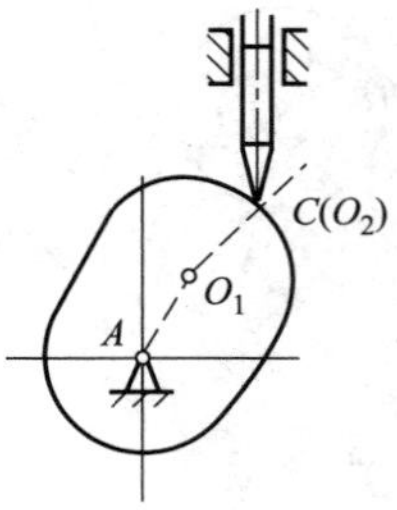	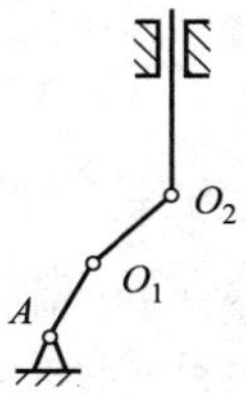

续表

机构形式	原高副机构	替换后的低副机构
混合从动件凸轮机构	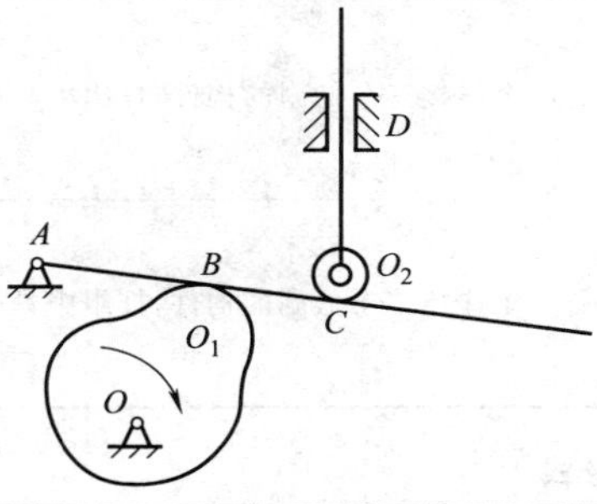	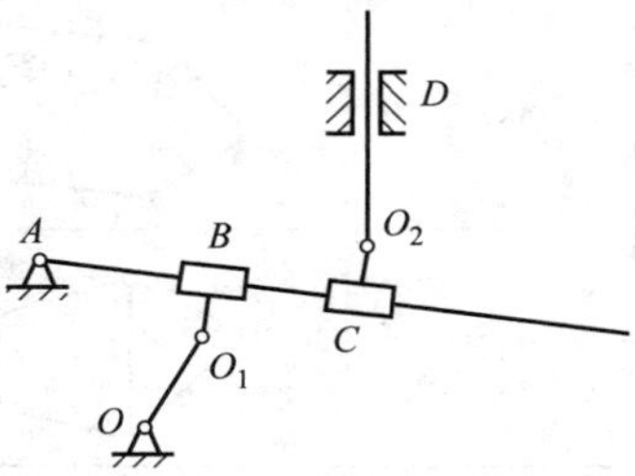
三杆机构	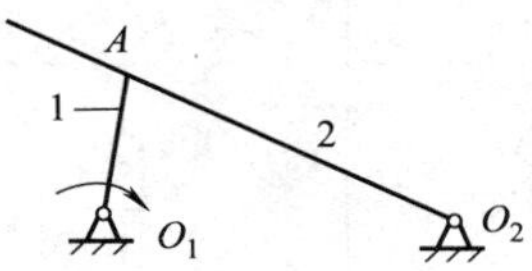	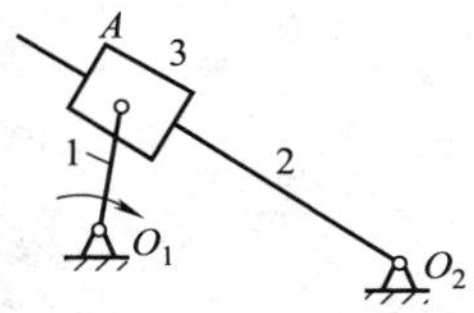

1.5　平面机构的组成原理和结构分析

通过机构的结构分析可以进一步研究机构的组成原理。结构分析的目的是分析组成机构的基本组的级别，进一步确定平面机构的级别，为机构的运动分析和力分析奠定基础。

1.5.1　平面机构的组成原理

各种平面低副机构都可以看成是由一些构件组与主动件和机架相连而成的，自由度为零的、不能再拆的最简单构件组称为机构的基本杆组。机构是由原动件、机架和若干基本杆组组成的。

设组成杆组的构件数为 n，低副数为 P_5，则其自由度为

$$F=3n-2P_5=0 \qquad (11\text{-}1\text{-}10)$$

可见杆组中的构件数 n 必须是偶数，且当 $n=2$，4，6…时，$P_5=3$，6，9…。

1.5.2　平面机构基本杆组分类

1.5.2.1　无油缸和气缸的基本杆组的分类

根据杆组的复杂程度，将杆组分成Ⅱ、Ⅲ、Ⅳ…等级，如表 11-1-15 所示。

当杆组带有移动副时，Ⅱ级杆组的全部形式如表 11-1-16 所示。

表 11-1-15　　基本杆组及其分类

基本杆组级别	图例		说　明
Ⅱ	$n=2$、$P_5=3$	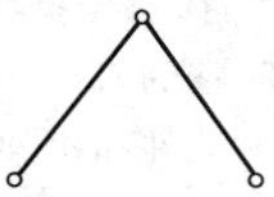	三个低副，两个构件，每个构件连接两个低副
Ⅲ	$n=4$、$P_5=6$	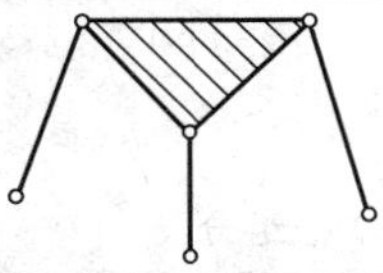	四个构件，六个低副，至少有一个构件连接三个低副
	$n=6$、$P_5=9$	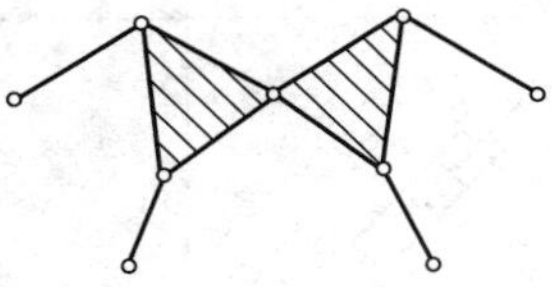	六个构件，九个低副，有两个连接三个低副的构件

续表

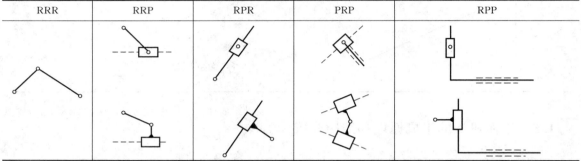

基本杆组级别	图　　例		说　　明
Ⅳ	$n=4$、$P_5=6$	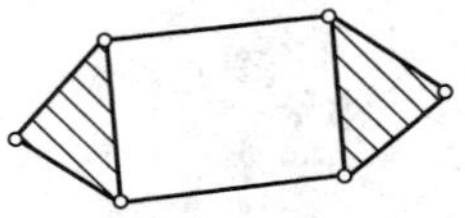	有两个连接三个低副的构件，杆组中具有一个四边形
	$n=6$、$P_5=9$	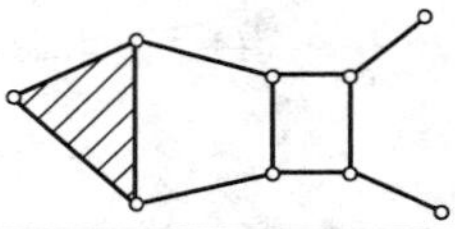	有一个连接三个低副的构件，杆组中具有两个四边形

表 11-1-16　　Ⅱ级杆组的全部形式

RRR	RRP	RPR	PRP	RPP
	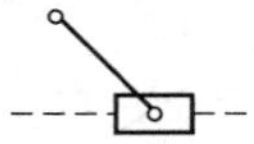 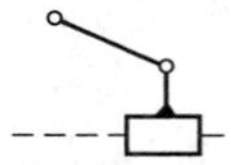	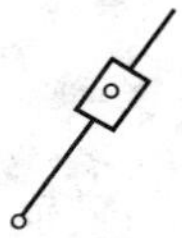 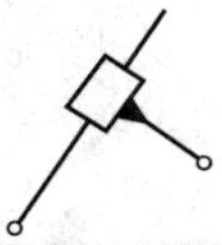	 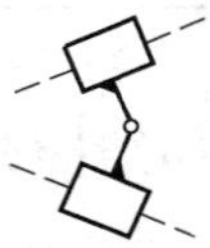	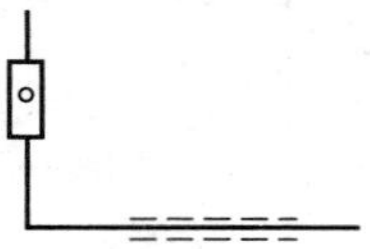 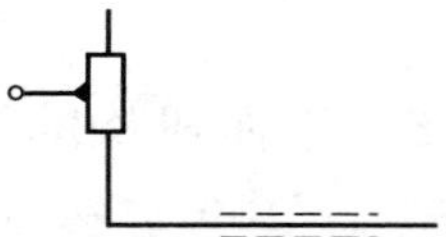

注：其他基本杆组与Ⅱ级杆组类似，其转动副也可换成移动副而派生多种形式，而且级别保持不变，但不能把转动副全部替换成移动副，否则杆组的自由度就不等于零。

1.5.2.2　含油缸、气缸基本杆组分类

机构中如含有液压、气动元件，即油缸和气缸，则机构的组成可以看成是由若干个缸和各类常规基本杆组与机架连接而成的，称为含缸的特殊杆组。这些特殊杆组的自由度不等于零，而等于该杆组中的缸数，则机构的自由度数目应等于机构中的总缸数。由于带缸杆组是由一般杆组派生而得，因此其级别与原杆组相同，如表 11-1-17 所示。

1.5.3　平面机构级别的判定

1.5.3.1　不含油缸、气缸机构的判别

机构的级别与杆组的组别相对应，由组成该机构的杆组最高级别而定，如果机构由一个Ⅱ级杆组和一个Ⅲ级杆组与主动件和机架组成，则该机构为Ⅲ级机构。没有杆组的两构件机构称为Ⅰ级机构。

判定一个平面机构的级别，可采用拆组的方法，先判别组成机构基本杆组的级别，再判定机构级别，可按如下步骤进行：

① 除去机构中的虚约束和局部自由度；

② 将机构中的高副全部替换成低副；

③ 先从离原动件最远处试拆杆数 $n=2$ 的基本杆组，如不可能，再拆 $n=4$ 和 $n=6$ 的基本杆组，当已分出一个杆组，要拆第二个杆组时，仍需从最低级的基本杆组开始；

④ 每当拆下一个基本杆组后，剩下的仍应是一个完整的机构，要注意不能把机构拆散，直到最后剩下主动件和机架为止；

⑤ 根据所得杆组的级别确定机构的级别。

表 11-1-18 所示为判定不含油缸平面机构级别的图例。

表 11-1-17　　含油缸、气缸基本杆组分类

分类	Ⅱ级一缸杆组	Ⅲ级一缸杆组	Ⅳ级一缸杆组
图例	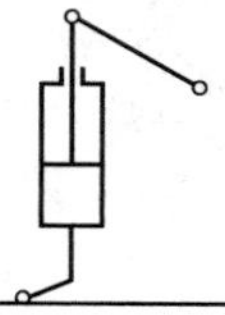	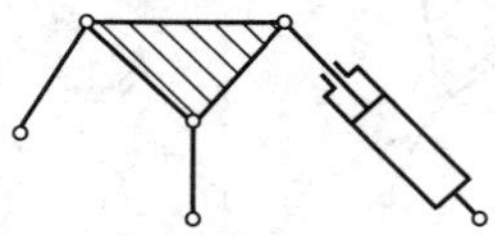	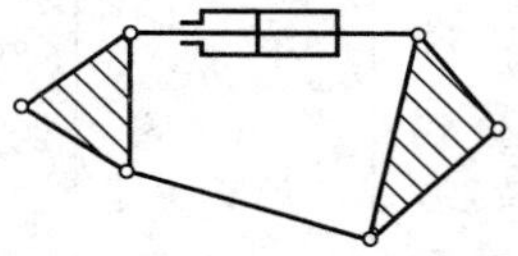

表 11-1-18　　不含油缸平面机构级别的判定图例

图例			说明
原机构		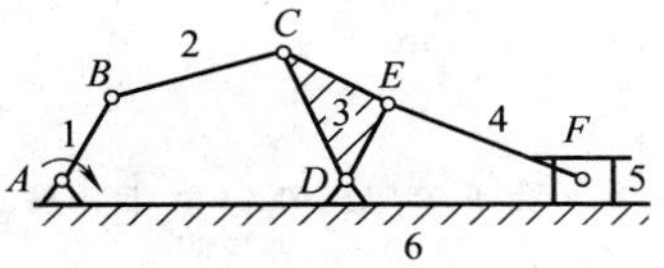 图(a)	经最后判定机构为一个自由度的Ⅱ级机构。具体步骤见图(b)、图(c)及说明
拆分基本杆组	步骤1	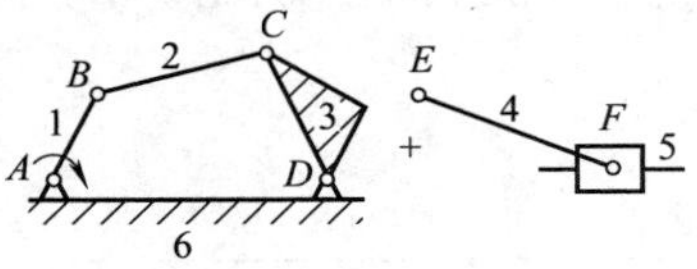 图(b)	先将图(a)中所示离原动件最远的构件 4、5 连同两个转动副 E、F 及一个移动副组成的Ⅱ级基本杆组拆分，剩下的是一个铰链四杆机构，如图(b)所示
	步骤2	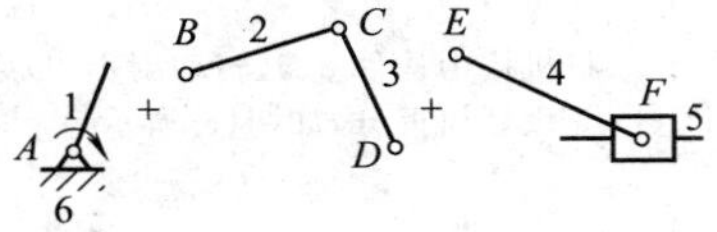 图(c)	从图(b)中所示的四杆机构中再拆下构件 2、3 连同 B、C、D 三个转动副组成的Ⅱ级杆组，最后剩下主动件 1 和机架 6，如图(c)所示 该机构中基本杆组最高级别为Ⅱ级，最后判定机构为一个自由度的Ⅱ级机构
原机构		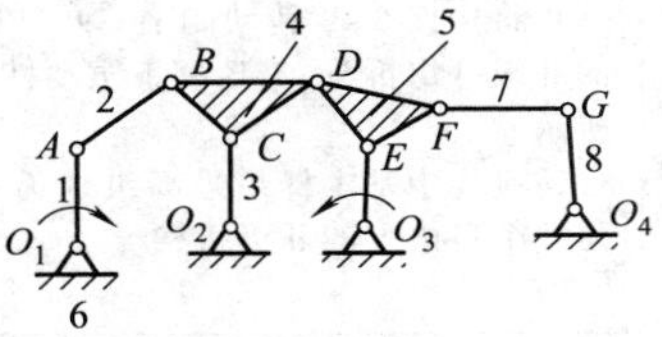 图(a)	经最后判定机构为两个自由度的Ⅲ级机构。具体步骤见图(b)、图(c)及说明
拆分基本杆组	步骤1	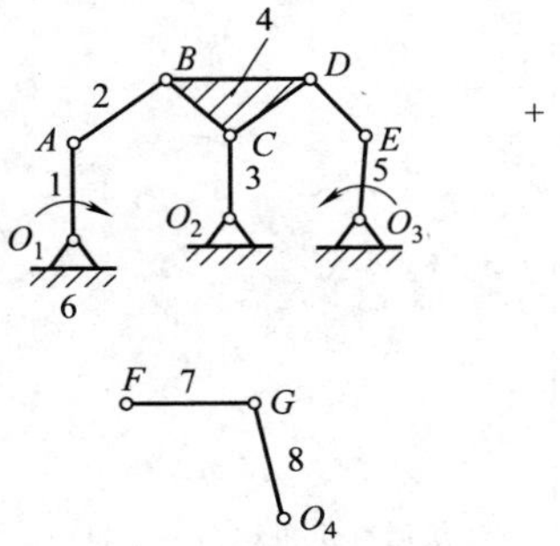 图(b)	首先将图(a)中所示构件 7、8 以及 F、G、O_4 三个转动副组成的Ⅱ级基本杆组拆分，见图(b)
	步骤2	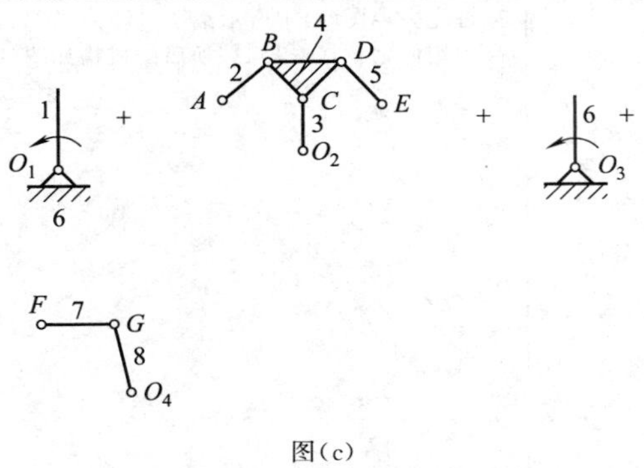 图(c)	再将图(b)中所示构件 2～5 及转动副 A、B、C、D、E、O_3 组成的Ⅲ级杆组拆分；最后剩下主动件 1、6 以及机架，如图(c)所示。可以判定机构为两个自由度的Ⅲ级机构

第11篇

续表

		图　例	说　　明
原机构		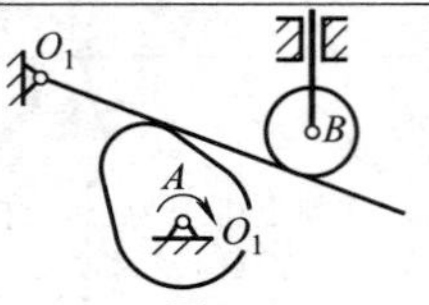 图(a) 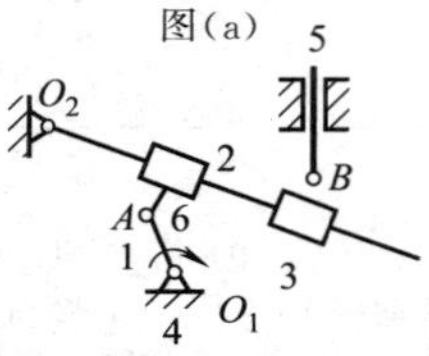 图(b)	经最后判定机构为一个自由度的Ⅱ级机构。具体步骤见图(c)、图(d)及说明 首先去掉图(a)中所示滚子自转的局部自由度，再将高副用低副替代，得到替换后的机构如图(b)所示
拆分基本杆组	步骤1	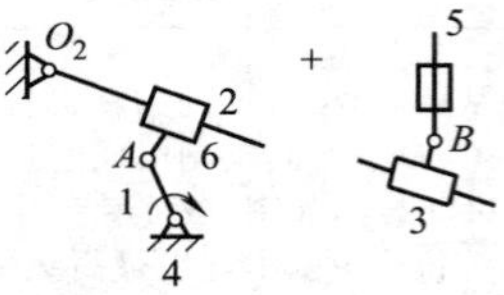 图(c)	将机构中构件3、5，转动副B，以及两个移动副组成的Ⅱ级杆组拆分，如图(c)所示
拆分基本杆组	步骤2	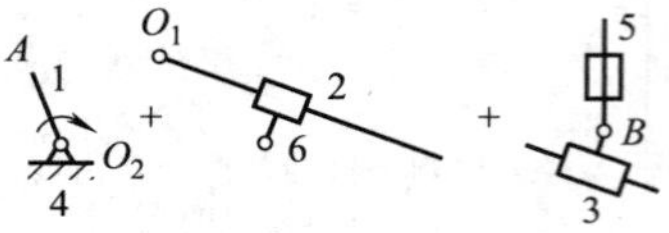 图(d)	再将构件2、6，转动副A、O_2，以及一个移动副组成的Ⅱ级杆组拆分；最后剩下主动件1和机架4，如图(d)所示 该机构中基本杆组最高级别为Ⅱ级，最后判定机构为一个自由度的Ⅱ级机构
原机构		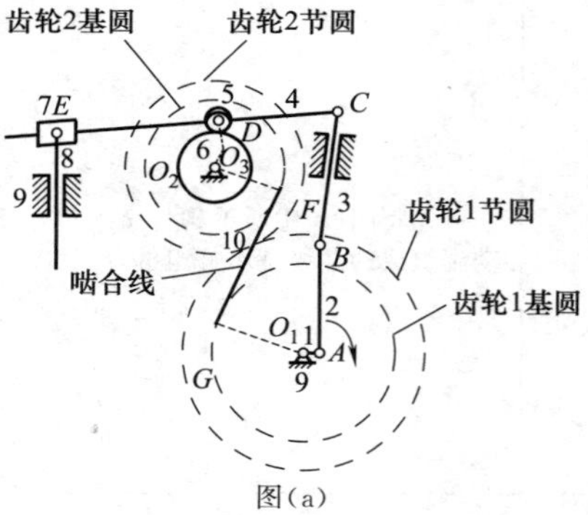 图(a) 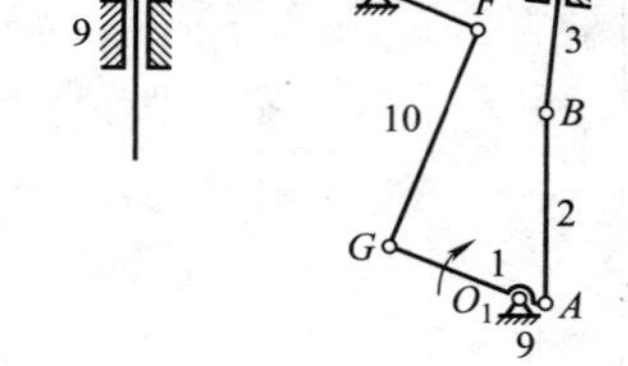 图(b)	经最后判定机构为一个自由度的Ⅱ级机构。具体步骤见图(c)～图(f)及说明 首先去掉图(a)中所示滚子自转的局部自由度，再将高副用低副替代，得到替换后的机构如图(b)所示

续表

<table>
<tr><th colspan="2"></th><th>图　例</th><th>说　明</th></tr>
<tr><td rowspan="3">拆分基本杆组</td><td>步骤1</td><td>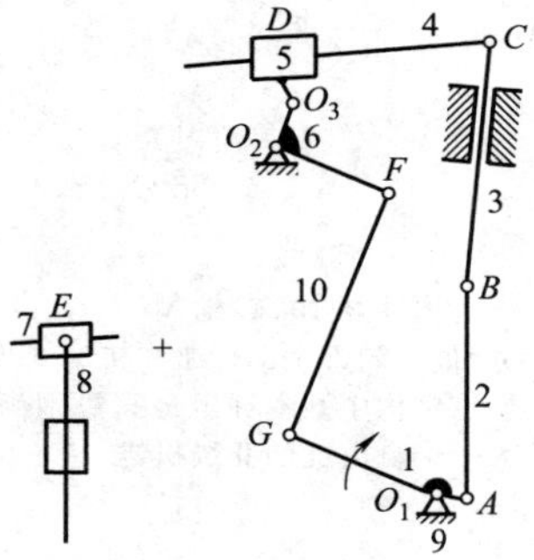
图(c)</td><td>将机构中构件 7、8，转动副 E，以及两个移动副组成的Ⅱ级杆组拆分，如图(c)所示</td></tr>
<tr><td>步骤2</td><td>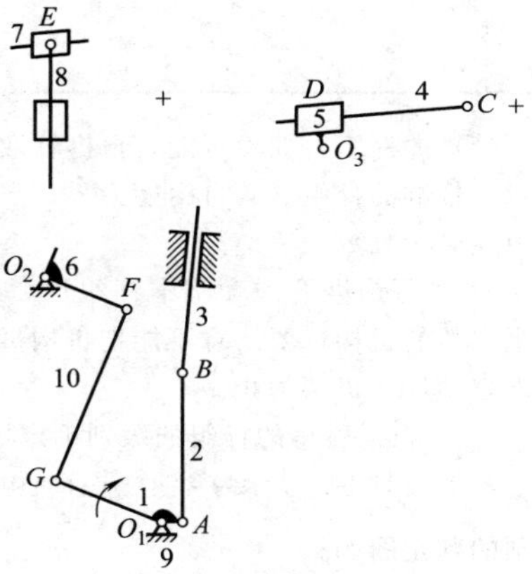
图(d)</td><td>再将构件 4、5，转动副 C、O_3，以及一个移动副 D 组成的Ⅱ级杆组拆分，如图(d)所示</td></tr>
<tr><td>步骤3</td><td>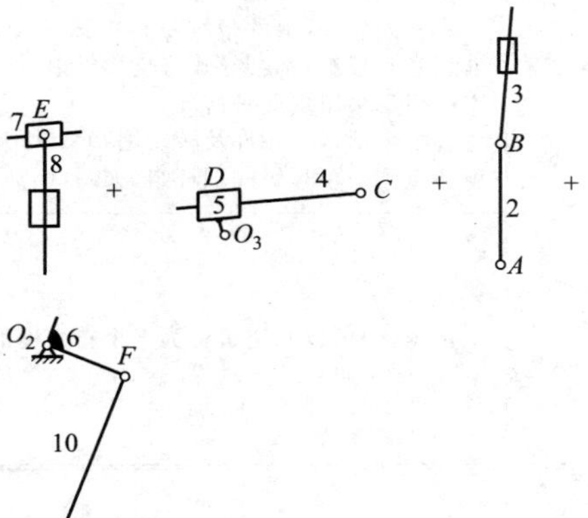
图(e)</td><td>将构件 2、3，转动副 A、B，以及一个移动副组成的Ⅱ级杆组拆分，如图(e)所示</td></tr>
</table>

续表

图例			说明
拆分基本杆组	步骤4	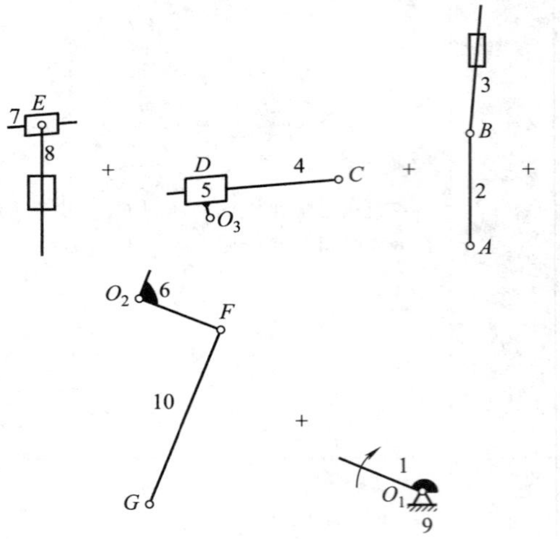 图(f)	将构件6、10，转动副F、G、O_2组成的Ⅱ级杆组拆分；最后剩下主动件1和机架9，如图(f)所示 该机构中基本杆组最高级别为Ⅱ级，最后判定机构为一个自由度的Ⅱ级机构

1.5.3.2　含油缸、气缸机构的判别

由带缸杆组组成的机构，其级别同样由该机构的杆组最高级别而定。对于带油缸、气缸的机构，判定其级别的步骤如下：

① 除去机构中的虚约束和局部自由度。

② 将机构中的高副全部替换成低副。

③ 先从离原动件最远处试拆杆数较少的带缸或不带缸的杆组，如不可能，再拆杆数较多的杆组，注意不带缸的杆组，其自由度为零；带缸的杆组，其自由度等于缸数。

④ 每当拆下一个基本杆组后，剩下的仍应是一个完整的机构，要注意不能把机构拆散，直到最后剩下主动件和机架为止。

⑤ 根据所得的杆组的级别确定机构的级别。

如表11-1-19所示为含油缸平面机构级别的判定图例。

表11-1-19　含油缸平面机构级别的判定图例

图例			说明
原机构		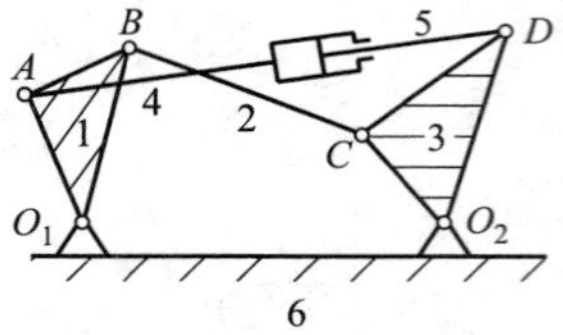 图(a)	经最后判定机构为一个自由度的Ⅳ级带缸机构。具体步骤见图(b)及说明 先从图(a)所示的带缸机构中试拆带缸或不带缸的Ⅱ级基本杆组，都会导致将机构拆散，如再试拆Ⅲ级基本杆组也会出现此种情况 如将全部运动构件及转动副O_1、O_2从机架上拆开，就会得到一个Ⅳ级一缸杆组，如图(b)所示
拆分基本杆组	步骤	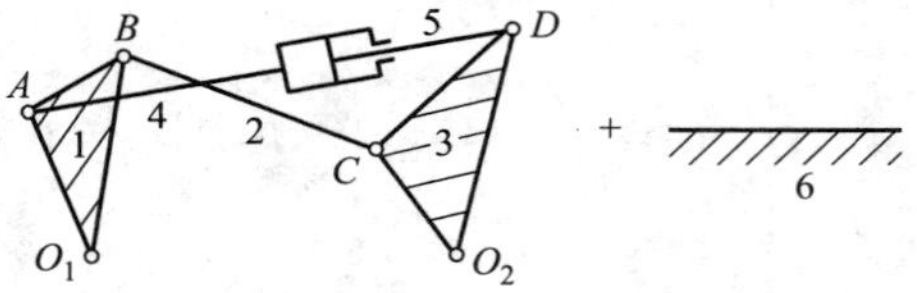 图(b)	由图(b)可以判定机构为一个自由度的Ⅳ级机构
原机构		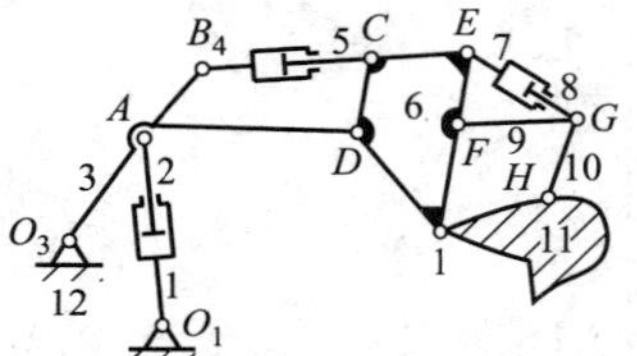 图(a)	经最后判定此多缸机构为三个自由度的Ⅱ级带缸机构。具体步骤见图(b)～图(f)及说明

续表

图例			说明
拆分基本杆组	步骤1	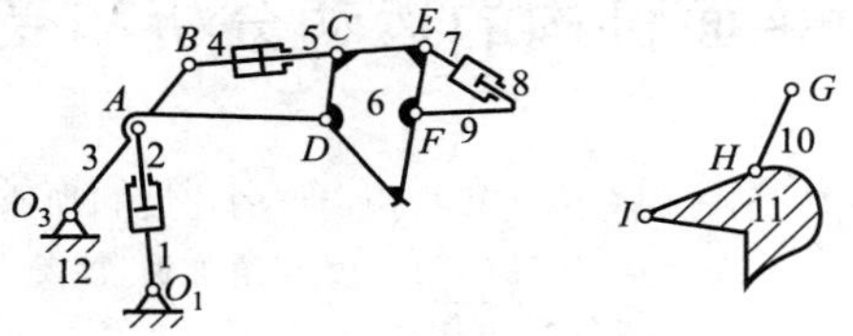图(b)	先将构件 10、11 和转动副 G、H、I 组成的Ⅱ级基本杆组拆分，由于 G 为复合铰链，因此拆分后还剩一个转动副，如图(b)所示
拆分基本杆组	步骤2	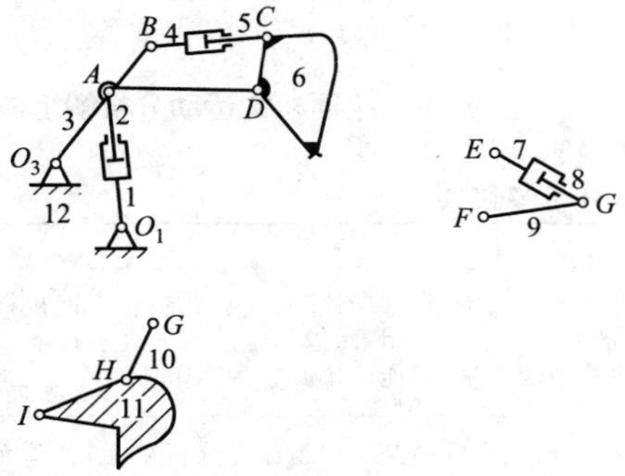图(c)	将构件 7～9 连同转动副和一个移动副组成的Ⅱ级一缸杆组拆分，如图(c)所示
拆分基本杆组	步骤3	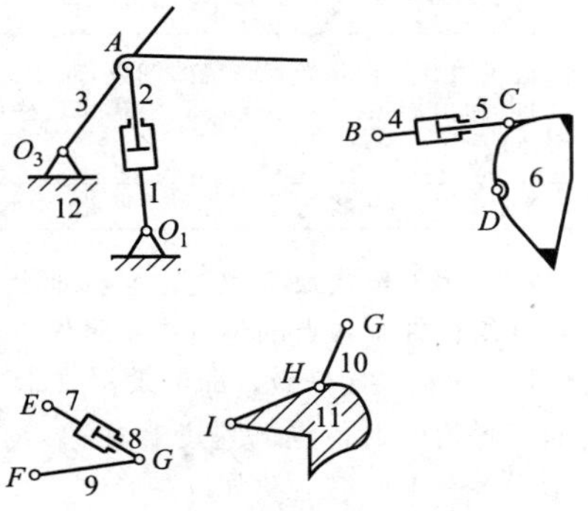图(d)	将构件 4、5 连同转动副 B、C、D 和一个移动副组成的第二个Ⅱ级一缸杆组拆分，如图(d)所示
拆分基本杆组	步骤4	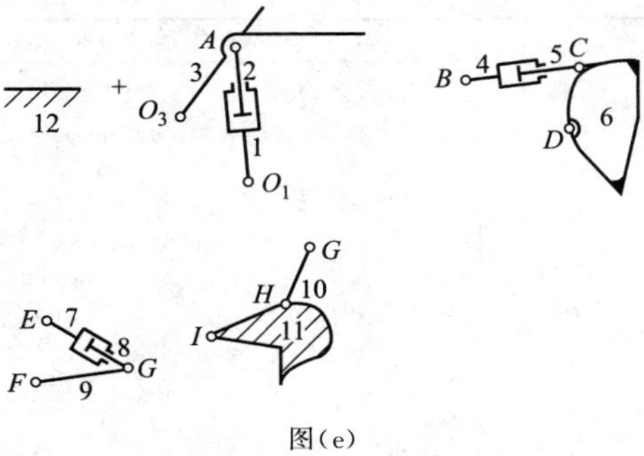图(e)	最后将构件 1～3 连同转动副 O_1、O_3、A 和一个移动副组成的第三个Ⅱ级一缸杆组拆分，剩下机架 12 所以可以判定，机构为具有三个自由度的带缸Ⅱ级机构

第 2 章　基于杆组解析法对平面机构的运动分析和受力分析

2.1　机构运动分析

机构的运动分析是按给定机构的尺寸、主动件的位置和运动规律，求解机构在一个运动循环内：

① 各构件的对应位置、构件上特定点的位移和轨迹；

② 构件上某些特定点的速度和加速度；

③ 各构件的角速度和角加速度。

分析结果可用来：

① 判定机构的运动特性与所需运动的适合程度；

② 为机构动力学计算做准备。

2.1.1　平面机构运动分析解析法基本方法简介

表 11-2-1　　平面机构运动分析解析法

序号	方法	特　点
1	矢量三角形法	一个平面机构的机构简图的图形总可以划成若干个三角形，基于这种思想，此法将平面机构的位置分析问题归结为解一系列三角形问题，并采用复数矢量方法来描述三角形，以矢量的模 r 表示长度，以矢量的幅角 θ 表示其方向，这样一个三角形便有六个量，已知其中四个量，即能求出其余的两个量
2	基本杆组法	此方法的基本出发点是，以机构中不可再分的自由度为零的基本杆组作为分析单元，各单元的位置和受力均采用矢量直角坐标来描述，对各基本杆组编制相应的运动分析和力分析子程序。运动分析时，通过将机构拆成各基本杆组，调用相应杆组的运动分析和力分析子程序，即可实现对整个机构的运动分析和受力分析
3	约束法	此方法把连杆机构看成是由一些动点构成的，而这些动点又相互受到一定的约束，对于只有转动副和移动副的低副平面连杆机构，大都定义两种约束，即线约束和角约束。在此基础上建立起这些约束的数学模型，并编制通用的子程序，各种机构分析或综合时调用
4	回路法	其基本思想是把机构运动简图转化成一张“有向拓扑图”，然后将它分成若干个回路，由此建立并求解方程

2.1.2　杆组法运动分析数学模型和子程序

2.1.2.1　杆组法运动分析数学模型

基本杆组的运动学分析一般以矢量封闭多边形为基础，用矢量式及其在直角坐标轴上的投影式表示基本杆组构件上各点的位置；将位置方程组分别对时间 t 求一次和二次导数，即可求出基本杆组在给定位置时，各构件上各点的速度和加速度。如表 11-2-2 所示为各基本杆组运动分析。

表 11-2-2　　基本杆组运动分析

基本杆组	分析内容及子程序名称	基本杆组图	基本杆组运动分析的解
同一构件上点的运动分析	对于图(a)中所示的构件 AB 已知：回转副 A 的位置(x_A，y_A)，速度 $\dot{x}_A$、$\dot{y}_A$ 和加速度 $\ddot{x}_A$、$\ddot{y}_A$，以及构件 AB 的长度 l_i 及其角位置 φ_j、角速度 $\dot{\varphi}_j$、角加速度 $\ddot{\varphi}_j$ 求构件上点 B 的位置(x_B，y_B)，速度 $\dot{x}_B$、$\dot{y}_B$ 和加速度 $\ddot{x}_B$、$\ddot{y}_B$ 子程序名称 SUB CRANK(I,J,A,B)	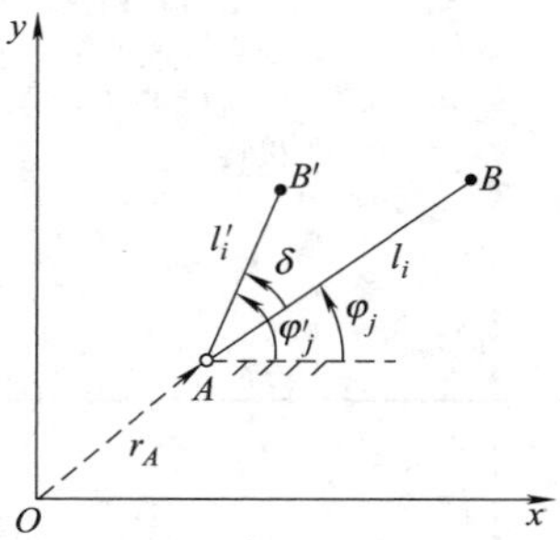 图(a)	(1)位置分析 $\left.\begin{array}{l}x_B=x_A+l_i\cos\varphi_j\\ y_B=y_A+l_i\sin\varphi_j\end{array}\right\}$　(11-2-1) (2)速度分析 $\left.\begin{array}{l}\dot{x}_B=\dot{x}_A-\dot{\varphi}_j l_i\sin\varphi_j\\ \dot{y}_B=\dot{y}_A+\dot{\varphi}_j l_i\cos\varphi_j\end{array}\right\}$　(11-2-2) (3)加速度分析 $\left.\begin{array}{l}\ddot{x}_B=\ddot{x}_A-\dot{\varphi}_j^2 l_i\cos\varphi_j-\ddot{\varphi}_j l_i\sin\varphi_j\\ \ddot{y}_B=\ddot{y}_A-\dot{\varphi}_j^2 l_i\sin\varphi_j+\ddot{\varphi}_j l_i\cos\varphi_j\end{array}\right\}$　(11-2-3) 说明： 若 A 点为固定回转副，即 x_A、y_A 为常数时，则该点的速度 $\dot{x}_A$、$\dot{y}_A$ 和加速度 $\ddot{x}_A$、$\ddot{y}_A$ 均为 0，这时 AB 杆与机架组成Ⅰ级机构，B 点则为曲柄上的一点 若 A 点不固定，构件 AB 就相当于做平面运动的连杆。为求出 B 点的位置和运动，必须先给定 A 点的位置和运动参数。若要求出连杆上任一点 B' 的运动参数，只要再给出 AB' 的长度 l_i' 和夹角 δ 即可

续表

基本杆组	分析内容及子程序名称	基本杆组图	基本杆组运动分析的解
RRR Ⅱ级杆组的运动分析	由两个构件和三个回转副组成的 RRR Ⅱ级组如图(b)所示 已知杆长 l_i、l_j，外运动副 B 和 D 的位置(x_B，y_B)、(x_D，y_D)及运动参数 $\dot{x}_B$、$\dot{y}_B$、$\dot{x}_D$、$\dot{y}_D$、$\ddot{x}_B$、$\ddot{y}_B$、$\ddot{x}_D$、$\ddot{y}_D$ 求内运动副 C 的位置(x_C，y_C)，运动参数 $\dot{x}_C$、$\dot{y}_C$、$\ddot{x}_C$、$\ddot{y}_C$ 以及两杆的角位置 φ_i、φ_j 和角运动参数 $\dot\varphi_i$、$\dot\varphi_j$、$\ddot\varphi_i$、$\ddot\varphi_j$ 子程序名称 SUB RRR (I,J,B,C,D)	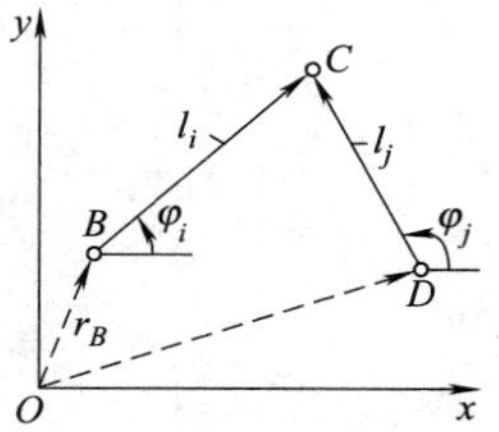 图(b) 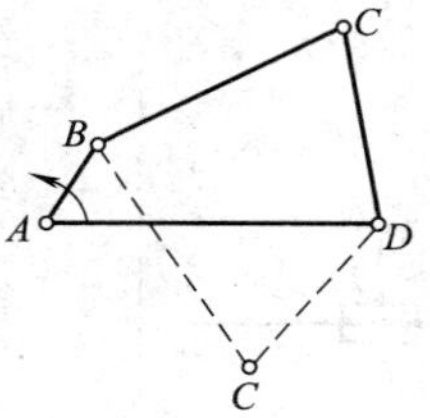 图(c)	(1)位置分析 $\varphi_i=2\arctan\left(\dfrac{B_0+M\sqrt{A_0^2+B_0^2-C_0^2}}{A_0+C_0}\right)$　(11-2-4) $x_C=x_B+l_i\cos\varphi_i$ $y_C=y_B+l_i\sin\varphi_i$　(11-2-5) $\varphi_j=\arctan\left(\dfrac{y_C-y_D}{x_C-x_D}\right)$　(11-2-6) 式中　$A_0=2l_i(x_D-x_B)$ $B_0=2l_i(y_D-y_B)$ $C_0=l_i^2+l_{BD}^2-l_j^2$ $l_{BD}=\sqrt{(x_D-x_B)^2+(y_D-y_B)^2}$ M 为初始模式参数，当 B、C、D 三个运动副按顺时针排列时[图(c)实线所示]，$M=1$；当 B、C、D 三个运动副按逆时针排列时[图(c)虚线所示]，$M=-1$ (2)速度分析 $\dot\varphi_i=[c_j(\dot{x}_D-\dot{x}_B)+s_j(\dot{y}_D-\dot{y}_B)]/G_1$ $\dot\varphi_j=[c_i(\dot{x}_D-\dot{x}_B)+s_i(\dot{y}_D-\dot{y}_B)]/G_1$　(11-2-7) $\dot{x}_C=\dot{x}_B-\dot\varphi_i l_i\sin\varphi_i$ $\dot{y}_C=\dot{y}_B+\dot\varphi_i l_i\cos\varphi_i$　(11-2-8) 式中　$s_i=l_i\sin\varphi_i$　$c_i=l_i\cos\varphi_i$ $s_j=l_j\sin\varphi_j$　$c_j=l_j\cos\varphi_j$ $G_1=c_is_j-c_js_i$ (3)加速度分析 $\ddot\varphi_i=(G_2c_j+G_3s_j)/G_1$　(11-2-9) $\ddot\varphi_j=(G_2c_i+G_3s_i)/G_1$　(11-2-10) $\ddot{x}_C=\ddot{x}_B-\ddot\varphi_i l_i\sin\varphi_i-\dot\varphi_i^2 l_i\cos\varphi_i$ $\ddot{y}_C=\ddot{y}_B+\ddot\varphi_i l_i\cos\varphi_i-\dot\varphi_i^2 l_i\sin\varphi_i$　(11-2-11) 式中　$G_2=\ddot{x}_D-\ddot{x}_B+\dot\varphi_i^2c_i-\dot\varphi_j^2c_j$ $G_3=\ddot{y}_D-\ddot{y}_B+\dot\varphi_i^2s_i-\dot\varphi_j^2s_j$
RRP Ⅱ级杆组的运动分析	由两个构件与两个回转副和一个外移动副所组成的 RRP Ⅱ级杆组如图(d)所示 已知杆长 l_i、l_j(l_j 垂直于导路)、外回转副 B 的位置(x_B，y_B)，运动参数 $\dot{x}_B$、$\dot{y}_B$、$\ddot{x}_B$、$\ddot{y}_B$，滑块导路方向角 φ_j 以及计算滑块位移 s 的参考点 K 的位置(x_K，y_K)及点 K 和导路的运动参数 $\dot{x}_K$、$\dot{y}_K$、$\ddot{x}_K$、$\ddot{y}_K$、$\dot\varphi_j$、$\ddot\varphi_j$	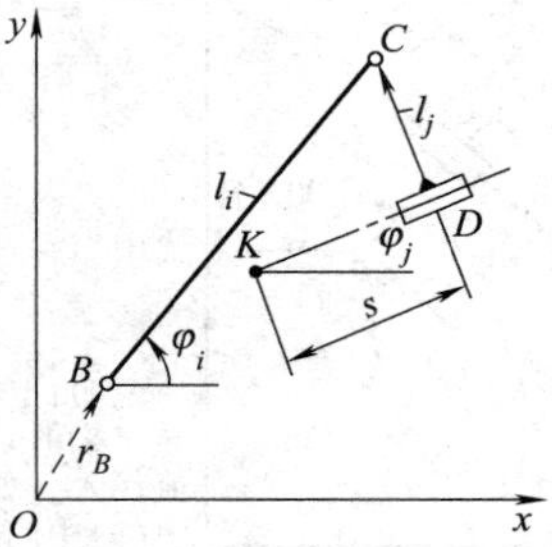 图(d)	(1)位置分析 $\varphi_i=\arcsin[(A_0+l_j)/l_i]+\varphi_j$　(11-2-12) $x_C=x_B+l_i\cos\varphi_i$ $y_C=y_B+l_i\sin\varphi_i$　(11-2-13) $s=(x_C-x_K-l_j\sin\varphi_j)/\cos\varphi_j$　(11-2-14) $x_D=x_K+s\cos\varphi_j$ $y_D=y_K+s\sin\varphi_j$　(11-2-15) 式中　$A_0=(x_B-x_K)\sin\varphi_j-(y_B-y_K)\cos\varphi_j$ 说明： ①点 K 为计算滑块位移所选取的参考点，该点应选在滑块的导路上，距离滑块行程起点不宜太远 ②为保证机构能够存在，应满足装配条件：$\lvert A_0+l_j\rvert\leqslant l_i$ ③导路方向角 φ_j 为滑块位移 s 值增大的方向与 x 轴正向之间的夹角。图(e)上图中 $\varphi_j<90°$，图(e)下图中 $\varphi_j>90°$ ④l_j 值可为“+”或“−”，当按上述方法确定 φ_j 角时，运动副 B、C、D 按顺时针排列时[图(e)中实线位置]，取 l_i 为“+”；若 B、C、D 按逆时针排列时[图(e)中虚线位置]，取 l_i 为“−”

续表

<table>
<tr><th>基本杆组</th><th>分析内容及子程序名称</th><th>基本杆组图</th><th>基本杆组运动分析的解</th></tr>
<tr>
<td>RRPⅡ级杆组的运动分析</td>
<td>求内运动副C、滑块D的位置(x_C，y_C)、(x_D，y_D)和运动参数$\dot x_C$、$\dot y_C$、$\dot x_D$、$\dot y_D$、$\ddot x_C$、$\ddot y_C$、$\ddot x_D$、$\ddot y_D$
子程序名称
SUB RRP(I，J，B，C，D，K)</td>
<td>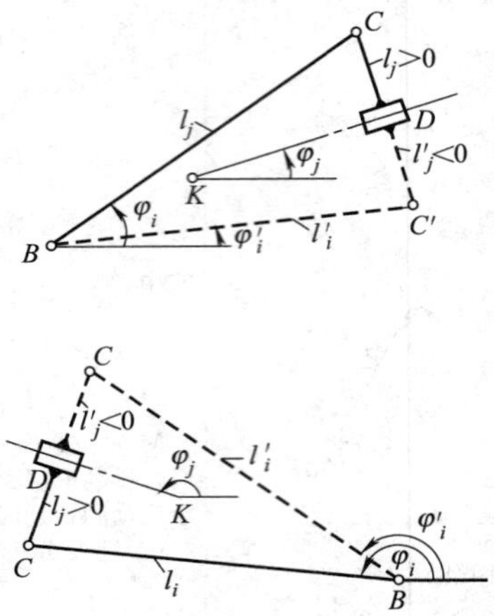

图(e)
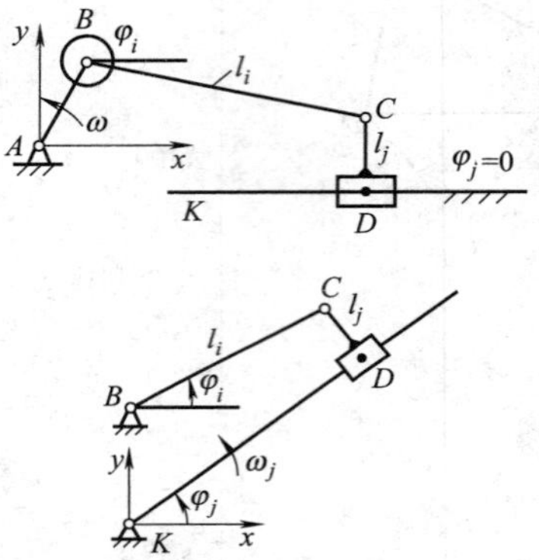

图(f)</td>
<td>还应指出，当应用RRPⅡ级杆组组成曲柄滑块机构时，如图(f)上图所示，滑块导路与x轴正向夹角φ_j为常数；当应用该基本杆组组成转动导杆机构时，如图(f)下图所示，此时滑块导路成为曲柄之一，它与x轴正向间夹角φ_j是变化的，计算时应先给定φ_j、$\dot\varphi_j$和$\ddot\varphi_j$才行。此时DCB杆组即为PRRⅡ级组
(2)速度分析
$\dot\varphi_i=(-Q_1\sin\varphi_j+Q_2\cos\varphi_j)/Q_3$　(11-2-16)
$\dot s=-(Q_1 l_i\cos\varphi_i+Q_2 l_i\sin\varphi_i)/Q_3$　(11-2-17)
$\left.\begin{aligned}\dot x_C&=\dot x_B-\dot\varphi_i l_i\sin\varphi_i\\ \dot y_C&=\dot y_B+\dot\varphi_i l_i\cos\varphi_i\end{aligned}\right\}$　(11-2-18)
$\left.\begin{aligned}\dot x_D&=\dot x_K+\dot s\cos\varphi_j-\dot\varphi_j s\sin\varphi_j\\ \dot y_D&=\dot y_K+\dot s\sin\varphi_j+\dot\varphi_j s\cos\varphi_j\end{aligned}\right\}$　(11-2-19)
式中　$Q_1=\dot x_K-\dot x_B-\dot\varphi_j(s\sin\varphi_j+l_i\cos\varphi_j)$
$Q_2=\dot y_K-\dot y_B+\dot\varphi_i(s\cos\varphi_j-l_j\sin\varphi_j)$
$Q_3=l_i\sin\varphi_i\sin\varphi_j+l_i\cos\varphi_i\cos\varphi_j$
(3)加速度分析
$\left.\begin{aligned}\ddot\varphi&=(-Q_4\sin\varphi_j+Q_5\cos\varphi_j)/Q_3\\ \ddot s&=(-Q_4 l_i\cos\varphi_i-Q_5 l_i\sin\varphi_i)/Q_3\end{aligned}\right\}$　(11-2-20)
$\left.\begin{aligned}\ddot x_C&=\ddot x_B-\ddot\varphi_i l_i\sin\varphi_i-\dot\varphi_i^2 l_i\cos\varphi_i\\ \ddot y_C&=\ddot y_B+\ddot\varphi_i l_i\cos\varphi_i-\dot\varphi_i^2 l_i\sin\varphi_i\end{aligned}\right\}$　(11-2-21)
$\left.\begin{aligned}\ddot x_D&=\ddot x_K+\ddot s\cos\varphi_j-\ddot\varphi_j s\sin\varphi_j-\dot\varphi_j^2 s\cos\varphi_j-2\dot\varphi_j\dot s\sin\varphi_j\\ \ddot y_D&=\ddot y_K+\ddot s\sin\varphi_j+\ddot\varphi_j s\cos\varphi_j-\dot\varphi_j^2 s\sin\varphi_j+2\dot\varphi_j\dot s\cos\varphi_j\end{aligned}\right\}$　(11-2-22)
式中
$Q_4=\ddot x_K-\ddot x_B+\dot\varphi_i^2 l_i\cos\varphi_i-\ddot\varphi_j(s\sin\varphi_j+l_i\cos\varphi_j)-\dot\varphi_j^2(s\cos\varphi_j-l_j\sin\varphi_j)-2\dot\varphi_j\dot s\sin\varphi_j$
$Q_5=\ddot y_K-\ddot y_B+\dot\varphi_i^2 l_i\sin\varphi_i+\ddot\varphi_j(s\cos\varphi_j-l_j\sin\varphi_j)-\dot\varphi_j^2(s\sin\varphi_j+l_j\cos\varphi_j)+2\dot\varphi_j\dot s\cos\varphi_j$</td>
</tr>
<tr>
<td>RPRⅡ级杆组的运动分析</td>
<td>图(g)所示是两个构件与两个外回转副和一个内移动副组成的RPRⅡ级组
已知两构件尺寸l_i、l_j、l_K以及两个回转副B、D的位置(x_B，y_B)、(x_D，y_D)和运动参数$\dot x_B$、$\dot y_B$、$\ddot x_B$、$\ddot y_B$、$\dot x_D$、$\dot y_D$、$\ddot x_D$、$\ddot y_D$</td>
<td>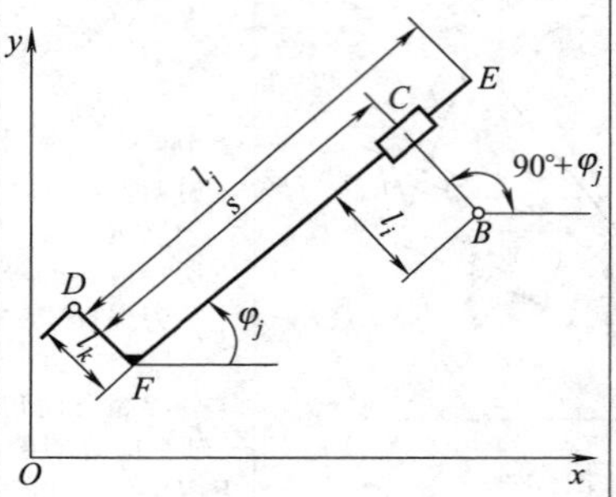

图(g)</td>
<td>(1)位置分析
$s=\sqrt{A_0^2+B_0^2-C_0^2}$　(11-2-23)
$\varphi_j=\arctan\left(\dfrac{B_0 s+A_0 C_0}{A_0 s-B_0 C_0}\right)$　(11-2-24)
$\left.\begin{aligned}x_C&=x_B-l_i\sin\varphi_j=x_D+l_k\sin\varphi_j+s\cos\varphi_j\\ y_C&=y_B+l_i\cos\varphi_j=y_D-l_k\cos\varphi_j+s\sin\varphi_j\end{aligned}\right\}$　(11-2-25)
$\left.\begin{aligned}x_E&=x_C+(l_j-s)\cos\varphi_j\\ y_E&=y_C+(l_j-s)\sin\varphi_j\end{aligned}\right\}$　(11-2-26)
式中　$A_0=x_B-x_D$
$B_0=y_B-y_D$
$C_0=l_i+l_K$
说明：上述公式是按图(g)中所示的矢量方向推导出来的，如果l_i和l_k的方向相反，则应用“－”值代入。如图(h)上图中l_i和l_k均应为“－”；而图(h)中间的图中l_i为“＋”而l_k应为“－”；图(h)下图中l_i为“－”而l_k应为“＋”
(2)速度分析
$\dot\varphi_j=[(\dot y_B-\dot y_D)\cos\varphi_j-(\dot x_B-\dot x_D)\sin\varphi_j]/G_4$　(11-2-27)
$\dot s=[(\dot x_B-\dot x_D)(x_B-x_D)+(\dot y_B-\dot y_D)(y_B-y_D)]/G_4$　(11-2-28)</td>
</tr>
</table>

续表

基本杆组	分析内容及子程序名称	基本杆组图	基本杆组运动分析的解
RPR Ⅱ级杆组的运动分析	求内移动副 C 的位置(x_C,y_C)、构件 l_j 的角位置 φ_j 及其运动参数 $\dot{\varphi}_j$、$\ddot{\varphi}_j$ 子程序名称 SUB RRP(I,J,B,C,D,K)	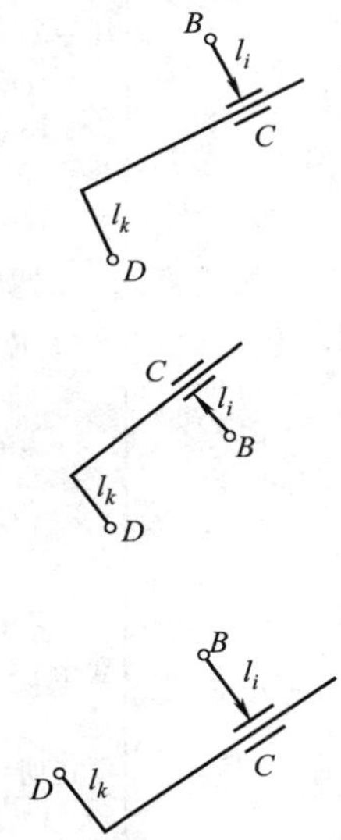 图(h)	$\left.\begin{aligned}\dot{x}_C&=\dot{x}_D+\dot{\varphi}_j(l_k\cos\varphi_j-s\sin\varphi_j)+\dot{s}\cos\varphi_j\\\dot{y}_C&=\dot{y}_D+\dot{\varphi}_j(l_k\sin\varphi_j+s\cos\varphi_j)+\dot{s}\sin\varphi_j\end{aligned}\right\}$ (11-2-29) 或 $\left.\begin{aligned}\dot{x}_C&=\dot{x}_B-\dot{\varphi}_jl_j\cos\varphi_j\\\dot{y}_C&=\dot{y}_B-\dot{\varphi}_jl_j\sin\varphi_j\end{aligned}\right\}$ $\left.\begin{aligned}\dot{x}_E&=\dot{x}_D-\dot{\varphi}_j(l_j\sin\varphi_j-l_k\cos\varphi_j)\\\dot{y}_E&=\dot{y}_D+\dot{\varphi}_j(l_j\cos\varphi_j+l_k\sin\varphi_j)\end{aligned}\right\}$ (11-2-30) 式中　$G_4=(x_B-x_D)\cos\varphi_j+(y_B-y_D)\sin\varphi_j$ (3)加速度分析 $\left.\begin{aligned}\ddot{\varphi}_j&=(G_6\cos\varphi_j-G_5\sin\varphi_j)/G_4\\\ddot{s}&=[G_5(x_B-x_D)+G_6(y_B-y_D)]/G_4\end{aligned}\right\}$ (11-2-31) $\left.\begin{aligned}\ddot{x}_C&=\ddot{x}_B-\ddot{\varphi}_jl_i\cos\varphi_i+\dot{\varphi}_j^2l_i\sin\varphi_j\\\ddot{y}_C&=\ddot{y}_B-\ddot{\varphi}_jl_i\sin\varphi_j-\dot{\varphi}_j^2l_i\cos\varphi_j\end{aligned}\right\}$ (11-2-32) $\left.\begin{aligned}\ddot{x}_E&=\ddot{x}_D-\ddot{\varphi}_j(l_j\sin\varphi_j-l_k\cos\varphi_j)-\dot{\varphi}_j^2(l_j\cos\varphi_j+l_k\sin\varphi_j)\\\ddot{y}_E&=\ddot{y}_D+\ddot{\varphi}_j(l_j\cos\varphi_j+l_k\sin\varphi_j)-\dot{\varphi}_j^2(l_j\sin\varphi_j-l_k\cos\varphi_j)\end{aligned}\right\}$ (11-2-33) 式中　$G_5=\ddot{x}_B-\ddot{x}_D+\dot{\varphi}_j^2(x_B-x_D)+2\dot{\varphi}_j\dot{s}\sin\varphi_j$ $G_6=\ddot{y}_B-\ddot{y}_D+\dot{\varphi}_j^2(y_B-y_D)-2\dot{\varphi}_j\dot{s}\cos\varphi_j$
RPP Ⅱ级杆组的运动分析	由两个构件、一个外转动副和两个移动副所组成的 RPPⅡ级杆组如图(i)所示 已知杆长 l_i、外副 B 以及参考点 K 的位置(x_B,y_B)、(x_K,y_K)和运动参数 $\dot{x}_B$、$\dot{y}_B$、$\ddot{x}_B$、$\ddot{y}_B$、$\dot{x}_K$、$\dot{y}_K$、$\ddot{x}_K$、$\ddot{y}_K$,滑块 D 的导路与 x 轴的夹角 φ_j,滑块 C 的导路与滑块 D 的导路间的夹角 δ 求滑块 C、D 的位移 s_i、s_j 以及 C、D 两点的位置和运动参数 子程序名称 SUB RPP(I,J,B,C,D,K)	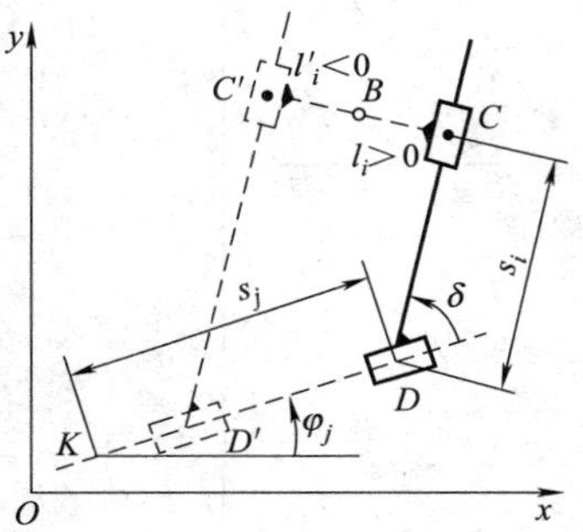 图(i)	(1)位置分析 $\left.\begin{aligned}s_i&=(B_2\cos\varphi_j-B_1\sin\varphi_j)/B_3\\s_j&=[B_1\sin(\varphi_j+\delta)-B_2\cos(\varphi_j+\delta)]/B_3\end{aligned}\right\}$ (11-2-34) $\left.\begin{aligned}x_D&=x_K+s_j\cos\varphi_j\\y_D&=y_K+s_j\sin\varphi_j\end{aligned}\right\}$ (11-2-35) 式中　$B_1=x_B-x_K+l_i\sin(\varphi_j+\delta)$ $B_2=y_B-y_K-l_i\cos(\varphi_j+\delta)$ $B_3=\sin(\varphi_j+\delta)\cos\varphi_j-\cos(\varphi_j+\delta)\sin\varphi_j=\sin\delta$ 当给定 B 点、K 点的位置,杆长 l_i 的大小和导路的方向角 φ_j 后,RPPⅡ级杆组可能有两种形式,即图(i)中的实线和虚线两种形式,这可以用 l_i 为“+”(实线机构)和 l_i 为“-”(虚线机构)来确定 (2)速度分析 $\left.\begin{aligned}\dot{s}_i&=(B_5\cos\varphi_j-B_1\sin\varphi_j)/B_3\\\dot{s}_j&=[B_4\sin(\varphi_j+\delta)-B_5\cos(\varphi_j+\delta)]/B_3\end{aligned}\right\}$ (11-2-36) $\left.\begin{aligned}\dot{x}_C&=\dot{x}_B+\dot{\varphi}_jl_i\cos(\varphi_j+\delta)\\\dot{y}_C&=\dot{y}_B+\dot{\varphi}_jl_i\sin(\varphi_j+\delta)\end{aligned}\right\}$ (11-2-37) $\left.\begin{aligned}\dot{x}_D&=\dot{x}_K+\dot{s}_j\cos\varphi_j-\dot{\varphi}_j\dot{s}_i\sin\varphi_j\\\dot{y}_D&=\dot{y}_K+\dot{s}_j\sin\varphi_j+\dot{\varphi}_j\dot{s}_i\cos\varphi_j\end{aligned}\right\}$ (11-2-38) 式中　$B_4=\dot{x}_B-\dot{x}_K+\dot{\varphi}_j[l_i\cos(\varphi_j+\delta)+s_i\sin(\varphi_j+\delta)+s_j\sin\varphi_j]$ $B_5=\dot{y}_B-\dot{y}_K+\dot{\varphi}_j[l_i\sin(\varphi_j+\delta)-s_i\cos(\varphi_j+\delta)-s_j\cos\varphi_j]$ (3)加速度分析 $\left.\begin{aligned}\ddot{s}_i&=(B_7\cos\varphi_j-B_6\sin\varphi_j)/B_3\\\ddot{s}_j&=[B_6\sin(\varphi_j+\delta)-B_7\cos(\varphi_j+\delta)]/B_3\end{aligned}\right\}$ (11-2-39) $\left.\begin{aligned}\ddot{x}_C&=\ddot{x}_B+\ddot{\varphi}_jl_i\cos(\varphi_j+\delta)-\dot{\varphi}_j^2l_i\sin(\varphi_j+\delta)\\\ddot{y}_C&=\ddot{y}_B+\ddot{\varphi}_jl_i\sin(\varphi_j+\delta)+\dot{\varphi}_j^2l_i\cos(\varphi_j+\delta)\end{aligned}\right\}$ (11-2-40) $\left.\begin{aligned}\ddot{x}_D&=\ddot{x}_K+\ddot{s}_j\cos\varphi_j-\ddot{\varphi}_js_j\sin\varphi_j-2\dot{\varphi}_j\dot{s}_j\sin\varphi_j-\dot{\varphi}_j^2s_i\cos\varphi_j\\\ddot{y}_D&=\ddot{y}_K+\ddot{s}_j\sin\varphi_j+\ddot{\varphi}_js_j\cos\varphi_j+2\dot{\varphi}_j\dot{s}_j\cos\varphi_j-\dot{\varphi}_j^2s_i\sin\varphi_j\end{aligned}\right\}$ (11-2-41)

第 11 篇

续表

基本杆组	分析内容及子程序名称	基本杆组图	基本杆组运动分析的解
RPP Ⅱ级杆组的运动分析			式中 $B_6=\ddot{x}_B-\ddot{x}_K+\ddot{\varphi}_j[l_i\cos(\varphi_j+\delta)+s_i\sin(\varphi_j+\delta)+s_j\sin\varphi_j]-\dot{\varphi}_j^2[l_i\sin(\varphi_j+\delta)-s_i\cos(\varphi_j+\delta)-s_j\cos\varphi_j]+2\dot{\varphi}_j[\dot{s}_i\sin(\varphi_j+\delta)+\dot{s}_j\sin\varphi_j]$ $B_7=\ddot{y}_B-\ddot{y}_K+\ddot{\varphi}_j[l_i\sin(\varphi_j+\delta)-s_i\cos(\varphi_j+\delta)+s_i\cos\varphi_j]+\dot{\varphi}_j^2[l_i\cos(\varphi_j+\delta)+s_i\sin(\varphi_j+\delta)+s_j\sin\varphi_j]-2\dot{\varphi}_j[\dot{s}_i\cos(\varphi_j+\delta)+\dot{s}_j\cos\varphi_j]$
PRP Ⅱ级杆组的运动分析	已知两杆长 l_i、l_j，两移动副导路的位置角 φ_i、φ_j 和计算位移 s_i、s_j 的参考点 K_i、K_j 的位置（x_{Ki}，y_{Ki}）、（x_{Kj}，y_{Kj}）以及有关的运动参数 求滑块相对于参考点的位移 s_i、s_j，速度，加速度以及内回转副的位置、速度和加速度	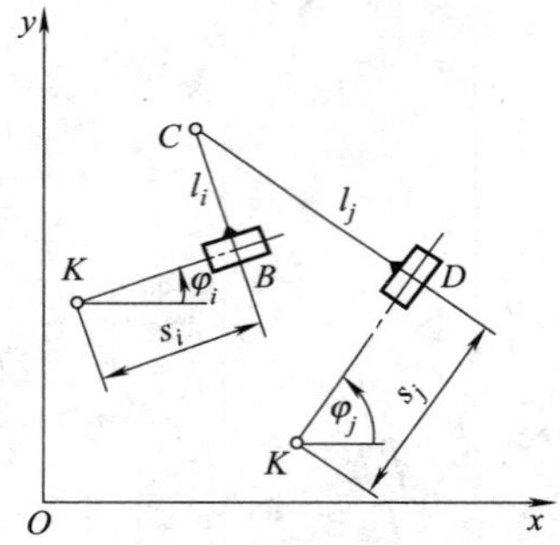 图(j)	(1)位置分析 $s_i=(C_1\sin\varphi_j-C_2\cos\varphi_j)/C_3$ $s_j=(C_1\sin\varphi_i-C_2\cos\varphi_i)/C_3$　(11-2-42) $x_C=x_{Ki}+s_i\cos\varphi_i-l_i\sin\varphi_i$ $y_C=y_{Ki}+s_i\sin\varphi_i+l_i\cos\varphi_i$　(11-2-43) $x_B=x_{Ki}+s_i\cos\varphi_i$ $y_B=y_{Ki}+s_i\sin\varphi_i$　(11-2-44) $x_D=x_{Kj}+s_j\cos\varphi_j$ $y_D=y_{Kj}+s_j\sin\varphi_j$　(11-2-45) 式中　$C_1=x_{Kj}-x_{Ki}+l_i\sin\varphi_i-l_j\sin\varphi_j$ $C_2=y_{Kj}-y_{Ki}-l_i\cos\varphi_i-l_j\cos\varphi_j$ $C_3=\sin(\varphi_j-\varphi_i)$ 说明：当给定杆长 l_i、l_j 和两导路的方向角 φ_i、φ_j 后，PRPⅡ级杆组仍可有四种形式。这可以用 l_i 和 l_j 杆长为“＋”和“－”的不同组合加以表示。图(k)中实线表示 l_i 和 l_j 全部为“＋”的情况，虚线表示 l_i 和 l_j 全部为“－”的情况。此外，还有 l_i 和 l_j 之一分别为“＋”和“－”的两种情况。l_i 和 l_j 的“＋”“－”可以这样来确定：令 K_iB 射线正向与右手直角坐标系的单位矢量 $\vec{i}$ 的正向一致，若 l_i 在该直角坐标系单位矢量 $\vec{j}$ 的正向一侧，则为“＋”，反之，若在 $\vec{j}$ 的负向一侧，则为“－”。可用同样的法则决定 l_j 的“＋”“－” (2)速度分析 $\dot{s}_i=(C_4\sin\varphi_j-C_5\cos\varphi_j)/C_3$ $\dot{s}_j=(C_4\sin\varphi_i-C_5\cos\varphi_i)/C_3$　(11-2-46) $\dot{x}_C=\dot{x}_{Ki}+\dot{s}_i\cos\varphi_i-\dot{\varphi}_i(s_i\sin\varphi_i+l_i\cos\varphi_i)$ $\dot{y}_C=\dot{y}_{Ki}+\dot{s}_i\sin\varphi_i+\dot{\varphi}_i(s_i\cos\varphi_i-l_i\sin\varphi_i)$　(11-2-47) $\dot{x}_B=\dot{x}_{Ki}+\dot{s}_i\cos\varphi_i-\dot{\varphi}_is_i\sin\varphi_i$ $\dot{y}_B=\dot{y}_{Ki}+\dot{s}_i\sin\varphi_i+\dot{\varphi}_is_i\cos\varphi_i$　(11-2-48) $\dot{x}_D=\dot{x}_{Kj}+\dot{s}_j\cos\varphi_j-\dot{\varphi}_js_j\sin\varphi_j$ $\dot{y}_D=\dot{y}_{Kj}+\dot{s}_j\sin\varphi_j+\dot{\varphi}_js_j\cos\varphi_j$　(11-2-49) 式中　$C_4=\dot{x}_{Kj}-\dot{x}_{Ki}+\dot{\varphi}_i(l_i\cos\varphi_i+s_i\sin\varphi_i)-\dot{\varphi}_j(l_j\cos\varphi_j+s_j\sin\varphi_i)$ $C_5=y_{Kj}-y_{Ki}+\dot{\varphi}_i(l_i\sin\varphi_i-s_i\cos\varphi_i)-\dot{\varphi}_j(l_j\sin\varphi_j-s_j\cos\varphi_i)$ (3)加速度分析 $\ddot{s}_i=(C_6\sin\varphi_j-C_7\cos\varphi_j)/C_3$ $\ddot{s}_j=(C_6\sin\varphi_i-C_7\cos\varphi_i)/C_3$　(11-2-50) $\ddot{x}_C=\ddot{x}_{Ki}+\ddot{s}_i\cos\varphi_i-\ddot{\varphi}_i(s_i\sin\varphi_i+l_i\cos\varphi_i)+\dot{\varphi}_i^2(l_i\sin\varphi_i-s_i\cos\varphi_i)-2\dot{\varphi}_i\dot{s}_i\sin\varphi_i$ $\ddot{y}_C=\ddot{y}_{Ki}+\ddot{s}_i\cos\varphi_i+\ddot{\varphi}_i(s_i\cos\varphi_i-l_i\sin\varphi_i)-\dot{\varphi}_i^2(l_i\cos\varphi_i+s_i\sin\varphi_i)+2\dot{\varphi}_i\dot{s}_i\cos\varphi_i$　(11-2-51) $\ddot{x}_B=\ddot{x}_{Ki}+\ddot{s}_i\cos\varphi_i-\ddot{\varphi}_is_i\sin\varphi_i-\dot{\varphi}_i(2\dot{s}_i\sin\varphi_i+\dot{\varphi}_is_i\cos\varphi_i)$ $\ddot{y}_B=\ddot{y}_{Ki}+\ddot{s}_i\sin\varphi_i+\ddot{\varphi}_is_i\cos\varphi_i+\dot{\varphi}_i(2\dot{s}_i\cos\varphi_i-\dot{\varphi}_is_i\sin\varphi_i)$　(11-2-52)

续表

基本杆组	分析内容及子程序名称	基本杆组图	基本杆组运动分析的解
PRP Ⅱ 级杆组的运动分析	子程序名称 SUB PRP(I,J,B,C,D,KI,KJ)	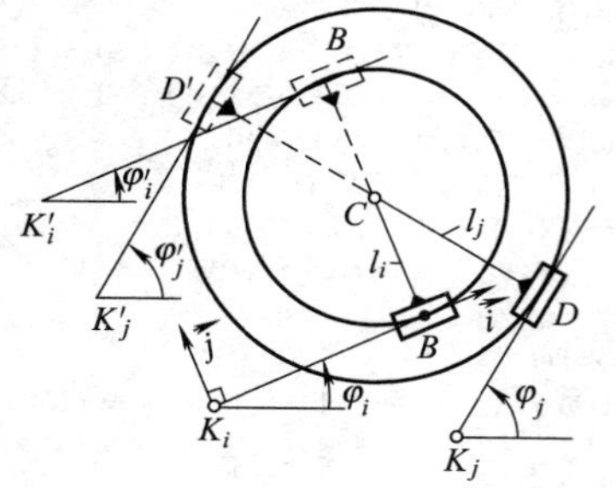 图(k)	$\left.\begin{aligned}\ddot{x}_D=\ddot{x}_{Kj}+\ddot{s}_j\cos\varphi_j-\ddot{\varphi}_j s_j\sin\varphi_j-\\ \dot{\varphi}_j(2\dot{s}_j\sin\varphi_j+\dot{\varphi}_j s_j\cos\varphi_j)\\ \ddot{y}_D=\ddot{y}_{Kj}+\ddot{s}_j\sin\varphi_j+\ddot{\varphi}_j s_j\cos\varphi_j+\\ \dot{\varphi}_j(2\dot{s}_j\cos\varphi_j-\dot{\varphi}_j s_j\sin\varphi_j)\end{aligned}\right\}$ (11-2-53) 式中　$C_6=\ddot{x}_{Kj}-\ddot{x}_{Ki}+\ddot{\varphi}_i(l_i\cos\varphi_i+s_i\sin\varphi_i)-\ddot{\varphi}_j(l_j\cos\varphi_j+s_j\sin\varphi_j)-\dot{\varphi}_i^2(l_i\sin\varphi_i-s_i\cos\varphi_i)+\dot{\varphi}_j^2(l_j\sin\varphi_j-s_j\cos\varphi_j)+2(\dot{\varphi}_i\dot{s}_i\sin\varphi_i-\dot{\varphi}_j\dot{s}_j\sin\varphi_j)$ $C_7=\ddot{y}_{Kj}-\ddot{y}_{Ki}+\ddot{\varphi}_i(l_i\sin\varphi_i-s_i\cos\varphi_i)-\ddot{\varphi}_j(l_j\sin\varphi_j-s_j\sin\varphi_j)+\dot{\varphi}_i^2(l_i\cos\varphi_i+s_i\sin\varphi_i)-\dot{\varphi}_j^2(l_j\cos\varphi_j+s_j\sin\varphi_j)-2(\dot{\varphi}_i\dot{s}_i\cos\varphi_i-\dot{\varphi}_j\dot{s}_j\sin\varphi_j)$

2.1.2.2　杆组法运动分析子程序

根据表 11-2-2 所示基本杆组运动分析结果，编制的基本组运动分析子程序（可在 Quick Basic 或 Visual Basic 环境下使用），如表 11-2-3 所示，子程序与公式中的符号对照如表 11-2-4 所示。

表 11-2-3　　基本杆组运动分析子程序

子程序功能	入口参数	子 程 序 代 码
本子程序用于计算活动构件上任意一点的位置、速度和加速度	输入参数： x_A、y_A、$\dot{x}_A$、$\dot{y}_A$、$\ddot{x}_A$、$\ddot{y}_A$、l_i、δ、φ_j、$\dot{\varphi}_j$、$\ddot{\varphi}_j$ 输出参数： x_B、y_B、$\dot{x}_B$、$\dot{y}_B$、$\ddot{x}_B$、$\ddot{y}_B$	1000 SUB CRANK(I,J,A,B) 1004 FFF=F(J)+ DA 1006 SI=L(I) * SIN(FFF) 1008 CI=L(I) * COS(FFF) 1010 X(B)=X(A)+ CI 1012 Y(B)=Y(A)+ SI 1014 VX(B)=VX(A)−W(J) * SI 1016 VY(B)=VY(A)+W(J) * CI 1018 AX(B)=AX(A)−W(J) * W(J) * CI−E(J) * SI 1020 AY(B)=AY(A)−W(J) * W(J) * SI +E(J) * CI 1022 END SUB
本子程序用于计算 RRRⅡ级杆组的位置、速度和加速度	输入参数： l_i、l_j、M、x_B、y_B、$\dot{x}_B$、$\dot{y}_B$、$\ddot{x}_B$、$\ddot{y}_B$、x_D、y_D、$\dot{x}_D$、$\dot{y}_D$、$\ddot{x}_D$、$\ddot{y}_D$ 输出参数： φ_i、$\dot{\varphi}_i$、$\ddot{\varphi}_i$、φ_j、$\dot{\varphi}_j$、$\ddot{\varphi}_j$、x_C、y_C、$\dot{x}_C$、$\dot{y}_C$、$\ddot{x}_C$、$\ddot{y}_C$	1100 SUB RRR(I,J,B,C,D) 1104 A0=2 * L(I) * (X(D)−X(B)) 1106 B0=2 * L(I) * (Y(D)−Y(B)) 1108 L=SQR((X(D)−X(B))^2 +(Y(D)−Y(B))^2) 1110 C0=L * L+L(I) * L(I)−L(J) * L(J) 1112 IF L>L(I)+L(J)OR L<ABS(L(I)−L(J))THEN 1176 1114 Q=SQR(A0 * A0+B0 * B0−C0 * C0) 1116 X=A0+C0 1118 Y=B0+M * Q 1120 GOSUB 1600 1122 PI=3.14159265# 1124 IF FI>PI THEN 1130 1126 F(I)=2 * FI 1128 GOTO 1132 1130 F(I)=2 * (FI−PI) 1132 SI=L(I) * SIN(F(I)) 1134 CI=L(I) * COS(F(I)) 1136 X(C)=X(B)+CI 1138 Y(C)=Y(B)+SI 1140 X=X(C)−X(D) 1142 Y=Y(C)−Y(D) 1144 GOSUB 1600 1146 F(J)=FI 1148 SJ=L(J) * SIN(F(J)) 1150 CJ=L(J) * COS(F(J))

续表

子程序功能	入口参数	子 程 序 代 码
本子程序用于计算RRRⅡ级杆组的位置、速度和加速度	输入参数： l_i、l_j、M、x_B、y_B、$\dot{x}_B$、$\dot{y}_B$、$\ddot{x}_B$、$\ddot{y}_B$、x_D、y_D、$\dot{x}_D$、$\dot{y}_D$、$\ddot{x}_D$、$\ddot{y}_D$ 输出参数： φ_i、$\dot{\varphi}_i$、$\ddot{\varphi}_i$、φ_j、$\dot{\varphi}_j$、$\ddot{\varphi}_j$、x_C、y_C、$\dot{x}_C$、$\dot{y}_C$、$\ddot{x}_C$、$\ddot{y}_C$	1152 G1=CI * SJ-CJ * SI 1154 W(I)=(CJ * (VX(D)-VX(B))+SJ * (VY(D)-VY(B)))/G1 1156 W(J)=(CI * (VX(D)-VX(B))+SI * (VY(D)-VY(B)))/G1 1158 VX(C)=VX(B)-W(I) * SI 1160 VY(C)=VY(B)+W(I) * CI 1162 G2=AX(D)-AX(B)+CI * W(I) * W(I)-CJ * W(J) * W(J) 1164 G3=AY(D)-AY(B)+SI * W(I) * W(I)-SJ * W(J) * W(J) 1166 E(I)=(G2 * CJ+G3 * SJ)/G1 1168 E(J)=(G2 * CI+G3 * SI)/G1 1170 AX(C)=AX(B)-E(I) * SI-CI * W(I) * W(I) 1172 AY(C)=AY(B)+E(I) * CI-SI * W(I) * W(I) 1174 GOTO 1180 1176 PRINT"Can not be assembled in 1112" 1178 STOP 1600 REM ANGLE 1602 IF ABS(X)>1E-10 THEN 1610 1604 FI=3.14159265#/2 1606 FI=FI-(SGN(Y)-1) * FI 1608 GOTO 1614 1610 FI=ATN(Y/X) 1612 FI=FI-(SGN(X)-1) * 3.14159265#/2 1614 RETURN 1180 END SUB
本子程序用于计算RRPⅡ级杆组的位置、速度和加速度	输入参数： l_i、l_j、x_B、y_B、$\dot{x}_B$、$\dot{y}_B$、$\ddot{x}_B$、$\ddot{y}_B$、x_K、y_K、$\dot{x}_K$、$\dot{y}_K$、$\ddot{x}_K$、$\ddot{y}_K$、φ_j、$\dot{\varphi}_j$、$\ddot{\varphi}_j$ 输出参数： φ_i、$\dot{\varphi}_i$、$\ddot{\varphi}_i$、x_C、y_C、$\dot{x}_C$、$\dot{y}_C$、$\ddot{x}_C$、$\ddot{y}_C$、x_D、y_D、$\dot{x}_D$、$\dot{y}_D$、$\ddot{x}_D$、$\ddot{y}_D$、s、$\dot{s}$、$\ddot{s}$	1200 SUB RRP(I,J,B,C,D,K) 1204 A0 =(X(B)-X(K)) * SIN(F(J))-(Y(B)-Y(K)) * COS(F(J)) 1206 IF ABS(A0 +L(J))>=L(I)THEN 1278 1208 ZZ=(A0 +L(J))/ L(I) 1210 F(I)=ATN(ZZ/SQR(1-ZZ * ZZ))+F(J) 1212 SI=L(I) * SIN(F(I)) 1214 CI=L(I) * COS(F(I)) 1216 SJ=L(J) * SIN(F(J)) 1218 CJ=L(J) * COS(F(J)) 1220 X(C)=X(B)+CI 1222 Y(C)=Y(B)+SI 1224 PI=3.14159265# 1226 IF ABS(F(J)-PI/2)<=.00001 THEN 1236 1228 IF ABS(F(J)+PI/2)<=.00001 THEN 1236 1230 IF ABS(F(J)-3 * PI/2)<=.00001 THEN 1236 1232 S=(X(C)-X(K)+SJ)/(COS(F(J))) 1234 GOTO 1238 1236 S =(Y(C)-Y(K)-CJ)/(SIN(F(J))) 1238 X(D)=X(K)+S * COS(F(J)) 1240 Y(D)=Y(K)+S * SIN(F(J)) 1242 Q1=VX(K)-VX(B)-W(J) * (S * SIN(F(J))+CJ) 1244 Q2=VY(K)-VY(B)+W(J) * (S * COS(F(J))-SJ) 1246 Q3=SI * (SIN(F(J)))+CI * (COS(F(J))) 1248 W(I)=(-Q1 * SIN(F(J))+Q2 * COS(F(J)))/ Q3 1250 VS=-(Q1 * CI+Q2 * SI)/Q3 1252 VX(C)=VX(B)-W(I) * SI 1254 VY(C)=VY(B)+W(I) * CI 1256 VX(D)=VX(K)+VS * COS(F(J))-W(J) * S * SIN(F(J)) 1258 VY(D)=VY(K)+VS * SIN(F(J))+W(J) * S * COS(F(J)) 1260 Q4=AX(K)-AX(B)+CI * W(I) * W(I)-E(J) * (S * SIN(F(J))+CJ)-W(J) * W(J) * (S * COS(F(J))-SJ)-2 * W(J) * VS * SIN(F(J)) 1262 Q5=AY(K)-AY(B)+SI * W(I) * W(I)+E(J) * (S * COS(F(J))-SJ)-W(J) * W(J) * (S * SIN(F(J))+CJ)+2 * W(J) * VS * COS(F(J)) 1264 ASS =(-Q4 * CI-Q5 * SI)/Q3 1266 E(I)=(-Q4 * SIN(F(J))+Q5 * COS(F(J)))/Q3 1268 AX(C)=AX(B)-E(I) * SI-CI * W(I) * W(I)

第11篇

续表

子程序功能	入口参数	子 程 序 代 码
本子程序用于计算 RRPⅡ级杆组的位置、速度和加速度	输入参数： l_i、l_j、x_B、y_B、$\dot{x}_B$、$\dot{y}_B$、$\ddot{x}_B$、$\ddot{y}_B$、x_K、y_K、$\dot{x}_K$、$\dot{y}_K$、$\ddot{x}_K$、$\ddot{y}_K$、φ_j、$\dot{\varphi}_j$、$\ddot{\varphi}_j$ 输出参数： φ_i、$\dot{\varphi}_i$、$\ddot{\varphi}_i$、x_C、y_C、$\dot{x}_C$、$\dot{y}_C$、$\ddot{x}_C$、$\ddot{y}_C$、x_D、y_D、$\dot{x}_D$、$\dot{y}_D$、$\ddot{x}_D$、$\ddot{y}_D$、s、$\dot{s}$、$\ddot{s}$	1270 AY(C)=AY(B)+E(I) * CI-SI * W(I) * W(I) 1272 AX(D)=AX(K)+ASS * COS(F(J))-E(J) * S * SIN(F(J))-W(J) * W(J) * S * COS(F(J))-2 * W(J) * VS * SIN(F(J)) 1274 AY(D)=AY(K)+ASS * SIN(F(J))+E(J) * S * COS(F(J))-W(J) * W(J) * S * SIN(F(J))+2 * W(J) * VS * COS(F(J)) 1276 GOTO 1282 1278 PRINT"Can not be assembled in 1206" 1280 STOP 1282 END SUB
本子程序用于计算 RPRⅡ级杆组的位置、速度和加速度	输入参数： l_i、l_j、l_k、x_B、y_B、$\dot{x}_B$、$\dot{y}_B$、$\ddot{x}_B$、$\ddot{y}_B$、x_D、y_D、$\dot{x}_D$、$\dot{y}_D$、$\ddot{x}_D$、$\ddot{y}_D$ 输出参数： φ_j、$\dot{\varphi}_j$、$\ddot{\varphi}_j$、x_C、y_C、$\dot{x}_C$、$\dot{y}_C$、$\ddot{x}_C$、$\ddot{y}_C$、x_E、y_E、$\dot{x}_E$、$\dot{y}_E$、$\ddot{x}_E$、$\ddot{y}_E$、s、$\dot{s}$、$\ddot{s}$	1300 SUB RPR(I,J,K,B,C,D,E) 1304 A0=X(B)-X(D) 1306 B0=Y(B)-Y(D) 1308 C0=L(I)+L(K) 1310 G=A0 * A0+B0 * B0-C0 * C0 1312 IF G<0 THEN 1384 1314 S=SQR(G) 1315 SS=S 1316 X=A0 * S-B0 * C0 1318 Y=B0 * S+A0 * C0 1320 GOSUB 1700 1322 F(J)=FI 1330 SI=L(I) * SIN(F(J)) 1332 CI=L(I) * COS(F(J)) 1334 SK=L(K) * SIN(F(J)) 1336 CK=L(K) * COS(F(J)) 1338 SJ=L(J) * SIN(F(J)) 1340 CJ=L(J) * COS(F(J)) 1342 X(C)=X(B)-SI 1344 Y(C)=Y(B)+CI 1346 X(E)=X(C)+CJ-S * COS(F(J)) 1348 Y(E)=Y(C)+SJ-S * SIN(F(J)) 1350 G4 =(X(B)-X(D)) * COS(F(J))+(Y(B)-Y(D)) * SIN(F(J)) 1352 W(J)=((VY(B)-VY(D)) * COS(F(J))-(VX(B)-VX(D)) * SIN(F(J)))/G4 1354 VS=((VX(B)-VX(D)) * (X(B)-X(D))+(VY(B)-VY(D)) * (Y(B)-Y(D)))/G4 1356 VX(C)=VX(B)-W(J) * CI 1358 VY(C)=VY(B)-W(J) * SI 1360 VX(E)=VX(D)-W(J) * (SJ-CK) 1362 VY(E)=VY(D)+W(J) * (CJ +SK) 1364 G5=AX(B)-AX(D)+W(J) * W(J) * (X(B)-X(D))+2 * W(J) * VS * SIN(F(J)) 1366 G6=AY(B)-AY(D)+W(J) * W(J) * (Y(B)-Y(D))-2 * W(J) * VS * COS(F(J)) 1370 E(J)=(G6 * COS(F(J))-G5 * SIN(F(J)))/G4 1372 ASS=(G5 * (X(B)-X(D))+G6 * (Y(B)-Y(D)))/G4 1374 AX(C)=AX(B)-E(J) * CI +W(J) * W(J) * SI 1376 AY(C)=AY(B)-E(J) * SI-W(J) * W(J) * CI 1378 AX(E)=AX(D)-E(J) * (SJ-CK)-W(J) * W(J) * (CJ+SK) 1380 AY(E)=AY(D)+E(J) * (CJ +SK)-W(J) * W(J) * (SJ-CK) 1382 GOTO 1388 1384 PRINT"Can not be assembled in 1312" 1386 STOP 1700 REM ANGLE 1702 IF ABS(X)>1E-10 THEN 1710 1704 FI=3.14159265#/2 1706 FI=FI-(SGN(Y)-1) * FI 1708 GOTO 1714 1710 FI=ATN(Y/X) 1712 FI=FI-(SGN(X)-1) * 3.14159265#/2 1714 RETURN 1388 END SUB

续表

子程序功能	入口参数	子 程 序 代 码
本子程序用于计算 RPP Ⅱ 级杆组的位置、速度和加速度	输入参数： l_i、φ_i、δ、x_B、y_B、$\dot{x}_B$、$\dot{y}_B$、$\ddot{x}_B$、$\ddot{y}_B$、x_K、y_K、$\dot{x}_K$、$\dot{y}_K$、$\ddot{x}_K$、$\ddot{y}_K$ 输出参数： s_i、$\dot{s}_i$、$\ddot{s}_i$、s_j、$\dot{s}_j$、$\ddot{s}_j$、x_C、y_C、$\dot{x}_C$、$\dot{y}_C$、$\ddot{x}_C$、$\ddot{y}_C$、x_D、y_D、$\dot{x}_D$、$\dot{y}_D$、$\ddot{x}_D$、$\ddot{y}_D$	1400 SUB RPP(I,J,B,C,D,K) 1406 IF ABS(SIN(DA))<=.1 THEN 1472 1408 F=F(J):FD=F(J)+DA 1410 SN=L(I) * SIN(FD) 1412 CN=L(I) * COS(FD) 1414 B1=X(B)-X(K)+SN 1416 B2=Y(B)-Y(K)-CN 1418 B3=SIN(FD) * COS(F)-COS(FD) * SIN(F) 1420 S(I)=(B2 * COS(F)-B1 * SIN(F))/B3 1422 S(J)=(B1 * SIN(FD)-B2 * COS(FD))/B3 1424 SDI=S(I) * SIN(FD):CDI=S(I) * COS(FD) 1426 SFJ=S(J) * SIN(F):CFJ=S(J) * COS(F) 1428 X(C)=X(B)+SN 1430 Y(C)=Y(B)-CN 1432 X(D)=X(K)+CFJ 1434 Y(D)=Y(K)+SFJ 1436 B4=VX(B)-VX(K)+W(J) * (CN+SDI+SFJ) 1438 B5=VY(B)-VY(K)+W(J) * (SN-CDI-CFJ) 1440 VS(I)=(B5 * COS(F)-B4 * SIN(F))/B3 1442 VS(J)=(B4 * SIN(FD)-B5 * COS(FD))/B3 1444 VX(C)=VX(B)+W(J) * CN 1446 VY(C)=VY(B)+W(J) * SN 1448 VX(D)=VX(K)+VS(J) * COS(F)-W(J) * SFJ 1450 VY(D)=VY(K)+VS(J) * SIN(F)+W(J) * CFJ 1452 B6=AX(B)-AX(K)+E(J) * (CN +SDI +SFJ)-W(J)^2 * (SN-CDI-CFJ)+2 * W(J) * (VS(I) * SIN(FD)+VS(J) * SIN(F)) 1454 B7=AY(B)-AY(K)+E(J) * (SN-CDI-CFJ)+W(J)^2 * (CN+SDI+SFJ)-2 * W(J) * (VS(I) * COS(FD)+VS(J) * COS(F)) 1456 ASS(I)=(B7 * COS(F)-B6 * SIN(F))/B3 1458 ASS(J)=(B6 * SIN(FD)-B7 * COS(FD))/ B3 1460 AX(C)=AX(B)+E(J) * CN-W(J)^2 * SN 1462 AY(C)=AY(B)+E(J) * SN +W(J)^2 * CN 1464 AX(D)=AX(K)+ASS(J) * COS(F)-E(J) * SFJ-2 * W(J) * VS(J) * SIN(F)-W(J)^2 * CFJ 1468 AY(D)=AY(K)+ASS(J) * SIN(F)+E(J) * CFJ+2 * W(J) * VS(J) * COS(F)-W(J)^2 * SFJ 1470 GOTO 1476 1472 PRINT "Can not work in 1406 SIN(DA)<0. 1" 1474 STOP 1476 END SUB
本子程序用于计算 PRP Ⅱ 级杆组的位置、速度和加速度	输入参数： l_i、l_j、φ_i、φ_j、x_{Ki}、y_{Ki}、$\dot{x}_{Ki}$、$\dot{y}_{Ki}$、$\ddot{x}_{Ki}$、$\ddot{y}_{Ki}$、x_{Kj}、y_{Kj}、$\dot{x}_{Kj}$、$\dot{y}_{Kj}$、$\ddot{x}_{Kj}$、$\ddot{y}_{Kj}$ 输出参数： s_i、$\dot{s}_i$、$\ddot{s}_i$、s_j、$\dot{s}_j$、$\ddot{s}_j$、x_B、y_B、$\dot{x}_B$、$\dot{y}_B$、$\ddot{x}_B$、$\ddot{y}_B$、x_C、y_C、$\dot{x}_C$、$\dot{y}_C$、$\ddot{x}_C$、$\ddot{y}_C$、x_D、y_D、$\dot{x}_D$、$\dot{y}_D$、$\ddot{x}_D$、$\ddot{y}_D$	1300 SUB RPR(I,J,K,B,C,D,E) 1304 A0=X(B)-X(D) 1306 B0=Y(B)-Y(D) 1308 C0=L(I)+L(K) 1310 G=A0 * A0+B0 * B0-C0 * C0 1312 IF G<0 THEN 1384 1314 S=SQR(G) 1315 SS=S 1316 X=A0 * S-B0 * C0 1318 Y=B0 * S+A0 * C0 1320 GOSUB 1700 1322 F(J)=FI 1330 SI=L(I) * SIN(F(J)) 1332 CI=L(I) * COS(F(J)) 1334 SK=L(K) * SIN(F(J)) 1336 CK=L(K) * COS(F(J))

续表

子程序功能	入口参数	子　程　序　代　码
本子程序用于计算 PRP Ⅱ级杆组的位置、速度和加速度	输入参数： l_i、l_j、φ_i、φ_j、x_{Ki}、y_{Ki}、$\dot{x}_{Ki}$、$\dot{y}_{Ki}$、$\ddot{x}_{Ki}$、$\ddot{y}_{Ki}$、x_{Kj}、y_{Kj}、$\dot{x}_{Kj}$、$\dot{y}_{Kj}$、$\ddot{x}_{Kj}$、$\ddot{y}_{Kj}$ 输出参数： s_i、$\dot{s}_i$、$\ddot{s}_i$、s_j、$\dot{s}_j$、$\ddot{s}_j$、x_B、y_B、$\dot{x}_B$、$\dot{y}_B$、$\ddot{x}_B$、$\ddot{y}_B$、x_C、y_C、$\dot{x}_C$、$\dot{y}_C$、$\ddot{x}_C$、$\ddot{y}_C$、x_D、y_D、$\dot{x}_D$、$\dot{y}_D$、$\ddot{x}_D$、$\ddot{y}_D$	1338 SJ=L(J) * SIN(F(J)) 1340 CJ=L(J) * COS(F(J)) 1342 X(C)=X(B)-SI 1344 Y(C)=Y(B)+CI 1346 X(E)=X(C)+CJ-S * COS(F(J)) 1348 Y(E)=Y(C)+SJ-S * SIN(F(J)) 1350 G4 =(X(B)-X(D)) * COS(F(J))+(Y(B)-Y(D)) * SIN(F(J)) 1352 W(J)=((VY(B)-VY(D)) * COS(F(J))-(VX(B)-VX(D)) * SIN(F(J)))/G4 1354 VS=((VX(B)-VX(D)) * (X(B)-X(D))+(VY(B)-VY(D)) * (Y(B)-Y(D)))/ G4 1356 VX(C)=VX(B)-W(J) * CI 1358 VY(C)=VY(B)-W(J) * SI 1360 VX(E)=VX(D)-W(J) * (SJ-CK) 1362 VY(E)=VY(D)+W(J) * (CJ+SK) 1364 G5=AX(B)-AX(D)+W(J) * W(J) * (X(B)-X(D))+2 * W(J) * VS * SIN(F(J)) 1366 G6=AY(B)-AY(D)+W(J) * W(J) * (Y(B)-Y(D))-2 * W(J) * VS * COS(F(J)) 1370 E(J)=(G6 * COS(F(J))-G5 * SIN(F(J)))/ G4 1372 ASS=(G5 * (X(B)-X(D))+G6 * (Y(B)-Y(D)))/G4 1374 AX(C)=AX(B)-E(J) * CI+W(J) * W(J) * SI 1376 AY(C)=AY(B)-E(J) * SI-W(J) * W(J) * CI 1378 AX(E)=AX(D)-E(J) * (SJ-CK)-W(J) * W(J) * (CJ+SK) 1380 AY(E)=AY(D)+E(J) * (CJ+SK)-W(J) * W(J) * (SJ-CK) 1382 GOTO 1388 1384 PRINT"Can not be assembled in 1312" 1386 STOP 1700 REM ANGLE 1702 IF ABS(X)>1E-10 THEN 1710 1704 FI=3.14159265#/2 1706 FI=FI-(SGN(Y)-1) * FI 1708 GOTO 1714 1710 FI=ATN(Y/X) 1712 FI=FI-(SGN(X)-1) * 3.14159265#/2 1714 RETURN 1388 END SUB

表 11-2-4　**基本杆组运动分析子程序与公式中符号对照**

程序中的符号	公式中的符号	程序中的符号	公式中的符号
X(B)、Y(B)	x_B、y_B	AX(B)、AY(B)	$\ddot{x}_B$、$\ddot{y}_B$
X(C)、Y(C)	x_C、y_C	AX(C)、AY(C)	$\ddot{x}_C$、$\ddot{y}_C$
X(D)、Y(D)	x_D、y_D	AX(D)、AY(D)	$\ddot{x}_D$、$\ddot{y}_D$
L(I)、L(J)	l_i、l_j	F(I)、F(J)	φ_i、φ_j
VX(B)、VY(B)	$\dot{x}_B$、$\dot{y}_B$	W(I)、W(J)	$\dot{\varphi}_i$、$\dot{\varphi}_j$
VX(C)、VY(C)	$\dot{x}_C$、$\dot{y}_C$	E(I)、E(J)	$\ddot{\varphi}_i$、$\ddot{\varphi}_j$
VX(D)、VY(D)	$\dot{x}_D$、$\dot{y}_D$		

2.1.2.3　应用实例

利用基本杆组运动分析子程序进行机构分析的过程如表 11-2-5 所示，分析次序是从已知运动的原动件开始，按基本杆组的连接顺序逐步分析至待求的执行构件。

表 11-2-5 基本杆组法运动分析例题

例题

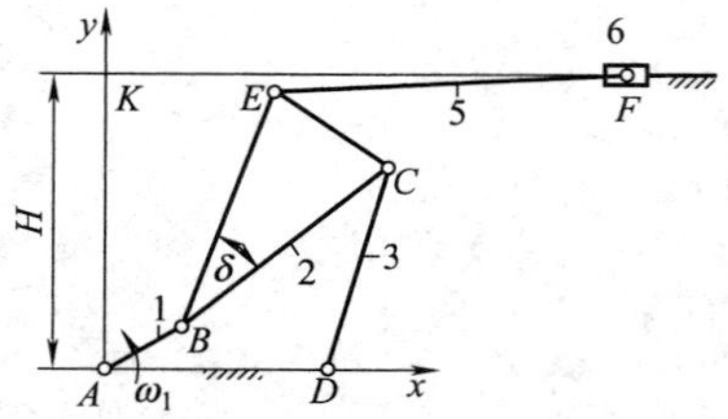

如左图所示的六杆机构中，已知各杆长 $l_{AB}=100\text{mm}$，$l_{BC}=300\text{mm}$，$l_{CD}=250\text{mm}$，$l_{BE}=300\text{mm}$，$l_{AD}=250\text{mm}$，$l_{EF}=400\text{mm}$，$H=350\text{mm}$，$\delta=30°$，曲柄 AB 的角速度 $\omega_1=10\text{rad/s}$

求滑块 F 点的位移、速度和加速度

解题步骤

(1)划分基本杆组

该六杆机构是由Ⅰ级机构 AB、RRRⅡ级基本组 BCD 和 RRPⅡ级基本组 EF 组成

(2)建立坐标系，确定各运动副和各杆的编号

以 A 点为原点，AD 为 x 轴建立坐标系如上图所示，各运动副编号分别为：$A=1$，$B=2$，$C=3$，$D=4$，$E=5$，$F=6$。另外，为了计算滑块 F 的位移，选其导路上一点 K 为参考点，令 K 点标号为 7。各杆的标号分别为：$L(1)=l_{AB}$，$L(2)=l_{BC}$，$L(3)=l_{CD}$，$L(4)=L_{BE}$，$L(5)=L_{EF}$，$L(6)=0$

(3)主程序编写

在主程序中，首先对各已知参数赋值，然后按如下顺序调用各子程序：

①调用 CRANK 子程序，计算 B 点运动

②调用 RRR 子程序，计算 BC 和 CD 杆的运动

③调用 CRANK 子程序，计算 E 点运动

④调用 RRP 子程序，计算 EF 杆及滑块的运动

本程序中以 φ_1 为循环变量

主程序

```
DECLARE SUB CRANK(I!,J!,A!,B!)
DECLARE SUB RRR(I!,J!,B!,C!,D!)
DECLARE SUB RRP(I!,J!,B!,C!,D!,K!)
CLS
REM  Kinematic analysis for the 6-Bar Linkage
NN=10
DIM SHARED L(NN),F(NN),W(NN),E(NN),DA,M,P,PI,S,VS,ASS
DIM SHARED X(NN),Y(NN),VX(NN),VY(NN),AX(NN),AY(NN)
READ L(1),L(2),L(3),L(4),L(5),L(6)
DATA 100,300,250,300,400,0
READ X(1),Y(1),X(4),Y(4),X(7),Y(7),W(1),E(1)
DATA 0,0,250,0,0,350,10,0
PI=3.1415926#
P=PI/180
PRINT USING"\\";"F1";"X7";"Y7";"X6";"Y6";"Smm";"Vm/s";"Am/s/s"
PRINT
FOR F0=0 TO 12
F(1)=F0 *30 *P
DA=0
CALL CRANK(1,1,1,2)
M=1
CALL RRR(2,3,2,3,4)
DA=30 *P
CALL CRANK(4,2,2,5)
CALL RRP(5,6,5,6,6,7)
PRINT USING"#####.##"; F(1)/P;X(7);Y(7);X(6);Y(6);S;VS/1000;ASS/1000
NEXT F0
END
```

续表

	F1	X7	Y7	X6	Y6	Smm	Vm/s	Am
运行结果	0.00	119.62	299.36	516.40	350.00	516.40	2.11	−16.71
	30.00	192.10	330.84	591.64	350.00	591.64	0.67	−29.02
	60.00	192.74	350.47	592.74	350.00	592.74	−0.50	−15.57
	90.00	150.20	359.69	550.08	350.00	550.08	−1.04	−5.78
	120.00	90.63	351.60	490.62	350.00	490.62	−1.18	−0.17
	150.00	30.73	326.10	430.02	350.00	430.02	−1.11	2.48
	180.00	−19.40	288.97	375.92	350.00	375.92	−0.94	3.80
	210.00	−54.59	248.29	332.27	350.00	332.27	−0.71	5.29
	240.00	−72.24	212.57	303.41	350.00	303.41	−0.37	8.02
	270.00	−70.34	191.64	296.98	350.00	296.98	0.16	12.55
	300.00	−44.77	198.03	325.24	350.00	325.24	0.97	18.11
	330.00	16.88	241.78	401.96	350.00	401.96	1.96	16.92
	360.00	119.62	299.36	516.40	350.00	516.40	2.11	−16.71

2.1.3　高级机构的运动分析

对于Ⅲ级及Ⅲ级以上杆组（简称高级杆组机构）位置方程为一组非线性代数方程，其解析解通常比较难求，一般用非线性方程迭代法进行求解，如牛顿-拉夫森法，除了迭代法之外，还可用代数消元法求解非线性代数方程组，如表 11-2-6 所示，对各种求解方法进行了简要介绍。

表 11-2-7 所示为用牛顿-拉夫森法求解 RR-RR-RRⅢ级组的实例，其他高级杆组的运动分析过程与其相似。

表 11-2-6　高级杆组机构运动分析

序号	方法	特　点
1	变换原动件降级法	在明确原起始构件的前提下，通过变换起始构件，使它转换为级别较低的机构，再进行求解
2	杆长（约束条件）逼近法	将高级杆组拆除一个双铰杆，使其变为具有同一原动件的两组Ⅱ级组。构建原动件位置输入与所拆双铰杆杆长之间的迭代关系，进行迭代求解
3	牛顿-拉夫森法	根据机构的封闭矢量图建立关于机构位置变量的非线性方程组，在此基础上建立机构位置变量的雅可比矩阵，进行迭代求解
4	代数消元法	根据机构的封闭矢量图建立关于机构位置变量的非线性方程组，应用迪克逊方法构建导出方程组，进行消元并求解

表 11-2-7　牛顿-拉夫森方法求解 RR-RR-RRⅢ级组机构

基本结构	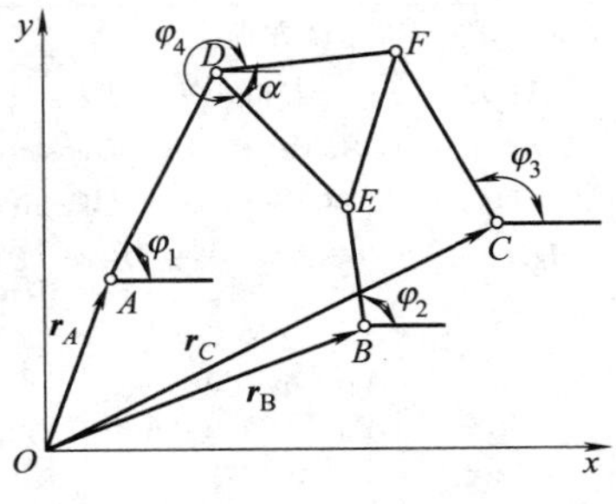

续表

位置分析	建立 $OADEB$ 和 $OADFC$ 两个矢量多边形的位置矢量方程： $$\left.\begin{aligned}\boldsymbol{r}_B&=\boldsymbol{r}_A+\overrightarrow{AD}+\overrightarrow{DE}-\overrightarrow{BE}\\ \boldsymbol{r}_C&=\boldsymbol{r}_A+\overrightarrow{AD}+\overrightarrow{DF}-\overrightarrow{CF}\end{aligned}\right\}$$ 由位置矢量方程得沿坐标轴的投影方程 $$\left.\begin{aligned}&AD\cos\varphi_1-BE\cos\varphi_2+DE\cos\varphi_4-x_B+x_A=0\\&AD\sin\varphi_1-BE\sin\varphi_2+DE\sin\varphi_4-y_B+y_A=0\\&AD\cos\varphi_1-CF\cos\varphi_3+DF\cos(\varphi_4+\alpha)-x_C+x_A=0\\&AD\sin\varphi_1-CF\sin\varphi_3+DF\sin(\varphi_4+\alpha)-y_C+y_A=0\end{aligned}\right\}\quad(11\text{-}2\text{-}54)$$ 并将其写成一般式 $$\left.\begin{aligned}f_1(\varphi_1,\varphi_2,\varphi_3,\varphi_4)=0\\f_2(\varphi_1,\varphi_2,\varphi_3,\varphi_4)=0\\f_3(\varphi_1,\varphi_2,\varphi_3,\varphi_4)=0\\f_4(\varphi_1,\varphi_2,\varphi_3,\varphi_4)=0\end{aligned}\right\}$$ 将以上方程按泰勒级数展开并略去高阶项： $$f_i(\varphi_1+\Delta\varphi_1,\varphi_2+\Delta\varphi_2,\varphi_3+\Delta\varphi_3,\varphi_4+\Delta\varphi_4)=f_i(\varphi_1,\varphi_2,\varphi_3,\varphi_4)+\frac{\partial f_i}{\partial\varphi_1}\Delta\varphi_1+\frac{\partial f_i}{\partial\varphi_2}\Delta\varphi_2+\frac{\partial f_i}{\partial\varphi_3}\Delta\varphi_3+\frac{\partial f_i}{\partial\varphi_4}\Delta\varphi_4$$ $(i=1,2,3,4)$ 整理成矩阵形式 $$\begin{bmatrix}\frac{\partial f_1}{d\varphi_1}&\frac{\partial f_1}{d\varphi_2}&\frac{\partial f_1}{d\varphi_3}&\frac{\partial f_1}{d\varphi_4}\\\frac{\partial f_2}{d\varphi_1}&\frac{\partial f_2}{d\varphi_2}&\frac{\partial f_2}{d\varphi_3}&\frac{\partial f_2}{d\varphi_4}\\\frac{\partial f_3}{d\varphi_1}&\frac{\partial f_3}{d\varphi_2}&\frac{\partial f_3}{d\varphi_3}&\frac{\partial f_3}{d\varphi_4}\\\frac{\partial f_4}{d\varphi_1}&\frac{\partial f_4}{d\varphi_2}&\frac{\partial f_4}{d\varphi_3}&\frac{\partial f_4}{d\varphi_4}\end{bmatrix}\begin{bmatrix}\Delta\varphi_1\\\Delta\varphi_2\\\Delta\varphi_3\\\Delta\varphi_4\end{bmatrix}=\begin{bmatrix}-f_1\\-f_2\\-f_3\\-f_4\end{bmatrix}\quad(11\text{-}2\text{-}55)$$ 即 $$\begin{bmatrix}A_1&A_5&0&A_{13}\\A_2&A_6&0&A_{14}\\A_3&0&A_{11}&A_{15}\\A_4&0&A_{12}&A_{16}\end{bmatrix}\begin{bmatrix}\Delta\varphi_1\\\Delta\varphi_2\\\Delta\varphi_3\\\Delta\varphi_4\end{bmatrix}=\begin{bmatrix}B_1\\B_2\\B_3\\B_4\end{bmatrix}\quad(11\text{-}2\text{-}56)$$ 简写成 $$\boldsymbol{A}\cdot\boldsymbol{X}=\boldsymbol{B}\quad(11\text{-}2\text{-}57)$$ 式中 $A_1=A_3=-AD\sin\varphi_1\quad A_2=A_4=AD\cos\varphi_1$ $A_5=BE\sin\varphi_2\quad A_6=-BE\cos\varphi_2$ $A_{11}=CF\sin\varphi_3\quad A_{12}=-CF\cos\varphi_3$ $A_{13}=-DE\sin\varphi_4\quad A_{14}=DE\cos\varphi_4$ $A_{15}=-DF\sin(\varphi_4+\alpha)\quad A_{16}=DF\cos(\varphi_4+\alpha)$ $$\left.\begin{aligned}&B_1=-AD\cos\varphi_1+BE\cos\varphi_2-DE\cos\varphi_4+x_B-x_A=0\\&B_2=-AD\sin\varphi_1+BE\sin\varphi_2-DE\sin\varphi_4+y_B-y_A=0\\&B_3=-AD\cos\varphi_1+CF\cos\varphi_3-DF\cos(\varphi_4+\alpha)+x_C-x_A=0\\&B_4=-AD\sin\varphi_1+CF\sin\varphi_3-DF\sin(\varphi_4+\alpha)+y_C-y_A=0\end{aligned}\right\}$$ 将 $\varphi_i(i=1,2,3,4)$ 的初值代入式(11-2-56)，则其修整量 $\Delta\varphi_i(i=1,2,3,4)$ 可由对其系数矩阵 **A** 求逆而得： $$\boldsymbol{X}=\boldsymbol{A}^{-1}\cdot\boldsymbol{B}\quad(11\text{-}2\text{-}58)$$ 由此构成 $\varphi^{(K+1)}=\varphi^{(K)}+\Delta\varphi^{(K)}$ 迭代过程，直至 $\Delta\varphi^{(K)}\leqslant\varepsilon$
速度分析	将位置方程式(11-2-54)对时间求导，得速度方程组： $$\left.\begin{aligned}&-AD\sin\varphi_1\dot\varphi_1+BE\sin\varphi_2\dot\varphi_2-DE\sin\varphi_4\dot\varphi_4=\dot x_B-\dot x_A\\&AD\cos\varphi_1\dot\varphi_1-BE\cos\varphi_2\dot\varphi_2+DE\cos\varphi_4\dot\varphi_4=\dot y_B-\dot y_A\\&-AD\sin\varphi_1\dot\varphi_1+CF\sin\varphi_3\dot\varphi_3-DF\sin(\varphi_4+\alpha)\dot\varphi_4=\dot x_C-\dot x_A\\&AD\cos\varphi_1\dot\varphi_1-CF\cos\varphi_3\dot\varphi_3+DF\cos(\varphi_4+\alpha)\dot\varphi_4=\dot y_C-\dot y_A\end{aligned}\right\}\quad(11\text{-}2\text{-}59)$$ 写成矩阵形式 $$\begin{bmatrix}A_1&A_5&0&A_{13}\\A_2&A_6&0&A_{14}\\A_3&0&A_{11}&A_{15}\\A_4&0&A_{12}&A_{16}\end{bmatrix}\begin{bmatrix}\dot\varphi_1\\\dot\varphi_2\\\dot\varphi_3\\\dot\varphi_4\end{bmatrix}=\begin{bmatrix}C_1\\C_2\\C_3\\C_4\end{bmatrix}\quad(11\text{-}2\text{-}60)$$

续表

速度分析	由此可求各构件的角速度 $\dot{\boldsymbol{\varphi}}=\boldsymbol{A}^{-1}\cdot\boldsymbol{C}$　　(11-2-61) 式中矩阵 A 与位置分析式(11-2-57)中矩阵相同,C 中各元素为 $C_1=\dot{x}_B-\dot{x}_A$ $C_2=\dot{y}_B-\dot{y}_A$ $C_3=\dot{x}_C-\dot{x}_A$ $C_4=\dot{y}_C-\dot{y}_A$ 内点 D、E、F 的速度分量分别为： $\left.\begin{aligned}\dot{x}_D&=\dot{x}_A-AD\sin\varphi_1\dot{\varphi}_1\\\dot{y}_D&=\dot{y}_A+AD\cos\varphi_1\dot{\varphi}_1\\\dot{x}_E&=\dot{x}_B-BE\sin\varphi_2\dot{\varphi}_2\\\dot{y}_E&=\dot{y}_B+BE\cos\varphi_2\dot{\varphi}_2\\\dot{x}_F&=\dot{x}_C-CF\sin\varphi_3\dot{\varphi}_3\\\dot{y}_F&=\dot{y}_C+CF\cos\varphi_3\dot{\varphi}_3\end{aligned}\right\}$　　(11-2-62)
加速度分析	将速度方程式(11-2-59)对时间求导，得加速度线性方程组，写成矩阵形式为： $\begin{bmatrix}A_1&A_5&0&A_{13}\\A_2&A_6&0&A_{14}\\A_3&0&A_{11}&A_{15}\\A_4&0&A_{12}&A_{16}\end{bmatrix}\begin{bmatrix}\ddot{\varphi}_1\\\ddot{\varphi}_2\\\ddot{\varphi}_3\\\ddot{\varphi}_4\end{bmatrix}=\begin{bmatrix}D_1\\D_2\\D_3\\D_4\end{bmatrix}$　　(11-2-63) 式中矩阵 A 与位置分析式(11-2-57)中矩阵相同,D 中各元素为 $D_1=AD\cos\varphi_1\dot{\varphi}_1^2-BE\cos\varphi_2\dot{\varphi}_2^2+DE\cos\varphi_4\dot{\varphi}_4^2+\ddot{x}_B-\ddot{x}_A$ $D_2=AD\sin\varphi_1\dot{\varphi}_1^2-BE\sin\varphi_2\dot{\varphi}_2^2+DE\sin\varphi_4\dot{\varphi}_4^2+\ddot{y}_B-\ddot{y}_A$ $D_3=AD\cos\varphi_1\dot{\varphi}_1^2-CF\cos\varphi_3\dot{\varphi}_3^2+DF\cos(\varphi_4+\alpha)\dot{\varphi}_4^2+\ddot{x}_C-\ddot{x}_A$ $D_4=AD\sin\varphi_1\dot{\varphi}_1^2-CF\sin\varphi_3\dot{\varphi}_3^2+DF\sin(\varphi_4+\alpha)\dot{\varphi}_4^2+\ddot{y}_C-\ddot{y}_A$ 可求得各构件的角加速度式为 $\ddot{\boldsymbol{\varphi}}=\boldsymbol{A}^{-1}\cdot\boldsymbol{D}$　　(11-2-64) 内点 D、E、F 的加速度分量分别为： $\left.\begin{aligned}\ddot{x}_D&=\ddot{x}_A-AD(\sin\varphi_1\ddot{\varphi}_1+\cos\varphi_1\dot{\varphi}_1^2)\\\ddot{y}_D&=\ddot{y}_A+AD(\cos\varphi_1\ddot{\varphi}_1-\sin\varphi_1\dot{\varphi}_1^2)\\\ddot{x}_E&=\ddot{x}_B-BE(\sin\varphi_2\ddot{\varphi}_2+\cos\varphi_2\dot{\varphi}_2^2)\\\ddot{y}_E&=\ddot{y}_B+BE(\cos\varphi_2\ddot{\varphi}_2-\sin\varphi_2\dot{\varphi}_2^2)\\\ddot{x}_F&=\ddot{x}_C-CF(\sin\varphi_3\ddot{\varphi}_3+\cos\varphi_3\dot{\varphi}_3^2)\\\ddot{y}_F&=\ddot{y}_C+CF(\cos\varphi_3\ddot{\varphi}_3-\sin\varphi_3\dot{\varphi}_3^2)\end{aligned}\right\}$　　(11-2-65)

2.1.4　基于瞬心法对平面机构的速度分析

用速度瞬心法对构件数目少的平面机构（凸轮机构、齿轮机构、平面四杆机构等）进行速度分析，既直观又简便。

2.1.4.1　速度瞬心和机构中瞬心的数目

若把刚体视为构件就可以得到平面机构中瞬心的定义：相对做平面运动的两构件上瞬时相对速度等于零的点或者说绝对速度相等点（即等速重合点）称为速度瞬心。绝对速度为零的瞬心称为绝对瞬心，绝对速度不等于零的瞬心称为相对瞬心，用符号 P_{ij} 表示构件 i 与构件 j 的瞬心。

机构中速度瞬心的数目 K 可以用式（11-2-66）计算：

$$K=\frac{m(m-1)}{2} \tag{11-2-66}$$

式中　m——机构中构件（含机架）数。

2.1.4.2　机构中瞬心位置的确定

表 11-2-8　　瞬心位置的确定

瞬心确定方法	瞬心位置	图　例
直接构成运动副两构件的瞬心位置	两构件直接相连构成转动副[图(a)],构件 1、2 的转动中心即为该两构件的瞬心 P_{12}	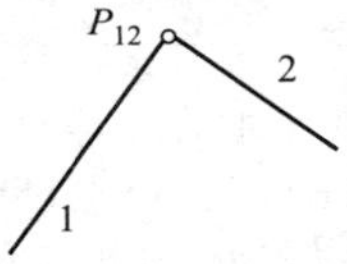 图(a)

第 11 篇

续表

瞬心确定方法	瞬心位置	图 例
直接构成运动副两构件的瞬心位置	两构件构成移动副[图(b)]时,构件1相对于构件2的速度均平行于移动副导路,故瞬心 P_{12} 必在垂直导路方向上的无穷远处	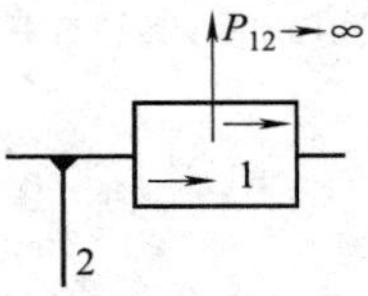 图(b)
	两构件构成平面高副,且两构件做纯滚动[图(c)]时,接触点相对速度为零,该接触点 M 即为瞬心 P_{12}	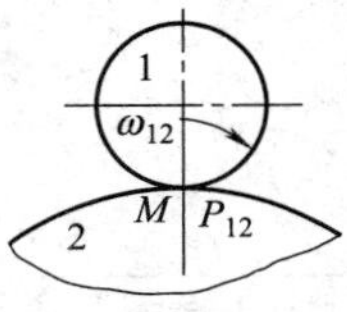 图(c)
	两构件构成平面高副且两构件在接触的高副处既做相对滑动又做滚动[图(d)]时,瞬心 P_{12} 必位于过接触点的公法线 n—n 上,具体在法线上哪一点,尚需根据其他条件再作具体分析确定	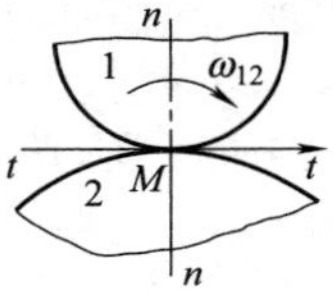 图(d)
用三心定理确定不直接构成运动副的两构件瞬心的位置	所谓三心定理就是:三个做平面运动的构件的三个瞬心必在同一条直线上。根据式(11-2-66)可知图(e)所示三构件共有三个瞬心,显然两转动副 P_{13}、P_{23} 为绝对瞬心,第三个瞬心 P_{12}(即 K 点)应和另两个瞬心 P_{13}、P_{23} 共线	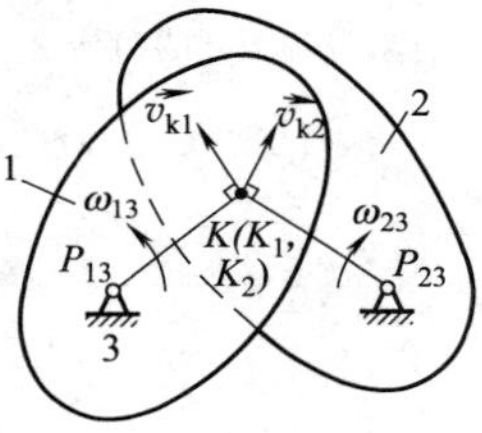 图(e)

2.1.4.3 速度瞬心在平面机构速度分析中的应用实例

表 11-2-9 平面四杆机构速度分析例题

	铰链四杆机构
例题1	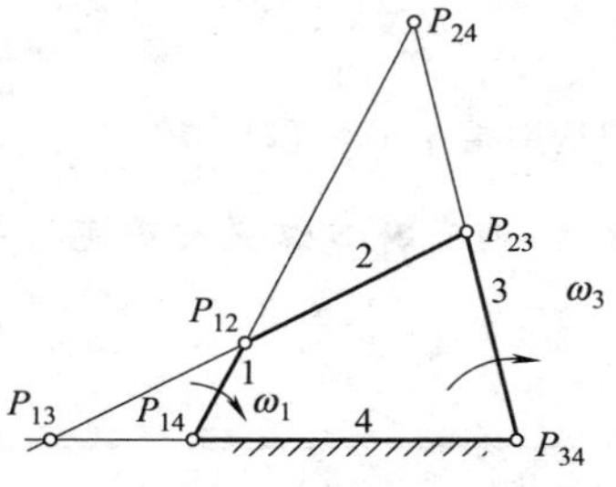 图(a) 图(a)所示的曲柄摇杆机构中,若已知四杆件长度和原动件(曲柄)1以角速度 ω_1 顺时针方向回转,求图示位置从动件(摇杆)3的角速度 ω_3 和角速度比 ω_1/ω_3
解题步骤	(1)确定构件间的瞬心 首先根据式(11-2-66)计算出瞬心数目 $K=6$,其中四个转动副中心分别为瞬心 P_{14}、P_{12}、P_{23}、P_{34},根据三心定理再确定出不直接连接的构件2和4、构件1和3的两个瞬心 P_{24} 和 P_{13}

续表

<table>
<tr><th colspan="2">铰链四杆机构</th></tr>
<tr><td>解题步骤</td><td>(2)求解转速比 ω_1/ω_3
由瞬心定义可知 P_{13} 为构件 1 和 3 的等速重合点，即构件 1 和 3 分别绕回转中心 P_{14} 和 P_{34} 转动时，在重合点 P_{13} 的线速度大小相等、方向相同。则有
$$\omega_1\overline{P_{14}P_{13}}\mu_l=\omega_3\overline{P_{34}P_{13}}\mu_l \quad (11\text{-}2\text{-}67)$$
式中　μ_l——构件长度比例尺，并且
$$\mu_l=\frac{\text{构件实际长度(m)}}{\text{图纸上构件长度(mm)}} \quad (11\text{-}2\text{-}68)$$
由式(11-2-68)，即可求得从动件 3 的角速度 ω_3 和主、从动件角速度之比 ω_1/ω_3
$$\omega_3=\omega_1\frac{\overline{P_{14}P_{13}}}{\overline{P_{34}P_{13}}} \quad (11\text{-}2\text{-}69)$$
$$\frac{\omega_1}{\omega_3}=\frac{\overline{P_{34}P_{13}}}{\overline{P_{14}P_{13}}} \quad (11\text{-}2\text{-}70)$$
可见主、从动件传动比等于该两构件的绝对瞬心(P_{14}、P_{34})至其相对瞬心(P_{13})距离的反比</td></tr>
<tr><th colspan="2">曲柄滑块机构</th></tr>
<tr><td>例题 2</td><td>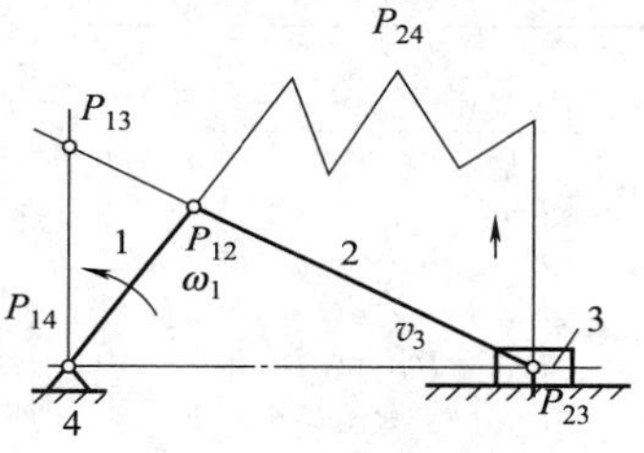

图(b)
图(b)所示的曲柄滑块机构中，已知各构件尺寸及原动件曲柄以角速度 ω_1 逆时针转动，求图示位置滑块 3 的移动速度 v_3</td></tr>
<tr><td>解题步骤</td><td>根据式(11-2-66)可知该四杆机构有六个瞬心，其中由构件直接连接组成运动副的四个瞬心 P_{14}、P_{12}、P_{23} 和 P_{34}，应用三心定理求得 P_{13} 和 P_{24} 两个瞬心如图(b)所示。其中 P_{24} 是绝对瞬心，故构件 2 可视为以瞬时角速度 ω_2 绕 P_{24} 做转动；相对瞬心 P_{13} 为曲柄 1 和滑块 3 的等速重合点，故可很方便地求得滑块移动速度 v_3。即
$$v_3=v_{P13}=\omega_1\overline{P_{14}P_{13}}\mu_l \quad (11\text{-}2\text{-}71)$$</td></tr>
</table>

表 11-2-10　　凸轮机构速度分析例题

<table>
<tr><td>例题</td><td>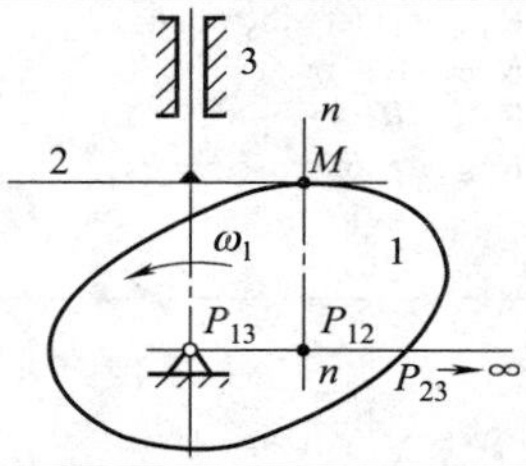

左图所示的凸轮机构中，若已知各构件的尺寸和原动件凸轮的角速度 ω_1 为逆时针回转，求从动件 2 的移动速度</td></tr>
<tr><td>解题步骤</td><td>该凸轮机构有 3 个瞬心，两构件直接接触组成转动副的瞬心 P_{13} 和组成移动副的瞬心 P_{23}，由于凸轮 1 和从动件 2 是高副接触(既有滚动又有滑动)，则 P_{12} 应在过接触点 M 的公法线 n—n 上，再根据三心定理可知 P_{12} 在 $\overline{P_{13}P_{23}}$ 直线上，所以应在这两条线的交点处。又因瞬心 P_{12} 应是凸轮 1 和从动件 2 的等速重合点，故可求得从动件 2 的移动速度 v_2
$$v_2=v_{P12}=\omega_1\overline{P_{13}P_{12}}\mu_l \quad (11\text{-}2\text{-}72)$$</td></tr>
</table>

2.2　平面机构的力分析

机构受力分析的目的是：根据给定的机构运动简图、运动规律、构件的质量和所受的外力（包括惯性力等），确定各运动副中的反力、必须加到主动件上的平衡力或平衡力矩、传动机械所需的功率和机械效率，并为构件的承载能力计算和选用轴承等提供数据。

2.2.1 基于杆组解析法对机构的受力分析

2.2.1.1 杆组法受力分析数学模型

表 11-2-11 基本杆组法受力分析

基本杆组	分析内容及子程序名称	基本杆组图	基本杆组受力分析的解
RRR Ⅱ级杆组的受力分析	将 RRR Ⅱ级杆组在 C 点拆开 已知：构件上的外力 F_{xi}、F_{yi}、MF_i、F_{xj}、F_{yj}、MF_j 求：各运动副的约束反力 R_{xB}、R_{yB}、R_{xC}、R_{yC}、R_{xD}、R_{yD} 子程序名称 SUB FRRR(I,J,B,C,D,SI,SJ,ZI,ZJ)	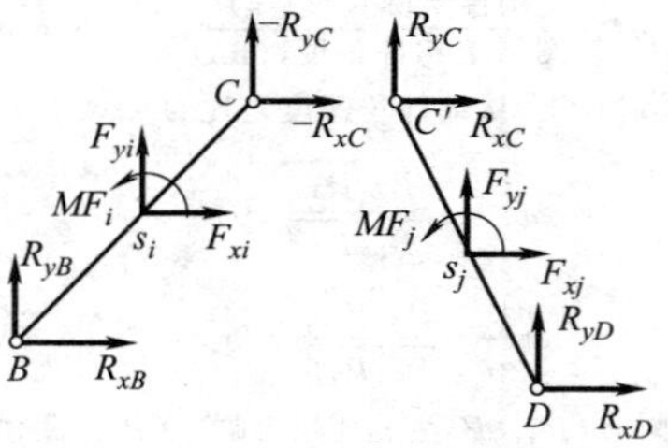 图(a)	$R_{xC}=[FT_i(x_C-x_D)+FT_j(x_C-x_B)]/GG$ $R_{yC}=[FT_i(y_C-y_D)+FT_j(y_C-y_B)]/GG$ (11-2-73) $R_{xB}=R_{xC}-F_{xi}$ $R_{yB}=R_{yC}-F_{yi}$ $R_{xD}=-R_{xC}-F_{xj}$ $R_{yD}=-R_{yC}-F_{yj}$ (11-2-74) 式中 $FT_i=F_{xi}(y_{si}-y_B)-F_{yi}(x_{si}-x_B)-MF_i$ $FT_j=F_{xj}(y_{sj}-y_D)-F_{yj}(x_{sj}-x_D)-MF_j$ $GG=(x_C-x_D)(y_C-y_B)-(y_C-y_D)(x_C-x_B)$
RRP Ⅱ级杆组的受力分析	将 RRP Ⅱ级杆组在 C 点拆开 已知：构件上的外力 F_{xi}、F_{yi}、MF_i、F_{xj}、F_{yj}、MF_j 求：各运动副的约束反力 R_{xB}、R_{yB}、R_{xC}、R_{yC}、R_D、MT 子程序名称 SUB FRRP(I,J,B,C,D,SI,SJ,ZI,ZJ)	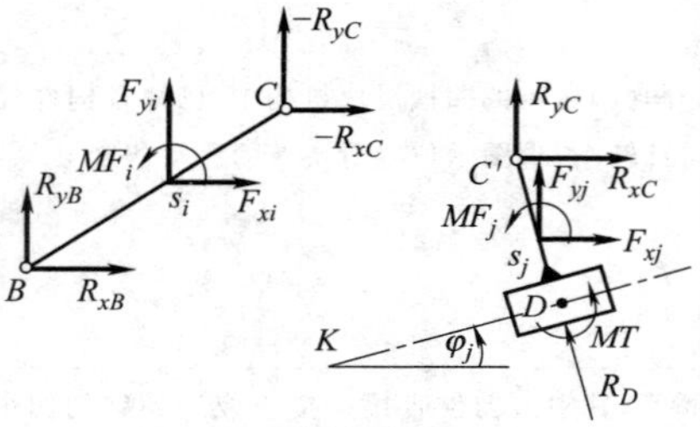 图(b)	$R_D=\dfrac{(F_{xi}+F_{yj})(y_C-y_B)-(F_{yi}+F_{yj})(x_C-x_B)-FT}{(x_C-x_B)\cos\varphi_j+(y_C-y_B)\sin\varphi_j}$ (11-2-75) $R_{xC}=R_D\sin\varphi_j-F_{xj}$ $R_{yC}=-R_D\cos\varphi_j-F_{yj}$ $R_{xB}=R_D\sin\varphi_j-F_{xj}-F_{xi}$ $R_{yB}=-R_D\cos\varphi_j-F_{yj}-F_{yi}$ (11-2-76) $MT=F_{yj}(x_C-x_{sj})-F_{xj}(y_C-y_{si})-MF_i$ (11-2-77) 式中 $FT=F_{xi}(y_C-y_{sj})-F_{yj}(x_C-x_{si})+MF_i$
RPR Ⅱ级杆组的受力分析	将 RPR Ⅱ级杆组在 C 点拆开 已知：构件上的外力 F_{xi}、F_{yi}、MF_i、F_{xj}、F_{yj}、MF_j 求：各运动副的约束反力 R_{xB}、R_{yB}、R_C、MT、R_{xD}、R_{yD} 子程序名称 SUB FRPR(I,J,B,C,D,SI,SJ,ZI,ZJ)	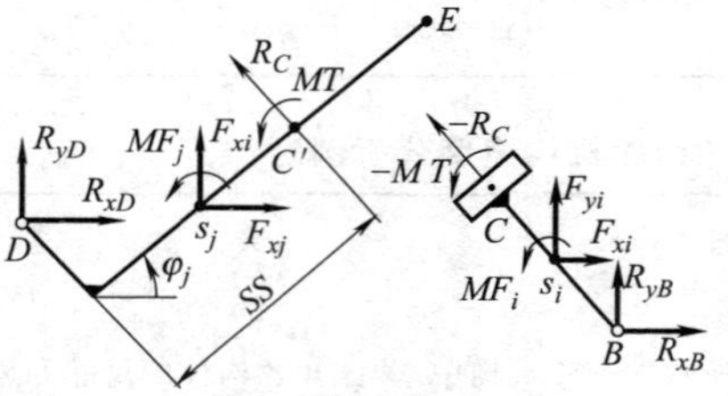 图(c)	$MT=F_{yi}(x_{si}-x_B)-F_{xi}(y_{si}-y_B)+MF_i$ $R_C=[F_{xj}(y_{sj}-y_D)-F_{yj}(x_{sj}-x_D)-MF_j-MT]/SS$ (11-2-78) $R_{xB}=-R_C\sin\varphi_j-F_{xi}$ $R_{yB}=R_C\cos\varphi_j-F_{yi}$ $R_{xD}=R_C\sin\varphi_j-F_{xj}$ $R_{yD}=-R_C\cos\varphi_j-F_{yj}$ (11-2-79)
RPP Ⅱ级杆组的受力分析	将 RPP Ⅱ级杆组在 C 点拆开 已知：构件上的外力 F_{xi}、F_{yi}、MF_i、F_{xj}、F_{yj}、MF_j 求：各运动副的约束反力 R_{xB}、R_{yB}、R_C、MT_i、R_D、MT_j	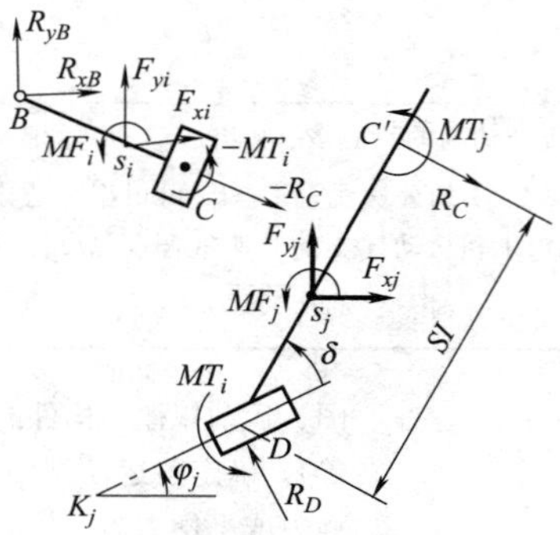 图(d)	$R_C=-(F_{xj}\cos\varphi_j+F_{yj}\sin\varphi_j)/B_3$ $R_D=-[F_{xj}\cos(\varphi_j+\delta)+F_{yj}\sin(\varphi_j+\delta)]/B_3$ (11-2-80) $R_{xB}=R_C\sin(\varphi_j+\delta)-F_{xi}$ $R_{yB}=-R_C\cos(\varphi_j+\delta)-F_{yi}$ (11-2-81) $MT_i=F_{xi}(y_B-y_{si})-F_{yi}(x_B-x_{si})+MF_i$ $MT_j=F_{xj}(y_{sj}-y_D)-F_{yj}(x_{sj}-x_D)+R_C SI-MF_j-MT_i$ (11-2-82) 式中 $B_3=\sin(\varphi_j+\delta)\cos\varphi_j-\cos(\varphi_j+\delta)\sin\varphi_j=\sin\delta$

续表

基本杆组	分析内容及子程序名称	基本杆组图	基本杆组受力分析的解
PRPⅡ级杆组的受力分析	将PRPⅡ级杆组在C点拆开 已知：构件上的外力 F_{xi}、F_{yi}、MF_i、F_{xj}、F_{yj}、MF_j 求：各运动副的约束反力 R_B、MT_i、R_{xC}、R_{yC}、R_D、MT_j	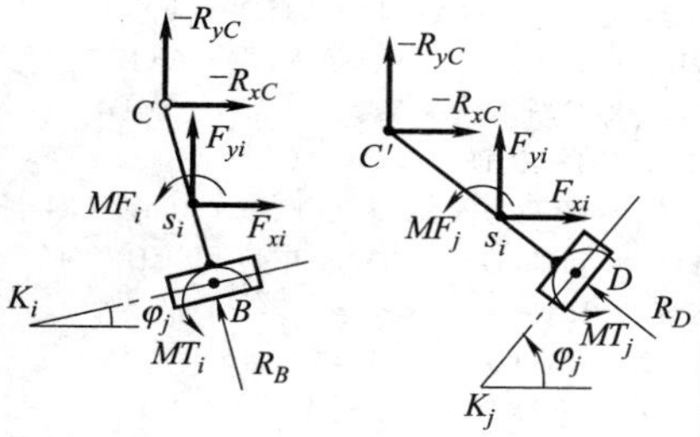 图(e)	$R_B=-[(F_{xi}+F_{xj})\cos\varphi_j+(F_{yi}+F_{yj})\sin\varphi_j]/C_3$ $R_D=[(F_{xi}+F_{xj})\cos\varphi_i+(F_{yi}+F_{yj})\sin\varphi_i]/C_3$　(11-2-83) $R_{xC}=F_{xi}-R_B\sin\varphi_i$ $R_{yC}=F_{yi}+R_B\cos\varphi_i$　(11-2-84) $MT_i=F_{yi}(x_C-x_{si})-F_{xi}(y_C-y_{si})-MF_i$ $MT_j=F_{yj}(x_C-x_{sj})-F_{xj}(y_C-y_{sj})-MF_j$　(11-2-85) 式中　$C_3=\sin(\varphi_j-\varphi_i)$
主动件受力分析	对于表11-2-2图(a)中的主动件 AB，将其在运动副 A 点处与机架拆开 已知：构件上的外力 F_{xi}、F_{yi}、MF_i，B 点的约束反力 R_{xB}、R_{yB} 求：运动副 A 的约束反力 R_{xA}、R_{yA} 和曲柄所受的平衡力矩 T_y 子程序名称 SUB FCRANK(I,A,B,SI)	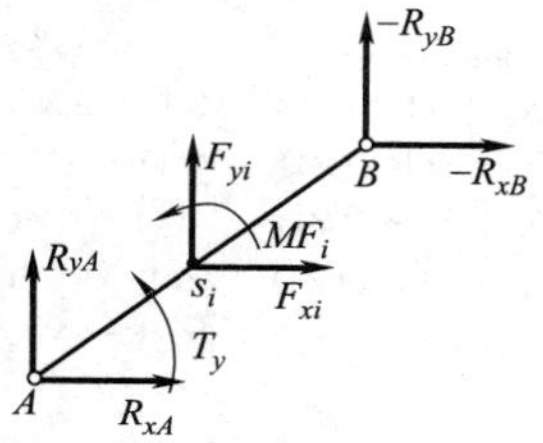 图(f)	$R_{xA}=R_{xB}-F_{xi}$ $R_{yA}=R_{yB}-F_{yi}$　(11-2-86) $T_y=R_{yB}(x_B-x_A)-R_{xB}(y_B-y_A)+F_{xi}(s_i-y_A)-F_{yi}(x_{si}-x_A)-MF_i$　(11-2-87)

2.2.1.2　杆组法受力分析子程序

表11-2-12　基本杆组受力分析子程序

子程序功能	入口参数	子程序代码
本子程序用于计算主动件与机架相连回转副的约束反力及主动件所受的平衡力矩	输入参数： F_{xi}、F_{yi}、MF_i、R_{xB}、R_{yB} 输出参数： R_{xA}、R_{yA}、T_y	2000 SUB FCRANK(I,A,B,SI) 2004 FX(I)=PX(I)−M(I) * AX(SI) 2006 FY(I)=PY(I)−M(I) * AY(SI)−9.8 * M(I) 2010 MF(I)=T(I)−J(I) * E(I) 2012 RX(A)=RX(B)−FX(I) 2014 RY(A)=RY(B)−FY(I) 2016 XBA=X(B)−X(A):YBA=Y(B)−Y(A) 2018 XSA=Y(SI)−X(A):YSA=Y(SI)−Y(A) 2020 TY=XBA * RY(B)−YBA * RX(B)+FX(I) * YSA−FY(I) * XSA−MF(I) 2022 End Sub
本子程序用于计算RRRⅡ级杆组各运动副的约束反力	输入参数： F_{xi}、F_{yi}、MF_i、F_{xj}、F_{yj}、MF_j 输出参数： R_{xB}、R_{yB}、R_{xC}、R_{yC}、R_D、MT	2100 SUB FRRR(I,J,B,C,D,SI,SJ,ZI,ZJ) 2104 If ZI=0 Then RX(ZI)=0:　RY(ZI)=0 2105 If ZJ=0 Then RX(ZJ)=0:　RY(ZJ)=0 2106 FX(I)=PX(I)−RX(ZI)−M(I) * AX(SI) 2108 FY(I)=PY(I)−RY(ZI)−M(I) * AY(SI)−9.8 * M(I) 2110 FX(J)=PX(J)−RX(ZJ)−M(J) * AX(SJ) 2112 FY(J)=PY(J)−RY(ZJ)−M(J) * AY(SJ)−9.8 * M(J) 2116 MF(I)=T(I)+RX(ZI) * (Y(ZI)−Y(SI))−RY(ZI) * (X(ZI)−X(SI))−J(I) * E(I) 2118 MF(J)=T(J)+RX(ZJ) * (Y(ZJ)−Y(SJ))−RY(ZJ) * (X(ZJ)−X(SJ))−J(J) * E(J) 2120 FT(I)=FX(I) * (Y(SI)−Y(B))−FY(I) * (X(SI)−X(B))−MF(I)

第11篇

续表

子程序功能	入口参数	子程序代码
本子程序用于计算 RRR Ⅱ 级杆组各运动副的约束反力	输入参数： F_{xi}、F_{yi}、MF_i、F_{xj}、F_{yj}、MF_j 输出参数： R_{xB}、R_{yB}、R_{xC}、R_{yC}、R_D、MT	2122 FT(J)＝FX(J) * (Y(SJ)－Y(D))－FY(J) * (X(SJ)－X(D))－MF(J) 2124 XCB＝X(C)－X(B)：YCB＝Y(C)－Y(B) 2126 XCD＝X(C)－X(D)：YCD＝Y(C)－Y(D) 2128 GG＝YCB * XCD－YCD * XCB 2130 RX(C)＝(FT(I) * XCD＋FT(J) * XCB)/GG 2132 RY(C)＝(FT(I) * YCD＋FT(J) * YCB)/GG 2134 RX(B)＝RX(C)－FX(I) 2136 RY(B)＝RY(C)－FY(I) 2138 RX(D)＝－RX(C)－FX(J) 2140 RY(D)＝－RY(C)－FY(J) 2142 End Sub
本子程序用于计算 RRP Ⅱ 级杆组各运动副的约束反力	输入参数： F_{xi}、F_{yi}、MF_i、F_{xj}、F_{xj}、MF_j 输出参数： R_{xB}、R_{yB}、R_C、MT、R_{xD}、R_{yD}	2200 SUB FRRP(I,J,B,C,D,SI,SJ,ZI,ZJ) 2204 If ZI＝0 Then RX(ZI)＝0： RY(ZI)＝0 2205 If ZJ＝0 Then RX(ZJ)＝0： RY(ZJ)＝0 2206 FX(I)＝PX(I)－RX(ZI)－M(I) * AX(SI) 2208 FY(I)＝PY(I)－RY(ZI)－M(I) * AY(SI)－9.8 * M(I) 2210 FX(J)＝PX(J)－RX(ZJ)－M(J) * AX(SJ) 2212 FY(J)＝PY(J)－RY(ZJ)－M(J) * AY(SJ)－9.8 * M(J) 2216 MF(I)＝T(I)＋RX(ZI) * (Y(ZI)－Y(SI))－RY(ZI) * (X(ZI)－X(SI))－J(I) * E(I) 2218 MF(J)＝T(J)＋RX(ZJ) * (Y(ZJ)－Y(SJ))－RY(ZJ) * (X(ZJ)－X(SJ))－J(J) * E(J) 2220 FT＝FX(I) * (Y(C)－Y(SI))－FY(I) * (X(C)－X(SI))＋MF(I) 2222 XCB＝X(C)－X(B)：YCB＝Y(C)－Y(B) 2224 GG＝YCB * Sin(F(J))＋XCB * Cos(F(J)) 2226 R(D)＝(YCB * (FX(I)＋FX(J))－XCB * (FY(I)＋FY(J))－FT)/GG 2228 RX(C)＝R(D) * Sin(F(J))－FX(J) 2230 RY(C)＝－R(D) * Cos(F(J))－FY(J) 2232 RX(B)＝RX(C)－FX(I) 2234 RY(B)＝RY(C)－FY(I) 2236 MT＝(X(C)－X(SJ)) * FY(J)－(Y(C)－Y(SJ)) * FX(J)－MF(J) 2238 End Sub
本子程序用于计算 RPR Ⅱ 级杆组各运动副的约束反力	输入参数： F_{xi}、F_{yi}、MF_i、F_{xj}、F_{yj}、MF_j 输出参数： R_{xB}、R_{yB}、R_C、MT、R_{xD}、R_{yD}	2300 SUB FRPR(I,J,B,C,D,SI,SJ,ZI,ZJ) 2302 If ZI＝0 Then RX(ZI)＝0： RY(ZI)＝0 2305 If ZJ＝0 Then RX(ZJ)＝0： RY(ZJ)＝0 2306 FX(I)＝PX(I)－RX(ZI)－M(I) * AX(SI) 2308 FY(I)＝PY(I)－RY(ZI)－M(I) * AY(SI)－9.8 * M(I) 2310 FX(J)＝PX(J)－RX(ZJ)－M(J) * AX(SJ) 2312 FY(J)＝PY(J)－RY(ZJ)－M(J) * AY(SJ)－9.8 * M(J) 2316 MF(I)＝T(I)＋RX(ZI) * (Y(ZI)－Y(SI))－RY(ZI) * (X(ZI)－X(SI))－J(I) * E(I) 2318 MF(J)＝T(J)＋RX(ZJ) * (Y(ZJ)－Y(SJ))－RY(ZJ) * (X(ZJ)－X(SJ))－J(J) * E(J) 2320 MT＝FY(I) * (X(SI)－X(B))－FX(I) * (Y(SI)－Y(B))＋MF(I) 2322 R(C)＝(FX(J) * (Y(SJ)－Y(D))－FY(J) * (X(SJ)－X(D))－MF(J)－MT)/SS 2324 RX(B)＝－R(C) * Sin(F(J))－FX(I) 2326 RY(B)＝R(C) * Cos(F(J))－FY(I) 2328 RX(D)＝R(C) * Sin(F(J))－FX(J) 2330 RY(D)＝－R(C) * Cos(F(J))－FY(J) 2332 End Sub

2.2.1.3　杆组法受力分析例题

利用基本杆组受力分析子程序进行机构受力分析的过程如表11-2-13所示，分析子程序与运动分析正好相反，是从已知外力的执行构件开始，按基本组的连接顺序逐步上推至机构的原动件。

表11-2-13　基本杆组法受力分析例题

例题	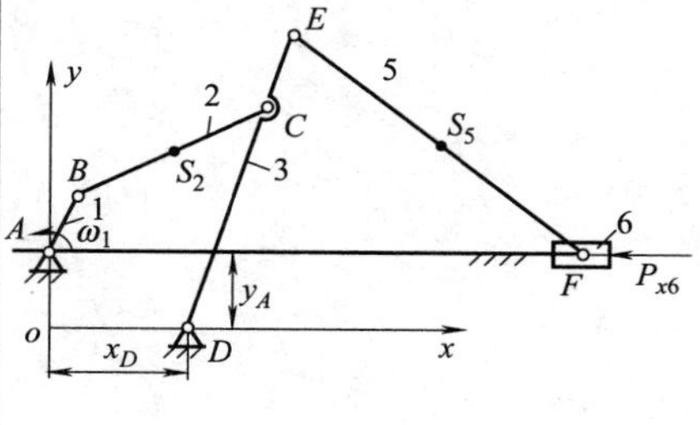 如左图所示的摆式输送机中，已知： 机构中各构件尺寸为：$l_{AB}=80\text{mm}$，$l_{BC}=260\text{mm}$，$l_{DC}=300\text{mm}$，$l_{DE}=400\text{mm}$，$l_{EF}=460\text{mm}$，$x_D=170\text{mm}$，$y_A=90\text{mm}$。各构件的质心位置为：S_1在A点，S_2在构件2中点，S_3在C点，S_5在构件5中点、S_6在F点。各构件质量分别为：$m_1=3.6\text{kg}$，$m_2=6\text{kg}$，$m_3=7.2\text{kg}$，$m_5=8.5\text{kg}$，$m_6=8.5\text{kg}$。各构件绕其质心的转动惯量为：$J_1=0.03\text{kg}\cdot\text{m}^2$，$J_2=0.08\text{kg}\cdot\text{m}^2$，$J_3=0.1\text{kg}\cdot\text{m}^2$，$J_5=0.12\text{kg}\cdot\text{m}^2$。滑块6在水平方向上的工作阻力为$P_{x6}=4000\text{N}$。曲柄角速度$\omega_1=40\text{rad/s}$ 求在一个运动循环中，各运动副中的反力以及需要加在曲柄AB上的平衡力矩T_y
解题步骤	(1)运动分析 求各构件和运动副各点的运动参数 ①先调用Ⅰ级机构子程序求B点的运动参数 ②再调用RRR基本杆组程序求得C点及构件2(BC)和构件3(DC)的运动参数 ③再利用Ⅰ级机构子程序求E点的运动参数 ④最后调用RRP杆组程序求杆件5(EF)和滑块6的运动参数。质心S_2、S_5运动参数由Ⅰ级机构子程序求得 (2)静力分析 受力分析一定首先从包含给定已知力的构件(此例为滑块6)的杆组开始 ①调用RRPⅡ级杆组力分析子程序，求出移动副F和回转副E的约束反力 ②调用RRRⅡ级杆组求出三个转动副B、C、D的约束反力 ③调用单一构件子程序求得回转副A和曲柄(AB)的平衡力矩T_y

主程序

```
DECLARE SUB FCRANK(I!,A!,B!,SI!)
DECLARE SUB RRR(I!,J!,B!,C!,D!)
DECLARE SUB FRRR(I!,J!,B!,C!,D!,SI!,SJ!,ZI!,ZJ!)
DECLARE SUB CRANK(I!,J!,A!,B!)
DECLARE SUB RRP(I!,J!,B!,C!,D!,K!)
DECLARE SUB FRRP(I!,J!,B!,C!,D!,SI!,SJ!,ZI!,ZJ!)
    Cls
    Rem  Dynamic analysis for the 6-Bar Linkage Mechanism
    NN=10
    Dim L(NN),F(NN),W(NN),E(NN),DA,M,P,PI,S,VS,ASS
    Dim X(NN),Y(NN),VX(NN),VY(NN),AX(NN),AY(NN)
    Dim MF(NN),T(NN),R(NN),J(NN),FX(NN),FY(NN),PX(NN),PY(NN)
    Dim RX(NN),RY(NN),M(NN),FT(NN),MT,TY
    READ L(1),L(2),L(3),L(4),L(5),L(6),L(7),L(8)
    Data 0.08,0.26,0.3,0.4,0.46,0,0.13,0.23
    READ X(1),Y(1),X(4),Y(4),W(1),E(1),PX(6)
    Data 0,0.09,0.17,0,40,0,-4000
    READ M(1),M(2),M(3),M(5),M(6)
    Data 3.6,6,7.2,8.5,8.5
    READ J(1),J(2),J(3),J(5)
    Data 0.03,0.08,0.1,0.12
    PI=3.1415926
    P=PI/180
    Print USING; "  \\  "; "F1";
    Print USING; "  \\  "; "Rx1"; "Ry1"; "Rx2";
    Print USING; "        \\  "; "Ry2"; "Rx3"; "Ry3"; "Rx4";
```

续表

主程序

```
Print USING; "              \\  "; "Ry4";
Print USING; "     \\  "; "Rx5"; "Ry5";
Print USING; "       \\  "; "Rx6"; "Ry6"; "R6"; "Ty";
For F0=0 To 12
IF F0=6 THEN A$=INPUT$(1)
F(1)=F0 *30 *P
DA=0
Call CRANK(1,1,1,2)
M=1
Call RRR(2,3,2,3,4)
DA=0
Call CRANK(4,3,4,5)
Call RRP(5,6,5,6,6,1)
DA=0
Call CRANK(7,2,2,7)
DA=0
Call CRANK(8,5,5,8)
Call FRRP(5,6,5,6,6,8,6,0,0)
Call FRRR(2,3,2,3,4,7,3,0,5)
Call FCRANK(1,1,2,1)
Print USING; "###"; F(1)/ P;
Print USING; "#######.##"; RX(1); RY(1); RX(2);
Print USING; "#######.##"; RY(2); RX(3); RY(3); RX(4)
Print USING; "###########.##"; RY(4);
Print USING; "#######.##"; RX(5); RY(5);
Print USING; "#######.##"; RX(6); RY(6); R(6); TY;
Next F0
End
```

运行结果：（略）

2.2.2　计及运动副摩擦时机构的受力分析

机械运转时，做相对运动的两构件组成的运动副中一定存在摩擦，运动副中所产生的摩擦力，一般情况下是机械中最主要的有害阻力，但有些机械又是利用摩擦力来工作的。综合以上分析，一定要对运动副中存在摩擦力的实际情况进行研究，以达到扬长避短的目的。

2.2.2.1　移动副的摩擦受力分析法

表 11-2-14　　平面移动副的摩擦力分析

基本公式

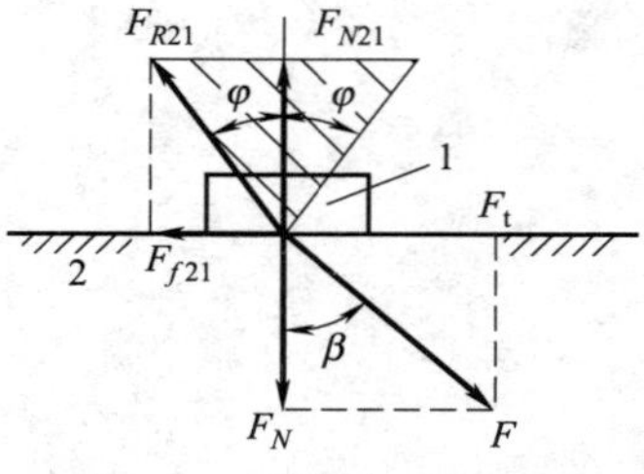

图(a)

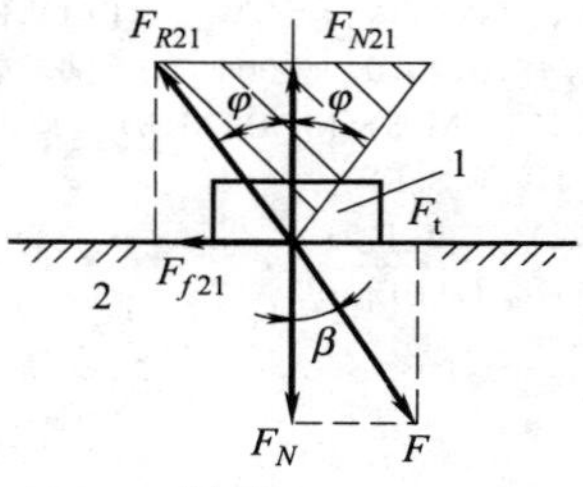

图(b)

续表

基本公式	$F_N=F\cos\beta$ $F_t=F\sin\beta=F_N\tan\beta$ $F_{f21}=fF_{N21}$ $F_N=F_{N21}$ $\tan\varphi=\dfrac{F_{f21}}{F_{N21}}=f$　　(11-2-88)	F——总驱动力(包含滑块自重) β——F 与导路法线夹角 F_N——法向力 F_{N21}——表面 2 对滑块 1 产生的法向反力 f——摩擦因数 F_t——水平驱动力 F_{f21}——移动副接触面处产生阻止滑块右移的摩擦力 F_{R21}——F_{N21} 和 F_{f21} 合成的总反作用力 φ——F_{R21} 与导路法线方向夹角
滑块状态	当 $F_t>F_{f21}(\beta>\varphi)$时,滑块沿导路向右(和 F_t 方向一致)加速移动[图(a)] 当 $F_t=F_{f21}(\beta=\varphi)$时,滑块向右等速运动或将开始运动 当 $F_t<F_{f21}(\beta>\varphi)$时,滑块静止不动[图(b)]	
结论	①当驱动力作用在摩擦锥角之外($\beta>\varphi$)时,驱动力 F 应能推动滑块做加速运动,如若滑块不能被推动,其唯一的原因是驱动力不够大,不能克服工作阻力,而不是自锁 ②当驱动力 F 作用在摩擦锥角之内($\beta<\varphi$)时,无论 F 有多么大,都不能推动滑块运动,产生自锁,$\beta<\varphi$ 称为移动副的自锁条件	

表 11-2-15　槽形移动副与平面移动副的不同

平面移动副	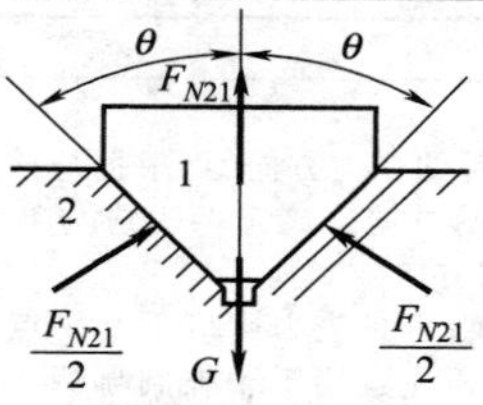图(a)	$F_{N21}=-G$ $F_{f21}=fF_{N21}=fG$　　(11-2-89)
槽形移动副	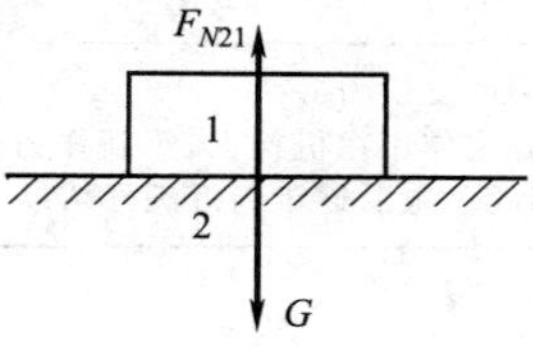图(b)	$G=F_{N21}\sin\theta$ 即 $F_{N21}=G/\sin\theta$　　(11-2-90) $F_{f21}=fF_{N21}=fG/\sin\theta$ $f_v=\dfrac{f}{\sin\theta}$($f_v$ 为当量摩擦因数) $F_{f21}=fF_{N21}=f_vG$　　(11-2-91)

2.2.2.2　转动副的摩擦受力分析法

轴颈在轴承内转动时，由于受到径向载荷的作用，接触面必产生摩擦力阻止回转，具体分析如表 11-2-16 所示。

表 11-2-16　转动副的摩擦受力分析

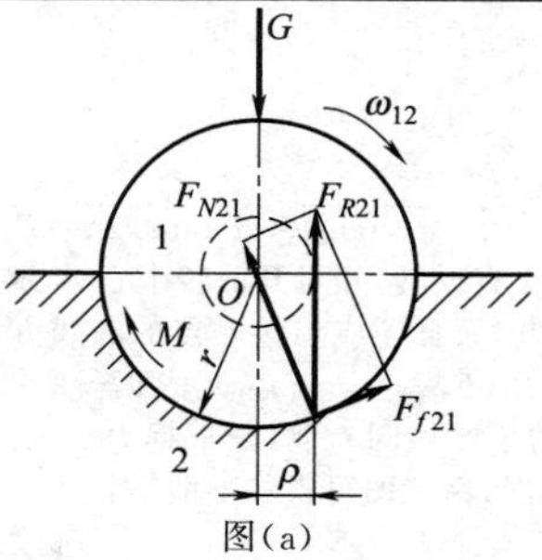图(a) 半径为 r 的轴颈 1 在径向载荷 G 和驱动力矩 M 作用下,以 ω_{12} 等速相对轴承 2 回转,此时 1、2 之间必存在运动副反力	$F_{R21}=-G$ $F_{R21}\rho=M$　　(11-2-92) $F_{R21}=\sqrt{F_{f21}^2+F_{N21}^2}=F_{N21}\sqrt{1+f^2}$　　(11-2-93) $M_f=F_{f21}r=fF_{N21}r=\dfrac{f}{\sqrt{1+f^2}}F_{R21}r$ $=f_vF_{R21}r=f_vGr$　　(11-2-94) $f_v=\dfrac{f}{\sqrt{1+f^2}}$ $M_f=M=F_{R21}\rho=G\rho$ $\rho=f_vr$	轴承对轴颈的总反力 F_{R21} 可分解为正压力 F_{N21} 和阻止轴颈转动的摩擦力 F_{f21} 摩擦力矩 M_f 与驱动力矩 M 相平衡 f_v 为当量摩擦因数,其公式是在理想线接触条件下推导得出的。一般对非跑合轴颈的当量摩擦因数 $f_v\approx1.57f$;对于跑合的轴颈 $f_v\approx1.27f$;而有较大间隙的轴颈可以近似地认为 $f_v\approx f$

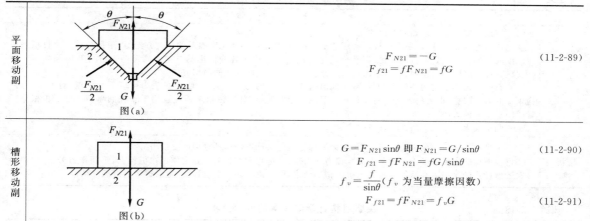

续表

结 论	①当 $e=\rho$ 时，即 G 力切于摩擦圆，$M=M_f$，轴颈做匀速转动或将开始转动；②当 $e>\rho$ 时，G 力在摩擦圆以外，$M>M_f$，轴颈则加速转动；③当 $e<\rho$ 时，G 力作用在摩擦圆以内，无论驱动力 G 增加到多大，都因 M 恒小于 M_f 轴颈而不会转动，这种现象称为转动副的自锁。转动副的自锁条件为：驱动力作用线在摩擦圆以内，即 $e<\rho$	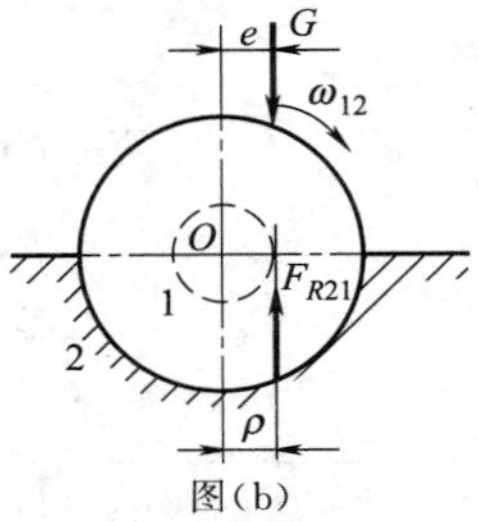 图(b) e—G 作用线与轴心 O 偏距

2.2.2.3 应用实例

对平面连杆机构进行计及摩擦力分析有图解法和解析法两种方法，如表 11-2-17 所示。针对图解法举例说明，如表 11-2-18 和表 11-2-19 所示。

表 11-2-17 图解法和解析法的步骤

方法	解 题 步 骤
图解法	①计算出摩擦角 $\varphi=\arctan f$ 和摩擦圆半径 $\rho=fr$，并画出摩擦圆 ②先从二力杆着手分析，根据该杆件受压还是受拉，初步定出不考虑摩擦时的二力方向，再根据与该二力杆所组成运动副的另外杆件的转动方向(可按原动件给定方向运动来决定各构件运动方向)，确定两力应与摩擦圆如何相切(内公切线还是外公切线)，最后可求出计及摩擦时的二力杆上所受力的确切方向 ③对有已知力作用的构件作力分析，首先列出构件平衡时的力平衡方程式，若是三力则应汇交一点，对大小、方向均未知的力，首先考虑力的方向。对于移动副要注意摩擦偏向，对于转动副要注意切于摩擦圆哪侧。最后再根据力封闭图求出力的大小 ④对题中要求的未知力所在构件进行力分析
解析法	①首先进行不计摩擦的力分析(可用如前述的拆杆组法)，计算出运动副中的支反力 ②再根据这些支反力求出运动副中的摩擦力和力矩，并把它们作为已知外力作用在机构上，重新作力分析，得出第二次近似计算的摩擦力和摩擦力矩。为得出精确结果，可以进行多次反复计算，最后逐步逼近满意结果

表 11-2-18 夹紧机构计及摩擦时的受力分析

例题	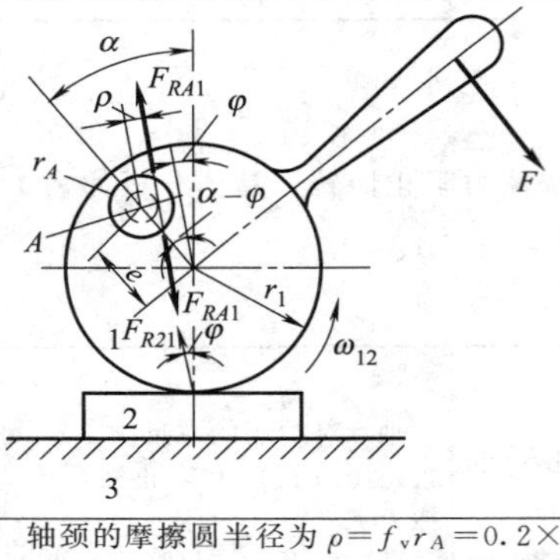 左图所示的偏心夹具中，偏心圆盘 1 的半径 $r_1=60$mm，轴颈的半径 $r_A=15$mm，偏心距 $e=40$mm，轴径的当量摩擦因数 $f_v=0.2$，圆盘 1 与工件 2 之间的摩擦因数 $f=0.14$，求不加 F 力时机构自锁(夹紧工件 2)的最大楔紧角 α
解题过程	轴颈的摩擦圆半径为 $\rho=f_v r_A=0.2\times15=3$(mm)，圆盘 1 与工件 2 之间的摩擦角为 $\varphi=\arctan f=\arctan0.14=7°58'$ 机构夹紧后，作用在把手上的力 F 消失，机构在夹紧反力 F_{R21} 的作用下，偏心圆盘 1 有反转(相对其回转中心 A 做逆时针方向转动)使工件 2 松脱的趋势。工件 2 对圆盘 1 的反力 F_{R21} 的方向不仅指向上方，而且还应与接触点的法线方向左偏 φ 角。若不计偏心圆盘的重力，此时它仅受 F_{R21} 和轴颈对其反力 F_{RA1} 两个力的作用($F_{RA1}=-F_{R21}$)。当 F_{R21} 作用在轴颈的摩擦圆之内，或与该摩擦圆右侧相切时，偏心圆盘处于自锁状态，至于为什么切于摩擦圆右侧，是根据力 F_{RA1} 必须阻止圆盘 1 对轴逆时针转动而得到的。上图中画出了 F_{R21} 与该摩擦圆右侧相切的情况，由该图可得如下关系： $e\sin(\alpha-\varphi)-r_1\sin\varphi\leqslant\rho$ (11-2-95) 所以 $40\times\sin(\alpha-7°58')-60\times\sin7°58'\leqslant3$ 故该偏心夹具要能产生自锁的最大楔紧角为 $\alpha=\arcsin0.2829+7°58'=24°24'$

表 11-2-19　平面连杆机构计及摩擦时的受力分析

例题	在如图(a)所示的曲柄滑块机构中，若已知各杆件的尺寸和各转动副的半径 r，以及各运动副的摩擦因数 f、作用在滑块上的水平阻力 G，试通过对机构图示位置的受力分析(不计各构件重力及惯性力)，确定作用在点 B 并垂直于曲柄的平衡力 F_b 的大小和方向 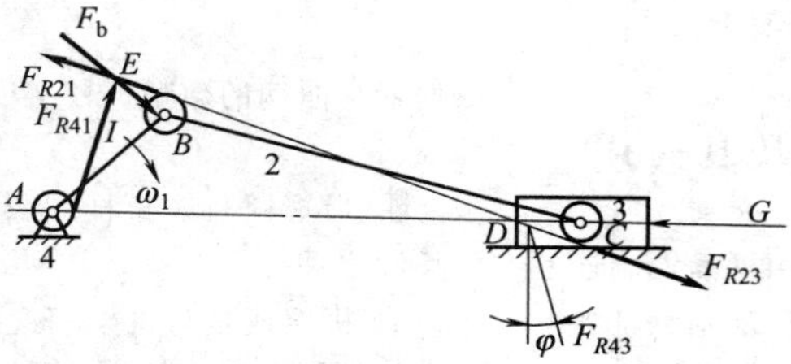 图(a) 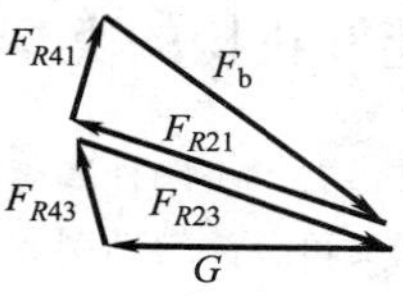 图(b)
解题过程	①根据已知条件画出半径 $\rho=fr$ 的摩擦圆[图(a)中小圆] ②连杆 2 受力分析。因不计构件自重和惯性力，故连杆 2 为受压的二力杆，并且 $F_{R12}=-F_{R32}$，该两力还应分别切于 B、C 处摩擦圆。由于在 B 处原动件 1 顺时针转动使得角$\angle ABC$ 增大，相当于构件 2 对曲柄 1 做逆时针转动(ω_{21} 逆时针)，构件 1 对构件 2 的作用力 F_{R12}应阻止 ω_{21}逆时针转动，它只能切于摩擦圆上方。同理，当原动件 1 顺时针转动时，滑块 3 对杆 2 的力 F_{R32}($=-F_{R23}$)应切于 C 处摩擦圆下方。由此可见，F_{R12}与 F_{R32}应在 B、C 两处摩擦圆的内公切线 ED[图(a)]上才能满足上述要求。此时，F_{R32}与已知力 G 交于 D 点，F_{R12}与待求平衡力 F_b交于 E 点 但需要指出的是上面只求出 F_{R12}和 F_{R32}的方向，并未求得其大小 ③滑块 3 受力分析。考虑滑块平衡，则作用在滑块 3 上的已知力 G 及 F_{R23}和 F_{R43}三力之和应等于零，即 $$G+F_{R23}+F_{R43}=0 \quad (11\text{-}2\text{-}96)$$ 矢量方程式(11-2-96)只能求解两个未知量。力 G 大小和方向均已知，F_{R43}和 F_{R23}为两个待求的支反力，根据力的三要素分析，只有先求出该两力三要素中的两个(如方向和作用点)，才可能按式(11-2-96)通过作力封闭图求出该两力的大小。由于滑块 3 受三个力(G、F_{R23}和 F_{R43})平衡，该三力必汇交于一点，前面已求得 F_{R32}与力 G 交于 D 点，则力 F_{R23}($=-F_{R32}$)和 F_{R43}必与已知力 G 相交于同一点 D。又因 F_{R43}为机架对滑块的反力，应自机架指向滑块(指向上)并与垂线左偏摩擦角 φ(阻止滑块相对机架 4 向左移动)。按式(11-2-96)用一定比例尺作力封闭图[见图(b)下图]即可求得 F_{R23}和 F_{R43}的大小，相应得出 F_{R32}和 F_{R12}的大小 ④对曲柄 1 进行力分析：曲柄 1 受三力平衡 $$F_{R21}+F_{R41}+F_b=0 \quad (11\text{-}2\text{-}97)$$ 按式(11-2-97)矢量方程用一定的比例尺作力封闭图[见图(b)上图]，从而求出平衡力 F_b 的大小和方向

第 3 章　连杆机构的设计及运动分析

3.1　平面连杆机构的类型及其应用

平面连杆机构是由若干个刚性构件用平面低副连接而成的，平面低副又可分为转动副和移动副，且各个构件均在同一平面或相互平行的平面内做相对运动。平面连杆机构属于平面低副机构。这种机构能实现多种运动轨迹与运动规律，广泛应用于各种机器、仪器和运动变换装置中。

3.1.1　平面四杆机构的结构形式

在平面连杆机构中，最基本的是铰链四杆机构，是由四个构件通过四个转动副连接组成的四杆机构。其他四杆机构如曲柄滑块机构、导杆机构、摇块机构等都可以看成由铰链四杆机构演化而来。

铰链四杆机构又分为三种形式：曲柄摇杆机构、双曲柄机构、双摇杆机构。判断铰链四杆机构类型的依据就是曲柄的数量。铰链四杆机构中曲柄的存在条件为：

① 最短杆与最长杆的长度之和小于等于其他两杆长度之和；

② 机架或是与机架相连接的两杆之一为最短杆。

如铰链四杆机构中的最短杆与最长杆长度之和大于其他两杆长度之和，则不论哪个构件作为机架都只能得到双摇杆机构，即此铰链四杆机构中不存在曲柄。

平面四杆机构的各种类型都是由铰链四杆机构改变不同构件的长度或转换不同构件作为机架演化而来的。

如表 11-3-1 所示，给出了采用改变杆长法将铰链四杆机构演化成的平面连杆机构的几种基本形式及其曲柄存在的条件。如表 11-3-2 所示给出了平面四杆机构的三种基本形式，以及在其基础上通过改变不同构件作为机架而演化出来的平面四杆机构的形式。

表 11-3-1　　平面四杆机构的基本形式及其曲柄存在条件

类　别	基 本 形 式	曲 柄 存 在 条 件
铰链四杆机构	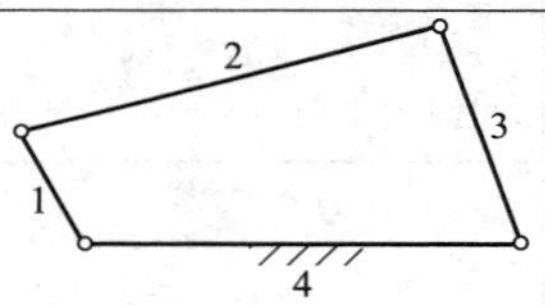	若杆 1 为最短杆，杆 4 为最长杆，且满足 $l_1+l_4\leqslant l_2+l_3$，则当杆 1 为机架时，杆 2 与 4 为曲柄；当杆 2 或 4 之一为机架时，杆 1 为曲柄
具有一个移动副的四杆机构	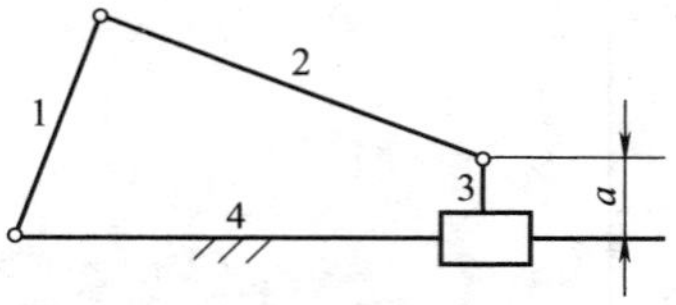 典柄滑块机构	若杆 1 为最短杆，且满足 $l_1+a\leqslant l_2$，则当杆 1 为机架时，杆 2 与 4 为曲柄；当杆 2 或 4 之一为机架时，杆 1 为曲柄
	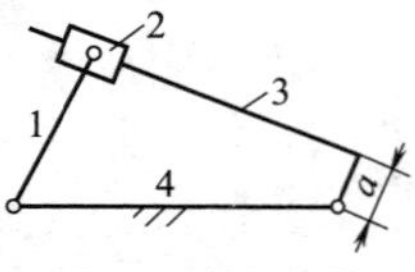 图(a)　导杆机构　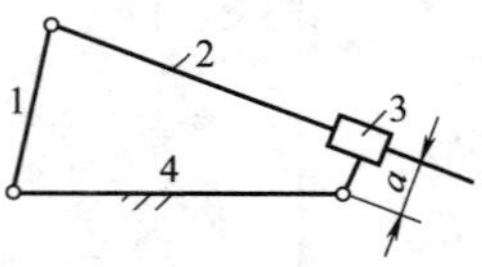 图(b)　摇块机构	若杆 1 为最短杆，且满足 $l_1+a\leqslant l_4$，则当杆 1 为机架时，杆 2 与 4 为曲柄；当杆 2 或 4 之一为机架时，杆 1 为曲柄
具有两个移动副的四杆机构	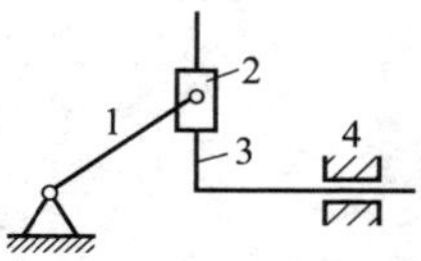 图(a)　双转块机构　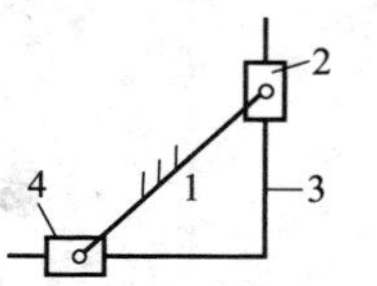 图(b)　正弦机构	四杆中只有杆 1 为有限长，它是最短杆，当杆 1 为机架时，杆 4 为曲柄；当杆 4 为机架时，杆 1 为曲柄

续表

类　别	基本形式	曲柄存在条件
具有两个移动副的四杆机构	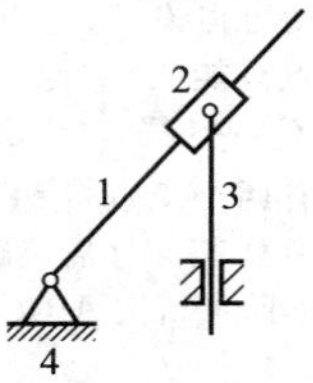 图(c)　正切机构	此机构不存在曲柄

表 11-3-2　平面四杆机构的三种基本形式及其演化形式

名　称	基本形式	演化形式		
曲柄摇杆机构	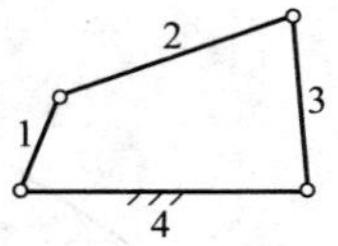	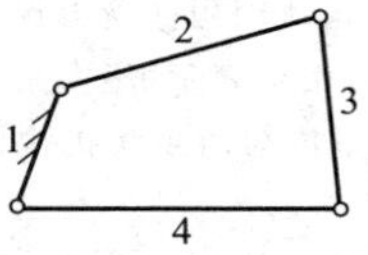 图(a)　双曲柄机构	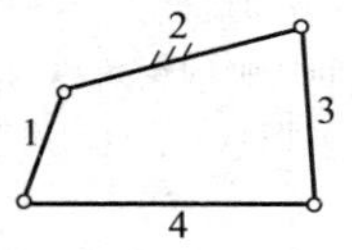 图(b)　曲柄摇杆机构	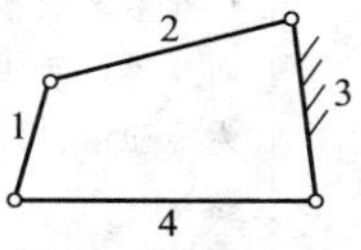 图(c)　双摇杆机构
曲柄滑块机构	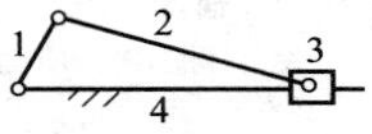	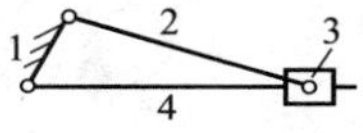 图(a)　转动导杆机构	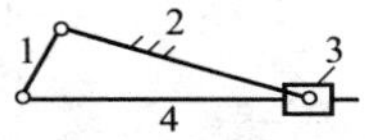 图(b)　曲柄摇块机构	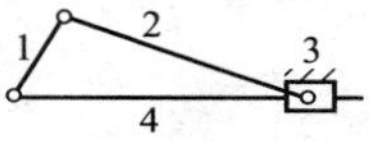 图(c)　移动导杆机构
正弦机构	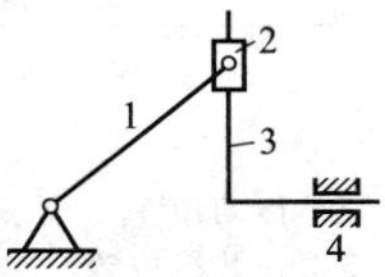	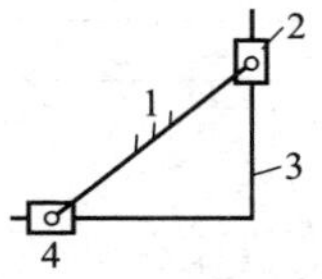 图(a)　双滑块机构(十字滑块联轴器)	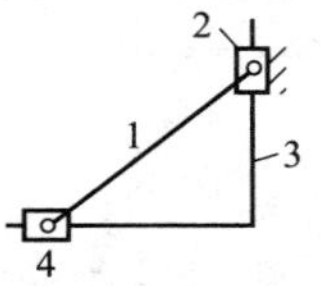 图(b)　正弦机构	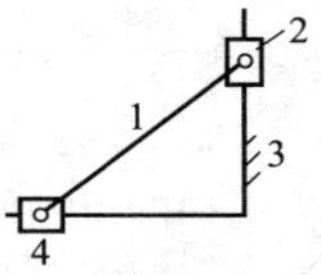 图(c)　椭圆仪机构

3.1.2　平面四杆机构的基本特性

表 11-3-3　平面四杆机构的基本特性

特性	说　明
急回特性	平面四杆机构中的曲柄摇杆机构、偏心曲柄滑块机构及导杆机构等都有急回特性。图(a)所示曲柄摇杆机构中，当曲柄等速转动时，摇杆自点 C_1 摆至点 C_2 和自点 C_2 摆回点 C_1 的平均速度不同，即摆出($C_1 \rightarrow C_2$)慢，摆回($C_2 \rightarrow C_1$)快，称为急回特性。用行程速比系数 K 表述机构的急回程度，行程速比系数定义为摇杆摆回与摆出平均角速度之比。将曲柄与连杆两共线位置之间所夹的锐角 θ 称为极位夹角，则 $$K=\frac{180^\circ+\theta}{180^\circ-\theta} \quad (11\text{-}3\text{-}1)$$ $$\theta=\frac{K-1}{K+1}\times 180^\circ \quad (11\text{-}3\text{-}2)$$ $$\phi_{12}=180^\circ+\theta \quad (11\text{-}3\text{-}3)$$ 一般取 $K=1.1\sim1.3$ 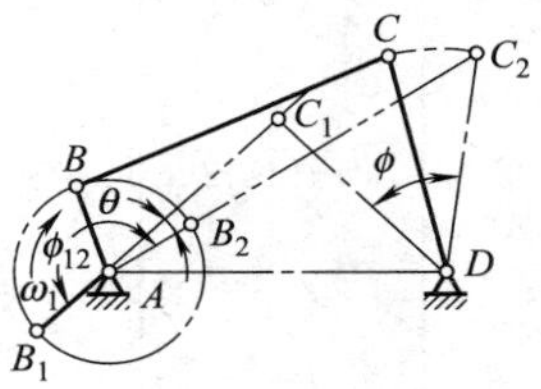 图(a)　急回特性
连续性	在平面四杆机构的设计中，对所得机构都应按运动连续要求，通过几何作图，检验该机构是否的确在运动时能实现给定的位置要求

续表

特性	说　　明
连续性	图(b)所示铰链四杆机构，在实际运动时，通过几何作图可以发现，B 点无论是顺时针或逆时针从 B_1 点"连续"运动至 B_2 点时，C 点只能从 C_1 连续运动到 C_2，即机构实际运动上只能实现连杆的 B_1C_1 和 B_2C_2 两位置。这是由于以 B_2 为圆心、$\overline{BC}$ 为半径作圆弧与 C 点所在圆相交时有两个交点 C_2、C_2'，而实际运动时却只能达到其中一个位置，若机构按 AB_1C_1D 装配好后，就只能实现 AB_2C_2D；若要实现 $AB_2C_2'D$，只有将 C 处转动副拆开，重新按 $AB_2C_2'D$ 装配，但这时连杆又无法运动至 B_1C_1 位置 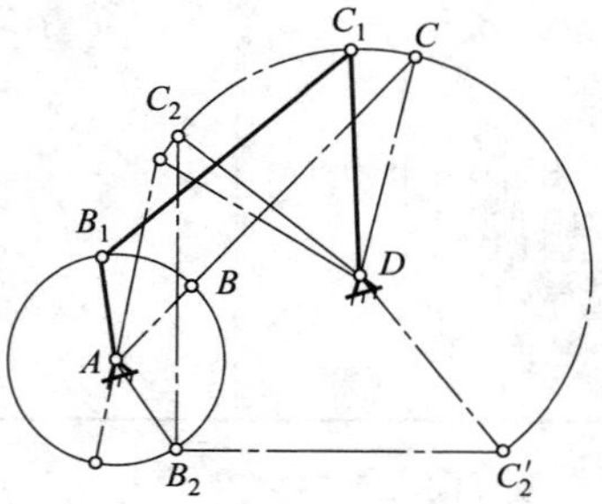 图(b)　连续性
压力角和传动角	在不考虑摩擦力、重力和惯性力的条件下，机构从动构件受力点的受力方向与该点的速度方向间所夹的锐角称为压力角，用 α 表示，压力角的余角称为传动角，用 γ 表示，如图(c)所示。设计时希望传动角越大机构传力性能越好 在平面四杆机构运动过程中，传动角随之变化，机构运转中最小传动角的允许值是根据受力情况、运动副间隙大小、摩擦和速度等因素而定的。一般传动角不小于 40°，高速机构则不小于 50° 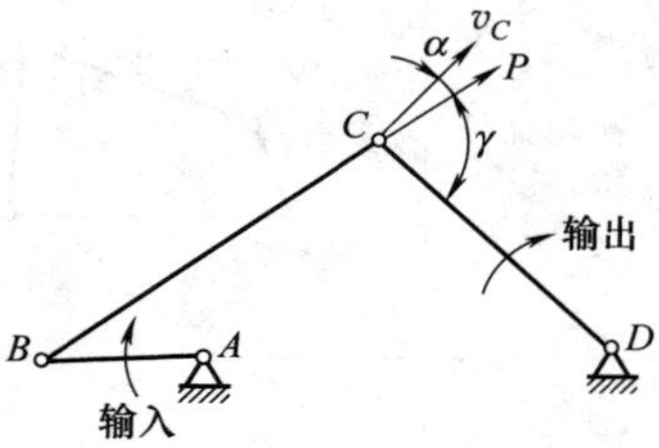 图(c)　压力角和传动角

平面四杆机构最小传动角发生的位置

机构类型	图　　例	说　　明
铰链四杆机构(曲柄摇杆机构、双曲柄机构)	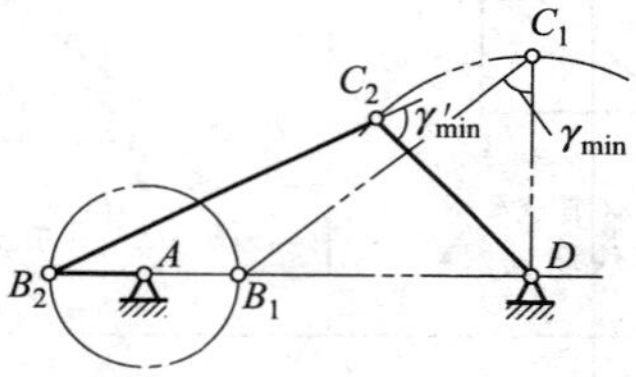	最小传动角 γ_{min} 或 γ'_{min} 发生在曲柄与机架重合共线位置
曲柄滑块机构	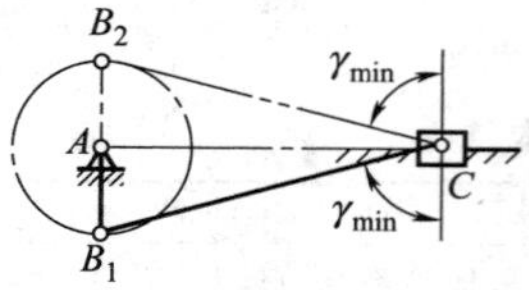 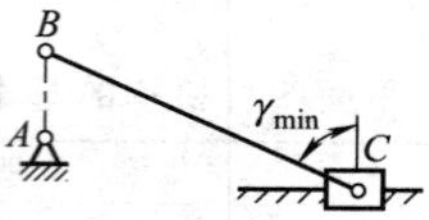	最小传动角 γ_{min} 发生在曲柄与滑块速度方向垂直位置
导杆机构	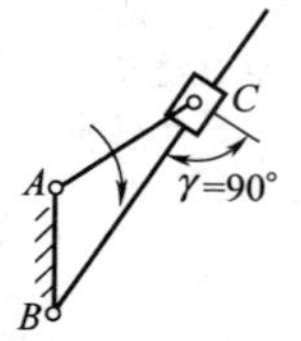 图(a)　曲柄主动 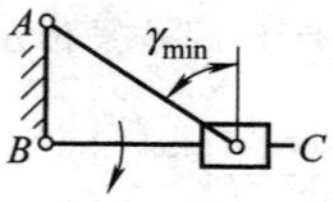 图(b)　导杆主动	对于转动导杆机构，导杆为主动时，最小传动角 γ_{min} 发生在导杆与机架垂直位置

3.1.3　平面四杆机构的应用示例

平面连杆机构广泛地应用于各种（动力、轻工、重型）机械和仪表中，例如活塞发动机的曲柄滑块机构、缝纫机中的脚踏板曲柄摇杆机构、飞机起落架和汽车门开闭机构等，如表 11-3-4 所示，按机构类型给出几个具体应用示例。

表 11-3-4　　平面四杆机构应用示例

机构名称	应用示例			
曲柄摇杆机构	搅拌机	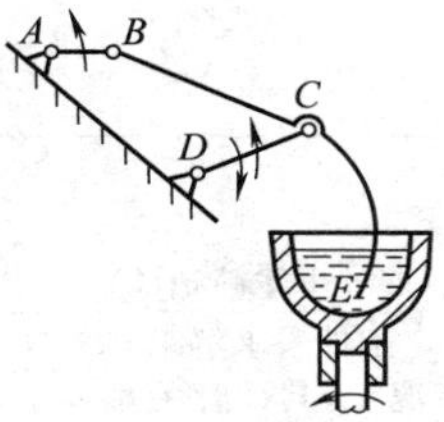	颚式破碎机	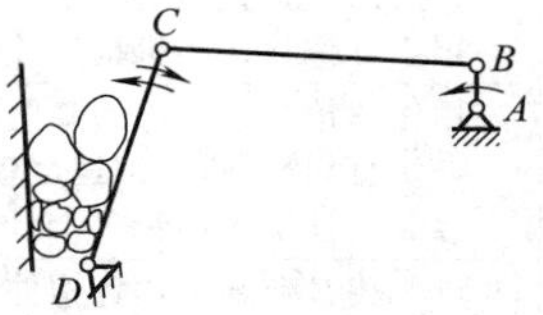
双曲柄机构	挖土机	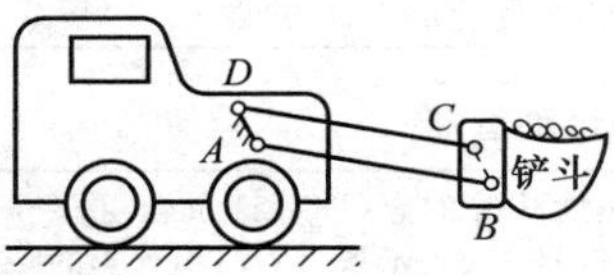	惯性筛	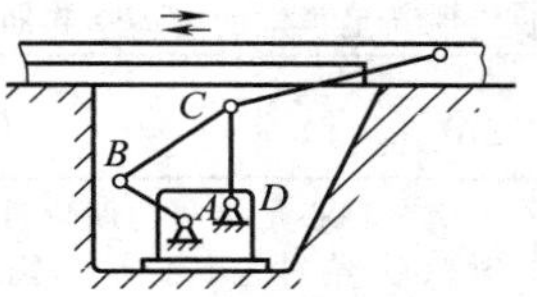
双摇杆机构	起重机	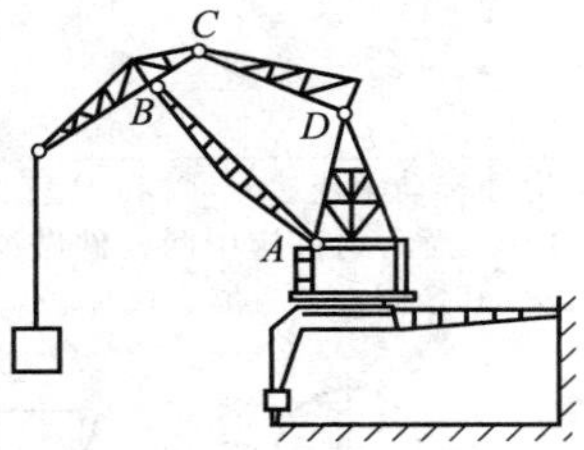	电气开关分闸	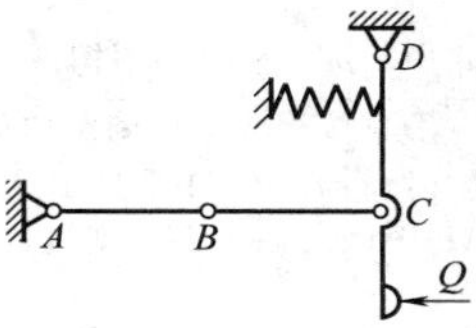
曲柄滑块机构	内燃机	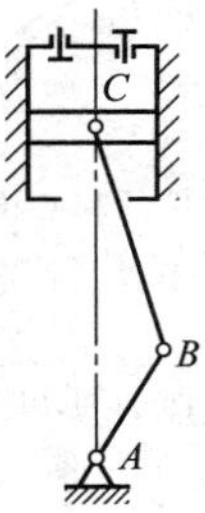	膜盒式高度计	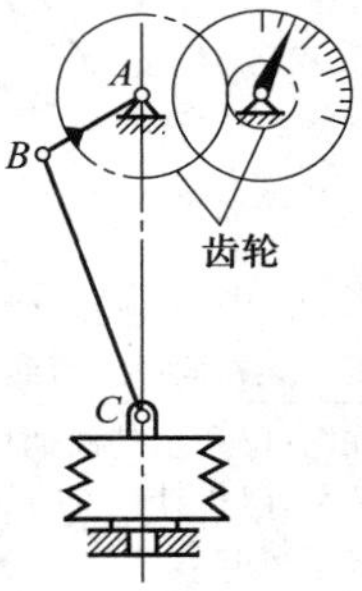
摇块机构与导杆机构	汽车自卸机构	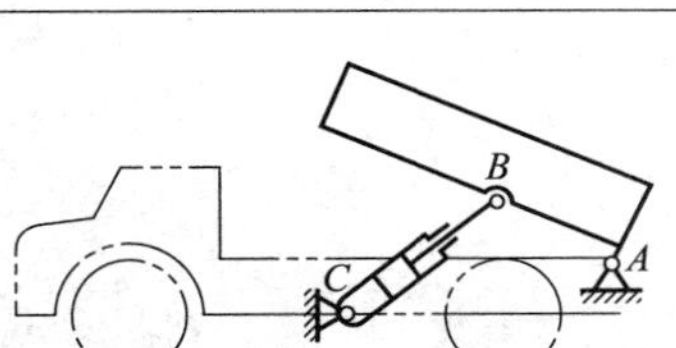	回转式液压泵	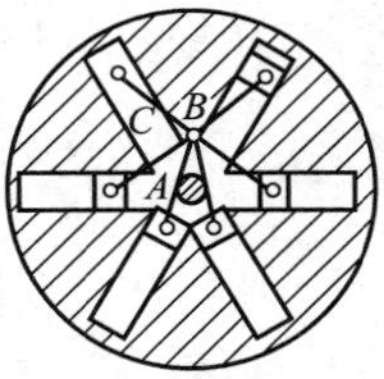

3.2　平面连杆机构的运动分析

所谓机构的运动分析，是在不考虑机构的外力及构件的弹性变形等影响且已知原动件的运动规律的条件下，分析其余构件上各点的位移、轨迹、速度和加速度，以及这些构件的角位移、角速度和角加速度。

平面连杆机构运动分析的方法主要有图解法、解析法和实验法三种，如表 11-3-5 所示。图解法包括速度瞬心法和相对速度图解法，图解法比较简单，但精度不高。

3.2.1　速度瞬心法运动分析

速度瞬心法适合构件数目少的机构（凸轮机构、齿轮机构、平面四杆机构等）的运动分析，如表 11-3-6所示。

表 11-3-5　　**平面连杆机构的运动分析方法**

方　法	说　　明
实验法	用作图试凑或利用各种图谱、表格及模型实验等来求解 方法简单，精度较低 用于近似设计和机构尺寸的预选
图解法	用作图按运动过程的某些位置进行设计 方法直观易懂，求解速度较快，但精度不够高 一般设计中采用较多，能以一定精度解决不少设计问题，也可用于高精度设计中机构尺寸的预选
解析法	以机构参数来表达各构件运动间的函数关系，从而按给定条件来求解未知参数 这种方法便于采用各种逼近理论，精度高。但在很多情况下，其计算困难复杂，例如需解多元非线性联立方程式。为了提高精度，逐步逼近给定的运动规律，可以采用最优化的数学方法，借助电子计算机，使所设计的机构最优地满足预定的运动学和动力学方面的要求，得到机构最优化的设计方案

表 11-3-6　　**速度瞬心法运动分析**

瞬心的定义及数目	所谓瞬心是指两构件瞬时相对速度等于零或绝对速度相等的点（即等速重合点）。绝对速度为零的瞬心称为绝对瞬心，绝对速度不等于零的瞬心称为相对瞬心。用符号 P_{ij} 表示构件 i 与构件 j 的瞬心 机构中速度瞬心的数目 K 可以表示为 $$K=\frac{m(m-1)}{2} \qquad (11\text{-}3\text{-}4)$$ 式中　m——机构中构件（含机架）数
瞬心位置的确定	①直接构成运动副两构件的瞬心位置[图(a)]。当两构件转动副连接时，瞬心 P_{12}[图(ⅰ)]；当两构件构成移动副时，瞬心 P_{12} 在垂直于导路方向上的无穷远处[图(ⅱ)]；平面高副机构中两构件做纯滚动时，瞬心 P_{12} 为接触点 M[图(ⅲ)]；平面高副机构中两构件既做相对滑动又做滚动时，瞬心 P_{12} 位于过接触点的公法线 n—n 上[图(ⅳ)] 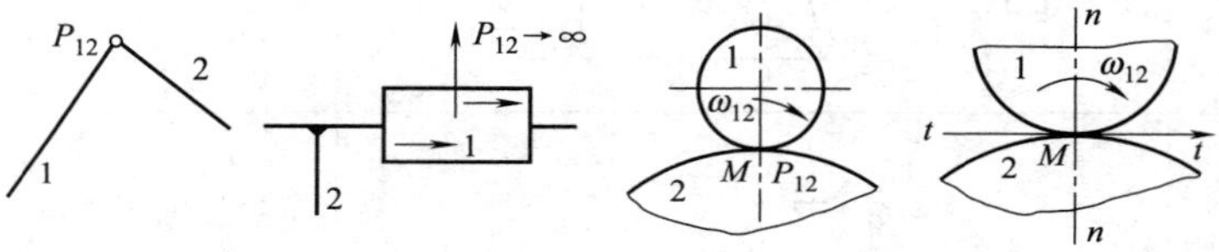 (ⅰ)　(ⅱ)　(ⅲ)　(ⅳ) 图(a)　直接构成运动副两构件的瞬心位置 ② 用三心定理确定不直接构成运动副的两构件瞬心的位置。所谓三心定理就是：三个做平面运动的构件的三个瞬心必在同一条直线上
速度分析	在图(b)所示的曲柄摇杆机构中，若已知四杆件长度和主动件（曲柄）1 以角速度 ω_1 顺时针方向回转。求图示位置从动件（摇杆）3 的角速度 ω_3 和角速度比 ω_1/ω_3 应用瞬心公式求得瞬心数目 $K=6$，即瞬心为 P_{14}、P_{12}、P_{23}、P_{34}、P_{24} 和 P_{13} 在重合点 P_{13} 处的线速度大小相等、方向相同。则有 $$\omega_1\overline{P_{14}P_{13}}\mu_l=\omega_3\overline{P_{34}P_{13}}\mu_l \qquad (11\text{-}3\text{-}5)$$ 式中　μ_l——构件长度比例尺，并且 $$\mu_l=\frac{\text{构件实际长度(m)}}{\text{图纸上构件长度(mm)}}$$ 即 $$\omega_3=\omega_1\frac{\overline{P_{14}P_{13}}}{\overline{P_{34}P_{13}}} \qquad (11\text{-}3\text{-}6)$$ $$\frac{\omega_1}{\omega_3}=\frac{\overline{P_{34}P_{13}}}{\overline{P_{14}P_{13}}} \qquad (11\text{-}3\text{-}7)$$ 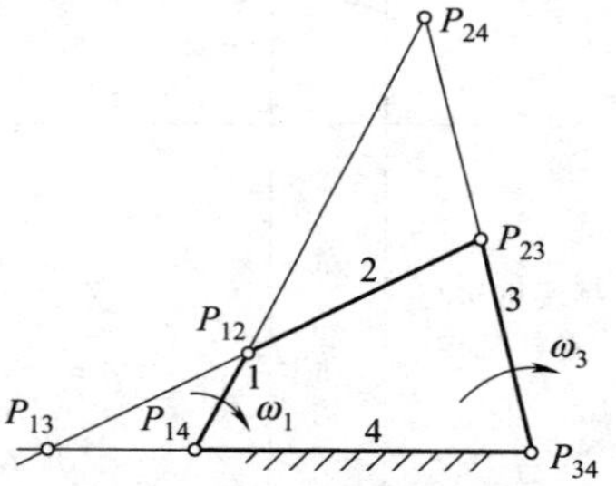 图(b)　利用速度瞬心法对铰链四杆机构进行速度分析

3.2.2　解析法运动分析

解析法的特点是直接用机构已知参数和应求的未知量建立的数学模型进行求解，从而可获得精确的计算结果。随着计算机的发展，解析法应用前景更加广阔。常用平面四杆机构的运动分析步骤是首先建立四杆机构的位移方程式，求导得速度方程式，再求导可得加速度方程式，如表 11-3-7 所示。解析法进行平面连杆机构运动分析还可以应用杆组法建模、编程等。

表 11-3-7　　　　**常用平面四杆机构运动分析方程式**

名称	简　图		计　算　公　式
曲柄摇杆机构	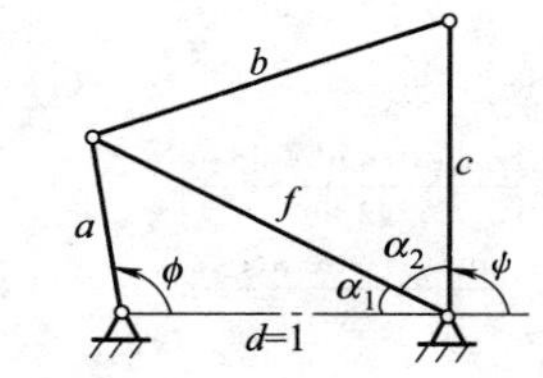		角位移　$\psi=\pi-(\alpha_1+\alpha_2),\alpha_1=\arctan\frac{a\sin\phi}{1-a\cos\phi}$ $\alpha_2=\arccos\frac{K^2-2a\cos\phi}{2fc}$　(11-3-8) 角速度　$\frac{d\psi}{dt}=\left[\frac{a(a-\cos\phi)}{f^2}+\frac{a\sin\phi}{s^2}\left(2-\frac{M^2}{f^2}\right)\right]\frac{d\phi}{dt}$　(11-3-9) 角加速度　$\frac{d^2\psi}{dt^2}=\left[\frac{a(a-\cos\phi)}{f^2}+\frac{a\sin\phi}{s^2}\left(2-\frac{M^2}{f^2}\right)\right]\frac{d^2\phi}{dt^2}+$ $\left\{\frac{a\sin\phi}{f^2}\left[1-\frac{2a(a-\cos\phi)}{f^2}\right]-\frac{2a^2\sin^2\phi}{s^2f^2}\left(1-\frac{M^2}{f^2}\right)+\right.$ $\left.\left(2-\frac{M^2}{f^2}\right)\left[\frac{a\cos\phi}{s^2}-\frac{2a^2\sin^2\phi(2c^2-M^2)}{s^6}\right]\right\}\left(\frac{d\phi}{dt}\right)^2$　(11-3-10) 式中　$f^2=1+a^2-2a\cos\phi, K=1+a^2+c^2-b^2$ $M=K^2-2a\cos\phi, s^2=\sqrt{4f^2c^2-M^2}$
对心曲柄滑块机构	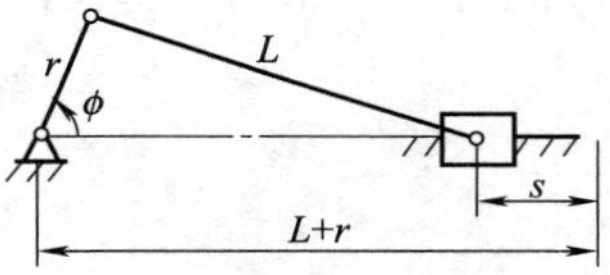	精确式	位移　$s=r\left[1-\cos\phi+\frac{1}{\lambda}-\frac{(1-\lambda^2\sin^2\phi)^{\frac{1}{2}}}{\lambda}\right]$　(11-3-11) 速度　$v=r\omega\left[\sin\phi+\frac{\lambda\sin^2\phi}{2(1-\lambda^2\sin^2\phi)^{\frac{1}{2}}}\right]$　(11-3-12) 加速度　$a=r\omega^2\left[\cos\phi+\frac{\lambda(\cos2\phi+\lambda^2\sin4\phi)}{(1-\lambda^2\sin^2\phi)^{\frac{3}{2}}}\right]$　(11-3-13) 一般 $\lambda=\frac{r}{L}=\frac{1}{4}\sim\frac{1}{6}$
		近似式	略去 λ^3 以上诸项的近似式 位移　$s=r\left(1+\frac{\lambda}{4}-\cos\phi-\frac{\lambda}{4}\cos2\phi\right)$　(11-3-14) 速度　$v=r\omega\left(\sin\phi+\frac{\lambda\sin2\phi}{2}\right)$　(11-3-15) 加速度　$a=r\omega^2(\cos^2\phi+\lambda\cos2\phi)$　(11-3-16)
偏心曲柄滑块机构	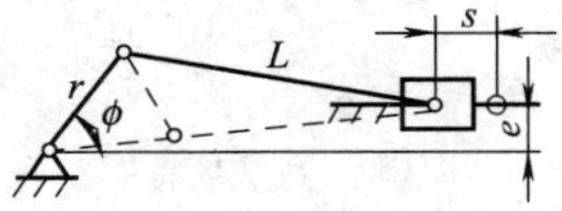		略去 λ^3 及 ε^2 以上诸项的近似式 位移　$s=r\left(1+\frac{\lambda}{4}-\cos\phi-\varepsilon\sin\phi-\frac{\lambda}{4}\cos2\phi\right)$　(11-3-17) 速度　$v=r\omega\left(\sin\phi-\varepsilon\cos\phi+\frac{r\sin2\phi}{2}\right)$　(11-3-18) 加速度　$a=r\omega^2(\cos\phi+\varepsilon\sin\phi+\lambda\cos2\phi)$　(11-3-19) 尺寸范围 $e<r,\varepsilon=\frac{e}{L},\lambda=\frac{r}{L}$ 滑块行程　$H=[(L+r)^2-e^2]^{\frac{1}{2}}-[(L-r)^2-e^2]^{\frac{1}{2}}$　(11-3-20)
曲柄摇块机构	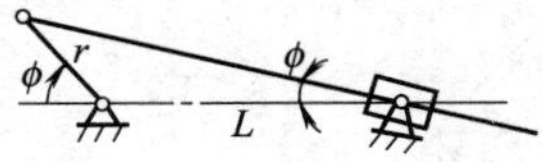		导杆的角位移　$\psi=\arctan\left(\frac{\lambda\sin\phi}{1+\lambda\cos\phi}\right)$　(11-3-21) 导杆的角速度　$\frac{d\psi}{dt}=\frac{\lambda(\lambda+\cos\phi)}{1+\lambda^2+2\lambda\cos\phi}\omega$　(11-3-22) 导杆的角加速度　$\frac{d^2\psi}{dt^2}=\frac{\lambda(\lambda^2-1)\sin\phi}{(1+\lambda^2+2\lambda\cos\phi)^2}\omega^2$　(11-3-23) 式中　$\lambda=\frac{r}{L}$，当 $\cos\phi=-\lambda$ 时，$\sin\psi=\lambda$

续表

名称	简　图	计　算　公　式
回转导杆机构	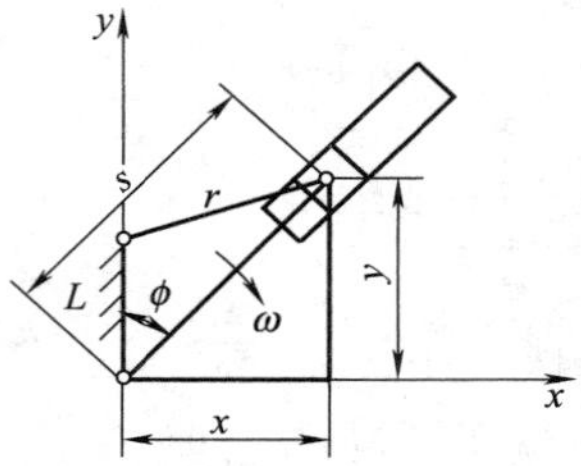	导杆主动时： 滑块的位移　$s=\sqrt{x^2+y^2}$　(11-3-24) $x=r\left[\left(1-\frac{1}{4\lambda^2}\right)\sin\phi+\frac{\sin2\phi}{2\lambda}+\frac{\cos2\phi\sin\phi}{4\lambda^2}\right]$　(11-3-25) $y=r\left[\left(1-\frac{1}{4\lambda^2}\right)\cos\phi+\frac{\cos2\phi}{2\lambda}+\frac{\cos2\phi\cos\phi}{4\lambda^2}\right]$　(11-3-26) 滑块的速度　$v=\sqrt{\left(\frac{dx}{dt}\right)^2+\left(\frac{dy}{dt}\right)^2}$　(11-3-27) $\frac{dx}{dt}=r\omega\left[\left(1-\frac{1}{4\lambda^2}\right)\cos\phi+\frac{\cos2\phi}{\lambda}+\frac{\cos3\phi-\sin2\phi\sin\phi}{4\lambda^2}\right]$　(11-3-28) $\frac{dy}{dt}=-r\omega\left[\left(1-\frac{1}{4\lambda^2}\right)\sin\phi+\frac{\sin2\phi}{\lambda}+\frac{\sin3\phi+\sin2\phi\cos\phi}{4\lambda^2}\right]$　(11-3-29) 滑块的加速度　$a=\sqrt{\left(\frac{d^2x}{dt^2}\right)^2+\left(\frac{d^2y}{dt^2}\right)^2}$　(11-3-30) $\frac{d^2x}{dt^2}=-r\left[\omega^2\left(1-\frac{1-\cos2\phi}{4\lambda^2}\right)\sin\phi+\frac{2\omega^2\sin2\phi}{\lambda}+\frac{\omega^2\sin3\phi}{\lambda^2}\right]$　(11-3-31) $\frac{d^2y}{dt^2}=-r\left[\omega^2\left(1-\frac{1-\cos2\phi}{4\lambda^2}\right)\cos\phi+\frac{2\omega^2\cos2\phi}{\lambda}+\frac{\omega^2\cos3\phi}{\lambda^2}\right]$　(11-3-32)

3.3 平面连杆机构设计

平面连杆机构的设计归纳为刚体导引机构、函数机构与轨迹机构的设计。

3.3.1 刚体导引机构设计

所谓刚体导引机构设计就是指让平面连杆机构的连杆顺序通过给定的若干位置，如表 11-3-8 所示，其主要设计内容为：

① 按照连杆几个位置设计铰链四杆机构、曲柄滑块机构；

② 按照连杆上定点的位置设计铰链四杆机构、曲柄滑块机构。

表 11-3-8　　刚体导引机构设计

基本概念	转动极点	在铰链四杆机构 $ABCD$ 的两个"有限接近"位置 AB_1C_1D 和 AB_2C_2D 上，作 B_1B_2 和 C_1C_2 的垂直平分线 n_b 和 n_c，其交点 P_{12} 称为转动极点，见图(a)。连杆平面 s 的两个相关位置 s_1 和 s_2 可以认为是绕点 P_{12} 做纯转动而实现的 $\angle B_1P_{12}B_2=\angle C_1P_{12}C_2=\theta_{12}$ θ_{12} 是构件 s 绕 P_{12} 由 s_1 转到 s_2 的转角 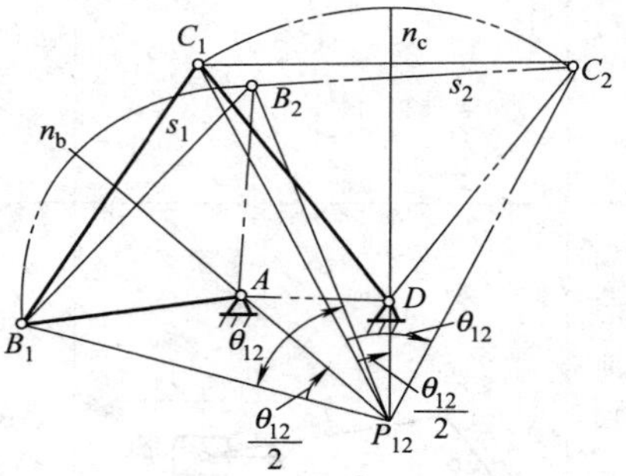 图(a)　转动极点
	等视角关系	从转动极点 P_{12} 看互为对面杆的两个连架杆 AB_1 和 C_1D(或 AB_2 和 C_2D)时，视角相等或互为补角，见图(b) 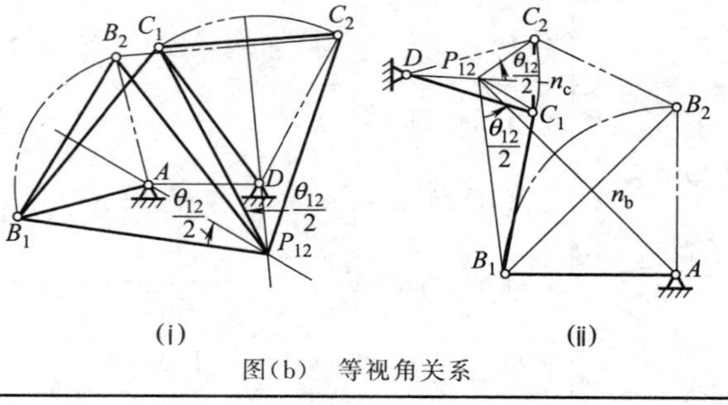 (ⅰ)　(ⅱ) 图(b)　等视角关系

续表

	等视角关系	在图(i)中，$\angle B_1P_{12}A=\angle C_1P_{12}D=\frac{1}{2}\theta_{12}$，视角相等。在图(ⅱ)中，$\angle B_1P_{12}A=\frac{1}{2}\theta_{12}$，$\angle C_1P_{12}D=180°-\frac{1}{2}\theta_{12}$，视角互补 从转动极点 P_{12} 看连杆 BC 及机架 AD 时，也有相等或互补的视角。在图(i)中，$\angle B_1P_{12}C_1=\angle AP_{12}D=\angle B_2P_{12}C_2$。在图(ⅱ)中，$\angle B_1P_{12}C_1=\frac{\theta_{12}}{2}+\angle AP_{12}C_1=\angle AP_{12}n_c$，$\angle B_2P_{12}C_2=\frac{\theta_{12}}{2}+\angle B_2P_{12}n_c=\angle AP_{12}B_2+\angle B_2P_{12}n_c=\angle AP_{12}n_c$，$\angle B_1P_{12}C_1+\angle DP_{12}A=\angle B_2P_{12}C_2+\angle DP_{12}A=180°$
基本概念	相对转动极点	图(c)中图(ⅰ)表示机构的两个位置，AB 和 CD 杆相应转角为 ϕ_{12}、ψ_{12}。图(c)中图(ⅱ)表示图形 AB_2C_2D 绕 A 反转 ϕ_{12}角(由 AB_2位置转回到 AB_1位置)得到倒置机构 $AB_1C_2'D'$，相当于机构的输入杆 AB 变成机架，输出杆 CD 成为连杆。C_1C_2'与 DD'的垂直平分线的交点 R_{12} 称为相对转动极点 输出杆 CD 相对于输入杆 AB 由位置 1 绕 R_{12} 转到位置 2 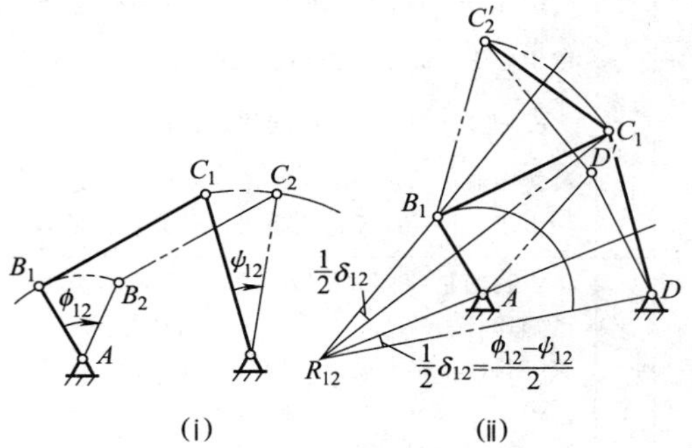 图(c) 相对转动极点
	已知连杆两个位置设计平面四杆机构	已知连杆 BC 的两个位置 B_1C_1和 B_2C_2[见图(d)]，设计铰链四杆机构，具体步骤如下 ①作连线 B_1B_2和 C_1C_2的垂直平分线 n_b和 n_c，交点 P_{12}为转动极点。θ_{12}为连杆从第一位置到第二位置时的角位移 ②根据等视角关系，过 P_{12}作 m_1线和 n_1线使$\angle m_1P_{12}n_1=\frac{\theta_{12}}{2}$ (m_1线和 n_1线可以有任意多对)。在 m_1线上可任选一点作为连杆动铰链中心 E_1，在 n_1线上可任选一点为固定铰链中心 ③同理，过 P_{12}作 m_2线和 n_2线使$\angle m_2P_{12}n_2=\frac{\theta_{12}}{2}$(可以有任意多对)。在 m_2线上可任选一点为连杆上动铰链中心 F_1，在 n_2线上可任选一点为固定铰链中心 D ④AE_1F_1D 即为机构在第一位置时的运动简图 显然，可以有无穷多个解 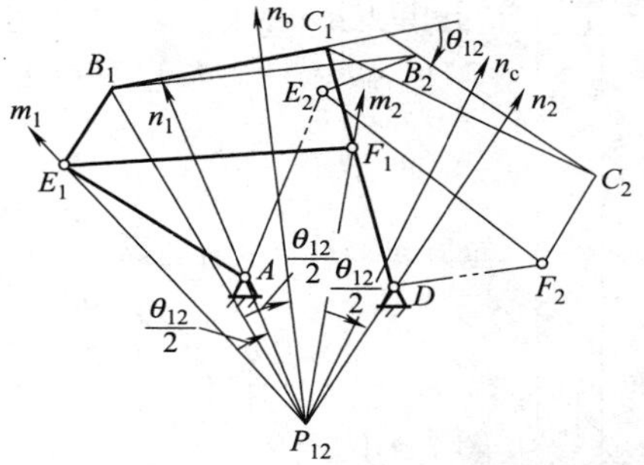 图(d) 给定连杆两个位置设计铰链四杆机构
图解法	已知连杆三个位置设计平面四杆机构	已知连杆 BC 的三个位置 B_1C_1、B_2C_2和 B_3C_3，如图(e)所示，设计铰链四杆机构有两种方法： 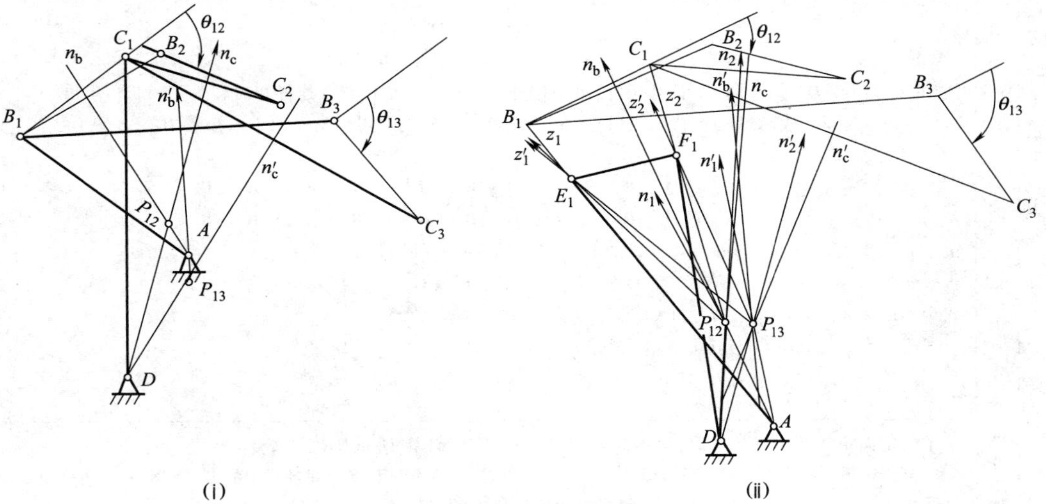 图(e) 给定连杆三个位置设计铰链四杆机构

第11篇

续表

图解法 — 已知连杆三个位置设计平面四杆机构

①B、C 两点是连杆的铰链中心，如图(e)中图(ⅰ)所示，用几何作图法求解方法如下：作 B_1B_2 和 B_1B_3 的垂直平分线 n_b 和 n_b'，其交点为固定铰链 A，作 C_1C_2 和 C_1C_3 的垂直平分线 n_c 和 n_c'，其交点为固定铰链 D。AB_1C_1D 即为机构在第一位置时的运动简图

②B、C 两点不是连杆的铰链中心，如图(e)中图(ⅱ)所示，用几何作图法求解方法如下

a. 作 B_1B_2 和 B_1B_3 的垂直平分线 n_b 和 n_b'，其交点为转动极点 P_{12}。作 C_1C_2 和 C_1C_3 的垂直平分线 n_c 和 n_c'，其交点为转动极点 P_{13}

b. 过 P_{12} 点作 z_1、n_1 线使 $\angle z_1P_{12}n_1=\dfrac{\theta_{12}}{2}$，过 P_{13} 点作 z_1'、n_1' 线使 $\angle z_1'P_{13}n_1'=\dfrac{\theta_{13}}{2}$。$z_1$、$z_1'$ 的交点为连杆的动铰链中心 E_1，n_1、n_1' 的交点为固定铰链中心 A

c. 过 P_{12} 点作 z_2、n_2 线使 $\angle z_2P_{12}n_2=\dfrac{\theta_{12}}{2}$，过 P_{13} 点作 z_2'、n_2' 线使 $\angle z_2'P_{13}n_2'=\dfrac{\theta_{13}}{2}$。$z_2$、$z_2'$ 的交点即为连杆的动铰链中心 F_1，n_2、n_2' 的交点即为另一固定铰链 D。AE_1F_1D 即为机构在第一位置时的运动简图

由于 z_1、z_1'、z_2、z_2' 线是可以任意作出的，因此，所得到的解就有无穷多个

解析法(给定连杆三个位置) — 设计原理

定长法是一种解析设计方法，所谓定长法要求某连架杆长度固定。若已知连杆 BC 的三个位置 B_1C_1、B_2C_2 和 B_3C_3，即在线 s_1、s_2 和 s_3 三个位置[图(f)]，要求设计一铰链四杆机构

由于连架杆为"双铰杆"，则必有连杆线上某点 B 的相应位置为 B_1、B_2、B_3…它们应位于一圆弧上，则点 B 可为连架杆与连杆的铰接点中心。而该圆弧的圆心 B_0 点即可作为连架杆与机架的铰接点中心。由此可知，要设计一相应的连架杆，就要求连杆 s 上某点 B 在给定的 j 个位置上与固定点 B_0 应保持定长，即满足定长条件

$$(\boldsymbol{B}_j-\boldsymbol{B}_0)^{\mathrm{T}}(\boldsymbol{B}_j-\boldsymbol{B}_0)=(\boldsymbol{B}_1-\boldsymbol{B}_0)^{\mathrm{T}}(\boldsymbol{B}_1-\boldsymbol{B}_0)\quad(j=2,3,4,\cdots)\tag{11-3-33}$$

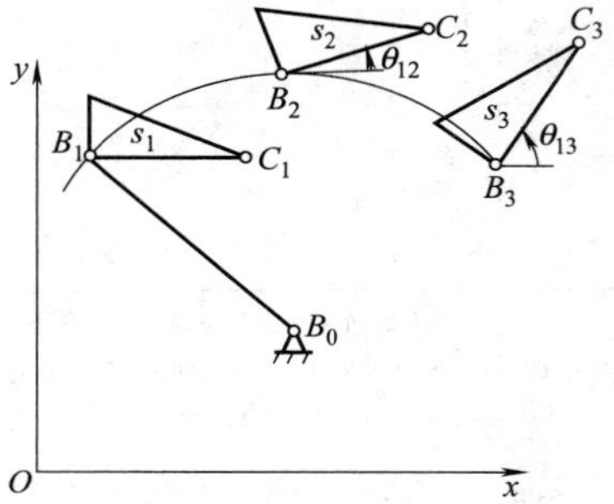

图(f) 定长法设计原理

上式中

$$[\boldsymbol{B}_j]=[\boldsymbol{D}_{1j}][\boldsymbol{B}_1]\tag{11-3-34}$$

连杆自位置 1 至位置 $j(j=3)$ 的位置矩阵

$$[\boldsymbol{D}_{1j}]=\begin{bmatrix}\cos\theta_{1j} & -\sin\theta_{1j} & B_{jx}-B_{1x}\cos\theta_{1j}+B_{1y}\sin\theta_{1j}\\ \sin\theta_{1j} & \cos\theta_{1j} & B_{jy}-B_{1y}\cos\theta_{1j}-B_{1x}\sin\theta_{1j}\\ 0 & 0 & 1\end{bmatrix}=\begin{bmatrix}d_{11j} & d_{12j} & d_{13j}\\ d_{21j} & d_{22j} & d_{23j}\\ 0 & 0 & 0\end{bmatrix}\tag{11-3-35}$$

对于连杆三个位置，有两个定长约束方程

$$(\boldsymbol{B}_2-\boldsymbol{B}_0)^{\mathrm{T}}(\boldsymbol{B}_2-\boldsymbol{B}_0)=(\boldsymbol{B}_1-\boldsymbol{B}_0)^{\mathrm{T}}(\boldsymbol{B}_1-\boldsymbol{B}_0)\tag{11-3-36}$$

$$(\boldsymbol{B}_3-\boldsymbol{B}_0)^{\mathrm{T}}(\boldsymbol{B}_3-\boldsymbol{B}_0)=(\boldsymbol{B}_1-\boldsymbol{B}_0)^{\mathrm{T}}(\boldsymbol{B}_1-\boldsymbol{B}_0)\tag{11-3-37}$$

由式(11-3-34)可写出下列关系

$$[\boldsymbol{B}_2]=[\boldsymbol{D}_{12}][\boldsymbol{B}_1]\tag{11-3-38}$$

$$[\boldsymbol{B}_3]=[\boldsymbol{D}_{13}][\boldsymbol{B}_1]\tag{11-3-39}$$

式中 $[\boldsymbol{D}_{12}]$，$[\boldsymbol{D}_{13}]$——3×3 位移矩阵，可由连杆上定点的三个位置及连杆相对转角 θ_{12} 和 θ_{13} 求出

将式(11-3-38)、式(11-3-39)代入式(11-3-36)、式(11-3-37)便可得到具有四个未知量 B_{1x}、B_{1y}、B_{0x}、B_{0y} 的两个设计方程式

$$([\boldsymbol{D}_{12}]\boldsymbol{B}_1-\boldsymbol{B}_0)^{\mathrm{T}}([\boldsymbol{D}_{12}]\boldsymbol{B}_1-\boldsymbol{B}_0)=(\boldsymbol{B}_1-\boldsymbol{B}_0)^{\mathrm{T}}(\boldsymbol{B}_1-\boldsymbol{B}_0)\tag{11-3-40}$$

$$([\boldsymbol{D}_{13}]\boldsymbol{B}_1-\boldsymbol{B}_0)^{\mathrm{T}}([\boldsymbol{D}_{13}]\boldsymbol{B}_1-\boldsymbol{B}_0)=(\boldsymbol{B}_1-\boldsymbol{B}_0)^{\mathrm{T}}(\boldsymbol{B}_1-\boldsymbol{B}_0)\tag{11-3-41}$$

由于 $d_{11j}=d_{22j}$，$d_{21j}=-d_{12j}$，式(11-3-40)、式(11-3-41)可简写成

$$B_{1x}\boldsymbol{E}_j+B_{1y}\boldsymbol{F}_j=\boldsymbol{G}_j\quad(j=2,3)\tag{11-3-42}$$

式中 $\boldsymbol{E}_j=d_{11j}d_{13j}+d_{21j}d_{23j}+(1-d_{11j})B_{0x}-d_{21j}B_{0y}$

$\boldsymbol{F}_j=d_{12j}d_{13j}+d_{22j}d_{23j}+(1-d_{22j})B_{0y}-d_{12j}B_{0x}$

$\boldsymbol{G}_j=d_{13j}B_{0x}+d_{23j}B_{0y}-0.5(d_{13j}^2+d_{23j}^2)$

设计步骤

①给定固定铰链 B_0 位置，即(B_{0x}，B_{0y})，用式(11-3-42)计算 B_{1x}、B_{1y}

②再给定另一固定铰链 C_0 位置，即(C_{0x}，C_{0y})，则以 C_0 和 C_1 分别替换上述各式中的 B_0 和 B_1，从而可确定 C_1(C_{1x}，C_{1y})

③由 B_0、B_1、C_1 和 C_0 构成的平面四杆机构即为所求的机构

续表

<table>
<tr>
<td>解析法(给定连杆三个位置)</td>
<td>设计实例</td>
<td>

已知连杆上某一定点，在其三个位置上的坐标为 $P_1(1.0,1.0)$、$P_2(2.0,0.5)$、$P_3(3.0,1.5)$；连杆的相对转角 $\theta_{12}=0.0°$、$\theta_{13}=45.0°$。试用定长法设计实现此杆三个位置的铰链四杆机构[见图(g)]

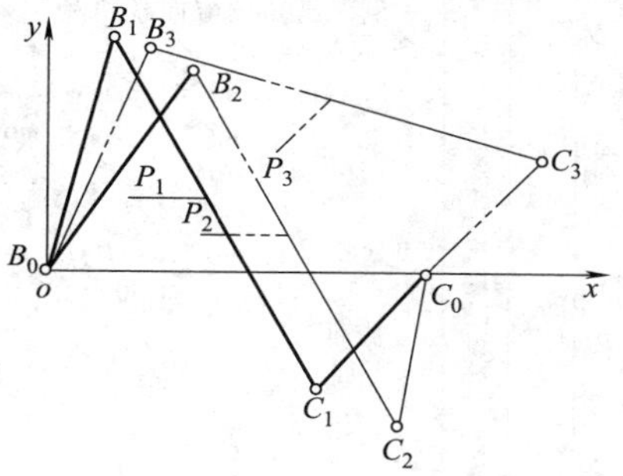

图(g)　定长法设计四杆机构

解　由于

$$\begin{bmatrix}B_{2x}\\B_{2y}\end{bmatrix}=\begin{bmatrix}\cos\theta_{12} & -\sin\theta_{12}\\ \sin\theta_{12} & \cos\theta_{12}\end{bmatrix}\begin{bmatrix}B_{1x} & -1\\ B_{1y} & -1\end{bmatrix}+\begin{bmatrix}2.0\\0.5\end{bmatrix}$$

得

$$\begin{cases}B_{2x}=B_{1x}+1\\ B_{2y}=B_{1y}-0.5\end{cases}$$

又因为

$$\begin{bmatrix}B_{3x}\\B_{3y}\end{bmatrix}=\begin{bmatrix}\cos\theta_{13} & -\sin\theta_{13}\\ \sin\theta_{13} & \cos\theta_{13}\end{bmatrix}\begin{bmatrix}B_{1x} & -1\\ B_{1y} & -1\end{bmatrix}+\begin{bmatrix}3.0\\1.5\end{bmatrix}$$

得

$$\begin{cases}B_{3x}=\dfrac{\sqrt{2}}{2}B_{1x}-\dfrac{\sqrt{2}}{2}B_{1y}+3.0\\ B_{3y}=\dfrac{\sqrt{2}}{2}B_{1x}+\dfrac{\sqrt{2}}{2}B_{1y}+0.085786\end{cases}$$

假设固定铰链位置 $B_0=(0.0,0.0)$，由式(11-3-42)求得相应的动铰链中心位置 $B_1=(0.994078,3.238155)$。用同样的方法可得

$$\begin{cases}C_{2x}=C_{1x}+1\\ C_{2y}=C_{1y}-0.5\end{cases}$$

及

$$\begin{cases}C_{3x}=\dfrac{\sqrt{2}}{2}C_{1x}-\dfrac{\sqrt{2}}{2}C_{1y}+3.0\\ C_{3y}=\dfrac{\sqrt{2}}{2}C_{1x}+\dfrac{\sqrt{2}}{2}C_{1y}+0.085786\end{cases}$$

再假设第二个固定铰链位置 $C_0=(5.0,0.0)$，由式(11-3-42)求得相应的动铰链中心位置 $C_1=(3.547722,-1.654555)$。最后得到所求的平面四杆机构 $B_0B_1C_1C_0$

</td>
</tr>
</table>

3.3.2　函数机构设计（解析法）

所谓的函数机构设计就是指让连杆机构的主动件与从动件间实现给定运动规律的要求。主要设计内容为：

① 按两连架杆实现角位置的函数关系设计平面四杆机构；

② 按从动件的急回特性设计铰链四杆机构、曲柄滑块机构等；

③ 按从动杆近似停歇要求设计平面四杆机构。

如表 11-3-9 所示，利用解析法设计四杆机构。

表 11-3-9　　函数机构设计

<table>
<tr>
<td>(1)按两连架杆角位置函数关系设计平面四杆机构</td>
<td>按两连架杆预定的对应位置设计</td>
<td>铰链四杆机构的设计</td>
<td>

在图(a)所示的铰链四杆机构中，两连架杆对应角位置为 ϕ_0、ψ_0、ϕ、ψ；各杆的长度分别为 a、b、c、d。由图(a)可得两连架杆对应的角位置关系式

$$\cos(\phi+\phi_0)=P_0\cos(\psi+\psi_0)+P_1\cos[(\psi+\psi_0)-(\phi+\phi_0)]+P_2 \tag{11-3-43}$$

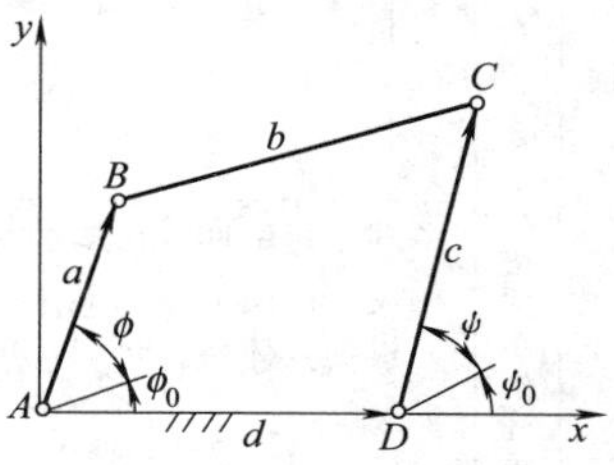

图(a)　解析法设计铰链四杆机构

式中

$$P_0=n$$
$$P_1=-\frac{n}{l}$$
$$P_2=\frac{l^2+n^2+1-m^2}{2l}$$
$$m=\frac{b}{a}$$
$$n=\frac{c}{a}$$
$$l=\frac{d}{a}$$

式(11-3-43)中包含有 P_0、P_1、P_2、ϕ_0 及 ψ_0 五个待定参数，需要五组解析方程来求解。若取 $\phi_0=\psi_0=0°$，则式(11-3-43)又可写成

$$\cos\phi=P_0\cos\psi+P_1\cos(\psi-\phi)+P_2 \tag{11-3-44}$$

式(11-3-44)可以用三组函数方程求解 P_0、P_1、P_2。其设计步骤如下

①将三组对应的角位置 ϕ_1、ψ_1，ϕ_2、ψ_2；ϕ_3、ψ_3 分别代入式(11-3-44)，得

$$\left.\begin{aligned}\cos\phi_1=P_0\cos\psi_1+P_1\cos(\psi_1-\phi_1)+P_2\\ \cos\phi_2=P_0\cos\psi_2+P_1\cos(\psi_2-\phi_2)+P_2\\ \cos\phi_3=P_0\cos\psi_3+P_1\cos(\psi_3-\phi_3)+P_2\end{aligned}\right\} \tag{11-3-45}$$

②解方程组(11-3-45)，可得 P_0、P_1、P_2 值

③由 $P_0=n$，$P_1=-\dfrac{n}{l}$，$P_2=\dfrac{l^2+n^2+1-m^2}{2l}$ 可求得 m、n 及 l 的值

④根据实际情况定出曲柄的长度 a，从而确定其他三构件的长度 b、c、d

</td>
</tr>
</table>

续表

(1) 按两连架杆角位置函数关系设计平面四杆机构

按两连架杆预定的对应位置设计

铰链四杆机构的设计

例 已知铰链四杆机构中，要求两连架杆的对应位置为 $\phi_1=45°$、$\psi_1=52°10'$；$\phi_2=90°$、$\psi_2=82°10'$；$\phi_3=135°$、$\psi_3=112°10'$。$\phi_0=\psi_0=0°$，机架长度 $d=50\text{mm}$，试求其余各杆的长度

解 将 ϕ 和 ψ 的三组对应值代入式(11-3-45)，得

$$\left.\begin{aligned}\cos45°&=P_0\cos52°10'+P_1\cos(52°10'-45°)+P_2\\\cos90°&=P_0\cos82°10'+P_1\cos(82°10'-90°)+P_2\\\cos135°&=P_0\cos112°10'+P_1\cos(112°10'-135°)+P_2\end{aligned}\right\}$$

可解得 $P_0=1.481$、$P_1=-0.8012$、$P_2=0.5918$

$n=1.481$、$m=2.103$、$l=1.8484$

从而求得

$$a=\frac{d}{l}=27.05(\text{mm})$$

$$b=am=56.88(\text{mm})$$

$$c=an=40.06(\text{mm})$$

曲柄滑块机构的设计

在图(b)所示曲柄滑块机构中，应用几何关系可推导出曲柄与滑块对应位置间的关系式

$$Q_1s\cos\phi+Q_2\sin\phi-Q_3=s^2 \tag{11-3-46}$$

式中 $Q_1=2a$

$Q_2=2ae$

$Q_3=a^2-b^2+e^2$

将三组对应位置 ϕ_1、s_1、ϕ_2、s_2、ϕ_3、s_3 代入上式得

$$\left.\begin{aligned}Q_1s_1\cos\phi_1+Q_2\sin\phi_1-Q_3&=s_1^2\\Q_1s_2\cos\phi_2+Q_2\sin\phi_2-Q_3&=s_2^2\\Q_1s_3\cos\phi_3+Q_2\sin\phi_3-Q_3&=s_3^2\end{aligned}\right\} \tag{11-3-47}$$

由此可得 $a=\dfrac{Q_1}{2}$，$b=\sqrt{a^2+e^2-Q_3}$，$e=\dfrac{Q_2}{2a}$

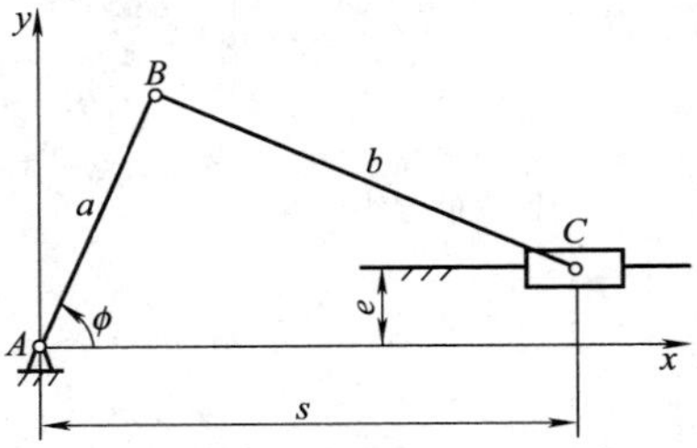

图(b) 解析法设计曲柄滑块机构

例 已知曲柄滑块机构中，曲柄与滑块的三组对应位置为 $\phi_1=60°$、$s_1=36\text{mm}$；$\phi_2=85°$、$s_2=28\text{mm}$；$\phi_3=120°$、$s_3=19\text{mm}$。试求各杆的长度

解 将 ϕ 和 s 的三组对应值代入式(11-3-47)，得

$$\left.\begin{aligned}Q_1\times36\cos60°+Q_2\sin60°-Q_3&=36^2\\Q_1\times28\cos85°+Q_2\sin85°-Q_3&=28^2\\Q_1\times19\cos120°+Q_2\sin120°-Q_3&=19^2\end{aligned}\right\}$$

解得

$Q_1=33.9999\approx34\text{mm}$，$Q_2=130.8122\text{mm}$，$Q_3=-570.7133\text{mm}$，最后可得曲柄滑块机构的尺寸

$$a=\frac{Q_1}{2}=17(\text{mm})$$

$$b=\sqrt{a^2+e^2-Q_3}=29.572(\text{mm})$$

$$e=\frac{Q_2}{2a}=3.847(\text{mm})$$

按两连架杆角位置呈连续函数关系设计铰链四杆机构

利用铰链四杆机构的两连架杆的转角 $\psi=\psi(\phi)$ 来模拟给定的函数关系 $y=f(x)$。x 的变化区间为(x_0,x_m)，y 的变化区间为(y_0,y_m)，见图(c)

根据具体条件可以选定比例系数

$$\left.\begin{aligned}\mu_x&=\frac{x_m-x_0}{\phi_m}\\\mu_y&=\frac{y_m-y_0}{\psi_m}\end{aligned}\right\} \tag{11-3-48}$$

式中 ϕ_m——x 变化区间内对应的转角

ψ_m——y 变化区间内对应的转角

由于平面四杆机构待定的尺寸参数是有限的，所以一般只能近似地实现预期函数。常用的近似设计采用插值逼近法，其插值结点的横坐标根据式(11-3-49)确定

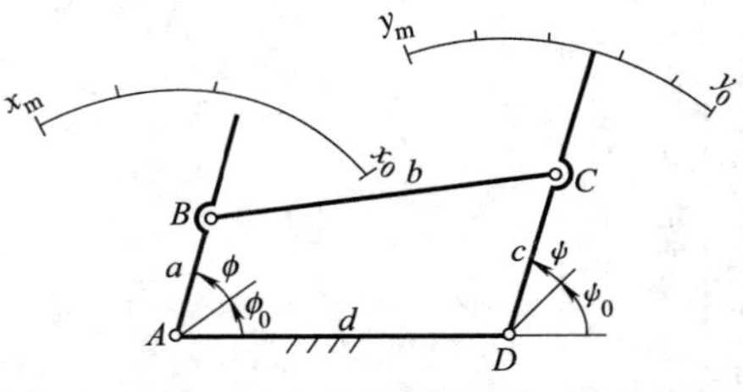

图(c) 两连架杆角位置的连续函数关系

$$x_i=\frac{x_0+x_m}{2}+\frac{x_0-x_m}{2}\cos\frac{2i-1}{2m}\times180° \tag{11-3-49}$$

式中 $i=1,2,\cdots,m$

m——插值结点数

如果取 $m=3$，则得三个插值结点，那么这三组对应角位置可以利用式(11-3-45)求出机构的尺寸参数；如果取 $m=5$，则得五个插值结点，这五组对应角位置可以利用式(11-3-43)求出机构的尺寸参数

续表

(1)按两连架杆角位置函数关系设计平面四杆机构	按两连架杆角位置呈连续函数关系设计铰链四杆机构	例　试设计一铰链四杆机构，近似实现函数 $y=\lg x$，x 的变化区间为 $1\leqslant x\leqslant 2$ 解 ①由已知条件 $x_0=1$，$x_m=2$ 得 $y_0=0$，$y_m=0.301$ ②根据经验试取 $\phi_m=60°$，$\psi_m=90°$，由式(11-3-48)得 $\mu_x=\dfrac{1}{60°}$ $\mu_y=\dfrac{0.301}{90°}$ ③取插值结点数 $m=3$，由式(11-3-49)得 $x_1=1.067$　$y_1=0.02816$ $x_2=1.5$　$y_2=0.1761$ $x_3=1.933$　$y_3=0.2862$ 利用比利系数 μ_x、μ_y 求出 $\phi_1=4°$　$\psi_1=8.5°$ $\phi_2=30°$　$\psi_2=52.5°$ $\phi_3=56°$　$\psi_3=85.6°$ ④试取初始角 $\phi_0=86°$，$\psi_0=23.5°$ ⑤将各结点的坐标值，即三组对应的角位移 (ϕ_1,ψ_1)、(ϕ_2,ψ_2)、(ϕ_3,ψ_3) 以及初始角 ϕ_0、ψ_0 代入式(11-3-45)，得方程组 $\left.\begin{array}{l}\cos 90°=P_0\cos 32°+P_1\cos 58°+P_2\\\cos 116°=P_0\cos 76°+P_1\cos 40°+P_2\\\cos 142°=P_0\cos 109°+P_1\cos 33°+P_2\end{array}\right\}$ 可解得 $P_0=0.56357$，$P_1=-0.40985$，$P_2=-0.26075$ $n=0.56357$，$l=1.37506$，$m=1.98129$ ⑥取 $d=50\text{mm}$，则得其余各杆长度为 $a=\dfrac{d}{l}=36.3620(\text{mm})$ $b=am=72.0438(\text{mm})$ $c=an=20.4925(\text{mm})$
(2)按从动件的急回特性设计平面四杆机构	曲柄摇杆机构的设计	已知摇杆长度 c，摆角 ψ 及行程速比系数 K，设计一曲柄摇杆机构的方法如下 由图(d)可得 $\overline{C_1C_2}=2c\sin\dfrac{\psi}{2}$ $\overline{AC_1}=b+a$ $\overline{AC_2}=b-a$ 又由四个三角形 $\triangle AC_1C_2$、$\triangle AC_2D$、$\triangle AC_1D$、$\triangle B'C'D$，应用余弦定理得 $\left(2c\sin\dfrac{\psi}{2}\right)^2=(b+a)^2+(b-a)^2-2(b+a)(b-a)\cos\theta$ $(b-a)^2=c^2+d^2-2cd\cos\psi_0$ $(b+a)^2=c^2+d^2-2cd\cos(\psi_0+\psi)$ $(d-a)^2=b^2+c^2-2bc\cos\gamma_{\min}$ 若 c、ψ、θ(或 K)、$\gamma_{\min}$ 已知，则可由上述方程组解出 a、b、d 及 ψ_0 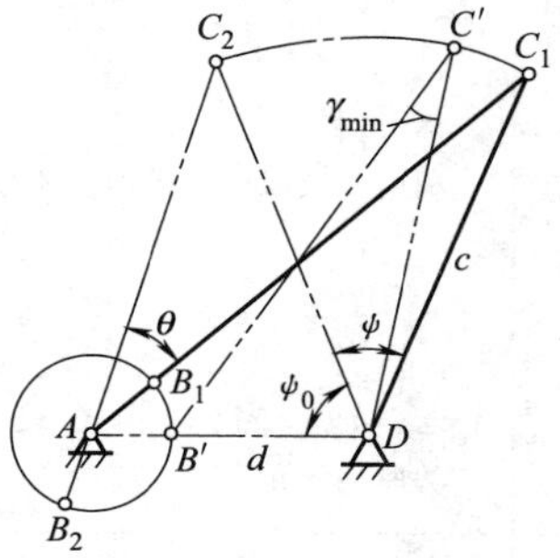 图(d)　按急回特性设计曲柄摇杆机构
	曲柄滑块机构的设计	已知滑块冲程 H、偏距 e 及行程速比系数 K，设计一曲柄滑块机构的方法如下 由图(e)中的两个三角形 $\triangle DBC$、$\triangle AC_1C_2$，应用余弦定理得 $\cos\gamma_{\min}=\dfrac{a+e}{b}$ $\cos\theta=\dfrac{(b+a)^2+(b-a)^2-H^2}{2(b+a)(b-a)}$ 若 H、θ(或 K)、$\lambda\left(即\dfrac{a}{b}\right)$ 及 $\gamma_{\min}$ 已知时，由上述方程组可解出 a、b、e 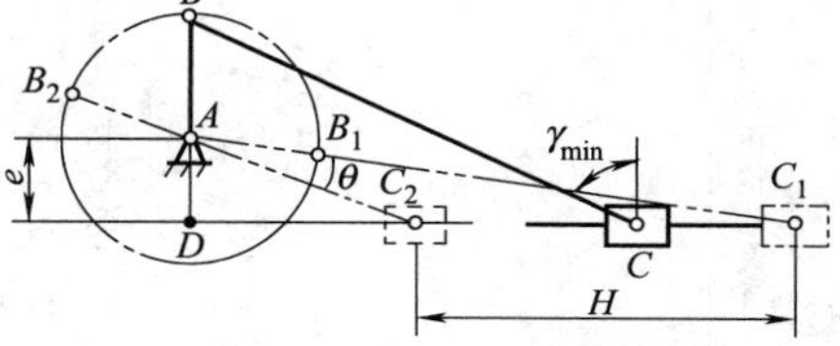 图(e)　按急回特性设计曲柄滑块机构

续表

(2) 按从动件的急回特性设计平面四杆机构

导杆机构的设计

已知机架的长度 d，行程速比系数 K，设计一导杆机构的方法如下

在图(f)中，由$\triangle ADC_1$得

$$a=d\cos\frac{\psi}{2}=d\cos\frac{\theta}{2}$$

若 d、θ(或 K)已知时，可求出 a

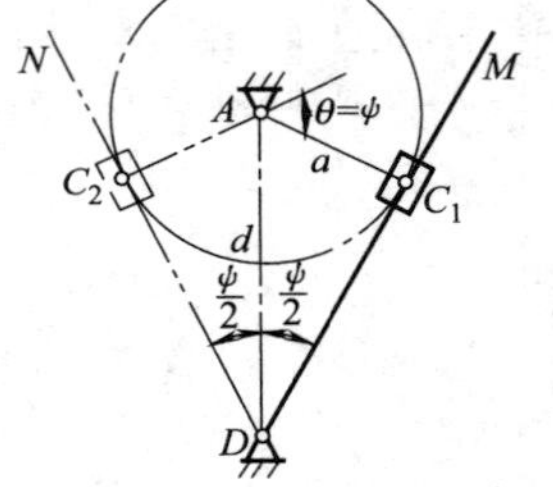

图(f)　按急回特性设计导杆机构

(3) 按从动杆近似停歇要求设计平面四杆机构

在实际生产中，有时要求从动杆在其某一极限位置上有一近似停歇，以配合实现某种工艺动作要求。用连杆机构来实现这种近似停歇运动，具有运动平稳、加工简便等优点。如在针织机、织布机、包装机等采用曲柄摇杆机构实现近似停歇；又如冲床、压床等采用曲柄滑块机构实现近似停歇

曲柄摇杆机构的设计

在图(g)中图(ⅰ)所示的曲柄滑块机构中，摇杆 CD 的两个极限位置为 C_1D、C_2D。C_1D 为前极限位置，C_2D 为后极限位置。从图(g)中图(ⅱ)可以看出，摇杆在后极限位置附近运动要比在前极限位置附近更加缓慢。当曲柄与连杆的长度比$\frac{a}{b}=\lambda$ 较大时，近似停歇时间可以更长

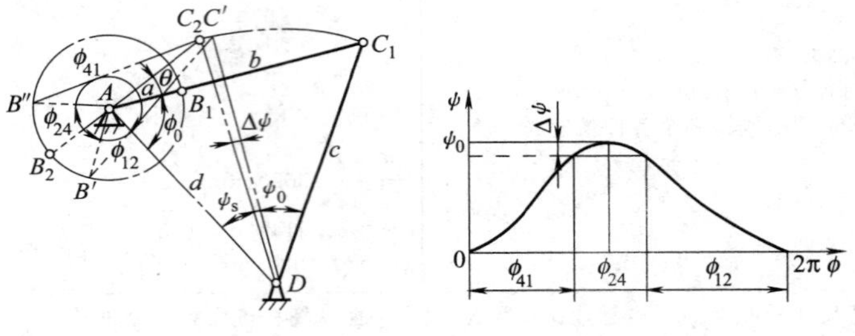

(ⅰ)　(ⅱ)

图(g)　曲柄摇杆机构实现近似停歇

利用两极限位置的两三角形$\triangle AC_1D$、$\triangle AC_2D$ 以及在后极限位置附近的四边形 $AB'CD'$、$AB''C'D$ 得

$$c^2=(b+a)^2+d^2-2(b+a)d\cos\phi_0 \tag{11-3-50}$$

$$(b-a)^2=c^2+d^2-2cd\cos\psi_s \tag{11-3-51}$$

$$b^2=[d-c\cos(\psi_s+\Delta\psi)-a\cos(\phi_0+\phi)]^2+[c\sin(\psi_s+\Delta\psi)-a\sin(\phi_0+\phi)]^2 \tag{11-3-52}$$

若 a、b、c、d 已知，由式(11-3-50)得 ϕ_0；由式(11-3-51)得 ψ_s。选择一个合适的 $\Delta\psi$，即可由式(11-3-52)求得近似停歇的曲柄转角

曲柄滑块机构的设计

在图(h)中图(ⅰ)所示的偏置曲柄滑块机构中，滑块的两个极限位置为 C_1、C_2。C_1为前极限位置，C_2为后极限位置。滑块在后极限位置附近运动要比在前极限位置附近更加缓慢，当曲柄与连杆长度比$\frac{a}{b}=\lambda$ 较大时，近似停歇时间可以更长。由图(h)可得

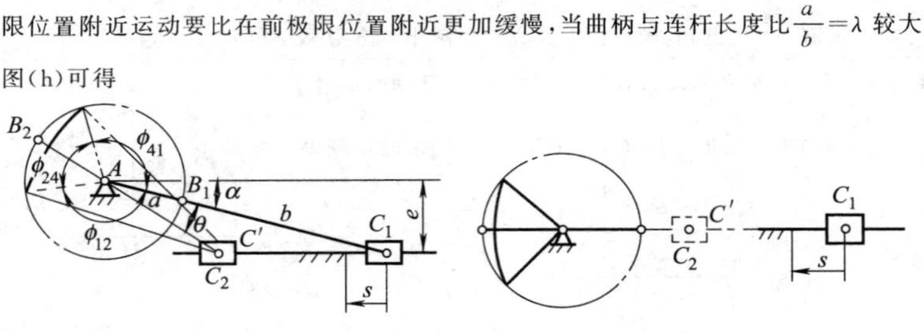

(ⅰ)　(ⅱ)

图(h)　曲柄滑块机构实现近似停歇

续表

(3)按从动杆近似停歇要求设计平面四杆机构	曲柄滑块机构的设计	$\frac{e}{b+a}=\sin\alpha$ $s=(b+a)\cos\alpha-a\left[\left(\frac{1}{\lambda}-\frac{1}{2}\lambda k^2\right)+\cos\phi-\frac{\lambda}{2}\sin^2\phi-\lambda k\sin\phi\right]$　(11-3-53) 式中　$k=\frac{e}{a}$ 如果冲程为 H，则取 $s=H-\Delta H$，可以求出在后极限位置附近近似停歇的曲柄转角 对于对心曲柄滑块机构，如图(h)中图(ⅱ)所示，可得 $s=(b+a)-a\left(\frac{1}{\lambda}+\cos\phi-\frac{1}{2}\lambda\sin^2\phi\right)$　(11-3-54) 同理，取 $s=H-\Delta H$，可以求出在后极限位置附近近似停歇的曲柄转角

3.3.3　轨迹机构的设计

所谓的轨迹机构设计就是指让平面连杆机构的连杆上的一点实现给定运动轨迹要求，其主要设计内容为：

① 按照连杆上某点的轨迹与给定的曲线准确或近似地重合，设计平面四杆机构；

② 利用连杆曲线设计从动件近似停歇（间歇运动）的平面连杆机构。

在多数情况下，先利用连杆曲线图谱、试验法或几何作图法确定机构参数，当要求较高的设计精度时，再用解析法确定部分参数。

表 11-3-10　　轨迹机构的设计

(1)按连杆曲线与给定曲线近似地重合来设计平面四杆机构		按给定轨迹设计平面四杆机构，在某一区段上或是在其整个曲线长度上，逼近于给定的曲线 $m—m$，求出此四杆机构的各有关参数 图(a)所示的平面四杆机构，其位于直角坐标系 xoy 中的连杆曲线受九个机构参数的影响。其中包括各构件的长度 a、b、c、d，机架相对于坐标的位置参数(A_x，A_y，η)以及 M 点在连杆上的位置参数(k，β) 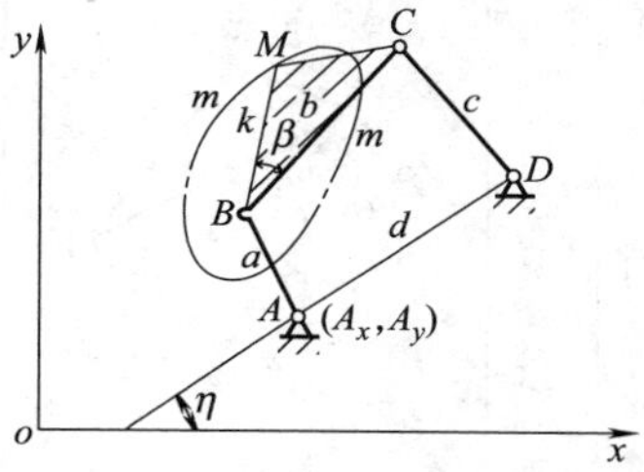 图(a)　实现轨迹的四杆机构
	铰链四杆机构设计	由图(b)可得铰链四杆机构的连杆曲线方程式 $\frac{b\cos\beta}{k}(N^2-a^2-k^2)+\frac{b\sin\beta}{k}U-\frac{d}{k}V\{[b\sin(\beta+\eta)-k\sin\eta](M_x-A_x)-[b\cos(\beta+\eta)-k\cos\eta](M_y-A_y)\}-\frac{d}{k}W\{[b\cos(\beta+\eta)-k\cos\eta](M_x-A_x)+[b\sin(\beta+\eta)-k\sin\eta](M_y-A_y)\}-2d[(M_x-A_x)\cos\eta+(M_y-A_y)\sin\eta]+a^2+b^2+d^2-c^2=0$　(11-3-55) 式中　$N^2=(M_x-A_x)^2-(M_y-A_y)^2$ $U=\pm\sqrt{4k^2N^2-(N^2+k^2-a^2)}$（两个符号对应于连杆曲线的两个分支） $V=\frac{U}{N^2}$ $W=\frac{N^2+k^2-a^2}{N^2}$ 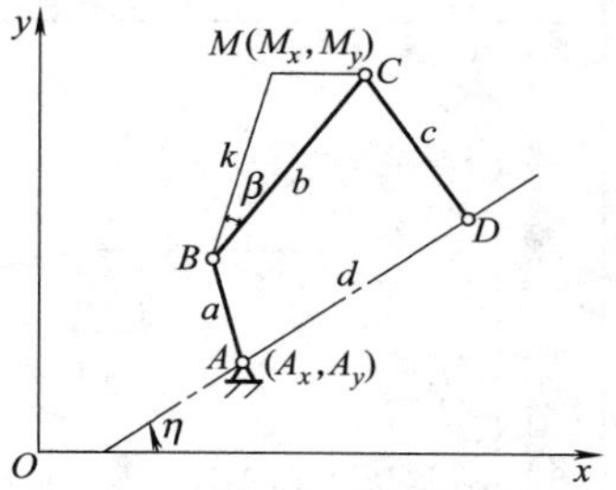 图(b)　解析法实现轨迹的铰链四杆机构 式(11-3-55)的连杆曲线方程式中有 9 个待定参数：a、b、c、d、β、k、A_x、A_y、η。所以，如在给定轨迹中选取 9 组坐标值(m_{xi}，m_{yi})分别代入上式，得到 9 个方程式，解此方程组可求得机构的 9 个待定参数。采用插值逼近法确定 9 个结点坐标值，可以使连杆曲线与给定轨迹曲线更为接近 若取 $A_x=A_y=0$，$\eta=0°$，则待定参数减为 6 个

续表

(1)按连杆曲线与给定曲线近似地重合来设计平面四杆机构

曲柄滑块机构设计

由图(c)可得曲柄滑块机构的连杆曲线方程式

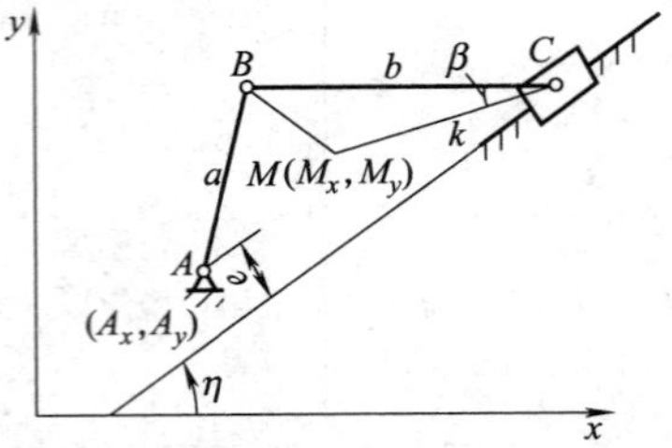

图(c) 解析法实现轨迹的曲柄滑块机构

$$(M_x-A_x)^2+(M_y-A_y)^2+k^2+b^2-2kb\cos\beta-a^2+\frac{2}{k}\{(k-b\cos\beta)[(M_x-A_x)\sin\eta-(M_y-A_y)\cos\eta]+b\sin\beta[(M_x-A_x)\cos\eta+(M_y-A_y)\sin\eta]\}[e-(M_x-A_x)\sin\eta+(M_y-A_y)\cos\eta]\pm\frac{2}{k}\{(k-b\cos\beta)[(M_x-A_x)\cos\eta+(M_y-A_y)\sin\eta]-b\sin\beta[(M_x-A_x)\sin\eta-(M_y-A_y)\cos\eta]\}\times\sqrt{k^2-[e-(M_x-A_x)\sin\eta+(M_y-A_y)\cos\eta]^2}=0 \quad (11\text{-}3\text{-}56)$$

式中,正、负号对应于连杆曲线的两个分支

式(11-3-56)中有 8 个待定尺度参数:a、b、e、k、β、A_x、A_y、η。所以,如在给定轨迹中选取 8 组坐标值(m_{xi},m_{yi})分别代入上式,得到 8 个方程式,解此方程组可求得机构的 8 个待定尺度参数。采用插值逼近法确定 8 个结点坐标值,可以使连杆曲线与给定轨迹曲线更为接近

若取 $A_x=A_y=0$,$\eta=0°$,则待定尺度参数减为 5 个

(2)利用连杆曲线设计输出杆近似停歇和直线导向的平面四杆机构

利用连杆曲线上某些近似圆弧和近似直线段,可以使运动输出构件做近似停歇运动,从而完成某些工艺动作要求。利用连杆曲线设计输出杆做近似停歇运动或近似直线运动的平面连杆机构示例如下表所示

输出杆近似停歇运动的四杆机构

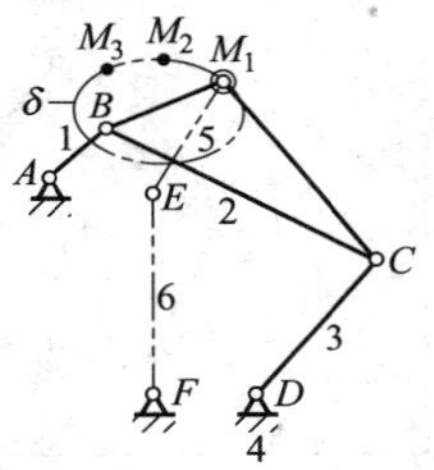

曲柄摇杆机构连杆 M 点轨迹 $\overset{\frown}{M_1M_2M_3}$ 为近似圆弧。输出杆 6 相应地处于近似停歇位置

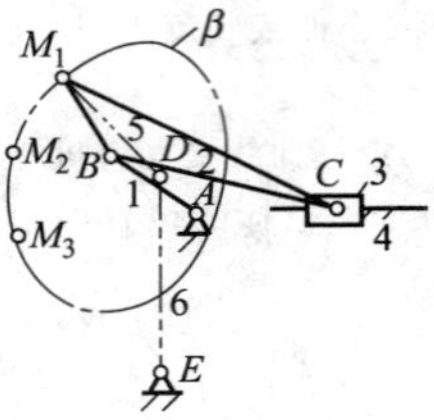

曲柄滑块机构连杆上 M 点的轨迹 $\overset{\frown}{M_1M_2M_3}$ 为近似圆弧。输出杆 6 相应地处于近似停歇位置

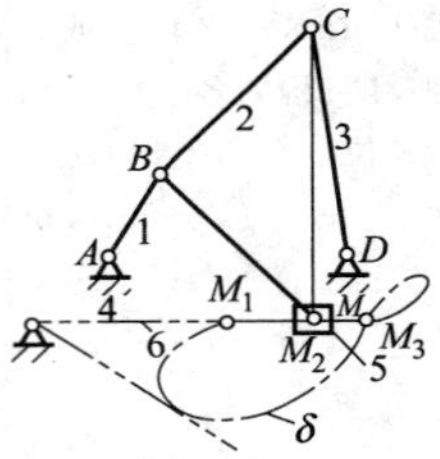

曲柄摇杆机构连杆上 M 点的轨迹 $\overline{M_1M_2M_3}$ 为近似直线段。输出杆 6 将处于近似停歇位置

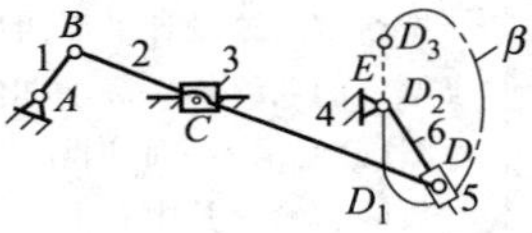

曲柄滑块机构连杆上 D 点的轨迹 $\overline{D_1D_2D_3}$ 为近似直线段。输出杆 6 将处于近似停歇位置

输出杆近似直线运动的四杆机构

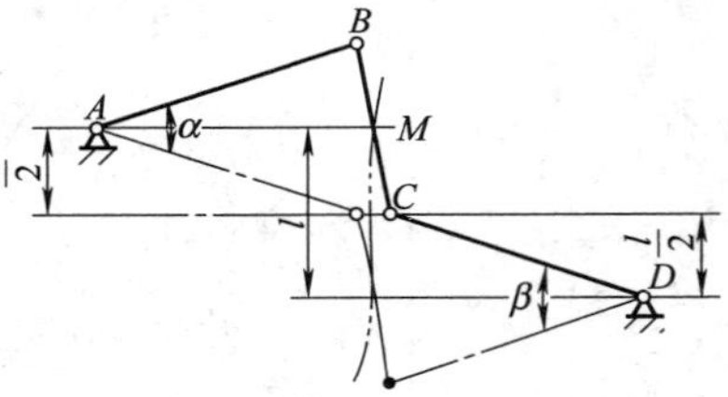

取 $\overline{BC}=l$,$\overline{AB}=\overline{CD}=1.5l$,则 $\overline{BC}$ 中点 M 在行程为 l 的范围内(相应摆角 $\alpha=\beta\approx40°$)的轨迹为近似直线

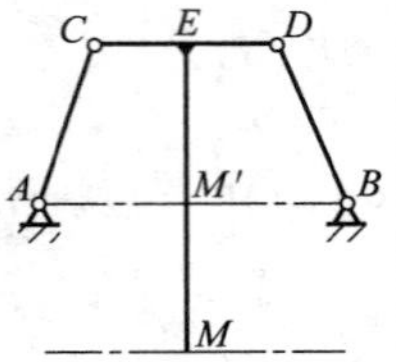

① 取 $\overline{AC}=\overline{BD}=0.584d$,$\overline{AB}=d$,$\overline{CD}=0.593d$,$\overline{CD}$ 的垂直平分线 $\overline{EM}=1.112d$,则连杆 M 点轨迹为近似直线

② 取 $\overline{AC}=\overline{BD}=0.6d$,$\overline{CD}=0.5d$,则 M' 点近似沿 AB 直线运动

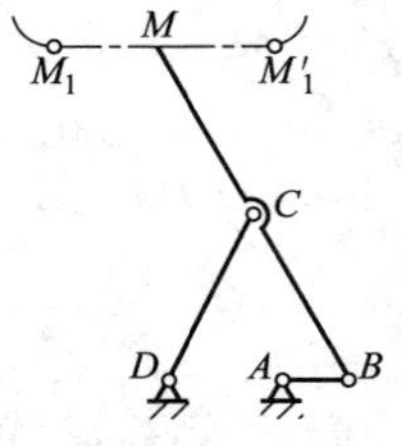

取 $\overline{BC}=\overline{CD}=\overline{CM}=1$,$\overline{AD}=\frac{2+\overline{AB}}{3}$,$\sin^2\frac{\alpha_1}{2}=\frac{4\overline{AB}-1}{\overline{AB}(2+\overline{AB})}$,则曲柄转 α_1 角时,M 点在 M_1、M'_1 间做近似直线运动

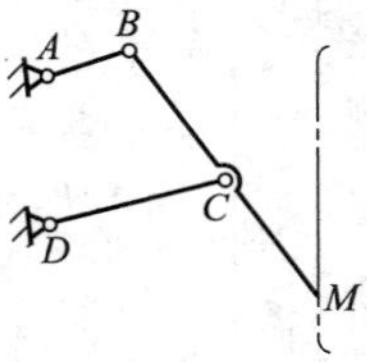

取 $\overline{AB}=r$,$\overline{AD}=2r$,$\overline{BC}=\overline{CD}=\overline{CM}=2.5r$,则连杆上 M 点的轨迹为近似直线

3.4　气液动连杆机构

气液动连杆机构在矿山、冶金、建筑、交通运输、轻工等行业中应用十分广泛。这种机构具有制造容易、价格低廉、坚实耐用、便于维修保养等优点。

气液动连杆机构的结构特点是含有移动副，它由动作缸和活塞杆组合而成。气液动连杆机构中总是以活塞杆作为主动件。

图 11-3-1 为一对中式气液动连杆机构的机构运动简图。

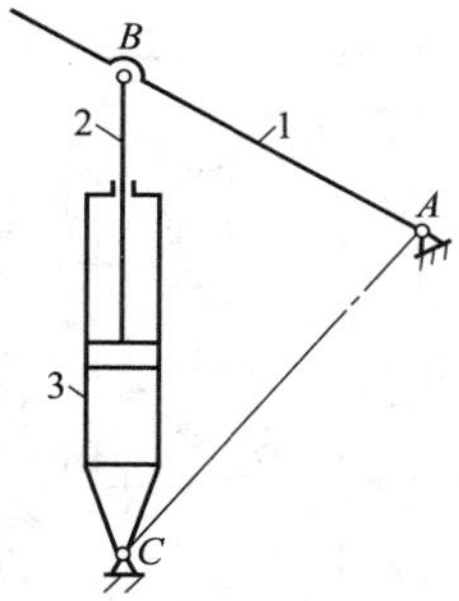

图 11-3-1　气液动连杆机构
1—从动件；2—活塞杆；3—动作缸

3.4.1　气液动连杆机构位置参数的计算和选择

表 11-3-11　　气液动连杆机构位置参数的计算和选择

类　型	对　中　式	偏　置　式	说　　明
机构简图	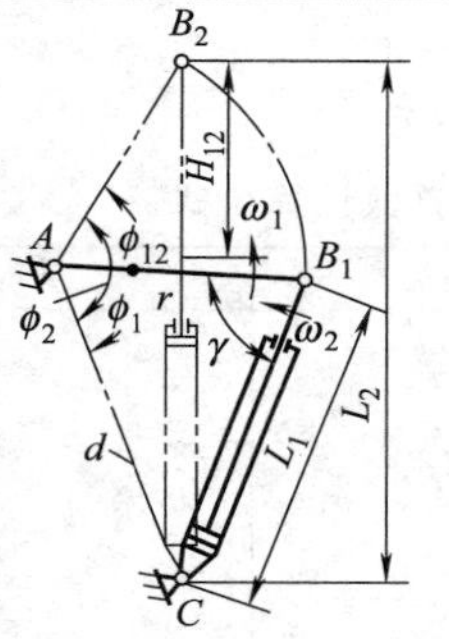	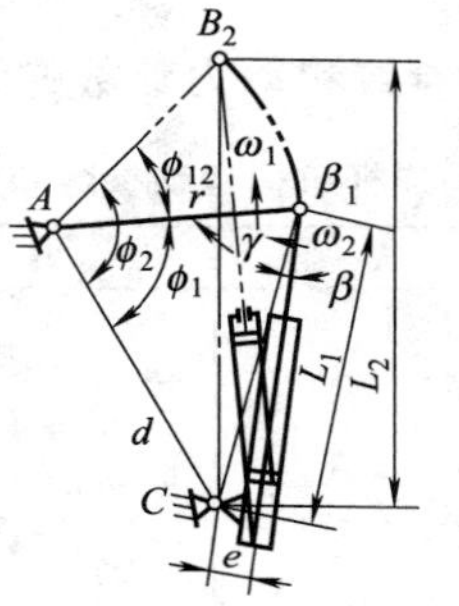	
从动摇杆初始位置角 ϕ_1	$\cos\phi_1=\dfrac{1+\sigma^2-\rho_1^2}{2\sigma}$		
从动摇杆终止位置角 ϕ_2	$\cos\phi_2=\dfrac{1+\sigma^2-\lambda^2\rho_1^2}{2\sigma}$		r——摇杆长度；d——机架长度；e——液压缸偏置距；L_1——初始位置时铰链点 B_1 到液压缸铰链点 C 的距离；L_2——终止位置时铰链点 B_2 到液压缸铰链点 C 的距离；L——任意位置时铰链点 B 到液压缸铰链点 C 的距离；ϕ——从动摇杆任意位置角
从动摇杆工作摆角 ϕ_{12}	$\phi_{12}=\phi_2-\phi_1$		
液压缸行程 H_{12}	$H_{12}=L_2-L_1$	$H_{12}=\sqrt{L_2^2-e^2}-\sqrt{L_1^2-e^2}$	
传动角 γ　给定 ρ 和 σ	$\cos\gamma=\dfrac{\rho^2+\sigma^2-1}{2\rho\sigma}$，$\sin\gamma=\dfrac{\sqrt{4\rho^2\sigma^2-(\rho^2+\sigma^2-1)}}{2\rho\sigma}$		
传动角 γ　给定 ϕ 和 σ	$\cos\gamma=\dfrac{\sigma-\cos\phi}{\sqrt{1+\sigma^2-2\sigma\cos\phi}}$，$\sin\gamma=\dfrac{1}{\sqrt{\left(\dfrac{\sigma-\cos\phi}{\sin\phi}\right)^2+1}}$		
偏置角 β	0	$\sin\beta=\dfrac{e}{L}$	
活塞杆伸出系数 λ'	$\lambda'=\lambda$	$\lambda'=\sqrt{\dfrac{\lambda^2-(e/L_1)^2}{1-(e/L_2)^2}}=\lambda$	
计算参数	$\lambda=\dfrac{L_2}{L_1}$　$\sigma=\dfrac{r}{d}$　$\rho_1=\dfrac{L_1}{d}$　$\rho_2=\dfrac{L_2}{d}=\lambda\rho_1$　$\rho=\dfrac{L}{d}$		
参数选择	活塞杆伸出系数 λ' 应根据活塞杆伸出时稳定性的要求来确定，一般可取 $\lambda'\approx1.5\sim1.7$ 基本参数 σ 和 ϕ_1、ϕ_2 或 σ 和 ρ_1、ρ_2 可根据气液动连杆机构工作位置和传力的要求，用下图确定		

续表

参数选择	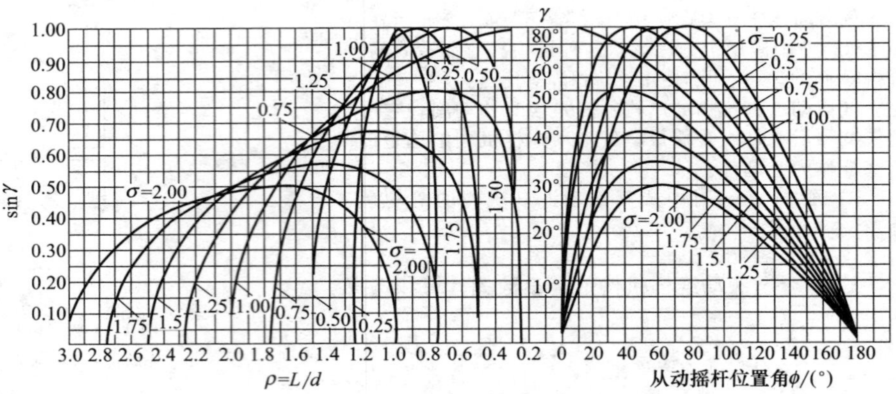 气液动连杆机构基本参数间关系

3.4.2 气液动连杆机构运动参数和动力参数的计算

表 11-3-12 气液动连杆机构运动参数和动力参数计算公式

类 型	对 中 式	偏 置 式	说 明
机构简图	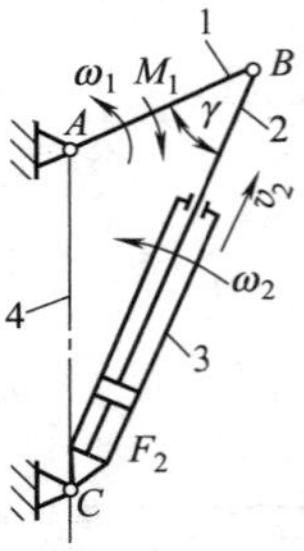	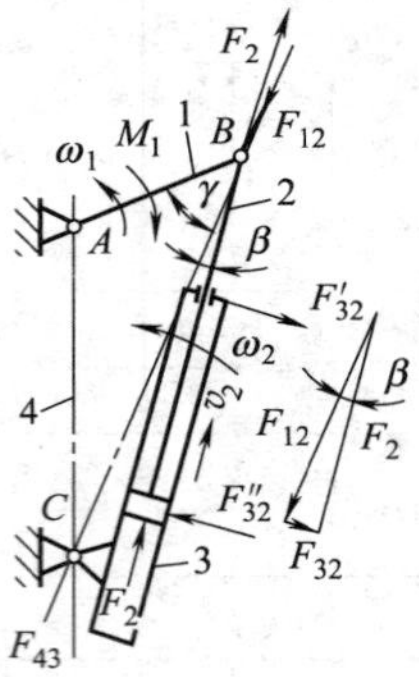	v_2——活塞的平均相对运动速度的大小 F_{32}——液压缸 3 给活塞杆 2 的作用力合力，作用在 B 点上，F'_{32} 和 F''_{32} 为其两个分力 $r=\overline{AB}$ $L=\overline{BC}$
摇杆角速度 ω_1	$\omega_1=\dfrac{v_2}{r\sin\gamma}$	$\omega_1=\dfrac{v_2\cos\beta}{r\sin\gamma}$	
液压缸角速度 ω_2	$\omega_2=\dfrac{v_2}{L\tan\gamma}$	$\omega_2=\dfrac{v_2(\cot\gamma\cos\beta-\sin\beta)}{L}$	
所需的液压缸推力 F_2	$F_2=\dfrac{M_1}{r\sin\gamma}$	$F_2=\dfrac{M_1}{r\sin\gamma}\cos\beta$	
液压缸对活塞杆的横向力 F_{32}	0	$F_{32}=\dfrac{M_1}{r\sin\gamma}\sin\beta$	
所传递的阻力矩 M_1	$M_1=F_2r\sin\gamma$	$M_1=F_2r\dfrac{\sin\gamma}{\cos\beta}$	
所传递的阻力矩 T_1 相对值	$\dfrac{M_1}{F_2r}=\sin\gamma$	$\dfrac{M_1}{F_2r}=\dfrac{\sin\gamma}{\cos\beta}$	

3.4.3　气液动连杆机构的设计

表 11-3-13　气液动连杆机构的设计

按摇杆摆角 ϕ_{12} 及初始角 ϕ_1 设计对中气液动连杆机构	由表 11-3-11 可得 σ 和 ρ_1 的计算公式 $$\sigma=\frac{-B\pm\sqrt{B^2-4AC}}{2A} \quad (11\text{-}3\text{-}57)$$ 式中 $$\left.\begin{aligned}A&=\lambda^2-1\\B&=-2(\lambda^2\cos\phi_1-\cos\phi_2)\\C&=\lambda^2-1\end{aligned}\right\} \quad (11\text{-}3\text{-}58)$$ 而 $$\rho_1=\sqrt{1+\sigma^2-2\sigma\cos\phi_1} \quad (11\text{-}3\text{-}59)$$
	例　某汽车吊要求举升液压缸将起重臂从 $\phi_1=0°$ 举升到 $\phi_2=60°$，试确定 σ 和 ρ_1 值 解　取活塞杆伸出系数 $\lambda=1.6$，代入式(11-3-58)得 $A=C=1.56$，$B=-4.12$，再代入式(11-3-57)、式(11-3-59)可得到 $\sigma=2.17$、$\rho_1=1.17$ 及 $\sigma=0.47$、$\rho_1=0.53$ 两组数值，根据汽车底盘结构取机架长度 $d=1200\text{mm}$，则得 $r=2604\text{mm}$、$L_1=1404\text{mm}$ 及 $r=564\text{mm}$、$L_1=636\text{mm}$ 两组数值
按摇杆摆角 ϕ_{12}、液压缸初始长度 L_1、活塞行程 $H_{12}=L_2-L_1$ 设计对中式气液动连杆机构	令 $d=1$，由表 11-3-11 可得 $$\left.\begin{aligned}(L_1+H_{12})^2&=1+r^2-2r\cos(\phi_1+\phi_{12})\\\cos\phi_1&=\frac{1+r^2-L_1^2}{2r}\end{aligned}\right\} \quad (11\text{-}3\text{-}60)$$ 将式(11-3-60)消去 ϕ_1，可得 $$ar^4-br^2+c=0 \quad (11\text{-}3\text{-}61)$$ 式中　$a=2(1-\cos\phi_{12})$ $b=2[(2L_1^2+2L_1H_{12}+H_{12}^2)(\cos\phi_{12}-1)+2\cos\phi_{12}(\cos\phi_{12}-1)]$ $c=(L_1+H_{12})^4-2(L_1+H_{12})^2+[(L_1+H_{12})^2-1](2-2L_1^2)\cos\phi_{12}+L_1^4-2L_1^2+2$ 由式(11-3-60)与式(11-3-61)可分别解出 r 和 ϕ_1
	例　某摆动导板送料辊的摆动液压缸机构，要求导板的摆角 $\phi_{12}=60°$，$H_{12}=0.5\text{m}$，$L_1=d=1\text{m}$，试确定 r 和 ϕ_1 值 解　将已知数据代入式(11-3-60)及式(11-3-61)可求得 $r=0.638\text{m}$，$\phi_1=71°36'$ 及 $r=1.932\text{m}$、$\phi_1=10°20'$ 两组解。相应的传动角为 71°12′及 10°20′。后一组数据的传动角太小，不宜采用

第 4 章 齿轮机构设计

4.1 基本概念

平面低副机构只能近似地实现预先给定的运动规律，但高副机构能精确地实现任意形状的预定运动轨迹，可广泛地应用在精密仪器、精密伺服传动、自动化程度高的机械中。

齿轮机构是最常见的高副机构，可以用来传递空间任意两轴间的运动和动力，按照两轴的相对位置和齿向，齿轮机构分类、特点及应用如表 11-4-1 所示。

表 11-4-1 齿轮机构分类、特点及应用

<table>
<tr><th colspan="4">齿轮机构分类</th><th>特点及应用</th></tr>
<tr><td rowspan="5">平面齿轮机构</td><td colspan="3">外啮合圆柱齿轮机构</td><td rowspan="5">传动的速度和功率范围很大，对中心距的敏感性小，互换性好，装配和维修方便，易于进行精密加工，是齿轮传动中应用最广泛的传动
主要用作高速船用透平齿轮，大型轧机齿轮，矿山、轻工、化工和建材机械齿轮等</td></tr>
<tr><td>直齿</td><td>斜齿</td><td>人字齿</td></tr>
<tr><td>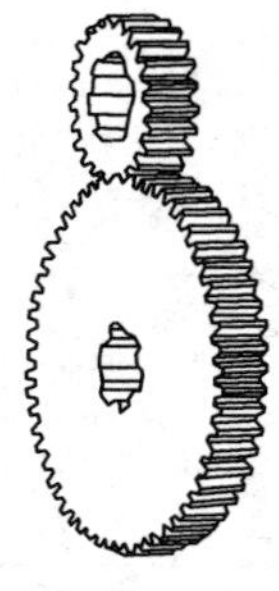</td><td>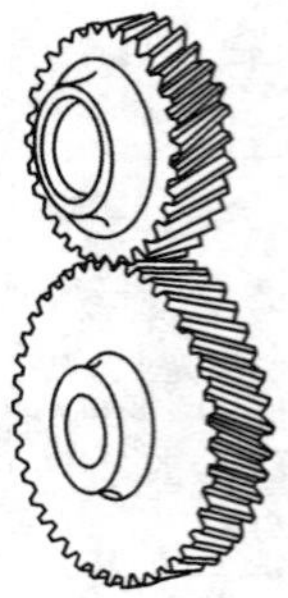</td><td></td></tr>
<tr><td>内啮合圆柱齿轮机构</td><td colspan="2">齿轮齿条机构</td></tr>
<tr><td>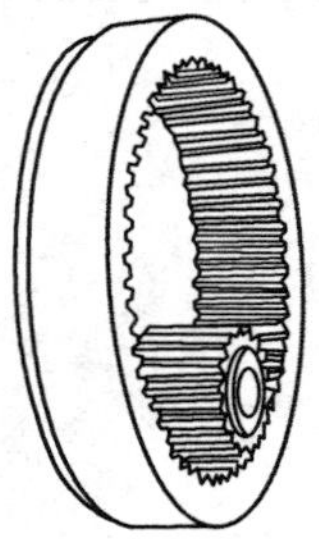</td><td colspan="2">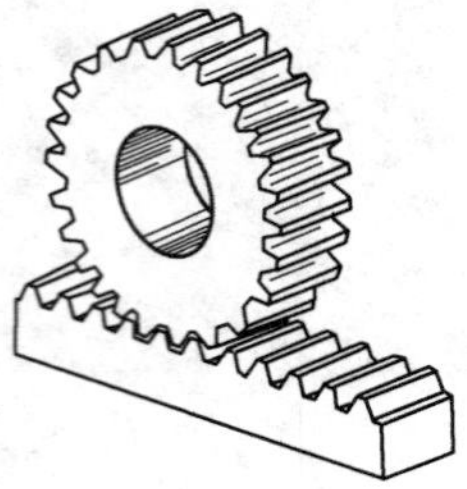</td></tr>
<tr><td rowspan="3">空间齿轮机构</td><td colspan="3">圆锥齿轮机构</td><td rowspan="3">用于两相交轴之间的传动，承载能力大，直齿圆锥齿轮设计、制造、安装均较容易，应用最为广泛
主要用于机床、汽车、拖拉机等机械中</td></tr>
<tr><td>直齿</td><td>斜齿</td><td>曲齿</td></tr>
<tr><td></td><td>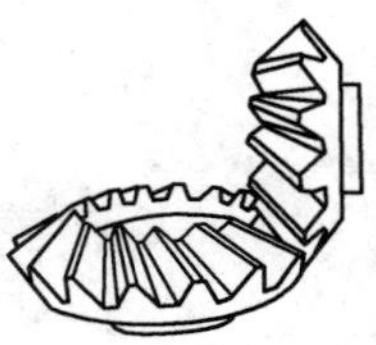</td><td></td></tr>
</table>

续表

<table>
<tr><th colspan="3">齿轮机构分类</th><th>特点及应用</th></tr>
<tr><td rowspan="3">空间齿轮机构</td><td colspan="2">交错轴齿轮机构</td><td rowspan="3">交错轴斜齿轮由两个螺旋角不等的斜齿齿轮组成，两齿轮的轴线可成任意角度，缺点是齿面为点接触，所以承载能力和传动效率较低；用于空间任意方向轻载或传递运动的场合
蜗杆蜗轮传动由蜗杆和蜗轮组成，主要优点是能够获得很大的传动比、结构紧凑、传动平稳、噪声小等，缺点是效率较，低；主要用于中、小负荷，结构要求紧凑的场合</td></tr>
<tr><td>交错轴斜齿轮</td><td>蜗杆蜗轮</td></tr>
<tr><td>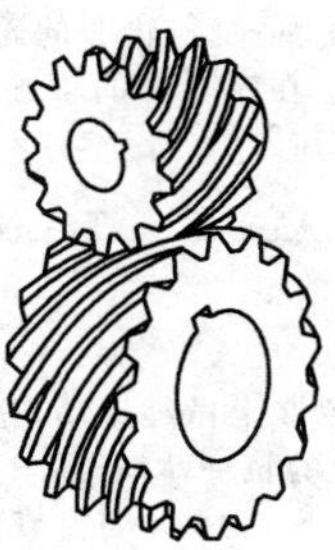</td><td>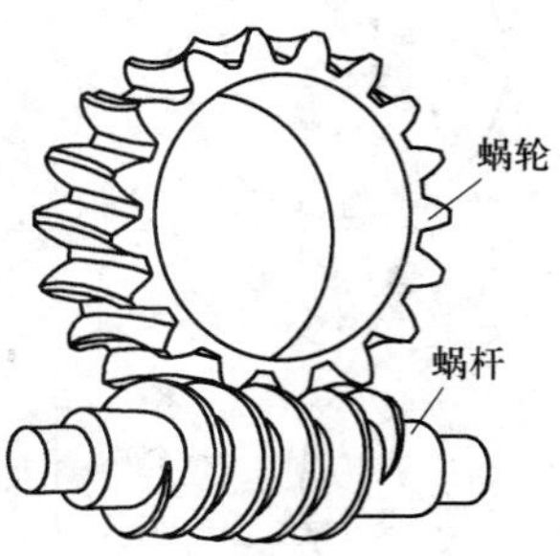</td></tr>
</table>

4.1.1　瞬心及瞬心线

高副机构是靠高副接触实现传动的机构，但一定要清楚，高副机构中同时含低副，往往高副的回转中心都是靠回转副来实现的。做平面运动的高副机构称为平面高副机构，研究平面高副机构的运动特性，就要研究瞬心及瞬心线的性质，瞬心的求法如表 11-2-8 所示，瞬心线的定义及性质如表 11-4-2 所示，瞬心线及瞬心机构图例如表 11-4-3 所示。

表 11-4-2　　瞬心线、高副机构定义

<table>
<tr><td rowspan="4">瞬心线相关定义</td><td>瞬心</td><td>当两构件互做平面相对运动时，在这两构件上绝对速度相同或者说相对速度等于零的瞬时重合点称为瞬心</td></tr>
<tr><td>相对瞬心线</td><td>把每一个构件上曾经作为瞬心的各点连接起来，所得到的两条轨迹曲线称为相对瞬心线</td></tr>
<tr><td>定瞬心线</td><td>如果两构件中有一构件为机架，则在机架上的瞬心轨迹曲线称为定瞬心线</td></tr>
<tr><td>动瞬心线</td><td>在运动构件上的瞬心轨迹称为动瞬心线</td></tr>
<tr><td>瞬心线形成原理</td><td colspan="2">图解法求瞬心的原理是根据两构件在瞬心处绝对速度相等（只有相对滚动）求出两构件各运动位置的瞬心，再将求得一系列瞬心点连接起来即可得出瞬心线。具体步骤如下
参见右图，机架 E_0 上有一条定瞬心线 S_0 固连在 E_0 上不动，运动构件 E 上固连一条动瞬心线 S 并随 E 一起运动。当构件 E 上 A、B 两点在机架 E_0 上沿曲线 $\alpha\alpha$ 和 $\beta\beta$ 上滑动时，构件 E 的动瞬心线 S 上的点 P、P'、P''…将分别与其定瞬心线 S_0 上的点 P、P'_0、P''_0…依次做无相对滑动接触，或者说，动瞬心线上的每一个点都有定瞬心线上相对应的点与之做无滑动的接触，故构件 E 运动时，它的动瞬心线 S 将沿其定瞬心线 S_0 做无滑动的滚动
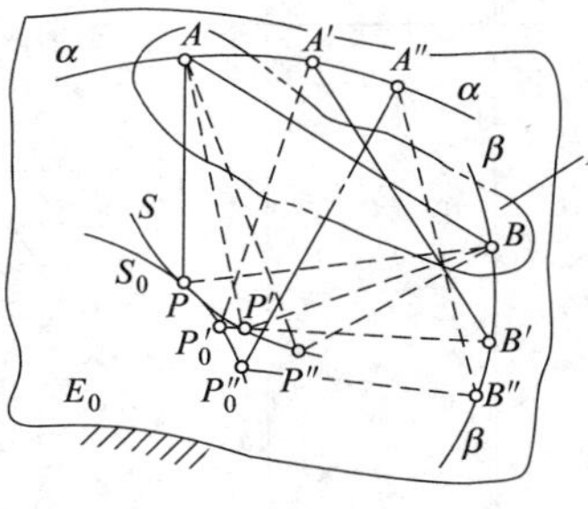</td></tr>
<tr><td>瞬心线性质</td><td colspan="2">互做平面相对运动两构件的相对瞬心线，必随两构件的相对运动而做无滑动的滚动，这是相对瞬心线的重要性质。也可以说，两构件的相对运动可用与这两构件相固连的一对相对瞬心线的纯滚动来实现</td></tr>
<tr><td rowspan="3">高副机构定义及分类</td><td>定义</td><td>机构中主要是以高副接触来传递运动的，称为高副机构</td></tr>
<tr><td>分类</td><td>根据两构件相对运动的观点可分为两类：一类是构成高副的两轮廓之间的相对运动是纯滚动的高副机构，称为瞬心线机构；另一类是构成高副的两轮廓之间的相对运动是滚动带滑动的高副机构，称为共轭曲线机构</td></tr>
<tr><td>举例</td><td>①瞬心线机构如摩擦轮机构等
②共轭曲线机构如凸轮机构、齿轮机构等</td></tr>
</table>

表 11-4-3 **瞬心线及瞬心机构图例**

序号	名称	图 例	说 明
1	摩擦轮	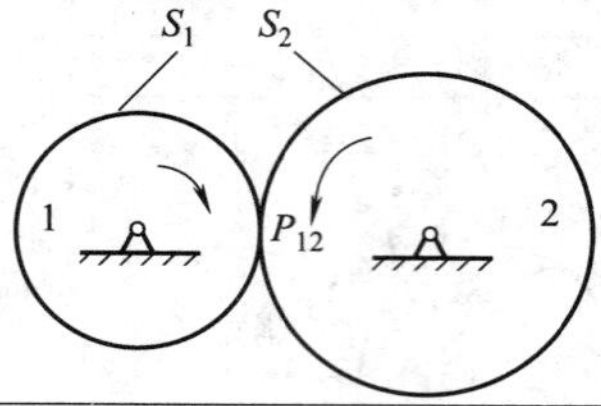	一对摩擦轮机构，因构件 1 和 2 是纯滚动，瞬心位置在 P_{12}上，则与轮 1 的轮缘相重合的圆 S_1 即为两轮瞬心 P_{12}在轮 1 上的轨迹，而与轮 2 的轮缘相重合的圆 S_2 即为两轮瞬心 P_{12}在轮 2 上的轨迹，故两轮的相对瞬心线为两个圆 S_1 和 S_2
2	平面滚轮	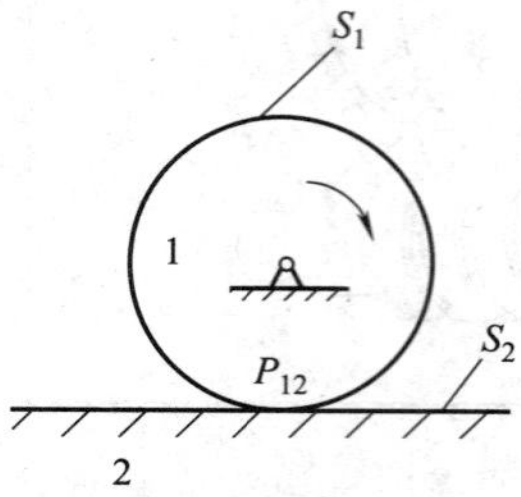	轮子 1 在固定轨道 2 上做纯滚动，这时，直线 S_2 为瞬心 P_{12}在轨道 2 上的轨迹，瞬心线 S_2 又称之为定瞬心线；而轮 1 的圆周 S_1 为瞬心 P_{12}在轮 1 上的轨迹，则称为相对瞬心线
3	渐开线圆柱齿轮机构	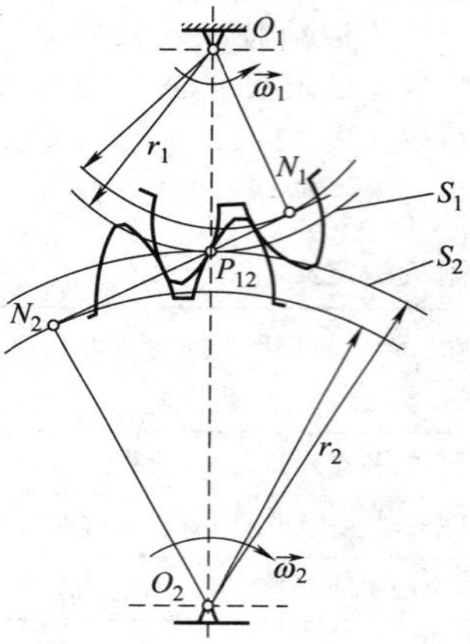	利用瞬心线的定义可知，一对渐开线齿轮啮合时，其节圆 S_1 和 S_2 做纯滚动时，完成了一对渐开线齿廓的啮合运动，所以两节圆 S_1 和 S_2 是渐开线齿轮机构的相对瞬心线
4	非圆摩擦轮	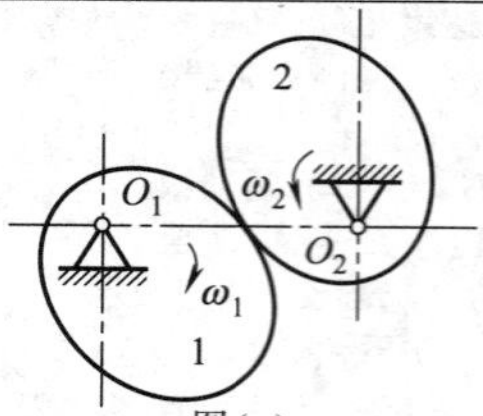 图(a) 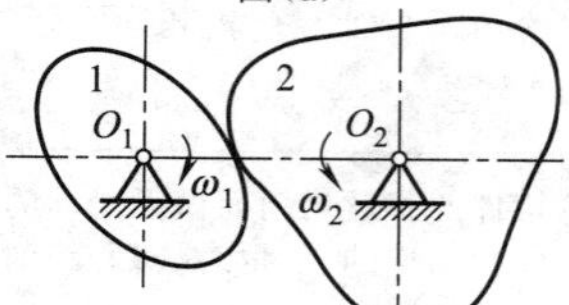 图(b) 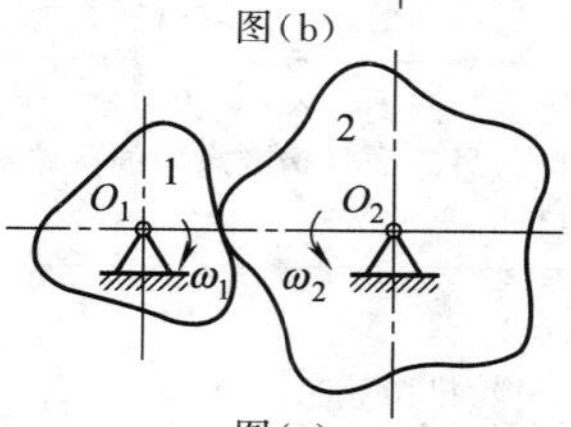 图(c)	当主动轮 1 以一定角速度回转时，从动轮 2 能做不同的变角速度运动

续表

序号	名称	图　例	说　明
5	非圆齿轮机构	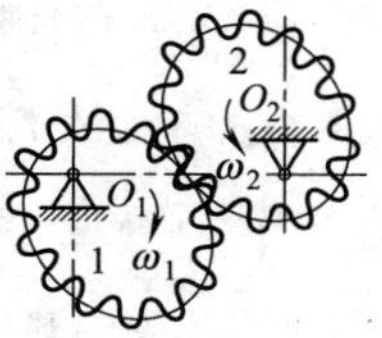 图(d) 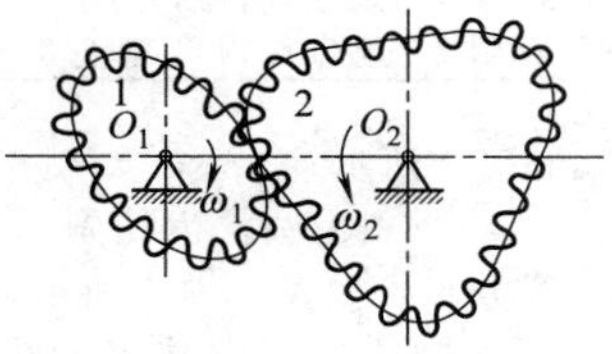 图(e) 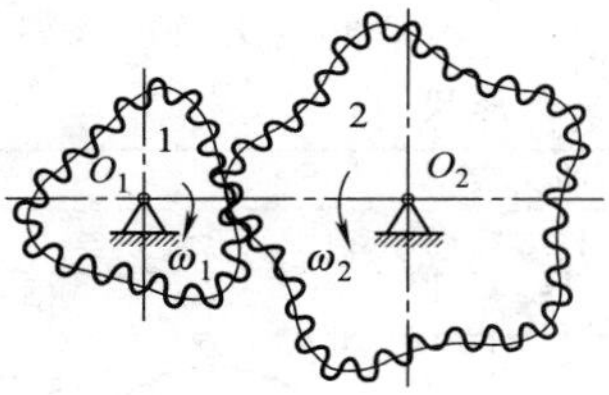 图(f)	瞬心线机构要靠摩擦力传递运动，其应受到一定限制，因此可以把非圆摩擦轮转化为运动完全相同的共轭曲线机构

4.1.2　齿轮副的节曲面

由于瞬心线机构靠摩擦传动，难以传递较大动力，因此，必须用带有一定形状齿廓的齿轮来传递运动和动力。如表 11-4-4 所示，描述了齿轮副的基本概念和齿轮的齿廓形状与两传动轴之间的运动关系。

表 11-4-4　　齿轮副的节曲面

基本概念	节点	齿廓啮合点公法线与中心线的交点称为啮合节点，简称节点，如右图所示 P 点	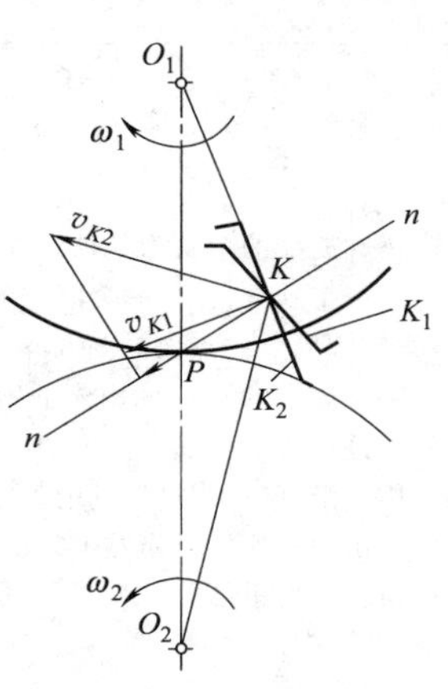 齿廓瞬时啮合
	节圆	在两个齿轮的各自运动平面内，瞬心点 P 的轨迹分别是以 O_1、O_2 为圆心，以和为半径的两个圆，这两个圆就是这对齿轮相对运动时的动瞬心线，称为节圆	
	节曲面	齿轮啮合传动时，相当于两节圆作无滑动的纯滚动过程，因齿轮有一定宽度，两个节圆就成为两个圆柱面，称为节曲面	

续表

基本原理	任意一对齿轮啮合传动，当齿轮1以角速度 ω_1 转动并以其齿廓 K_1 在 K 点推动齿轮2的齿廓 K_2 使其绕自己的轴线 O_2 以角速度 ω_2 转动时，为保证这对齿廓能连续地接触传动而不产生分离或相互嵌入，沿齿廓接触点公法线 n—n 方向是不允许有相对运动的，即两齿廓在接触点 K 的线速度 v_{K1} 和 v_{K2} 在其公法线方向上的分速度应该相等 按三心定理，轮齿接触点公法线 n—n 与两齿轮中心线 O_1O_2 的交点 P 即为齿轮1、2的相对速度瞬心，即两齿轮在 P 点的线速度相同，有 $\omega_1\overline{O_1P}=\omega_2\overline{O_2P}$，故该对轮齿的瞬时传动比 i_{12} 为 $i_{12}=\dfrac{\omega_1}{\omega_2}=\dfrac{\overline{O_2P}}{\overline{O_1P}}$
轮齿啮合基本定律	上式表明，相互啮合传动的一对齿轮，在任一位置啮合时的传动比，都与其中心线被其啮合点公法线所分成的两段成反比
非圆齿轮	当要求两齿轮的传动比按某种运动规律变化时，节点 P 就不再是固定点，而应在中心线 O_1O_2 上以一定的规律移动。在此过程中，移动的节点 P 在两齿轮的各自运动平面内所形成的两条动瞬心线就不再是圆了，而是某种非圆曲线，即节线是非圆曲线，这样的齿轮副是一对非圆齿轮，如表11-4-3所示

4.1.3 齿轮副的齿面

齿轮传动靠轮齿的相互啮合来实现传动要求，两齿面接触传动时，该两齿面应保持相切，而不允许有尖角接触。圆柱齿轮传动，按其轮齿的齿面与轴线的关系，可分为三种类型：

① 直齿圆柱齿轮副，其轮齿与轴线平行，如表11-4-1所示；

② 斜齿圆柱齿轮副，其轮齿在节圆柱上沿螺旋线分布，如表11-4-1所示；

③ 人字齿圆柱齿轮副，其轮齿由两个倾角相同而方向相反的并列斜齿轮组成，如表11-4-1所示。

齿廓的定义及形状如表11-4-5所示。

表 11-4-5　　齿廓的定义及形状

定义	齿廓	圆柱齿轮的齿面与垂直于其轴线的平面的交线
	共轭齿廓	凡能满足轮齿啮合基本定律的一对齿廓称为共轭齿廓

齿廓形状		图例
圆弧齿廓	齿廓曲线为圆弧形。圆弧齿轮传动通常有两种啮合形式：单圆弧齿轮传动和双圆弧齿轮传动 单圆弧齿轮传动中，小齿轮为凸圆弧齿廓，大齿轮为凹圆弧齿廓，如图(a)所示。双圆弧齿轮传动大、小齿轮在各自的节圆以外部分都做成凸圆弧齿廓，在节圆以内的部分都做成凹圆弧齿廓，如图(b)所示	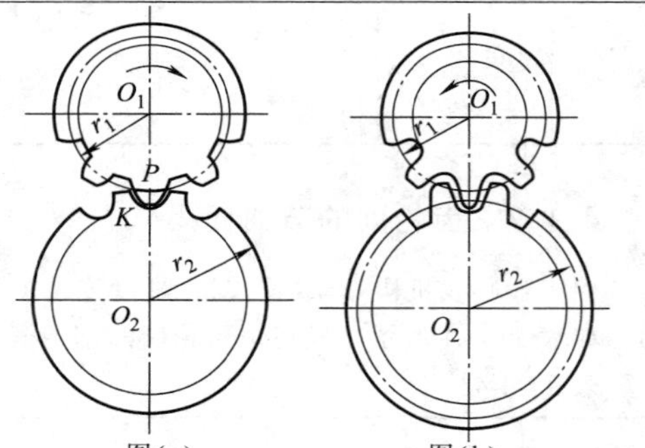 图(a)　图(b)
摆线齿廓	齿廓曲线的形状为各种摆线或其等距曲线 当一个圆 R_1 在另一个固定的圆 C 的外缘上做纯滚动时，该圆周上一点的轨迹称为外摆线。当一个圆 R_2 在另一个固定的圆 C 的内缘上做纯滚动时，该圆周上一点的轨迹称为内摆线。固定的圆 C 称为导圆，做纯滚动的圆称为滚圆，滚圆沿导圆内外缘滚动时，以 K_0 点为界分别画出内外摆线，形成摆线齿廓。外摆线是齿顶部分，内摆线是齿根部分	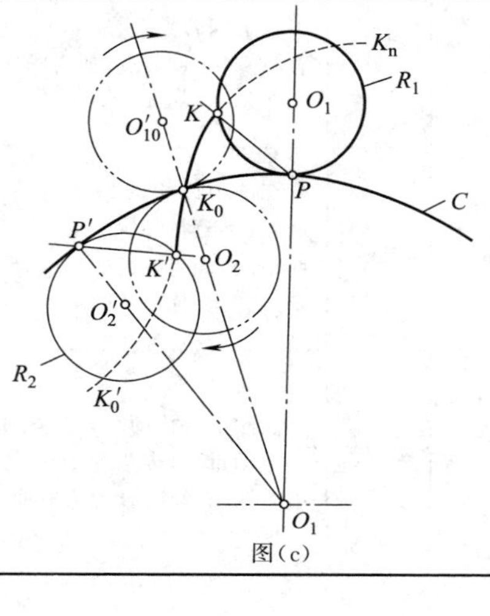 图(c)

续表

齿廓形状		图　例
渐开线齿廓	齿廓曲线的形状为渐开线 当一条直线沿着一个圆的圆周做纯滚动时，直线上任意一点的轨迹称为该圆的渐开线，这个圆称为基圆。如图(d)所示 S_1 为基圆 C_2 的渐开线	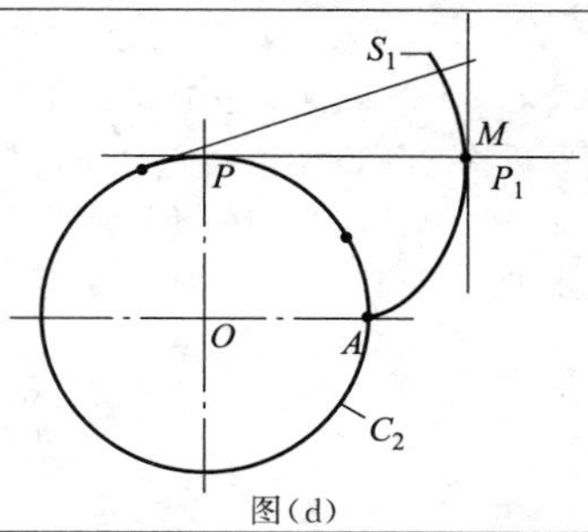 图(d)
包络线法	包络线法是一种直接法，当已知齿轮的瞬心线Ⅰ、Ⅱ和一个齿轮的齿廓 g_1 时，假设齿轮2固定不动，令齿轮1随其瞬心线Ⅰ沿齿轮2的瞬心线Ⅱ做纯滚动。在运动过程中，轮1的齿廓 g_1 就在轮2的平面上形成连续的齿廓曲线族。这个齿廓曲线族的包络线就是齿轮2的齿廓曲线 g_2。详细内容见4.3.3.2	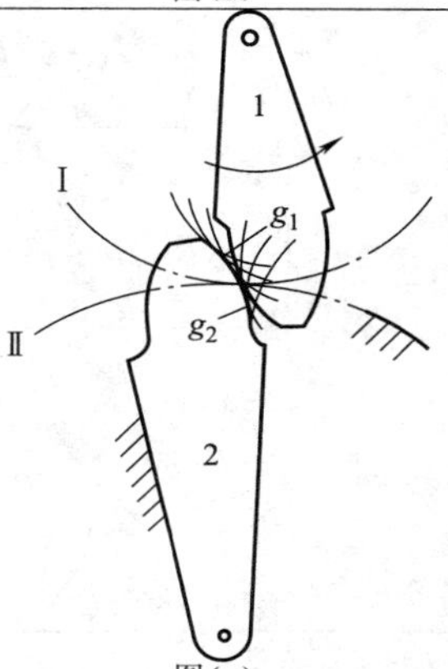 图(e)
齿廓法线法	利用轮齿啮合基本定律来求共轭齿廓。已知两齿轮的节圆半径 r_1 和 r_2，一个齿轮1的齿廓 K_1，通过给定齿廓上接触点位置和齿轮转角之间的关系方程，求其共轭曲线。详细内容见4.3.3.3	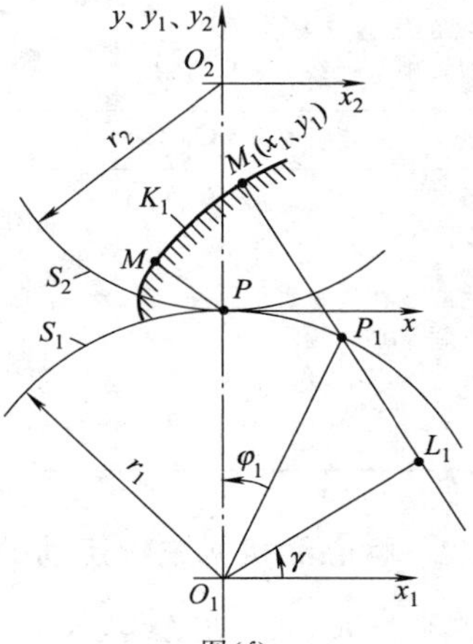 图(f)
动瞬心线法	圆 C_1、C_2 在 P 点相切，曲线 N_1 与曲线 P_1 固连，当曲线 P_1 沿 C_1 做纯滚动时，曲线 N_1 可包络出曲线 S_1，其瞬心为 P 点，若在运动过程中，N_1 与 S_1 相切于 M 点，该点的法线为 MP；同样，曲线 P_1 沿 C_2 做纯滚动时，曲线 N_1 可包络出曲线 S_2，其瞬心仍为 P 点，N_1 与 S_2 也相切于 M 点，该点的法线仍为 MP，包络线 S_1、S_2 在 M 点有共同的法线而相切，因此 S_1、S_2 是共轭曲线，P_1 则为动瞬心线	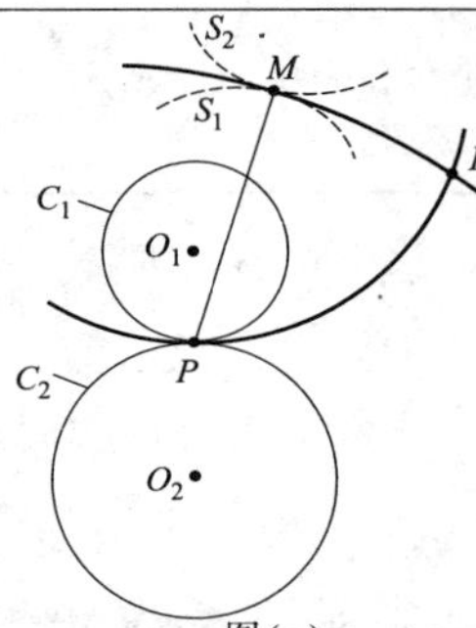 图(g)

4.2 瞬心线机构

利用瞬心线作廓线来传递运动的机构称为瞬心线机构。高副机构之所以能精确实现任意曲线形状的运动轨迹，关键是靠高副机构的轮廓曲线，所以，设计出满足要求的高级机构的轮廓曲线是至关重要的。

4.2.1 瞬心线机构数学模型

如图 11-4-1 所示，是以瞬心线 S_1 和 S_2 为廓线的瞬心线机构，它们分别以角速度 ω_1 和 ω_2 绕轴 O_1 和 O_2 回转。在设计这种运动时，可按照两廓线纯滚动的运动关系要求。具体的数学模型如表 11-4-6 所示。

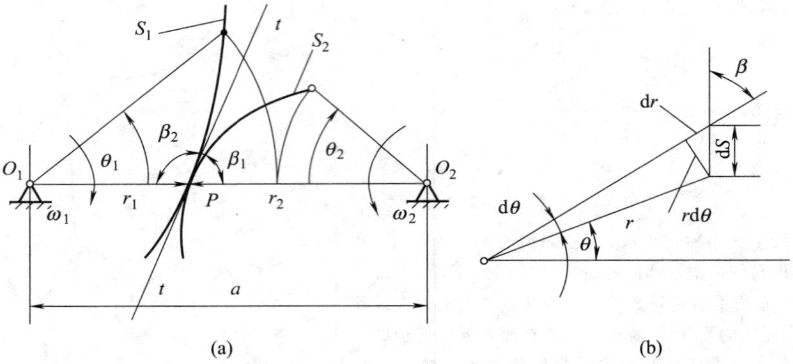

图 11-4-1 瞬心线机构

表 11-4-6 瞬心线机构的数学模型

满足运动的条件	数 学 模 型
两廓线的接触点 P 必须在构件回转中心连线 O_1O_2 上	$O_1P+O_2P=r_1+r_2=a$ (11-4-1)
两廓线转过的弧长必须相等	$dS_1=dS_2$ 或 $r_1d\theta_1=r_2d\theta_2$ (11-4-2)
两廓线在接触点的斜率必须相等	如图 11-4-1(a)所示，接触点的公切线 $t-t$ 的正向与向径 r_1 间的夹角为 β_1，$t-t$ 与向径 r_2 间的夹角为 β_2，因而 $\beta_1+\beta_2=\pi$ 故 $\tan\beta_1=-\tan\beta_2$ (11-4-3) 从图 11-4-1(b)可知 $\tan\beta=\dfrac{rd\theta}{dr}=\dfrac{r}{\dfrac{dr}{d\theta}}$ (11-4-4)

4.2.2 瞬心线机构连续运动的封闭条件

如果瞬心线机构能实现连续运动，要求其瞬心线均是封闭曲线，即瞬心线机构必须满足实现连续运动的封闭条件。

具体模型建立如表 11-4-7 所示。

表 11-4-7 封闭条件的数学模型

已知条件	当主动件转过角度 θ_1 时，对应从动件转过角度 θ_2。机构的传动比为 $i_{12}=\dfrac{n_1}{n_2}$，变化的周期数为 n_1 和 n_2（整数）
满足封闭条件依据	所谓封闭条件是两瞬心线 1 和 2 在各转 $\dfrac{2\pi}{n_1}$ 和 $\dfrac{2\pi}{n_2}$ 时，两瞬心线的回转半径 $r_1=r_1(\theta_1)$ 和 $r_2=r_2(\theta_2)$ 才会重复对应接触，即主动件转角 $\theta_1=0\sim2\pi n_1$ 时，从动件也应转过 $\theta_2=0\sim2\pi n_2$，其传动比为 $i_{12}=\dfrac{n_1}{n_2}$，变化的周期数 n_1 和 n_2 都应该是整数，因为只有这样，瞬心线 S_2 在 $\theta_2=0$ 与 $\theta_2=2\pi$ 时的半径也才能相等

续表

数学模型	$\dfrac{2\pi}{n_2}=\int_0^{\frac{2\pi}{n_1}}\dfrac{1}{i_{12}(\theta_1)}\mathrm{d}\theta_1=\int_0^{\frac{2\pi}{n_1}}\dfrac{r_1(\theta_1)}{a-r_1(\theta_1)}\mathrm{d}\theta_1$　(11-4-5) 式中　$i_{12}(\theta_1)$——两瞬心线瞬时传动比 n_1——瞬心线 1 传动比变化周期数 n_2——瞬心线 2 传动比变化周期数 $r_1(\theta_1)$——瞬心线 1 瞬时回转半径 a——两瞬心线中心距

4.2.3　解析法设计瞬心线机构

在连续运动的瞬心线机构中，包含定传动比机构和变传动比机构，定传动比瞬心线机构廓线是两个圆，如渐开线齿轮机构的两条瞬心线。而变传动比的瞬心线机构廓线除常见的椭圆之外还有各种非圆曲线。

4.2.3.1　已知中心距和一个构件的瞬心线函数

主动件 1 和从动件 2 的中心距 a 和一个构件的瞬心线函数 $r_1=r_1(\theta)$ ［或 $r_2=r_2(\theta)$］，要求设计出另一构件的瞬心线 $r_2=r_2(\theta)$ ［或 $r_1=r_1(\theta)$］。具体设计过程如表 11-4-8 所示。

表 11-4-8　**已知 a 和函数 r_1（或 r_2）的设计过程**

已知条件	已知瞬心线机构主动件 1 和从动件 2 的中心距 a 和一个构件的瞬心线函数 $r_1=r_1(\theta)$［或 $r_2=r_2(\theta)$］，要求设计出另一构件的瞬心线 $r_2=r_2(\theta)$［或 $r_1=r_1(\theta)$］
通用数学模型	已知瞬心线机构主动件 1 的廓线和中心距 根据表 11-4-6 中式(11-4-1)，并对表 11-4-6 中式(11-4-2)进行积分，得另一构件的瞬心线极坐标方程 $\left.\begin{aligned}r_2(\theta_2)&=a-r_1(\theta_1)\\ \theta_2&=\int_0^{\theta 1}\frac{r_1}{r_2}\mathrm{d}\theta_1=\int_0^{\theta 1}\frac{r_1(\theta_1)}{a-r_1(\theta_1)}\mathrm{d}\theta_1\end{aligned}\right\}$　(11-4-6) 求得直角坐标方程 $\left.\begin{aligned}x_2&=r_2\cos\theta_2\\ y_2&=r_2\sin\theta_2\end{aligned}\right\}$　(11-4-7) 同理，已知瞬心线机构从动件 2 的廓线和中心距时，则主动件 1 的廓线为 $\left.\begin{aligned}r_1(\theta_1)&=a-r_2(\theta_2)\\ \theta_1&=\int_0^{\theta 2}\frac{r_2}{r_1}\mathrm{d}\theta_2=\int_0^{\theta 2}\frac{r_2(\theta_2)}{a-r_2(\theta_2)}\mathrm{d}\theta_2\end{aligned}\right\}$　(11-4-8) 求得主动件 1 的廓线直角坐标 $\left.\begin{aligned}x_1&=r_1\cos\theta_1\\ y_1&=r_2\sin\theta_1\end{aligned}\right\}$　(11-4-9)

续表

应用实例		已知条件	主动件1为一个椭圆，其回转中心O_1在椭圆的一个焦点处[参见图(a)]，离心率$e=0.5$，椭圆长轴为$A_0=60\text{mm}$ 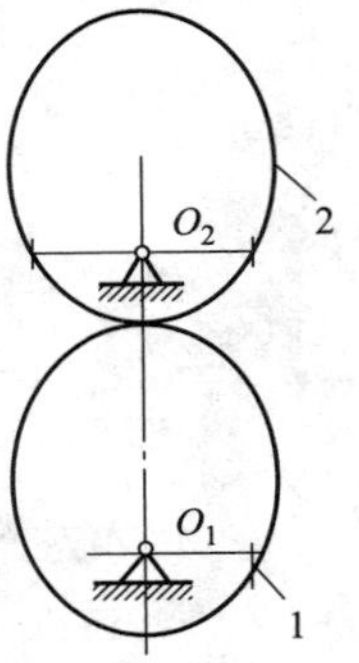 图(a)
		设计要求	当主动件1转一周(半径r_1变化周期数$n_1=1$)时从动件2瞬心线变化的周期数分别为$n_2=1$、2、3、4、5，设计从动件2在五种周期数时的五种廓线
	求解过程	主动件1数学模型	瞬心线1的椭圆方程 $\left.\begin{aligned} r_1&=\dfrac{p_0}{1-e\cos\theta_1} \\ p_0&=A_0(1-e^2)\end{aligned}\right\}$ (11-4-10)
		推导封闭条件方程	为满足封闭条件，将上式代入表11-4-7中的式(11-4-5) $\dfrac{2\pi}{n_2}=\int_0^{\frac{2\pi}{n_1}}\dfrac{\dfrac{p_0}{1-e\cos\theta_1}}{a_0-\dfrac{p_0}{1-e\cos\theta_1}}\mathrm{d}\theta_1=\int_0^{2\pi}\dfrac{p_0}{a(1-e\cos\theta_1)-p_0}\mathrm{d}\theta_1$ $=\dfrac{2\pi}{\sqrt{(a-p_0)^2-a^2e^2}}$ (11-4-11) 由上式可求得该瞬心线机构的中心距 $a=A_0\left[1+\sqrt{n_2^2-e^2(n_2^2-1)}\right]$ (11-4-12)
		推导构件2廓线方程	将式(11-4-12)求得的中心距a代入通用数学模型中的公式(11-4-1)，则可以求出与给定椭圆(主动件)组成的瞬心线机构中的从动件2的廓线方程 $r_2=a-r_1=A_0\left[1+\sqrt{n_2^2-e^2(n_2^2-1)}\right]-\dfrac{p_0}{1-e\cos\theta_1}$ (11-4-13) $\theta_2=\int_0^{\theta_1}\dfrac{r_1}{r_2}\mathrm{d}\theta_1=\int_0^{\theta_1}\dfrac{\mathrm{d}\theta_1}{i_{12}}=\int_0^{\theta_1}\dfrac{r_1(\theta_1)}{a-r_1(\theta_1)}\mathrm{d}\theta_1$ $=\dfrac{2}{n_2}\arctan\left(\sqrt{\dfrac{a-p_0+ae}{a-p_0-ae}}\tan\dfrac{\theta_1}{2}\right)$ (11-4-14)
		构件2不同周期数的廓线图形	将从动件2的周数($n_2=1,2,\cdots,5$)代入式(11-4-12)就可求出不同周期数n_2时瞬心线机构的中心距，再将式(11-4-12)求得的中心距代入式(11-4-13)和式(11-4-14)，就可以得到不同周期数下从动件的廓线方程 通过计算机编程可绘制出新设计的瞬心线机构[见图(b)] 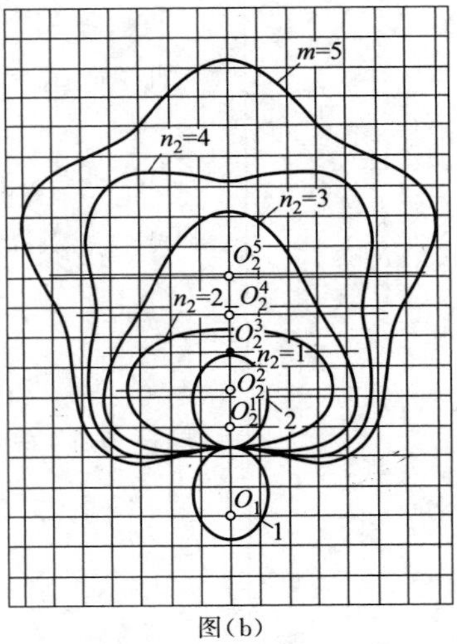 图(b)

4.2.3.2　已知中心距和一个构件的运动规律

已知瞬心机构的中心距 a 和一构件的运动规律 $\left[\text{传动比变化规律 } i_{12}=\dfrac{\omega_1(t)}{\omega_2(t)}\right]$，要求设计出瞬心线机构的两条廓线，具体过程如表 11-4-9 所示。

表 11-4-9　已知 a 和传动比 i_{12} 变化规律的设计过程

<table>
<tr><td colspan="3">已知条件</td><td>已知瞬心机构的中心距 a 和一构件的运动规律 $\left[\text{传动比变化规律 } i_{12}=\dfrac{\omega_1(t)}{\omega_2(t)}\right]$</td></tr>
<tr><td colspan="3">两构件廓线通用数学模型</td><td>由表 11-4-6 中式(11-4-1)、式(11-4-2)和传动比公式 $i_{12}=\dfrac{\omega_1}{\omega_2}=\dfrac{r_2}{r_1}$，可得主动件的廓线方程
$$r_1(\theta_1)=a\frac{\omega_2(t)}{\omega_1(t)+\omega_2(t)}=\frac{a}{1+i_{12}} \tag{11-4-15}$$
$$\theta_1=\int_0^{\theta_2}\frac{r_2}{r_1}\mathrm{d}\theta_2=\int_0^{\theta_2}i_{12}\mathrm{d}\theta_2=\int_0^{\theta_2}\frac{\omega_1}{\omega_2}\mathrm{d}\theta_2 \tag{11-4-16}$$
根据式(11-4-15)得从动件廓线方程
$$\left.\begin{aligned}r_2(\theta_2)&=a\frac{\omega_1(t)}{\omega_1(t)+\omega_2(t)}=\frac{i_{12}a}{1+i_{12}}\\ \theta_2&=\int_0^{\theta_1}\frac{r_1}{r_2}\mathrm{d}\theta_1=\int_0^{\theta_1}\frac{\theta_1}{i_{12}}\mathrm{d}\theta_1=\int_0^{\theta_1}\frac{\omega_2}{\omega_1}\mathrm{d}\theta_1\end{aligned}\right\} \tag{11-4-17}$$</td></tr>
<tr><td rowspan="4">应用实例</td><td colspan="2">实例已知条件</td><td>瞬心线机构的中心距 $a=80\text{mm}$，主动件 1 等速转动，并且 $\omega_1(t)=10\text{rad/s}^2$，从动件 2 以等加速和等减速转动，其角加速度 $\varepsilon=50\text{rad/s}^2$，具体变化规律如图(a)所示，其中，$\theta_{\text{I}}=\pi/2$，$\theta_{\text{II}}=\pi$，$\theta_{\text{III}}=\pi/2$
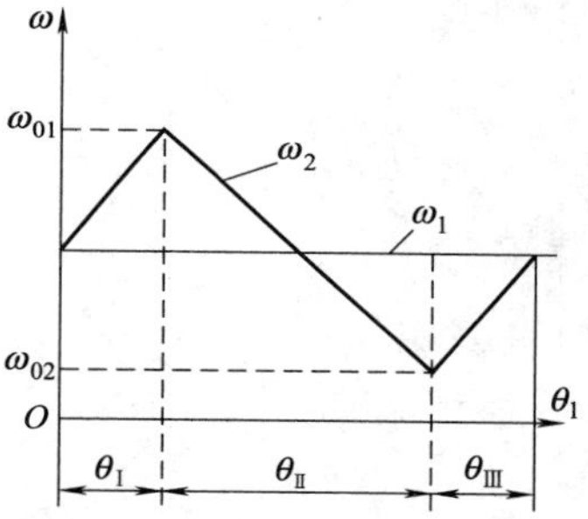
图(a)</td></tr>
<tr><td colspan="2">设计要求</td><td>试设计出该瞬心线机构中主动件和从动件廓线</td></tr>
<tr><td rowspan="2">求解过程</td><td>主动件以 $\omega_1(t)$ 匀速在 $0\leqslant\theta_1<\theta_{\text{I}}$ 区间转动，从动件 2 以等加速度转动</td><td>根据给定的图(a)中所示运动规律，建立各段的运动方程式
从动件 2 以等加速度转动，即
$$\omega_2=\omega_1+\varepsilon t=\omega_1+\varepsilon\frac{\theta_1}{\omega_1} \tag{11-4-18}$$
利用公式(11-4-17)、式(11-4-18)求得从动件转角
$$\theta_2=\int_0^{\theta_{\text{I}}}\frac{\omega_2}{\omega_1}\mathrm{d}\theta_1=\theta_1+\frac{\varepsilon}{2\omega_1^2}\theta_1^2 \tag{11-4-19}$$
从动件 2 在等加速度段的终止点($\theta_1=\pi/2$)时，由以上两式可以得到从动件 2 的角速度 ω_{01} 和转角 θ_{01}
$$\omega_{01}=\omega_1+\frac{\varepsilon}{\omega_1}\times\frac{\pi}{2}=\omega_1+\frac{\pi\varepsilon}{2\omega_1} \tag{11-4-20}$$
$$\theta_{01}=\theta_{\text{I}}+\frac{\varepsilon}{2\omega_1^2}\theta_{\text{I}}^2 \tag{11-4-21}$$</td></tr>
<tr><td>主动件在 $\theta_{\text{I}}\leqslant\theta_1<\theta_{\text{I}}+\theta_{\text{II}}$ 区间匀速转动，从动件 2 做等减速转动</td><td>从动件 2 做等减速转动时，可利用式(11-4-20)得出
$$\omega_2=\omega_{01}-\varepsilon t=\omega_1+\frac{\pi\varepsilon}{2\omega_1}-\frac{\varepsilon}{\omega_1}\theta_1 \tag{11-4-22}$$
$$\theta_2=\theta_{01}+\int_{\theta_{\text{I}}}^{\theta_{\text{II}}}\frac{\omega_2}{\omega_1}\mathrm{d}\theta_1 \tag{11-4-23}$$
设在该区间 ω_2 和 θ_2 终点值，即下段起点值为 ω_{02} 和 θ_{02}，此时，主动件转角为 $\theta_1=\theta_{\text{I}}+\theta_{\text{II}}=3\pi/2$，代入公式(11-4-22)和式(11-4-23)，则有
$$\omega_{02}=\omega_1+\frac{\pi\varepsilon}{2\omega_1}-\frac{3\pi\varepsilon}{2\omega_1}=\omega_1-\frac{\pi\varepsilon}{\omega_1} \tag{11-4-24}$$
$$\theta_{02}=\theta_{01}+\frac{\omega_{01}}{\omega_1}\theta_{\text{II}}-\frac{\varepsilon}{2\omega_1^2}\theta_{\text{II}}^2 \tag{11-4-25}$$</td></tr>
</table>

续表

应用实例	求解过程	主动件转角在 $\theta_{\rm I}+\theta_{\rm II}<\theta_1<2\pi$ 区间匀速转动，从动件以等加速转动	从动件以等加速转动时，其角速度 ω_2 为 $\omega_2=\omega_{02}+\dfrac{\varepsilon}{\omega_1}\theta_1$ (11-4-26) $\theta_2=\theta_{02}+\int_{\theta_{\rm II}}^{\theta_{\rm III}}\dfrac{\omega_2}{\omega_1}{\rm d}\theta_1$ (11-4-27)
		瞬心线机构方程	利用式(11-4-18)、式(11-4-22)和式(11-4-27)求得 ω_2 代入式(11-4-15)和式(11-4-17)可求得两瞬心线半径 r_1 和 r_2。为求瞬心线的直角坐标，还可应用式(11-4-19)、式(11-4-23)和式(11-4-27)，即可求出各段的从动件瞬时转角 θ_2，再代入以下公式中 $\left.\begin{array}{l}x_1=r_1\cos\theta_1\\y_1=r_1\sin\theta_1\\x_2=r_2\cos\theta_2\\y_2=r_2\sin\theta_2\end{array}\right\}$ (11-4-28)
		程序计算流程图	利用以上结果，根据流程图[图(b)]编制计算程序 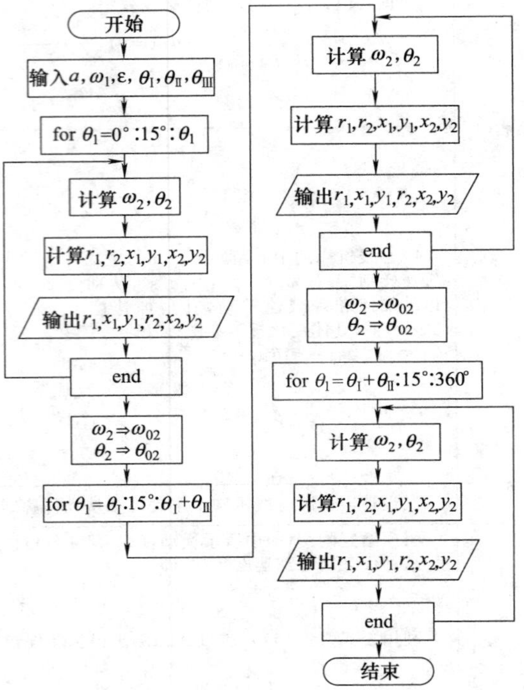 图(b)
		瞬心线机构图形	绘制出该瞬心线机构如图(c)所示 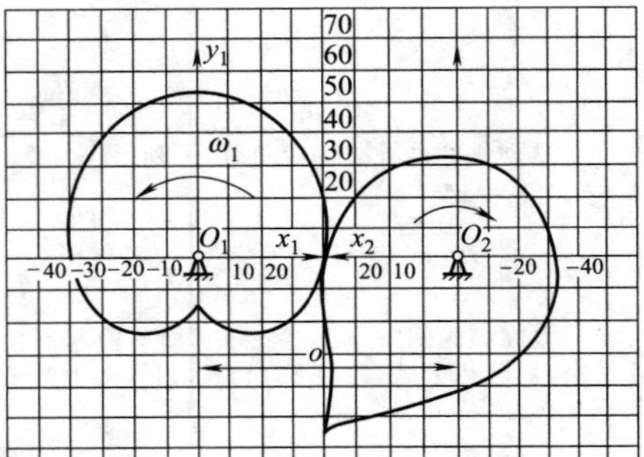 图(c)

4.3　共轭曲线机构设计及应用实例

由于一般瞬心线的形状往往是极为复杂的曲线，这样就给加工制造带来了一定困难，同时又由于有的瞬心线机构要靠摩擦力来传递动力等原因，使得瞬心线机构在实际工程中的应用受到一定的限制。实际应用中，往往把瞬心机构转化为运动完全相同的共轭曲线机构，共轭曲线机构中实现高副接触的两个元素是共轭曲线。

4.3.1　平面啮合共轭曲线机构

4.3.1.1　共轭曲面的定义及成形原理

实际上共轭曲面也可以看成是互为包络的一对曲面偶，换句话说，一个曲面是另一个曲面在运动过程中的包络面。

在机械制造中，刀具加工工件时刀具与被加工出的工件也是符合共轭关系的。而且不同形状的曲面的刀具在给定不同运动条件时，加工出工件的曲面形状是不相同的，即使应用同一把刀具在给定不同运动条件的情况下，加工出的工件曲面也是不同的。

共轭曲面的基本知识如表 11-4-10 所示。

表 11-4-10　　共轭曲面（包络面）的基本知识

<table>
<tr><th>名称</th><th>定　义</th><th>意　义</th></tr>
<tr><td rowspan="4">共轭曲面</td><td>共轭曲面常常是这样定义的:“一对啮合曲面在完成一定运动要求条件下始终保持在各接触点相切,这对曲面称为共轭曲面”</td><td>所谓共轭曲面是能实现共轭运动的曲面,在数学中的概念是互为包络的概念。实际是既做啮合运动又在接触点相切,严格来讲不仅是既运动又相切,而且必须满足给定的运动要求</td></tr>
<tr><td colspan="2">共轭曲线机构和瞬心线机构的区别</td></tr>
<tr><td colspan="2">可由瞬心线机构转化为共轭曲线机构,如圆柱摩擦轮机构转化为圆柱齿轮机构、椭圆摩擦轮机构转化为椭圆齿轮机构,这些齿轮机构是靠两齿廓曲面啮合运动(滚动带滑动)传递动力的,而不是靠节圆(瞬心线)摩擦传递运动的。我们把这些能做相互啮合运动的齿廓曲面称为共轭曲面</td></tr>
<tr><td colspan="2">
图(a)　齿轮传动
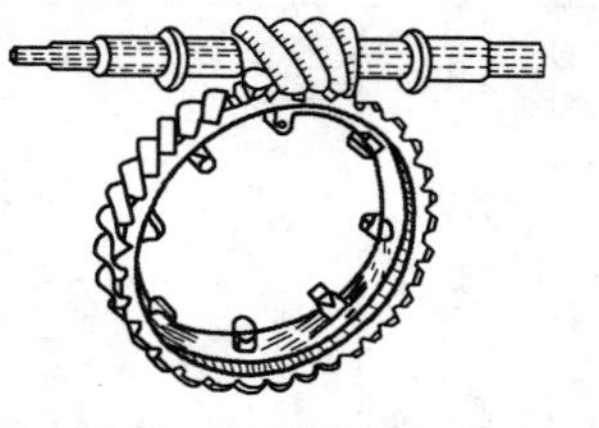
图(b)　蜗轮蜗杆传动
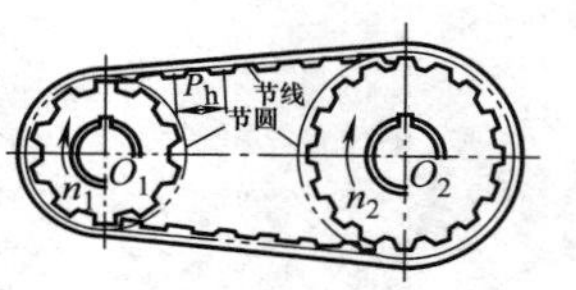

图(c)　链传动</td></tr>
<tr><td rowspan="4">包络面</td><td>有包络面图例</td><td>包络面形成原理</td></tr>
<tr><td>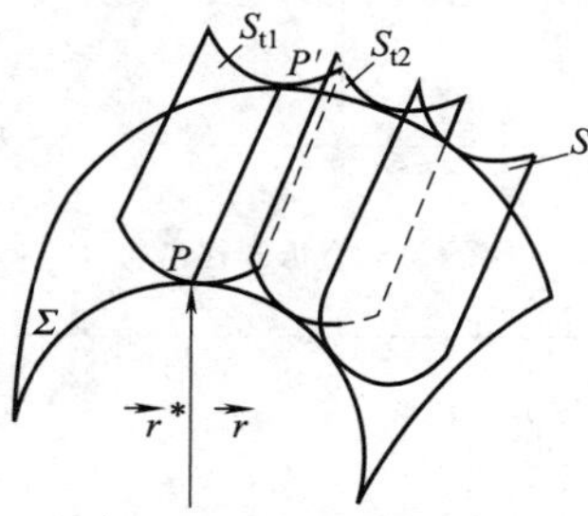

图(d)</td><td>若把一个曲面 S_t 运动过程中占据的一系列不同位置称为曲面族 $\{S_t\}$,则包络面定义为:一个曲面 Σ 上的任意一点只属于一个曲面族 $\{S_t\}$ 中唯一的一个曲面 S_t 上的点,并且在该点相切,则曲面 Σ 称为曲面族 $\{S_t\}$ 的包络面</td></tr>
<tr><td>球面沿球心轴线移动成球面族,其包络面是圆柱面</td><td>该平面族的包络面是柱面</td></tr>
<tr><td>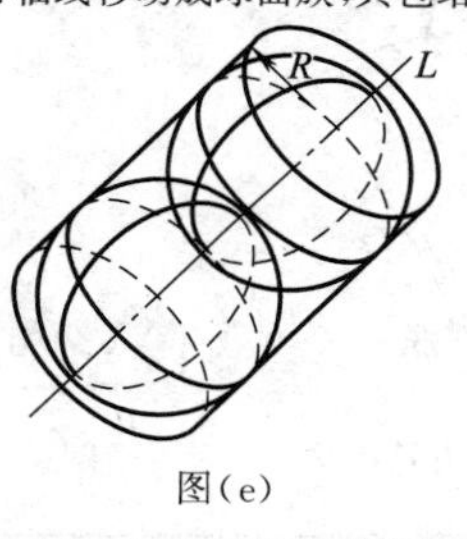

图(e)</td><td>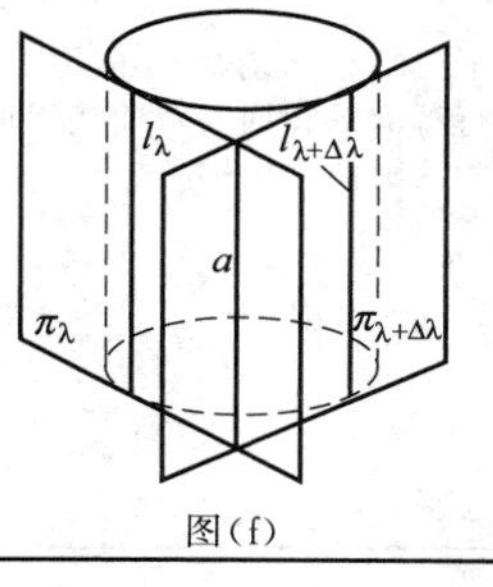

图(f)</td></tr>
</table>

续表

名称	定　　义	意　　义
无包络面	同球心的不同半径的球面族没有包络面 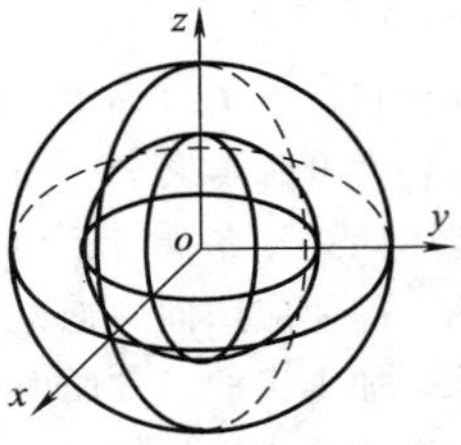 图(g)	相交同一轴的平面族无包络面；同理，一个由互相平行的平面组成的平面族也没有包络面 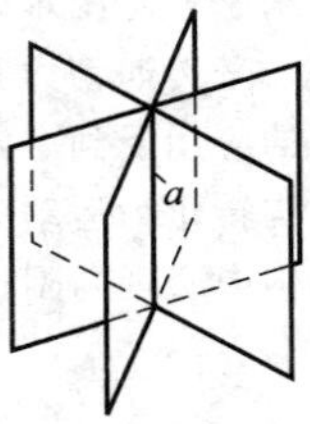 图(h)

4.3.1.2　平面啮合共轭曲线机构

共轭曲线机构和瞬心线机构运动形式的根本区别是共轭曲线机构是滚动带滑动，而瞬心线机构是纯滚动。

在实际工程中应用的很多共轭曲面都是线接触，面啮合传动机构绝大部分属于平面啮合，因此，重点讨论平面啮合共轭曲线机构的设计问题。

共轭曲线机构及啮合情况如表 11-4-11 所示。

表 11-4-11　　共轭曲线机构及啮合情况分类

名称	定　　义	图　　例
平面啮合	作线接触的回转机构一般都是平面运动，通常称为平面啮合	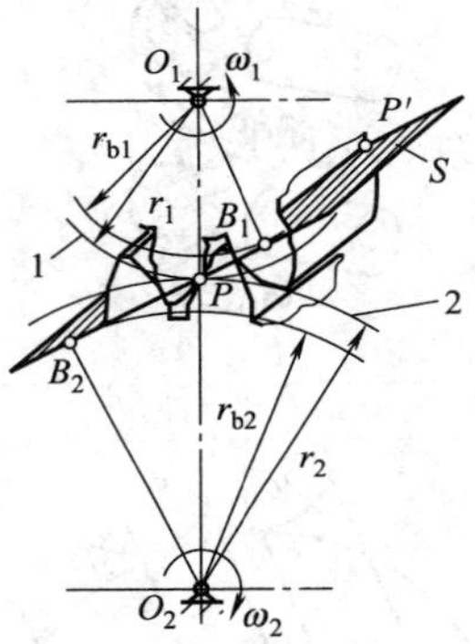 图(a)　直齿圆柱齿轮
共轭曲线机构	平面啮合运动机构的共轭曲面是由平行端面的相同共轭曲线组成的，所以称为共轭曲线机构	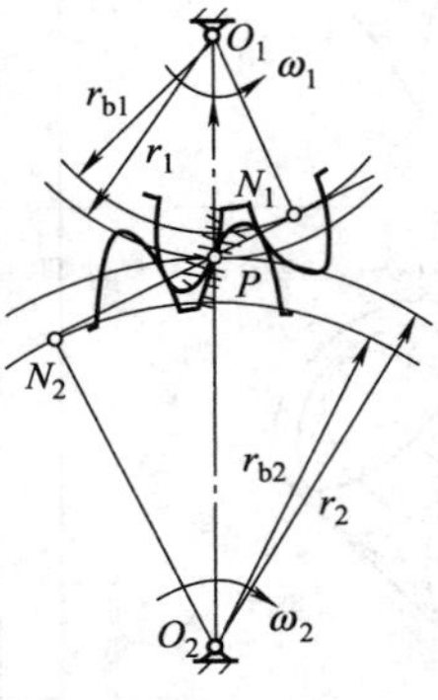 图(b)　圆柱齿轮机构  图(c)　齿轮齿条机构

续表

名称	定　义	图　例
空间啮合	有一些共轭曲面瞬时接触是一个点，称之为点接触，这种机构大部分做空间啮合运动	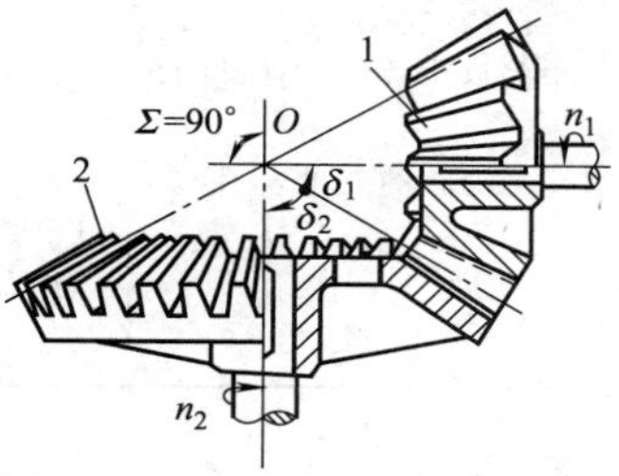 图(d)

4.3.2　共轭曲线机构设计相关数学基础

工程中很多平面啮合传动，如齿轮、凸轮、齿形带传动等均是依靠传动机构的不同形状的廓线传动来实现的，所以共轭曲线机构的设计主要是设计共轭的两个构件的廓线。共轭曲线机构的设计要求微分几何中矢量、坐标变换及啮合理论等数学基础，以下只简单介绍所需的数学基础知识。

4.3.2.1　常用矢量代数

共轭曲线机构设计中涉及的矢量及其运算，如表 11-4-12、表 11-4-13 所示。

表 11-4-12　　常用矢量

名　称	定　义
零矢量	若一个矢量的始点和终点重合(或长度等于零)，方向不确定，该矢量叫作零矢。零矢的分量也都等于零。零矢可用 $\boldsymbol{O}$ 表示，规定一切零矢相等，并平行于任何矢量
单位矢量	任何方向长度(矢量模)等于 1 的矢量，均称为单位矢量，或称为幺矢。如 $\lvert \boldsymbol{A}_0 \rvert=1$，矢量 $\boldsymbol{A}_0$ 即为幺矢
定向矢量	方向固定任意长的矢量
常矢	长度和方向都固定的矢量称为常矢。又如方向固定的幺矢或者说长度为 1 的定向矢量均称为常矢
相等矢量	若在同一个坐标系里，有两个大小相等方向相同的矢量 $\boldsymbol{A}=\{x_1,y_1,z_1\}$ 和 $\boldsymbol{B}=\{x_2,y_2,z_2\}$，则称它们是相等矢量，记为 $\boldsymbol{A}=\boldsymbol{B}$。可见两矢量相等的充要条件是它们在同一个坐标系里的分量依次相等，即 $x_1=x_2$，$y_1=y_2$，$z_1=z_2$
平行矢量	在同一坐标系下，方向相同或相反的矢量，可记为 $\boldsymbol{A}/\!/\boldsymbol{B}$
垂直矢量	两矢量间夹角为 90°，则称该两矢互为垂直矢量，记为 $\boldsymbol{A}\perp\boldsymbol{B}$
共面矢量	在同一坐标系下，所有矢量在同一个平面上或都平行于同一个平面，这些矢量称为共面矢量

表 11-4-13　　矢量运算

定　义	矢 量 运 算
矢量和	矢量加法按着平行四边形法则或三角形法则 若 $\boldsymbol{A}=\{x_1,y_1,z_1\}$，$\boldsymbol{B}=\{x_2,y_2,z_2\}$ 则 $$\boldsymbol{C}=\boldsymbol{A}+\boldsymbol{B}=(x_1+x_2)\boldsymbol{i}+(y_1+y_2)\boldsymbol{j}+(z_1+z_2)\boldsymbol{k} \quad (11\text{-}4\text{-}29)$$
矢量的数积(内积、点乘积)	设 $\boldsymbol{A}$、$\boldsymbol{B}$ 为两个任意矢量，它们的数积为矢量 $\boldsymbol{A}$、$\boldsymbol{B}$ 的长 $\lvert\boldsymbol{A}\rvert$、$\lvert\boldsymbol{B}\rvert$ 和它们夹角余弦的乘积。注意两个矢量的数积是纯量(数量) $$\boldsymbol{A}\cdot\boldsymbol{B}=\lvert\boldsymbol{A}\rvert\lvert\boldsymbol{B}\rvert\cos\theta \quad (11\text{-}4\text{-}30)$$ 式中　θ——$\boldsymbol{A}$、$\boldsymbol{B}$ 之间夹角，$0\leqslant\theta\leqslant\pi$
矢量的矢积(外积、叉积)	矢积的定义： $$\boldsymbol{A}\times\boldsymbol{B}=\lvert\boldsymbol{A}\rvert\lvert\boldsymbol{B}\rvert\sin\theta\cdot\boldsymbol{n} \quad (11\text{-}4\text{-}31)$$ (注意不是 $\boldsymbol{B}\times\boldsymbol{A}$) 式中　θ——$\boldsymbol{A}$、$\boldsymbol{B}$ 之间的夹角，$0<\theta<\pi$ $\boldsymbol{n}$——同时垂直于 $\boldsymbol{A}$、$\boldsymbol{B}$ 的幺矢，并且 $\boldsymbol{A}$，$\boldsymbol{B}$，$\boldsymbol{n}$ 构成右手系

续表

定　义	矢量运算
混合积	已给三矢 $\boldsymbol{r}_1=\{x_1,y_1,z_1\}$，$\boldsymbol{r}_2=\{x_2,y_2,z_2\}$，$\boldsymbol{r}_3=\{x_3,y_3,z_3\}$。取其中两个矢量先作矢积再与第三个矢量作数积，则所得的纯量 $\boldsymbol{r}_1\cdot(\boldsymbol{r}_2\times\boldsymbol{r}_3)$ 称为这三矢的混合积。记为 $(\boldsymbol{r}_1,\boldsymbol{r}_2,\boldsymbol{r}_3)=\boldsymbol{r}_1\cdot(\boldsymbol{r}_2\times\boldsymbol{r}_3)$　(11-4-32) 混合积的分量表示 $(\boldsymbol{r}_1,\boldsymbol{r}_2,\boldsymbol{r}_3)=\begin{vmatrix} x_1 & y_1 & z_1 \\ x_2 & y_2 & z_2 \\ x_3 & y_3 & z_3 \end{vmatrix}=\begin{vmatrix} x_1 & x_2 & x_3 \\ y_1 & y_2 & y_3 \\ z_1 & z_2 & z_3 \end{vmatrix}$　(11-4-33)

4.3.2.2　坐标变换

(1) 坐标变换的意义

在机械工程中如空间复杂曲面建模、空间机构的运动关系等都需要坐标变换。在共轭曲线机构设计中，更离不开坐标变换。

空间同一点在不同坐标系下的运动轨迹是不同的，如车刀车削螺杆，如图 11-4-2（a）所示，刀头与旋转工件接触点 P，如图 11-4-2（b）所示。在机架的固定坐标系下，刀头上的 P 点的运动是沿工件轴向做直线运动，工件上的 P 点是绕工件回转轴线转动。而当观察者站在与刀头固连的动坐标系下，看与旋转工件相固连的动坐标系时，工件上的 P 点既转动又沿直线移动，即是做螺旋运动，所以才能加工出螺纹。

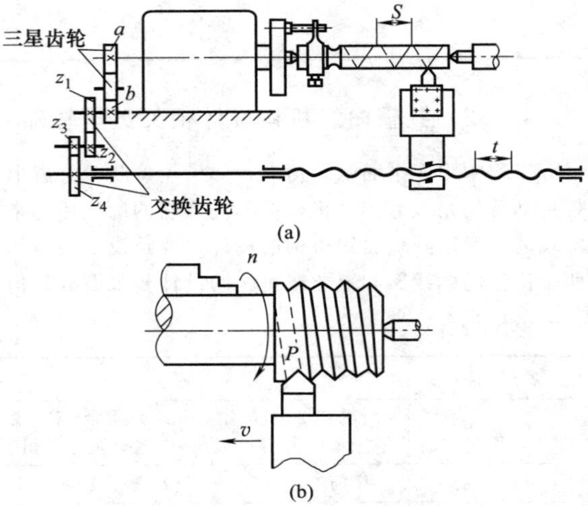

图 11-4-2　车削螺杆过程的坐标关系

在确定的坐标系下，空间每一点的坐标和每一个矢量的分量都随之确定，但在不同的坐标系下，同一点一般有不同的坐标，同一矢量一般有不同的分量。

(2) 坐标变换应用实例

如表 11-4-11 中图（a）所示的一对外啮合圆柱齿轮渐开线齿廓曲面啮合时，其啮合点 P 是两齿廓的接触点，也是两齿廓相切的点，在分别固连的两个动坐标系下其坐标不相同，矢量的分量也不相同。P 点在与齿轮 1 固连坐标系下形成的轨迹是轮齿的渐开线右齿廓，在与齿轮 2 固连的坐标系下形成的是轮齿的左齿廓，而在固定坐标系下形成的是啮合线 B_1B_2 直线。

所以有必要考察不同的坐标系下，点的坐标和矢量的分量变化，也就是要考察两个坐标系之间的相互运动关系，这就是实际工程中经常用到的坐标变换。

具体的坐标变换过程如表 11-4-14 所示。

表 11-4-14　　矢量坐标变换

坐标变换		变换方法
底矢坐标变换	坐标系的建立	设坐标原点重合的三个底矢直角坐标系 $\sigma=[\boldsymbol{O};\boldsymbol{e}_1,\boldsymbol{e}_2,\boldsymbol{e}_3]$，$\sigma'=[\boldsymbol{O};\boldsymbol{e}'_1,\boldsymbol{e}'_2,\boldsymbol{e}'_3]$，$\sigma''=[\boldsymbol{O};\boldsymbol{e}''_1,\boldsymbol{e}''_2,\boldsymbol{e}''_3]$ 式中　$\boldsymbol{O}$——坐标系 σ、σ' 与 σ'' 的坐标原点 $\boldsymbol{e}_1,\boldsymbol{e}_2,\boldsymbol{e}_3,\boldsymbol{e}'_1,\boldsymbol{e}'_2,\boldsymbol{e}'_3,\boldsymbol{e}''_1,\boldsymbol{e}''_2,\boldsymbol{e}''_3$——空间三个互相垂直的幺矢（底矢），并构成右手系
	两个坐标系的坐标变换	σ 变换到 σ' 的底矢变换一般公式 $\sigma\rightarrow\sigma':\left.\begin{aligned}\boldsymbol{e}'_1&=a_{11}\boldsymbol{e}_1+a_{12}\boldsymbol{e}_2+a_{13}\boldsymbol{e}_3\\\boldsymbol{e}'_2&=a_{21}\boldsymbol{e}_1+a_{22}\boldsymbol{e}_2+a_{23}\boldsymbol{e}_3\\\boldsymbol{e}'_3&=a_{31}\boldsymbol{e}_1+a_{32}\boldsymbol{e}_2+a_{33}\boldsymbol{e}_3\end{aligned}\right\}$　(11-4-34) $M_{o'o}=\begin{bmatrix} a_{11} & a_{12} & a_{13} \\ a_{21} & a_{22} & a_{23} \\ a_{31} & a_{32} & a_{33} \end{bmatrix}$　其中：$a_{ij}=\boldsymbol{e}'_i\cdot\boldsymbol{e}_j=\cos(\boldsymbol{e}'_i\hat{\ }\boldsymbol{e}_j)$

续表

<table>
<tr><th colspan="2">坐标变换</th><th colspan="2">变换方法</th></tr>
<tr><td rowspan="4">底矢坐标变换</td><td>两个坐标系的坐标变换</td><td colspan="2">

图(a)所示特殊情况，$\boldsymbol{e}'_3=\boldsymbol{e}_3$，由一般公式(11-4-34)很容易写出底矢变换公式

$$\begin{bmatrix}\boldsymbol{e}'_1\\ \boldsymbol{e}'_2\\ \boldsymbol{e}'_3\end{bmatrix}=M_{o'o}\begin{bmatrix}\boldsymbol{e}_1\\ \boldsymbol{e}_2\\ \boldsymbol{e}_3\end{bmatrix}=\begin{bmatrix}\cos\theta & \sin\theta & 0\\ -\sin\theta & \cos\theta & 0\\ 0 & 0 & 1\end{bmatrix}\begin{bmatrix}\boldsymbol{e}_1\\ \boldsymbol{e}_2\\ \boldsymbol{e}_3\end{bmatrix} \tag{11-4-35}$$

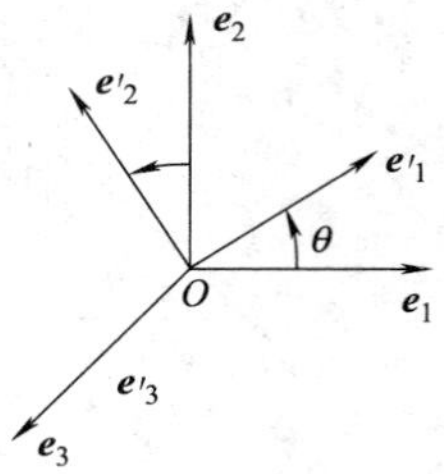

图(a)

</td></tr>
<tr><td></td><td colspan="2">

σ'变换到坐标系σ的底矢变换一般公式

$$\sigma'\rightarrow\sigma:\left.\begin{aligned}\boldsymbol{e}_1&=a_{11}\boldsymbol{e}'_1+a_{21}\boldsymbol{e}'_2+a_{31}\boldsymbol{e}'_3\\ \boldsymbol{e}_2&=a_{12}\boldsymbol{e}'_1+a_{22}\boldsymbol{e}'_2+a_{32}\boldsymbol{e}'_3\\ \boldsymbol{e}_3&=a_{13}\boldsymbol{e}'_1+a_{23}\boldsymbol{e}'_2+a_{33}\boldsymbol{e}'_3\end{aligned}\right\} \tag{11-4-36}$$

$M_{oo'}=\begin{bmatrix}a_{11} & a_{21} & a_{31}\\ a_{12} & a_{22} & a_{32}\\ a_{13} & a_{23} & a_{33}\end{bmatrix}$　其中：$a_{ji}=\boldsymbol{e}_j\cdot\boldsymbol{e}'_i=\cos(\boldsymbol{e}_{ij}\hat{\ }\boldsymbol{e}'_i)$

</td></tr>
<tr><td>a_{ij}的求解关系</td><td colspan="2">

系数$a_{ij}(i=1,2,3)$所构成的矩阵表达了底矢变换关系，称为由$\sigma\rightarrow\sigma'$的底矢变换矩阵

系数$a_{ji}(j=1,2,3)$所构成的矩阵表达了底矢变换关系，称为由$\sigma'\rightarrow\sigma$的底矢变换矩阵

<table>
<tr><th>$\boldsymbol{e}_j$ \ $\boldsymbol{e}'_i$</th><th>$\boldsymbol{e}_1$</th><th>$\boldsymbol{e}_2$</th><th>$\boldsymbol{e}_3$</th></tr>
<tr><td>$\boldsymbol{e}'_1$</td><td>a_{11}</td><td>a_{12}</td><td>a_{13}</td></tr>
<tr><td>$\boldsymbol{e}'_2$</td><td>a_{21}</td><td>a_{22}</td><td>a_{23}</td></tr>
<tr><td>$\boldsymbol{e}'_3$</td><td>a_{31}</td><td>a_{32}</td><td>a_{33}</td></tr>
</table>

</td></tr>
<tr><td>三个坐标系坐标变换</td><td colspan="2">

若有第三个坐标系$\sigma''=[O;\boldsymbol{e}''_1,\boldsymbol{e}''_2,\boldsymbol{e}''_3]$，而且

$\sigma'\rightarrow\sigma''$

$$\left.\begin{aligned}\boldsymbol{e}''_1&=b_{11}\boldsymbol{e}'_1+b_{12}\boldsymbol{e}'_2+b_{13}\boldsymbol{e}'_3\\ \boldsymbol{e}''_2&=b_{21}\boldsymbol{e}'_1+b_{22}\boldsymbol{e}'_2+b_{23}\boldsymbol{e}'_3\\ \boldsymbol{e}''_3&=b_{31}\boldsymbol{e}'_1+b_{32}\boldsymbol{e}'_2+b_{33}\boldsymbol{e}'_3\end{aligned}\right\} \tag{11-4-37}$$

其中系数矩阵为

$$M_{o''o'}=\begin{bmatrix}b_{11} & b_{12} & b_{13}\\ b_{21} & b_{22} & b_{23}\\ b_{31} & b_{32} & b_{33}\end{bmatrix}$$

不难推得由σ变换到σ''的底矢变换公式

$\sigma\rightarrow\sigma'\rightarrow\sigma''$

$$\begin{bmatrix}\boldsymbol{e}''_1\\ \boldsymbol{e}''_2\\ \boldsymbol{e}''_3\end{bmatrix}=\boldsymbol{M}_{o''o'}\boldsymbol{M}_{o'o}\begin{bmatrix}\boldsymbol{e}_1\\ \boldsymbol{e}_2\\ \boldsymbol{e}_3\end{bmatrix}=\begin{bmatrix}b_{11} & b_{12} & b_{13}\\ b_{21} & b_{22} & b_{23}\\ b_{31} & b_{32} & b_{33}\end{bmatrix}\begin{bmatrix}a_{11} & a_{12} & a_{13}\\ a_{21} & a_{22} & a_{23}\\ a_{31} & a_{32} & a_{33}\end{bmatrix}\begin{bmatrix}\boldsymbol{e}_1\\ \boldsymbol{e}_2\\ \boldsymbol{e}_3\end{bmatrix} \tag{11-4-38}$$

</td></tr>
<tr><td>矢量坐标变换</td><td>坐标原点重合</td><td>坐标系的建立和矢量表达式</td><td>

坐标原点重合的坐标系，适合对圆锥齿轮研究使用(两回转轴交点作为坐标原点)

设矢量$\boldsymbol{r}$在直角坐标系$\sigma=[O;\boldsymbol{e}_1,\boldsymbol{e}_2,\boldsymbol{e}_3]$和$\sigma'=[O;\boldsymbol{e}'_1,\boldsymbol{e}'_2,\boldsymbol{e}'_3]$里的分量依次是$x$、$y$、$z$和$x'$，$y'$，$z'$，见图(b)

则矢量$\boldsymbol{r}$在σ里为

$$\boldsymbol{r}=x\boldsymbol{e}_1+y\boldsymbol{e}_2+z\boldsymbol{e}_3=\sum_{i=1}^{3}x_i\boldsymbol{e}_i \tag{11-4-39}$$

在σ'里，其表达式为

$$\boldsymbol{r}'=x'\boldsymbol{e}'_1+y'\boldsymbol{e}'_2+z'\boldsymbol{e}'_3=\sum_{i=1}^{3}x'_i\boldsymbol{e}'_i \tag{11-4-40}$$

</td></tr>
</table>

第 11 篇

续表

<table>
<tr><th colspan="3">坐标变换</th><th>变换方法</th></tr>
<tr><td rowspan="4">矢量坐标变换</td><td rowspan="2">坐标原点重合</td><td>坐标系的建立和矢量表达式</td><td>

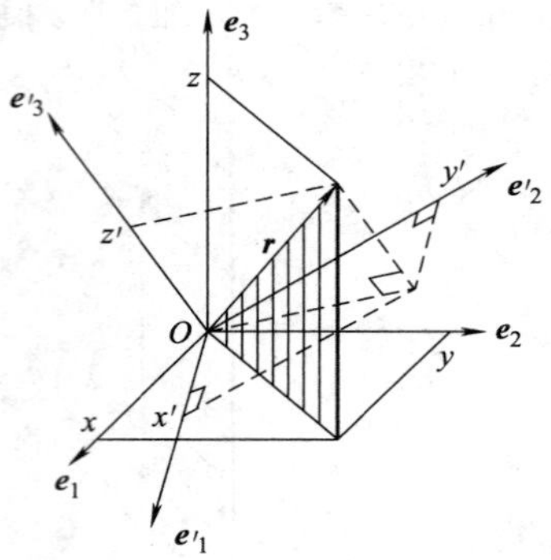

图(b)

</td></tr>
<tr><td>坐标变换公式</td><td>

将底矢变换公式(11-4-34)代入式(11-4-39)得

$$\boldsymbol{r}=(a_{11}x+a_{12}y+a_{13}z)\boldsymbol{e}'_1+(a_{21}x+a_{22}y+a_{23}z)\boldsymbol{e}'_2+(a_{31}x+a_{32}y+a_{33}z)\boldsymbol{e}'_3 \quad (11\text{-}4\text{-}41)$$

比较式(11-4-40)和式(11-4-37)后可得

$$\sigma\rightarrow\sigma':\quad \begin{bmatrix}x'\\y'\\z'\end{bmatrix}=\begin{bmatrix}a_{11}&a_{12}&a_{13}\\a_{21}&a_{22}&a_{23}\\a_{31}&a_{32}&a_{33}\end{bmatrix}\begin{bmatrix}x\\y\\z\end{bmatrix} \quad (11\text{-}4\text{-}42)$$

同理

$$\sigma'\rightarrow\sigma:\quad \begin{bmatrix}x\\y\\z\end{bmatrix}=\begin{bmatrix}a_{11}&a_{21}&a_{31}\\a_{12}&a_{22}&a_{32}\\a_{13}&a_{23}&a_{33}\end{bmatrix}\begin{bmatrix}x'\\y'\\z'\end{bmatrix} \quad (11\text{-}4\text{-}43)$$

</td></tr>
<tr><td rowspan="2">坐标原点不重合的矢量坐标变换及实例</td><td>坐标系建立和矢量表达</td><td>

设空间任意一点 P 在 $\sigma=[O;\boldsymbol{e}_1,\boldsymbol{e}_2,\boldsymbol{e}_3]$ 里的坐标为 (x,y,z)，在另一坐标系 $\sigma'=[O;\boldsymbol{e}'_1,\boldsymbol{e}'_2,\boldsymbol{e}'_3]$ 里的坐标是 (x',y',z')，则 P 点在 σ 和 σ' 里的径矢依次为

$$\overrightarrow{OP}=x\boldsymbol{e}_1+y\boldsymbol{e}_2+z\boldsymbol{e}_3 \quad (11\text{-}4\text{-}44)$$

$$\overrightarrow{O'P}=x'\boldsymbol{e}'_1+y'\boldsymbol{e}'_2+z'\boldsymbol{e}'_3=(x-x_0)\boldsymbol{e}_1+(y-y_0)\boldsymbol{e}_2+(z-z_0)\boldsymbol{e}_3 \quad (11\text{-}4\text{-}45)$$

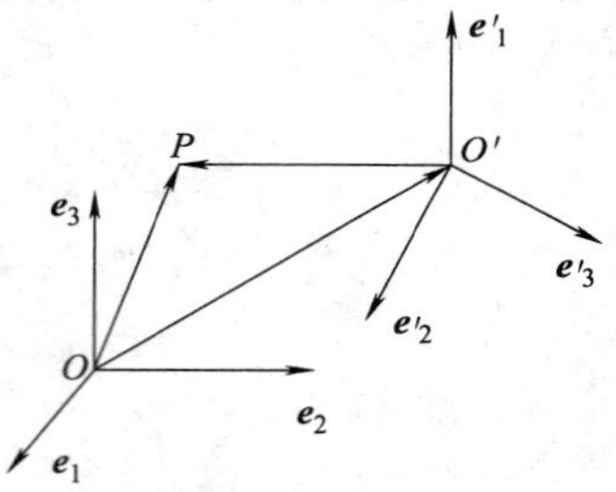

图(c)

</td></tr>
<tr><td>σ′→σ 坐标变换表达式</td><td>

推导得出

$$\sigma'\rightarrow\sigma:\quad \left.\begin{aligned}x&=a_{11}x'+a_{21}y'+a_{31}z'+x_0\\y&=a_{12}x'+a_{22}y'+a_{32}z'+y_0\\z&=a_{13}x'+a_{23}y'+a_{33}z'+z_0\end{aligned}\right\} \quad (11\text{-}4\text{-}46)$$

或记为

$$\sigma'\rightarrow\sigma:\quad \begin{bmatrix}x\\y\\z\\1\end{bmatrix}=\begin{bmatrix}a_{11}&a_{21}&a_{31}&x_0\\a_{21}&a_{22}&a_{23}&y_0\\a_{31}&a_{32}&a_{33}&z_0\\0&0&0&1\end{bmatrix}\begin{bmatrix}x'\\y'\\z'\\1\end{bmatrix} \quad (11\text{-}4\text{-}47)$$

式中　x_0,y_0,z_0——变换前的坐标系 σ' 的坐标原点 O' 在变换后的坐标系 σ 中的坐标值

设坐标系 σ 的坐标原点 O 在 σ' 中的坐标为 (x'_0,y'_0,z'_0)

则有

$$\overrightarrow{O'O}=x'_0\boldsymbol{e}'_1+y'_0\boldsymbol{e}'_2+z'_0\boldsymbol{e}'_3 \quad (11\text{-}4\text{-}48)$$

</td></tr>
</table>

续表

坐标变换	变换方法

矢量坐标变换 — 坐标原点不重合的矢量坐标变换及实例 — σ′→σ 坐标变换表达式

若求 x'_0, y'_0, z'_0 时，令 $x=y=z=0$，得

$$\left.\begin{aligned} x'_0&=-(a_{11}x_0+a_{12}y_0+a_{13}z_0)\\ y'_0&=-(a_{21}x_0+a_{22}y_0+a_{23}z_0)\\ z'_0&=-(a_{31}x_0+a_{32}y_0+a_{33}z_0)\end{aligned}\right\} \tag{11-4-49}$$

引进符号 x'_0, y'_0, z'_0

$$\left.\begin{aligned} x'&=a_{11}x+a_{12}y+a_{13}z+x'_0\\ y'&=a_{21}x+a_{22}y+a_{23}z+y'_0\\ z'&=a_{31}x+a_{32}y+a_{33}z+z'_0\end{aligned}\right\} \tag{11-4-50}$$

则

$$\sigma\rightarrow\sigma':\quad \begin{bmatrix}x'\\y'\\z'\\1\end{bmatrix}=\begin{bmatrix}a_{11}&a_{12}&a_{13}&x'_0\\a_{21}&a_{22}&a_{23}&y'_0\\a_{31}&a_{32}&a_{33}&z'_0\\0&0&0&1\end{bmatrix}\begin{bmatrix}x\\y\\z\\1\end{bmatrix} \tag{11-4-51}$$

坐标原点不重合应用实例 — 题目

一对外啮合渐开线圆柱齿轮传动[图(d)]，其节圆半径为 r_1 和 r_2，设与齿轮 1 和齿轮 2 固连的动坐标系分别为 $\sigma^{(1)}$ 和 $\sigma^{(2)}$ 即

$\sigma^{(1)}=[O_1;\boldsymbol{i}_1,\boldsymbol{j}_1]$

$\sigma^{(2)}=[O_2;\boldsymbol{i}_2,\boldsymbol{j}_2]$

φ_1、φ_2 为 $\sigma^{(1)}$ 和 $\sigma^{(2)}$ 绕 k_1、k_2 轴[图(e)]转角，求 $\sigma^{(1)}\rightarrow\sigma^{(2)}$ 的坐标变换

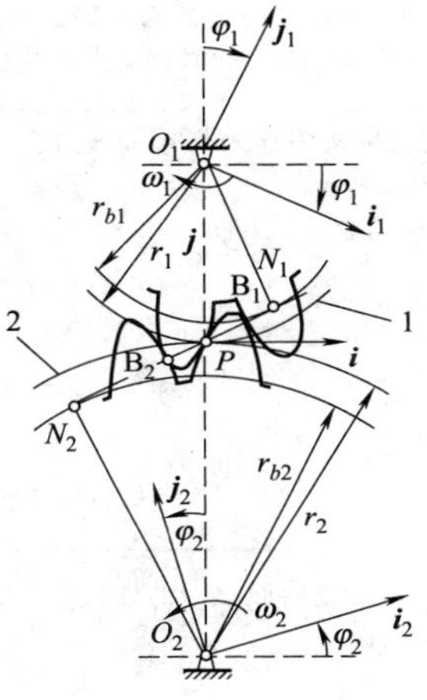

图(d)

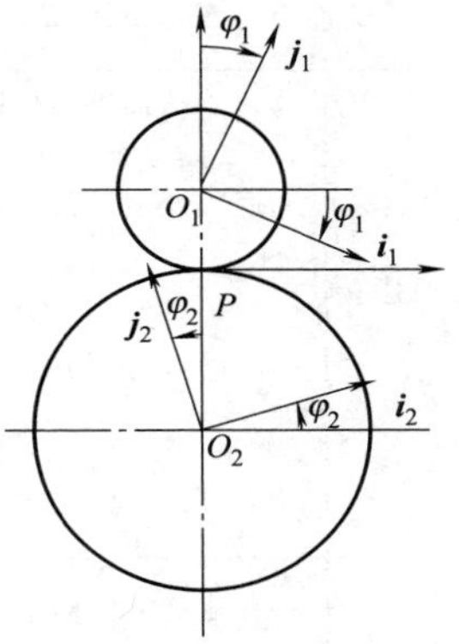

图(e)

坐标变换步骤

设固定坐标系 $\sigma=[P;\boldsymbol{i},\boldsymbol{j}]$ 的坐标原点与节圆 P 重合

则坐标变换公式如下

$$\begin{bmatrix}\boldsymbol{i}\\\boldsymbol{j}\\1\end{bmatrix}=M_{01}\begin{bmatrix}\boldsymbol{i}_1\\\boldsymbol{j}_1\\1\end{bmatrix}$$

$\sigma^{(1)}\rightarrow\sigma^{(0)}$：

$$M_{01}=\begin{bmatrix}\cos\varphi_1&\sin\varphi_1&0\\-\sin\varphi_1&\cos\varphi_1&r_1\\0&0&0\end{bmatrix}$$

$\sigma^{(0)}\rightarrow\sigma^{(2)}$：

$$M_{20}=\begin{bmatrix}\cos\varphi_2&\sin\varphi_2&r_2\sin\varphi_2\\-\sin\varphi_2&\cos\varphi_2&r_2\cos\varphi_2\\0&0&1\end{bmatrix}$$

$$\sigma^{(1)}\rightarrow\sigma^{(2)}\quad M_{21}=M_{20}M_{01}$$

即 $\sigma^{(1)}\rightarrow\sigma^{(0)}\rightarrow\sigma^{(2)}$

$$M_{21}=\begin{bmatrix}\cos(\varphi_2+\varphi_1)&\sin(\varphi_2+\varphi_1)&A\sin\varphi_2\\-\sin(\varphi_2+\varphi_1)&\cos(\varphi_2+\varphi_1)&A\cos\varphi_2\\0&0&1\end{bmatrix}$$

故

$$\begin{bmatrix}x_2\\y_2\\1\end{bmatrix}=\begin{bmatrix}\cos(\varphi_2+\varphi_1)&\sin(\varphi_2+\varphi_1)&A\sin\varphi_2\\-\sin(\varphi_2+\varphi_1)&\cos(\varphi_2+\varphi_1)&A\cos\varphi_2\\0&0&1\end{bmatrix}\begin{bmatrix}x_1\\y_1\\1\end{bmatrix}$$

式中　A——两齿轮中心距，$A=r_1+r_2$

4.3.3 平面共轭曲线机构设计

在实际工程应用中，所谓共轭曲线机构的设计，就是求出两条共轭曲线，为此，首先建立两曲面满足共轭条件的方程，称其为啮合条件方程，然后将给定的已知曲线方程与啮合方程联立即为共轭曲线。

下面主要介绍运动学法、包络法、齿廓法线法三种设计共轭曲线机构的方法。

以上三种方法的实质都是基于共轭齿廓的啮合原理，在后面的章节中可以见到齿廓法线法最适用于平面啮合的共轭曲线机构设计，运动学法不仅适合平面高副机构还适合空间高副曲面机构。

4.3.3.1 基于运动学法设计共轭曲线机构

运动学法不仅适合平面高副机构（即共轭曲线机构），而且适合空间高副机构（即共轭曲面机构），如表 11-4-15 和表 11-4-16 所示。

表 11-4-15 运动学法设计共轭曲线机构

<table>
<tr><td colspan="2">用途</td><td>适合空间啮合和平面啮合传动。下面统一按空间啮合进行介绍，平面啮合只是特列</td></tr>
<tr><td colspan="2">已知条件</td><td>①假设已知曲面 $\Sigma^{(1)}$ 是一个光滑曲面(如已知刀具曲面上均是无奇点的光滑曲面)，即 $\Sigma^{(1)}$ 上无奇点
②曲面 $\Sigma^{(1)}$ 有包络面，$\Sigma^{(2)}$ 上的每一点都在唯一的时刻 t 进入接触，这一点只属于唯一的一条接触线</td></tr>
<tr><td rowspan="4">设计步骤</td><td>(1)建立坐标系</td><td>建立传动机构坐标系。设与机架固连坐标系 σ、已知 $\Sigma^{(1)}$ 固连的坐标系 $\sigma^{(1)}$、共轭曲面 $\Sigma^{(2)}$ 固连的坐标系 $\sigma^{(2)}$。建立所需坐标变换方程：
底矢变换，写出 $\boldsymbol{e}_i^{(1)}$ 在 σ_2 中的表达式
$$\left.\begin{aligned}\boldsymbol{e}_1^{(1)}=a_{11}\boldsymbol{e}_1^{(2)}+a_{12}\boldsymbol{e}_2^{(2)}+a_{13}\boldsymbol{e}_3^{(2)}\\ \boldsymbol{e}_2^{(1)}=a_{21}\boldsymbol{e}_1^{(2)}+a_{22}\boldsymbol{e}_2^{(2)}+a_{23}\boldsymbol{e}_3^{(2)}\\ \boldsymbol{e}_3^{(1)}=a_{31}\boldsymbol{e}_1^{(2)}+a_{32}\boldsymbol{e}_2^{(2)}+a_{33}\boldsymbol{e}_3^{(2)}\end{aligned}\right\} \tag{11-4-52}$$
即
$$\boldsymbol{e}_i^{(1)}(t)=\sum_{j=1}^{3}a_{ij}(t)\boldsymbol{e}_j^{(2)}\quad i=1,2,3 \tag{11-4-53}$$</td></tr>
<tr><td>(2)在 $\sigma^{(1)}$ 中写出 $\Sigma^{(1)}$ 与 $\Sigma^{(2)}$ 的方程</td><td>在建立的坐标系 $\sigma^{(1)}$ 中，写出给定曲面 $\Sigma^{(1)}$ 的方程
$$\boldsymbol{r}^{(1)}(u,v)=\sum_{i=1}^{3}x_i^{(1)}(u,v)\boldsymbol{e}_i^{(1)} \tag{11-4-54}$$
$\Sigma^{(2)}$ 的方程
$$\boldsymbol{r}^{(2)}=\boldsymbol{r}^{(1)}+\boldsymbol{\xi} \tag{11-4-55}$$
其中
$$\boldsymbol{\xi}(t)=\sum_{j=1}^{3}\xi_j(t)\boldsymbol{e}_j^{(2)} \tag{11-4-56}$$
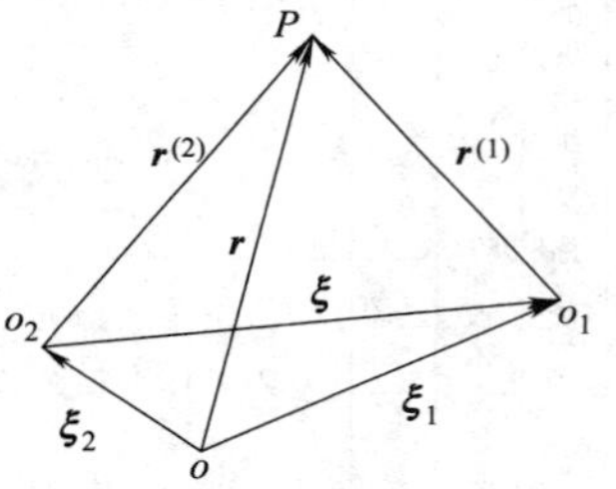
</td></tr>
<tr><td>(3)将 $\Sigma^{(1)}$ 和 $\Sigma^{(2)}$ 的方程变换到 $\sigma^{(2)}$</td><td>为求出共轭曲面 $\Sigma^{(2)}$ 的方程，必须将在 $\sigma^{(1)}$ 中曲面 $\Sigma^{(1)}$ 和 $\Sigma^{(2)}$ 的方程，变换到坐标系 $\sigma^{(2)}$ 中
将式(11-4-53)代入式(11-4-54)，得 $\Sigma^{(1)}$ 在 $\sigma^{(2)}$ 中的方程
$$\boldsymbol{r}^{(1)}(u,v,t)=\sum_{i=1}^{3}x_i^{(1)}(u,v)\sum_{j=1}^{3}a_{ij}(t)\boldsymbol{e}_j^{(2)}=\sum_{i=1}^{3}\sum_{j=1}^{3}a_{ij}(t)x_i^{(1)}(u,v)\boldsymbol{e}_j^{(2)} \tag{11-4-57}$$
将式(11-4-56)和式(11-4-57)代入式(11-4-55)中，得 $\Sigma^{(2)}$ 在 $\sigma^{(2)}$ 中的方程
$$\begin{aligned}\boldsymbol{r}^{(2)}&=\sum_{i=1}^{3}\sum_{j=1}^{3}a_{ij}(t)x_i^{(1)}(u,v)\boldsymbol{e}_j^{(2)}+\sum_{j=1}^{3}\xi_j(t)\boldsymbol{e}_j^{(2)}\\&=\sum_{j=1}^{3}\left[\xi_j(t)+\sum_{i=1}^{3}a_{ij}(t)x_i^{(1)}(u,v)\right]\boldsymbol{e}_j^{(2)}=\boldsymbol{r}^{(2)}(u,v,t)\end{aligned} \tag{11-4-58}$$</td></tr>
<tr><td>(4)在 σ_2 中建立啮合方程</td><td>建立啮合方程的条件是曲面 $\Sigma^{(1)}$ 运动过程中与 $\Sigma^{(2)}$ 的接触点，必须满足接触点处的相对运动速度矢量 $\boldsymbol{v}^{(12)}$ 与法矢量 $\boldsymbol{n}$ 垂直，也就是相对速度在法线上的投影等于零，即 $\Phi(u,v,t)=\boldsymbol{n}\cdot\boldsymbol{v}^{(12)}=0$
由式(11-4-54)：$\boldsymbol{r}^{(1)}(u,v)=\sum_{i=1}^{3}x_i^{(1)}(u,v)\boldsymbol{e}_i^{(1)}$
设 $\Sigma^{(1)}$ 上任意一点 P 点在坐标系 σ_1 中的幺法矢 $\boldsymbol{n}^{(1)}$
$$\boldsymbol{n}^{(1)}(u,v)=\frac{\boldsymbol{r}_u^{(1)}\times\boldsymbol{r}_v^{(1)}}{\left|\boldsymbol{r}_u^{(1)}\times\boldsymbol{r}_v^{(1)}\right|}=\boldsymbol{n} \tag{11-4-59}$$
式中 $\boldsymbol{n}$——接触高副的公共法矢</td></tr>
</table>

续表

<table>
<tr><td rowspan="8">设计步骤</td><td>(4)在 σ_2 中建立啮合方程</td><td colspan="3">

$$\boldsymbol{r}_u^{(1)}=\partial_1\boldsymbol{r}^{(1)}/\partial u$$
$$\boldsymbol{r}_v^{(1)}=\partial_1\boldsymbol{r}^{(1)}/\partial v$$

注意：$\boldsymbol{n}^{(1)}$ 在动坐标系 σ_1 里只是 u、v 的矢函数，与时间 t 无关。但 $\boldsymbol{n}^{(1)}$ 在固定坐标系 σ 内与时间 t 有关，是 (u,v,t) 的矢函数

$$\boldsymbol{v}^{(12)}=\frac{\mathrm{d}\boldsymbol{\xi}}{\mathrm{d}t}+\boldsymbol{\omega}^{(12)}\times\boldsymbol{r}^{(1)}-\boldsymbol{\omega}^{(2)}\times\boldsymbol{\xi} \tag{11-4-60}$$

对于一对定轴啮合传动，则为

$$\boldsymbol{v}^{(12)}=-\boldsymbol{v}^{(21)}=\boldsymbol{\omega}^{(12)}\times\boldsymbol{r}^{(1)}-\boldsymbol{\omega}^{(2)}\times\boldsymbol{\xi} \tag{11-4-61}$$

</td></tr>
<tr><td>(5)求共轭曲面方程 $\Sigma^{(2)}$</td><td colspan="3">

设计的共轭曲面只有曲面族 $\{\Sigma^{(1)}\}$ 上各点满足啮合条件的点，才能构成共轭曲面 $\Sigma^{(2)}$。具体求法为：

求出与 $\Sigma^{(1)}$ 共轭的曲面 $\Sigma^{(2)}$ 的方程。将步骤(1)建立的已知曲面 $\Sigma^{(1)}$ 的方程和步骤(3)求出的啮合方程联立求解

$$\left.\begin{aligned}&\boldsymbol{r}^{(2)}=\boldsymbol{r}^{(2)}(u,v,t)\\&\Phi(u,v,t)=\boldsymbol{n}\cdot\boldsymbol{v}^{(12)}=0\end{aligned}\right\} \tag{11-4-62}$$

</td></tr>
<tr><td>(6)求接触线方程</td><td colspan="3">

所谓接触线是两个曲面 $\Sigma^{(1)}$ 和 $\Sigma^{(2)}$ 在同一时刻的接触线，例如直齿渐开线圆柱齿轮传动，其接触线是两渐开线齿廓同一时刻接触的平行于回转轴的直线

$$\left.\begin{aligned}&\boldsymbol{r}^{(2)}=\boldsymbol{r}^{(2)}(u,v,t_0)\\&\Phi(u,v,t_0)=\boldsymbol{n}\cdot\boldsymbol{v}^{(12)}=0\end{aligned}\right\} \tag{11-4-63}$$

</td></tr>
<tr><td rowspan="5">(7)求啮合线方程</td><td>啮合线定义</td><td colspan="2">所谓啮合线是两个曲面 $\Sigma^{(1)}$ 和 $\Sigma^{(2)}$ 不同时刻在固定坐标系 σ 下的啮合点的轨迹，例如直齿渐开线圆柱齿轮传动，两轮啮合线是切于两基圆的斜直线</td></tr>
<tr><td>$\sigma\rightarrow\sigma_1$
$\sigma\rightarrow\sigma_2$
底矢坐标变换公式</td><td colspan="2">

$\sigma\rightarrow\sigma_2$：

$$\left.\begin{aligned}&\boldsymbol{e}_1^{(2)}=a_{11}\boldsymbol{e}_1+a_{12}\boldsymbol{e}_2+a_{13}\boldsymbol{e}_3\\&\boldsymbol{e}_2^{(2)}=a_{21}\boldsymbol{e}_1+a_{22}\boldsymbol{e}_2+a_{23}\boldsymbol{e}_3\\&\boldsymbol{e}_3^{(2)}=a_{31}\boldsymbol{e}_1+a_{32}\boldsymbol{e}_2+a_{33}\boldsymbol{e}_3\end{aligned}\right\}$$

即

$$\boldsymbol{e}_i^{(2)}(t)=\sum_{j=1}^{3}a_{ij}(t)\boldsymbol{e}_j \tag{11-4-64}$$

同理 $\sigma\rightarrow\sigma_1$：

$$\boldsymbol{e}_i^{(1)}(t)=\sum_{j=1}^{3}a_{ij}(t)\boldsymbol{e}_j \tag{11-4-65}$$

</td></tr>
<tr><td rowspan="3">啮合线方程求解过程</td><td>$\boldsymbol{r}^{(2)}$ 在 σ 中的表达式</td><td>

为求在固定坐标系 σ 下的啮合线方程，则将 $\boldsymbol{r}^{(2)}$ 通过坐标变换到 σ 中

设在 σ_2 里 $\Sigma^{(2)}$ 的矢方程

$$\boldsymbol{r}^{(2)}(u,v)=\sum_{i=1}^{3}x_i^{(2)}(u,v)\boldsymbol{e}_i^{(2)} \tag{11-4-66}$$

将式(11-4-64)代入式(11-4-66)中，可得 $\boldsymbol{r}^{(2)}$ 在 σ 中的径矢表达式为

$$\boldsymbol{r}^{(2)}(u,v,t)=\sum_{i=1}^{3}\sum_{j=1}^{3}a_{ij}(t)x_i^{(2)}(u,v)\boldsymbol{e}_j \tag{11-4-67}$$

</td></tr>
<tr><td>$\boldsymbol{r}^{(1)}$、$\boldsymbol{\xi}_2$ 和 $\boldsymbol{\xi}_1$ 在 σ 中的表达式</td><td>

为求在固定坐标系 σ 下的啮合线方程，则将 $\boldsymbol{\xi}_2$ 或 $\boldsymbol{\xi}_1$、$\boldsymbol{r}^{(1)}$ 通过坐标变换到 σ 中

同理利用公式(11-4-64)和式(11-4-65)，得 $\boldsymbol{r}^{(1)}$ 和 $\boldsymbol{\xi}_2$ 在 σ 中的径矢为

$$\boldsymbol{r}^{(1)}(u,v,t)=\sum_{i=1}^{3}\sum_{j=1}^{3}a_{ij}(t)x_i^{(1)}(u,v)\boldsymbol{e}_j \tag{11-4-68}$$

$$\boldsymbol{\xi}_2=\xi_1^{(2)}(t)\boldsymbol{e}_1+\xi_2^{(2)}(t)\boldsymbol{e}_2+\xi_3^{(2)}(t)\boldsymbol{e}_3=\sum_{j=1}^{3}\xi_j^{(2)}(t)\boldsymbol{e}_j \tag{11-4-69}$$

同理

$$\boldsymbol{\xi}_1(t)=\sum_{j=1}^{3}\xi_j^{(1)}(t)\boldsymbol{e}_j \tag{11-4-70}$$

但要注意：a_{ij} 只是各坐标变换矩阵中各元素，在不同的坐标系中是不同的，如公式(11-4-64)中 $a_{ij}=\cos(\boldsymbol{e}_1^{r(2)\wedge},\boldsymbol{e}_j^{r})$，而公式(11-4-65)中 $a_{ij}=\cos(\boldsymbol{e}_1^{r(1)\wedge},\boldsymbol{e}_j^{r})$

</td></tr>
<tr><td>在固定坐标系中的啮合方程</td><td>

由公式(11-4-67)和式(11-4-69)可得啮合点在 σ 中径矢

$$\boldsymbol{r}(u,v,t)=\boldsymbol{\xi}_2+\boldsymbol{r}^{(2)}=\sum_{j=1}^{3}\left[\xi_j^{(2)}(t)+\sum_{i=1}^{3}a_{ij}(t)x_i^{(2)}(u,v)\right]\boldsymbol{e}_j \tag{11-4-71}$$

将式(11-4-71)和啮合方程联立可得啮合面(空间啮合)或啮合线(平面啮合)方程为

$$\left.\begin{aligned}&\boldsymbol{r}(u,v;t)=\sum_{j=1}^{3}\left[\xi_j^{(2)}(t)+\sum_{i=1}^{3}a_{ij}(t)x_i^{(2)}(u,v)\right]\boldsymbol{e}_j\\&\Phi(u,v,t)=\boldsymbol{n}\cdot\boldsymbol{v}^{(12)}=0\end{aligned}\right\} \tag{11-4-72}$$

</td></tr>
</table>

表 11-4-16　　**运动学法应用例题**

题目

在一对外啮合圆柱齿轮（不一定是渐开线）中，如右图所示，两轮中心距为 A，节圆半径分别为 R_1 和 R_2，传动比 $i_{12}=\dfrac{\omega_1}{\omega_2}=\dfrac{R_2}{R_1}$，传动方向如图所示。已知齿轮 1 的齿廓曲线是平面曲线，求出与之共轭的齿轮 2 齿廓曲线

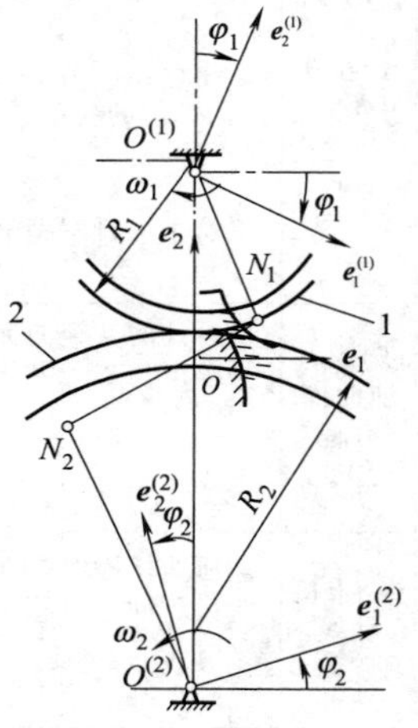

坐标系建立和变换

设固定坐标系 $\sigma=[O;\boldsymbol{e}_1,\boldsymbol{e}_2,\boldsymbol{e}_3]$，与齿轮 1、2 分别固连的动坐标系分别为 $\sigma^{(1)}=[O^{(1)};\boldsymbol{e}_1^{(1)},\boldsymbol{e}_2^{(1)},\boldsymbol{e}_3^{(1)}]$，$\sigma^{(2)}=[O^{(2)};\boldsymbol{e}_1^{(2)},\boldsymbol{e}_2^{(2)},\boldsymbol{e}_3^{(2)}]$。实际 $\boldsymbol{e}_3^{(1)}=\boldsymbol{e}_3^{(2)}=\boldsymbol{e}_3=\dfrac{\boldsymbol{\omega}^{(1)}}{|\boldsymbol{\omega}^{(1)}|}$

$\sigma\rightarrow\sigma^{(1)}$：

$$\left.\begin{aligned}\boldsymbol{e}_1^{(1)}&=\cos\varphi_1\boldsymbol{e}_1-\sin\varphi_1\boldsymbol{e}_2\\ \boldsymbol{e}_2^{(1)}&=\sin\varphi_1\boldsymbol{e}_1+\cos\varphi_1\boldsymbol{e}_2\end{aligned}\right\}\tag{11-4-73}$$

$\sigma^{(1)}\rightarrow\sigma$：

$$\left.\begin{aligned}\boldsymbol{e}_1&=\cos\varphi_1\boldsymbol{e}_1^{(1)}+\sin\varphi_1\boldsymbol{e}_2^{(1)}\\ \boldsymbol{e}_2&=-\sin\varphi_1\boldsymbol{e}_1^{(1)}+\cos\varphi_1\boldsymbol{e}_2^{(1)}\\ \boldsymbol{e}_3&=\boldsymbol{e}_3^{(1)}=\boldsymbol{e}_3^{(2)}\end{aligned}\right\}\tag{11-4-74}$$

$\sigma\rightarrow\sigma^{(2)}$：

$$\left.\begin{aligned}\boldsymbol{e}_1^{(2)}&=\cos\varphi_2\boldsymbol{e}_1+\sin\varphi_2\boldsymbol{e}_2\\ \boldsymbol{e}_2^{(2)}&=-\sin\varphi_2\boldsymbol{e}_1+\cos\varphi_2\boldsymbol{e}_2\end{aligned}\right\}\tag{11-4-75}$$

相关矢量表达式

则 φ_1 是由 $\boldsymbol{e}_1$ 到 $\boldsymbol{e}_1^{(1)}$ 的有向角（从 $-\boldsymbol{e}_3$ 的方向看），而且

$$\left.\begin{aligned}\overrightarrow{OO^{(1)}}&=\boldsymbol{\xi}_1=R_1\boldsymbol{e}_2\\ \boldsymbol{\xi}_2&=\overrightarrow{OO^{(2)}}=-R_2\boldsymbol{e}_2\\ \boldsymbol{\xi}&=\overrightarrow{O^{(2)}O^{(1)}}=\boldsymbol{\xi}_1-\boldsymbol{\xi}_2=A\boldsymbol{e}_2\end{aligned}\right\}\tag{11-4-76}$$

由题目中图可知

$$\boldsymbol{\omega}^{(1)}=-\frac{\mathrm{d}\varphi_1}{\mathrm{d}t}\boldsymbol{e}_3^{(1)}=-\omega_1\boldsymbol{e}_3^{(1)}\tag{11-4-77}$$

同样

$$\boldsymbol{\omega}^{(2)}=\frac{\mathrm{d}\varphi_2}{\mathrm{d}t}\boldsymbol{e}_3=-\frac{\mathrm{d}\varphi_2}{\mathrm{d}\varphi_1}\boldsymbol{\omega}^{(1)}=i_{21}\boldsymbol{\omega}^{(1)}=\omega_2\boldsymbol{e}_3^{(1)}\tag{11-4-78}$$

传动比为

$$i_{21}=\frac{\omega_2}{\omega_1}=\frac{|\boldsymbol{\omega}^{(2)}|}{|\boldsymbol{\omega}^{(1)}|}=\frac{R_1}{R_2}\tag{11-4-79}$$

$$i_{21}=\pm\frac{\mathrm{d}\varphi_2}{\mathrm{d}\varphi_1},\ i_{12}=\pm\frac{\mathrm{d}\varphi_2}{\mathrm{d}\varphi_1}$$

这里的正、负号表示两轮转动方向相同为正（内啮合情况）、相反为负

由公式(11-4-76)和式(11-4-77)，可求相对角速度矢

$$\boldsymbol{\omega}^{(12)}=\boldsymbol{\omega}^{(1)}-\boldsymbol{\omega}^{(2)}=-(\omega_1+\omega_2)\boldsymbol{e}_3^{(1)}\tag{11-4-80}$$

啮合方程建立

平面齿廓曲线 $\Gamma^{(1)}$ 在 $\sigma^{(1)}$ 里的方程

$$\boldsymbol{r}^{(1)}=x_1^{(1)}(u)\boldsymbol{e}_1^{(1)}+x_2^{(1)}(u)\boldsymbol{e}_2^{(1)}\tag{11-4-81}$$

则 $\Gamma^{(1)}$ 在任意啮合点处的切矢为

$$\frac{\mathrm{d}\boldsymbol{r}^{(1)}}{\mathrm{d}u}=\frac{\mathrm{d}x_1^{(1)}(u)}{\mathrm{d}u}\boldsymbol{e}_1^{(1)}+\frac{\mathrm{d}x_2^{(1)}(u)}{\mathrm{d}u}\boldsymbol{e}_2^{(1)}\tag{11-4-82}$$

则该点法矢为

$$\boldsymbol{n}=\frac{\mathrm{d}x_2^{(1)}}{\mathrm{d}u}\boldsymbol{e}_1^{(1)}-\frac{\mathrm{d}x_1^{(1)}}{\mathrm{d}u}\boldsymbol{e}_2^{(1)}\tag{11-4-83}$$

第 11 篇

续表

啮合方程建立

由于是定轴传动(中心距是常矢),则利用公式(11-4-61)求得相对速度为

$$\boldsymbol{v}^{(12)}=\boldsymbol{\omega}^{(12)}\times\boldsymbol{r}^{(1)}-\boldsymbol{\omega}^{(2)}\times\boldsymbol{\xi}\qquad(11\text{-}4\text{-}84)$$

由公式(11-4-80)和式(11-4-81),可得

$$\boldsymbol{\omega}^{(12)}\times\boldsymbol{r}^{(1)}=-(\omega_1+\omega_2)(x_1^{(1)}\boldsymbol{e}_2^{(1)}+x_2^{(1)}\boldsymbol{e}_1^{(1)})\qquad(11\text{-}4\text{-}85)$$

为求 $\boldsymbol{\xi}$ 在 $\sigma^{(1)}$ 中的表示,利用式(11-4-76)和式(11-4-74),得

$$\boldsymbol{\xi}=A\boldsymbol{e}_2=A(-\sin\varphi_1\boldsymbol{e}_1^{(1)}+\cos\varphi_1\boldsymbol{e}_2^{(1)})\qquad(11\text{-}4\text{-}86)$$

则应用式(11-4-86)和式(11-4-78),可求出相对速度公式中

$$\boldsymbol{\omega}^{(2)}\times\boldsymbol{\xi}=\omega_2\boldsymbol{e}_3^{(1)}\times A(-\sin\varphi_1\boldsymbol{e}_1^{(1)}+\cos\varphi_1\boldsymbol{e}_2^{(1)})=-A(\sin\varphi_1\boldsymbol{e}_2^{(1)}+\cos\varphi_1\boldsymbol{e}_1^{(1)})\qquad(11\text{-}4\text{-}87)$$

将式(11-4-85)、式(11-4-87)代入公式(11-4-84)得

$$\boldsymbol{v}^{(12)}=[(\omega_1+\omega_2)x_2^{(1)}+A\omega_2\cos\varphi_1]\boldsymbol{e}_2^{(1)}-[(\omega_1+\omega_2)x_1^{(1)}-A\omega_2\sin\varphi_1]\boldsymbol{e}_2^{(1)}\qquad(11\text{-}4\text{-}88)$$

将式(11-4-88)和式(11-4-83)代入啮合方程

$$\boldsymbol{n}\cdot\boldsymbol{v}^{(12)}=(\omega_1+\omega_2)x_2^{(1)}\frac{\mathrm{d}x_2^{(1)}}{\mathrm{d}u}+A\omega_2\cos\varphi_1\frac{\mathrm{d}x_2^{(1)}}{\mathrm{d}u}+(\omega_1+\omega_2)x_1^{(1)}\frac{\mathrm{d}x_1^{(1)}}{\mathrm{d}u}-A\omega_2\sin\varphi_1\frac{\mathrm{d}x_1^{(1)}}{\mathrm{d}u}=0\qquad(11\text{-}4\text{-}89)$$

化简上式[两端除以$(\omega_1+\omega_2)$]

$$x_1^{(1)}\frac{\mathrm{d}x_1^{(1)}}{\mathrm{d}u}+x_2^{(1)}\frac{\mathrm{d}x_2^{(1)}}{\mathrm{d}u}+\frac{\omega_2A}{\omega_1+\omega_2}\left(\cos\varphi_1\frac{\mathrm{d}x_2^{(1)}}{\mathrm{d}u}-\sin\varphi_1\frac{\mathrm{d}x_1^{(1)}}{\mathrm{d}u}\right)=0\qquad(11\text{-}4\text{-}90)$$

将公式

$$\left.\begin{aligned}&A=(1+i_{21})R_2\\&\frac{\omega_2}{\omega_1+\omega_2}=\frac{i_{21}}{1+i_{21}}\\&i_{21}=\frac{R_1}{R_2}\end{aligned}\right\}$$

代入式(11-4-90),则啮合方程化简为

$$x_1^{(1)}\frac{\mathrm{d}x_1^{(1)}}{\mathrm{d}u}+x_2^{(1)}\frac{\mathrm{d}x_2^{(1)}}{\mathrm{d}u}+R_1\left(\cos\varphi_1\frac{\mathrm{d}x_2^{(1)}}{\mathrm{d}u}-\sin\varphi_1\frac{\mathrm{d}x_1^{(1)}}{\mathrm{d}u}\right)=0\qquad(11\text{-}4\text{-}91)$$

共轭齿廓曲线 $\Gamma^{(2)}$ 方程

由题目中图可得,坐标变换公式

$$\sigma^{(2)}\rightarrow\sigma:\quad\left.\begin{aligned}&\boldsymbol{e}_1=\cos\varphi_2\boldsymbol{e}_1^{(2)}-\sin\varphi_2\boldsymbol{e}_2^{(2)}\\&\boldsymbol{e}_2=\sin\varphi_2\boldsymbol{e}_1^{(2)}+\cos\varphi_2\boldsymbol{e}_2^{(2)}\end{aligned}\right\}\qquad(11\text{-}4\text{-}92)$$

$$\sigma^{(2)}\rightarrow\sigma^{(1)}:\quad\left.\begin{aligned}&\boldsymbol{e}_1^{(1)}=\cos(\varphi_1+\varphi_2)\boldsymbol{e}_1^{(2)}-\sin(\varphi_1+\varphi_2)\boldsymbol{e}_2^{(2)}\\&\boldsymbol{e}_2^{(1)}=\sin(\varphi_1+\varphi_2)\boldsymbol{e}_1^{(2)}+\cos(\varphi_1+\varphi_2)\boldsymbol{e}_2^{(2)}\\&\boldsymbol{e}_3^{(1)}=\boldsymbol{e}_3^{(2)}=\boldsymbol{e}_3\end{aligned}\right\}\qquad(11\text{-}4\text{-}93)$$

齿廓 $\Gamma^{(2)}$ 方程

$$\boldsymbol{r}^{(2)}=\boldsymbol{r}^{(1)}+\boldsymbol{\xi}$$

由式(11-4-76)和式(11-4-92),写出上式中 $\boldsymbol{\xi}$ 在 $\sigma^{(2)}$ 中的表达式

$$\boldsymbol{\xi}=A\boldsymbol{e}_2=A\sin\varphi_2\boldsymbol{e}_1^{(2)}+\cos\varphi_2\boldsymbol{e}_2^{(2)}\qquad(11\text{-}4\text{-}94)$$

利用式(11-4-93),将式(11-4-81)中 $\boldsymbol{r}^{(1)}$ 变换到 $\sigma^{(2)}$ 中

$$\boldsymbol{r}^{(1)}=x_1^{(1)}\boldsymbol{e}_1^{(1)}+x_2^{(1)}\boldsymbol{e}_2^{(1)}=[x_1^{(1)}\cos(\varphi_1+\varphi_2)+x_2^{(1)}\sin(\varphi_1+\varphi_2)]\boldsymbol{e}_1^{(2)}+[x_2^{(1)}\cos(\varphi_1+\varphi_2)-x_1^{(1)}\sin(\varphi_1+\varphi_2)]\boldsymbol{e}_2^{(2)}\qquad(11\text{-}4\text{-}95)$$

利用式(11-4-94)和式(11-4-95)

$$\boldsymbol{r}^{(2)}=\boldsymbol{r}^{(1)}+\boldsymbol{\xi}=[x_1^{(1)}\cos(\varphi_1+\varphi_2)+x_2^{(1)}\sin(\varphi_1+\varphi_2)+A\sin\varphi_2]\boldsymbol{e}_1^{(2)}+[x_2^{(1)}\cos(\varphi_1+\varphi_2)-x_1^{(1)}\sin(\varphi_1+\varphi_2)+A\cos\varphi_2]\boldsymbol{e}_2^{(2)}\qquad(11\text{-}4\text{-}96)$$

将 $\varphi_2=i_{21}\varphi_1$ 代入式(11-4-96),并与啮合方程(11-4-91)联立,即可求出共轭齿廓曲线 $\Gamma^{(2)}$ 的方程

$$\left.\begin{aligned}&\boldsymbol{r}^{(2)}=\{x_1^{(1)}\cos[(1+i_{21})\varphi_1]+x_2^{(1)}\sin[(1+i_{21})\varphi_1]+A\sin\varphi_2\}\boldsymbol{e}_1^{(2)}+\{x_2^{(1)}\cos[(1+i_{21})\varphi_1]-x_1^{(1)}\sin[(1+i_{21})\varphi_1]+A\cos\varphi_2\}\boldsymbol{e}_2^{(2)}\\&\Phi\equiv x_1^{(1)}\frac{\mathrm{d}x_1^{(1)}}{\mathrm{d}u}+x_2^{(1)}\frac{\mathrm{d}x_2^{(1)}}{\mathrm{d}u}+R_1\left(\cos\varphi_1\frac{\mathrm{d}x_2^{(1)}}{\mathrm{d}u}-\sin\varphi_1\frac{\mathrm{d}x_1^{(1)}}{\mathrm{d}u}\right)=0\end{aligned}\right\}\qquad(11\text{-}4\text{-}97)$$

若 $\Gamma^{(1)}$ 的方程给出后,式(11-4-97)只是 φ_1 的函数,则当给出 φ_1 的不同点时,求出与之共轭的对应点,即可连成曲线。式(11-4-97)对任何平面啮合齿廓均适用,即已知任意齿廓曲线,都可以求出与之共轭的齿廓曲线,若 $\Gamma^{(1)}$ 是渐开线,则 $\Gamma^{(2)}$ 也是渐开线

不过,可以看出用空间啮合理论处理平面啮合问题,显得有些繁琐,工程中关于平面啮合的问题很多,可参考适合平面啮合的简便方法

4.3.3.2　基于包络法设计共轭曲线机构

根据一对共轭曲线互为包络线的性质，当给定其中一条曲线 $S_t^{(1)}$，可用包络法求得另一曲线 $S^{(2)}$。首先求得 $S_t^{(1)}$ 运动过程中在坐标系 $\sigma^{(2)}$ 上的一系列位置，得到一个曲线族 $\{S_t^{(1)}\}$，然后作该曲线族的包络线，即为 $S^{(2)}$，如表 11-4-17 和表 11-4-18 所示。

表 11-4-17　包络法设计共轭曲线机构（实际为求共轭曲线）

<table>
<tr><td>用途</td><td colspan="2">适合空间啮合和平面啮合传动机构</td></tr>
<tr><td>共轭曲线与包络线的概念</td><td colspan="2">所谓共轭曲线（如齿轮齿廓曲线），即两条曲线一定保证既运动又相切，两共轭曲线的运动是滚动加滑动。实际上，两条曲线中的任意一条曲线都是另一条曲线的包络线。包络线的定义是：一条曲线 Γ 上面的所有点都是一个曲线族（这里所称的曲线族，是一条在曲线运动过程所占据一系列位置的曲线）$\{S_t\}$ 中每条曲线 $S_t^{(1)}$ 上的点，并且在该点相切，则曲线 Γ 称为曲线族 $\{S_t\}$ 的包络线</td></tr>
<tr><td>包络原理</td><td colspan="2">如右图所示，构件 1 上的曲线 $S^{(1)}$ 和构件 2 上的曲线 $S^{(2)}$ 在 P 点接触，当构件 1 相对构件 2 运动时，其与 $S^{(2)}$ 的接触点分别是 P_1、P_2、…、P_n。曲线 $S^{(1)}$ 形成了一个曲线族 $\{S^{(1)}\}$，由图(a)可见曲线 $S^{(2)}$ 是曲线族 $\{S^{(1)}\}$ 的包络线，同理用曲线 $S^{(2)}$ 的运动所形成的曲线族 $\{S^{(2)}\}$ 可以包络出曲线 $S^{(1)}$。可得结论，高副中的两廓线是互为包络的曲线，这种包络原理在齿轮范成加工和凸轮实际廓线制造中得以广泛应用
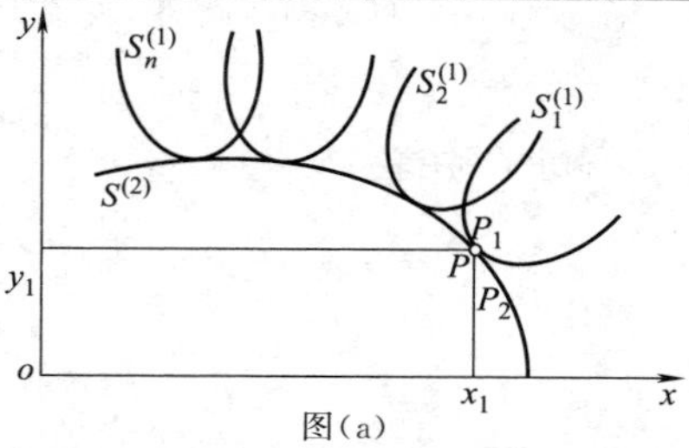

图(a)</td></tr>
<tr><td rowspan="4">包络法求共轭曲线过程</td><td>已知条件</td><td>已知曲线族 $\{S^{(1)}\}$ 的方程为
$$f(x^{(1)},y^{(1)};t)=0 \quad (11\text{-}4\text{-}98)$$
式中　$x^{(1)}$，$y^{(1)}$——曲线 $S^{(1)}$ 各点的坐标参数
t——曲线族 $\{S^{(1)}\}$ 中族的参数
因为族参数只有 t 一个，所以称为单参数曲线族，一般是曲线 $S^{(1)}$ 运动过程位置或时间作为族参数</td></tr>
<tr><td>包络线形成过程</td><td>根据包络原理，在包络线上任取一点 $P_2(x^{(2)},y^{(2)})$，由包络线定义，这一点只属于曲线族 $\{S^{(1)}\}$ 中一条曲线 $S^{(1)}$ 上的点，可见有一个 t 值，就对应包络线和曲线族 $\{S^{(1)}\}$ 中一条曲线的接触点 P，实际包络线就是由这一系列接触点在与 $S^{(2)}$ 固连坐标系 $\sigma^{(2)}$ 中形成的
但要提醒注意，求包络线时，若要将曲线族和包络线方程均变换到同一个坐标系下，则统一用 x、y 表示接触点位置</td></tr>
<tr><td>啮合条件方程的建立</td><td>由方程(11-4-98)，曲线族又可以写成以 t 为变量的方程：
$$f(x^{(1)}(t),y^{(1)}(t);t)=0 \quad (11\text{-}4\text{-}99)$$
根据包络线定义，应满足接触点 $P(x,y)$ 相切条件，则必须求接触点切线，将上式对变量 t 全微分
$$\frac{\partial f}{\partial x}\frac{dx}{dt}+\frac{\partial f}{\partial y}\frac{dy}{dt}+\frac{\partial f}{\partial t}=0 \quad (11\text{-}4\text{-}100)$$
设曲线 $S^{(1)}$ 上该点的切线上任一点参数为 X、Y，则曲线族的切线方程为
$$\frac{\partial f}{\partial x}\Big/\frac{\partial f}{\partial y}=-(Y-y)/(X-x)$$
即
$$\frac{\partial f}{\partial x}(X-x)+\frac{\partial f}{\partial y}(Y-y)=0 \quad (11\text{-}4\text{-}101)$$
包络线 $S^{(2)}$ 上在同一接触点处的切线可以写成
$$\frac{dy}{dx}=\frac{Y-y}{X-x}$$
即
$$\frac{X-x}{dx}=\frac{Y-y}{dy} \quad (11\text{-}4\text{-}102)$$
$S^{(1)}$ 和 $S^{(2)}$ 在接触点的两切线应重合，则参数均应满足上面这两个方程，即联立公式(11-4-101)和式(11-4-102)，故得
$$\frac{\partial f}{\partial x}dx+\frac{\partial f}{\partial y}dy=0 \quad (11\text{-}4\text{-}103)$$
比较式(11-4-100)和式(11-4-103)，并注意 dt 是任意参数，可得啮合条件方程
$$\frac{\partial f}{\partial t}=0 \quad 或 \quad \frac{\partial}{\partial t}f(x(t),y(t);t)=0 \quad (11\text{-}4\text{-}104)$$</td></tr>
<tr><td>包络线方程</td><td>将给定的曲线族方程(11-4-99)与接触条件方程(11-4-104)联立，可得包络线方程
$$\left.\begin{aligned}&f(x(t),y(t);t)=0\\&\frac{\partial}{\partial t}f(x(t),y(t);t)=0\end{aligned}\right\} \quad (11\text{-}4\text{-}105)$$</td></tr>
</table>

表 11-4-18　基于包络法设计共轭曲线机构应用实例

题目	已知：盘状凸轮基圆半径 $r_b=50\text{mm}$，直动从动件滚子半径 $r_0=10\text{mm}$，导路中心线与凸轮回转中心偏距 $e=10\text{mm}$，凸轮以 $n=500\text{r/min}$ 等速运动。其从动件运动规律如下：当凸轮转过 $\varphi_1=150°$时，从动件以正弦加速度规律上升到最高位置 $h=80\text{mm}$；当凸轮继续转过 $\varphi_2=30°$时，从动件静止不动；当凸轮继续又转 90°时，从动件以余弦加速度下降到最低点。利用包络法设计直动滚子从动件凸轮实际轮廓曲线
从动件运动规律	根据给定条件，从动件的运动规律分成四个阶段 ①凸轮转角 $\varphi_1=0°\sim150°$时，从动件正弦加速度上升，则 $$S_1=h\left[\frac{\varphi}{\varphi_1}-\frac{1}{2\pi}\sin\left(2\pi\frac{\varphi}{\varphi_1}\right)\right] \quad (11\text{-}4\text{-}106)$$ ②当凸轮转角 $\varphi_2=150°\sim180°$（远休止角），$h=80\text{mm}$ 时，由上式得 $$S_2=80\left[\frac{\varphi}{150}-\frac{1}{2\pi}\sin\left(\frac{2\pi}{150}\varphi\right)\right] \quad (11\text{-}4\text{-}107)$$ ③当凸轮转角 $\varphi_3=180°\sim270°$时，从动件余弦加速度下降 $$S_3=\frac{h}{2}\left[1+\cos\left(\frac{\pi}{\varphi_3}\varphi\right)\right] \quad (11\text{-}4\text{-}108)$$ ④凸轮转角 $\varphi_4=270°\sim360°$时，从动件在最低点（基圆不动）
曲线族（滚子）方程	图(a)中包络凸轮实际轮廓曲线的曲线族是由一系列半径为 $r_0=10\text{mm}$ 的滚子（圆）组成的，设(x_1,y_1)为滚子中心坐标，滚子上任意点坐标(x,y)的方程为 $$(x-x_1)^2+(y-y_1)^2-r_0^2=0 \quad (11\text{-}4\text{-}109)$$ 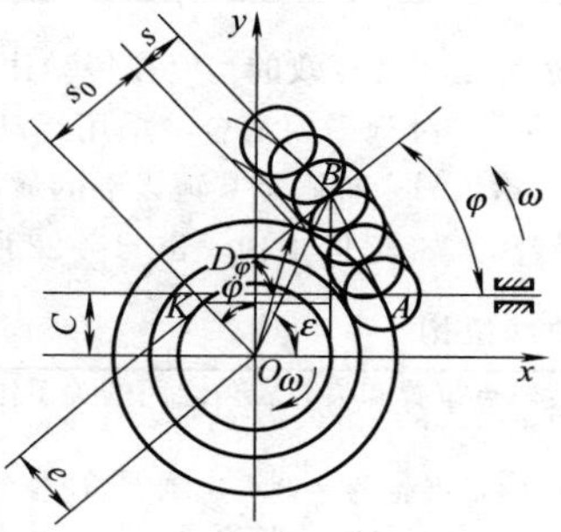 图(a) 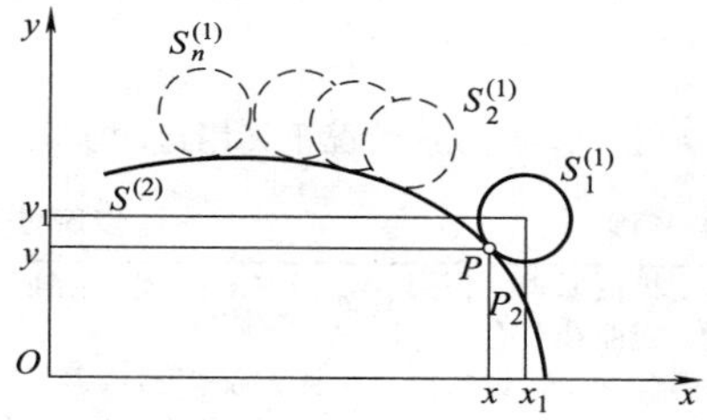 图(b)
接触条件方程	求凸轮实际廓线实际上是求滚子（圆）形成曲线族的包络线。为应用表 11-4-17 中式(11-4-105)，则仿照接触条件方程(11-4-104)，先对式(11-4-109)求偏导，则有 $$(x-x_1)\frac{\mathrm{d}x}{\mathrm{d}\varphi}-(y-y_1)\frac{\mathrm{d}y}{\mathrm{d}\varphi}=0 \quad (11\text{-}4\text{-}110)$$
凸轮理论轮廓线方程	凸轮理论轮廓曲线是凸轮机构中从动件滚子中心各点坐标，参照图(a)、图(b)，可得 $$\left.\begin{aligned}x_1&=(s_0+s)\cos\varphi-e\sin\varphi\\y_1&=e\cos\varphi+(s_0+s)\sin\varphi\\s_0&=\sqrt{r_b^2-e^2}\end{aligned}\right\} \quad (11\text{-}4\text{-}111)$$
求凸轮实际轮廓曲线	将曲线族方程(11-4-109)和接触条件方程(11-4-110)联立得凸轮实际廓线方程 $$\left.\begin{aligned}&(x-x_1)^2+(y-y_1)^2-r_0^2=0\\&(x-x_1)\frac{\mathrm{d}x_1}{\mathrm{d}\varphi}-(y-y_1)\frac{\mathrm{d}y_1}{\mathrm{d}\varphi}=0\end{aligned}\right\} \quad (11\text{-}4\text{-}112)$$ 即 $$\left.\begin{aligned}x&=x_1\pm r_0\frac{\mathrm{d}y_1/\mathrm{d}\varphi}{\sqrt{(\mathrm{d}x_1/\mathrm{d}\varphi)^2+(\mathrm{d}y_1/\mathrm{d}\varphi)^2}}\\y&=y_1\mp r_0\frac{\mathrm{d}x_1/\mathrm{d}\varphi}{\sqrt{(\mathrm{d}x_1/\mathrm{d}\varphi)^2+(\mathrm{d}y_1/\mathrm{d}\varphi)^2}}\end{aligned}\right\} \quad (11\text{-}4\text{-}113)$$ 为求公式(11-4-111)中$\frac{\mathrm{d}x_1}{\mathrm{d}\varphi}$和$\frac{\mathrm{d}y_1}{\mathrm{d}\varphi}$，对式(11-4-109)求导得 $$\left.\begin{aligned}\frac{\mathrm{d}x_1}{\mathrm{d}\varphi}&=\left(\frac{\mathrm{d}s}{\mathrm{d}\varphi}-e\right)\cos\varphi-(s_0+s)\sin\varphi\\\frac{\mathrm{d}y_1}{\mathrm{d}\varphi}&=\left(\frac{\mathrm{d}s}{\mathrm{d}\varphi}-e\right)\sin\varphi+(s_0+s)\cos\varphi\end{aligned}\right\} \quad (11\text{-}4\text{-}114)$$

续表

求凸轮实际轮廓曲线	将式(11-4-106)、式(11-4-107)、式(11-4-108)、式(11-4-113)、式(11-4-114)联立，即可计算出凸轮实际轮廓曲线各点数值，其图形如图(c)所示 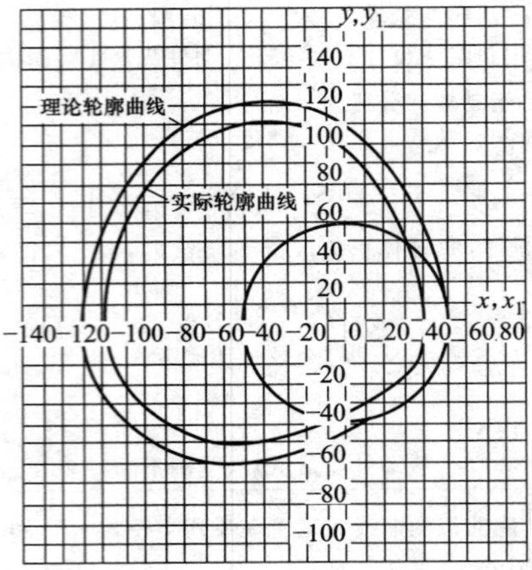 图(c)

4.3.3.3 基于齿廓法线法设计共轭曲线机构

在传动比 $i_{12}\neq$常数的情况下，用运动学法来确定共轭齿廓是非常有效的。但在传动比恒定（$i_{12}=$常数）的情况下，对于平面啮合，采用运动学法，显得烦琐，为此，给出另一种确定共轭齿廓的最简便的方法——齿廓法线法，如表 11-4-19～表 11-4-22 所示。

表 11-4-19 齿廓法线法设计共轭曲线机构

齿廓法线法的基本原理	根据机械原理中齿廓啮合基本定律，建立在所给定的齿廓上的接触点位置和齿轮转角之间的关系作为啮合条件方程，求其共轭曲线 如图(a)所示，齿轮 1 与坐标系 $\sigma^{(1)}[O_1;x_1,y_1]$相固连，假定给出的是齿轮的左侧齿廓 $\Gamma^{(1)}$，齿轮的转角 φ_1沿逆时针方向为正。G 点是接触点，根据轮齿啮合基本定律（两共轭齿廓在接触点的公法线必须通过啮合节点），则 G 点的公法线$\overline{GP}$一定通过啮合节点 P 当齿轮逆时针转过一个 φ_1角时，齿廓上 G_1点成为接触点，G_1点的法线$\overline{G_1P_1}$与齿轮瞬心线（节圆）的交点为 P_1，这一时刻 P_1点运动到与啮合节点 P 相重合。同理，当齿轮顺时针转过一个 φ_1'角时，齿廓接触点对应瞬心线上 P_1'点，也必须和节点 P 重合。因此，齿廓 $\Gamma^{(1)}$上的 G_1点成为接触点时，它在 $\sigma^{(1)}$里的坐标(x_1,y_1)与转角 φ_1有一定的关系，由图(b)可得 $$\varphi_1=\frac{\pi}{2}-(\gamma+\psi) \quad (11\text{-}4\text{-}115)$$ 式中 γ——齿廓 $\Gamma^{(1)}$在 $G_1(x_1,y_1)$点的切线（平行 O_1L_1）与 x_1的夹角 利用式(11-4-115)设计共轭曲线机构的方法称为齿廓法线法 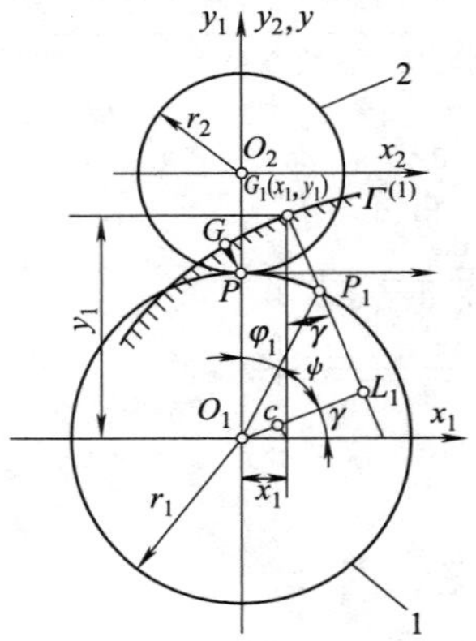 图(a) 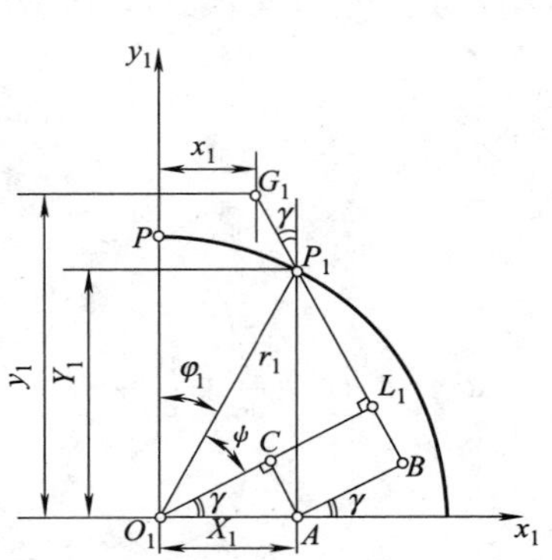 图(b)

续表

设计步骤	求公式(11-4-115)中 γ 角	当齿廓 $\Gamma^{(1)}$ 的方程已知时,接触点公法线和 y 轴夹角 γ 也随之确定。由高等数学可知,随着齿廓方程式的形式不同,确定 $\tan\gamma$ 的公式也因之不同,具体如下 $$\left.\begin{array}{l} y_1=f(x_1),\tan\gamma=y_1' \\ F_1(x_1,y_1)=0,\tan\gamma=-\dfrac{\dfrac{\partial F_1}{\partial x_1}}{\dfrac{\partial F_1}{\partial y_1}} \\ \left.\begin{array}{l}x_1=f_1(u)\\ y_1=f_2(u)\end{array}\right\},\tan\gamma=\dfrac{f_2'(u)}{f_1'(u)} \end{array}\right\} \qquad (11\text{-}4\text{-}116)$$ 若齿廓上任意一点 $G_1(x_1,y_1)$ 的法线和瞬心线的交点 P_1 的坐标为 (X_1,Y_1),则由图(b)可得 $$\frac{Y_1-y_1}{X_1-x_1}=-\cot\gamma$$ 上式又可写成 $$X_1\cos\gamma+Y_1\sin\gamma=x_1\cos\gamma+y_1\sin\gamma \qquad (11\text{-}4\text{-}117)$$
	求公式(11-4-115)中 ψ 角	由图(a)和图(b)可知 $$r_1\cos\psi=O_1L_1=O_1C+CL_1=O_1C+AB=X_1\cos\gamma+Y_1\sin\gamma$$ 即 $$X_2\cos\gamma+Y_1\sin\gamma=r_1\cos\psi \qquad (11\text{-}4\text{-}118)$$ 把式(11-4-117)同式(11-4-118)相比较,得到 $$\cos\psi=\frac{x_1\cos\gamma+y_1\sin\gamma}{r_1} \qquad (11\text{-}4\text{-}119)$$
	建立啮合条件方程	综上所述,可得到接触点在齿廓上的位置 (x_1,y_1) 和齿轮转角 φ_1 之间的关系为 $$\left.\begin{array}{l}\cos\psi=\dfrac{x_1\cos\gamma+y_1\sin\gamma}{r_1}\\ \varphi_1=\dfrac{\pi}{2}-(\gamma+\psi)\end{array}\right\} \qquad (11\text{-}4\text{-}120)$$ 或 $$\sin(\gamma+\varphi_1)=\frac{x_1\cos\gamma+y_1\sin\gamma}{r_1} \qquad (11\text{-}4\text{-}121)$$ 式(11-4-120)和式(11-4-121)是齿廓 $\Gamma^{(1)}$ 的点 $G_1(x_1,y_1)$ 成为啮合点时的条件。由于 $G_1(x_1,y_1)$ 是任意选的,所以式(11-4-120)或式(11-4-121)就相当于啮合方程,即齿廓 $\Gamma^{(1)}$ 上的点成为接触点时的条件
	齿廓方程和啮合线方程	只要把已知齿廓 $\Gamma^{(1)}$ 上接触点的坐标 (x_1,y_1) 变换到与所求齿廓 $\Gamma^{(2)}$ 相固连的动坐标系 $\sigma^{(2)}$ 里,再和啮合方程(11-4-121)联立,就可得到与给定齿廓相共轭的齿廓方程 当把已知齿廓 $\Gamma^{(1)}$ 上接触点的坐标变换到固定坐标系 σ 里时,就可得到啮合线的方程

表 11-4-20　　实例 1　基于齿廓法线法设计被加工齿轮齿廓曲线

题目	渐开线插齿刀加工渐开线齿轮[图(a)],已知渐开线插齿刀的齿数 $Z_1=20$,节圆半径 $r_1=40\text{mm}$,模数 $m=4\text{mm}$,被加工齿轮的齿数为 Z_2,压力角为 α 求:①被加工齿轮的齿廓曲线方程,并画出齿廓曲线(压力角 α 分别为 20°、25°,齿数 Z_2 分别为 10、20) ②刀具尖点的轨迹(刀具齿顶高 $h_a=1.25m$) ③啮合线方程 ④编程计算并画出 α 为 20°和 25°、Z_2 为 10 和 20 时,被加工齿轮的齿廓曲线和刀尖轨迹曲线	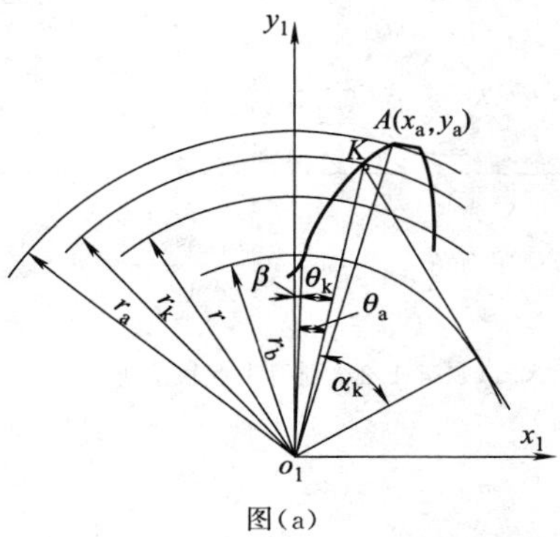 图(a)

续表

建立已知插齿刀齿廓方程	渐开线插齿刀齿廓如图(a)所示。$\sigma^{(1)}=[o_1;x_1,y_1]$为与渐开线插齿刀固连的动坐标系，以左齿廓为已知齿廓，其方程为 $\left.\begin{aligned} x_1&=\frac{r_{b1}}{\cos\alpha_k}\sin(\theta_k+\beta)\\ y_1&=\frac{r_{b1}}{\cos\alpha_k}\cos(\theta_k+\beta)\end{aligned}\right\}$ (11-4-122) 式中 $r_{b1}=r_k\cos\alpha_k$ $\theta_k=\tan\alpha_k-\alpha_k$ $r_{b1}=r_1\cos\alpha=r_k\cos\alpha_k$ $\beta=\frac{\pi}{2Z_1}-(\tan\alpha-\alpha)$
建立啮合方程	根据刀具渐开线的方程，则其接触点K的切线与x_1轴的夹角γ应为 $\tan\gamma=\frac{dy_1}{dx_1}=\frac{\cos(\theta_k+\beta)-\sin(\theta_k+\beta)\tan\alpha_k}{\sin(\theta_k+\beta)+\cos(\theta_k+\beta)\tan\alpha_k}=1-\frac{\tan(\theta_k+\beta)\tan\alpha_k}{\tan(\theta_k+\beta)+\tan\alpha_k}$ 则 $\tan\gamma=\cot(\theta_k+\beta+\alpha_k)$ 所以 $\gamma=\frac{\pi}{2}-(\theta_k+\beta+\alpha_k)$ (11-4-123) 将式(11-4-123)代入表11-4-19中啮合方程(11-4-121)得 $\varphi_1=\arcsin\frac{x_1\cos\gamma+y_1\sin\gamma}{r_1}-\gamma$ (11-4-124)
啮合线方程	将x_1、y_1变换到固定坐标系$[P;x,y]$中，即可求得啮合线方程。由 $\sigma^{(1)}\rightarrow\sigma:\begin{bmatrix}x\\y\\1\end{bmatrix}=\begin{bmatrix}\cos\varphi_1&-\sin\varphi_1&0\\\sin\varphi_1&\cos\varphi_1&-r_1\\0&0&1\end{bmatrix}\begin{bmatrix}x_1\\y_1\\1\end{bmatrix}$ 得 $\left.\begin{aligned} x&=x_1\cos\varphi_1-y_1\sin\varphi_1\\ y&=x_1\sin\varphi_1+y_1\cos\varphi_1-r_1\end{aligned}\right\}$ (11-4-125) 将式(11-4-122)代入式(11-4-125)，啮合线方程为 $\left.\begin{aligned} x&=\frac{r_{b1}}{\cos\alpha_k}\sin(\theta_k+\beta-\varphi_1)\\ y&=\frac{r_{b1}}{\cos\alpha_k}\cos(\theta_k+\beta-\varphi_1)-r_1\end{aligned}\right\}$ (11-4-126)
被加工齿轮的齿廓方程	将x_1、y_1变换到动坐标系$\sigma^{(2)}=[o_2;x_2,y_2]$中，并利用式(11-4-124)和式(11-4-123)便可求得齿轮的齿廓方程 $\left.\begin{aligned} x_2&=x_1\cos(1+i_{21})\varphi_1-y_1\sin(1+i_{21})\varphi_1+a\sin i_{21}\varphi_1\\ y_2&=x_1\sin(1+i_{21})\varphi_1+y_1\cos(1+i_{21})\varphi_1-a\cos i_{21}\varphi_1\end{aligned}\right\}$ (11-4-127) 如将式(11-4-122)代入上式又可得 $\left.\begin{aligned} x_2&=\frac{r_{b1}}{\cos\alpha_k}\sin[\theta_k+\beta-(1+i_{21})\varphi_1]+a\sin i_{21}\varphi_1\\ y_2&=\frac{r_{b1}}{\cos\alpha_k}\cos[\theta_k+\beta-(1+i_{21})\varphi_1]-a\cos i_{21}\varphi_1\end{aligned}\right\}$ (11-4-128) 式中 $i_{21}=\frac{\omega_2}{\omega_1}=\frac{\varphi_2}{\varphi_1}=\frac{r_1}{r_2}$ $a=r_1+r_2$(中心距)
刀尖点的轨迹方程	齿顶圆半径 $r_{a1}=r_1+(h_a^*+c^*)m=r_1+1.25m$ 齿顶压力角 $\alpha_a=\arccos\frac{r_1\cos\alpha}{r_{a1}}$ $\theta_a=\tan\alpha_a-\alpha_a$ 代入式(11-4-122)，则刀尖点轨迹为 $\left.\begin{aligned} x_{a1}&=\frac{r_{b1}}{\cos\alpha_a}\sin(\theta_a+\beta)\\ y_{a1}&=\frac{r_{b1}}{\cos\alpha_a}\cos(\theta_a+\beta)\end{aligned}\right\}$ (11-4-129)

续表

刀尖点的轨迹方程

将式(11-4-127)变换到动坐标系$[o_2;x_2,y_2]$中，并利用式(11-4-123)和式(11-4-124)，即可得出刀尖点在σ_2中的轨迹方程

$$\left.\begin{aligned}x_{a2}&=x_{a1}\cos(1+i_{21})\varphi_1-y_{a1}\sin(1+i_{21})\varphi_1+a\sin i_{21}\varphi_1\\y_{a2}&=x_{a1}\sin(1+i_{21})\varphi_1+y_{a1}\cos(1+i_{21})\varphi_1-a\cos i_{21}\varphi_1\end{aligned}\right\}\quad(11\text{-}4\text{-}130)$$

为便于编程画出被加工齿轮的齿廓曲线和刀尖轨迹曲线，式(11-4-130)又可写成

$$\left.\begin{aligned}x_{a2}&=x_a\cos i_{21}\varphi_1-y_a\sin i_{21}\varphi_1+r_2\sin i_{21}\varphi_1\\y_{a2}&=x_a\sin i_{21}\varphi_1+y_a\cos i_{21}\varphi_1-r_2\cos i_{21}\varphi_1\end{aligned}\right\}\quad(11\text{-}4\text{-}131)$$

由以上公式可知：当计算被加工齿轮齿廓曲线时，应用式(11-4-123)、式(11-4-124)和式(11-4-128)；计算啮合线时，应用式(11-4-123)、式(11-4-124)和式(11-4-126)；计算刀尖轨迹时，应用式(11-4-123)、式(11-4-124)和式(11-4-131)，实际上是可以用来计算出齿轮齿根的过渡曲线[参见图(b)～图(d)]的

计算结果中图(b)所示为齿数$Z_2=10$的情况，可以明显看出被加工齿轮2齿廓有根切现象，这是渐开线齿轮齿数少于最少齿数17而造成的；图(c)和图(d)所示为齿数$Z_2=20$的情况

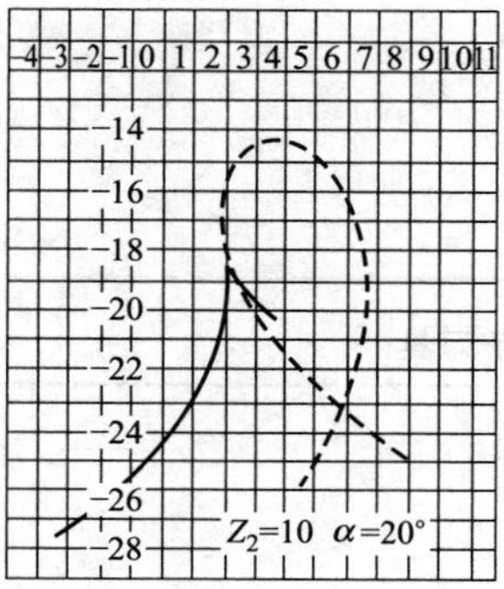

图(b)

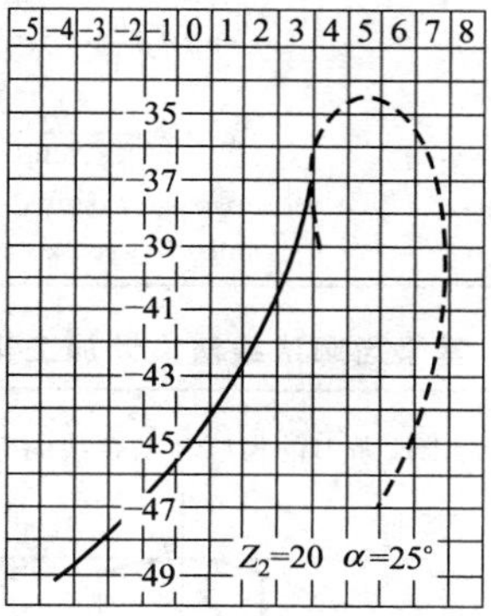

图(c)

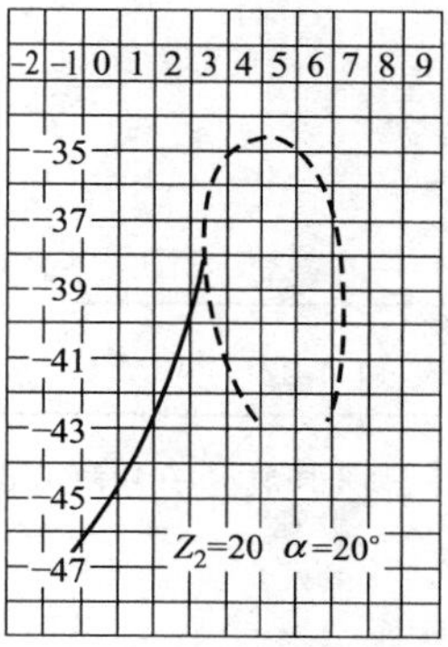

图(d)

表 11-4-21　　实例 2　基于齿廓法线法设计加工直线插齿刀齿廓

题目

用插齿刀加工直线齿廓Γ_1的外啮合齿轮(如右图所示)，直线齿廓ab在坐标系$\sigma_1=[o_1;\boldsymbol{i}_1,\boldsymbol{j}_1]$中的方程式为

$$y_1=x_1\cot\beta+\frac{h}{\sin\beta}\quad(11\text{-}4\text{-}132)$$

求插齿刀的齿廓Γ_2的方程式及啮合线的方程

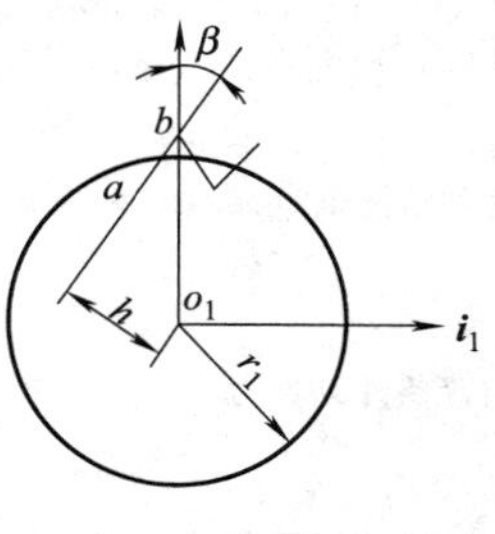

建立啮合方程

首先设与插齿刀固连动坐标系$\sigma_2=[o_2;\boldsymbol{i}_2,\boldsymbol{j}_2]$，设以节点为坐标原点并与机架固连的固定坐标系$\sigma=[o;\boldsymbol{i},\boldsymbol{j}]$

为求啮合条件方程中γ角，将式(11-4-132)代入表11-4-19中式(11-4-116)的第一式，得

$$\tan\gamma=\cot\beta，故\ \gamma=\frac{\pi}{2}-\beta\quad(11\text{-}4\text{-}133)$$

将式(11-4-133)和式(11-4-132)代入表11-4-19中啮合方程(11-4-121)，化简后得

$$\cos(\beta-\varphi_1)=\frac{x_1+h\cos\beta}{r_1\sin\beta}\quad(11\text{-}4\text{-}134)$$

第11篇

续表

设计插齿刀齿廓方程

将式(11-4-132)、式(11-4-134)和表 11-4-20 中式(11-4-127)联立求解，便可得出在坐标系 $\sigma_2=[o_2;\boldsymbol{i}_2,\boldsymbol{j}_2]$上插齿刀的齿廓 Γ_2 的方程式

$$\left.\begin{aligned} &y_1=x_1\cot\beta+\frac{h}{\sin\beta}\\ &\cos(\beta-\varphi_1)=\frac{x_1+h\cos\beta}{r_1\sin\beta}\\ &x_2=x_1\cos(i_{21}+1)\varphi_1-y_1(i_{21}+1)\sin\varphi_1+a\sin i_{21}\varphi_1\\ &y_2=x_1\cos(i_{21}+1)\varphi_1+y_1(i_{21}+1)\sin\varphi_1-a\cos i_{21}\varphi_1 \end{aligned}\right\} \tag{11-4-135}$$

啮合线方程

为求啮合线方程，将坐标系 σ_1 变换到固定坐标系 σ 中，即

$$\begin{bmatrix}x\\y\\1\end{bmatrix}=\begin{bmatrix}\cos\varphi_1 & -\sin\varphi_1 & 0\\ \sin\varphi_1 & \cos\varphi_1 & -r_1\\ 0 & 0 & 1\end{bmatrix}\begin{bmatrix}x_1\\y_1\\1\end{bmatrix}$$

则有

$$\left.\begin{aligned} &x=x_1\cos\varphi_1-y_1\sin\varphi_1\\ &y=x_1\sin\varphi_1+y_1\cos\varphi_1-r_1 \end{aligned}\right\} \tag{11-4-136}$$

啮合线方程式可用下列方程组联立求解而得出

$$\left.\begin{aligned} &y_1=x_1\cot\beta+\frac{h}{\sin\beta}\\ &\cos(\beta-\varphi_1)=\frac{x_1+h\cos\beta}{r_1\sin\beta}\\ &x=x_1\cos\varphi_1-y_1\sin\varphi_1\\ &y=x_1\sin\varphi_1+y_1\cos\varphi_1-r_1 \end{aligned}\right\} \tag{11-4-137}$$

表 11-4-22　　实例 3　基于齿廓法线法设计加工花键轴齿条刀具

题目

如下图所示，在切制花键轴的情况下，求齿条刀的齿廓和啮合线的方程式

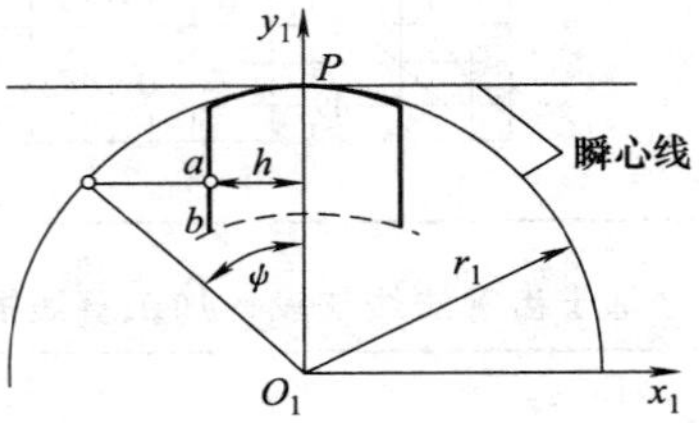

花键轴和啮合条件方程

设 $\sigma^{(1)}[O_1;x_1,y_1]$与花键轴固连，所设计刀具与 $\sigma^{(2)}[O_2;x_2,y_2]$固连，固定坐标系为 $\sigma[O;x,y]$

在动标系 $\sigma^{(1)}[O_1;x_1,y_1]$中，花键轴左侧齿廓 ab 的方程式为

$$x_1+h=0 \tag{11-4-138}$$

在这种情况下，齿廓 ab 的切线与 ab 重合，故 $\gamma=\frac{\pi}{2}$。将其代入表 11-4-19 中啮合条件方程(11-4-119)，得到

$$\cos\psi=\frac{y_1}{r_1},\varphi_1=-\psi$$

则啮合条件方程为

$$\cos\varphi_1=\cos\psi=\frac{y_1}{r_1} \tag{11-4-139}$$

啮合线方程

坐标变换

$\sigma^{(1)}\rightarrow\sigma^{(0)}$：

$$M_{01}=\begin{bmatrix}\cos\varphi_1 & \sin\varphi_1 & 0\\ -\sin\varphi_1 & \cos\varphi_1 & r_1\\ 0 & 0 & 0\end{bmatrix} \tag{11-4-140}$$

$\sigma^{(1)}\rightarrow\sigma^{(2)}$：

$$M_{21}=\begin{bmatrix}\cos(\varphi_2+\varphi_1) & \sin(\varphi_2+\varphi_1) & A\sin\varphi_2\\ -\sin(\varphi_2+\varphi_1) & \cos(\varphi_2+\varphi_1) & A\cos\varphi_2\\ 0 & 0 & 1\end{bmatrix} \tag{11-4-141}$$

参照式(11-4-140)，$\sigma^{(1)}\rightarrow\sigma^{(0)}$ 的坐标变换后公式为

续表

啮合线方程	$\left.\begin{aligned} x&=x_1\cos\varphi_1-y_1\sin\varphi_1 \\ y&=x_1\sin\varphi_1+y_1\cos\varphi_1-r_1\end{aligned}\right\}$　(11-4-142) 参照式(11-4-141)，$\sigma^{(1)}\rightarrow\sigma^{(2)}$的坐标变换后公式为 $\left.\begin{aligned} x_2&=x_1\cos\varphi_1-y_1\sin\varphi_1+r_1\varphi_1 \\ y_2&=x_1\sin\varphi_1+y_1\cos\varphi_1-r_1\end{aligned}\right\}$　(11-4-143) 将式(11-4-138)、式(11-4-139)代入式(11-4-142)，得到啮合线方程 $\left.\begin{aligned} x&=-y_1\left(\frac{h}{r_1}+\sin\varphi_1\right) \\ y&=-h\sin\varphi_1+\frac{y_1^2}{r_1}-r_1 \\ \cos\varphi_1&=\frac{y_1}{r_1}\end{aligned}\right\}$　(11-4-144)
齿条刀具齿廓方程	将式(11-4-138)、式(11-4-139)代入式(11-4-143)，又得到齿条刀的齿廓方程 $\left.\begin{aligned} x_2&=-y_1\left(\frac{h}{r_1}+\sin\varphi_1\right)+r_1\varphi_1 \\ y_2&=-h\sin\varphi_1+\frac{y_1^2}{r_1}-r_1 \\ \cos\varphi_1&=\frac{y_1}{r_1}\end{aligned}\right\}$　(11-4-145) 式中，$y_b\leqslant y_1\leqslant y_a$[如题目中图所示]

4.3.4　共轭曲线机构诱导法曲率的计算

表 11-4-23　共轭曲线机构诱导法曲率定义及计算

定义	如图(a)、图(b)中共轭曲线$\Gamma^{(1)}$和$\Gamma^{(2)}$在一个啮合点接触(相切)，其法曲率(曲率半径的倒数)分别为$k_n^{(1)}$、$k_n^{(2)}$，在该点沿任意切线方向两曲面的法曲率之差$k_n^{(12)}$称为诱导法曲率。其计算公式为 $k_n^{(12)}=k_n^{(1)}-k_n^{(2)}$　(11-4-146) 但应注意到：$k_n^{(1)}$和$k_n^{(2)}$的绝对值分别是曲线$\Gamma^{(1)}$和$\Gamma^{(2)}$的曲率，而$k_n^{(1)}$、$k_n^{(2)}$的符号，在法矢$\boldsymbol{n}$正向一边时为正，反之就为负 如在图(a)中，$\Sigma^{(1)}$和$\Sigma^{(2)}$在P点的法曲率$k_n^{(1)}>0$(正)、$k_n^{(2)}<0$(负)，则诱导法曲率$k_n^{(12)}$等于$k_n^{(1)}$、$k_n^{(2)}$的数值之和；而在图(b)中，$k_n^{(1)}>0$、$k_n^{(2)}>0$，则诱导法曲率$k_n^{(12)}$等于$k_n^{(1)}$、$k_n^{(2)}$数值之差 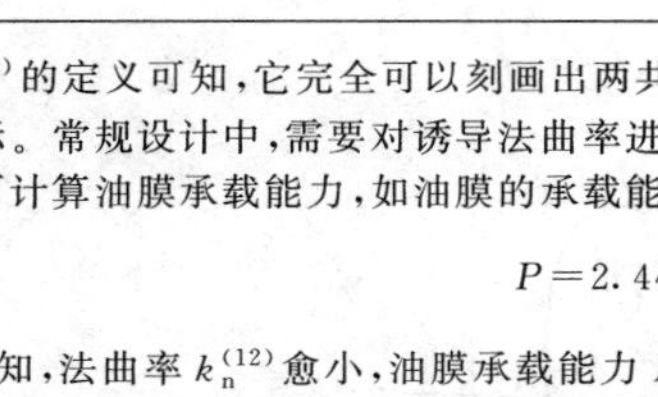图(a) 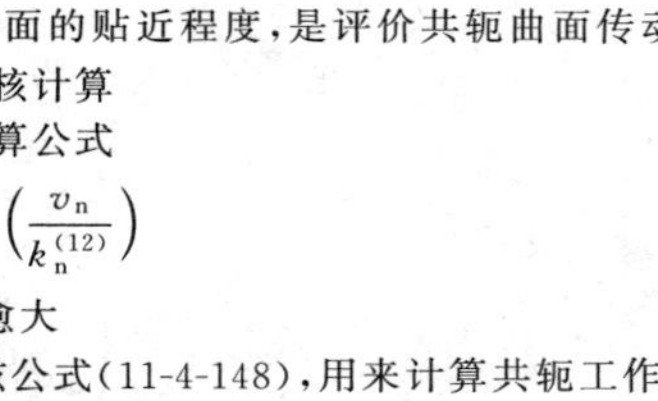图(b)
计算诱导法曲率的意义	由诱导法曲率$k_n^{(12)}$的定义可知，它完全可以刻画出两共轭曲面的贴近程度，是评价共轭曲面传动性能的一个很重要的啮合质量评价指标。常规设计中，需要对诱导法曲率进行校核计算 应用诱导法曲率可计算油膜承载能力，如油膜的承载能力计算公式 $P=2.448\frac{\mu_0}{h_0}\left(\frac{v_n}{k_n^{(12)}}\right)$　(11-4-147) 由式(11-4-147)可知，法曲率$k_n^{(12)}$愈小，油膜承载能力P就愈大 应用诱导法曲率进行接触应力计算。弹性力学理论中的赫兹公式(11-4-148)，用来计算共轭工作曲面接触强度，也离不开诱导法曲率$k_n^{(12)}$ $\sigma=0.418\sqrt{pEk_n^{(12)}}$　(11-4-148) 由式(11-4-148)可知，法曲率$k_n^{(12)}$愈小，接触应力越小

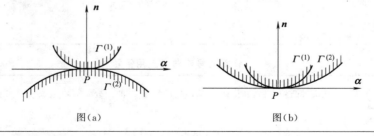

续表

普遍计算公式

计算诱导法曲率的普遍计算公式

$$k_2\left(\frac{d_1\boldsymbol{r}^{(1)}}{\mathrm{d}t}+\boldsymbol{v}^{(12)}\right)=k_1\frac{d_1\boldsymbol{r}^{(1)}}{\mathrm{d}t}-\boldsymbol{\omega}^{(12)}\times\boldsymbol{n}^{(1)} \tag{11-4-149}$$

式中 k_1、k_2——已知廓线 Γ_1、共轭曲线 Γ_2 的曲率

$\boldsymbol{\omega}^{(12)}$——廓线 Γ_1、共轭曲线 Γ_2 相对角速度矢

$\boldsymbol{n}^{(1)}$——幺法矢

在已知廓线 Γ_1 的曲率 k_1、$\boldsymbol{v}^{(12)}$、$\boldsymbol{\omega}^{(12)}$ 的条件下，由式(11-4-147)确定共轭曲线 Γ_2 的曲率 k_2

特殊情况下，如果齿廓在瞬心线上啮合节点 P 接触，$\boldsymbol{v}^{(12)}=0$，于是得到

$$(k_1-k_2)\frac{\mathrm{d}_1\boldsymbol{r}^{(1)}}{\mathrm{d}t}=\boldsymbol{\omega}^{(12)}\times\boldsymbol{n}^{(1)} \tag{11-4-150}$$

欧拉-萨瓦里公式

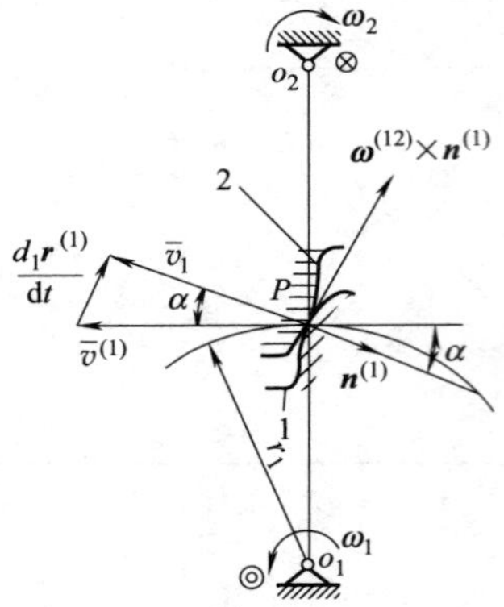

图(c)

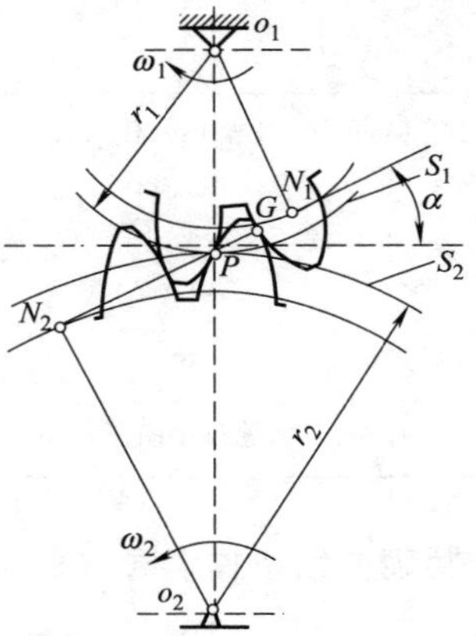

图(d)

计算诱导法曲率的欧拉-萨瓦里公式如下

两齿廓啮合点和节点 P 重合时的欧拉-萨瓦里公式[图(c)]

$$\left(\frac{1}{\rho^{(1)}}+\frac{1}{\rho^{(2)}}\right)=\left(\frac{1}{r_1}+\frac{1}{r_2}\right)\frac{1}{\sin\alpha} \tag{11-4-151}$$

式中 $\frac{1}{\rho^{(1)}}=k_1$，$-\frac{1}{\rho^{(2)}}=k_2$

α——节点 P 啮合角

两齿廓不在啮合节点 P 接触时的欧拉-萨瓦里公式[图(d)]

$$\left(\frac{1}{\rho^{(1)}-x}+\frac{1}{\rho^{(2)}+x}\right)\sin\alpha'=\frac{1}{r_1}+\frac{1}{r_2} \tag{11-4-152}$$

式中 $x=PG$[参见图(d)]

α'——接触点 G 的啮合角

表 11-4-24　　计算诱导法曲率应用例题

题目

如下图所示直动平底从动件凸轮机构，其位移 S_1 是凸轮的转角 φ_2 的函数。$S_1=S_1(\varphi_2)$。求该机构中凸轮轮廓的曲线方程及其曲率

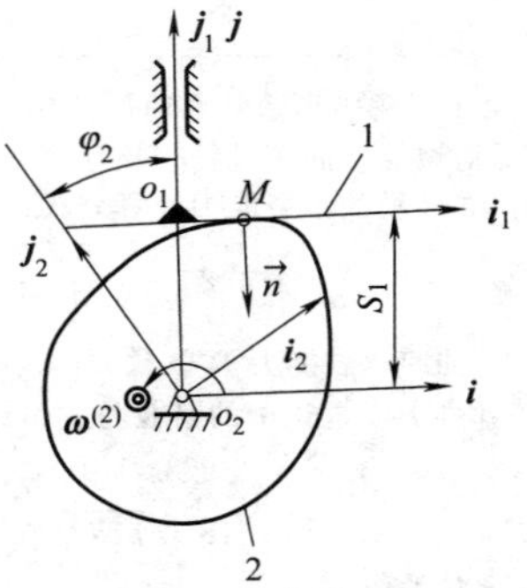

续表

凸轮廓线方程和凸轮曲率k_2	给定廓线方程	坐标系如上图所示，凸轮廓线实际是在保证给定的相对运动下，从动件平底的包络线。设平底直线轮廓与动标架$\sigma^{(1)}$中$\boldsymbol{i}_1$轴重合，则在$\sigma^{(1)}$中的方程为 $\boldsymbol{r}^{(1)}=u\boldsymbol{i}_1=\{x_1,y_1\}=\{u,0\}$　(11-4-153) 式中　u——平底直线上参数
	求相对速度	由凸轮机构[如题目中图所示]运动关系可得 $\left.\begin{array}{l}\boldsymbol{\omega}^{(1)}=0\\ \boldsymbol{\omega}^{(2)}=\omega_2\boldsymbol{k}_2=\omega_2\boldsymbol{k}_1\\ \boldsymbol{\omega}^{(12)}=-\omega_2\boldsymbol{k}_1\\ \boldsymbol{\xi}=\boldsymbol{O}_2\boldsymbol{O}_1=S_1(\varphi)\boldsymbol{j}_1\\ \dfrac{\mathrm{d}\boldsymbol{\xi}}{\mathrm{d}t}=\dfrac{\mathrm{d}S_1}{\mathrm{d}t}\boldsymbol{j}_1\\ \boldsymbol{r}^{(1)}=u\boldsymbol{i}_1\end{array}\right\}$ 将以上公式代入相对运动速度$\boldsymbol{v}^{(12)}$的公式 $\boldsymbol{v}^{(12)}=\boldsymbol{\omega}^{(12)}\times\boldsymbol{r}^{(1)}+\dfrac{\mathrm{d}\boldsymbol{\xi}}{\mathrm{d}t}-\boldsymbol{\omega}^{(2)}\times\boldsymbol{\xi}$ 整理后，得到 $\boldsymbol{v}^{(12)}=\omega_2S_1\boldsymbol{i}_1+\left(\dfrac{\mathrm{d}S_1}{\mathrm{d}t}-\omega_2u\right)\boldsymbol{j}_1$　(11-4-154)
	啮合方程建立	直线轮廓的幺法矢$\boldsymbol{n}$在$\sigma^{(1)}$中的表达式 $\boldsymbol{n}=-\boldsymbol{j}_1=\{0,-1\}$　(11-4-155) 将式(11-4-154)、式(11-4-155)代入啮合方程$\boldsymbol{\Phi}=\boldsymbol{n}\boldsymbol{v}^{(12)}=0$，则有 $\dfrac{\mathrm{d}S_1}{\mathrm{d}t}-\omega_2u=0$　(11-4-156) 又因　$\dfrac{\mathrm{d}S_1}{\mathrm{d}t}=\dfrac{\mathrm{d}S_1}{\mathrm{d}\varphi_2}\times\dfrac{\mathrm{d}\varphi_2}{\mathrm{d}t}=\omega_2\dfrac{\mathrm{d}S_1}{\mathrm{d}\varphi_2}$ 将上式代入式(11-4-156)，可得平底从动件和凸轮的啮合方程 $u=\dfrac{\mathrm{d}S_1}{\mathrm{d}\varphi_2}$　(11-4-157)
	凸轮廓曲线方程	$\sigma^{(1)}\rightarrow\sigma^{(2)}$的坐标变换公式为 $\begin{bmatrix}x_2\\y_2\\1\end{bmatrix}=\begin{bmatrix}\cos\varphi_2 & \sin\varphi_2 & S_1\sin\varphi_2\\-\sin\varphi_2 & \cos\varphi_2 & S_1\cos\varphi_2\\0&0&1\end{bmatrix}\begin{bmatrix}x_1\\y_1\\1\end{bmatrix}$　(11-4-158) 将从动件廓线方程(11-4-153)代入展开式(11-4-158)，得 $\boldsymbol{r}^{(2)}=[u\cos\varphi_2+S_1\sin\varphi_2]\boldsymbol{i}_2+(-u\sin\varphi_2+S_1\cos\varphi_2)\boldsymbol{j}_2$ 再将啮合方程(11-4-157)与上式联立，即 $\left.\begin{array}{l}\boldsymbol{r}^{(2)}=[u\cos\varphi_2+S_1\sin\varphi_2]\boldsymbol{i}_2+(-u\sin\varphi_2+S_1\cos\varphi_2)\boldsymbol{j}_2\\ u=\dfrac{\mathrm{d}S_1}{\mathrm{d}\varphi_2}\end{array}\right\}$ 由上式最后可得凸轮廓曲线方程为 $\boldsymbol{r}^{(2)}=\left(\dfrac{\mathrm{d}S_1}{\mathrm{d}\varphi_2}\cos\varphi_2+S_1\sin\varphi_2\right)\boldsymbol{i}_2+\left(S_1\cos\varphi_2-\dfrac{\mathrm{d}S_1}{\mathrm{d}\varphi_2}\sin\varphi_2\right)\boldsymbol{j}_2$　(11-4-159)
	求凸轮曲率	因为平底从动件的轮廓是直线，所以曲率$k_1=0$。把$k_1=0$，$\boldsymbol{\omega}^{(12)}=-\boldsymbol{\omega}^{(2)}$代入表11-4-23中式(11-4-150)，得到 $k_2\left(\dfrac{\mathrm{d}_1\boldsymbol{r}^{(1)}}{\mathrm{d}t}+\boldsymbol{v}^{(12)}\right)=\boldsymbol{\omega}^{(2)}\times\boldsymbol{n}^{(1)}$　(11-4-160) 由式(11-4-153)可得 $\dfrac{\mathrm{d}_1\boldsymbol{r}^{(1)}}{\mathrm{d}t}=\dfrac{\mathrm{d}u}{\mathrm{d}t}\boldsymbol{i}_1$　(11-4-161) 在啮合点处，u与t不再是相互无关了，它们必须满足啮合方程(11-4-157)

续表

凸轮廓线方程和凸轮曲率 k_2	求凸轮曲率	将上式对 t 求导,则得 $$\frac{\mathrm{d}u}{\mathrm{d}t}=\frac{\mathrm{d}^2S_1}{\mathrm{d}\varphi_2^2}\times\frac{\mathrm{d}\varphi_2}{\mathrm{d}t}=\omega_2\frac{\mathrm{d}^2S_1}{\mathrm{d}\varphi_2^2}$$ 将上式代入式(11-4-161),得 $$\frac{\mathrm{d}_1\boldsymbol{r}^{(1)}}{\mathrm{d}t}=\omega_2\frac{\mathrm{d}^2S_1}{\mathrm{d}\varphi_2^2}\boldsymbol{i}_1 \qquad (11\text{-}4\text{-}162)$$ 把式(11-4-154)、式(11-4-155)、式(11-4-162)及 $\boldsymbol{\omega}^{(2)}=\omega_2\boldsymbol{k}_1$ 代入式(11-4-160),最后得到凸轮轮廓的曲率计算公式 $$k_2=\frac{1}{S_1+\dfrac{\mathrm{d}^2S_1}{\mathrm{d}\varphi_2^2}} \qquad (11\text{-}4\text{-}163)$$

4.3.5　平面啮合的根切界限曲线条件方程

在实际工程应用中,一对共轭曲面能保证良好的传动性能,仅有啮合条件(啮合方程)还远远不够,若传动机构存在根切,则齿根强度大大削弱。所以研究根切界限点和根切界限曲线可为共轭曲线机构的加工制造、避免根切提供理论依据,如表 11-4-25、表 11-4-26 所示。

表 11-4-25　　　　　　　　　　　　　　平面啮合根切界限曲线方程

意义		根切界限曲线研究对于提高传动系统的寿命和避免干涉均有重要意义。探讨适用平面啮合的根切界限曲线方程,是该部分的主要研究目的
定义		由啮合原理,包络面上一切特征点(奇点)称为根切界限点,根切界限点的轨迹称为根切界限曲线
平面啮合根切界限曲线方程	常用根切界限点条件公式	平面啮合在确定齿面根切界限点时,常使用公式 $$\boldsymbol{C}^{(1)}+\boldsymbol{v}^{(12)}=0 \qquad (11\text{-}4\text{-}164)$$ 式中　$\boldsymbol{C}^{(1)}$——曲面 $\Sigma^{(1)}$ 上接触点移动速度矢,且 $$\boldsymbol{C}^{(1)}=\frac{\mathrm{d}_1\boldsymbol{r}^{(1)}}{\mathrm{d}t}=\frac{\partial_1\boldsymbol{r}^{(1)}}{\partial u}\times\frac{\mathrm{d}u}{\mathrm{d}t}+\frac{\partial_1\boldsymbol{r}^{(1)}}{\partial v}\times\frac{\mathrm{d}v}{\mathrm{d}t}$$ $$=\boldsymbol{r}_{\mathrm{u}}^{(1)}\times\frac{\mathrm{d}u}{\mathrm{d}t}+\boldsymbol{r}_{\mathrm{v}}^{(1)}\times\frac{\mathrm{d}v}{\mathrm{d}t}$$ 经推导得根切界限点条件公式 $$\boldsymbol{\varPsi}(u,v,t)=\begin{vmatrix} E & F & \boldsymbol{r}_{\mathrm{u}}^{(1)}\cdot\boldsymbol{v}^{(12)} \\ F & G & \boldsymbol{r}_{\mathrm{v}}^{(1)}\cdot\boldsymbol{v}^{(12)} \\ \varPhi_u & \varPhi_v & \varPhi_t \end{vmatrix}=0 \qquad (11\text{-}4\text{-}165)$$ 求根切界限曲线时,应该将共轭曲面方程与式(11-4-164)和式(11-4-165)联立求解
	根切界限曲线简化公式	若设构件 1 的齿廓 $\varGamma^{(1)}$ 在固连的动标架 $\sigma^{(1)}$ 里的矢量方程 $$\boldsymbol{r}^{(1)}=x_1(u)\boldsymbol{i}_1+y_1(u)\boldsymbol{j}_1$$ 啮合方程　　　　$\boldsymbol{\varPhi}(u,\varphi)=0$ 根切界限方程　　$\boldsymbol{\varPsi}(u,\varphi)=0$ 得到平面啮合中根切界限点的条件 $$v_{x1}^{(12)}\varPhi_u-\varPhi_\varphi\frac{\mathrm{d}x_1}{\mathrm{d}u}\times\frac{\mathrm{d}\varphi}{\mathrm{d}t}=0 \qquad (11\text{-}4\text{-}166)$$ 或 $$v_{y1}^{(12)}\varPhi_u-\varPhi_\varphi\frac{\mathrm{d}y_1}{\mathrm{d}u}\times\frac{\mathrm{d}\varphi}{\mathrm{d}t}=0 \qquad (11\text{-}4\text{-}167)$$ 在式(11-4-166)、式(11-4-167)中 $$\boldsymbol{v}^{(12)}=v_{x1}^{(12)}\boldsymbol{i}_1+v_{y1}^{(12)}\boldsymbol{j}_1$$ $$\left.\begin{array}{l}\boldsymbol{v}_{x1}^{(12)}=-\dfrac{\mathrm{d}x_1}{\mathrm{d}u}\times\dfrac{\mathrm{d}u}{\mathrm{d}t} \\[2mm] \boldsymbol{v}_{y1}^{(12)}=-\dfrac{\mathrm{d}y_1}{\mathrm{d}u}\times\dfrac{\mathrm{d}u}{\mathrm{d}t}\end{array}\right\} \qquad (11\text{-}4\text{-}168)$$ 设啮合方程表示为 $\varPhi(u,\varphi)=0$ 时,则有 $$\left.\begin{array}{l}\varPhi_{\mathrm{u}}=\dfrac{\partial\varPhi}{\partial u} \\[2mm] \varPhi_\varphi=\dfrac{\partial\varPhi}{\partial\varphi}\end{array}\right\} \qquad (11\text{-}4\text{-}169)$$

表 11-4-26　**求平面啮合根切界限曲线实例**

题目	用插齿刀切制下图所示的花键轴，求出确定花键轴齿廓不产生根切的条件 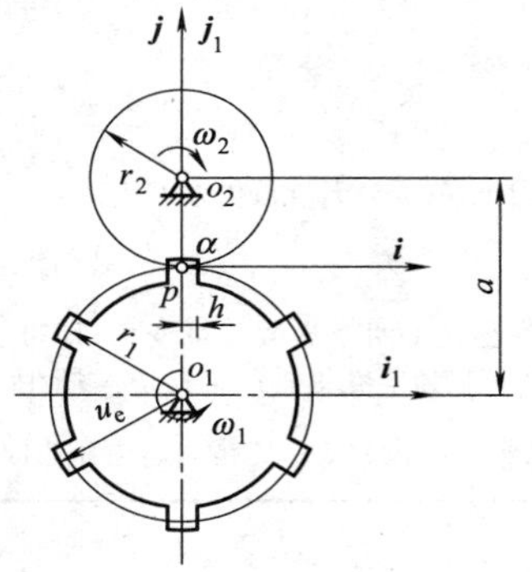
花键轴齿廓方程	坐标建立见上图，花键轴右侧齿廓方程为 $r^{(1)}=h\,\boldsymbol{i}_1+u\boldsymbol{j}_1$　(11-4-170) 式中，u 为花键轴径向参数
啮合方程	为了应用表 11-4-25 中根切计算式(11-4-167)，则首先求出在动坐标系 $\sigma^{(1)}$ 中给出的 $\boldsymbol{v}^{(12)}$ 的表达式。选取 $\frac{r_1}{r_2}=\frac{\omega_2}{\omega_1}$，则花键轴与插齿刀之间的相对运动速度为 $\boldsymbol{v}^{(12)}=[\omega_2(a\cos\varphi_1-y_1)-\omega_1 y_1]\boldsymbol{i}_1+[\omega_1 x_1+\omega_2(x_1-a\sin\varphi_1)]\boldsymbol{j}_1$ 将 $x_1=h$、$y_1=u$ 代入上式，得 $\boldsymbol{v}^{(12)}=v_{x1}^{(12)}\boldsymbol{i}+v_{y1}^{(12)}\boldsymbol{j}=[-(\omega_1+\omega_2)u+\omega_2 a\cos\varphi_1]\boldsymbol{i}_1+[h(\omega_1+\omega_2)-\omega_2 a\sin\varphi_1]\boldsymbol{j}_1$　(11-4-171) 由题目中图可直接确定花键轴直线齿廓的幺法矢 $\boldsymbol{n}=\boldsymbol{i}_1$　(11-4-172) 将式(11-4-171)、式(11-4-172)代入啮合方程 $\Phi(u,\varphi_1)=\boldsymbol{n}\boldsymbol{v}^{(12)}=0$ 得 $\left.\begin{array}{l}-(\omega_1+\omega_2)u+\omega_2 a\cos\varphi_1=0\\ u-\frac{a}{1+i_{12}}\cos\varphi_1=0\end{array}\right\}$　(11-4-173) 由于　$i_{12}=\frac{\omega_1}{\omega_2}=\frac{r_2}{r_1}=\frac{a-r_1}{r_1}$　即　$r_1=\frac{a}{1+i_{12}}$ 将上式代入式(11-4-173)，则啮合方程为 $\Phi(u_1,\varphi_1)=u-r_1\cos\varphi_1=0$　(11-4-174)
根切计算公式	由式(11-4-171)可知 $v_{y1}^{(12)}=h(\omega_1+\omega_2)-\omega_2 a\sin\varphi_1$　(11-4-175) 为求表 11-4-25 根切计算公式(11-4-167)中 Φ_u、$\Phi_{\varphi1}$，对式(11-4-174)求偏导 $\left.\begin{array}{l}\Phi_u=1\\ \Phi_{\varphi1}=r_1\sin\varphi_1\end{array}\right\}$　(11-4-176) 为求表 11-4-25 根切计算公式(11-4-167)中 $\frac{dy_1}{du}$、$\frac{d\varphi}{dt}$，由式(11-4-170)又可求得 $\left.\begin{array}{l}\frac{dy_1}{du}=1\\ \frac{d\varphi_1}{dt}=\omega_1\end{array}\right\}$　(11-4-177) 将式(11-4-175)～式(11-4-177)代入表 11-4-25 中根切计算公式(11-4-167)，得到 $h=\frac{i_{21}}{1+i_{21}}a\sin\varphi_1+\frac{r_1}{1+i_{21}}\sin\varphi_1$　(11-4-178) 由于　$r_1=a-r_2=a-\frac{r_1}{i_{21}}$　即　$r_1=\frac{i_{21}a}{1+i_{21}}$ 将上式代入式(11-4-178)，得 $h=\left(\frac{2+i_{21}}{1+i_{21}}\right)r_1\sin\varphi_1$　(11-4-179)

续表

根切的避免	将式(11-4-178)和式(11-4-179)两端各自平方后，又得 $$h^2=\left(\frac{2+i_{21}}{1+i_{21}}\right)^2 r_1^2\sin^2\varphi_1=\left(\frac{2+i_{21}}{1+i_{21}}\right)^2(r_1^2-r_1^2\cos^2\varphi_1)$$ 由式(11-4-174)有 $u=r_1\cos\varphi_1$，再代入上式 $$r_1^2=\left(\frac{1+i_{21}}{2+i_{21}}\right)^2 h^2+u^2$$ 若令 $R_a^{(1)}$ 为花键轴齿顶圆半径(u 最大值)，代入上式 $$r_1^2\geqslant\left(\frac{1+i_{21}}{2+i_{21}}\right)^2 h^2+(R_a^{(1)})^2 \quad (11\text{-}4\text{-}180)$$ 分析式(11-4-180)可知，在公式中两个参数是可变的，即可选择的参数一是传动比 i_{21}，二是花键轴节圆半径 r_1。适当选择以下两个参数可以避免花键轴产生根切：一是适当选择插齿刀齿数，因为在花键 Z_1 已定情况下，传动比 $i_{21}=\frac{Z_1}{Z_2}$ 完全取决于插齿刀的齿数 Z_2；二是适当选择花键轴的瞬心线的半径 r_1

4.4 定轴齿轮机构的应用

在实际工作中，机械只用一对齿轮传动往往是不够的。为了满足工作要求，经常要用一系列齿轮相互啮合而组成传动系统，从而完成减速、增速或改变转动方向的任务。这种多齿轮的传动装置称为轮系。

4.4.1 齿轮传动机构的类型及应用

齿轮传动机构的类型很多，可根据轮系运转时，各齿轮轴线相对于机架的位置是否固定分类，如表 11-4-27 所示。

定轴轮系在机械中的应用非常广泛，从其目的来看，其应用主要包括五种，如表 11-4-28 所示。

表 11-4-27 齿轮传动机构的分类、特点及应用

名称		特 点	应用	图 例
轮系	定轴轮系	轮系运转时，各齿轮轴线相对于机架的位置都固定不变。能实现变速、换向传动，还可实现多分路传动	主要用于减速、增速、变速装置中	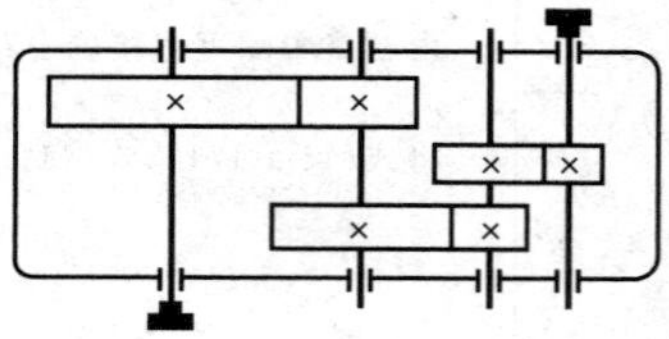 三级齿轮减速器
	周转轮系	轮系运转时，其中至少有一个齿轮的轴线位置并不固定，而是绕着其他齿轮的固定轴线回转。可实现大传动比传动，并能实现运动的合成与分解，结构紧凑	应用于汽车差速器、大型机床变速换向机构等	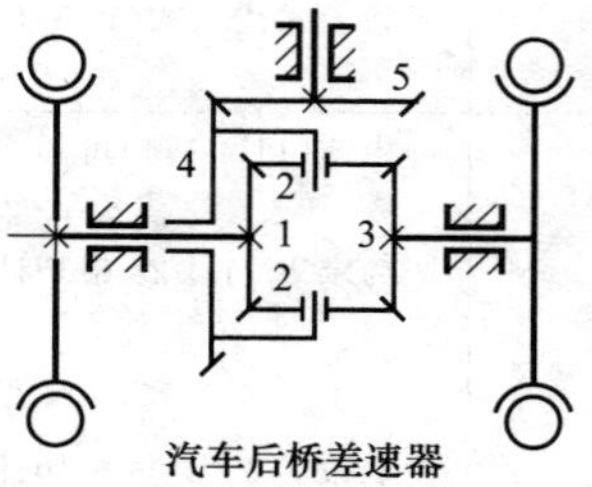 汽车后桥差速器
	复合轮系	由基本周转轮系与定轴轮系或几个基本周转轮系组合而成。综合了定轴轮系与周转轮系的功能，实现更大传动比，实现变速、换向	应用于运动要求复杂的机床、大型加工机械等	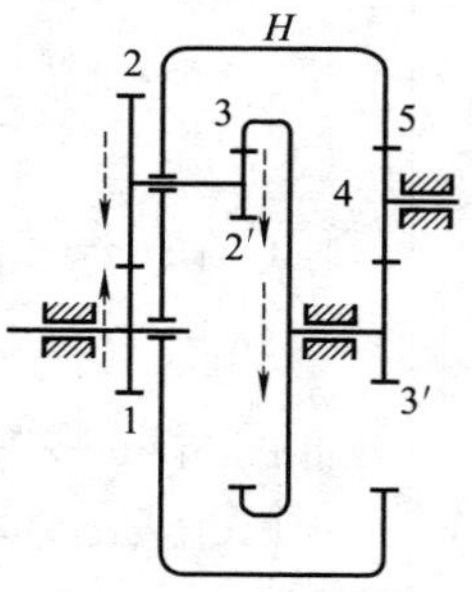 电动卷扬机减速器

表 11-4-28　　定轴轮系的功能及应用

功能	图　例	说　明
实现大传动比	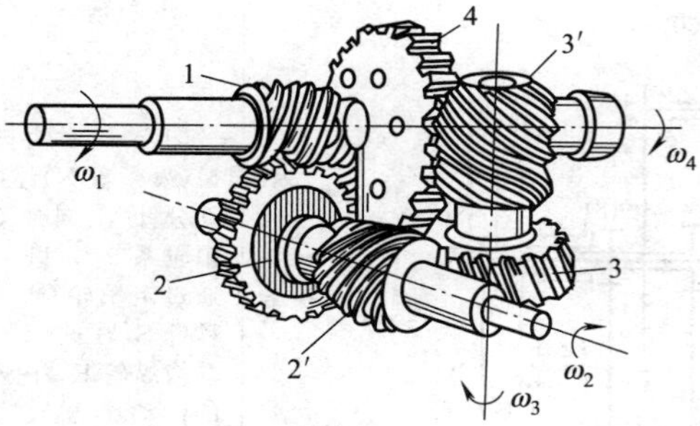 图(a)	只要适当选择齿轮的对数和各轮的齿数，即可得到一个所需的大传动比传动。如图(a)所示，用三对蜗杆蜗轮组成的定轴轮系，蜗杆 1 为输入件，蜗轮 4 为输出件，蜗轮 4 空套在蜗杆轴 1 上。三个蜗杆 1、2′、3′均为双头左旋蜗杆，三个蜗轮 2～4 的齿数均为 40，那么，该机构传动比可达 8000
实现较远距离的传动	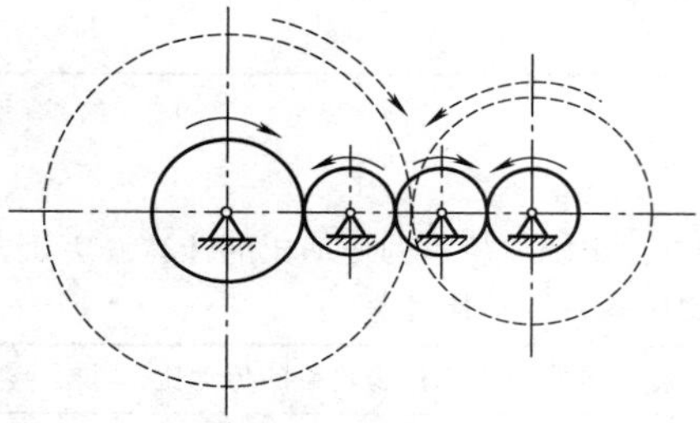 图(b)	如图(b)所示，当输入轴和输出轴的距离较远而传动比却不大时，若仅用一对齿轮来传动，则两轮的尺寸一定很大，如图中虚线所示；如用一系列较小的齿轮将两轴连接起来，如左图中实线所示，就可以减少结构的重量和尺寸
实现换向传动	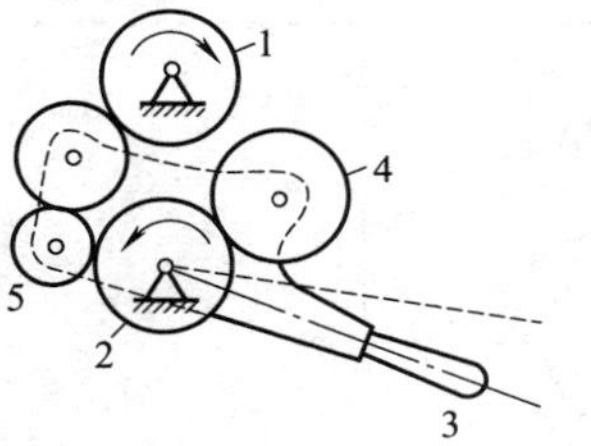 图(c)	图(c)所示为机床的换向机构，齿轮 4～6 松套在构件 3 的各小轴上，而 3 又松套在从动轮 2 的轴上，当 3 在图示位置时，主动轮 1 的转动经过惰轮 6、5 传给 2，使 2 和 1 相互反向转动；反之，当 3 的中心线转到虚线位置时，6 和 1 分离，而 4 和 1 啮合，这时少了一个惰轮，故 2 和 1 同转向
实现变速传动	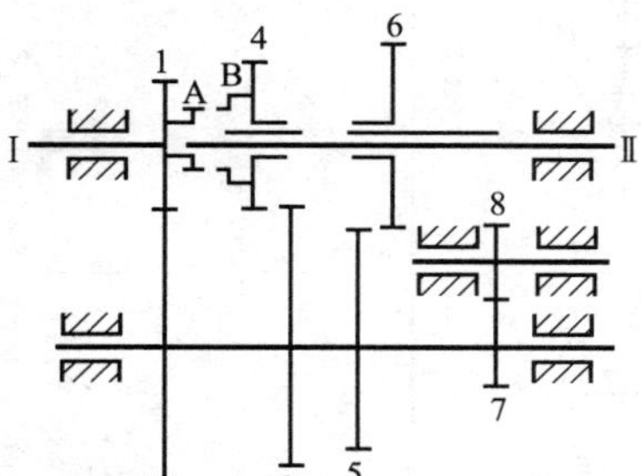 图(d)	图(d)所示轴Ⅰ为输入轴，轴Ⅱ为输出轴，4、6 为滑移齿轮，A、B 为牙嵌式离合器。该变速箱可使输出轴得到四种转速 第一挡：齿轮 5、6 相啮合，而 3、4 和离合器 A、B 均脱离 第二挡：齿轮 3、4 相啮合，而 5、6 和离合器 A、B 均脱离 第三挡：离合器 A、B 相嵌合，而齿轮 5、6 和 3、4 均脱离 倒退挡：齿轮 6、8 相啮合，而 3、4 和 5、6 以及离合器 A、B 均脱离。此时，由于惰轮 8 的作用，输出轴Ⅱ反转

续表

功能	图　例	说　明
实现多分路传动	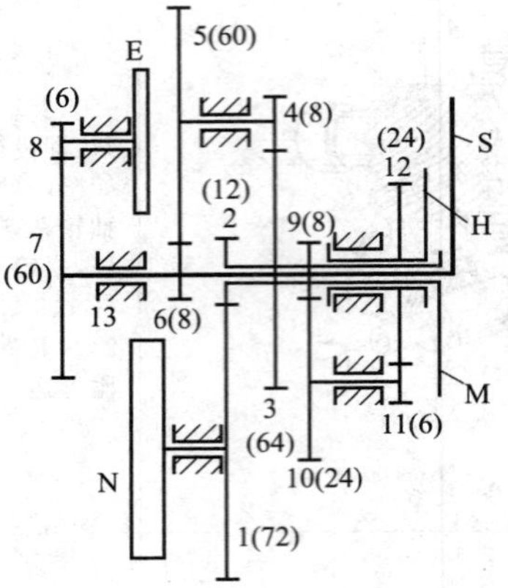 图(e)	图(e)所示为机械式钟表机构。动力源(发条盘 N)经由定轴轮系 1-2 直接带动分针 M;同时又分成两路:一路通过定轴轮系 9-10-11-12 带动时针 H;另一路通过定轴轮系 3-4-5-6 一方面直接带动秒针 S,另一方面又通过定轴轮系 7-8 带动擒纵轮 E。由左图可见,M 与 H 之间的传动比为 12,S 与 M 之间的传动比为 60

4.4.2　定轴齿轮机构传动比计算

定轴轮系分为平面定轴轮系和空间定轴轮系。定轴齿轮机构传动比的计算方法如表 11-4-29 所示。

表 11-4-29　　　　定轴轮系传动比计算

传动比定义	在轮系中,输入轴与输出轴的角速度或者转速之比称为轮系的传动比		
定轴轮系传动比	数值等于组成该轮系的各对啮合齿轮传动比的连乘积,其大小等于各对啮合齿轮中所有的从动轮齿数的连乘积与所有的主动轮齿数的连乘积之比 平面定轴轮系中,传动比有正负之分,若输入轴与输出轴转向相反,传动比方向符号则为“－”,反之为“＋”。空间定轴轮系中,传动比没有正负之分,输入轴与输出轴转向用箭头在图中标示		
一对齿轮传动比计算公式	外啮合圆柱齿轮	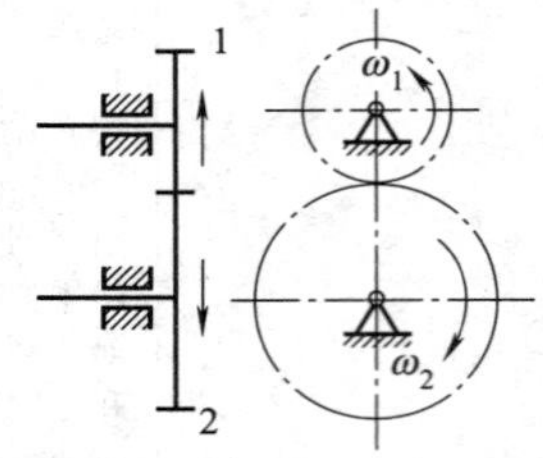	$i_{12}=\frac{\omega_1}{\omega_2}=\frac{n_1}{n_2}=-\frac{z_2}{z_1}$
	内啮合圆柱齿轮	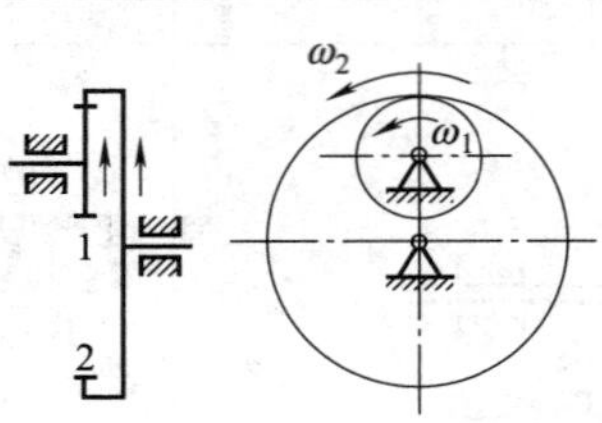	$i_{12}=\frac{\omega_1}{\omega_2}=\frac{n_1}{n_2}=\frac{z_2}{z_1}$
	圆锥齿轮	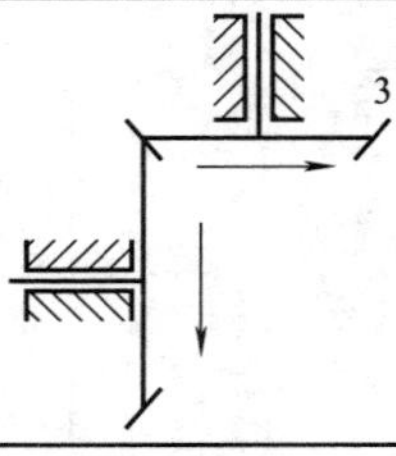	$i_{12}=\frac{\omega_1}{\omega_2}=\frac{n_1}{n_2}=\frac{z_2}{z_1}$

续表

平面定轴轮系传动比计算公式	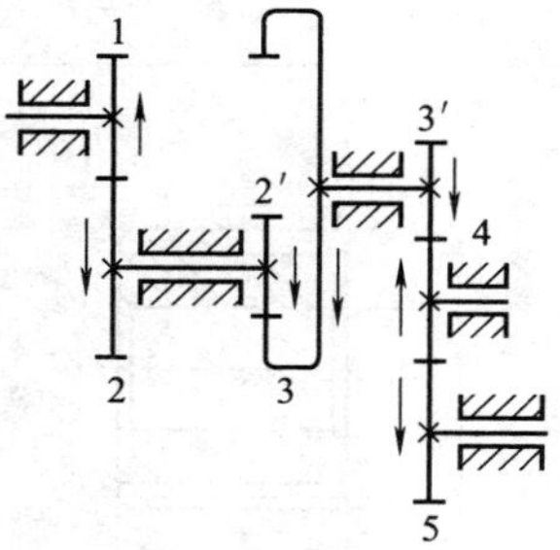	$i_{15}=-\frac{n_1}{n_5}=-\frac{n_1}{n_2}\times\frac{n_{2'}}{n_3}\times\frac{n_{3'}}{n_4}\times\frac{n_4}{n_5}$ $=-i_{12}i_{2'3}i_{3'4}i_{45}=-\frac{z_2z_3z_4z_5}{z_1z_{2'}z_{3'}z_4}$ 若轮 1 为起始主动轮，轮 K 为最末从动轮，则 $i_{1k}=(-1)^m\frac{n_1}{n_k}$ $=(-1)^m\frac{\text{轮 1 到轮 }K\text{ 间所有从动轮齿数的乘积}}{\text{轮 1 到轮 }K\text{ 间所有主动轮齿数的乘积}}$ 式中　m——外啮合齿轮对数
空间定轴轮系传动比计算公式	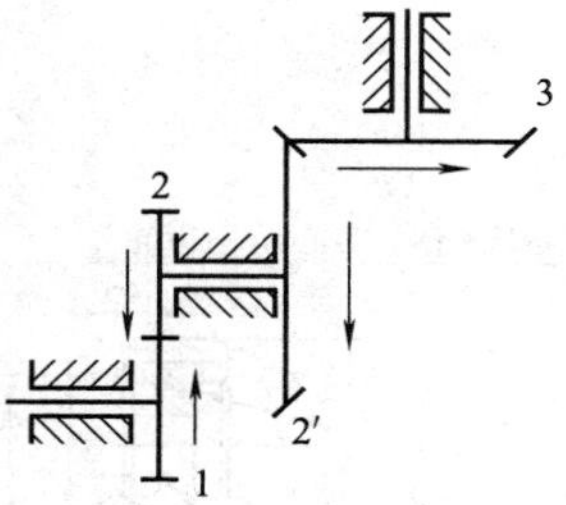	$i_{13}=\frac{n_1}{n_3}=\frac{n_1}{n_2}\times\frac{n_{2'}}{n_3}$ $=i_{12}i_{2'3}=\frac{z_2z_3}{z_1z_{2'}}$ 各轴转动方向如图所示

4.4.3　齿轮结构设计

齿轮的结构设计通常根据强度计算确定其主要参数和尺寸，然后综合考虑尺寸、毛坯、材料、加工方法、使用要求和经济性等因素，根据齿轮直径的大小确定齿轮的结构形式，再根据经验公式和经验数据对齿轮进行结构设计，画出齿轮的零件工作图。

常见的齿轮结构如表 11-4-30 所示。

表 11-4-30　　常见齿轮结构

名称	尺寸条件	图　例
齿轮轴	对于直径较小的钢制齿轮，当为圆柱齿轮时，若齿根圆到键槽底部的距离 $\delta<2.5m_t$（m_t 为端面模数），或者齿顶圆直径 $d_a<2D_1$（D_1 齿轮所在轴段直径），则将齿轮和轴做成一体，称为齿轮轴。当为圆锥齿轮时，按小端尺寸计算 $\delta<1.6m$ 时，可将齿轮和轴做成一体	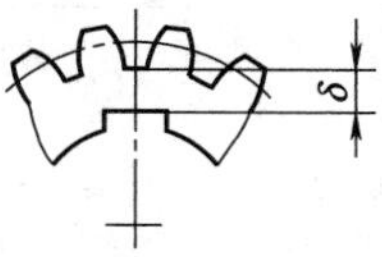图(a)　圆柱齿轮 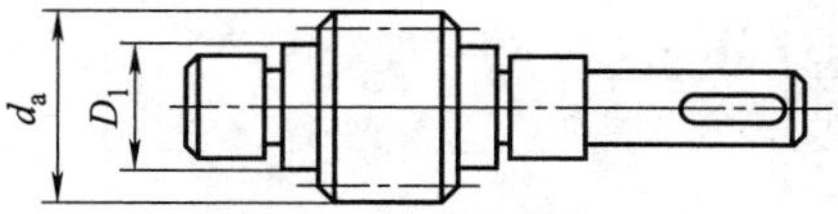图(b)　圆柱齿轮轴 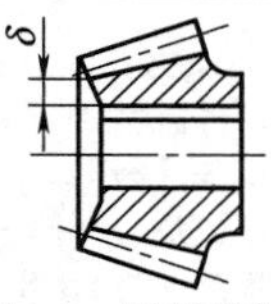图(c)　圆锥齿轮 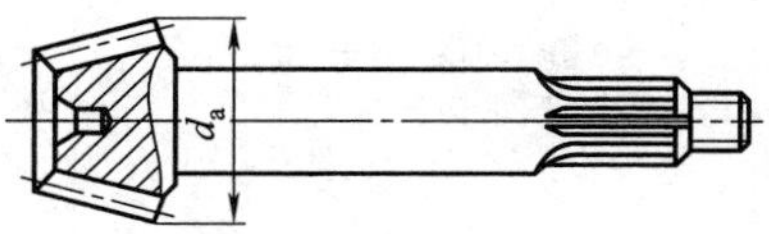图(d)　圆锥齿轮轴

续表

名称		尺寸条件	图例
实心结构齿轮		当齿顶圆直径 $d_a \leqslant 160\text{mm}$ 时，齿轮可做成实心结构。航空工业中也有做成辐板式结构的 $D_1=1.6D$ $L=(1.2\sim1.5)D, L\geqslant B$ $\delta=2.5m_n$，但不小于 8～10mm $D_0=0.5(D_1+D_2)$ $d_0=0.25(D_2-D_1)$，当 $d_0<10\text{mm}$ 时不必做孔 $n=0.5m_n$	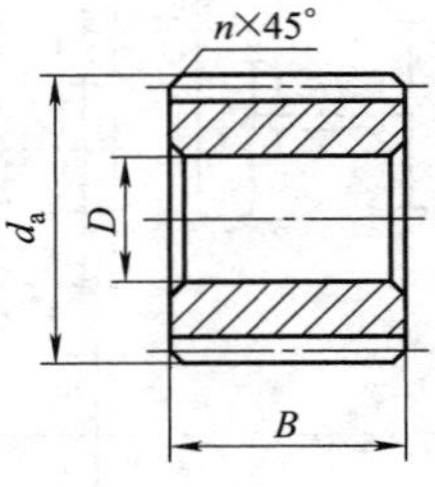 图(e) 实心结构齿轮 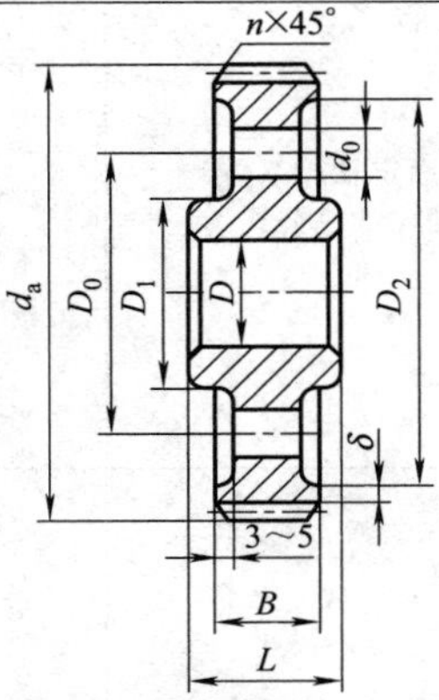 图(f) 辐板式结构齿轮
辐板式结构齿轮	辐板式圆柱齿轮	当齿顶圆直径 $d_a \leqslant 500\text{mm}$ 时，齿轮可以是锻造的，也可以是铸造的，通常采用辐板式结构或孔板式结构 $D_1=1.6D$ $L=(1.2\sim1.5)D, L\geqslant B$ $\delta=2.5m_n$，但不小于 8～10mm $C=0.3B$(自由锻)，$C=0.2\sim0.3B$(模锻) $D_0=0.5(D_1+D_2)$ $d_0=0.25(D_2-D_1)$，当 $d_0<10\text{mm}$ 时不必做孔 $n=0.5m_n$	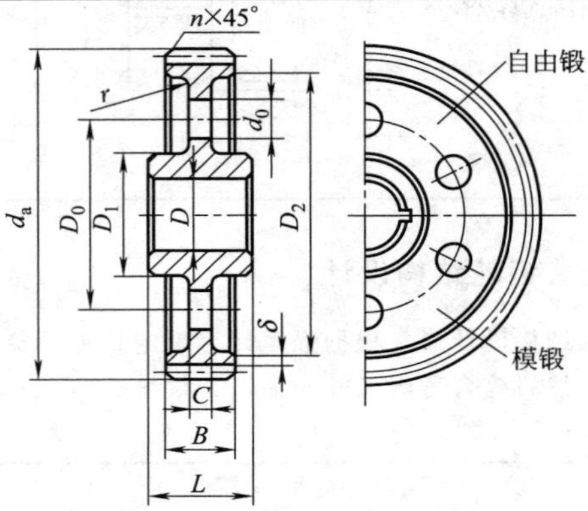 图(g)
	辐板式锻造圆锥齿轮	$D_1=1.6D$ $L=(1\sim1.2)D$ $\delta=(3\sim4)m$，但不小于 10mm $C=(0.1\sim0.17)R$ D_0、d_0按结构确定	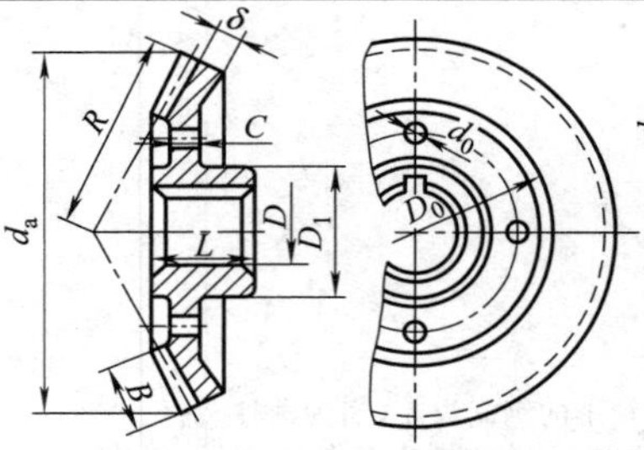 图(h) 模锻 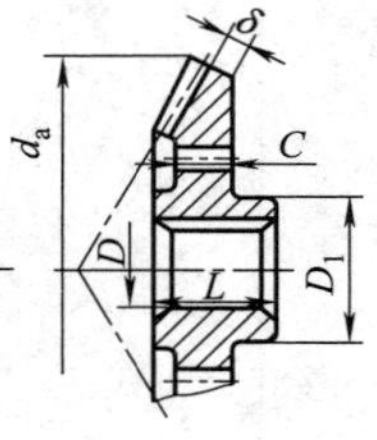 图(i) 自由锻
	辐板式铸造圆锥齿轮	$D_1=1.6D$(铸钢) $D_1=1.8D$(铸铁) $L=(1\sim1.2)D$ $\delta=(3\sim4)m$，但不小于 10mm $C=(0.1\sim0.17)R$，但不小于 10mm $S=0.8C$，但不小于 10mm D_0、d_0按结构确定	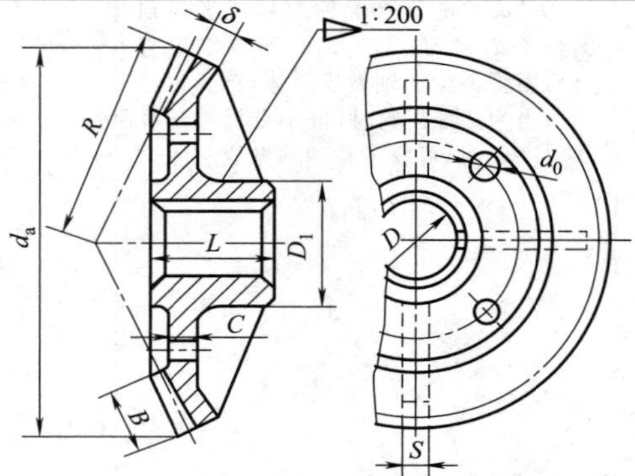 图(j)

续表

名称	尺寸条件	图　例
轮辐式结构齿轮	当齿顶圆直径 400mm $\leqslant d_a \leqslant$ 1000mm 时，齿轮一般是铸造的，常用铸铁或精钢制成，并采用轮辐式结构 $D_1=1.6D$（铸钢），$D_1=1.8D$（铸铁） $L=(1.2\sim1.5)D, L\geqslant B$ $\delta=(2.5\sim4)m_n$，但不小于 8mm，$H_1=0.8D, H_2=0.8H_1$ $C=H_1/5$，但不小于 10mm $e=(0.8\sim1.0)\delta$ $n=0.5m_n$	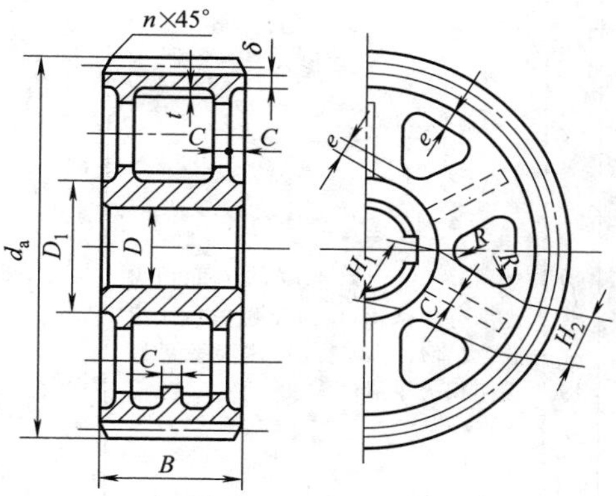 图(k)　$B\leqslant200$mm 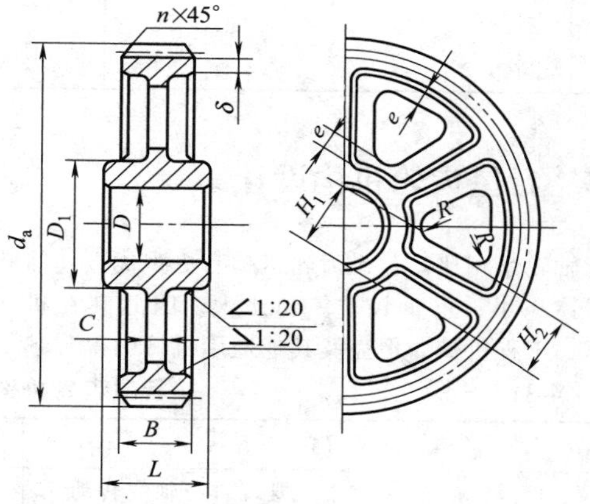 图(l)　$B=200\sim450$mm（上半部），$B>450$mm（下半部）
组合式结构齿轮（镶圈结构齿轮）	对于大尺寸的圆柱齿轮，为了节约贵重金属，常采用镶圈结构，即齿圈采用贵重金属制造，齿芯采用铸铁或铸钢 当 $d_a\geqslant600$mm 时，做成镶圈的齿轮结构	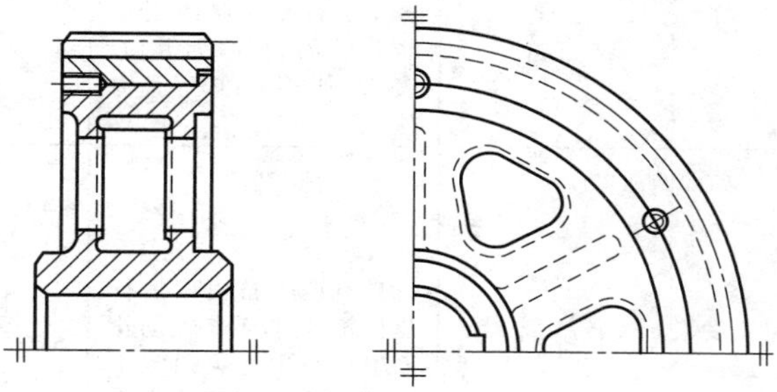 图(m)

续表

名称	尺寸条件		图　例
组合式结构齿轮	剖分式结构	当 $d_a \geqslant 1000$mm 时，齿轮可以做成剖分式结构，然后用螺栓连接拼装，或者焊接组装，具体参数可以参阅相关手册	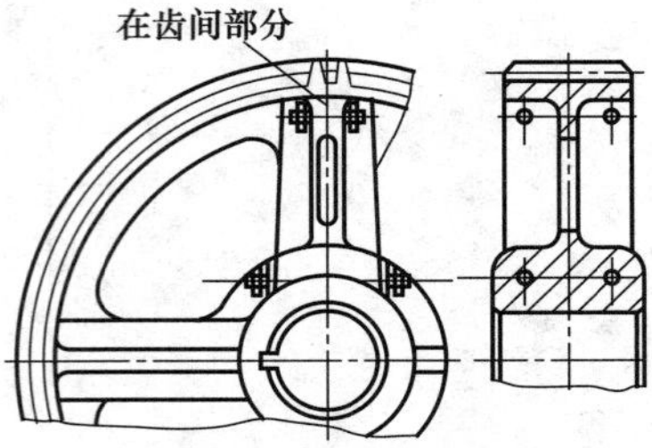 图(n)　螺栓连接拼装齿轮 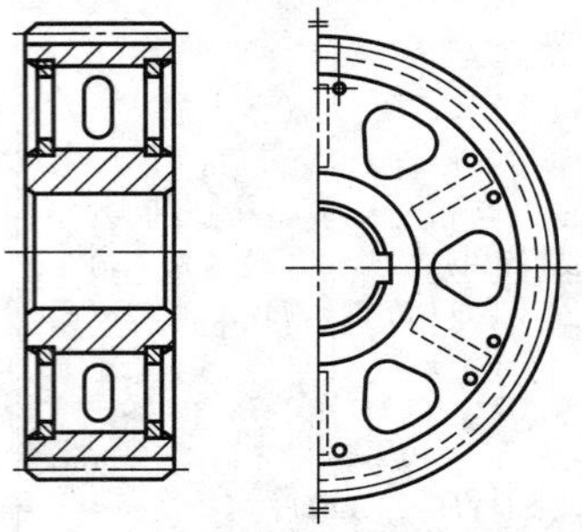 图(o)　焊接结构齿轮

4.5　行星齿轮机构设计

与定轴轮系相比，行星齿轮机构有更多优点：结构紧凑、体积小、重量轻、传动比大。因此其在机床、汽车、工程机械、坦克及其他通用机械中得到越来越广泛的应用。

4.5.1　行星轮系基础知识

行星齿轮机构是至少有一个齿轮既绕自身轴线自转，又绕另一固定轴线公转的轮系。行星齿轮机构的组成及分类如表 11-4-31 所示。

表 11-4-31　　　　行星齿轮机构的组成及分类

项目	内　　容		图　　例
行星齿轮机构组成	行星轮	既绕自身轴线转动又绕固定轴线公转的齿轮，如图(a)所示轮 2	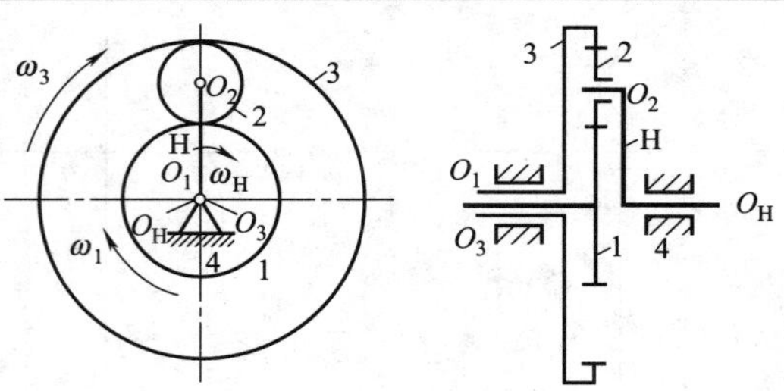 图(a)
	中心轮（太阳轮）	几何轴线固定的齿轮，常用 K 表示，如图(a)所示轮 1、轮 3	
	行星架（系杆或转臂）	支持行星轮绕固定轴线公转的构件，常用 H 表示，如图(a)所示构件 H	
按自由度数分类	差动轮系	具有两个自由度的行星齿轮机构，若将差动轮系中任一中心轮固定不动，即可转化为行星轮系	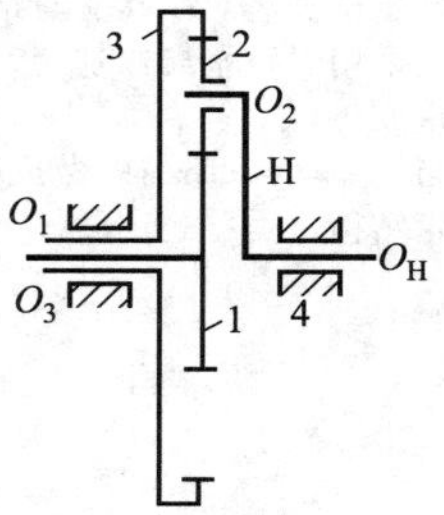 图(b)

续表

项目	内　容		图　例
按自由度数分类	行星轮系	具有一个自由度的行星齿轮机构	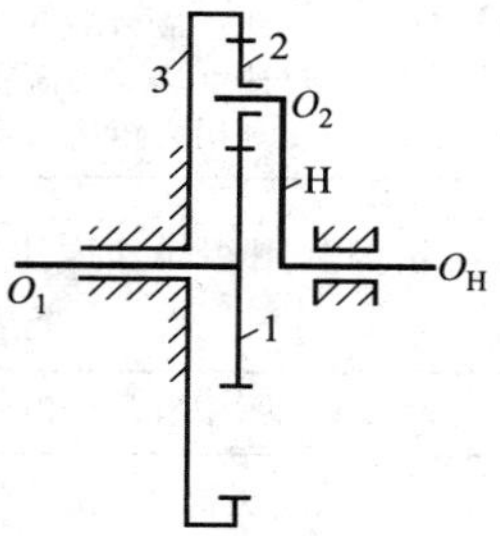 图(c)
按基本构件分类	2K-H 型	基本构件为两个中心轮(2K)、一个行星架(H)	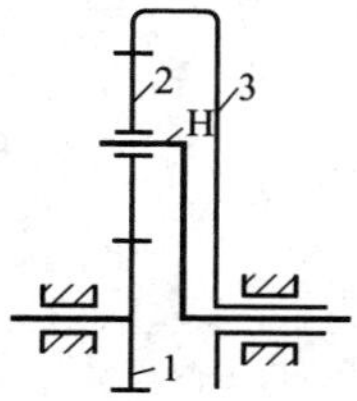 图(d)
	3K 型	基本构件为三个中心轮(3K)。3K 行星轮系可以看作是由两个 2K-H 型行星轮系串联而成	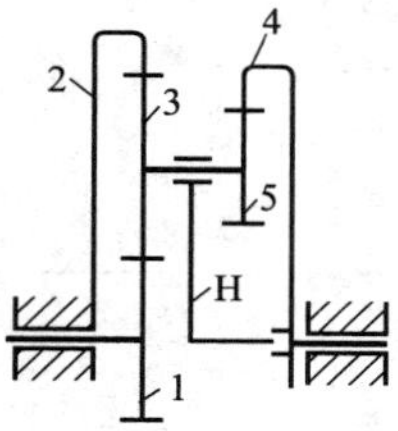 图(e)
	K-H-V 型	基本构件为一个中心轮(K)、一个行星架(H)、一个输出构件(V)	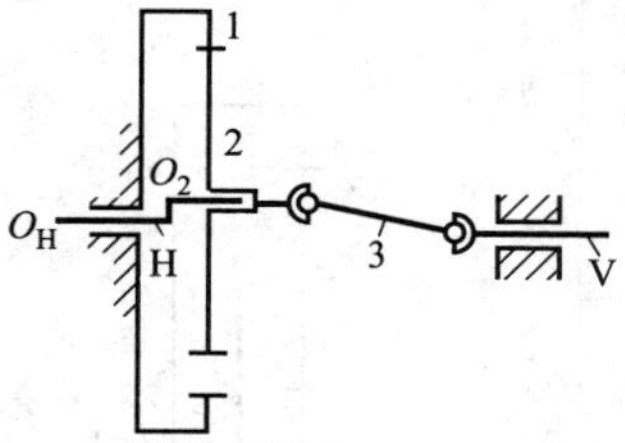 图(f)

单个 2K-H 型轮系及单个 K-H-V 型轮系是不可再分的，大多行星轮系都可归结为 2K-H 型、3K 型及封闭式行星轮系或者它们的某种组合，这种组合的复杂轮系称为复合轮系。

4.5.2　行星轮系各构件角速度之间的关系

求行星轮系的传动比有三种方法，特点如表 11-4-32 所示。

表 11-4-32　　求行星轮系传动比的方法

方　法	特　点
相对速度法	相对速度法是假设行星架固定不动，将行星轮系转化为定轴轮系，用相对运动的原理求解各构件角速度之间的关系。此法最为简单，同时也是用啮合功率法求效率的基础，在按不同类型行星轮系分析传动比关系时最为方便
力矩法	此法比相对速度法复杂，但是可以在求传动比的同时求得轮系中各啮合点及各轴承所受载荷大小的关系，故适用于在设计行星轮系的过程中进行受力分析，确定齿轮模数与齿宽、轴径大小等。在用力矩法求传动比的同时，也完成了用力矩法求效率的重要一步

续表

方 法	特 点
速度图解法	此法最为醒目，各构件的运动状况在速度图上可以一目了然，因此便于比较方案，但是不如相对速度法准确简便。可以在用力矩法求效率时，辅以速度图，则便于确定各力的偏移方向，从而使利用力矩法求效率变得容易

如表 11-4-33 所示为利用相对速度法求解各构件角速度之间的关系。

表 11-4-33　　行星轮系各构件角速度之间的关系

已知条件	设行星轮系中有三个构件 a、b、c，分别以角速度 ω_a、ω_b、ω_c转动，其轴线与杆系回转轴线重合或平行
基本原理	ω_a、ω_b、ω_c为构件 a、b、c 的绝对角速度，则构件 a、b 相对于构件 c 的相对角速度 $\omega_a^c=\omega_a-\omega_c$，$\omega_b^c=\omega_b-\omega_c$；同理，构件 a、c 相对于构件 b 的相对角速度 $\omega_a^b=\omega_a-\omega_b$，$\omega_c^b=\omega_c-\omega_b$
计算步骤	①构件 a 与 b 相对于构件 c 的角速度之比为 $i_{ab}^c=\dfrac{\omega_a-\omega_c}{\omega_b-\omega_c}$　(11-4-181) 同理　$i_{ac}^b=\dfrac{\omega_a-\omega_b}{\omega_c-\omega_b}$　(11-4-182) ②将以上两式相加得 $i_{ab}^c+i_{ac}^b=1$ 或　$i_{ab}^c=1-i_{ac}^b$　(11-4-183) ③由式(11-4-181)及式(11-4-183)又可得 $\omega_a=i_{ab}^c\omega_b+i_{ac}^b\omega_c$ 或　$i_{ab}=i_{ab}^c+i_{ac}^b i_{cb}$　(11-4-184)
应用实例	已知常见的几种 2K-H 型行星轮系 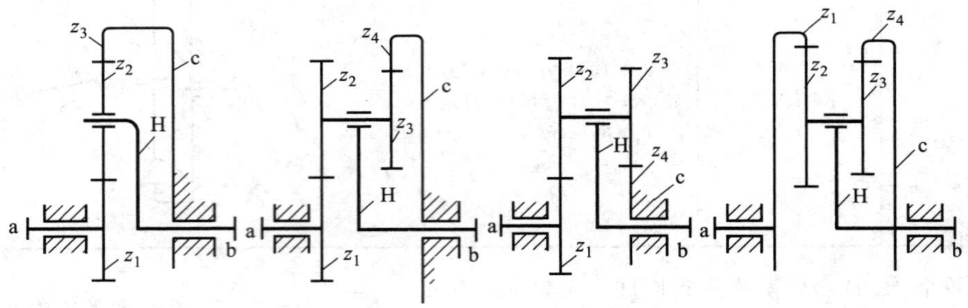 图(a)　图(b)　图(c)　图(d) 应用式(11-4-183)可以直接写出上述图示 2K-H 型行星轮系传动比 ①图(a)　$i_{ab}=i_{ab}^c=i_{aH}^c=1-i_{ac}^H=1+\dfrac{z_3}{z_1}$ ②图(b)　$i_{ab}=i_{aH}^c=1-i_{ac}^H=1+\dfrac{z_2z_4}{z_1z_3}$ ③图(c)、图(d)　$i_{ab}=i_{aH}^c=1-i_{ac}^H=1-\dfrac{z_2z_4}{z_1z_3}$ 为研究方便，按转化机构传动比 i_{ac}^H为正值还是负值，将 2K-H 型行星轮系分为正号机构和负号机构两类

续表

应用实例	已知 3K 型行星轮系，如图(e)所示 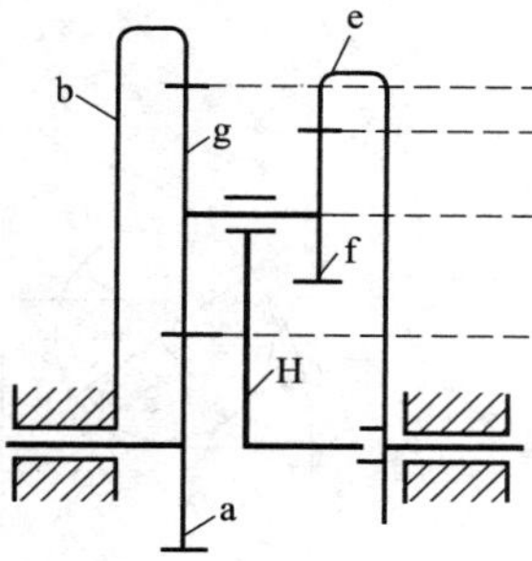 图(e) 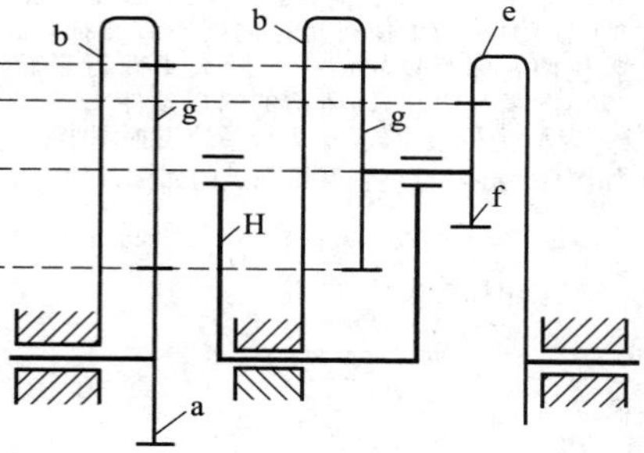 图(f) 3K 型行星轮系可以看作由两个 2K-H 型行星轮系串联而成，如图(f)所示 $i_{ae}=i_{aH}i_{He}=\frac{i_{aH}}{i_{eH}}=\frac{1-i_{ab}^{H}}{1-i_{eb}^{H}}=\frac{1+\frac{z_b}{z_a}}{1-\frac{z_f z_b}{z_e z_g}}$

4.5.3　行星轮系各轮齿数和行星轮数的选择

行星轮系是一种共轴式的传动装置，并且采用了几个完全相同的行星轮均布在中心轮的四周，因此在设计行星轮系时，其各轮齿数和行星轮数的选择必须满足下列四个条件，方能装配起来并正常运转和实现给定的传动比。

行星轮系需要满足的条件如表 11-4-34 所示。

表 11-4-34　　行星轮系各轮齿数和行星轮数需满足的条件

条件	内　　容	图　　例
传动比条件	按选定的行星轮系形式列出传动比与各轮齿数的关系式，然后即可初步选择各轮齿数。如图(a)所示 2K-H 型行星轮系的传动比为 $i_{1H}=1+\frac{z_3}{z_1}$ 按给定 i_{1H} 即可求得比值 $\frac{z_3}{z_1}$，若先选定 z_1 值，即可求出 z_3 值。如 z_3 不是整数，则可重新选取。有时无法确定实现给定的传动比，这时应找出最近似的比值	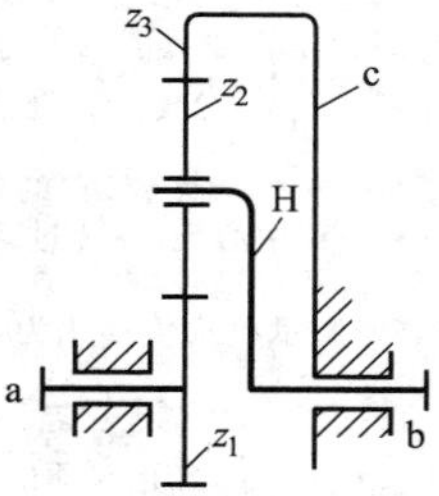 图(a)
同心条件	同心条件指行星轮各轮的中心距必须符合一定的关系，才能保证中心轮、系杆共轴线 以图(a)为例，必须满足 $r'_3-r'_2=r'_1+r'_2$ 或 $r'_2=(r'_3-r'_1)/2$ 若均用标准齿轮，则必须满足 $z_2=(z_3-z_1)/2$。所以前面按给定的传动比选定 z_1、z_3 后就必须按同心条件选定 z_2，若算出 z_2 不是整数，则要重新选定 z_1、z_3 轮齿数	

续表

条件	内　　容	图　　例
邻接条件	行星轮系中,需均匀安装两个以上的行星轮以分担载荷和平衡行星轮在运转中产生的离心力。为了使行星轮之间不致碰撞,必须使两相邻行星轮的中心距大于两行星轮齿顶圆半径之和,即所谓的邻接条件 设 K 为行星轮数,r_a 为行星轮齿顶圆半径,如图(b)所示,行星轮系需满足的邻接条件为 $$2r_a<2a\sin\frac{\pi}{K}\quad(11\text{-}4\text{-}185)$$ 若采用标准齿轮,则有 $$r_a=\frac{1}{2}mz_2+m$$ $$a=\frac{1}{2}m(z_1+z_2)$$ 代入式(11-4-185)整理后得 $$z_2<\frac{z_1\sin\frac{\pi}{K}-2}{1-\sin\frac{\pi}{K}}$$	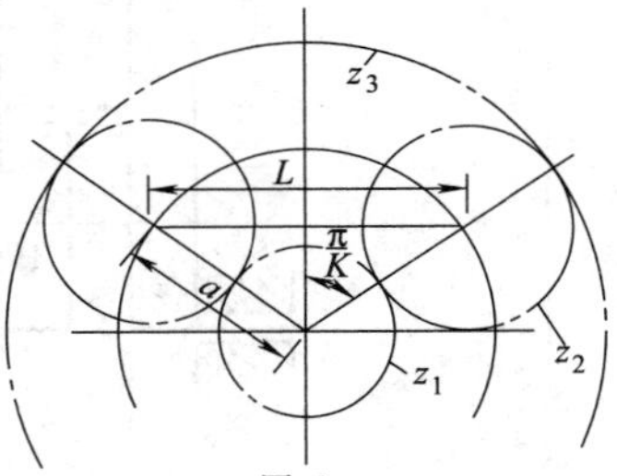 图(b)
装配条件	行星轮系中所有的行星轮要能均匀地安装进去,就需要满足安装条件。如图(c)所示,齿轮 z_1、z_2、z_3的齿数都是定值,当轮 z_3 固定不动,行星轮 z_2 要想在图示位置装进去,中心轮 z_1 及系杆必须转动到图示的相位。若安装多个行星轮,则需要安装好第一个行星轮后,将中心轮 z_1 转动恰好一个齿,即转过$\varphi_1=\frac{2\pi}{z_1}$角,则系杆将转过$\varphi_H=\varphi_i\frac{\omega_H}{\omega_1}=\varphi_1/i_{1H}$,即图(c)中所示系杆将由Ⅰ位置转到Ⅱ位置,在原来的Ⅰ位置又可装入第二个行星轮 z_2,依次类推,用同样的方法可以装入第三个、第四个……行星轮,理论上可装入的行星轮数为 $$K_{max}=\frac{2\pi}{\varphi_H}=\frac{2\pi}{\varphi_1}i_{1H}=z_1i_{1H}\quad(11\text{-}4\text{-}186)$$ 因为 z_1 轮转过一个齿时,系杆 H 回转的角 φ_H可能不大,这样相邻两行星轮就可能部分重叠在一起,因此按照以上公式来确定行星轮数常常是不可能的,应取的行星轮数要小于 K_{max},并且为整数,能均匀分布,所以实际的行星轮数只能为的整数因子,即 $$K=\frac{K_{max}}{E}=\frac{z_1i_{1H}}{E}\quad(11\text{-}4\text{-}187)$$ 式中　E——取一整数,它的物理意义是当中心轮 z_1转过 E 个齿装一个行星轮 如图(c)所示机构传动比为 $$i_{1H}=1+\frac{z_3}{z_1}$$ 代入式(11-4-187)并移项即得 $$KE=z_1+z_3$$ 即单排负号机构中两中心轮的齿数之和应是行星轮数的整数倍,式(11-4-187)适用于所有单排 2K-H 型行星轮 如图(d)、图(e)所示为双排行星轮,对于双排行星轮系的安装条件,需满足 $$K=\frac{z_1z_3i_{1H}}{EC}\quad(11\text{-}4\text{-}188)$$ 式中　C——公因子	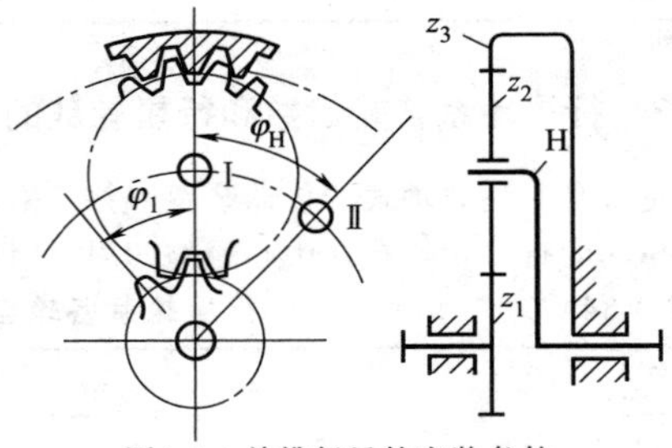 图(c)　单排行星轮安装条件 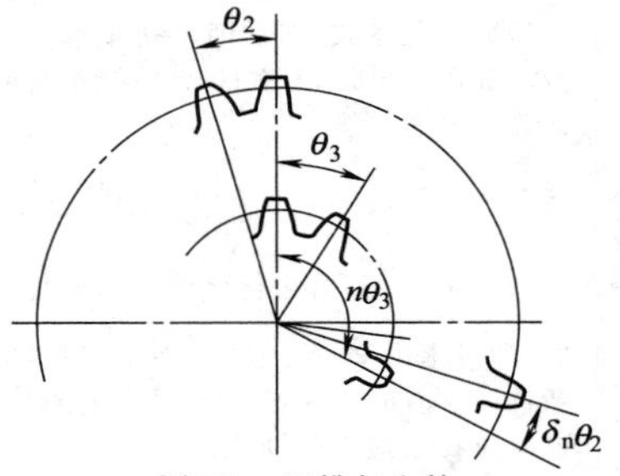 图(d)　双排午生轮 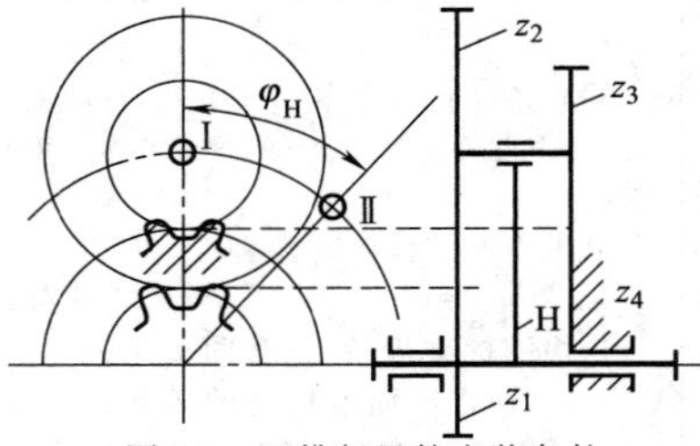 图(e)　双排行星轮安装条件

4.5.4 行星轮系的均载装置

行星轮系的重要特点之一是采用多行星轮来分担负荷，同时由于行星轮的均匀分布使径向力和离心力得到平衡，从而使中心轮、系杆近似实现无径向负荷地传递转矩，消除振动。理论上说，在相同功率和转速条件下，行星轮数目越多，与每一行星轮啮合的中心轮轮齿受力越小，这样可使结构紧凑、重量轻。但实际上因制造和安装带来误差，各行星轮的负荷不可能均匀分配。为了使行星轮间载荷分配均匀，需要采用一些方法，如表 11-4-35 所示。

表 11-4-35　　行星齿轮均载装置

<table>
<tr><th>方法名称</th><th>方法说明</th><th>图　例</th><th>图例说明</th></tr>
<tr><td>使基本构件“浮动”</td><td>“浮动”是指中心轮或系杆没有固定的径向支承，允许它作小范围的径向位移。当几个行星轮负载不均匀时，会促使浮动构件作“自位”运动，直至行星轮的负荷趋向均匀分配为止</td><td>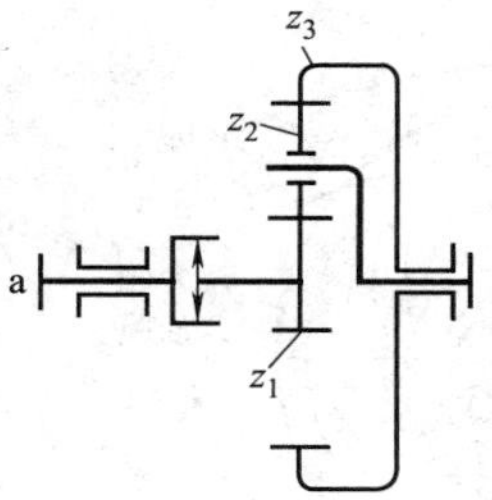

图(a)
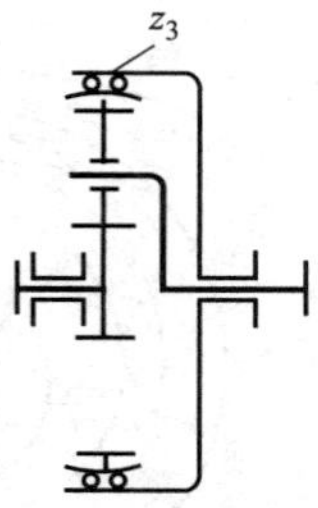

图(b)
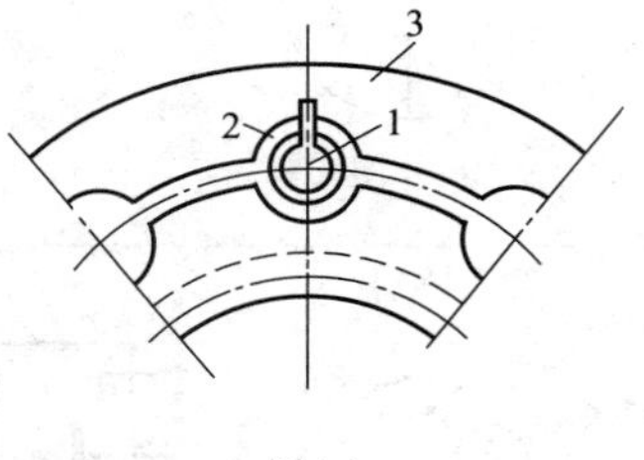

图(c)
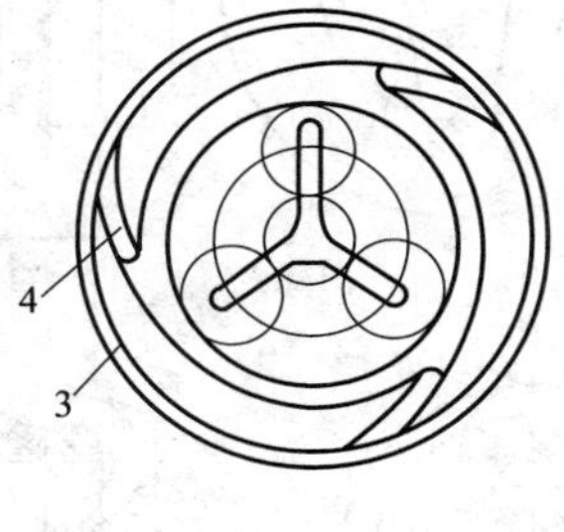

图(d)
1—内齿轮；2—弹性衬套；3—机壳；4—板簧</td><td>图(a)所示负号机构中令中心轮 z_1 浮动，方法是将轮 z_1 用一齿轮离合器与主动轴 a 相连。齿轮离合器也可用万向联轴器、十字槽离合器等代替，齿轮离合器的径向尺寸较小是其优点。图(b)所示为内齿轮浮动，是将内齿轮弹性悬挂在机壳上，悬挂的方法也可多种多样。左图(c)所示是将内齿轮 1 用多个弹性衬套 2 及限位销悬挂在圆形机壳上，其允许的径向浮动量约为 2～3mm。图(d)所示则是将内齿轮通过板簧 4 浮动支承在机壳 3 上，板簧除了可使内齿轮做微小的径向位移外，还能吸收传动中的冲击</td></tr>
</table>

续表

方法名称	方法说明	图 例	图例说明
采用弹性元件	通过弹性元件变形使行星轮之间的负荷得到均匀分配	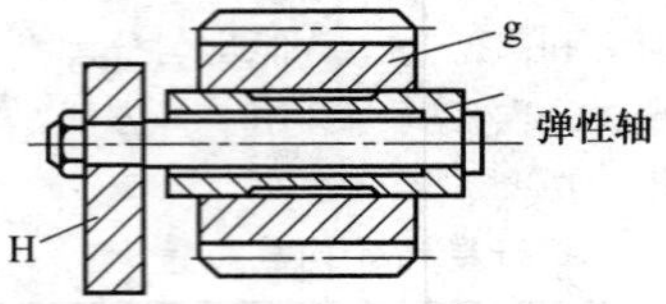 图(e) 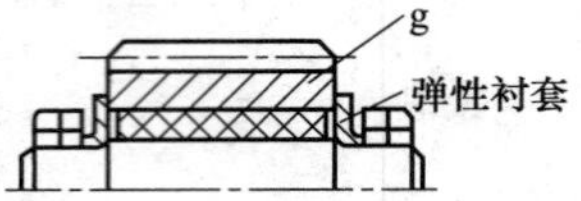 图(f) 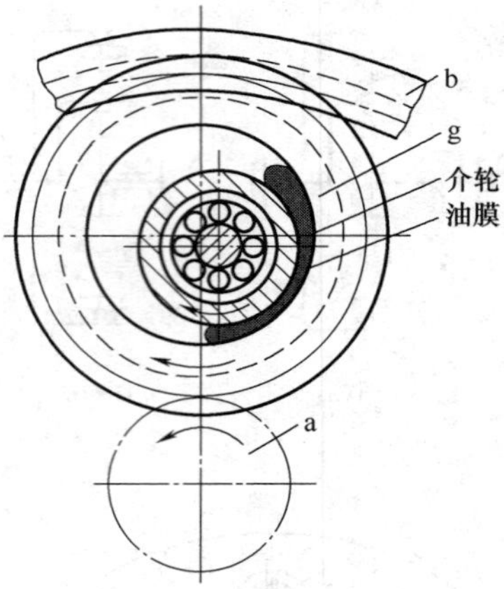 图(g)	图(e)所示为行星轮装在弹性心轴上;图(f)所示为行星轮装在非金属的弹性衬套上;图(g)所示为行星轮内孔与轴承外套的介轮之间留出较大间隙(＞0.3mm)形成厚油膜的所谓“油膜弹性浮动”结构,这种方法具有独创性,但条件是行星轮与轴之间必须达到一定的相对转速,否则形不成油膜。这几种形式结构简单,维护方便,还具有缓冲动负荷的性能。此外行星轮系的基本件本身也可做成具有弹性元件的性能,如将中心轮装在一细长轴的一端,又如用薄壁的内齿圈等
采用杠杆联锁	利用杠杆联锁机构使行星轮在受力不均时自行调整其位置来达到均载	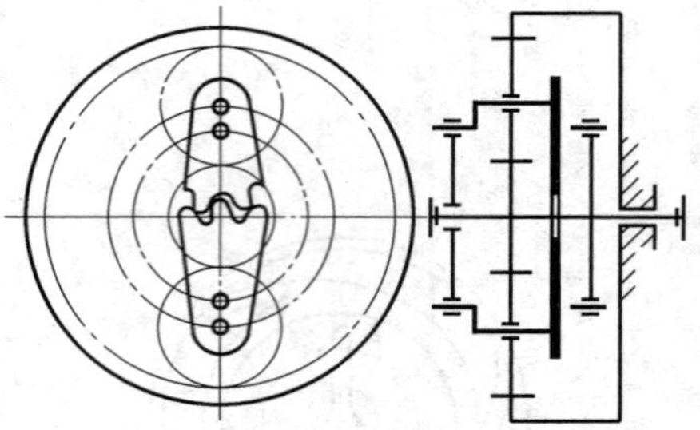 图(h) 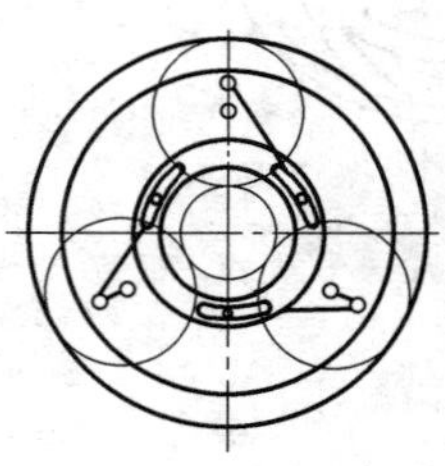 图(i) 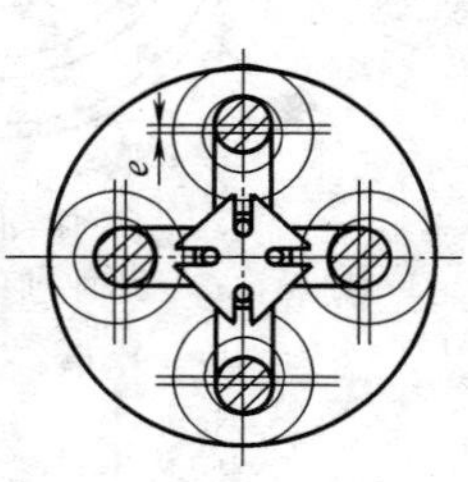 图(j)	图示三种均衡装置,分别用于行星轮数为 2、3、4 的行星轮系。图(h)所示装置是在两个行星轮的偏心轴上分别固接相互啮合的一对齿爪,当两个行星轮受力不均衡时,通过齿爪的杠杆作用推动行星轮做微小的转动以调整行星轮与中心轮的啮合间隙来达到均载。图(i)、图(j)所示为适用于行星轮数为 3 及 4 的杠杆联锁均衡装置,其原理是一样的

续表

方法名称	方法说明	图　例	图例说明
使行星轮系成为静定系统	通过合理选择行星轮系各个运动副的类型，使之没有多余约束，整个机构成为一个静定系统	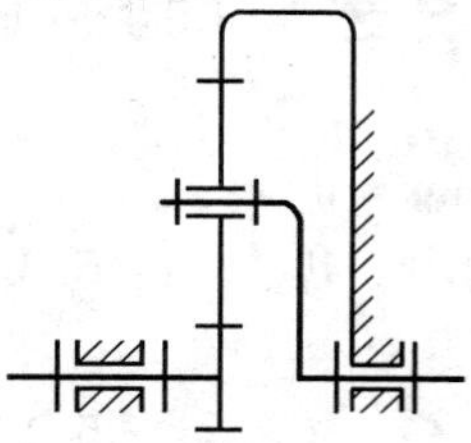 图(k) 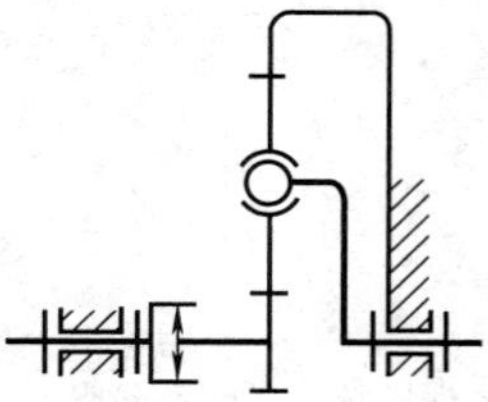 图(l)	图(k)所示负号机构，所有轴与轴承运动副均取 5 类运动副，行星轮安装 3 个，虚约束数高达 8，这就对制造和安装有极严格的要求。若将中心轮 z_1 改为浮动，则可减少两个约束条件；再将 3 个行星轮轴承改用球面滚珠轴承，即由 5 类副改为 3 类副，又减少 6 个约束条件，这样共减少 8 个约束条件，使整个行星轮系成为静定系统，如图(l)所示

第 5 章 凸轮机构设计

凸轮机构是使从动件做预期规律运动的高副机构，通常由机架、主动凸轮和从动件三部分组成，其优缺点如表 11-5-1 所示。

表 11-5-1 凸轮机构的优缺点

凸轮机构的优点	凸轮机构的缺点
①从动件的运动规律可任意拟订，凸轮机构可用于对从动件运动规律要求严格的场合，也可用于要求从动件做间歇运动的场合，其运动时间与停歇时间的比例以及停歇次数均可以任意拟订，可以高速启动，动作准确可靠 ②只要设计相应的凸轮轮廓，就可使从动件按拟订的运动规律运动。一般来说，中、低速凸轮的运动设计较简单 ③由于数控机床及计算机的广泛应用，特别是近年来可以实现计算机辅助设计与制造，因此凸轮轮廓的加工并不十分困难	①在高副接触处难以保证良好的润滑，加上其比压较大，因此易磨损。为保持必要的寿命，传递动力不能过大 ②高速凸轮机构中，高副接触处的动力学特性较复杂，精确分析和设计都较困难

5.1 凸轮机构的基础知识

5.1.1 凸轮机构的组成及常用名词术语

凸轮机构的组成如图 11-5-1 所示。

凸轮机构的常用名词术语及符号如表 11-5-2 所示。

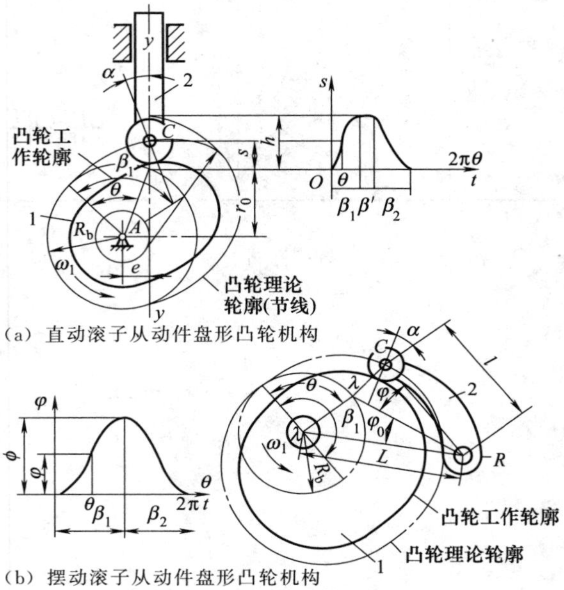

(a) 直动滚子从动件盘形凸轮机构

(b) 摆动滚子从动件盘形凸轮机构

图 11-5-1 凸轮机构组成图

表 11-5-2 术语及符号

术语及符号	定义
凸轮	具有控制从动件运动规律的曲线轮廓（或沟槽）的构件，可以是主动件，也可以是从动件①
从动件	运动规律受凸轮轮廓控制的构件
凸轮工作轮廓	直接与从动件接触的凸轮轮廓曲线
凸轮理论轮廓（凸轮节线）	在从动件与凸轮的相对运动中，从动件上的参考点（从动件的尖端，或滚子中心，或平底中点），在图中为滚子中心 C 在凸轮平面上所画的曲线
凸轮转角 θ	由起始位置开始，经过时间 t 后，凸轮转过的角度，通常凸轮做等速转动
推程运动角 β_1	从动件由离凸轮转动中心最近位置到达最远位置时相应的凸轮转角
凸轮机构的压力角 α	在从动件与凸轮的接触点上，从动件所受正压力（与凸轮轮廓线在该点的法线重合）与其速度之间所夹的锐角，简称压力角
远休止角 β'	从动件在距凸轮转动中心最远的位置上停歇时相应的凸轮转角

术语及符号	定义
基圆、基圆半径 R_b	以凸轮转动中心为圆心、以凸轮理论轮廓的最短向径为半径所画的圆称基圆；其半径为基圆半径
从动件的行程 h、φ	移动从动件由离凸轮转动中心最近的位置到最远距离为推程；反之，移动从动件从最远位置到最近位置的距离为回程。移动从动件在推程或回程中移动的距离为行程，用 h 表示。对于摆动从动件则为摆过的角度 φ
起始位置	从动件在距凸轮转动中心最近且刚开始运动时机构所处的位置，即推程开始时的机构位置
回程运动角 β_2	从动件由距凸轮转动中心最远位置回到最近位置时相应的凸轮转角
偏距 e	直动从动件的移动方位线到凸轮转动中心的距离（其值有正负之分）
摆杆长度 l	摆动从动件转动中心到滚子中心或尖端的距离
中心距 L	摆动转动中心到凸轮转动中心的距离

① 当以凸轮作为输出构件，而以另一形状简单的连架杆作为主动件时，称为反凸轮机构。

凸轮的设计步骤如表 11-5-3 所示。

表 11-5-3　凸轮的一般设计步骤

步　骤	说　明	
(1)确定从动件的运动规律	主要根据从动件在机器中要完成的运动、凸轮转速以及加工凸轮轮廓的技术水平等确定。对于一般中等尺寸的凸轮机构，凸轮转速 n 大致划分为：低速($n \leqslant 100$r/min)、中速(100r/min $< n <$ 200r/min)、高速($n \geqslant 200$r/min)三种	
(2)确定凸轮机构的类型及结构尺寸	根据凸轮轴与从动件的相对位置及其所占的空间的大小，凸轮转速，从动件行程、重量及运动方式、载荷大小等条件来确定类型。然后再确定偏距 e 或中心距 L 等尺寸大小，如图 11-5-1 所示	
(3)设计凸轮轮廓	滚子从动件凸轮	平底从动件凸轮
	①确定许用压力角的大小 ②确定 R_b、R_r ③用作图法或分析法设计凸轮轮廓 ④校核 α_{max} 是否过大，ρ_{cmin} 是否过小	①确定 R_b、e 等 ②用作图法或分析法设计凸轮廓线 ③求出 ρ_{min}，校核 ρ_{min} 是否过小
(4)设计凸轮结构	选择材料、尺寸公差、表面粗糙度，画工作图，等	
(5)其他	根据需要进行动态分析、动态静力分析、动力学分析以及试验分析等，然后修正设计。若用弹簧，则为设计弹簧提供数据	

注：1. 对从动件仅有行程大小要求时，可用便于加工的简单几何曲线作为凸轮轮廓线。
2. ρ_{cmin}——凸轮理论轮廓最小曲率半径；ρ_{min}——凸轮工作轮廓最小曲率半径。

5.1.2　凸轮机构的类型特点及封闭方式

凸轮机构的类型特点及封闭方式见表 11-5-4、表 11-5-5。

表 11-5-4　平面凸轮机构和空间凸轮机构的基本类型和特点

基本类型		特　点		
		尖顶	滚子	平底
平面凸轮机构	从动件和凸轮接触部位类型及其特点	结构简单，能实现较复杂的运动，但易磨损，从而使运动失真，故多用于低速及受力不大的场合	耐磨损，可传递较大的动力，但结构复杂、尺寸和重量大、不易润滑及销轴强度低等，广泛应用于中、低速的场合	受力情况好，构造及维护简单，易润滑，但平底不能太长，多用于高速小型凸轮机构
	直动从动件盘形凸轮机构	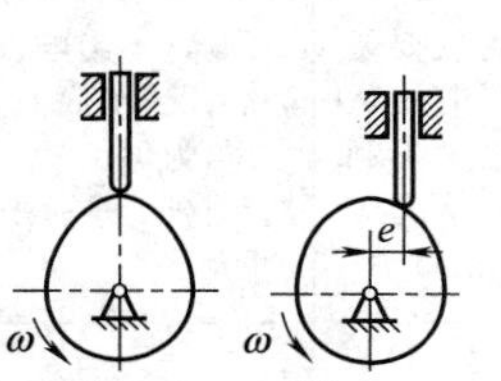 图(a)　图(b)	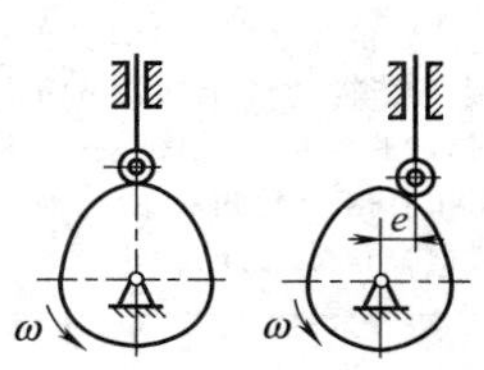 图(a)　图(b)	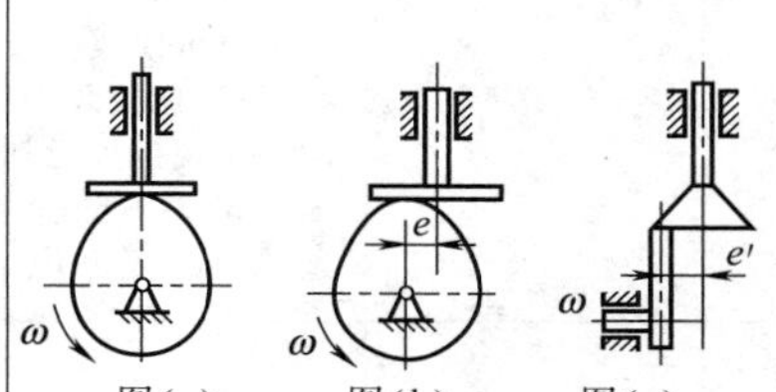 图(a)　图(b)　图(c)
		偏置[图(b)]可以改善凸轮机构推程时的受力情况，使最大压力角 α_{max} 减小，但回程的压力角有所增大，故偏距 e 的大小要适当。从动件相对凸轮偏移的方向，当凸轮逆时针方向转动时应向右，反之应向左		图(b)所示的偏置不影响从动件的运动，适当的偏置可改善从动件的受力情况。图(c)所示的偏置可使从动件绕其轴线转动从而使导路摩擦减小、平底磨损情况好，但 e' 不能太大
	摆动从动件盘形凸轮机构	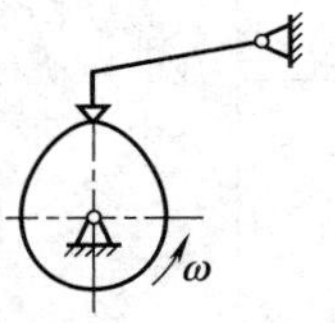	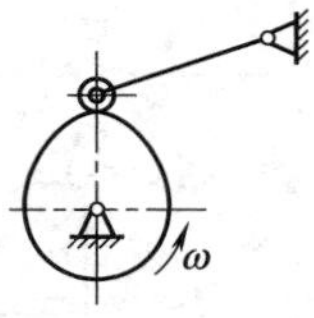	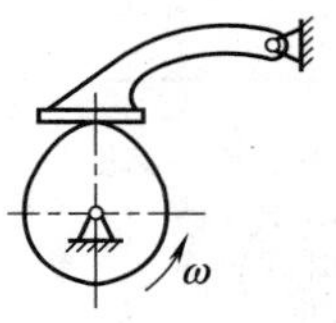
		摆动从动件比直动从动件结构简单、制造容易、摩擦阻力小，故应用较广		

续表

基本类型		特 点		
平面凸轮机构	直动从动件移动凸轮机构	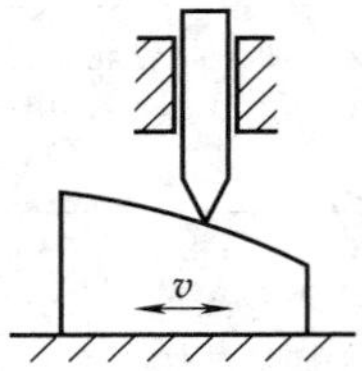	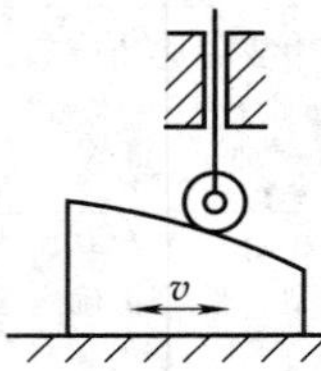	—
		移动凸轮设计制造简单、精度较高，但因凸轮做往复运动，故不宜用于高速，这里平底从动件不适用		
	摆动从动件移动凸轮机构	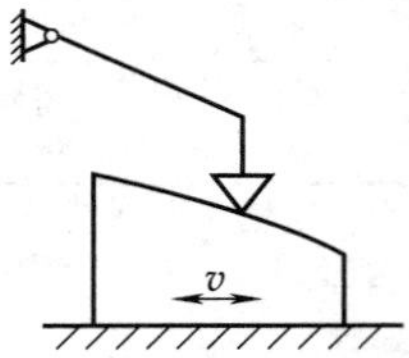	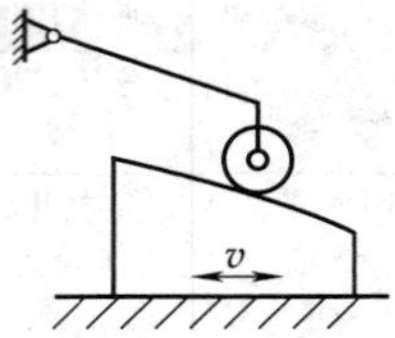	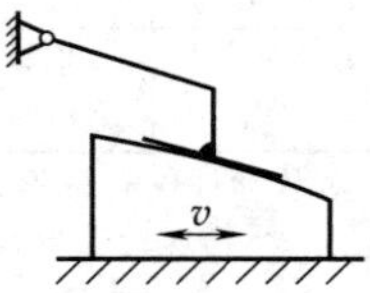
		从动件受力情况好，不易自锁，凸轮和从动件都容易制造，但不宜用于高速场合		
	偏置直动从动件盘形凸轮机构	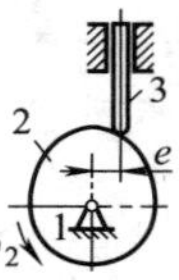	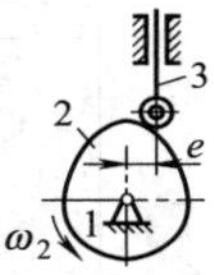	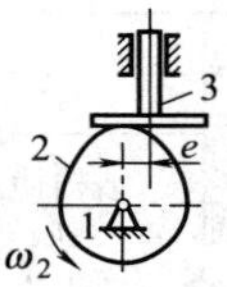图(a) 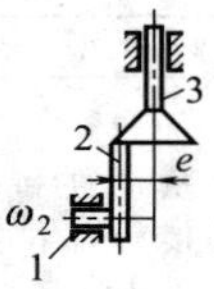图(b)
		偏置可以改善关键位置的受力情况，但其他位置就要差些；设计比较复杂，制造安装的要求较高。ω 的方向使从动件实现推程运动时，e 的偏向为有利偏置，反之为不利偏置，e 大小要适当，可根据凸轮机构结构及受力情况等条件确定，建议其 $e \leqslant R_h/4$（R_h 为凸轮轮毂半径，mm）		偏置不影响 3 的运动，但影响导路受力情况，平底直动从动件凸轮机构的压力角为恒值 图(b)所示平底磨损分散，但 e 不能过大
空间凸轮机构	直动滚子从动件圆柱或圆锥凸轮机构	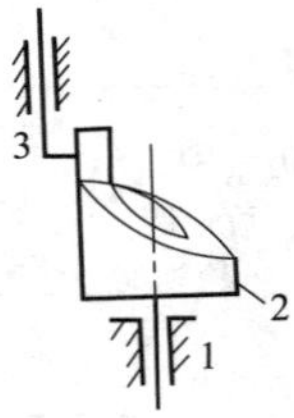 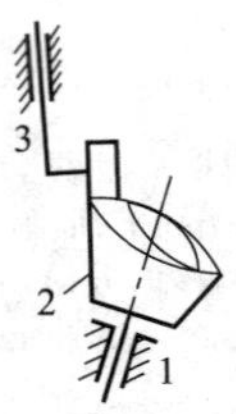		空间凸轮机构特点 ①从动件的运动平面与凸轮的运动平面互相垂直或成一角度（平面凸轮机构中两者互相平行） ②与平面凸轮机构比较，从动件能完成的移动行程较大，但能完成的摆角较小
	摆动滚子从动件圆柱凸轮机构	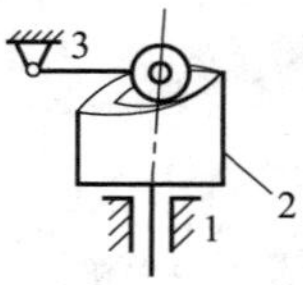 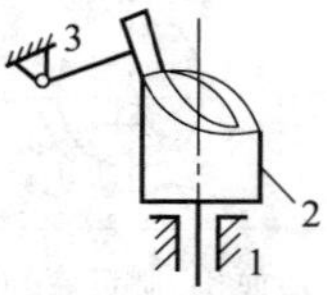		

表 11-5-5　　凸轮机构的封闭方式

封闭方式		图例	说明
力封闭		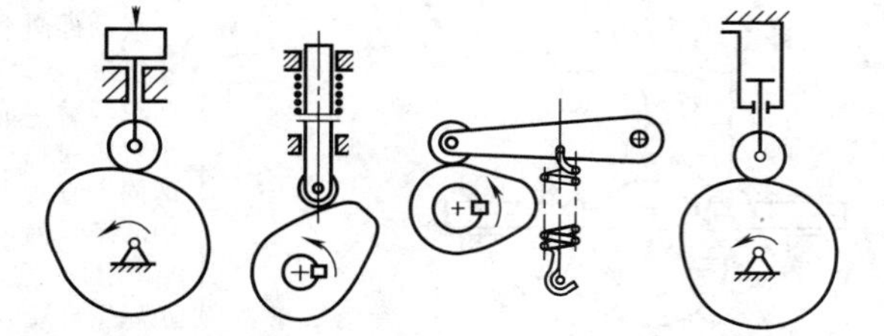 图(a)　利用重力　图(b)　利用压簧　图(c)　利用拉簧　图(d)　利用液压或气压	利用弹簧力、从动件自重等外力使从动件与凸轮始终保持接触。弹簧力封闭广泛应用于中、小尺寸的凸轮机构中
形封闭	沟槽凸轮与滚子配合	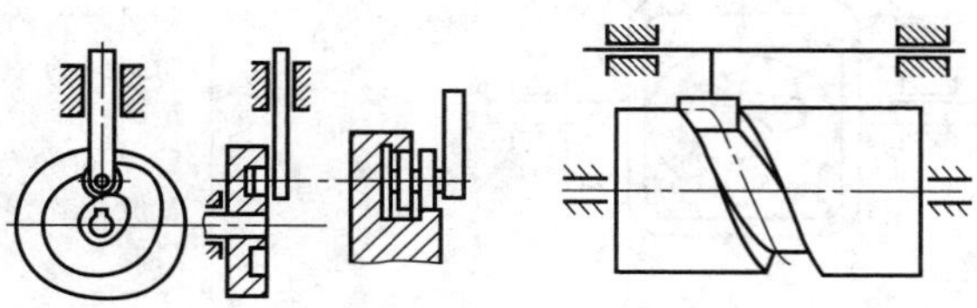 图(a)　图(b)　图(c)	左图(a)、图(c)所示是形封闭中最简单的形式，但凸轮尺寸较大；为使滚子能在槽内灵活转动，槽宽应略大于滚子直径；有间隙，故不宜用于高速。左图(b)所示是种改进结构，消除了间隙，但增加了从动件的重量，提高了对凸轮轮廓的精度要求
形封闭	共轭凸轮与双滚子配合	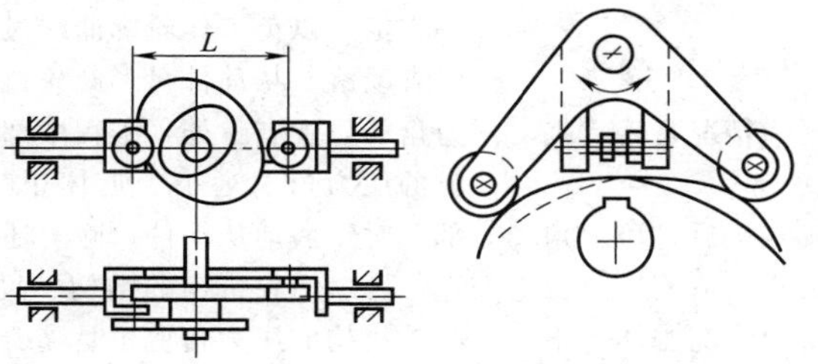 图(a)　图(b)	从动件上的两个滚子，分别与固定在同一根轴上的两个并列凸轮(即共轭凸轮)相接触。通过调整两个滚子的中心距使其紧压在各自的凸轮轮廓上，工作准确可靠，适于高速重载。结构较复杂，且对装配精度和凸轮轮廓的加工精度要求较高
形封闭	双面凸轮与双滚子配合	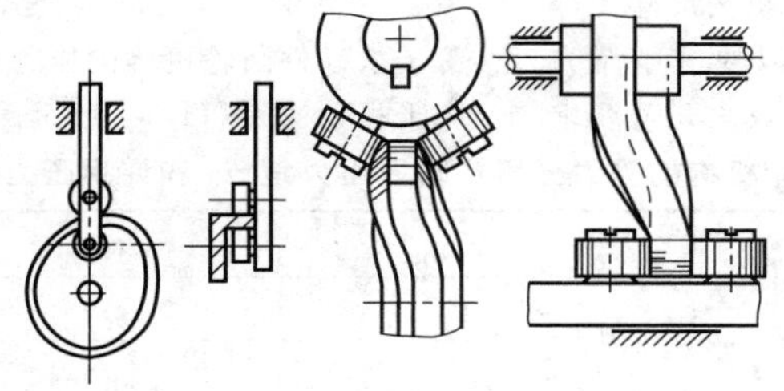 图(a)　图(b)　图(c)	从动件两个滚子紧压在凸轮的内、外两个轮廓面上，从动件的运动较平稳。圆柱凸轮中可用圆锥滚子；调整圆锥滚子的轴向位置，可使滚锥无间隙地与凸轮轮廓相接触；凸轮两个轮廓的加工较困难
形封闭	共轭凸轮与双平底配合	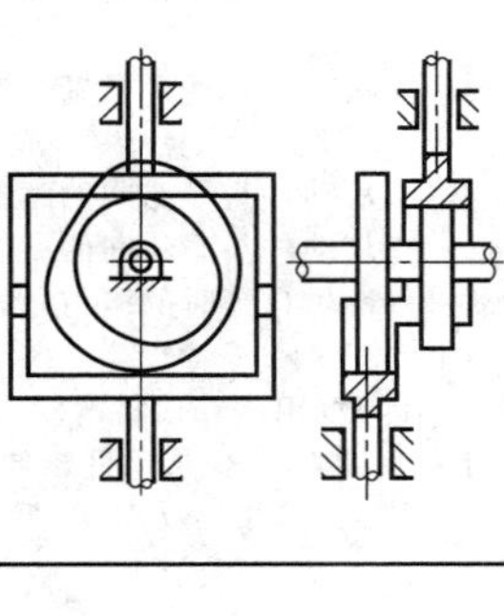	从动件上的两个平底，分别与同轴转动的两个共轭凸轮相接触。通过调整两个平底间的平行距离，可使平底紧压在凸轮工作轮廓上，对凸轮机构的装配精度及凸轮加工精度要求较高

第 11 篇

续表

封闭方式		图　例	说　明
形封闭	等径凸轮与双滚子配合	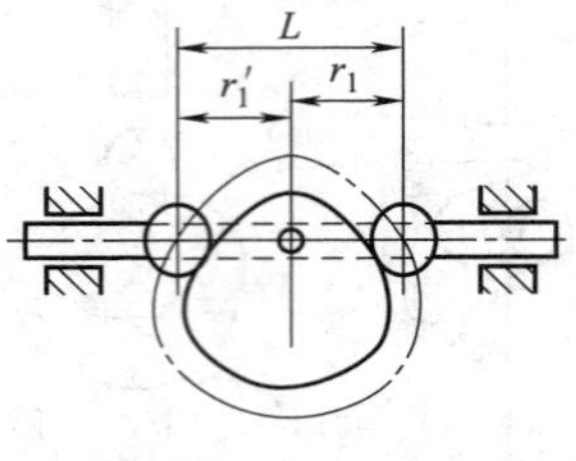	从动件两个滚子与同一凸轮轮廓相接触，从动件的移动方位线通过凸轮转动中心，凸轮轮廓上任意两个对应向径（在通过凸轮传动中心的同一直线上）之和恒等于两滚子中心距。确定 180°范围内凸轮轮廓后，另 180°范围内的轮廓可根据等距原则确定，运动规律的选择受到限制
	等宽凸轮与双平底配合	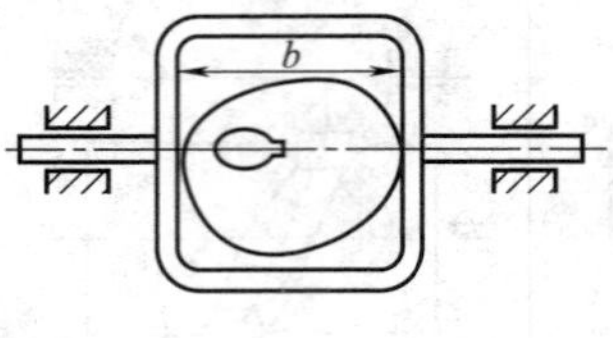	从动件两个平底与同一凸轮轮廓相接触。凸轮轮廓的任意两个平行切线间的距离恒等于两个平板间的距离。确定 180°范围内的凸轮轮廓后，另 180°范围内的轮廓可根据等宽原则确定，运动规律的选择受到限制

5.1.3　凸轮机构设计的相关问题

5.1.3.1　凸轮机构的压力角

压力角关系到凸轮机构传动时受力情况是否良好和凸轮机构尺寸是否紧凑。

在一定载荷和机构的运动规律确定以后，压力角增大，一方面可使凸轮的基圆半径减小，从而使凸轮尺寸较小；另一方面，又会使机构受力情况变坏，不但使凸轮与从动件之间的作用力增大，而且使导路中的摩擦力也相对增大。当压力角大到某一临界值 α_c 时，机构将发生自锁。在设计中，若对机构尺寸无严格要求，则可将基圆半径选大一些，以便减小压力角，使凸轮机构具有良好的受力条件；反之，若要求尽量减小凸轮尺寸，则所用基圆半径应保证其最大压力角不超过许用值 α_p，以及最小曲率半径 ρ_{min} 大于一定值，以免工作轮廓曲线过切面引起运动失真。对于直动滚子从动件盘形凸轮机构，有可能出现最大压力角的位置有三处：推程中部、近休止位置（远休止时的压力角永远小于近休止时的压力角）和回程中部。对于摆动从动件，除上述三个位置外，还有远休止位置。凸轮机构的结构、尺寸及运动参数确定后，凸轮机构的压力角值也是随着凸轮转角的变化而变化的（平底直动从动件除外）。

尖端从动件盘形凸轮机构的受力分析、临界压力角 α_c 和许用压力角 α_p 的公式和数据如表 11-5-6 所示。滚子从动件凸轮机构的压力角 α 和凸轮理论轮廓的曲率半径 ρ_c 如表 11-5-7 所示。

表 11-5-6　　尖端从动件盘形凸轮机构的受力分析及临界压力角 α_c 和许用压力角 α_p

	受力图	计算公式
尖端直动从动件盘形凸轮	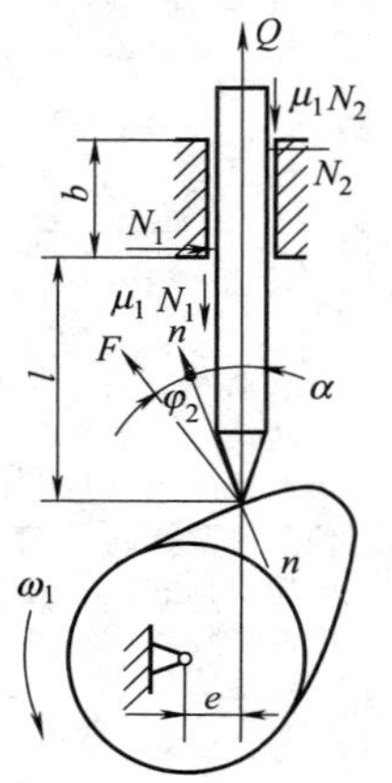	作用力 $F=\dfrac{Q}{\cos(\alpha+\varphi_2)-\mu_1\left(1+\dfrac{2l}{b}\right)\sin(\alpha+\varphi_2)}$　(11-5-1) 临界压力角 $\alpha_c=\arctan\dfrac{1}{\mu_1\left(1+\dfrac{2l}{b}\right)}-\varphi_2$　(11-5-2) 式中　Q——从动件承受的载荷（包括从动件的自重、生产阻力及弹簧压力等） μ_1——从动件与导路间的摩擦因数 φ_2——从动件与凸轮间的摩擦角 α_c——发生自锁时的压力角，称临界压力角 提高 α_c 的措施如下 ①降低摩擦因数（用滚动代替滑动、改善润滑等） ②加长导路长度 b，减少从动件悬伸 l ③提高构件刚度，减小运动副间隙

续表

类别	尖端直动从动件盘形凸轮 α_c 的参考值					
尖端直动从动件盘形凸轮	设摩擦因数 $\mu(\mu=\mu_1=\mu_2=\tan\varphi_2)$			l/b		
				1/2	1	2
	钢对钢、钢对铸铁、钢对青铜、铸铁对铸铁、铸铁对青铜	有润滑剂时动、静摩擦因数的概略值	0.1	73°	68°	58°
	钢对钢、钢对青铜	无润滑剂时动、静摩擦因数的概略值	0.15	65°	57°	45°
	钢对软钢、软钢对铸铁		0.2	57°	48°	34°
	钢对铸铁		0.3	42°	31°	17°

尖端摆动从动件盘形凸轮

受力图	计算公式
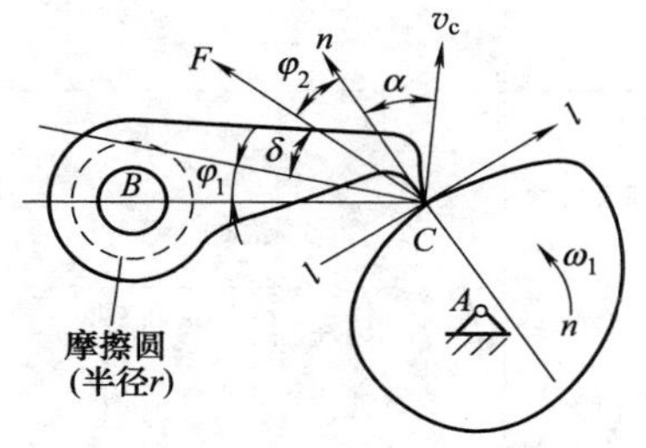	见下

$$\alpha+\varphi_1+\varphi_2+\delta=\frac{\pi}{2}$$

当 α 增大时，力 F 减小；当 $\delta=0$ 时，则力 F 的方向切于轴 B 的摩擦圆，机构自锁。此时的 α 即为临界压力角 $\alpha_c=\frac{\pi}{2}-\varphi_1-\varphi_2$

φ_1 为从动件与轴 B 之间的摩擦角，设摩擦圆半径为 r，则

$$\varphi_1=\arcsin\frac{r}{BC}\approx\arctan\frac{4\mu}{\pi}$$

α_c 与两处摩擦角有关

许用压力角 α_p 的概略值	从动件种类	推程 α_{p1}	推程 α_{p2}	
			力封闭	形封闭
	直动从动件	≤30°，当要求凸轮尽可能小时，可用到≤45°	≤70°～80°	≤30°(可用到 45°)
	摆动从动件	≤35°～45°	≤70°～80°	≤35°～45°

表 11-5-7　滚子从动件凸轮机构的压力角 α 和凸轮理论轮廓的曲率半径 ρ_c

类别	机构简图	α	ρ_c
移动凸轮直动从动件	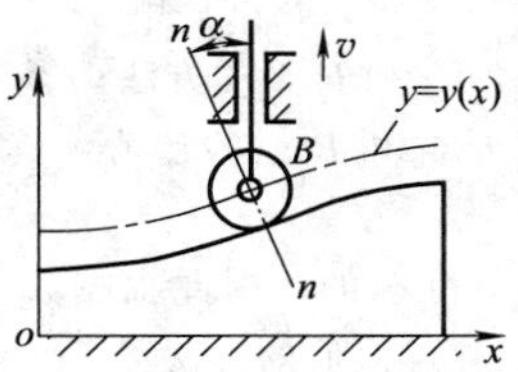	$\tan\alpha=\frac{dy}{dx}$	$\rho_c=\frac{\left[1+\left(\frac{dy}{dx}\right)^2\right]^{\frac{3}{2}}}{\frac{d^2y}{dx^2}}$
盘形凸轮对心直动从动件	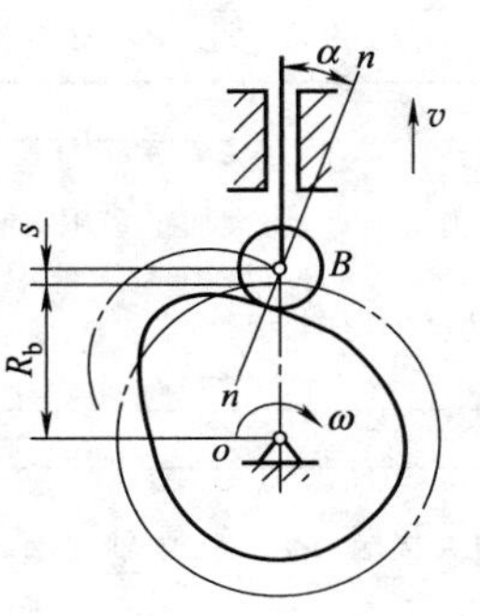	$\tan\alpha=\frac{\frac{ds}{d\phi}}{R_b+s}$ 式中　ϕ——凸轮转角，rad R_b——凸轮基圆半径，mm s——从动件位移，mm	$\rho_c=\frac{\left[(R_b+s)^2+\left(\frac{ds}{d\phi}\right)^2\right]^{\frac{3}{2}}}{(R_b+s)^2+2\left(\frac{ds}{d\phi}\right)^2-(R_b+s)\frac{d^2s}{d\phi^2}}$

第11篇

续表

类别	机构简图	α	ρ_c
盘形凸轮偏置直动从动件	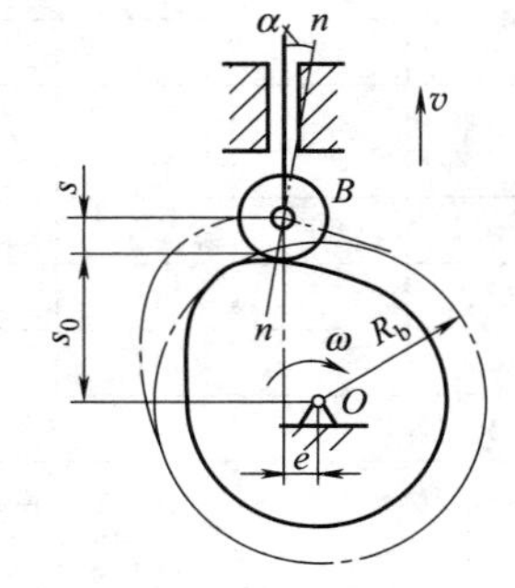	$\tan\alpha=\dfrac{\dfrac{ds}{d\phi}-e}{s+\sqrt{R_b^2-e^2}}$ 式中 e——偏距,mm,有正、负之分 当凸轮顺时针旋转而从动件位于O点左侧时e为正,这对减小α是有利的;反之,e为负,对α不利。当凸轮转向相反时,正、负号相反 $s_0=\sqrt{R_b^2-e^2}$	$\rho_c=\dfrac{1}{T\left[1+T\left(\dfrac{ds}{d\phi}\sin\alpha-\dfrac{d^2s}{d\phi^2}\cos\alpha\right)\right]}$ $T=\dfrac{\cos\alpha}{s+s_0}$
盘形凸轮摆动从动件	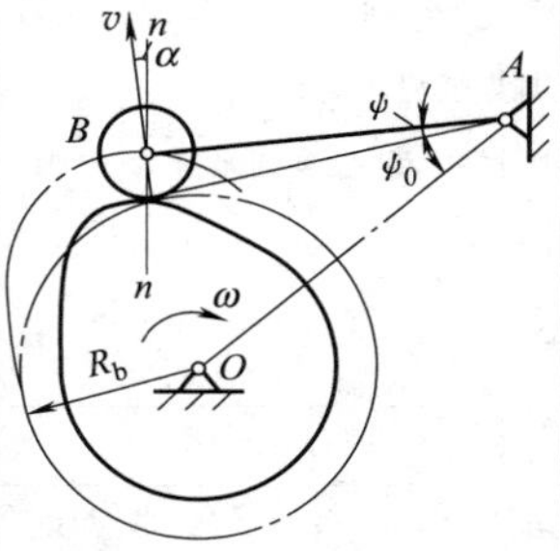	$\tan\alpha=\cot(\psi+\psi_0)-\dfrac{l\left(1-\dfrac{d\psi}{d\phi}\right)}{L\sin(\psi+\psi_0)}$ $\psi_0=\arccos\dfrac{l^2+L^2-R_b^2}{2lL}$ 式中 ψ_0——从动件初始角,rad ψ——从动件摆角,rad,$\psi=\psi(\phi)$ ϕ——凸轮转角,rad l——从动件长度,mm,$l=l_{AB}$ L——凸轮转动中心与从动件摆动中心距离,mm,$L=l_{OA}$	$\rho_c=\dfrac{1}{\lambda\left[1+\lambda\left(1-\dfrac{d\psi}{d\phi}\right)\dfrac{d\psi}{d\phi}\sin\alpha-\dfrac{d^2\psi}{d\phi^2}\cos\alpha\right]}$ $\lambda=\dfrac{\cos\alpha}{L\sin\alpha}$

注:1. 表中的$\frac{ds}{d\phi}$及$\frac{d^2s}{d\phi^2}$向上为正,$\frac{d\psi}{d\phi}$及$\frac{d^2\psi}{d\phi^2}$与凸轮转向相同时为正,当凸轮轮廓外凸时ρ_c为正。α也可能有负值,此时公法线n—n偏向速度v的另一侧。

2. 凸轮工作轮廓的曲率半径ρ和理论轮廓曲率半径ρ_c的关系见图11-5-2。

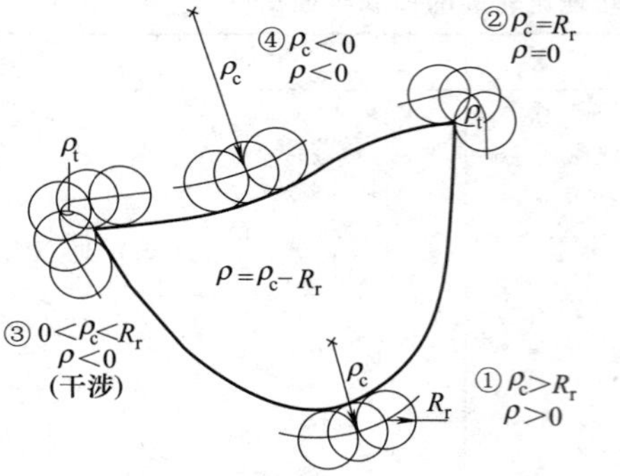

图 11-5-2 凸轮曲率半径和滚子的关系

5.1.3.2 基圆半径R_b、圆柱凸轮最小半径R_{min}和滚子半径R_r

(1) 基圆半径R_b对凸轮机构的影响

(2) 确定基圆半径R_b和R_{min}的方法

根据$\alpha_{max}\leqslant\alpha_p$确定$R_b$和$R_{min}$的初值,具体方法如图11-5-3所示。

由于α_p值通常是不准确的,因此根据α_p确定的R_b值也是近似值,求R_b近似值的方法如下:

1) 用诺谟图求盘形凸轮的R_b。图11-5-4的使用说明如下:

表 11-5-8 基圆半径R_b对凸轮机构的影响

R_b过大	优点	改善凸轮机构的受力情况
	缺点	①增大凸轮机构的尺寸 ②增加凸轮轮廓线长度,设计时要增加分点,加工时要增多精确切削点,增大加工费用,使用时增加滚子转速(易使滚子早期磨损) ③增加凸轮的圆周速度,加剧凸轮轮廓线的偏差对从动件加速度的影响 ④增加凸轮轴上的不平衡重量,易加剧机器在高速时的振动
R_b过小	优点	减小凸轮尺寸
	缺点	①增大压力角,机构受力情况变坏,甚至发生自锁 ②凸轮轮廓线的曲率半径变小,影响到滚子半径也要变小(增大接触应力)、滚子轴变细(降低强度),易使从动件运动规律失真 ③凸轮轴直径过小引起轴的强度与刚度不够

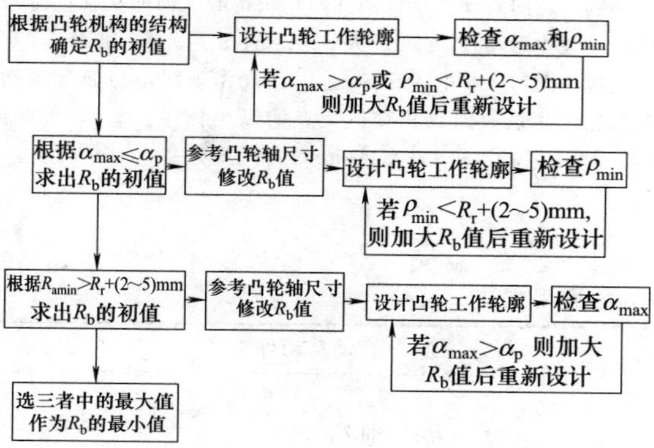

图 11-5-3　根据$\alpha_{max}\leqslant\alpha_p$确定$R_b$和$R_{min}$初值的流程

① 由v_m，α_{max}、h和β_1值从图 11-5-4 中查出后，按公式，求出R_b。

图中v_m为最大速度因数，其值如表 11-5-11 和表 11-5-14 所示。

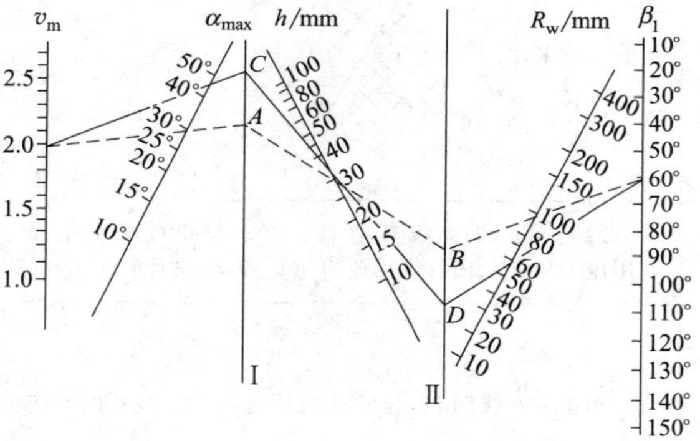

图 11-5-4　求盘形凸轮R_b的线图

② 此图用于对心直动从动件凸轮，在$h\leqslant R_b$的情况下是足够精确的。

③ 此图也可近似用于偏置直动从动件凸轮（不考虑偏距）。此时，所得的R_b对于有利偏置比较安全，对于不利偏置则使推程最大压力角较大。若考虑偏置，可将由此图查得的R_b乘以修正系数k：

$$k=\sqrt{\left(1\mp\frac{e}{R_b\tan\alpha_p}\right)^2+\left(\frac{e}{R_b}\right)^2}\qquad(11\text{-}5\text{-}3)$$

式中，"－"号用于有利偏置，"＋"号用于不利偏置。

④ 对于摆动从动件，可近似当作移动从动件处理。如图 11-5-5 所示，把弦线C_0C_e当作移动方位线；对相当于对心者，根据$\alpha_p=45°$由图 11-5-4 求R_b；对相当于偏置者，可先按对心处理，再乘以修正系数k。

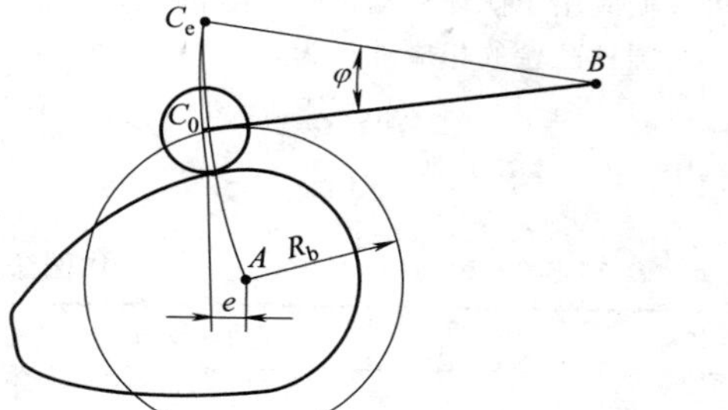

图 11-5-5　将摆动近似当作直动
A—凸轮轴心；B—从动件周心

例 1　对心直动从动件在推程时以摆线规律运动，$\beta_1=60°$，$h=30$mm，$\alpha_p=30°$，求R_b。

解　由表11-5-11 知：摆线规律的最大速度因数v_m为 2，在图 11-5-4 中，将$v_m=2$与$\alpha_{max}=30°$的两点连线（如虚线所示），与直线Ⅰ相交于A，将A点与$h=30$mm的点相连，连线与直线Ⅱ相交于B，再将B点与$\beta_1=60°$的点相连，连线与R_w线交于$R_w=100$mm 处。因此，$R_b=R_w-h/2=85$（mm）（采用此值后，最大压力角值为 30.037°）。

例 2　同例1，但具有有利偏距$e=8.5$mm。

解　①近似按无偏置处理，取上例计算结果$R_b=85$mm。

②考虑偏置须作修正，当$e/R_b=8.5/85=0.1$时，由式（11-5-3）求得$k=0.83$，故$R_b=85\text{mm}\times0.83\approx71$mm（采用此值后，推程最大压力角值为 29.98°）。

如取同值不利偏置，可求得$k=1.177$，$R_b=100.1$mm。

例 3　已知一摆动滚子从动件盘形凸轮机构，从动件推程按抛物线规律运动，$\varphi=20°$，$l=90$mm，$\alpha_p=45°$，$\beta_1=60°$，求R_b。

解　把滚子中心C的轨迹（圆弧）所对的弦长$\overline{C_0C_e}$当作直动从动件的行程，因此$h=2\times l\sin(\varphi/2)=31.25$（mm）。然后用例 1 所述的方法（此时$\alpha_{max}$取 45°），求得$R_w=55$mm。故$R_b=R_w-h/2\approx40$（mm）（此解未考虑偏置，采用此值后，推程最大压力角值为 46.138°）。

2）作图法求盘形凸轮R_b的通用方法（适用于任何运动规律，求得的结果是可行域），如表 11-5-9 所示。

3）确定圆柱凸轮的最小半径R_{min}。R_{min}是指滚子和沟槽侧面接触时，凸轮上与滚子接触的最小圆柱体的半径。其值可由式（11-5-4）求得。

$$R_{min}=f\frac{h}{\beta}\qquad(11\text{-}5\text{-}4)$$

式中凸轮尺寸系数f的值，可根据从动件运动规律和最大压力角（可取许用压力角 α_p）由图 11-5-6 查的。图 11-5-6 适用于轴向直动从动件圆柱凸轮，也可近似应用于摆动从动件圆柱凸轮。

圆柱凸轮的相应外径为：

$$R_c = R_{min} + b \qquad (11\text{-}5\text{-}5)$$

式中　b——滚子宽度。

例　轴向直动从动件圆柱凸轮机构的从动件在推程时按照简谐规律运动，$\beta_1=90°$，$h=30\text{mm}$，$\alpha_p=30°$，求 R_{min}。

解　图11-5-6 中，在 $\alpha_{max}=30°$ 处作垂线，与简谐运动的凸轮尺寸系数曲线相交，交点的纵坐标 $f=2.8$，因此，$R_{min}=2.8\times30/(\pi/2)\approx54$（mm）。

表 11-5-9　　**作图法求盘形凸轮 R_b 的通用方法**

名称	直动从动件	摆动从动件
图例	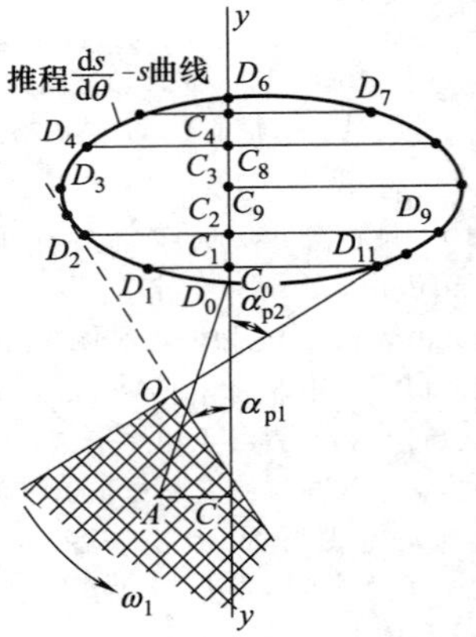	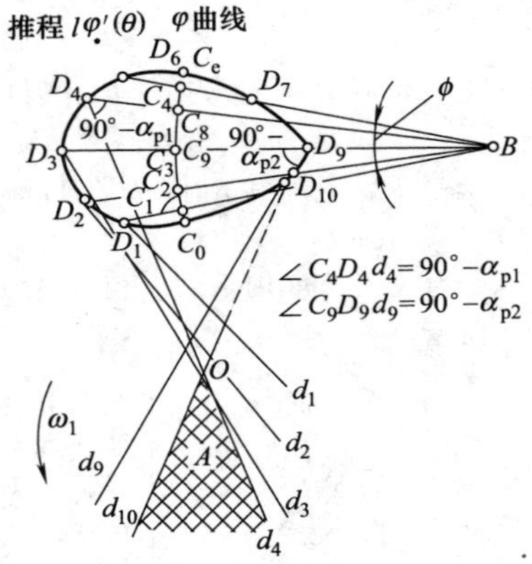
已知	s-θ 线图、$s'(\theta)$-θ 线图、行程 h、推程许用压力角 α_{p1}、回程许用压力角 α_{p2} 和凸轮转向	φ-θ 线图、$\varphi'(\theta)$-θ 线图、摆杆长度 l、摆角行程 ϕ、推程许用压力角 α_{p1}、回程许用压力角 α_{p2} 和凸轮转向
作图步骤	①根据 s-θ 线图和 $s'(\theta)$-θ 线图求出 $s'(\theta)$-θ 的对应关系 ②画移动方位线 y—y，选定从动件起始点 C_0。若凸轮转向为逆时针向，则将推程时的 $s'(\theta)$-θ 曲线画在移动方位线的左侧，而将回程时的画在右侧。如图中 D_0、D_1、D_2…所连成的曲线[当凸轮转向为顺时针时，将推程的 $s'(\theta)$-θ 曲线画在移动方位线的右侧] ③在移动方位线的两侧，分别作 $s'(\theta)$-θ 曲线的下半部分的切线，并使之与移动方位线成 α_{p1} 和 α_{p2} 角；两切线相交于 O 点；并形成图中有方格的区域，凸轮转动轴心应选在该区域内 ④过 C_0 点，作许用压力角线（包括正负偏置），凸轮中心应选在该线以内的方格区域内	①根据 φ-θ 线图和 $\varphi'(\theta)$-θ 线图求出 $l\varphi'(\theta)$-θ 的对应关系 ②确定从动件转动中心 B 点的位置，并确定 A 点的大致方位；再以 B 为圆心，以 l 为半径作圆弧 C_0C_e。将推程时 C 点的速度 v_c 按凸轮的转向转过 90°后，其方向若指向 C_0C_e 的外侧，则将推程时的 $l\varphi'(\theta)$-θ 曲线画在 C_0C_e 的外侧（若凸轮转向相反，则画在内侧）。得 C_1D_1，C_2D_2… ③过 D_1 点作直线 D_1d_1，使 $\angle C_1D_1d_1=90°-\alpha_{p1}$；同样，过 D_2 点作 D_2d_2，使 $\angle C_2D_2d_2=90°-\alpha_{p1}$，得到一系列直线 D_1d_1，D_2d_2，D_3d_3…（如 D_9d_9，$D_{10}d_{10}$…）。轴心 A 应在这些直线的左下方 ④对回程作相似处理[如回程时的 $l\varphi'(\theta)$-θ 曲线上，过 D_9 作直线 D_9d_9，使 $\angle C_9D_9d_9=90°-\alpha_{p2}$]，得到一系列直线（如 D_9d_9，$D_{10}d_{10}$…）。轴心 A 应在这些直线的右下方 ⑤综上所述，可找出同时满足上述两种条件的区域（如图中有方格的区域），轴心位置应选在此区域内，如图中选在 A 点 ⑥检查 C_0 处和 C_e 处的压力角是否超过许用值。若超过，则另选 A 点

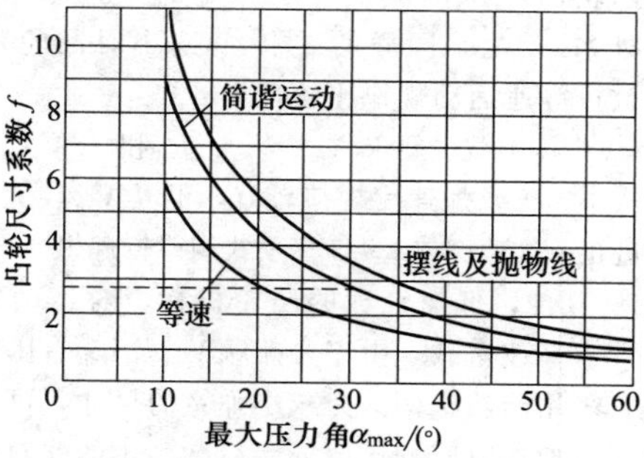

图 11-5-6　圆柱凸轮尺寸系数 f

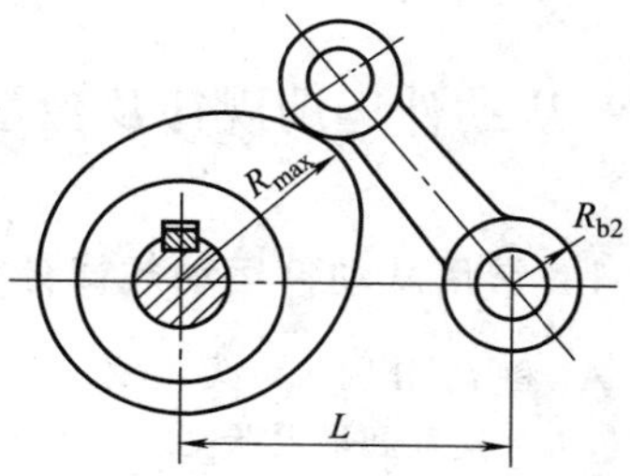

图 11-5-7　摆动从动件盘形凸轮机构的常见结构

表 11-5-10　　凸轮与轴的连接方式及 R_b、R_{min} 的计算公式

类别	盘形凸轮		圆柱凸轮	
	凸轮与轴一体	凸轮装在轴上	凸轮与轴一体	凸轮装在轴上
简图	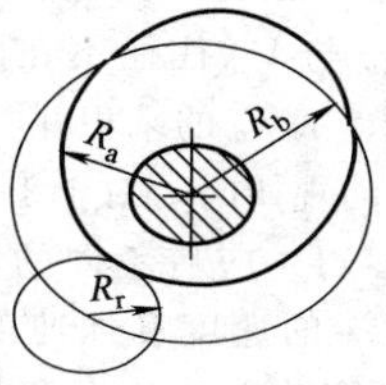	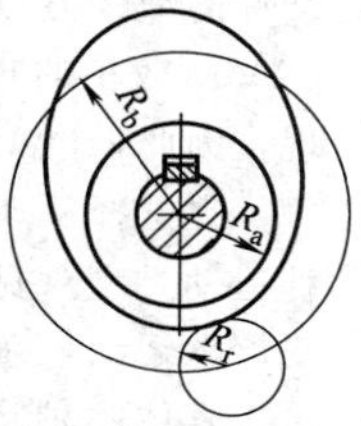	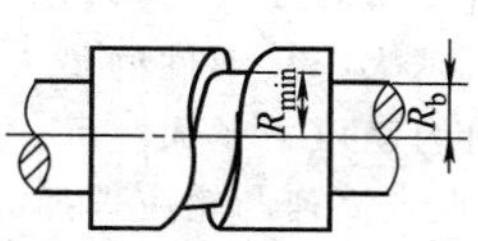	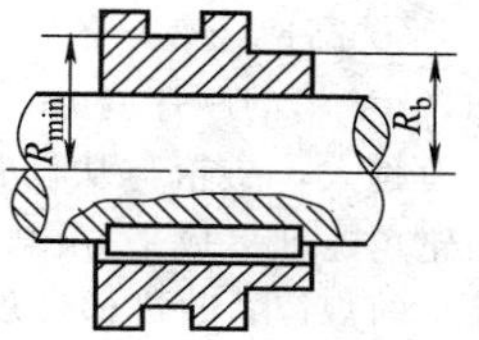
公式	$R_b \geqslant R_a + R_r + (2\sim5)$mm，$R_b \geqslant R_h + R_r + (2\sim5)$mm，$R_{min} \geqslant R_a + (2\sim5)$mm，$R_{min} \geqslant R_h + (2\sim5)$mm 式中　R_a——凸轮轴半径，mm R_h——凸轮轮毂半径，mm			

对于摆动从动件盘形凸轮机构，如图 11-5-7 所示，其基圆半径除了满足表 11-5-10 中有关条件外，通常还应满足：

$$R_{max} + R_{h2} < L \qquad (11\text{-}5\text{-}6)$$

式中　R_{max}——凸轮轮廓线的最大向径；

R_{h2}——从动件的轮毂半径。

当从动件的回转轴和凸轮的回转轴分别在凸轮端面的两侧时，则不必满足上述关系。

5.1.3.3　凸轮理论轮廓的最小曲率半径 ρ_{cmin} 与 R_b 的关系

凸轮轮廓线曲率半径 ρ 的计算公式如表 11-5-19 和表 11-5-20 所示。ρ 的表达式是包含机构基本尺寸、运动规律的超越方程或高次代数方程，需根据相应公式编制软件后在计算机上进行求解，常用数值解法。对平底从动件凸轮机构要求 $\rho>0$ 而不内凹；对滚子从动件凸轮机构，要求 $\rho_{min}>(2\sim3)R_r$，以保证凸轮工作轮廓线不过切及从动件运动不失真，并限制接触应力不过大。为避免在凸轮机构设计基本完成时发现 ρ_{min} 过小而需返工，给出了 ρ_{min}（R_b、e、L、l 和 β）的无量纲诺谟图，但其运动规律、参数范围均很局限，且精度也较差，只能在运动规律相同、参数范围接近的条件下利用其选取初值，再用计算求得精确值。

各参数对 ρ_{min} 的影响有以下参考结论：

① 凸轮轮廓线的曲率半径 ρ 及 ρ_{min} 随着基圆半径的增大而增大。

② 直动从动件凸轮机构的偏距 e 对 ρ_{min} 的影响很小。

③ 摆动从动件凸轮机构中，中心距 L 对 ρ_{min} 的影响随着升程运动角 β 的增大而逐渐减小，当 β 大于一定值后，$\rho_{min} \approx R_b$（简谐运动规律除外）。

④ 当 β 较小时，ρ_{min} 出现在最大减速度处；而当 β 增大到某一值后，ρ_{min} 发生在 S（或 ψ）为 0 处附近。

⑤ 在 R_b 一定的情况下，随着从动件升程 h、ψ 的增大，ρ_{min} 的变化较大。

5.1.3.4　滚子半径 R_r 的确定

R_r 值必须满足的条件如下：

（1）保证从动件运动不失真并限制接触应力

$$R_r \leqslant (0.3\sim0.5)\rho_{cmin}$$

（2）使凸轮结构比较合理

$$R_r \leqslant 0.4R_b$$

（3）保证滚子结构合理及滚子轴强度足够

$$R_r \geqslant (0.3\sim0.5)r$$

式中 r——滚子轴半径。

5.2 从动件运动规律及数学模型

5.2.1 常用从动件运动规律分类

V_m、A_m和J_m分别表示无量纲运动参数中的最大速度、最大加速度和最大跃度，称为运动规律的特性值。表11-5-11列出了不同运动规律的特性值，供合理选择运动规律参考。一般应避免由于速度突变引起的刚性冲击和加速度突变引起的柔性冲击。目前，常用的有多项式运动规律和组合运动规律。要求V_m、A_m、J_m和$(AV)_m$都是最小值的运动规律是没有的，应根据不同的工作情况合理选择，原则如下。

① 高速轻载。各特性值大体可按A_m、V_m、J_m和$(AV)_m$的顺序考虑。A_m越大，从动件的最大惯性力越大，凸轮与从动件间的动压力越大，且a与凸轮角速度ω成平方比，因此，高速凸轮应选择A_m较小的规律。改进梯形规律的A_m较小，是较理想的运动规律。

② 低速重载。各特性值大体可按V_m、A_m、$(AV)_m$和J_m的顺序考虑。V_m越大，动量越大，承载功率和摩擦功率也越大，对质量大的从动件影响更大。V_m还影响到凸轮的受力和尺寸的大小。同样尺寸的凸轮，V_m大时其最大压力角α_{max}也大（等速运动除外）；反之，同样的α_{max}，V_m小时凸轮尺寸也小。改进等速运动规律比较理想。

③ 中速中载。要求A_m、V_m、J_m和$(AV)_m$等特性值均较小。正弦加速度规律较好，但其V_m较大，因此用改进正弦加速度或3-4-5多项式规律较理想。

④ 其他。低速轻载的凸轮机构，对运动规律要求不严。高速重载，由于要兼顾V_m及a_m有困难，因此不宜采用凸轮机构。为减小弹簧的尺寸，可采用减速时间和加速时间的比值$m=t_d/t_a>1$的非对称运动规律，效果较好，如非对称改进梯形规律。

梯度和从动件的振动关系较大，为减小振动，应减小J_m，而J_m最小的规律是等跃度规律。从动件的惯性力可增加凸轮轴上的附加转矩和驱动功率。从动件的惯性力与$(AV)_m$成正比。高速、重载应选用$(AV)_m$较小的规律。A_m与V_m往往不在同一时间出现，因此，$(AV)_m$与A_m和V_m的乘积并不相同。

在选择从动件的运动规律时，对于Ⅰ、Ⅱ和Ⅲ三种运动类型（见表11-5-11）应有不同的考虑。对于双停歇运动，在行程两端的速度和加速度都应为0；对于其他两种运动，在停歇端的速度和加速度应为0，在无停歇端的速度应为0，而加速度最好不等于0。由此，在推程和回程衔接处，加速度过渡平滑，且可使最大速度和最大加速度下降，对受力情况和减少振动都有利。

表11-5-11 凸轮机构各种运动规律比较表

运动类型	名称	$m=t_d/t_a$	加速度线图形状	V_m	A_{ma} A_{md}	J_{ma} J_{md}	$(AV)_{ma}$ $(AV)_{md}$	说明
加速度不连续运动	等速		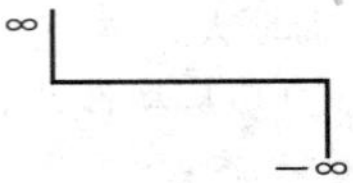	1.00	∞	∞	∞	V_m最小。大质量的从动件动量小，但有刚性冲击，即$A_m\to\infty$，易制造，可用于低速
	等加速等减速	$m=1$	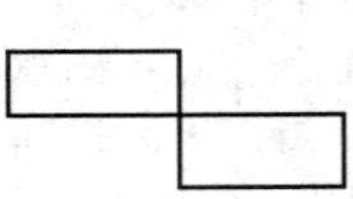	2.00	4.00	∞	8.00	A_m最小，但即使在无停歇的运动中仍有柔性冲击，行程始末及中点加速度出现突变（即$J_m\to\infty$），要求机构刚度大及系统间隙小；在耐磨损、压力角、弹簧尺寸等方面不如简谐和摆线规律，目前很少用
	余弦加速度（简谐运动）	$m=1$	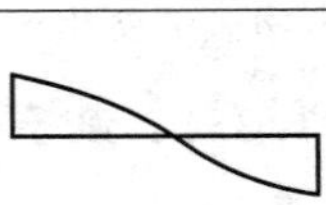	1.57	4.93	∞ 15.50	3.88	V_m及转矩小，启动较平稳，弹簧尺寸较小、行程始末有柔性冲击（$J_m\to\infty$）。可用于低速、中速中载场合
Ⅰ双停歇运动	等跃度	$m=1$	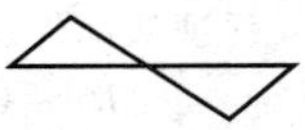	2.00	8.00	32.0	8.71	J_m很小，但由于A_m大而很少用
	3-4-5多项式	$m=1$		1.88	5.77	60.0 30.0	6.69	性能接近改进正弦加速度，特性值较好，常用

续表

运动类型	名称	$m=t_d/t_a$	加速度线图形状	V_m	A_{ma} A_{md}	J_{ma} J_{md}	$(AV)_{ma}$ $(AV)_{md}$	说明
Ⅰ双停歇运动	正弦加速度(摆线)	$m=1$	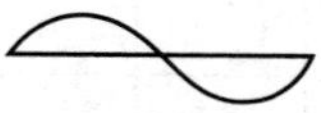	2.00	6.28	39.5	8.16	加速度曲线连续。行程始末加速度为 0,跃度为有限值的突变,启动平稳。弹簧尺寸小,导路侧压力小,冲击、磨损较轻。适用于中、高速轻载场合。缺点是 V_m、A_m 较大,始末段位移变化缓慢,加工要求较高
	改进梯形加速度	$T_1=1/8$	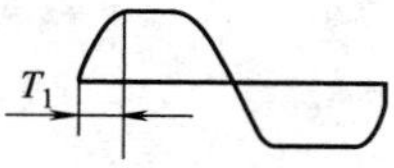	2.00	4.89	61.4	8.09	A_m 小,无冲击,适用于高速轻载场合,近来在分度凸轮中应用较多
	非对称改进梯形加速度	$m=1.5$	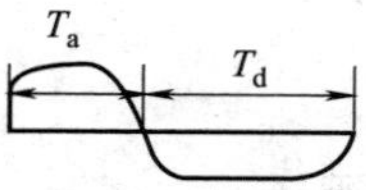	2.00	6.11 4.07	95.9 42.6	10.11 6.74	$A_{md}<A_{ma}$,利于设计弹簧
	改进正弦加速度	$T_1=1/8$	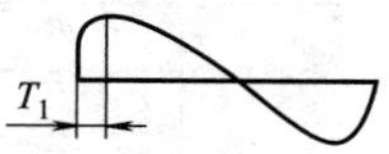	1.76	5.53	69.5 23.2	5.46	无冲击,行程始末采用周期较短的正弦加速度,以使此段的位移变化较明显,便于加工。行程中部速度和加速度变化较平缓,V_m 及转矩小,适用于中高速、中重载场合,性能较好
	改进等速	$T_2=1/4$	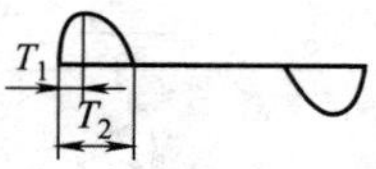	1.33	8.38	105.28	7.25	V_m 很小,转矩小,适用于低速重载场合。也可用以代替等速运动,避免冲击
		$T_1=1/16$ $T_2=1/4$		1.28	8.01	201.4 67.1	5.73	
Ⅱ无停歇运动	余弦加速度	$m=1$	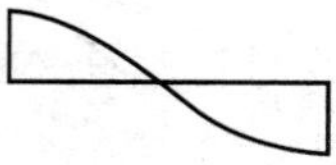	1.57	4.93	15.5	3.88	用于无停歇运动中,是一种很好的运动规律
	正弦加速度	$m=1$	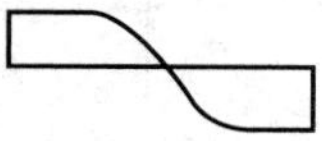	1.72	4.20	—	—	与相应的双停歇或单停歇运动相比,各特性值都有所改善
	改进梯形加速度	$m=1$	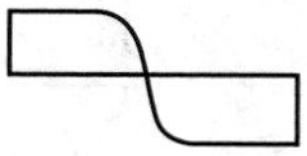	1.84	4.05	—	—	
	改进正弦加速度	$m=1$	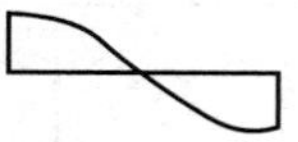	1.63	4.48	—	—	
	改进等速	$m=1$	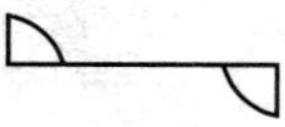	1.22	7.68	48.2	4.69	

第11篇

续表

运动类型	名称	$m=t_d/t_a$	加速度线图形状	V_m	A_{ma} A_{md}	J_{ma} J_{md}	$(AV)_{ma}$ $(AV)_{md}$	说 明
Ⅲ单停歇运动	3-4-5 多项式	$m=1$		1.73	4.58 6.67	40.4 22.5	4.96 5.61	特性值较好，但 A_{md} 值较大
	正弦加速度	$m=1$		1.85	5.81 4.52	—	—	与对应的双停歇运动相比，各特性值都有所改善，因此将双停歇运动规律用于单停歇运动是不恰当的（这里几种规律的加速和减速时间相同）
	改进梯形加速度	$m=1$	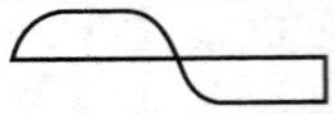	1.92	4.68 4.21	—	—	
	改进正弦加速度	$m=1$	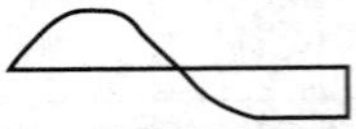	1.69	5.31 4.65	—	—	

注：1. 特性值中的角标 a 代表加速部分，d 代表减速部分。A_{md}、J_{md}、$(AV)_{md}$ 为减速部分相应的最大值，实际都是负值，表中取绝对值。

2. $m=t_d/t_a$ 表示减速段时间与加速段时间之比。

3. 最大速度 $V_{max}=V_m\dfrac{h}{\beta_1}\omega_1$，最大加速度 $A_{max}=A_m\dfrac{h}{\beta_1^2}\omega_1^2$，最大跃度 $J_{max}=J_m\dfrac{h}{\beta_1^3}\omega_1^3$。

5.2.2 基本运动规律的参数曲线

表 11-5-12 **基本运动规律的参数曲线**

项 目	等速(直线)	等加速、等减速 $v=1$(抛物线) 加速段 / 减速段
位移曲线	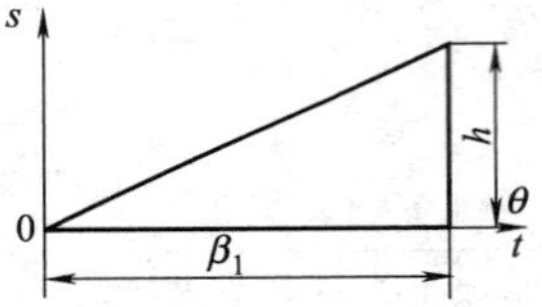	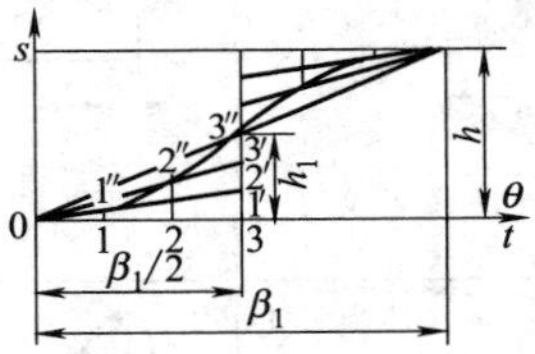
速度曲线 $v=\dfrac{ds}{dt}$	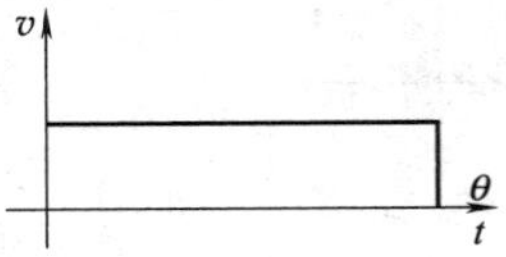	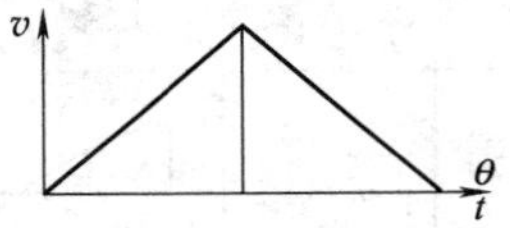
加速度曲线 $a=\dfrac{dv}{dt}$	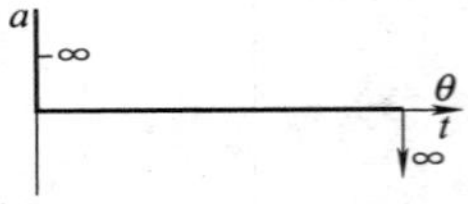	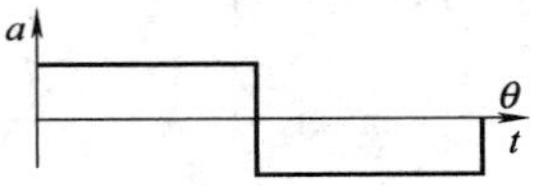
跃度曲线 $j=\dfrac{da}{dt}$	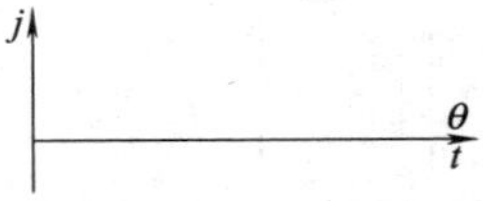	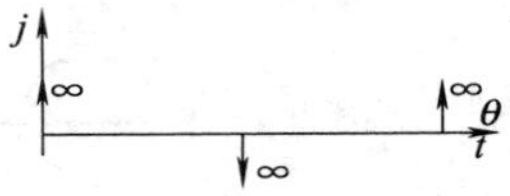

项 目	余弦加速度(简谐)	正弦加速度(摆线)
位移曲线	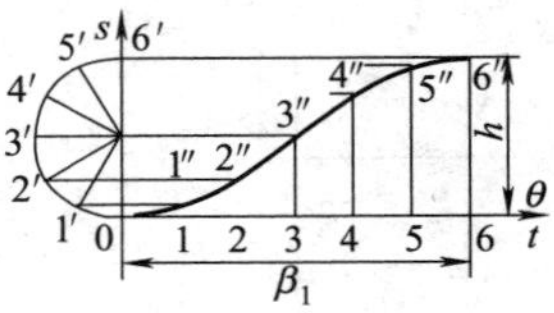	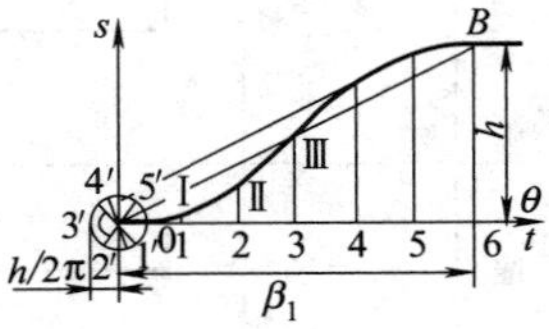

续表

项　目	余弦加速度(简谐)	正弦加速度(摆线)
速度曲线 $v=\frac{ds}{dt}$	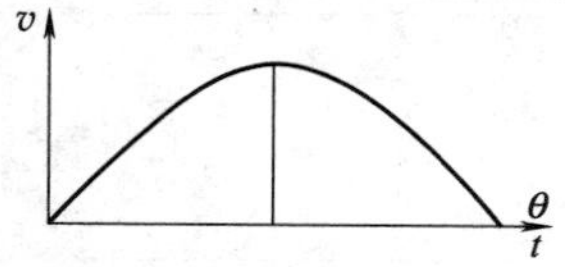	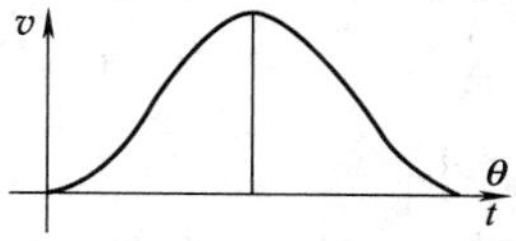
加速度曲线 $a=\frac{dv}{dt}$	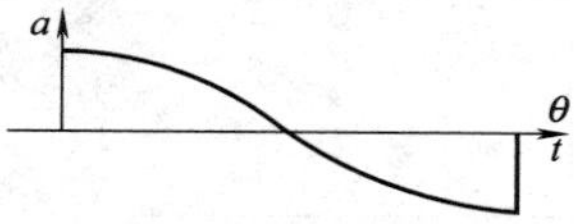	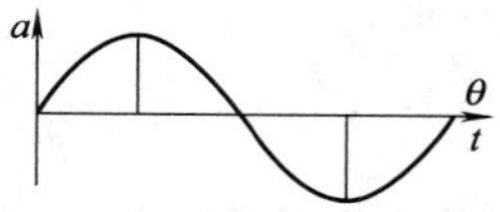
跃度曲线 $j=\frac{da}{dt}$	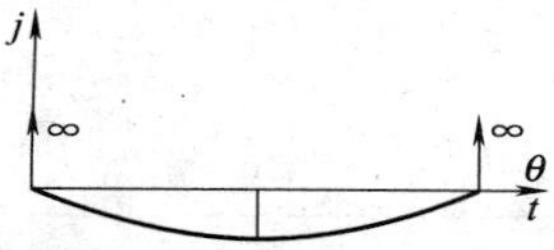	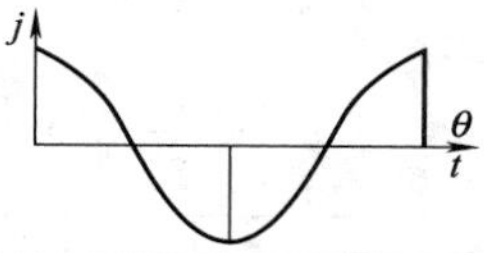

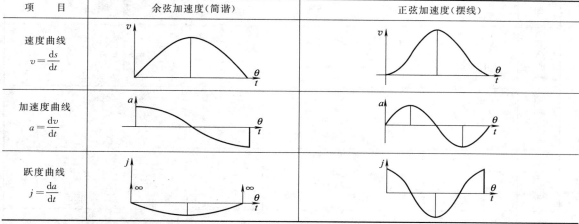

注：1. $v=1$ 是指正、负加速度值相等。

2. 对于摆动从动件，用 ψ 代 s，ω_2 代 v，ε_2 代 a，φ 代 h。

表 11-5-13　　基本运动规律的方程式

项目			等速(直线)	等加速、等减速 $v=1$(抛物线)		余弦加速度(简谐)	正弦加速度(摆线)
				加速段	减速段		
停、推、停运动	范围	θ	$0\sim\beta_1$	$0\sim\beta_1/2$	$\beta_1/2\sim\beta_1$	$0\sim\beta_1$	$0\sim\beta_1$
		s	$0\sim h$	$0\sim h/2$	$h/2\sim h$	$0\sim h$	$0\sim h$
	s		$h\left(\frac{\theta}{\beta_1}\right)$	$2h\left(\frac{\theta}{\beta_1}\right)^2$	$h\left[1-2\left(1-\frac{\theta}{\beta_1}\right)^2\right]$	$\frac{h}{2}\left(1-\cos\frac{\theta}{\beta_1}\pi\right)$	$h\left(\frac{\theta}{\beta_1}-\frac{1}{2\pi}\sin\frac{2\theta}{\beta_1}\pi\right)$
	v		$\left(\frac{h}{\beta_1}\right)\omega_1$	$\frac{4h\theta}{\beta_1^2}\omega_1$	$\frac{4h}{\beta_1}\left(1-\frac{\theta}{\beta_1}\right)\omega_1$	$\frac{\pi h}{2}\omega_1\sin\frac{\theta}{\beta_1}\pi$	$\frac{h}{\beta_1}\omega_1\left(1-\cos\frac{2\theta}{\beta_1}\pi\right)$
	a		0	$\frac{4h}{\beta_1^2}\omega_1^2$	$-\frac{4h}{\beta_1^2}\omega_1^2$	$\frac{\pi^2 h}{2\beta_1^2}\omega_1^2\cos\frac{\theta}{\beta_1}\pi$	$\frac{2\pi h}{\beta_1^2}\omega_1^2\sin\frac{2\theta}{\beta_1}\pi$
	j		—	0	0	$-\frac{\pi^3 h}{2\beta_1^2}\omega_1^3\sin\frac{\theta}{\beta_1}\pi$	$\frac{4\pi^2 h}{\beta_1^3}\omega_1^3\cos\frac{2\theta}{\beta_1}\pi$
停、回、停运动	范围	θ	$0\sim\beta_2$	$0\sim\beta_2/2$	$\beta_2/2\sim\beta_2$	$0\sim\beta_2$	$0\sim\beta_2$
		s	$h\sim0$	$h\sim h/2$	$h/2\sim0$	$h\sim0$	$h\sim0$
	s		$h\left(1-\frac{\theta_1}{\beta_2}\right)$	$h\left[1-2\left(\frac{\theta_1}{\beta_2}\right)^2\right]$	$2h\left(1-\frac{\theta_1}{\beta_2}\right)^2$	$\frac{h}{2}\left(1+\cos\frac{\theta_1}{\beta_2}\pi\right)$	$h\left(1-\frac{\theta_1}{\beta_2}+\frac{1}{2\pi}\sin\frac{2\theta_1}{\beta_2}\pi\right)$
	v		$-\frac{h}{\beta_2}\omega_1$	$-4h\frac{\theta_1}{\beta_2^2}\omega_1$	$-4\frac{h}{\beta_2}\left(1-\frac{\theta_1}{\beta_2}\right)\omega_1$	$-\frac{\pi h\omega_1}{2\beta_2}\sin\frac{\theta_1}{\beta_2}\pi$	$-\frac{h\omega_1}{\beta_2}\left(1-\cos\frac{2\theta_1}{\beta_2}\pi\right)$
	a		0	$-4h\frac{\omega_1^2}{\beta_2^2}$	$4h\frac{\omega_1^2}{\beta_2^2}$	$-\frac{\pi^2 h\omega_1^2}{2\beta_2^2}\cos\frac{\theta_1}{\beta_2}\pi$	$-\frac{2\pi h\omega_1^2}{\beta_2^2}\sin\frac{2\theta_1}{\beta_2}\pi$
	j		—	0	0	$\frac{\pi^3 h\omega_1^3}{2\beta_2^3}\sin\frac{\theta_1}{\beta_2}\pi$	$-\frac{4\pi^2 h\omega_1^3}{\beta_2^3}\cos\frac{2\theta_1}{\beta_2}\pi$

注：1. 式中 $\theta_1=\theta-\beta_1-\beta$。

2. 类速度 $\frac{ds}{d\theta}=\frac{v}{\omega_1}$，类加速度 $\frac{d^2s}{d\theta^2}=\frac{a}{\omega_1^2}$。

3. 已知推程的运动方程式，求同名运动规律的回程方程式。一般为：$s_{回}=h-s_{推}$，$v_{回}=-v_{推}$，$a_{回}=-a_{推}$，$j_{回}=-j_{推}$，并用 β_2 和 θ_1 置换 β_1 和 θ。

4. 用 T、S、V、A 和 J 分别表示从动件运动时的无量纲时间、无量纲位移、无量纲速度、无量纲加速度和无量纲跃度，且 $T=\frac{\theta}{\beta_1}$、$S=\frac{s}{h}$、$V=\frac{dS}{dT}$、$A=\frac{d^2S}{dT^2}$ 和 $J=\frac{d^3S}{dT^3}$，则本表各运动规律的无量纲方程为：

① 正弦加速度：$S=T-\frac{1}{2\pi}\sin2\pi T$、$V=1-\cos2\pi T$、$A=2\pi\sin2\pi T$、$J=4\pi^2\cos2\pi T$。

② 余弦加速度：$S=\frac{1}{2}(1-\cos2\pi T)$、$V=\frac{\pi}{2}\sin2\pi T$、$A=\frac{\pi^2}{2}\cos2\pi T$、$J=-\frac{\pi^3}{2}\sin2\pi T$。

③ 等加速、等减速：加速段 $S=2T^2$、$V=4T$、$A=4$、$J=0$；减速段 $S=1-2(1-T)^2$、$V=4(1-T)$、$A=-4$、$J=0$。

④ 等速：$S=T$、$V=1$、$A=0$。

对于回程，则以 $(1-S)$ 代替推程中的 S，其他 V、A、J 各式右边分别加上一个负号即可，后面各表类同。

表 11-5-14 常用组合运动规律的方程式及其比较与应用

名称	线图	区间及区间行程	“停、推、停”时的方程式	最大速度因数 V_m	最大加速度因数 A_m	最大跃度因数 J_m	应用
抛物线、直线、抛物线运动规律	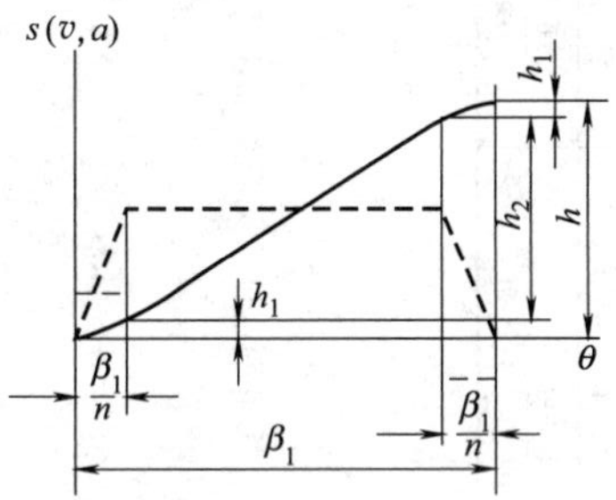 图(a) 图中(以下各图同) 实线——位移曲线 虚线——速度曲线 点划线——加速度曲线 n 是 β_1 的等分数，根据从动件的动作要求确定。通常 $n=4\sim8$	$0\sim\frac{\beta_1}{n}$ $h_1=\frac{h}{2(n-1)}$	$s=\frac{n^2h}{2(n-1)}\left(\frac{\theta}{\beta_1}\right)^2$ $s'(\theta)=\frac{n^2h\theta}{(n-1)\beta_1^2}$ $s''(\theta)=\frac{n^2h}{(n-1)\beta_1^2}$	1.33	5.33	8	低速 中载荷
		$\frac{\beta_1}{n}\sim\frac{n-1}{n}\beta_1$ $h_2=h-2h_1$	$s=\frac{h}{n-1}\left(\frac{n\theta}{\beta_1}-\frac{1}{2}\right)$ $s'(\theta)=\frac{hn}{(n-1)\beta_1}$ $s''(\theta)=0$				
		$\frac{n-1}{n}\beta_1\sim\beta_1$ $h_3=h_1$	$s=h-\frac{n^2h}{2(n-1)}\left(1-\frac{\theta}{\beta_1}\right)^2$ $s'(\theta)=\frac{n^2h}{(n-1)\beta_1}\left(1-\frac{\theta}{\beta_1}\right)$ $s''(\theta)=\frac{-n^2h}{(n-1)\beta_1^2}$				
简谐、直线、简谐规律	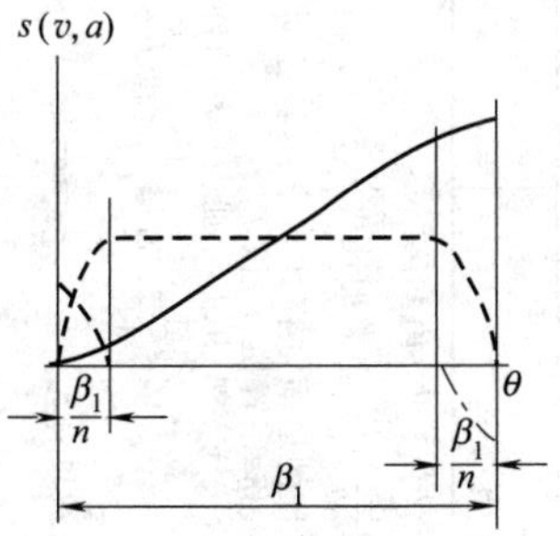 图(b)	$0\sim\frac{\beta_1}{n}$ $h_1=\frac{2h}{4+(n-2)\pi}$	$s=\frac{2h}{4+(n-2)\pi}\left(1-\cos\frac{n\theta}{2\beta_1}\pi\right)$ $s'(\theta)=\frac{n\pi h}{[4+(n-2)\pi]\beta_1}\sin\frac{n\theta}{2\beta_1}\pi$ $s''(\theta)=\frac{n^2\pi^2h}{2[4+(n-2)\pi]\beta_1^2}\sin\frac{n\theta}{2\beta_1}\pi$	1.22	7.68	48.2	低速 重载荷
		$\frac{\beta_1}{n}\sim\frac{n-1}{n}\beta_1$ $h_2=h-2h_1$	$s=\frac{h}{4+(n-2)\pi}\left(n\frac{\theta}{\beta_1}\pi-\pi+2\right)$ $s'(\theta)=\frac{n\pi h}{[4+(n-2)\pi]\beta_1}$, $s''(\theta)=0$				
		$\frac{n-1}{n}\beta_1\sim\beta_1$ $h_3=h_1$	$s=h-\frac{2h}{4+(n-2)\pi}\left\{1+\cos\left[\frac{n\theta}{2\beta_1}\pi-\frac{(n-2)\pi}{2}\right]\right\}$ $s'(\theta)=\frac{n\pi h}{[4+(n-2)\pi]\beta_1}\sin\left[\frac{n\theta}{2\beta_1}\pi-\frac{(n-2)\pi}{2}\right]$ $s''(\theta)=\frac{n^2\pi^2h}{2[4+(n-2)\pi]\beta_1^2}\cos\left[\frac{n\theta}{2\beta_1}\pi-\frac{(n-2)\pi}{2}\right]$				

续表

名称	线图	区间及区间行程	“停、推、停”时的方程式	最大 速度因数 V_m	最大 加速度因数 A_m	最大 跃度因数 J_m	应用
摆线、直线、摆线运动规律	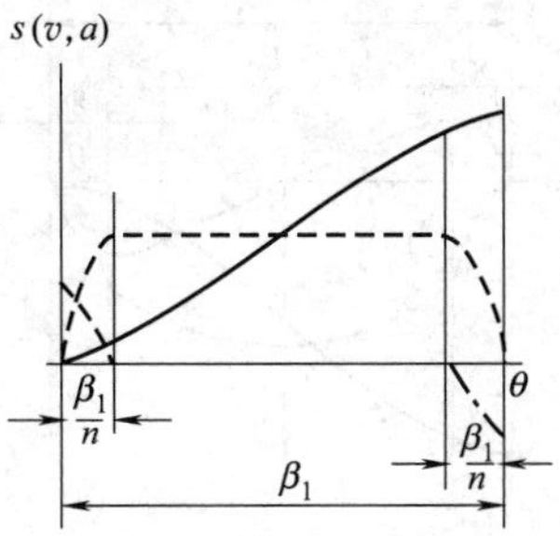图(c)	$0\sim\frac{\beta_1}{n}$ $h_1=\frac{h}{2(n-1)}$	$s=\frac{h}{2(n-1)}\left(\frac{n\theta}{\beta_1}-\frac{1}{\pi}\sin\frac{n\theta}{\beta_1}\pi\right)$ $s'(\theta)=\frac{nh}{2(n-1)\beta_1}\left(1-\cos\frac{n\theta}{\beta_1}\pi\right)$ $s''(\theta)=\frac{n^2\pi h}{2(n-1)\beta_1^2}\sin\frac{n\theta}{\beta_1}\pi$	1.33	8.38	105.3	低速 重载荷
		$\frac{\beta_1}{n}\sim\frac{n-1}{n}\beta_1$ $h_2=h-2h_1$	$s=\frac{h}{n-1}\left(\frac{n\theta}{\beta_1}-\frac{1}{2}\right)$ $s'(\theta)=\frac{nh}{(n-1)\beta_1},s''(\theta)=0$				
		$\frac{n-1}{n}\beta_1\sim\beta_1$ $h_3=h_1$	$s=\frac{h}{2(n-1)}\left\{n-2+\frac{\theta}{\beta_1}\pi-\frac{1}{\pi}\sin\left[\frac{n\theta}{\beta_1}\pi-(n-2)\pi\right]\right\}$ $s'(\theta)=\frac{nh}{2(n-1)\beta_1}\left\{1-\cos\left[\frac{n\theta}{\beta_1}\pi-(n-2)\pi\right]\right\}$ $s''(\theta)=\frac{n^2h\pi}{2(n-1)\beta_1^2}\sin\left[\frac{n\theta}{\beta_1}\pi-(n-2)\pi\right]$				
摆线、抛物线、摆线运动规律(改进梯形加速度)	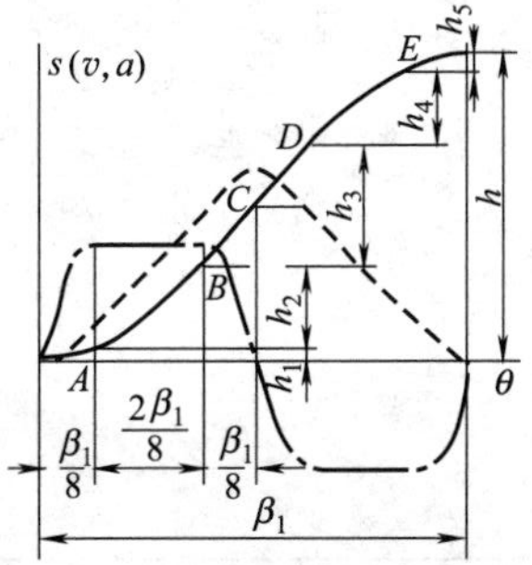图(d)	$0\sim\frac{\beta_1}{8}$ $h_1=\frac{(\pi-2)h}{4\pi(\pi+2)}$	$s=\frac{h}{2+\pi}\left(\frac{2\theta}{\beta_1}-\frac{1}{2\pi}\sin\frac{4\theta}{\beta_1}\pi\right)$ $s'(\theta)=\frac{2h}{(2+\pi)\beta_1}\left(1-\cos\frac{4\theta}{\beta_1}\pi\right)$ $s''(\theta)=\frac{8\pi h}{(2+\pi)\beta_1^2}\sin\frac{4\theta}{\beta_1}\pi$	2.00	4.89	61.4	高速 轻载荷
		$\frac{\beta_1}{8}\sim\frac{3}{8}\beta_1$ $h_2=\frac{h}{4}$	$s=\frac{h}{2+\pi}\left(4\pi\frac{\theta^2}{\beta_1^2}-\frac{\pi-2}{\beta_1}\theta+\frac{\pi}{16}-\frac{1}{2\pi}\right)$ $s'(\theta)=\frac{h}{2+\pi}\left(\frac{8\theta}{\beta_1^2}\pi-\frac{\pi-2}{\beta_1}\right),s''(\theta)=\frac{8\pi h}{(2+\pi)\beta_1^2}$				
		$\frac{3}{8}\beta_1\sim\frac{5}{8}\beta_1$ $h_3=0.4647h$	$s=\frac{h}{2+\pi}\left[2(1+\pi)\frac{\theta}{\beta_1}-\frac{\pi}{2}-\frac{1}{2\pi}\sin\left(\frac{4\theta}{\beta_1}-1\right)\pi\right]$ $s'(\theta)=\frac{2h}{(2+\pi)\beta_1}\left[\pi+1-\cos\left(\frac{4\theta}{\beta_1}-1\right)\pi\right]$ $s''(\theta)=\frac{8h\pi}{(2+\pi)\beta_1^2}\sin\left(\frac{4\theta}{\beta_1}-1\right)\pi$				

续表

名称	线图	区间及区间行程	“停、推、停”时的方程式	最大速度因数 V_m	最大加速度因数 A_m	最大跃度因数 J_m	应用
摆线、抛物线、摆线运动规律（改进梯形加速度）		$\frac{5}{8}\beta_1 \sim \frac{7}{8}\beta_1$ $h_4=h_2$	$s=\frac{h}{2+\pi}\left[(2+7\pi)\frac{\theta}{\beta_1}-4\pi\frac{\theta^2}{\beta_1^2}-\frac{33\pi}{16}+\frac{1}{2\pi}\right]$ $s'(\theta)=\frac{h}{2+\pi}\left(\frac{7\pi+2}{\beta_1}-8\pi\frac{\theta}{\beta_1^2}\right)$ $s''(\theta)=\frac{-8\pi h}{(2+\pi)\beta_1^2}$	2.00	4.89	61.4	高速 轻载荷
		$\frac{7}{8}\beta_1 \sim \beta_1$ $h_5=h_4$	$s=\frac{h}{2+\pi}\left[2\frac{\theta}{\beta_1}+\pi-\frac{1}{2\pi}\sin 2\left(2\frac{\theta}{\beta_1}-1\right)\pi\right]$ $s'(\theta)=\frac{2h}{(2+\pi)\beta_1}\left[1-\cos 2\left(2\frac{\theta}{\beta_1}-1\right)\pi\right]$ $s''(\theta)=\frac{8h\pi}{(2+\pi)\beta_1^2}\sin 2\left(\frac{2\theta}{\beta_1}-1\right)\pi$				
改进正弦加速度运动规律	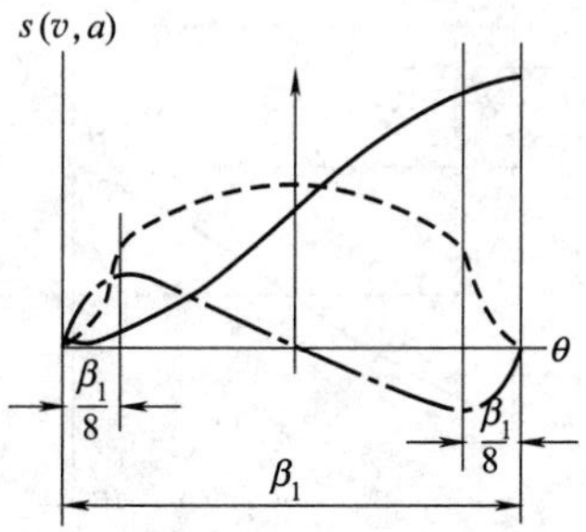 图(e)	$0\sim\frac{\beta_1}{8}$ $h_1=\frac{(\pi-2)h}{8(\pi+4)}$	$s=\frac{h}{4+\pi}\left(\pi\frac{\theta}{\beta_1}-\frac{1}{4}\sin 4\pi\frac{\theta}{\beta_1}\right)$ $s'(\theta)=\frac{\pi h}{(4+\pi)\beta_1}\left(1-\cos 4\pi\frac{\theta}{\beta_1}\right)$ $s''(\theta)=\frac{4\pi^2 h}{(4+\pi)\beta_1^2}\sin 4\pi\frac{\theta}{\beta_1}$	1.76	5.53	69.5	中、高速 重载荷
		$\frac{\beta_1}{8}\sim\frac{7}{8}\beta_1$ $h_2=h-2h_1$	$s=\frac{h}{4+\pi}\left[2+\pi\frac{\theta}{\beta_1}-\frac{9}{4}\sin\left(\frac{\pi}{3}+\frac{4\pi}{3}\frac{\theta}{\beta_1}\right)\right]$ $s'(\theta)=\frac{\pi h}{(4+\pi)\beta_1}\left[1-3\cos\left(\frac{\pi}{3}+\frac{4\pi}{3}\frac{\theta}{\beta_1}\right)\right]$ $s''(\theta)=\frac{4\pi^2 h}{(4+\pi)\beta_1^2}\sin\left(\frac{\pi}{3}+\frac{4\pi}{3}\frac{\theta}{\beta_1}\right)$				
		$\frac{7}{8}\beta_1\sim\beta_1$ $h_3=h_1$	$s=\frac{h}{4+\pi}\left(4+\frac{\theta}{\beta_1}\pi-\frac{1}{4}\sin 4\pi\frac{\theta}{\beta_1}\right)$ $s'(\theta)=\frac{\pi h}{(4+\pi)\beta_1}\left(1-\cos 4\pi\frac{\theta}{\beta_1}\right)$ $s''(\theta)=\frac{4\pi^2 h}{(4+\pi)\beta_1^2}\sin 4\pi\frac{\theta}{\beta_1}$				

注：1. $V_{max}=V_m\frac{h}{\beta_1}\omega_1$；$A_{max}=A_m\frac{h}{\beta_1^2}\omega_1^2$；$J_{max}=J_m\frac{h}{\beta_1^3}\omega_1^3$。

2. 表中前三种运动取 $n=4$ 时的数据；后两种运动取 $n=8$ 时的数据。

5.2.3　常用组合运动规律应用

为使凸轮机构有较好的性能，常将其基本运动规律加以改进，或将它们组合起来使用，如表 11-5-13、表 11-5-14 所示。组合时，所选运动规律应在有关区间内连续，在拼接点处两个运动规律的位移和速度对应相等（即位移曲线在拼接点处相切）；高速时，要求加速度在拼接点处对应相等（即两段位移曲线在拼接点处的曲率半径相等）。

5.3　盘形凸轮工作轮廓的设计

5.3.1　作图法

作图法适用于精度要求不高的凸轮，作图比例常用 1∶1。当确定了从动件的运动形式和运动规律、从动件与凸轮接触部位的形状以及凸轮与从动件的相对位置和凸轮转动方向等以后，就可用作图方法求凸轮轮廓，如图 11-5-8 所示。作图的原理是应用反转法将整个凸轮机构绕凸轮转动中心 O 加上一个与凸轮角速度 ω 反向的公共角速度 $-\omega$。这样一来，从动件对凸轮的相对运动并未改变，但凸轮将固定不动，而从动件将随机架一起以等角速度 $-\omega$ 绕 O 点转动。同时还按已知的运动规律对机架做相对运动。由于从动件始终与凸轮轮廓相接触，因此从动件一定能包络出凸轮的实际轮廓。如果从动件底部是尖顶，则尖顶的运动轨迹即为凸轮的轮廓曲线，如图 11-5-8（b）、（c）所示。如果从动件底部带有滚子，则滚子中心的轨迹为理论轮廓。滚子的包络线为工作轮廓，如图 11-5-8（d）所示。图 11-5-8（d）中所示的理论轮廓与图 11-5-8（e）所示的凸轮轮廓相同。如果从动件的底部是平底，则平底的包络线即为凸轮轮廓，如图 11-5-8（e）所示。以上几种凸轮机构都是直动从动件。图 11-5-8（f）是摆动尖顶从动件凸轮轮廓的画法。图 11-5-8（f）和图 11-5-8（g）所示两个凸轮轮廓的区别在于前者是从动件尖顶 B 点的轨迹，而后者则是一系列平底的包络线。由图 11-5-8 可知，由于从动件底部形状的不同，同一运动规律，其凸轮轮廓的形状是不一样的。由于作图法精度差，因此只能用于要求不高的场合。

由几段圆弧连接而成的四圆弧凸轮，由于比较容易制造，在生产中常有应用。它可近似地代替等加速、等减速规律运动。这种凸轮的设计应用作图法比较方便，当给定行程 h、推程运动角 Φ、远休止角 Φ_s、回程运动角 Φ'、减速和加速比例系数 $P=\Phi_2/\Phi_1$ 以及基圆半径 R_b 和最小曲率半径 ρ_{min} 后，凸轮各部分尺寸的确定如表 11-5-15 所示。这种凸轮存在柔性冲击，因此不能用于转速较高的场合。

四种结构的凸轮工作轮廓作图法设计如表 11-5-16～表 11-5-18 所示。

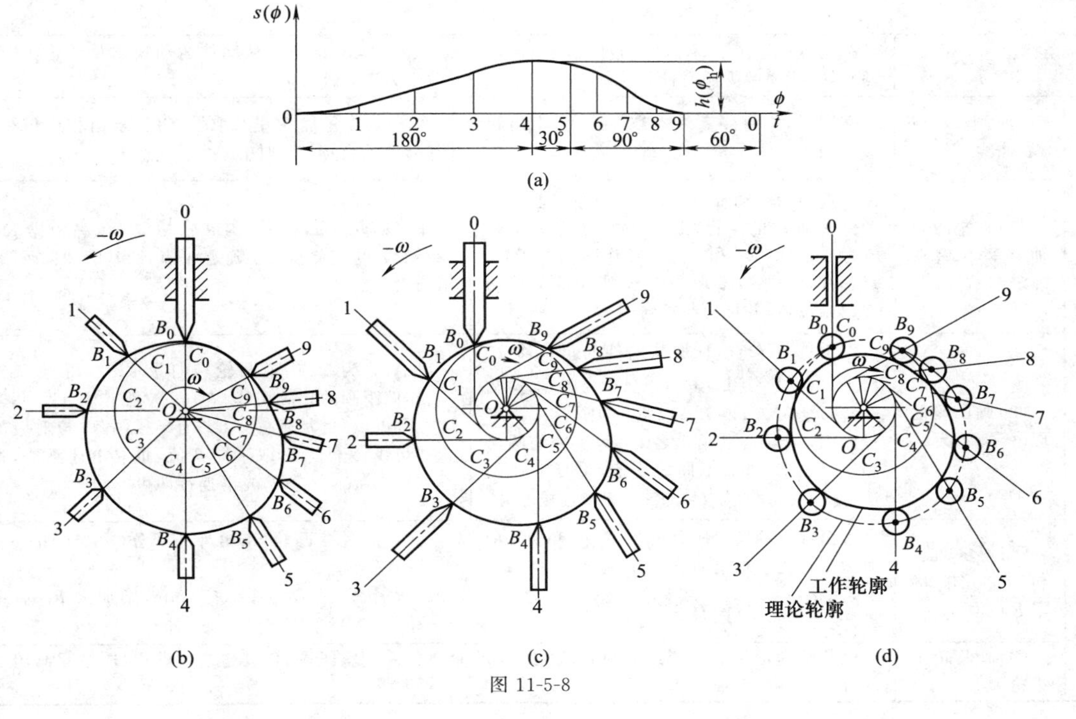

图 11-5-8

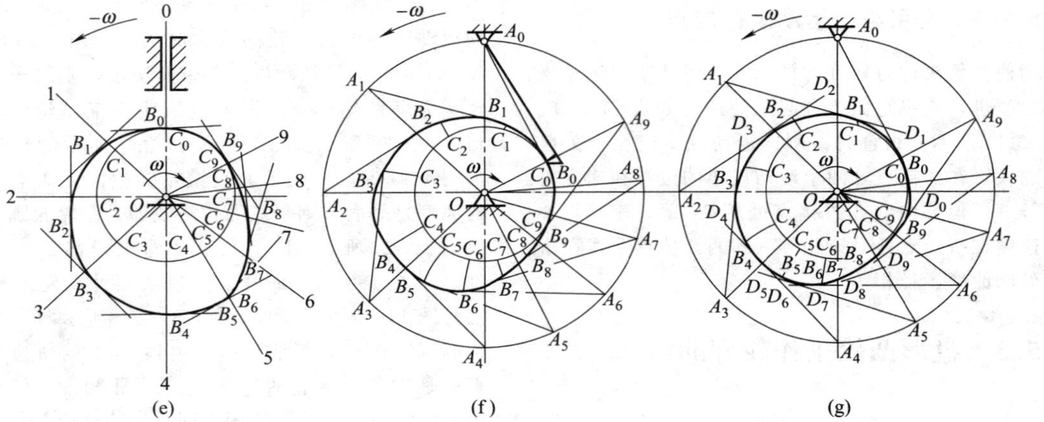

图 11-5-8　作图法求凸轮轮廓

表 11-5-15　　摆动或直动滚子从动件盘形凸轮工作轮廓设计

	摆动滚子从动件	直动滚子从动件
	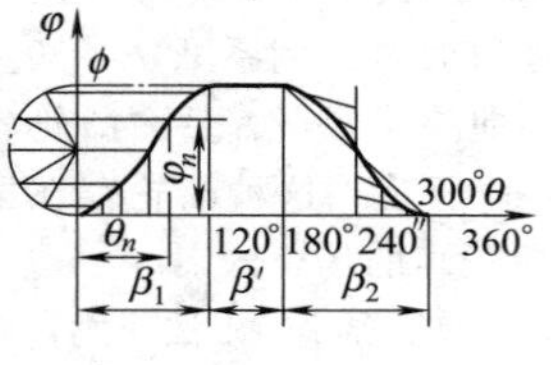 图(a) 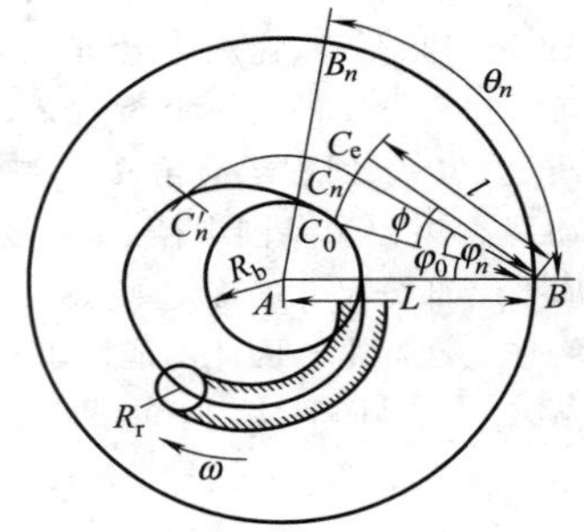 图(b)	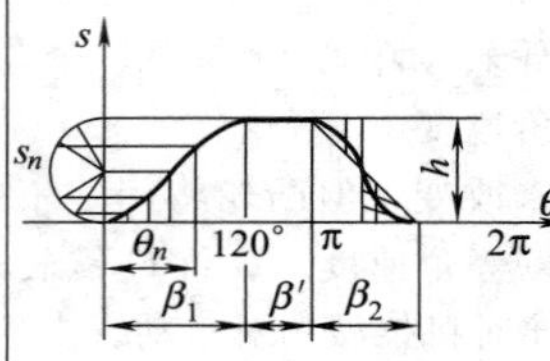 图(c) 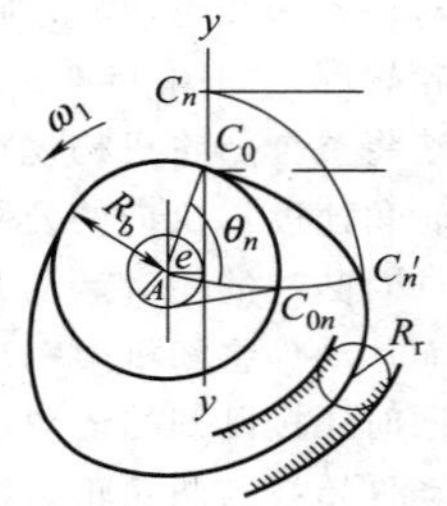 图(d)
已知	ϕ、β_1、β'、β_2、L、l、R_b，从动件运动规律及凸轮转向[图中为顺时针方向]	h、β_1、β'、β_2、e、R_b，从动件运动规律及凸轮转向[图(d)中为逆时针方向]
作图步骤 (1)画 s-θ 或 φ-θ 曲线	在图(a)中每隔 5°左右取一 θ 值，求出相应 φ；如图(a)所示当 $\theta=\theta_n$ 时 $\varphi=\varphi_n$	在图(c)中每隔 5°左右取一 θ 值，求出相应位移；如图(d)所示当 $\theta=\theta_n$ 时的 $s=s_n$
(2)确定凸轮轴 A 的位置或确定起始位置	任选凸轮转动轴心 A，按结构布局取定从动件转轴 B 的位置($AB=L$)，分别以 A 和 B 为圆心，以 R_b 和 l 为半径作弧相交于 C_0 点(有两点，按需要取一点)，则 BC_0 为从动件起始位置，并标出凸轮转向	作移动方位线 y—y，与 θ 轴相交于 C_0；根据 R_b 的大小及 e 的正负和大小确定 A 点；画基圆和偏距圆，标出凸轮转向
(3)画凸轮的理论轮廓(节线)	以 BC_0 为起点，量取从动件的角位移 φ_n (即画出$\overset{\frown}{C_0C_n}$)得点 C_n；以 AB 为起点，逆凸轮转向量取 θ_n，得 B_n；以 B_n 为圆心、l 为半径画弧，与以 A 为圆心、AC_n 为半径的圆弧相交于点 C'_n。取不同的 θ 值，重复上述画法，得一系列点 C_0、C'_1、C'_2…，光滑连接即可	以 AC_0 为起点，逆凸轮转向量取 θ_n，得点 C_{0n}；过 C_{0n} 作偏距圆的相应切线；在 y—y 上取 $C_0C_n=s_n$，得 C_n 点，再以 A 为圆心、AC_n 为半径画弧，与对应的偏置圆切线交于 C'_n。取不同 θ 值，重复上述画法，得一系列点 C_0、C'_1、C'_2…，光滑连接即可
(4)检查 ρ_{cmin} 和 α_{max} 并确定 R_r	求出推程的最大压力角 $\|\alpha_1\|_{max}$和回程的 $\|\alpha_2\|_{max}$。对外接凸轮，求出外凸部分($\rho_C>0$)的 ρ_{Cmin}，对槽凸轮还应求出内凹部分($\rho_C<0$)的 $\|\rho_C\|_{min}$。并确定 R_r 若 $\|\alpha_1\|_{max}>\alpha_{p1}$，或 $\|\alpha_2\|_{max}>\alpha_{p2}$，或 ρ_{Cmin}(或 $\|\rho_C\|_{min}$)$<R_r+(2\sim5)$mm，则加大 R_b 后重新设计	
(5)画凸轮工作轮廓	以凸轮理论轮廓上的点为圆心、以 R_r 为半径画一系列滚子圆，作其包络线即得(图中只画出了一部分)	

表 11-5-16　轴向直动和摆动从动件圆柱凸轮工作轮廓设计

<table>
<tr><td colspan="3">轴向直动从动件</td><td>摆动从动件</td></tr>
<tr><td colspan="3">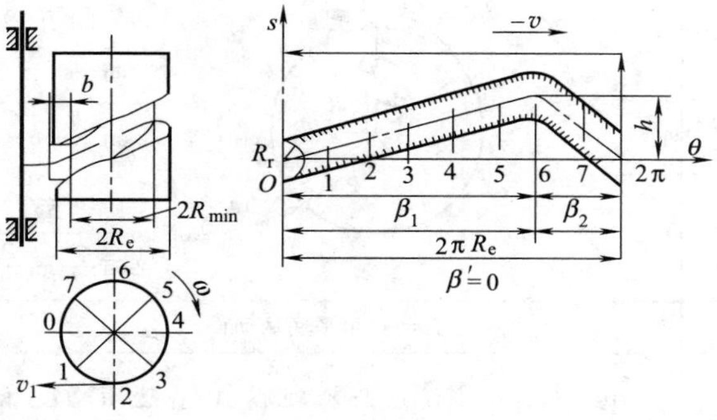

图(a)</td><td>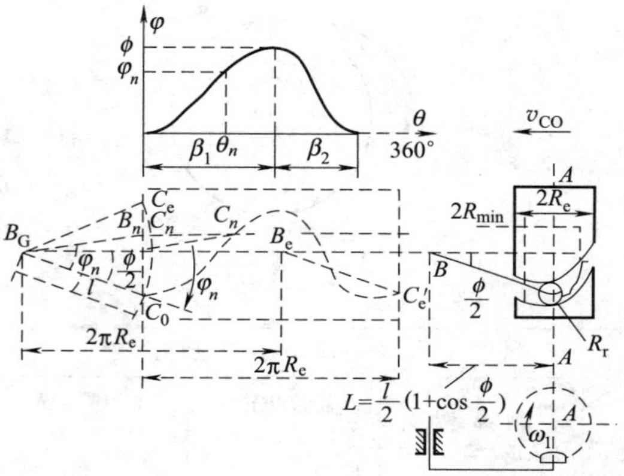

图(b)</td></tr>
<tr><td colspan="2">已知参数</td><td>h、β_1、β'、β_2，滚子宽度 b，凸轮最小半径 $R_{\min}$，外圆半径 $R_0=R_{\min}+b+(1\sim3)$ mm，从动件运动规律及凸轮转向</td><td>ϕ、β_1、β'、β_2、L，滚子宽度 b，凸轮最小半径 $R_{\min}$[相应外径 $R_0=R_{\min}+b+(1\sim3)$mm]，从动件运动规律及凸轮转向</td></tr>
<tr><td rowspan="5">作图步骤(对摆动从动件为近似法)</td><td>画 s-θ 或 φ-θ 曲线</td><td>画 θ 轴，取 $2\pi R_0$ 长度代表凸轮转角 360°，指向与凸轮外圆速度方向相反。参考表 11-5-12 画 s-θ 曲线(可每隔 5°左右取一个 θ 值)。此曲线即为外圆柱展开面上的凸轮理论轮廓</td><td>参考表 11-5-12 画 φ-θ 曲线，在图中可每隔 5°左右取一 θ 值，求出相应的 φ 值。图示，当 $\theta=\theta_n$ 时，$\varphi=\varphi_n$</td></tr>
<tr><td>确定起始位置</td><td>通常即最低(最近)位置</td><td>根据从动件与凸轮的相对位置及凸轮转向，选定展开图上从动件轴心 B_0 相对于圆柱展开图的位置，图示从动件在圆柱展开图的左侧。过 B_0 作水平线，如图取 $B_0C_0=l$，且在水平线下成 $\phi/2$，B_0C_0 即为从动件的起始位置</td></tr>
<tr><td>画凸轮理论轮廓的展开图</td><td>若以 $2\pi R_0$ 代表凸轮转角 360°，则所画位移线图即为凸轮外表面上的理论轮廓的展开图</td><td>取 $\angle C_0B_0C_n=\varphi_n$，(即画弧 $\overset{\frown}{C_0C_n}$)得 C_n 点，过 C_n 作水平线。在过 B_0 的水平线上，逆圆柱表面速度的方向取 $B_0B_n=\frac{\theta_n}{2\pi}R_0$ 代表 θ_n，得点 B_n；以 B_n 为圆心、l 为半径画弧，交过 C_n 的水平线于 C'_n。取不同值重复上述画法，得一系列点 C_0、C'_1、C'_2…，光滑连接即可</td></tr>
<tr><td>检查 $\rho_{C\min}$ 和 $\alpha_{\max}$ 并确定 R_r</td><td colspan="2">求出推程的最大压力角 $\lvert\alpha_1\rvert_{\max}$ 和回程的 $\lvert\alpha_2\rvert_{\max}$。对外接凸轮，求出外凸部分($\rho_C>0$)的 $\rho_{C\min}$，对槽凸轮还应求出内凹部分($\rho_C<0$)的 $\lvert\rho_C\rvert_{\min}$。确定 R_r
若 $\lvert\alpha_1\rvert_{\max}>\alpha_{p1}$，或 $\lvert\alpha_2\rvert_{\max}>\alpha_{p2}$，或 $\rho_{C\min}$(或 $\lvert\rho_C\rvert_{\min}$)$<R_r+(2\sim5)$mm，则加大 $R_{\min}$ 或局部修改运动规律后重新设计</td></tr>
<tr><td>画凸轮工作轮廓</td><td colspan="2">以凸轮理论轮廓(展开面)上的点为圆心、以 R_r 为半径画一系列滚子圆，作其包络线即得凸轮工作轮廓的展开图。将此图包到凸轮圆柱体上即得凸轮工作轮廓</td></tr>
</table>

注：如为圆锥凸轮，则展开面为一圆心角为 $2\pi\sin\delta$ 的扇形，再参考盘形凸轮廓线的画法绘图，δ 为锥顶半角。

表 11-5-17　　对心直动滚子从动件和直动直角平底从动件四圆弧凸轮轮廓的设计

对心直动滚子从动件		直动直角平底从动件	
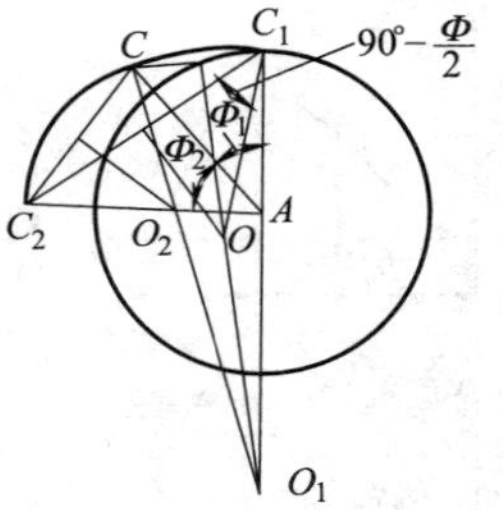	$\Phi_1=\dfrac{\Phi}{1+P}$ $\Phi_2=\dfrac{\Phi P}{1+P}$ $P=\dfrac{\Phi_2}{\Phi_1}$	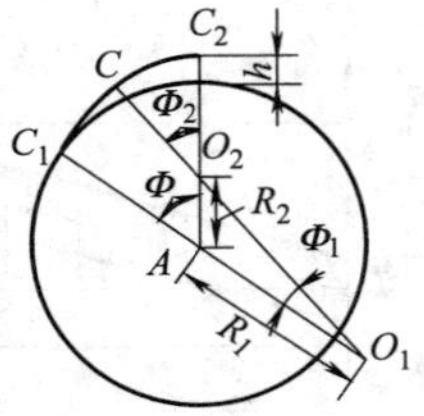	$\Phi_1=\dfrac{\Phi}{1+P}$ $\Phi_2=\dfrac{\Phi P}{1+P}$ $R_1=\dfrac{h\cos\dfrac{\Phi_2}{2}}{2\sin\dfrac{\Phi}{2}\sin\dfrac{\Phi_1}{2}}$ $R_2=\dfrac{h\cos\dfrac{\Phi_1}{2}}{2\sin\dfrac{\Phi}{2}\sin\dfrac{\Phi_2}{2}}$

	对心直动滚子从动件		直动直角平底从动件	
作图步骤	画基圆为 Φ_1、Φ_2 等	任选凸轮轴心 A，作 $\angle C_1AC=\Phi_1$ 及 $\angle CAC_2=\Phi_2$，取 $AC_1=R_b$、$AC_2=R_b+h$	画三角形 $\triangle AO_1O_2$	任选凸轮轴心 A，作 $\triangle AO_1O_2$，使 $\angle O_1AO_2=180°-\Phi$，$AO_1=R_1$、$AO_2=R_2$
	确定加速段及减速段	连 C_1C_2，作 $\angle C_2C_1O=90°-\dfrac{\Phi}{2}$，$C_1O$ 与 C_1C_2 的中垂线相交于 O。以 O 为圆心、OC_1 为半径作圆弧，交 AC 于 C 点。C_1C 之间为加速段，CC_2 之间为减速段	画减速段凸轮工作轮廓	延长 O_1O_2 至 C，使 $O_2C\geqslant\rho_{min}$，以 O_2 为圆心、O_2C 为半径画圆弧 $\overset{\frown}{CC_2}$ 即是
	画加速段凸轮理论轮廓	C_1C 的中垂线与 C_1A 的延长线交于 O_1，以 O_1 为圆心、O_1C_1 为半径画圆弧，$\overset{\frown}{C_1C}$ 即是	画加速段凸轮工作轮廓	以 O_1 为圆心、O_1C 为半径画圆弧，交 O_1A 的延长线于 C_1 点，得 $\overset{\frown}{CC_1}$ 即是
	画减速段凸轮理论轮廓	CC_2 的中垂线与 C_2A 交于 O_2（O_2、O_1 与 C 的一条直线上），以 O_2 为圆心、O_2C_2 为半径画圆弧，$\overset{\frown}{CC_2}$ 即是	检查 R_b 值	$R_b=AC_1$，若 $R_b<R_{S(h)}+(2\sim5)$mm，则加大 O_2C 后重新设计
	画回程部分凸轮理论轮廓	与上述方法类似	画回程部分凸轮理论轮廓	与上述方法类似
	画凸轮工作轮廓	以 O_1 为圆心、(O_1C-R_r) 为半径画圆弧，又以 O_2 为圆心、$(O_2C_2-R_r)$ 为半径画圆弧即是		
说明	①Φ_1—加速段凸轮转角；Φ_2—减速段凸轮转角；$\Phi_1+\Phi_2=\Phi$ ②滚子从动件应使 $O_2C_2-R_r\geqslant(2\sim5)$mm，若不满足此条件，应加大 R_b 重新设计			

表 11-5-18　　平底从动件盘形凸轮工作轮廓设计

直动直角平底从动件	摆动平底从动件	
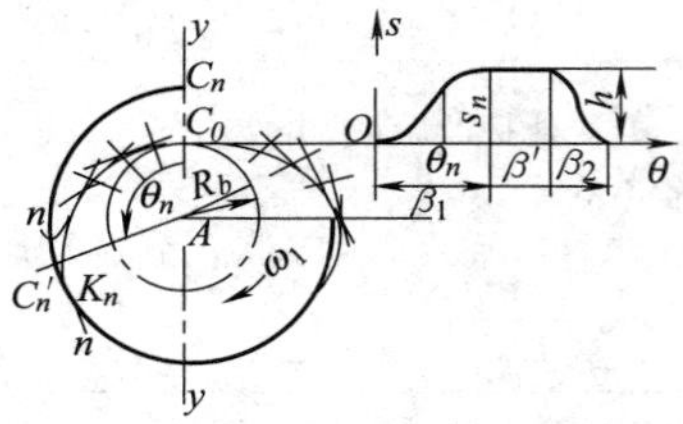 图(a)	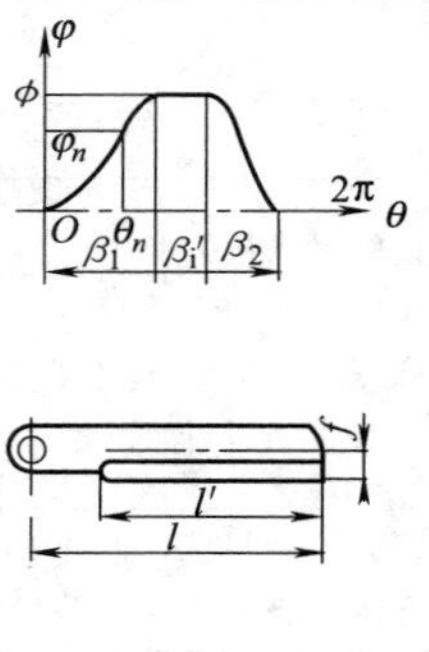 图(d)	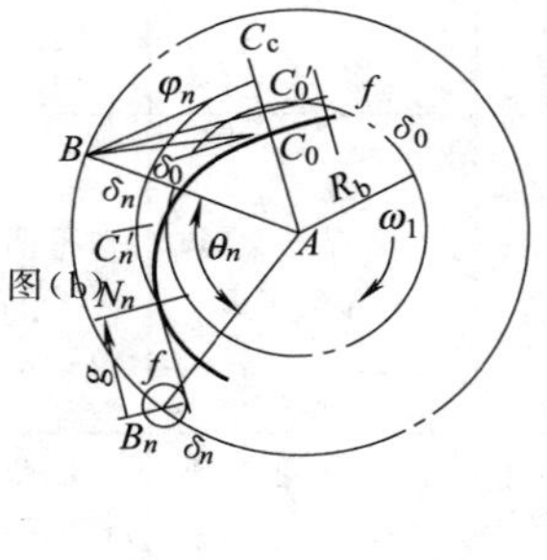 图(c)

续表

		直动直角平底从动件	摆动平底从动件
已知参数		$\beta_1,\beta',\beta_2,h,R_b$，从动件运动规律	$\phi,\beta_1,\beta',\beta_2,R_b,L,f$（平底偏距），从动件运动规律及凸轮转向
作图步骤	画 s-θ 曲线或 φ-θ 曲线	在图(a)中每隔 5°左右取个 θ 值，求出相应的位移曲线，图(a)所示为 $\theta=\theta_n$ 时，$s=s_n$	在图(b)中每隔 5°左右取个 θ 值，求出相应的位移曲线，图(b)所示为 $\theta=\theta_n$ 时，$\varphi=\varphi_n$
	确定轴心 A 的位置及起始位置	作移动副方位线 y—y 与 θ 轴相交于 C_0，取 $C_0A=R_b$，得点 A 位置，凸轮轮廓线从 C_0 画起	根据凸轮机构的结构，确定凸轮转动轴心 A 及从动件转动轴心 $B(AB=L)$，以 A 为圆心画基圆，过 B 作基圆的一条切线（方位与所定结构一致），得切点 C_0，作与 BC_0 相距为 f 的平行线 $\delta_0\delta_0$（即平底线，方位与所定结构一致），交 C_0A 于 C_0'点，用 BC_0'表示从动件起始位置。标出凸轮转向
	画凸轮工作轮廓	在 y—y 上取 $C_0C_n=s_n$；以 AC_n 为起始线，逆凸轮转向量取 θ_n，得 C_n'，过 C_n'作 AC_n'的垂线 n—n（即平底在反转后的位置）；取不同的 θ 值，重复上述画法，得一系列直线，作其包络线即可	以 B 为圆心、BC_0'为半径画圆弧 $\widehat{C_0'C_0}$，以 BC_0'为起始线，量取 φ_n，得 C_n 点；以 AB 为起始线，逆凸轮转向量取 θ_n 角（即画 $\widehat{BB_n}$），得 B_n 点；以 B_n 为圆心、f 为半径作偏距圆；以 A 为圆心、AC_n 为半径画圆弧，与以 B_n 为圆心、BC_0 为半径所画的圆弧相交于 C_n'，过 C_n'作此偏距圆的相应切线 δ_n—δ_n（即平底在反转后的位置）。取不用 θ 值，重复上述画法，得一系列平底线，作其包络线即为凸轮工作轮廓
	检查	求出最小曲率半径 ρ_{min} 若 $\rho_{min}<2\sim5$mm，则加大基圆半径后重新设计	—
	确定平底半径 r 或确定从动件长度 l 及平底长度 l'	图(a)所示包络线与直线 n—n 相切于 K_n，对于不同的 θ 值，K_nC_n'长度不同，取其中最大值再加 2～5mm 即为 r	当 $\theta=\theta_n$ 时，凸轮轮廓线与平底线 δ_n—δ_n 相切于 N_n 点，过 N_n 点作法线，设 B_n 点到此法线的距离为 q_i，取不同 θ 值，得不同的 q 值，求得 q_{max} 和 q_{min}；则 $l=q_{max}+(2\sim5)$mm，$l'=q_{max}-q_{min}+(2\sim5)$mm

5.3.2　解析法

解析法设计凸轮轮廓的基本原理与作图法相同，也是应用反转法。解析法适用于中、高速凸轮及某些精度要求较高的凸轮（如靠模凸轮）。直动和摆动滚子从动件盘形凸轮工作轮廓线解析法设计如表 11-5-19所示。直动平底和摆动平底从动件盘形凸轮工作轮廓线解析法设计如表 11-5-20 所示。

表 11-5-19　　直动和摆动滚子从动件盘形凸轮工作轮廓线设计

移动滚子从动件	摆动滚子从动件
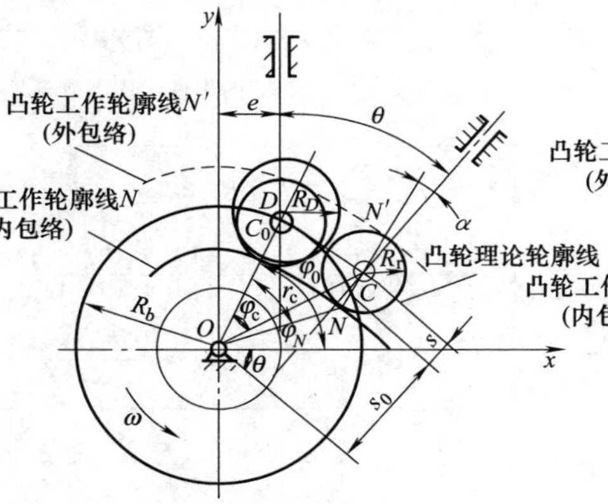图(a)	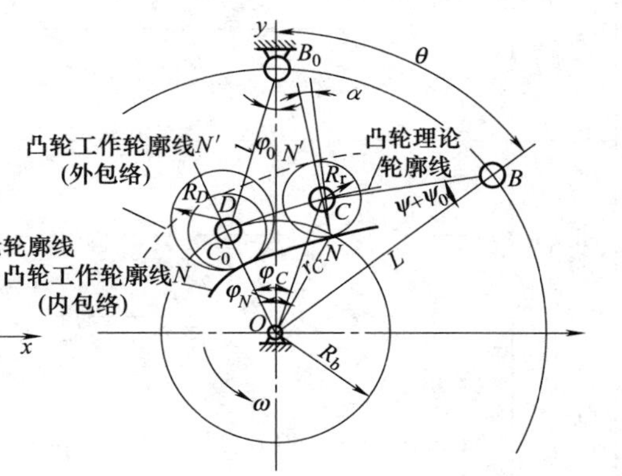图(b)
$C(x_C,y_C)$为凸轮理论轮廓上的任一点，$N(x_N,y_N)$、$N'(x_{N'},y_{N'})$分别为外缘和内缘凸轮工作轮廓上与 C 点对应的点，$D(x_D,y_D)$、$D'(x_{D'},y_{D'})$分别为加工 N 点和 N'点时刀具中心的位置，R_D 为刀具半径	

续表

<table>
<tr><th colspan="3"></th><th>移动滚子从动件</th><th>摆动滚子从动件</th></tr>
<tr><td colspan="3">已知</td><td>$h,\beta_1,\beta',\beta_2,R_b,e,R_r,R_D$,从动件运动规律,凸轮转向</td><td>$\phi,\beta_1,\beta',\beta_2,R_b,L,l,R_r,R_D$,从动件运动规律及凸轮转向[图(b)所示为异向型],即从动件在推程时的转向与凸轮的转向相反</td></tr>
<tr><td colspan="3">常量计算</td><td>$s_0=\sqrt{R_b^2-e^2}$,$\varphi_0=\arccos\dfrac{e}{R_b}=\angle C_0Ox$</td><td>$\Psi_0=\arccos\dfrac{L^2+l^2-R_b^2}{2lL}$,$\varphi_0=\arccos\dfrac{L^2+R_b^2-l^2}{2LR_b}=\angle C_0Oy$</td></tr>
<tr><td rowspan="11">计算项目</td><td colspan="2">从动件运动参数</td><td>从表 11-5-13 和表 11-5-14 中选出计算 s、$s'(\theta)$、$s''(\theta)$的公式</td><td>从表 11-5-13、表 11-5-14 中选出 Ψ、$\Psi'(\theta)$、$\Psi''(\theta)$的计算公式</td></tr>
<tr><td rowspan="3">凸轮理论轮廓</td><td>直角坐标</td><td>$x_C=(s_0+s)\sin\theta+e\cos\theta$
$y_C=(s_0+s)\cos\theta-e\sin\theta$</td><td>$x_C=L\sin\theta-l\sin(\Psi+\Psi_0+\theta)$
$y_C=L\cos\theta-l\cos(\Psi+\Psi_0+\theta)$
同向型 θ 以负值代入</td></tr>
<tr><td>极坐标</td><td>$r_C=[(s_0+s)^2+e^2]^{\frac{1}{2}}$
$\varphi_C=\theta-\arccos\left(\dfrac{r_C^2+R_b^2-s^2}{2r_CR_b}\right)$</td><td>$r_C=\sqrt{L^2+l^2-2Ll\cos(\Psi+\Psi_0)}$
$\varphi_C=\theta+\varphi_0-\arccos\left(\dfrac{L^2+r_C^2-l^2}{2Lr_C}\right)$</td></tr>
<tr><td>曲率半径</td><td>$\rho_C=\{[s'(\theta)-e]^2+(s_0+s)^2\}^{3/2}/\{[s'(\theta)-e][2s'(\theta)-e]-(s_0+s)[s''(\theta)-s_0-s]\}$
不利偏置时 e 用负值代入</td><td>$\rho_C=\{L^2+l^2[\Psi'(\theta)+1]^2-2Ll[\Psi'(\theta)+1]\cos(\Psi+\Psi_0)\}^{\frac{3}{2}}/\{L^2+l^2[\Psi'(\theta)+1]^3-Ll\Psi''(\theta)\sin(\Psi+\Psi_0)-Ll[\Psi'(\theta)+2][\Psi'(\theta)+1]\cos(\Psi+\Psi_0)\}$
同向型 $\Psi'(\theta)$以负值代入,回程 Ψ 等也以负值代入</td></tr>
<tr><td colspan="2">压力角</td><td>$\alpha=\arctan\dfrac{s'(\theta)-e}{s_0+s}$
不利偏置时 e 用负值代入</td><td>$\alpha=\arctan\left\{\dfrac{l[1+\Psi'(\theta)]}{L\sin(\Psi_0+\Psi)}-\cot(\Psi+\Psi_0)\right\}$</td></tr>
<tr><td colspan="2">检查</td><td colspan="2">求出推程及回程的最大压力角$|\alpha_1|_{max}$、$|\alpha_2|_{max}$。求出外凸部分($\rho_C>0$)的 $\rho_{C\min}$,对于槽凸轮还要求内凹部分($\rho_C<0$)的$|\rho_C|_{min}$
若$|\alpha_1|_{max}>\alpha_{p1}$或$|\alpha_2|_{max}>\alpha_{p2}$或$\rho_{C\min}$(或$|\rho_C|_{min}$)$<R_r+(2\sim5)$mm,则加大 R_b 值后重新计算</td></tr>
<tr><td rowspan="3">凸轮工作轮廓</td><td>直角坐标</td><td>$x_{N(N')}=x_C\pm R_r\{[s'(\theta)-e]\cos\theta-(s+s_0)\sin\theta\}/\Delta$
$y_{N(N')}=y_C\mp R_r\{[s'(\theta)-e]\sin\theta-(s+s_0)\cos\theta\}/\Delta$
$\Delta=\sqrt{[s'(\theta)-e]^2+(s+s_0)^2}$
求 N'的坐标时用下方符号</td><td>$x_{N(N')}=x_C\pm R_r\{-L\sin\theta+l[\Psi'(\theta)+1]\sin(\Psi+\Psi_0+\theta)\}/\Delta$
$y_{N(N')}=y_C\mp R_r\{L\sin\theta-l[\Psi'(\theta)+1]\cos(\Psi+\Psi_0-\theta)\}/\Delta$
$\Delta=\sqrt{L^2+l^2[\Psi'(\theta)+1]^2-2Ll[\Psi'(\theta)+1]\cos(\Psi+\Psi_0)}$
求 N'的坐标时用下方符号</td></tr>
<tr><td>极坐标</td><td>$r_N=\sqrt{(s+s_0)^2+e^2+R_r^2\pm2R_r\{e[s'(\theta)-e]-(s+s_0)^2/\Delta\}}$
$\varphi_N=\varphi_C\pm\arccos\left(\dfrac{r_C^2+r_N^2-R_r^2}{2r_Cr_N}\right)$</td><td>$r_N=\left\{L^2+l^2+R_r^2-2Ll\cos(\Psi+\Psi_0)\pm2R_r\times\dfrac{-l^2[\Psi'(\theta)+1]-L^2+Ll[\Psi'(\theta)+2]\cos(\Psi+\Psi_0)}{L^2+l^2[\Psi'(\theta)+1]^2-2Ll[\Psi'(\theta)+1]\cos(\Psi+\Psi_0)}\right\}^{\frac{1}{2}}$
$\varphi_N=\varphi_C+\arccos\left(\dfrac{r_C^2+r_N^2-R_C^2}{2r_Nr_C}\right)$</td></tr>
<tr><td>曲率半径</td><td colspan="2">$\rho=\rho_C\pm R_r$(外包络时用正号,内包络时用负号)</td></tr>
<tr><td colspan="2">刀具中心轨迹坐标</td><td colspan="2">只需将工作轮廓直角坐标方程中的 R_r 以$-(R_D-R_r)$取代即得,切制内凹凸轮廓线时取下方符号</td></tr>
</table>

表 11-5-20　直动平底和摆动平底从动件盘形凸轮工作轮廓设计

直动平底从动件	摆动平底从动件

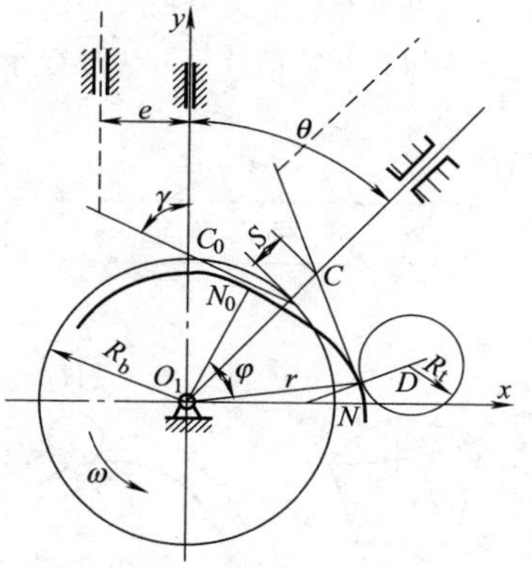

图(a)

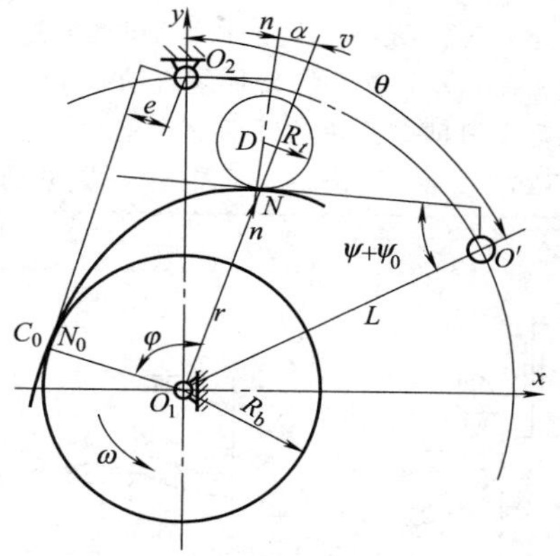

图(b)

e——偏距，有正值和负值之分，如图(b)中实线所示即为正值

$C(x_C,y_C)$为凸轮理论轮廓上的任一点，$N(x_N,y_N)$为凸轮工作轮廓上与 C 点相对应的点，$D(x_D,y_D)$为加工 N 点时圆柱形刀具中心的位置，设刀具半径为 R_D

			直动平底从动件	摆动平底从动件
已知参数			$e,h,\beta_1,\beta',\beta_2$，$R_b$，从动件运动规律，平底与移动导轨夹角 γ，R_t	$\varphi,\beta_1,\beta',\beta_2$，$R_b,L,e$，从动件运动规律及凸轮转向[图(b)所示为异向型]，刀具半径 R_t
常量计算				$\Psi_0=\arcsin\dfrac{R_b-e}{L}$，$\varphi_0=\dfrac{\pi}{2}-\Psi_0$
从动件运动参数			从表 11-5-13 和表 11-5-14 中选出计算	$s'(\theta)$、$s''(\theta)$[对摆动从动件为 $\Psi'(\theta)$，$\Psi''(\theta)$]的公式
计算项目	凸轮工作轮廓	廓线方程	直角坐标 $x=[(R_b+S)\cos(\gamma-\theta)+S'\sin(\gamma-\theta)]\sin\gamma$ $y=[(R_b+S)\sin(\gamma-\theta)-S'\cos(\gamma-\theta)]\sin\gamma$ 极坐标 $r=\sin\gamma\sqrt{(R_b+S)^2+[S'(\theta)]^2}$ $\varphi=\theta+\arctan\left[\dfrac{S'(\theta)}{R_b+S(\theta)}\right]$	直角坐标 $x=A\sin\theta-B\cos(\theta+\Psi+\Psi_0)$ $y=A\cos\theta+B\sin(\theta+\Psi+\Psi_0)$ 极坐标 $r=[A^2+B^2+2AB\sin(\Psi+\Psi_0)]^{\frac{1}{2}}$ $\varphi=\theta+\Psi+\arcsin\dfrac{A\cos(\Psi+\Psi_0)}{r}$ 式中　$A=L\Psi'(\theta)/[1+\Psi'(\theta)]$ $B=e+L\sin(\Psi+\Psi_0)/[1+\Psi(\theta)]$
		曲率半径	$\rho=[R_b+S(\theta)+S''(\theta)]\sin\gamma$	$\rho=\dfrac{L}{[1+\Psi'(\theta)]^3}\{1+\Psi'(\theta)[1+2\Psi'(\theta)]\sin(\Psi+\Psi_0)+\Psi''(\theta)\cos(\Psi+\Psi_0)\}+e$
		压力角	$\alpha=90°-\gamma$	$\tan\alpha=-e[1+\Psi'(\theta)]/L\cos(\Psi+\Psi_0)$
	刀具中心轨迹	直角坐标	$x_D=x+R_t\cos(\gamma-\theta)$ $y_D=y+R_t\sin(\gamma-\theta)$	$x_D=x-R_t\cos(\theta+\Psi+\Psi_0)$ $y_D=y+R_t\sin(\theta+\Psi+\Psi_0)$
		极坐标	$r_t=\{[R_t+(R_b+S)\sin\gamma]^2+(S'\sin\gamma)^2\}^{\frac{1}{2}}=O_1D$ $\varphi_t=\theta+\arctan\left[\dfrac{S'\sin\gamma}{R_t+(R_b+S)\sin\gamma}\right]$	$r_t=[A^2+B^2+R_t^2-2A(B+R_t)\sin(\Psi+\Psi_0)-2BR_t]^{\frac{1}{2}}=O_1D$ $\varphi_t=\varphi-\arccos\dfrac{r^2+r_t^2-R_t^2}{2rr_t}$

5.4　空间凸轮的设计

圆柱凸轮和圆锥凸轮，这两种凸轮机构通过凸轮的等速转动推动从动件按要求做往复直动或摆动。直动从动件的运动方向与凸轮轴线平行或相夹一定的角度。摆动从动件由于其接触形式及设计的近似性，且不易加工，要慎用。表 11-5-21 给出了直动从动件的圆柱凸轮和圆锥凸轮的设计计算公式。设计的基本方法是将圆柱面和圆锥面展成平面，变成移动凸轮和盘形凸轮，从而可用相应的计算方法进行计算。

表 11-5-21　**圆柱凸轮和圆锥凸轮设计**

	圆柱凸轮	圆锥凸轮
图例	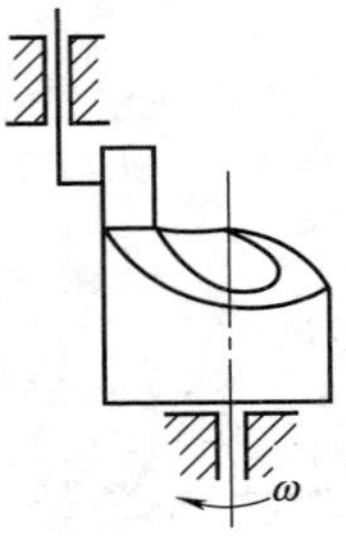 图(a) 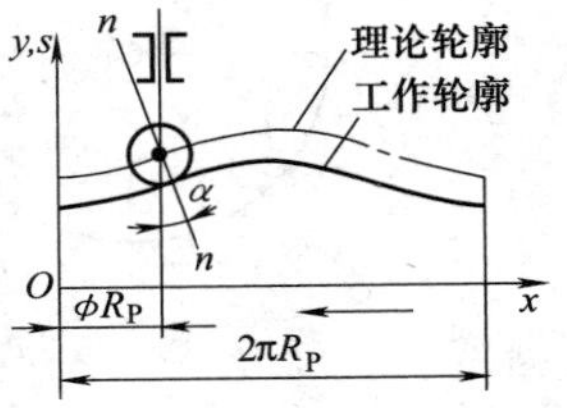 图(b)	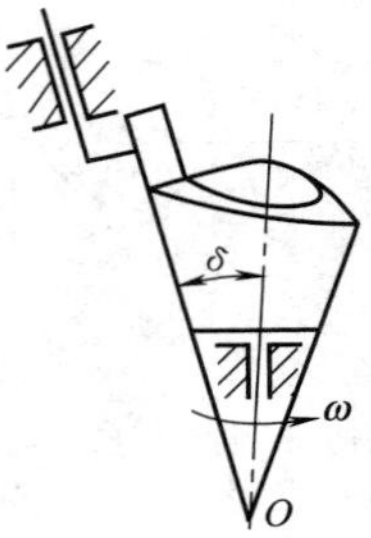 图(a) 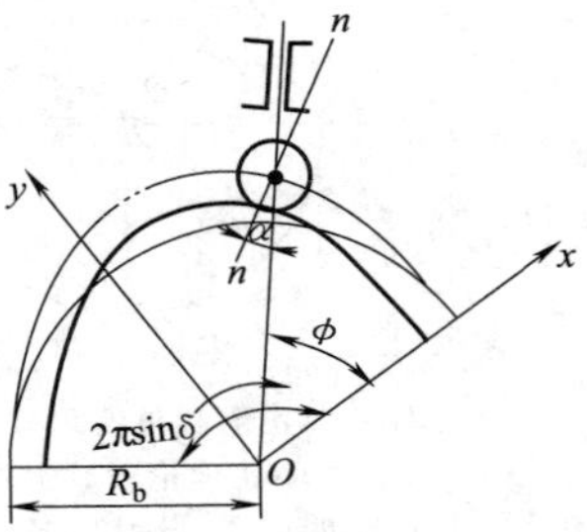 图(b)
方法	将圆柱面展成平面，圆柱凸轮转化成一移动凸轮	将圆锥面展成平面，圆锥凸轮转化成一盘形凸轮
已知条件	$s=s(\phi)$ 及　$s=y_t\quad \phi=\dfrac{x_t}{R_P}$ 式中　s——从动件位移 ϕ——凸轮转角 R_P——凸轮外圆半径(可任选)	$s=s(\phi_c)$ 及　$\phi_c=\dfrac{\phi}{\sin\delta}$ 可得　$s=s(\phi)$ 式中　s——从动件位移 ϕ_c——圆锥凸轮转角 ϕ——盘形凸轮转角
理论轮廓	$y_t=y_t(x_t)$	$\begin{cases}x_t=(R_b+s)\cos\phi\\ y_t=(R_b+s)\sin\phi\end{cases}$
工作轮廓	$\begin{cases}x=x_t+R_r\sin\alpha\\ y=y_t-R_r\cos\alpha\end{cases}$	$\begin{cases}x=x_t-R_r\cos(\phi-\alpha)\\ y=y_t-R_r\sin(\phi-\alpha)\end{cases}$
压力角	$\tan\alpha=\dfrac{dy_t}{dx_t}$	$\tan\alpha=\dfrac{\dfrac{ds}{d\phi}}{R_b+s}$ R_b——盘形凸轮基圆半径
	图示的 $\alpha>0$，如 $\alpha<0$ 表示公法线 $n—n$ 向图示的另一侧倾斜	
曲率半径	$\rho_c=\dfrac{\left[1+\left(\dfrac{dy_t}{dx_t}\right)^2\right]^{\frac{3}{2}}}{\dfrac{d^2y_t}{dx_t^2}}$ $\rho=\rho_c-R_r$	$\rho_c=\dfrac{\left[(R_b+s)^2+\left(\dfrac{ds}{d\phi}\right)^2\right]^{\frac{3}{2}}}{\left[(R_b+s)^2+2\left(\dfrac{ds}{d\phi}\right)^2-(R_b+s)\dfrac{d^2s}{d\phi^2}\right]}$ $\rho=\rho_c-R_r$
	式中　R_r——滚子半径，ρ_c——理论轮廓曲率半径，ρ——工作轮廓曲率半径，ρ_c 和 ρ 以外凸为正、内凹为负	
最小半径	$R_{P\min}=V_m\dfrac{h}{\Phi\tan\alpha_m}$ 式中　Φ——推程运动角，rad h——行程 α_m——最大压力角(可用许用压力角[α]代替) V_m——无量纲最大速度(查表 11-5-11)	$R_{b\min}=V_m\dfrac{h}{\Phi\tan\alpha_m}-\dfrac{h}{2}$ 式中　Φ——盘形凸轮推程运动角，rad，$\Phi=\Phi_c\sin\delta$ Φ_c——圆锥凸轮推程运动角，rad h，α_m，V_m 同左

注：在计算理论轮廓的同时应校核 α 和 ρ_c，应使 $\alpha_m<[\alpha]$、$\rho_{c\min}>R_r$，否则应增大凸轮外圆半径 R_P 或基圆半径 R_b 重算。

5.5　圆弧凸轮工作轮廓设计

单圆弧凸轮适用于要求从动件连续推回运动的场合。如表 11-5-22 所示，凸轮轮廓为一圆周（半径为 R_k），偏心距 $e=h/2=OA$。

5.5.1　单圆弧凸轮（偏心轮）

表 11-5-22　**单圆弧凸轮及其从动件运动参数的计算**

凸轮名称		对心直动滚子从动件凸轮	直动平底从动件凸轮
简图		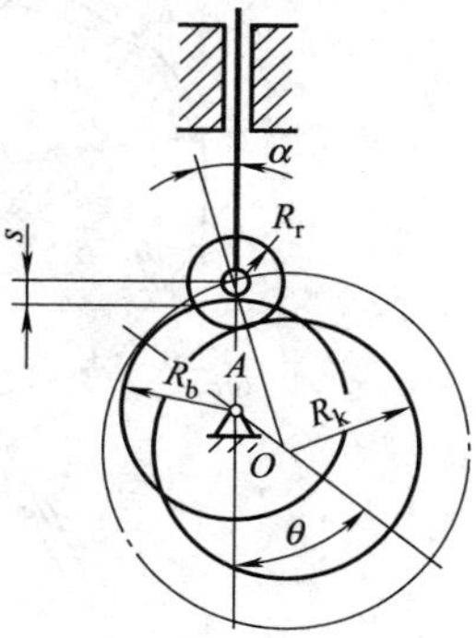 图(a)	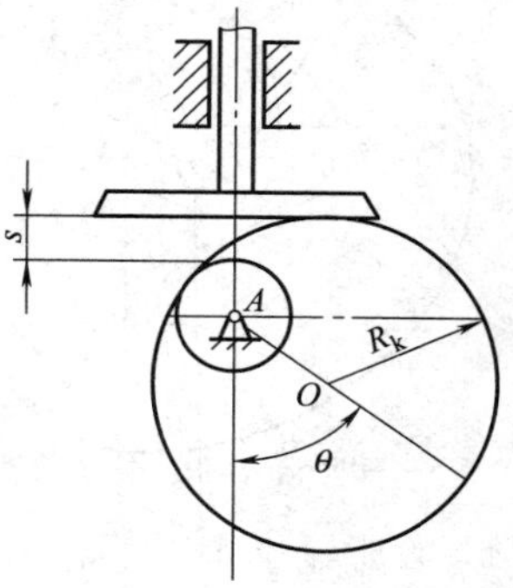 图(b)
运动特点		与相应的对心曲柄滑块机构中滑块的运动相同。如导路与凸轮转动中心间有偏距，则其运动与偏置曲柄滑块机构中滑块的运动相同	属简谐运动规律，有较好的加速度规律。R_k 值不影响从动件运动参数。R_k 值可由接触强度决定，从动件的运动与正弦机构中的滑块运动相同
计算项目	压力角	$\alpha=\arcsin\left(\dfrac{e}{R_k+R_r}\sin\theta\right)$	$\alpha=0$
	位移	$s=(R_k+R_r)\cos\alpha-e\cos\theta-R_b$	$s=\dfrac{h}{2}(1-\cos\theta)$
	速度	$v=\dfrac{e\omega_1\sin(\theta-\alpha)}{\cos\alpha}$	$v=\dfrac{h\omega_1\sin\theta}{2}$
	加速度	$a=\dfrac{e\omega_1^2}{\cos\alpha}\left[\cos(\theta-\alpha)-\dfrac{e\cos^2\theta}{(R_k+R_r)\cos\alpha}\right]$	$a=\dfrac{h}{2}\omega_1^2\cos\theta$
	凸轮尺寸	$R_r\geqslant(2\sim3)r$，r 为滚子轴半径 $R_b\geqslant R_r+R_{0(b)}+(2\sim5)\text{mm}$，$R_{0(b)}$ 为凸轮轴或凸轮轮毂的半径 $R_k=R_b-R_r+h/2$ $R_k>R_r$	$R_b\geqslant R_{0(b)}+(2\sim5)\ \text{mm}$ $R_k=R_b+h/2$

5.5.2　多圆弧凸轮

多圆弧凸轮的定义及圆弧连接条件如表 11-5-23 所示。多圆弧凸轮的轮廓设计见表 11-5-24 和表 11-5-25。

表 11-5-23　**多圆弧凸轮的定义及圆弧连接条件**

定　　义	凸轮工作轮廓由几段圆弧连接组成
圆弧连接应满足的条件	①保持原始数据 h、β_1、β_2 大小不变 ②所得从动件的实际运动规律与预定的运动规律很接近
光滑连接条件	相邻两段圆弧的连接点及两个圆心在一条直线上
特点	比较容易制造
运用举例	①六圆弧（对无停歇段者为四圆弧）凸轮——当 β_1、β_2 较小时，近似实现等加速等减速规律 ②插齿机进给凸轮可近似实现等速规律

第 11 篇

表 11-5-24　对心直动滚子和直动直角平底从动件四圆弧凸轮轮廓设计

对心直动滚子从动件	直动直角平底从动件
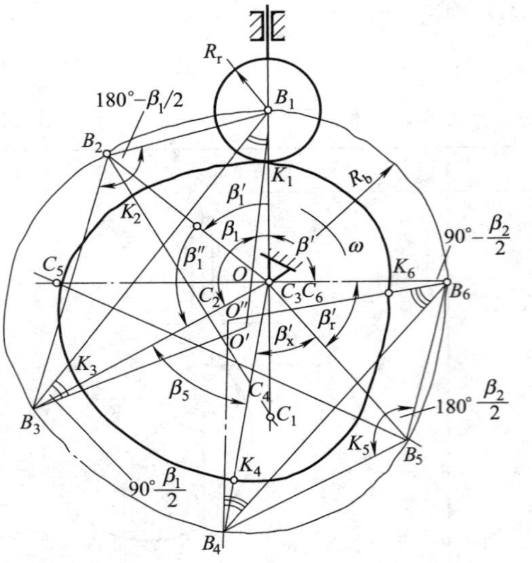 图(a)	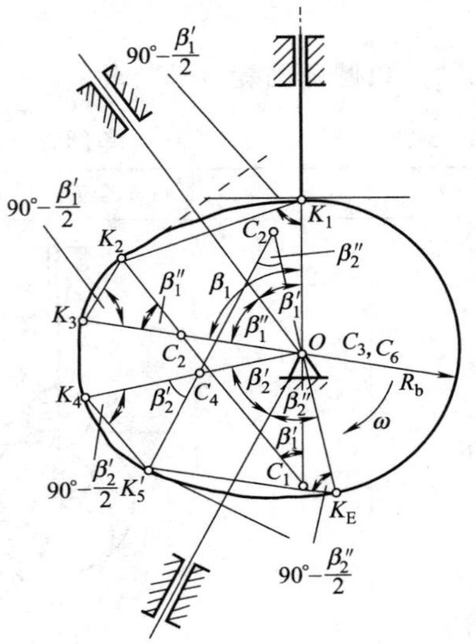 图(b)

$$\beta_1'=\frac{\beta_1}{(1+\nu)},\beta_2''=\frac{\nu\beta_1}{(1+\nu)}$$

式中　β_1'——加速段凸轮转角

β_2''——减速段凸轮转角

ν——平均加速度比例系数，$\nu=\beta_1''/\beta_1'=1\sim1.5$

已知参数	h、β_1、β'、β_2、ν、R_b、α_p(许用压力角)		h、β_1、β'、β_2、ν、ρ_{min}	
作图步骤	(1)画基圆及 β_1'、β_1''等	任选凸轮轴心 O，作$\angle B_1OB_2=\beta_1'$及$\angle B_2OB_3=\beta_1''$，取 $OB_1=R_b$，$OB_3=R_b+h$	(1)画三角形 OC_1C_2	任选凸轮轴心 O，作$\triangle OC_1C_2$、$OC_1=e_1$、$OC_2=e_2$及$\angle C_1OC_2=180°-\beta_1$，$e$ 值计算见本表后面内容
	(2)确定加速段与减速段	过 B_1B_3 作$\angle B_3B_1O'=90°-\beta_1/2$，$B_1O'$与 B_1B_3 的中垂线相交于 O'；以 O'为圆心，$O'B_1$为半径作圆弧，交 $O'B_2$ 于 B_2 点，B_1B_2 之间为加速段，B_2B_3 间为减速段	(2)画减速段凸轮工作轮廓	延长 C_1C_2 至 K_2 使 $C_2K_2\geqslant\rho_{min}$，以 C_2 为圆心、C_2K_2 为半径作圆弧$\overset{\frown}{K_2K_3}$即是
	(3)画加速段凸轮理论轮廓	B_1B_2 的中垂线与 B_1O 的延长线交于 C_1，以 C_1 为圆心、B_1C_1 为半径画圆弧$\overset{\frown}{B_1B_2}$即是	(3)画加速段凸轮工作轮廓	以 C_1 为圆心、C_1K_2 为半径作圆弧，交 C_1O 的延长线于 K_1，得$\overset{\frown}{K_1K_2}$即是
	(4)画减速段凸轮理论轮廓	B_2B_3 的中垂线与 B_2O 交于 C_2(C_2、C_1和 B_2 应在一直线上)，以 C_2 为圆心、C_2B_3为半径画圆弧$\overset{\frown}{B_2B_3}$即是	(4)检查 R_b 值	$R_b=OK_1$；若 $R_b<R_{5(h)}+(2\sim5)$mm，则加大 C_2K_2 后重新设计
	(5)画回程部分凸轮理论轮廓	与上述方法类似	(5)画回程部分凸轮轮廓	与上述画法类似
	(6)画凸轮工作轮廓	以 C_1 为圆心、$(C_1B_2-R_r)$为半径画圆弧，以 C_2 为圆心、$(C_2B_3-R_r)$为半径画圆弧即是		

续表

	对心直动滚子从动件	直动直角平底从动件
解析计算	$l_2=OB_2=\left[\sqrt{h^2\sin^2\left(\frac{\beta_1}{2}-\beta_1'\right)+4R_b(R_b+h)\sin^2\frac{\beta_1}{2}}-h\sin\left(\frac{\beta_1}{2}-\beta_1'\right)\right]\Big/\left(2\sin\frac{\beta_1}{2}\right)$ $l_5=OB_5=\left[\sqrt{h^2\sin^2\left(\frac{\beta_2}{2}-\beta_2''\right)+4R_b(R_b+h)\sin^2\frac{\beta_2}{2}}-h\sin\left(\frac{\beta_2}{2}-\beta_2''\right)\right]\Big/\left(2\sin\frac{\beta_2}{2}\right)$ $R_{B1}=\frac{1}{2}\left(\frac{l_2^2\sin^2\beta_1'}{R_b-l_2\cos\beta_1'}+R_b-l_2\cos\beta_1'\right), e_1=OC_1=R_{B1}-R_b$ $R_{B2}=\frac{1}{2}\left(\frac{l_2^2\sin^2\beta_1''}{R_b+h-l_2\cos\beta_1''}+R_b+h-l_2\cos\beta_1''\right), e_2=OC_2=R_b+h-R_{B2}$ $R_{B4}=\frac{1}{2}\left(\frac{l_5^2\sin^2\beta_2'}{R_b+h-l_5\cos\beta_2'}+R_b+h-l_5\cos\beta_2'\right), e_4=R_b+h-R_{B4}$ $R_{B5}=\frac{1}{2}\left(\frac{l_5^2\sin^2\beta_2''}{R_b-l_5\cos\beta_2''}+R_b-l_5\cos\beta_2''\right), e_5=R_{B5}-R_b, e_3=e_6=0$ 最大压力角：　$\cos\alpha_{max}=\frac{R_{B1}^2+l_2^2-e_1^2}{2R_{B1}l_2}$ 回程时以 R_{B5}、l_5、e_5 取代 R_{B1}、l_1、e_1	$\overset{\frown}{K_1K_2}: e_1=h\sin\frac{\beta_1'}{2}\Big/\left(2\sin\frac{\beta_1}{2}\sin\frac{\beta_1'}{2}\right)$ $R_{K1}=R_b+e_1$ $\overset{\frown}{K_2K_3}: e_2=h\sin\frac{\beta_1''}{2}\Big/\left(2\sin\frac{\beta_1}{2}\sin\frac{\beta_1''}{2}\right)$ $R_{K3}=R_b+h-e_2$ $\overset{\frown}{K_3K_4}: e_2=0, R_{K4}=R_b+h$ $\overset{\frown}{K_4K_5}: e_4=h\sin\frac{\beta_2'}{2}\Big/\left(2\sin\frac{\beta_2}{2}\sin\frac{\beta_2'}{2}\right)$ $R_{K5}=R_b+h-e_4$ $\overset{\frown}{K_5K_6}: e_5=h\sin\frac{\beta_2''}{2}\Big/\left(2\sin\frac{\beta_2}{2}\sin\frac{\beta_2''}{2}\right)$ $R_{K6}=R_b+e_5$ $\overset{\frown}{K_6K_1}: e_5=0, R_{K6}=R_b$ 压力角：$\alpha=90^\circ-\gamma$

表 11-5-25　　三角凸轮的工作轮廓设计

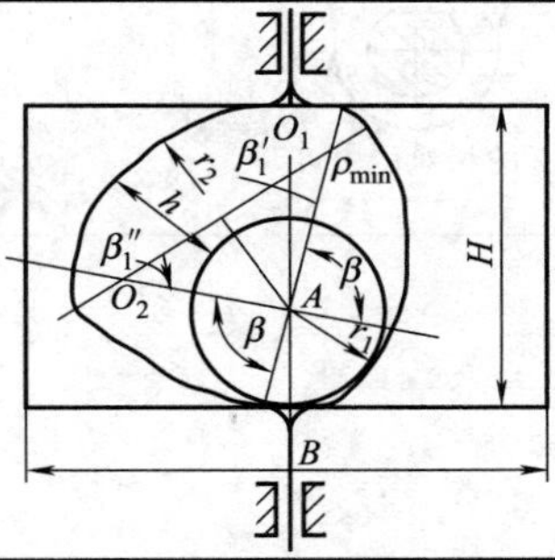	已知	直动直角平底从动件圆弧凸轮的特例，即 $\nu=1, \beta_1'=\beta_1''=\frac{\beta_1}{2}, R_1=R_2=h\Big/\left(4\sin\frac{\beta_1}{4}\right)$ 且 $\beta_1=\beta_2=\beta$，远休止角大于近休止角，ρ_{min}，h	
		一般情况	$\beta_1=\beta_2=120^\circ$
	凸轮尺寸计算	$r_2=R_1+\rho_{min}$ $r_1=r_2-h$ $H=r_1+r_2$ $B>2r_2$	$r_2=h+\rho_{min}$ $r_1=\rho_{min}$ $H=h+2\rho_{min}$ $B>2h+2\rho_{min}$

5.6　凸轮及滚子结构、材料、强度、精度、表面粗糙度及工作图

5.6.1　凸轮及滚子结构

表 11-5-26　　凸轮及滚子结构举例

凸轮结构举例	周向可调的结构	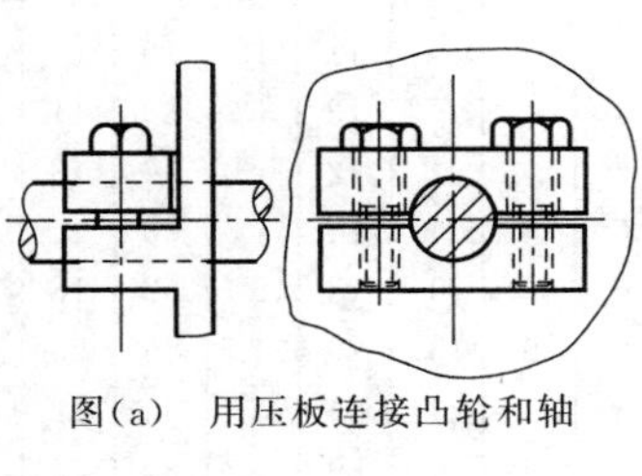 图(a)　用压板连接凸轮和轴	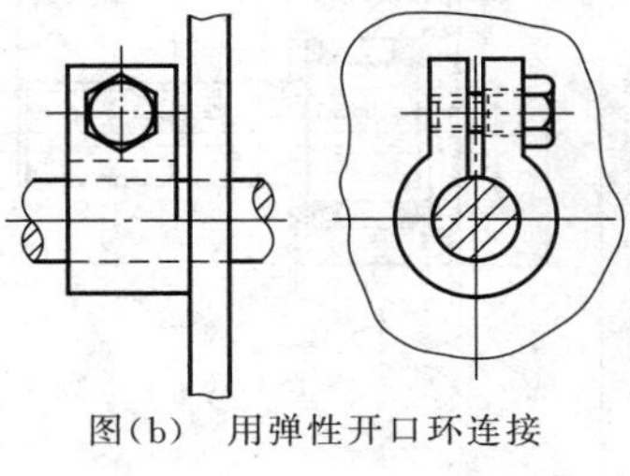 图(b)　用弹性开口环连接

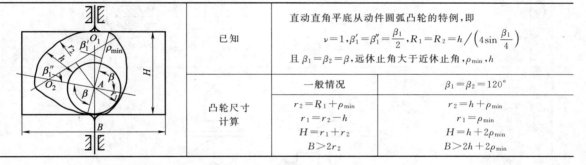

续表

凸轮结构举例

周向可调的结构

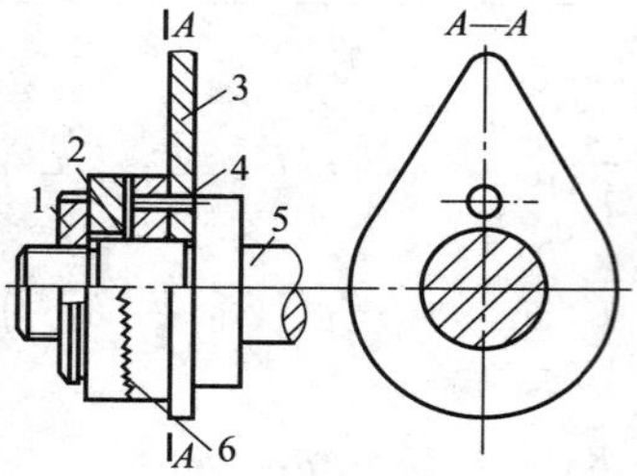

图(c)　用细牙离合器连接
1—圆螺母；2—键；3—凸轮；4—销子；5—分配轴；6—细齿离合器

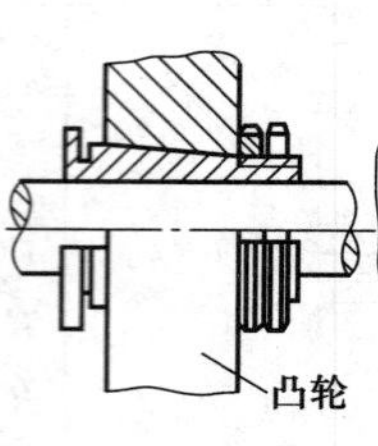

图(d)　用开口锥套连接

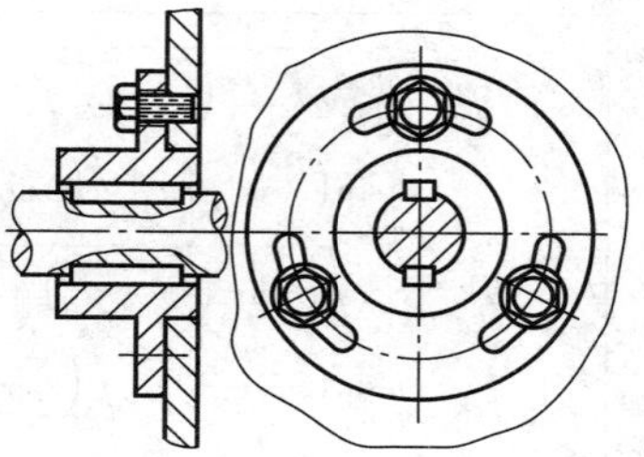

图(e)　用法兰连接

从动件停歇时间可调的结构

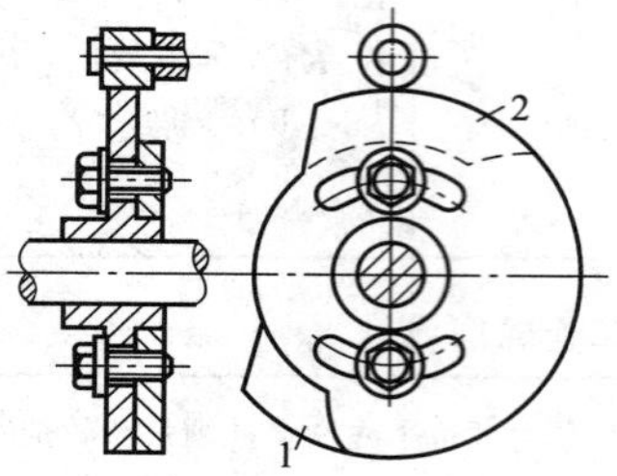

图(f)　凸轮 1 和 2 的相对位置可调

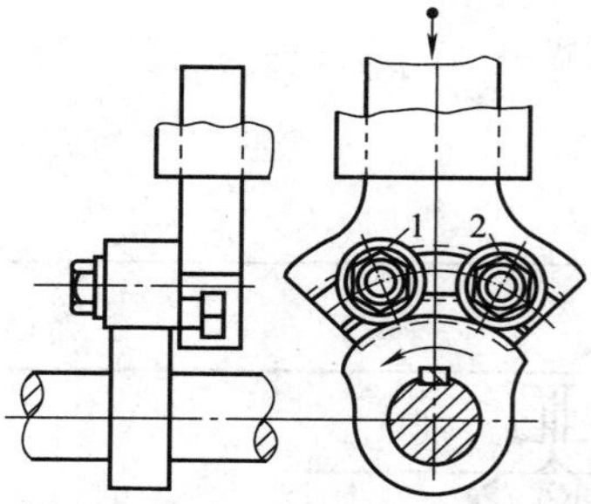

图(g)　滚子 1 和 2 的相对位置可调

凸轮、从动件装配结构举例

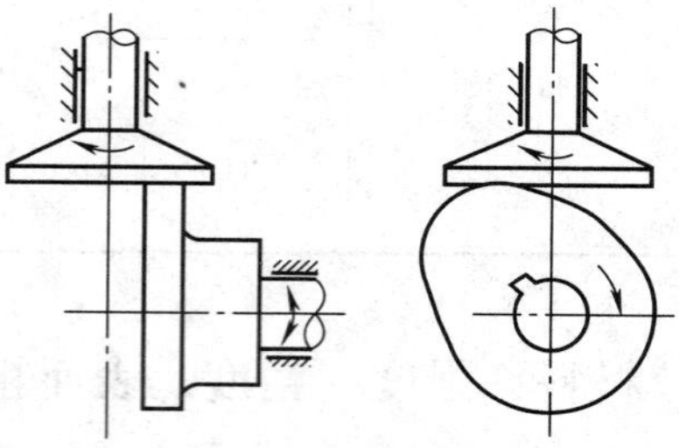

图(h)　沿凸轮轴的偏置

滚子结构举例

滚子各部分尺寸参考数据

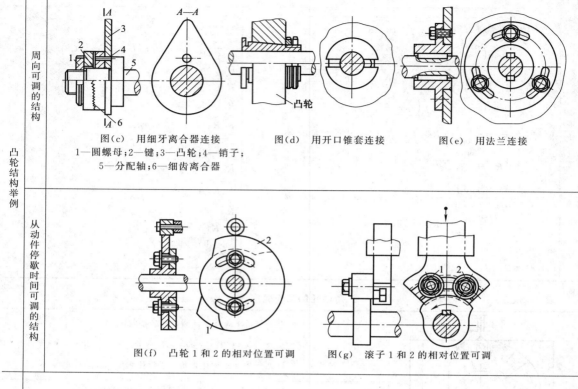

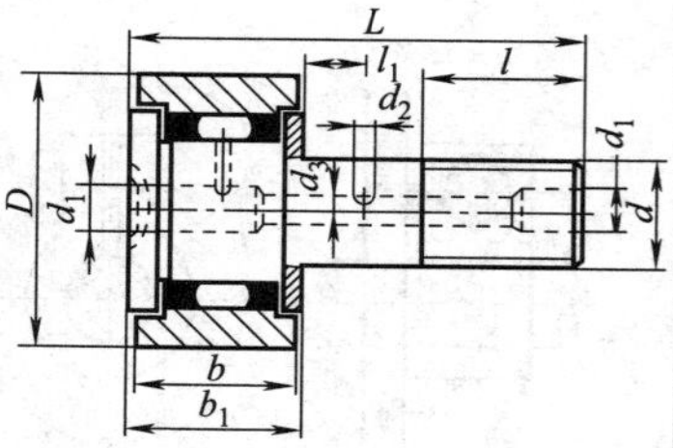

图(i)

主要尺寸/mm										承载能力/N	
D	d	d_1	d_2	d_3	b	b_1	L	l	l_1	额定动载荷	额定静载荷
16	M6×0.75	3			11	12	28	9		2650	2060
19	M8×0.75	4			12	13	32	11		3330	2840
22	M10×1.0	4			12	13	36	13		3820	3430
30	M12×1.5	6	3	3	14	15	40	14	6	5590	5000
35	M16×1.5	6	3	3	18	19.5	52	18	8	8530	8630
40	M18×1.5	6	3	3	20	21.5	56	20	10	12360	14020
52	M20×1.5	8	4	4	24	25.5	66	22	12	17060	19510
62	M24×1.5	8	4	4	29	30.5	80	25	12	20980	25690
80	M30×1.5	8	4	4	35	37	100	32	15	32950	38150

续表

滚子结构举例	滚子的结构	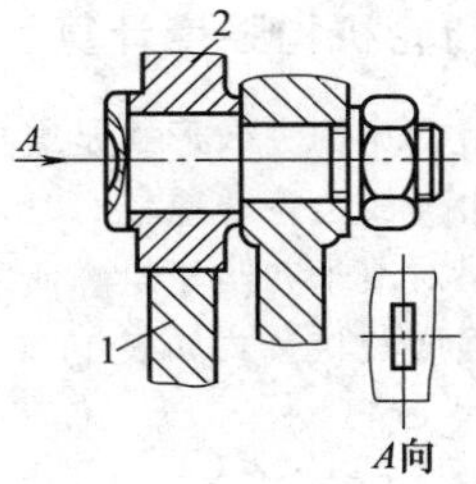 图(j) 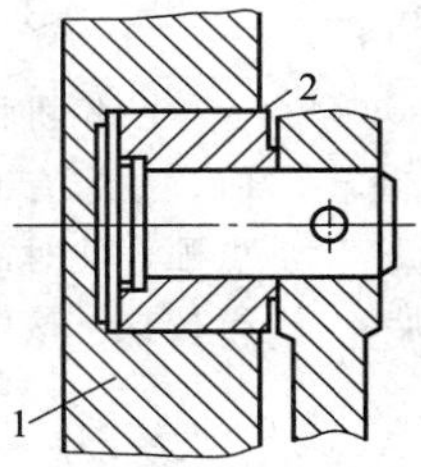 图(k) 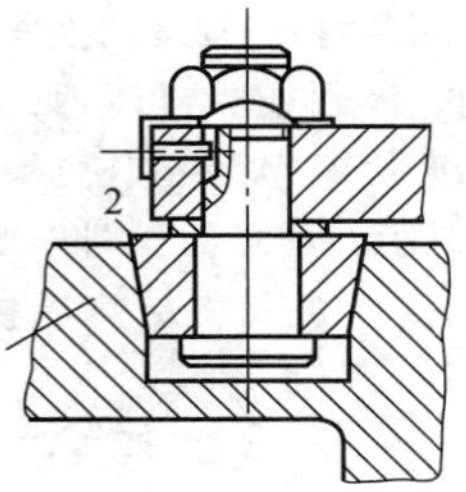 图(l) 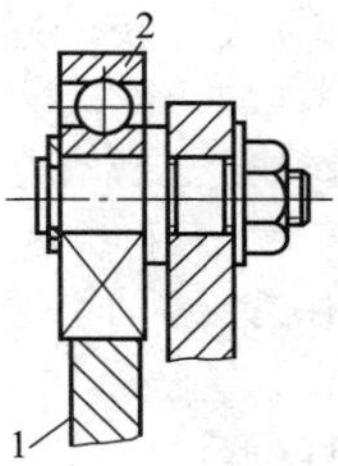 图(m) 1—凸轮；2—滚子 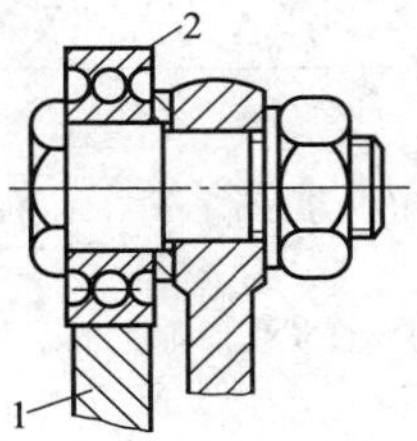 图(n) 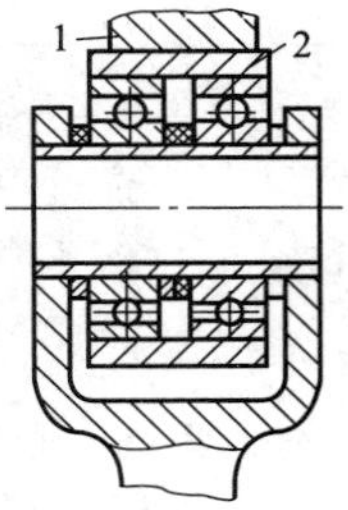 图(o) 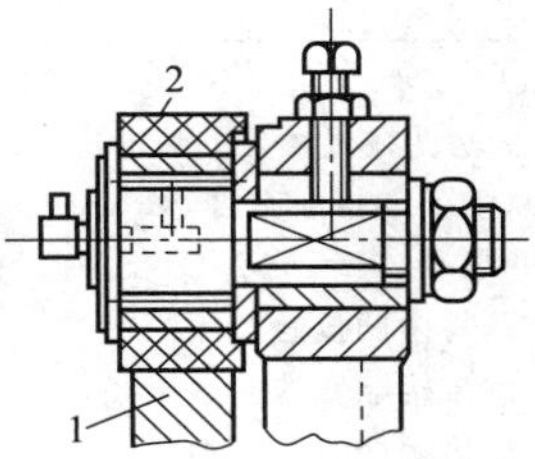 图(p)

5.6.2　常用材料、热处理及极限应力

表 11-5-27　　凸轮和从动件接触处常用材料、热处理及极限应力 σ_{HO}　　MPa

工作条件	凸轮		从动件接触处	
	材料	热处理、极限应力 σ_{HO}	材料	热处理
低速轻载	40、45、50	调质 220～260HB，$\sigma_{HO}=2HB+70$	45	表面淬火 40～45HRC
	HT200、HT250、HT300 合金铸铁	退火 180～250HB，$\sigma_{HO}=2HB$	青铜	时效 80～120HBW
	QT500-7 QT600-3	正火 200～300HB，$\sigma_{HO}=2.4HB$	软、硬黄铜	退火 55～90HBW 140～160HBW
中速中载	45	表面淬火 40～45HRC，$\sigma_{HO}=17HRC+200$	尼龙	积层热压树脂吸振及降噪效果好
	45、40Cr	高频淬火 52～58HRC，$\sigma_{HO}=17HRC+200$	20Cr	渗碳淬火，渗碳层深 0.8～1mm，55～60HRC
	15、20、20Cr 20CrMnTi	渗碳淬火，渗碳层深 0.8～1.5mm，56～62HRC，$\sigma_{HO}=23HRC$		
高速重载或靠模凸轮	40Cr	高频淬火，表面 56～60HRC 心部 45～50HRC，$\sigma_{HO}=17HRC+200$	GCr15 T8 T10 T12	淬火 58～62HRC
	38CrMoAl、35CrAl	氮化、表面硬度 700～900HV（约 60～67HRC），$\sigma_{HO}=1050$		

注：合金钢尚可采用氮化硫氮共渗；耐磨钢可渗钒，64～66HRC；不锈钢可渗铬或多元共渗。

第11篇

试验证明：相同金属材料比不同金属材料的黏着倾向大；单相材料、塑性材料比多相材料、脆性材料的黏着倾向大。为了减轻黏着磨损的程度，推荐采用下列材料匹配：铸铁-青铜、淬硬或非淬硬钢；非淬硬钢-软黄铜、巴氏合金；淬硬钢-软青铜、黄铜、非淬硬钢、尼龙及积层热压树脂。禁忌的材料匹配是：非淬硬钢-青铜、非淬硬钢、尼龙及积层热压树脂；淬硬钢-硬青铜；淬硬镍钢-淬硬镍钢。

5.6.3 凸轮机构强度计算

凸轮机构最常见的失效形式是磨损，当受力较大时，或带有冲击，或凸轮转速较高时，可能发生疲劳点蚀，此时需要对滚子和凸轮轮廓面间的接触强度进行校核。接触强度校核公式如表 11-5-28 所示。

表 11-5-28 强度校核公式（初始线接触）

滚子从动件盘形凸轮	平底从动件盘形凸轮
$\sigma_H = z_E\sqrt{F/b\rho} \leqslant \sigma_{HP}$(MPa)	$\sigma_H = z_E\sqrt{F/2b\rho_1} \leqslant \sigma_{HP}$(MPa)

F——凸轮与从动件在接触处的法向力，N

b——凸轮与从动件的接触宽度，mm

ρ——综合曲率半径，$\rho=\rho_1\rho_2/(\rho_2\pm\rho_1)$，两个外凸面接触用“+”，外凸与内凹接触时用“−”

ρ_1——凸轮轮廓在接触处的曲率半径，mm

ρ_2——从动件在接触处的曲率半径，mm

z_E——综合弹性系数，$\sqrt{\text{MPa}}$，$z_E=0.418\sqrt{2E_1E_2/(E_1+E_2)}$

E_1，E_2——分别为凸轮和从动件接触端材料的弹性模量，MPa，钢对钢的 $z_E=189.8$，钢对铸铁的 $z_E=165.4$，钢对球墨铸铁的 $z_E=181.3$

σ_{HP}——接触许用应力，$\sigma_{HP}=\sigma_{HO}z_R\sqrt[b]{N_0/N}/S_H$

σ_{HO}见表 11-5-27

$z_R=0.95\sim1$，粗糙度值低时取大值

N——$N=60nT$

n——凸轮转速，r/min

T——凸轮预期寿命，h

N_0——对 HT 氮化处理的表面 $N_0=2\times10^6$，其他材料 $N_0=10^5$

S_H——安全系数，$S_H=1.1\sim1.2$

5.6.4 强度校核及许用应力

当受力较大时，需要对滚子和凸轮轮廓面间的接触强度进行校核。

5.6.5 凸轮精度及表面粗糙度

凸轮的最大向径在 300～500mm 以下者，可参考表 11-5-29 选取。

表 11-5-29 凸轮的公差和表面粗糙度

凸轮精度	极限偏差				表面粗糙度 Ra/μm	
	向径/mm	极角	基准孔	凸轮槽宽	凸轮工作轮廓	凸轮槽壁
高精度	±(0.01～0.1)	±(10′～20′)	H7	H8(H7)	0.2～0.4	0.4～0.8
一般精度	±(0.1～0.2)	±(30′～40′)	H7(H8)	H8	0.8～1.6	1.6
低精度	±(0.2～0.5)	±1°	H8	H8、H9	1.6～3.2	1.6～3.2

5.6.6 凸轮工作图

凸轮工作图与一般零件工作图相比，有下列特点：

① 标有凸轮理论轮廓或工作轮廓尺寸，盘形凸轮是以极坐标形式标出或列表给出；圆柱凸轮是在其外圆柱的展开图上以直角坐标形式标出，也可列表给出。

② 用图解法设计的滚子从动件凸轮，凸轮的理论轮廓较准确，多数都标出节线的向径和极角（图 11-5-9）；平底从动件凸轮是标注在凸轮工作轮廓上（图 11-5-10）。

③ 当同一轴上有若干个凸轮时，根据工作循环图确定各凸轮的键槽位置。

④ 为保证从动件与凸轮轮廓的良好接触，可提出凸轮轮廓与其轴线间的平行度、端面与轴线的垂直度要求。

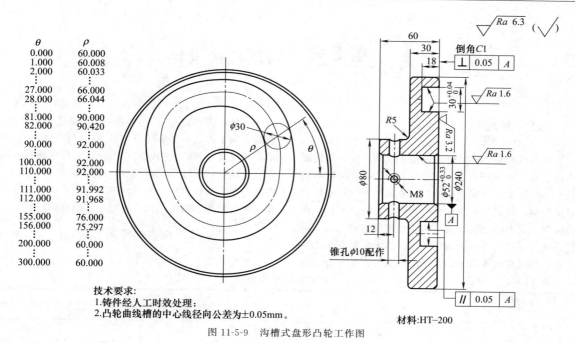

θ	ρ
0.000	60.000
1.000	60.008
2.000	60.033
⋮	⋮
27.000	66.000
28.000	66.044
⋮	⋮
81.000	90.000
82.000	90.420
⋮	⋮
90.000	92.000
⋮	⋮
100.000	92.000
110.000	92.000
⋮	⋮
111.000	91.992
112.000	91.968
⋮	⋮
155.000	76.000
156.000	75.297
⋮	⋮
200.000	60.000
⋮	⋮
300.000	60.000

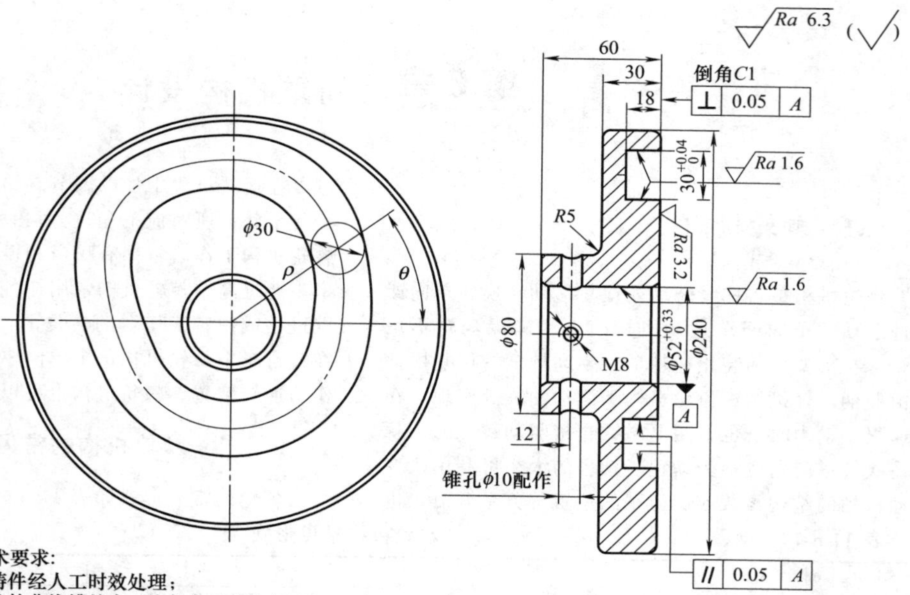

技术要求:

1.铸件经人工时效处理;

2.凸轮曲线槽的中心线径向公差为±0.05mm。

材料:HT-200

图 11-5-9　沟槽式盘形凸轮工作图

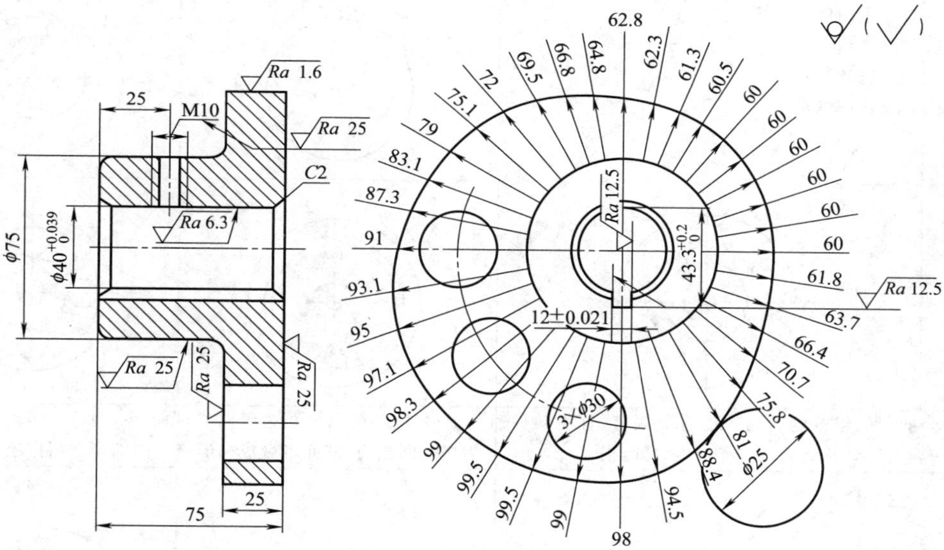

图 11-5-10　盘形凸轮工作图

第 6 章　间歇机构设计

6.1　棘轮机构

棘轮机构是将连续转动或往复运动转换成单向或步进运动的单向间歇运动机构。为了确保棘轮不反转，常在机架上加装止逆棘爪。驱动棘爪的往复摆动可由曲柄摇杆机构、齿轮机构和摆动油缸等实现，在传递很小动力时，也有用电磁铁直接驱动棘爪的。棘轮每次转过的角度称为动程。动程的大小可利用改变驱动机构的结构参数或遮齿罩的位置等方法调节，也可以在运转过程中加以调节。如果希望调节的精度高于一个棘齿所对应的角度，可使用多棘爪棘轮机构。棘轮机构工作时常伴有噪声和振动，因此它的工作频率不能过高。棘轮机构常用在各种机床和自动机中间歇进给或回转工作台的转位上，也常用在千斤顶上。在自行车中棘轮机构用于单向驱动，在手动绞车中用作防逆转装置。棘轮机构也可以用作超越离合器。

6.1.1　棘轮机构的常见形式

棘轮的常见形式如表 11-6-1 所示。

表 11-6-1　　棘轮机构常见形式

形式		齿啮式	摩擦式	
			用契块	用滚子
简图	外啮合	1—主动件 2—棘爪 3—棘轮 4—止回棘爪 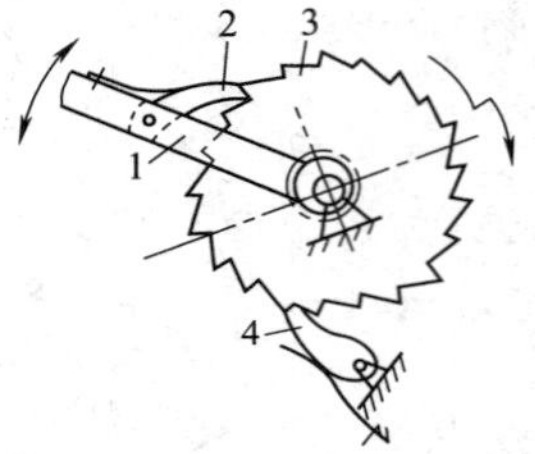	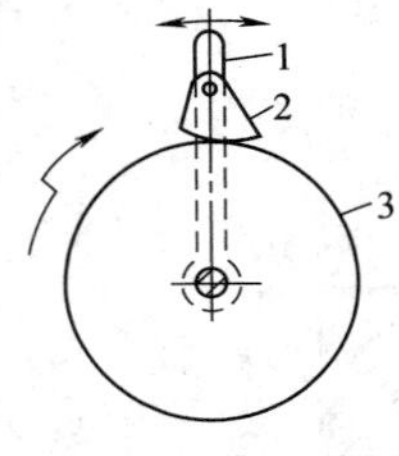	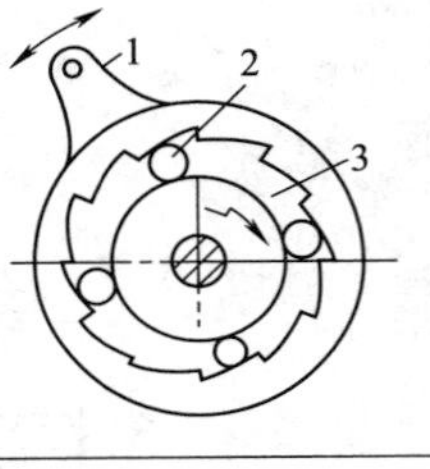
	内啮合	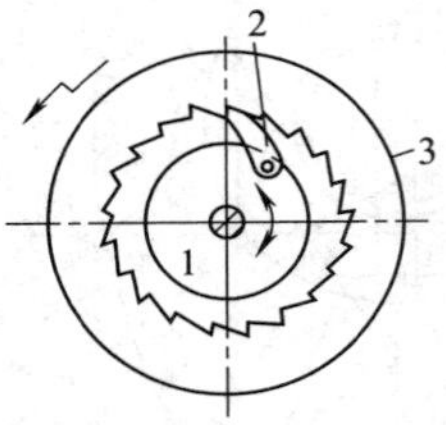	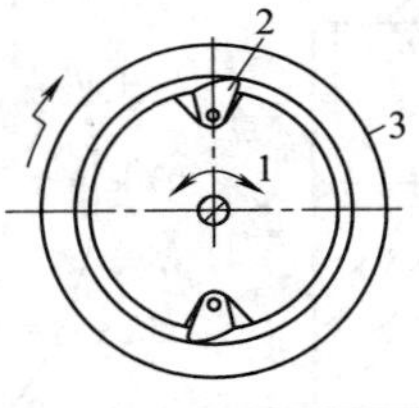	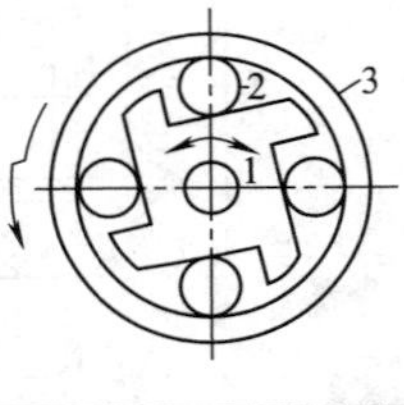
特点		运动可靠，但棘轮转角只能有级调节，且主动件摆角要大于棘轮运动角。有噪声，易磨损	运动不准确，转角可无级调节，噪声小，棘轮为圆盘形或环形。为增大摩擦力，截面可做成梯形槽。内啮合常用作超越离合器	
工作部位示意图		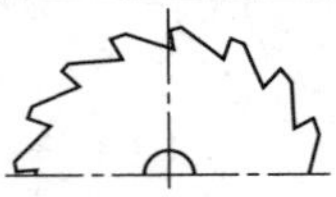 图(a)　不对称梯形齿 已标准化 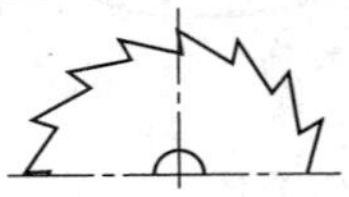 图(b)　直线三角形齿 常用于轻载 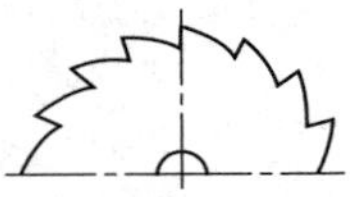 图(c)　圆弧三角形齿 用得较少 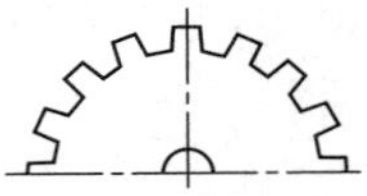 图(d)　对称矩形齿 双向驱动时用	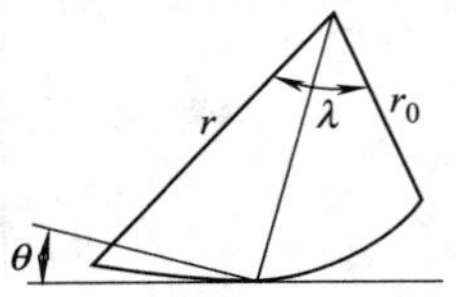 $r=r_0e^{\lambda t\tan\theta}$ 当 λ 较小时，可用圆弧代替对数螺线	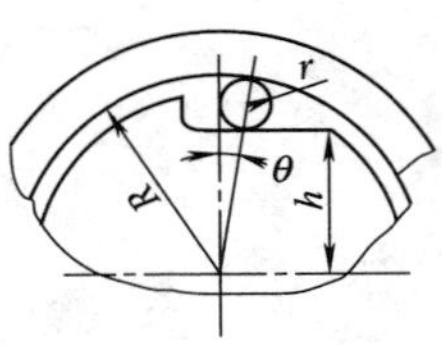 $\theta=\arccos\dfrac{h+r}{R-r}$
自锁条件		外啮合应使棘爪与棘轮的受力线在棘爪与棘轮转动中心之间；内啮合应使受力线在两转动中心的一侧	$\theta<\varphi$（φ 为摩擦角）	$\theta<2\varphi(\theta\approx7°)$

6.1.2 外啮合齿啮式棘轮机构运动设计

如表 11-6-2、表 11-6-3 所示为外啮合不对称梯形齿棘轮机构运动的设计及尺寸参数计算。

表 11-6-2　外啮合不对称梯形齿棘轮机构运动设计

<table>
<tr><td>棘轮齿数 z</td><td colspan="2">根据主动件最小摆角 φ 应大于齿距角 $2\pi/z$ 选定齿数 z，当承载较大时，一般取 $z=6\sim30$。在轻载的进给机构中可取 $z\leqslant250$</td></tr>
<tr><td>棘爪数 j</td><td colspan="2">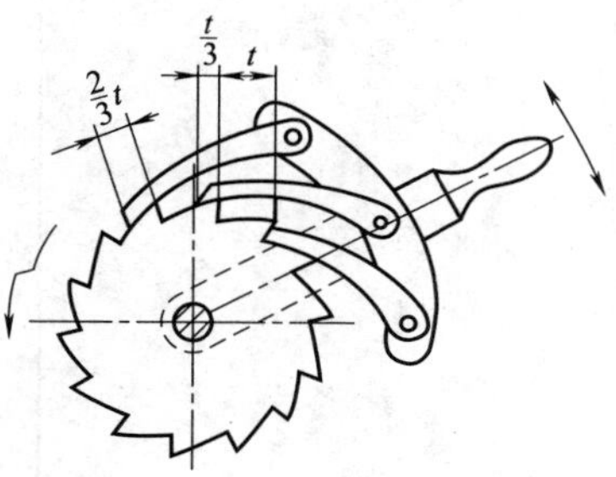

多数棘轮机构的棘爪数 $j=1$，也有 $j=2$ 和 3 的。当受载较大，棘轮尺寸受限，使齿数 z 较少，而主动件摆角小于齿距角时，采用多爪棘轮机构。一般 $j\leqslant3$。当 $j=3$ 时，三个爪在齿面上相互错开 $4t/3$，主动摆杆摆动三次，棘轮转过一个齿距角</td></tr>
<tr><td>棘轮转角的调节</td><td>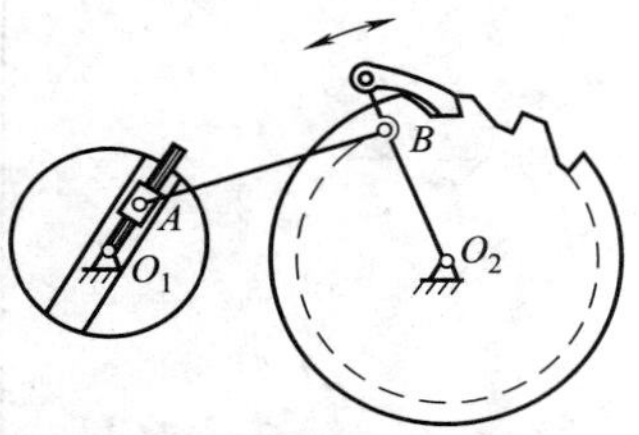

通过调节曲柄摇杆机构中曲柄 O_1A 的长度来改变摇杆的摆角，从而调节棘轮的转角</td><td>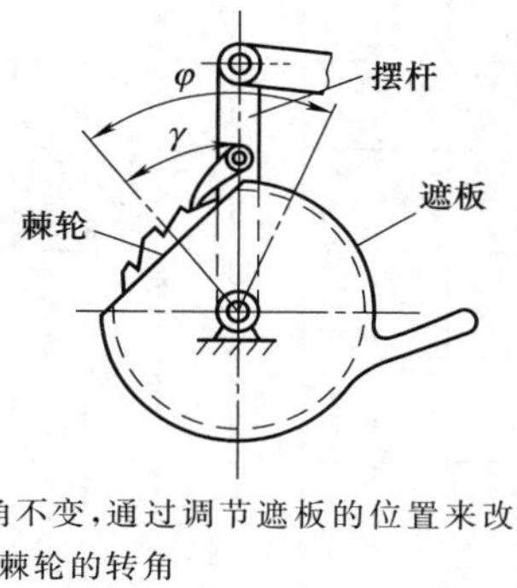

摆杆的摆角不变，通过调节遮板的位置来改变遮齿的多少，从而调节棘轮的转角</td></tr>
<tr><td>棘轮转向的调节</td><td>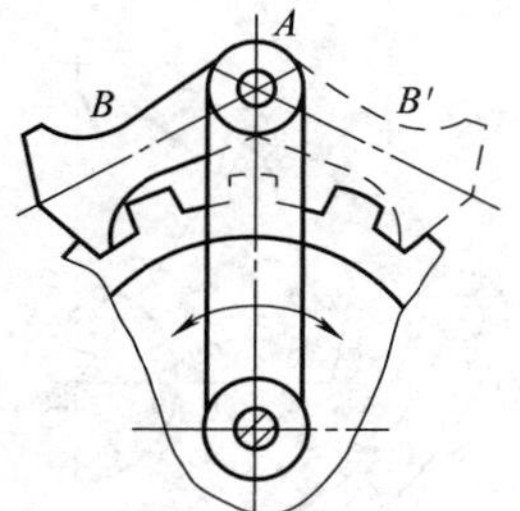

棘爪是可以翻转的，通过改变棘爪的位置来改变棘轮的转向</td><td>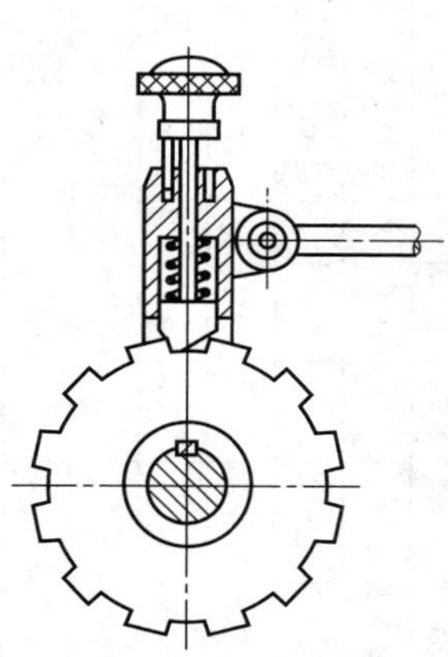
把棘爪提起转 180°后放下，改变棘爪工作齿面方向，从而改变棘轮的转向</td></tr>
</table>

表 11-6-3 外啮合不对称梯形齿棘轮机构的棘轮、棘爪尺寸计算 mm

	模数 m	0.6	0.8	1	1.25	1.5	2	2.5	3	4	5	6	8	10	12	14	16	18	20	22	24	26	30
棘轮	周节 $p=\pi m$	1.88	2.51	3.14	3.93	4.71	6.28	7.85	9.42	12.57	15.71	18.85	25.13	31.42	37.70	43.98	50.27	56.55	62.83	69.12	75.40	81.68	94.25
	齿高 h	0.8	1.0	1.2	1.5	1.8	2.0	2.5	3	3.5	4	4.5	6	7.5	9	10.5	12	13.5	15	16.5	18	19.5	22.5
	齿顶弦厚 a								3	4	5	6	8	10	12	14	16	18	20	22	24	26	30
	齿根圆角半径 r	0.3	0.3	0.3	0.5	0.5	0.5	0.5	1	1	1	1.5	1.5	1.5	1.5	1.5	1.5	1.5	1.5	1.5	1.5	1.5	1.5
	齿面倾斜角 α	10°～15°																					
	轮宽 b	$(1\sim4)m$																					
	齿槽夹角 ψ	55°			60°																		
棘爪	工作面边长 h_1	3			4		5		5	5	6	6	8	10	12	14	14	16	18	20	20	22	25
	非工作面边长 a_1								2	3	3	4	4	6	6	8	8	12	12	14	14	14	16
	爪尖圆角半径 r_1	0.4			0.8				1.5			2											
	齿形角 ψ_1	50°			55°				60°														
	棘爪长度 L								18.85	25.13	31.42	37.70	50.27	32.83	75.40	87.96	100.53	113.10	125.66	138.23	150.80	163.36	188.50

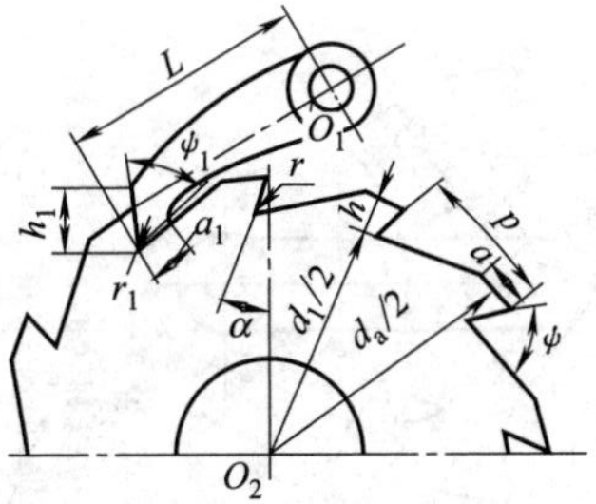

注：1. 表中模数 m 根据齿部强度取标准值，齿数 z 确定后，则棘轮外径 $d_a=mz$。

2. 当 $m=3\sim30$mm 时，$h=0.75m$，$a=m$，$L=2p$；对于小模数，$a=(1.2\sim1.5)m$，L 按结构确定。

6.2　槽轮机构的设计

槽轮机构又称马耳他机构、日内瓦机构，能将主动轴的匀速连续转动转换成从动轴的单向间歇转动。为了保证槽轮停歇，可在转臂上固接一缺口圆盘，其圆周边与槽轮上的凹周边相配。这样，既不影响转臂转动，又能锁住槽轮不动。为了避免刚性冲击，圆柱销应切向进、出槽轮，即径向槽与转臂在此瞬间位置要相互垂直。有不同间停要求时，可采用多臂的和非对称槽的槽轮机构。槽轮机构一般应用于转速不高、要求间歇地转过一定角度的分度装置中，如转塔车床上的刀具转位机构、电影放映机中驱动胶片的间歇移动机构等。

6.2.1　槽轮机构的常见形式

槽轮机构的常见形式及特点如表 11-6-4 所示。

表 11-6-4　　　　槽轮机构常见形式

形式		简　　图	特　　点
单销	外啮合	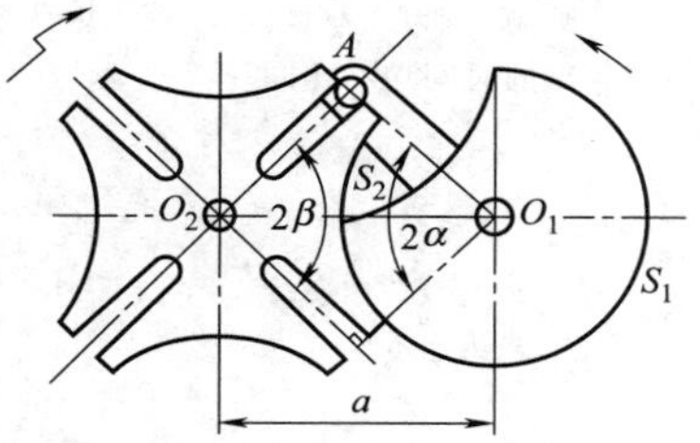	带圆销的主动件 O_1A 做匀速连续转动，从图示位置开始，O_1A 转动 2α 角时，槽轮反向转动 2β 角。当 O_1A 继续旋转时，与 O_1A 固联的凸锁止弧 S_1 与槽轮的凹锁止弧 S_2 配合，防止槽轮转动。因此，当主动件连续转动时，从动槽轮做周期性间歇转动
	内啮合	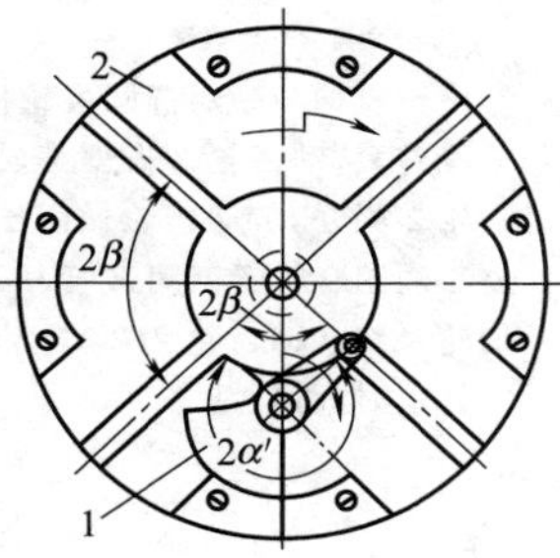	与外啮合不同的是，主动件 1 转动角 $2\alpha'$ 时，从动槽轮 2 同向转动角 2β。内啮合槽轮机构中槽轮转动的时间比停歇时间长
	球面	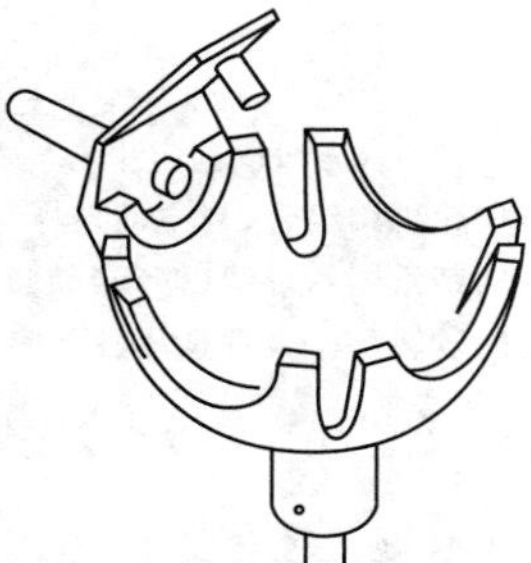	用于把两相交轴中主动轴的连续转动变为从动轴的间歇转动，一般两轴为垂直相交。槽轮转动时间和停歇时间相同
双销	对称	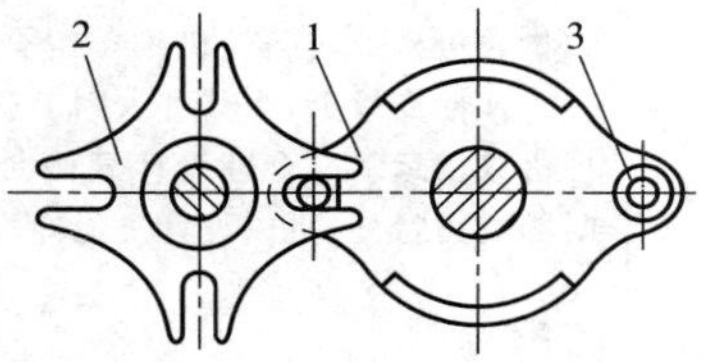	主动件 1 带有对称布置的圆销 3，因此主动件转一周时，从动槽轮 2 可做相同的两次转动和停歇

续表

形式		简　图	特　点
双销	不对称	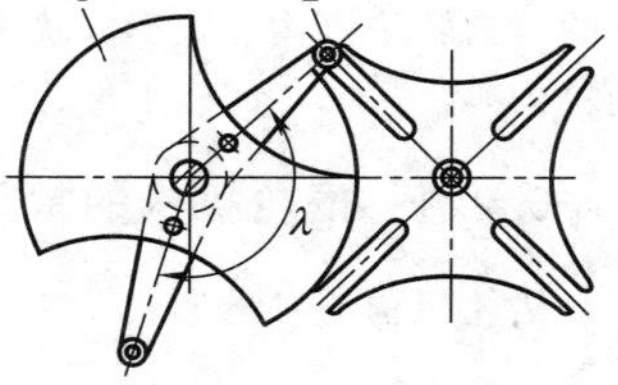 图(a) 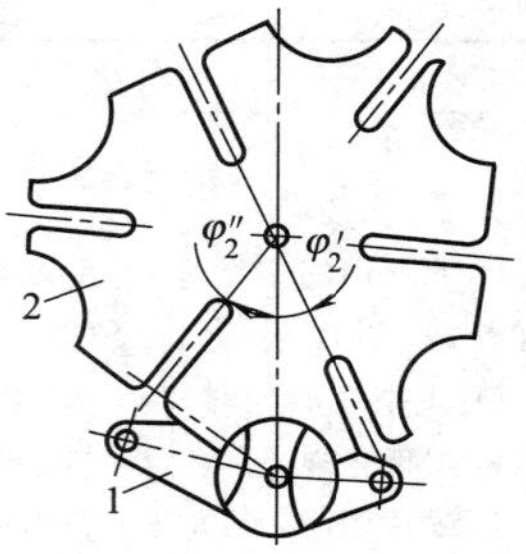 图(b)	图(a)中所示主动件1的两个圆销为不对称布置,其夹角为λ,但两圆销与轴心的距离相等。主动件匀速转一周时,从动槽轮2两次转动时间相同,但停歇时间不同 图(b)中所示主动件1的两个圆销为不对称布置,两圆销与轴心的距离也不等。因此槽轮2两次转动与停歇的时间均不相同
组合机构	椭圆齿轮组合	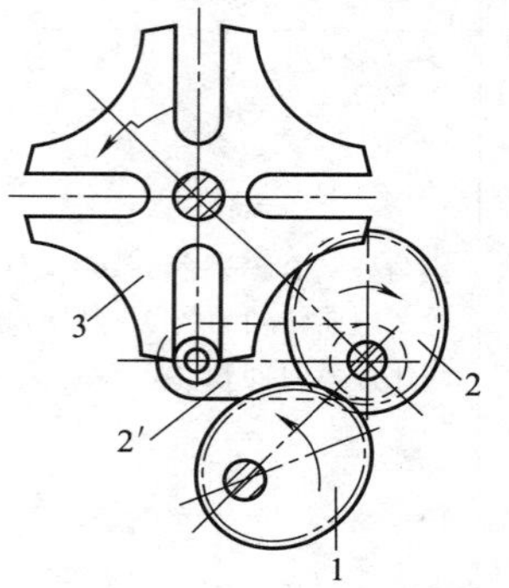	槽轮机构与一对椭圆齿轮机构串联。主动齿轮1等速旋转,从动齿轮2做变速转动。带圆销的曲柄2′与齿轮2固联,带动槽轮做间歇转动。改变曲柄2′与齿轮2的固联位置就可改变槽轮3的转动时间,图示的槽轮是在从动齿轮2(2′)转动最快时段工作的,故槽轮的转动时间最短
	行星齿轮组合	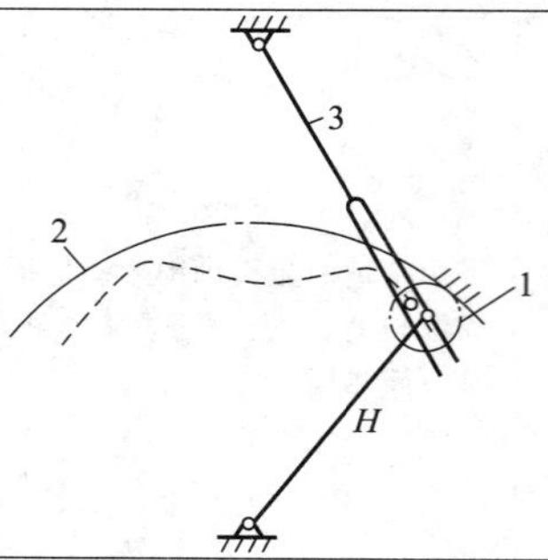	具有系杆H、固定中心轮2、行星轮1的行星轮系与槽轮机构组合,当主动系杆等速转动时,行星轮1上的圆销沿图示虚线(摆线)轨迹运动,带动从动槽轮3做间歇转动。合理选择各部参数,可改善其动力特性
	凸轮组合	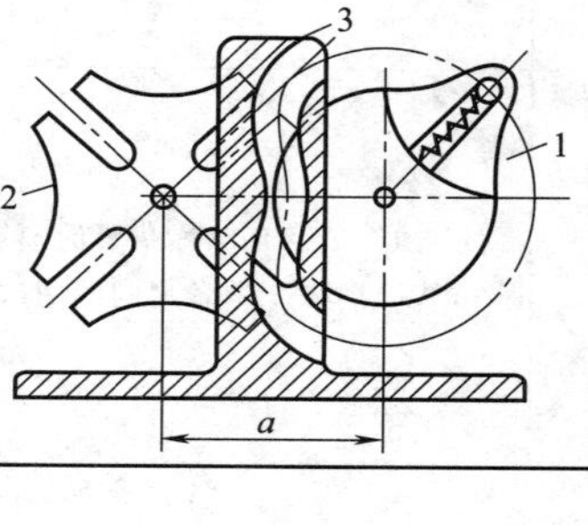	槽轮机构2与凸轮机构1组合,主动件的圆销装在一个弹性支撑上,当其进入固定凸轮3的导槽后,圆销即沿导槽运动。合理设计导槽曲线,可改善槽轮运动时的动力特性,可以设计出无冲击槽轮机构

6.2.2　平面槽轮机构运动设计

如表 11-6-5～表 11-6-7 所示为平面槽轮机构的主要参数计算公式及主要参数值。图 11-6-1 所示为槽轮机构运动曲线。

表 11-6-5　　平面槽轮机构主要参数计算式

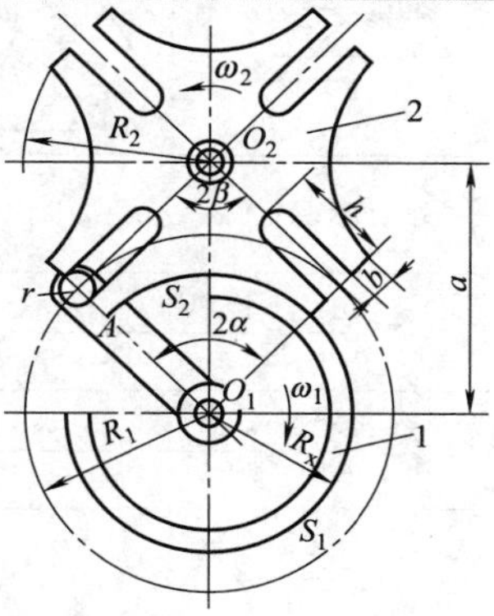

图(a)　外啮合

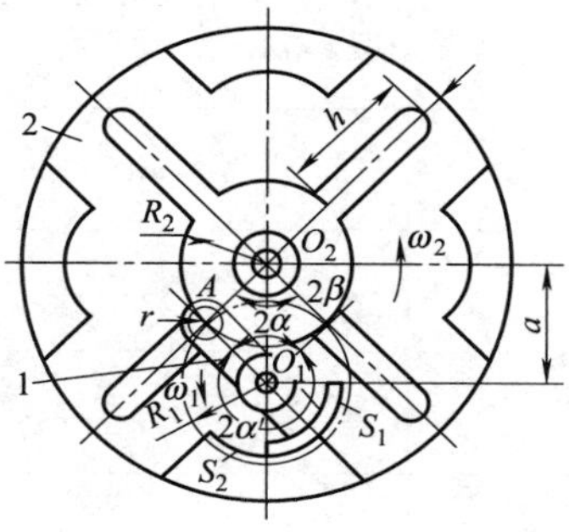

图(b)　内啮合

序号	参数或项目	符号	外　啮　合	内　啮　合
1	槽数 中心距 圆销半径	z a r	$3\leqslant z\leqslant 18$，z 多时机构尺寸大，z 少时动力性能不好。运动系数等机构特性也与 z 有关，故应根据工作要求全面考虑确定 z a 和 r 根据结构选定	
2	槽轮 2 每次转位时，主动件 1 的转角	2α $(2\alpha')$	$2\alpha=\pi\left(1-\dfrac{2}{z}\right)$	$2\alpha'=\pi\left(1+\dfrac{2}{z}\right)$
3	槽间角	2β	$2\beta=\dfrac{2\pi}{z}=\pi-2\alpha$	$2\beta=\dfrac{2\pi}{z}=2\alpha'-\pi$
4	主动件圆销中心半径	R_1	$R_1=a\sin\beta$	
5	R_1 与 a 的比值	λ	$\lambda=\dfrac{R_1}{a}=\sin\beta$	
6	槽轮外圆半径	R_2	$R_2=\sqrt{(a\cos\beta)^2+r^2}$	
7	槽轮槽深	h	$h\geqslant a(\lambda+\cos\beta-1)+r$	$h\geqslant a(\lambda-\cos\beta+1)+r$
8	主动件轮毂直径	d_0	$d_0<2a(1-\cos\beta)$	按结构选定
9	槽轮轮毂直径	d_k	$d_k<2a(1-\lambda)-2r$	
10	锁止弧半径	R_x	$R_x<R_1-r$	$R_x>R_1+r$
11	锁止凸弧张角	γ	$\gamma=2(\pi-\alpha)$（当 $k=1$ 时）	$\gamma=2(\pi-\alpha')$
12	圆销个数	K	$K<\dfrac{2z}{z-2}$	$K=1$
13	动停比（槽轮每次转位时间 t_d 与停歇时间 t_j 之比）	k	$k=\dfrac{z-2}{\dfrac{2z}{K}-(z-2)}$（$K$ 个圆销均布）	$k=\dfrac{z+2}{z-2}>1$
14	运动系数（槽轮每次转动时间 t_d 与周期 T 之比）	τ	$\tau=\dfrac{z-2}{2z}K<1$	$\tau=\dfrac{z+2}{2z}<1$

第11篇

续表

序号	参数或项目	符号	外啮合	内啮合
15	机构运动简图		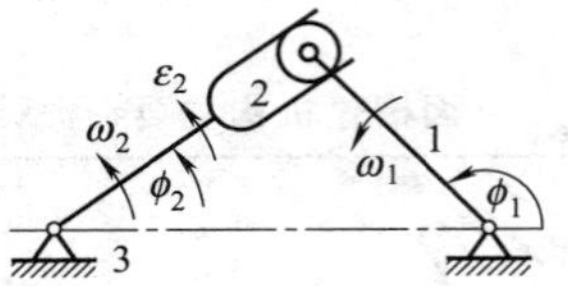	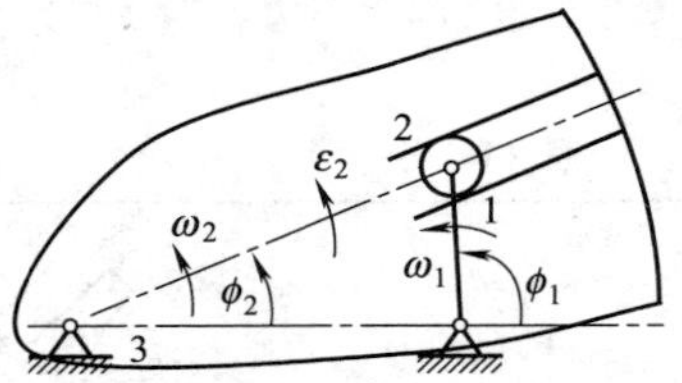
16	槽轮的角位移	ϕ_2	$\phi_2=\arctan\dfrac{\lambda\sin\phi_1}{1+\lambda\cos\phi_1}$ 外啮合 $\phi_1\in[\pi-\alpha,\pi+\alpha]$，内啮合 $\phi_1\in[-\alpha',\alpha']$	
17	槽轮的角速度	ω_2	$\omega_2=\dfrac{d\phi_1}{dt}=\dfrac{\lambda^2+\lambda\cos\phi_1}{1+\lambda^2+2\lambda\cos\phi_1}\omega_1$	
18	槽轮的角加速度	ε_2	$\varepsilon_2=\dfrac{d\omega_1}{dt}=\dfrac{\lambda(\lambda^2-1)\sin\phi_1}{(1+\lambda^2+2\lambda\cos\phi_1)^2}\omega_1^2$	
19	$\omega_{2\max}$及对应的 ϕ_1 角	ϕ_1'	$\phi_1=\phi_1'=\pi,\ \omega_{2\max}=\dfrac{\lambda}{1-\lambda}\omega_1$	$\phi_1=\phi_1'=0,\ \omega_{2\max}=\dfrac{\lambda}{1+\lambda}\omega_1$
20	对应于 $\varepsilon_{2\max}$ 的 ϕ_1 角	ϕ_1''	$\phi_1=\phi_1''=\pm\arccos\left[\dfrac{1+\lambda^2}{4\lambda}-\sqrt{\left(\dfrac{1+\lambda^2}{4\lambda}\right)^2+2}\right]$	$\phi_1=\phi_1''=\pm\alpha'$

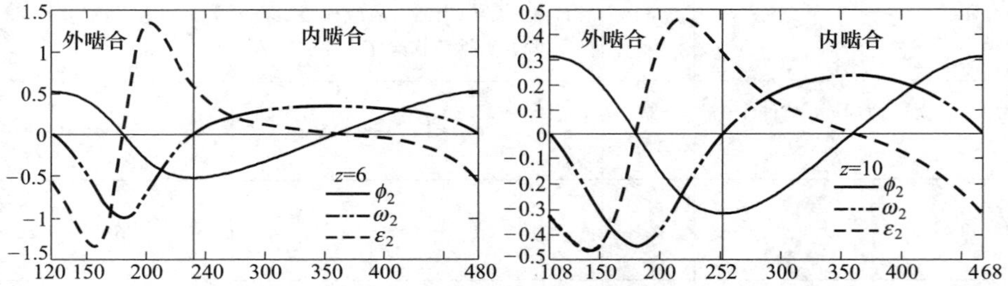

图 11-6-1 槽轮机构运动曲线

表 11-6-6 **平面槽轮机构的主要参数值**

z	2β	λ	外啮合						内啮合			
			2α	$\dfrac{\omega_{2\max}}{\omega_1}$	$\dfrac{\varepsilon_{2\max}}{\omega_1^2}$	ϕ_1''	$\dfrac{\varepsilon_{20}}{\omega_1^2}$	$K_{\max}$	$2\alpha'$	$\dfrac{\omega_{2\max}}{\omega_1}$	$\dfrac{\varepsilon_{2\max}}{\omega_1^2}$	ϕ_1''
3	120°	0.8660	60°	6.464	31.393	184°45′	±1.732	5	300°	0.464	1.732	210°
4	90°	0.7071	90°	2.414	5.407	191°28′	±1.000	3	270°	0.414	1.000	225°
5	72°	0.5878	108°	1.426	2.299	197°34′	±0.727	3	252°	0.370	0.727	234°
6	60°	0.5000	120°	1.000	1.350	202°54′	±0.577	2	240°	0.333	0.577	240°
7	51°26′	0.4339	128°34′	0.766	0.928	207°33′	±0.482	2	231°26′	0.303	0.482	244°17′
8	45°	0.3827	135°	0.620	0.700	211°39′	±0.414	2	225°	0.277	0.414	247°30′
9	40°	0.3420	140°	0.520	0.560	215°16′	±0.364	2	220°	0.255	0.364	250°
10	36°	0.3090	144°	0.447	0.465	218°29′	±0.325	2	216°	0.236	0.325	252°
12	30°	0.2588	150°	0.349	0.348	220°00′	±0.268	2	210°	0.206	0.268	255°
15	24°	0.2079	156°	0.262	0.253	230°30′	±0.213	2	204°	0.172	0.213	258°
18	20°	0.1737	160°	0.210	0.200	235°31′	±0.176	2	200°	0.148	0.176	260°

注：$\dfrac{\varepsilon_{20}}{\omega_1^2}$为圆销进出槽轮处 $\phi_1=\pm\alpha$ 的类角加速度，内啮合时其值等于最大类角加速度为$\dfrac{\varepsilon_{2\max}}{\omega_1^2}$。

表 11-6-7　**平面槽轮机构的运动系数 τ 和动停比 k**

圆销数 K \ 槽数 z			3	4	5	6	7	8	9	10	12	15	18
1	内啮合	τ	5/6	3/4	7/10	2/3	9/14	5/8	11/18	3/5	7/12	17/30	5/9
		k	5	3	7/3	2	9/5	5/3	11/7	3/2	7/5	17/13	5/4
	外啮合	τ	1/6	1/4	3/10	1/3	5/14	3/8	7/18	2/5	5/12	13/30	4/9
		k	1/5	1/3	3/7	1/2	5/9	3/5	7/11	2/3	5/7	13/17	4/5
2		τ	1/3	1/2	3/5	2/3	5/7	3/4	7/9	4/5	5/6	13/15	8/9
		k	1/2	1	3/2	2	5/2	3	7/2	4	5	13/2	8
3		τ	1/2	3/4	9/10								
		k	1	3	9								
4		τ	2/3										
		k	2										
5		τ	5/6										
		k	5										

内啮合 $\tau=\dfrac{z+2}{2z}<1$　　外啮合 $\tau=\dfrac{z-2}{2z}K<1$

内啮合 $k=\dfrac{z+2}{z-2}>1$　　外啮合 $k=\dfrac{z-2}{\dfrac{2z}{K}-(z-2)}$

6.2.3　球面槽轮机构运动设计

表 11-6-8　**球面槽轮机构的主要参数**

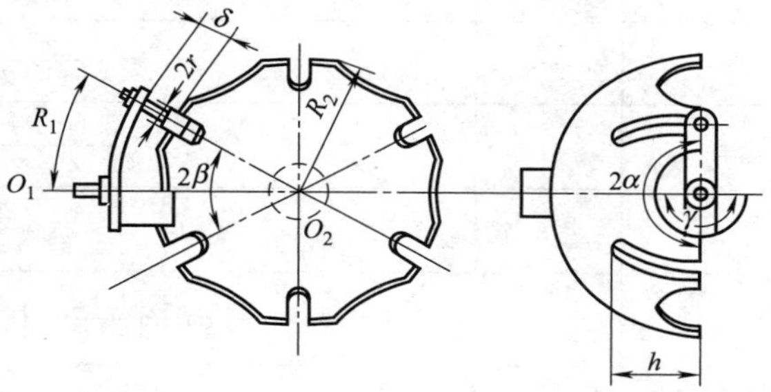

序号	参　　数	符号	计　算　式				
1	槽数	z	3	4	5	6	8
2	槽间角	2β	120°	90°	72°	60°	45°
3	槽轮每次转位时主动件 1 的转角	2α	180°				
4	球面槽轮半径	R_2	由结构需要而定				
5	两轴线位置		直交，主动件的轴线通过球面槽轮的球心				
6	主动件的半径(弧长)	R_1	$R_1=(R_2+\delta)\beta$，δ——由结构确定的间隙				
7	槽深(槽轮轴线方向)	h	$h>R_2\sin\beta+r$				
8	圆销半径	r	根据结构和强度要求而定。圆销中心线通过槽轮的球心				
9	锁止弧张角	γ	180°				
10	圆销数	K	1				
11	动停比	k	1				
12	运动系数	τ	0.5				
13	槽轮最大类角速度	$\dfrac{\omega_{2\max}}{\omega_1}$	1.732	1.000	0.727	0.577	0.414
14	槽轮最大类角加速度	$\dfrac{\varepsilon_{2\max}}{\omega_1^2}$	2.172	0.880	0.579	0.456	0.354

6.2.4　椭圆齿轮槽轮组合机构运动设计

表 11-6-9　　椭圆齿轮槽轮组合机构主要参数计算式

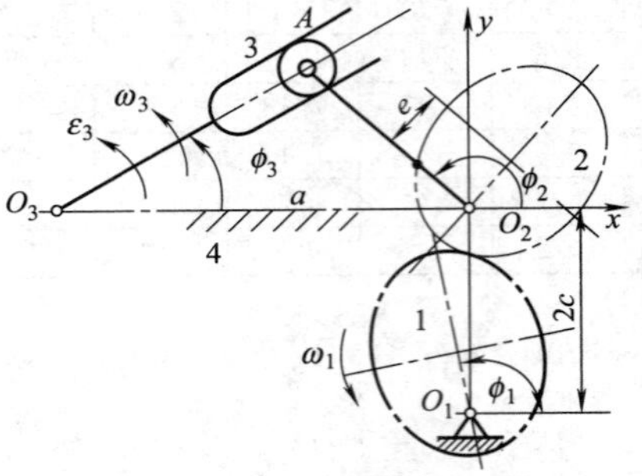

槽轮机构与一对椭圆齿轮机构串联。已知槽轮的槽数为 z，椭圆齿轮机构的中心距为 $2c$、偏心距为 e，主动齿轮 1 以角速度 ω_1 等速转动，从动齿轮 2 做变速转动。改变曲柄 AO_2 与齿轮 2 的固联位置就可改变槽轮的运动系数

序号	参　　数	符号	计　算　式
1	圆销初始安装角度	ϕ_{20}	两椭圆齿轮几何形心在转动中心正上方为初始时刻，此时曲柄 AO_2 的位置角为 ϕ_{20}。本例图 $\phi_{20}=\pi$
2	齿轮偏心率	ε	$\varepsilon=\dfrac{e}{c}$
3	从动齿轮 2 的转角	ϕ_2	$\phi_2=\phi_{20}-2\arctan\left[\dfrac{1+\varepsilon}{1-\varepsilon}\tan\left(\dfrac{\phi_1}{2}-\dfrac{\pi}{4}\right)\right]$
4	从动齿轮 2 的角速度	ω_2	$\omega_2=\dfrac{\varepsilon^2-1}{1+\varepsilon^2-2\varepsilon\sin\phi_1}\omega_1$
5	从动齿轮 2 的角加速度	ε_2	$\varepsilon_2=\dfrac{2\varepsilon(\varepsilon^2-1)\cos\phi_1}{(1+\varepsilon^2-2\varepsilon\sin\phi_1)^2}\omega_1^2$
6	槽间角	2β	$2\beta=\dfrac{2\pi}{z}$
7	圆销入槽时主动齿轮 1 的位置角	ϕ_0	$\phi_0=-2\arctan\left[\dfrac{1-\varepsilon}{1+\varepsilon}\tan\left(\dfrac{3\pi}{4}-\dfrac{\beta}{2}-\dfrac{\phi_{20}}{2}\right)\right]+\dfrac{\pi}{2}$
8	圆销出槽时主动齿轮 1 的位置角	ϕ_0'	$\phi_0'=-2\arctan\left[\dfrac{1-\varepsilon}{1+\varepsilon}\tan\left(\dfrac{\pi}{4}+\dfrac{\beta}{2}-\dfrac{\phi_{20}}{2}\right)\right]+\dfrac{\pi}{2}$
9	槽轮每次转位时主动齿轮 1 的转角	2α	$2\alpha=\phi_0'-\phi_0$
10	动停比	k	$k=\dfrac{\alpha}{\pi-\alpha}$
11	运动系数	τ	$\tau=\dfrac{\alpha}{\pi}$
12	最大运动系数	τ_{max}	$\tau_{max}=1-\dfrac{2}{\pi}\arctan\left[\dfrac{1-\varepsilon}{1+\varepsilon}\tan\left(\dfrac{\pi}{4}+\dfrac{\beta}{2}\right)\right]$，$\phi_{20}=0$
13	最小运动系数	τ_{min}	$\tau_{min}=\dfrac{2}{\pi}\arctan\left[\dfrac{1-\varepsilon}{1+\varepsilon}\tan\left(\dfrac{\pi}{4}-\dfrac{\beta}{2}\right)\right]$，$\phi_{20}=\pi$
14	圆销回转半径与中心距 $\overline{O_2O_3}$ 的比值	λ	$\lambda=\sin\beta$
15	槽轮 3 的角位移	ϕ_3	$\phi_3=\arctan\dfrac{\lambda\sin\phi_2}{1+\lambda\cos\phi_2}$
16	槽轮 3 的角速度	ω_3	$\omega_3=\dfrac{\lambda^2+\lambda\cos\phi_2}{1+\lambda^2+2\lambda\cos\phi_2}\omega_2$
17	槽轮 3 的角加速度	ε_3	$\varepsilon_3=\dfrac{\lambda(\lambda^2-1)\sin\phi_2}{(1+\lambda^2+2\lambda\cos\phi_2)^2}\omega_2^2+\dfrac{\lambda^2+\lambda\cos\phi_2}{1+\lambda^2+2\lambda\cos\phi_2}\varepsilon_2$

表 11-6-10　　**椭圆齿轮槽轮组合机构的主要参数值**（$\phi_{20}=\pi$）

z	2β	λ	ε	2α	$\dfrac{\omega_{3\max}}{\omega_1}$	$\dfrac{\varepsilon_{3\max}}{\omega_1^2}$	$\dfrac{\varepsilon_{30}}{\omega_1^2}$	k	$\tau_{\min}$	$\tau_{\max}$
3	120°	0.8660	0.2	40°32′	9.6962	70.7427	±3.6124	0.1268	0.1125	0.2433
			0.4	26°12′	15.0829	171.3044	±8.4269	0.0785	0.0728	0.3557
			0.6	15°20′	25.8564	503.5953	±24.3413	0.0445	0.0426	0.5221
4	90°	0.7071	0.2	61°44′	3.6213	12.2414	±1.8988	0.2070	0.1715	0.3539
			0.4	40°16′	5.6332	29.7076	±4.2205	0.1259	0.1118	0.4892
			0.6	23°40′	9.6569	87.4221	±11.9082	0.0703	0.0657	0.6543
5	72°	0.5878	0.2	75°04′	2.1389	5.2203	±1.2818	0.2634	0.2085	0.4154
			0.4	49°16′	3.3271	12.6886	±2.7365	0.1586	0.1369	0.5548
			0.6	29°04′	5.7037	37.3682	±7.5663	0.0877	0.0807	0.7096
6	60°	0.5000	0.2	84°12′	1.5000	3.0635	±0.9633	0.3053	0.2339	0.4544
			0.4	55°36′	2.3333	7.4491	±1.9913	0.1826	0.1544	0.5935
			0.6	32°52′	4.0000	21.9446	±5.4149	0.1004	0.0913	0.7399
8	45°	0.3827	0.2	96°04′	0.9299	1.5741	±0.6398	0.3639	0.2668	0.5007
			0.4	63°56′	1.4465	3.8219	±1.2619	0.2159	0.1776	0.6369
			0.6	37°56′	2.4797	11.2555	±3.3468	0.1178	0.1054	0.7721
10	36°	0.3090	0.2	103°24′	0.6708	1.0304	±0.4774	0.4028	0.2872	0.5273
			0.4	69°12′	1.0435	2.4954	±0.9119	0.2379	0.1922	0.6607
			0.6	41°12′	1.7889	7.3444	±2.3764	0.1292	0.1144	0.7890
12	30°	0.2588	0.2	108°24′	0.5238	0.7582	±0.3802	0.4307	0.3010	0.5446
			0.4	72°48′	0.8148	1.8314	±0.7097	0.2535	0.2023	0.6757
			0.6	43°24′	1.3968	5.3865	±1.8257	0.1372	0.1207	0.7995
15	24°	0.2079	0.2	113°27′	0.3937	0.5391	±0.2910	0.4602	0.3151	0.5615
			0.4	76°33′	0.6125	1.2978	±0.5299	0.2701	0.2127	0.6901
			0.6	45°47′	1.0499	3.8140	±1.3443	0.1457	0.1272	0.8094
18	20°	0.1736	0.2	116°53′	0.3152	0.4166	±0.2355	0.4808	0.3247	0.5726
			0.4	79°07′	0.4903	1.0002	±0.4216	0.2817	0.2198	0.6994
			0.6	47°23′	0.8406	2.9379	±1.0589	0.1516	0.1316	0.8157

6.2.5　行星齿轮槽轮组合机构运动设计

表 11-6-11　　**$i=2$ 的行星齿轮槽轮组合机构主要参数计算式**

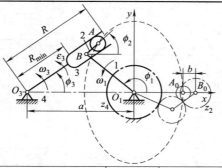

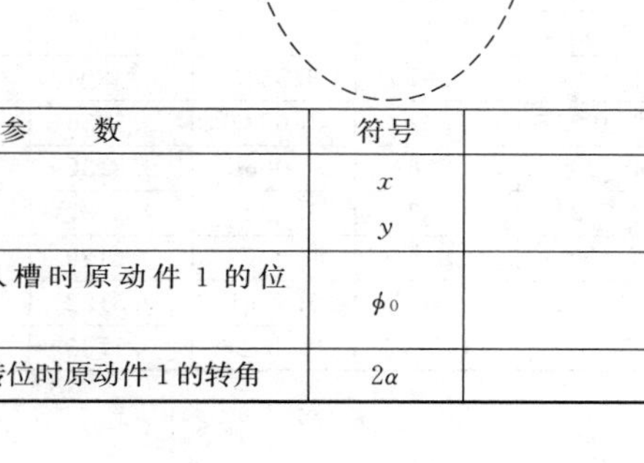

行星轮系 z_4-z_2-1 中行星轮上一点 A 做圆销转动中心，动点 A 的轨迹是一条摆线，所以又称行星机构为摆线曲柄。当相对传动比 $i=i_{24}^{1}=z_4/z_2=2$ 时，摆线为图示虚线椭圆。初始时刻 A_0 点在 O_1B_0 中间。选定槽数 z，可以按照运动系数 τ 进行机构综合

序号	参　　数	符号	计　算　式
1	A 点坐标	x y	$\begin{cases}x=(1-b)\cos\phi_1\\ y=(1+b)\sin\phi_1\end{cases}$，系杆 O_1B 长度为 1
2	圆销 A 入槽时原动件 1 的位置角	ϕ_0	$\phi_0=\pi(1-\tau)$，此时 AO_3 与椭圆相切
3	槽轮每次转位时原动件 1 的转角	2α	$2\alpha=2(\pi-\phi_0)$

续表

序号	参　　数	符号	计　算　式
4	槽间角	2β	$2\beta=\dfrac{2\pi}{z}$
5	连杆 BA 的相对长度	b	$b=-\dfrac{\cos(\phi_0-\beta)}{\cos(\phi_0+\beta)}$，如果 $b<0$，表示 $\phi_1=0$ 时 A_0 在 O_1B_0 的外侧
6	中心距	a	$a=\dfrac{y_0}{\tan\beta}-x_0=-\dfrac{2\cos\beta}{\cos(\phi_0+\beta)}$，$\begin{cases}x_0=(1-b)\cos\phi_0\\ y_0=(1+b)\sin\phi_0\end{cases}$
7	圆销入槽点槽轮半径	R	$R=\dfrac{y_0}{\sin\beta}=-\dfrac{2\sin^2\phi_0}{\cos(\phi_0+\beta)}$
8	槽轮槽最小半径	$R_{\min}$	$R_{\min}=a-(1-b)=-\dfrac{2\cos\beta(1+\cos\phi_0)}{\cos(\phi_0+\beta)}$
9	槽轮 3 的角位移	ϕ_3	$\phi_3=\arctan\dfrac{y}{x+a}=\arctan\dfrac{\sin\phi_0\tan\beta\sin\phi_1}{1-\cos\phi_0\cos\phi_1}$
10	槽轮 3 的角速度	ω_3	$\omega_3=\dfrac{y'(x+a)-yx'}{(x+a)^2+y^2}\omega_1$　$\begin{cases}x'=-(1-b)\sin\phi_1\\ y'=(1+b)\cos\phi_1\end{cases}$ $=-\dfrac{\sin\phi_0\tan\beta(\cos\phi_1-\cos\phi_0)}{(1-\cos\phi_0\cos\phi_1)^2+\sin^2\phi_0\tan^2\beta\sin^2\phi_1}\omega_1$
11	槽轮 3 的最大类角速度	$\dfrac{\omega_{3\max}}{\omega_1}$	$\dfrac{\omega_{3\max}}{\omega_1}=-\dfrac{\sin\phi_0\tan\beta}{1+\cos\phi_0}$
12	槽轮 3 的角加速度	ε_3	$\varepsilon_3=\dfrac{[y''(x+a)-yx'']\omega_1^2-2[x'(x+a)+yy']\omega_3\omega_1}{(x+a)^2+y^2}$ $\begin{cases}x''=-(1-b)\cos\phi_1\\ y''=-(1+b)\sin\phi_1\end{cases}$

表 11-6-12　$i=2$ 的行星齿轮槽轮组合机构的主要参数值

z	τ	2α	ϕ_0	b	a	R	$R_{\min}$	$\dfrac{\omega_{3\max}}{\omega_1}$	$\dfrac{\varepsilon_{3\max}}{\omega_1^2}$	$\dfrac{\varepsilon_{30}}{\omega_1^2}$
3	0.1126	40°32′	159°44′	−0.2198	1.3003	0.3120	0.0805	9.6910	70.6677	±3.6089
	0.2000	72°00′	144°00′	0.1144	1.0946	0.7564	0.2091	5.3307	21.3209	±1.2533
4	0.1715	61°44′	149°08′	−0.2518	1.4584	0.5429	0.2066	3.6222	12.2477	±1.8996
	0.3000	108°00′	126°00′	0.1584	1.4318	1.3253	0.5902	1.9626	3.5529	±0.7639
5	0.2085	75°04′	142°28′	−0.2836	1.6186	0.7426	0.3351	2.1383	5.2174	±1.2812
	0.3500	126°00′	117°00′	0.1756	1.8160	1.7820	0.9915	1.1856	1.5782	±0.5990
6	0.2339	84°12′	137°54′	−0.3143	1.7714	0.9194	0.4571	1.5001	3.0641	±0.9634
	0.3750	135°00′	112°30′	0.1645	2.1832	2.1518	1.3477	0.8641	1.0037	±0.5073
8	0.2669	96°04′	131°58′	−0.3693	2.0478	1.2254	0.6784	0.9296	1.5732	±0.6395
	0.4000	144°00′	108°00′	0.1208	2.8451	2.7855	1.9659	0.5701	0.5938	±0.3909
10	0.2872	103°24′	128°18′	−0.4170	2.2863	1.4805	0.8693	0.6706	1.0299	±0.4772
	0.4500	162°00′	99°00′	0.3446	4.1898	4.2976	3.5343	0.3804	0.3485	±0.3013
12	0.3011	108°24′	125°48′	−0.4582	2.4929	1.6977	1.0347	0.5236	0.7577	±0.3800
	0.4500	162°00′	99°00′	0.2570	4.7496	4.7969	4.0066	0.3137	0.2907	±0.2563
15	0.3151	113°26′	123°17′	−0.5107	2.7534	1.9676	1.2427	0.3937	0.5391	±0.2910
	0.5000	180°00′	90°00′	1.0000	9.4093	9.6195	9.4093	0.2126	0.2034	±0.2034
18	0.3247	116°52′	121°34′	−0.5539	2.9691	2.1890	1.4151	0.3152	0.4167	±0.2355
	0.5000	180°00′	90°00′	1.0000	11.3426	11.5175	11.3426	0.1763	0.1710	±0.1710

表 11-6-13　$i=-1$ 的行星齿轮槽轮组合机构主要参数计算式

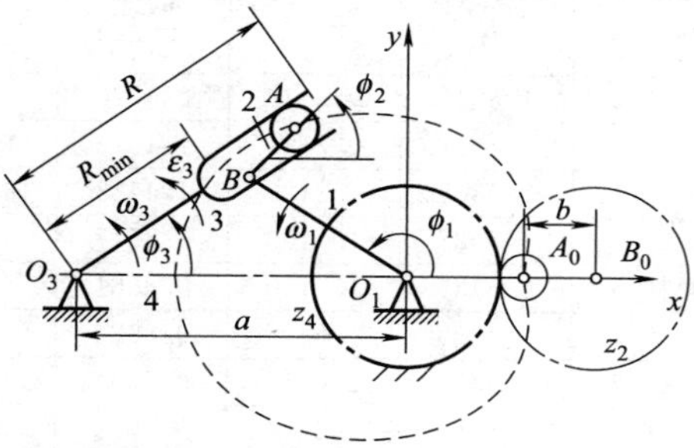

当相对传动比 $i=i_{24}^{1}=-z_4/z_2=-1$ 时，摆线为对称心形曲线。初始时刻 A_0 点在 O_1B_0 中间。给定槽数 z，不仅可以按照运动系数 τ 进行机构综合，而且适当选择参数还可以得到中位 $\phi_1=\pi$ 处瞬时停歇或者匀速的槽轮机构

序号	参数	符号	计算式
1	A 点坐标	x y	$\begin{cases}x=\cos\phi_1-b\cos2\phi_1\\ y=\sin\phi_1-b\sin2\phi_1\end{cases}$，系杆 O_1B 长度为 1
2	最大运动系数	τ_{max}	$\tau_{max}=\dfrac{2(z-1)}{3z}$　此时 $b=-0.5$，槽轮在中位 $\phi_1=\pi$ 处出现瞬时停歇，超过 τ_{max} 槽轮出现倒转现象
3	圆销 A 入槽时原动件 1 的位置角	ϕ_0	$\phi_0=\pi(1-\tau)$，此时 AO_2 与摆线相切
4	槽轮每次转位时原动件 1 的转角	2α	$2\alpha=2(\pi-\phi_0)$
5	槽间角	2β	$2\beta=\dfrac{2\pi}{z}$
6	连杆 BA 的相对长度	b	$b=\dfrac{\cos(\phi_0-\beta)}{2\cos(2\phi_0-\beta)}$，如果 $b<0$，表示 $\phi_1=0$ 时 A_0 在 O_1B_0 的外侧
7	中心距	a	$a=\dfrac{y_0}{\tan\beta}-x_0=\dfrac{\sin(3\phi_0-2\beta)-3\sin\phi_0}{4\sin\beta\cos(2\phi_0-\beta)}$，$\begin{cases}x_0=\cos\phi_0-b\cos2\phi_0\\ y_0=\sin\phi_0-b\sin2\phi_0\end{cases}$
8	圆销入槽点槽轮半径	R	$R=\dfrac{y_0}{\sin\beta}=-\dfrac{\sin^2\phi_0\sin(\phi_0-\beta)}{\sin\beta\cos(2\phi_0-\beta)}$
9	槽轮槽最小半径	R_{min}	$R_{min}=a-(1+b)$
10	槽轮 3 的角位移	ϕ_3	$\phi_3=\arctan\dfrac{y}{x+a}$
11	槽轮 3 的角速度	ω_3	$\omega_3=\dfrac{y'(x+a)-yx'}{(x+a)^2+y^2}\omega_1$　$\begin{cases}x'=-\sin\phi_1+2b\sin2\phi_1\\ y'=\cos\phi_1-2b\cos2\phi_1\end{cases}$
12	槽轮 3 的最大类角速度	$\dfrac{\omega_{3max}}{\omega_1}$	$\dfrac{\omega_{3max}}{\omega_1}=\dfrac{1+2b}{a-1-b}$
13	槽轮 3 的角加速度	ε_3	$\varepsilon_3=\dfrac{[y''(x+a)-yx'']\omega_1^2-2[x'(x+a)+yy']\omega_3\omega_1}{(x+a)^2+y^2}$ $\begin{cases}x''=-\cos\phi_1+4b\cos2\phi_1\\ y''=-\sin\phi_1+4b\sin2\phi_1\end{cases}$

表 11-6-14　$i=-1$ 的行星齿轮槽轮组合机构的主要参数值

z	τ	2α	ϕ_0	b	a	R	R_{min}	$\dfrac{\omega_{3max}}{\omega_1}$	$\dfrac{\varepsilon_{3max}}{\omega_1^2}$	$\dfrac{\varepsilon_{30}}{\omega_1^2}$
3	0.1126	40°32′	159°44′	0.4624	1.6630	0.7470	0.2006	9.5945	69.1827	±3.7539
	0.2000	72°00′	144°00′	−0.0781	1.0814	0.5929	0.1595	5.2916	20.9871	±1.2857
4	0.1715	61°44′	149°08′	0.4240	1.9457	1.2537	0.5217	3.5427	11.6598	±2.0691
	0.3000	108°00′	126°00′	−0.0878	1.3404	1.0261	0.4282	1.9252	3.4008	±0.8072

续表

z	τ	2α	ϕ_0	b	a	R	$R_{\min}$	$\frac{\omega_{3\max}}{\omega_1}$	$\frac{\varepsilon_{3\max}}{\omega_1^2}$	$\frac{\varepsilon_{30}}{\omega_1^2}$
5	0.2085	75°04′	142°28′	0.3943	2.2575	1.6846	0.8632	2.0720	4.8649	±1.4429
	0.3500	126°00′	117°00′	−0.0822	1.6371	1.4027	0.7194	1.1615	1.5084	±0.6317
6	0.2339	84°12′	137°54′	0.3749	2.5871	2.0868	1.2122	1.4435	2.8184	±1.1115
	0.3750	135°00′	112°30′	−0.0676	1.9479	1.7522	1.0155	0.8517	0.9754	±0.5259
8	0.2669	96°04′	131°58′	0.3485	3.2635	2.8484	1.9150	0.8861	1.4291	±0.7608
	0.4000	144°00′	108°00′	−0.0403	2.5805	2.4233	1.6208	0.5672	0.5894	±0.3958
10	0.2872	103°24′	128°18′	0.3329	3.9547	3.5877	2.6218	0.6354	0.9333	±0.5783
	0.4500	162°00′	99°00′	−0.0782	3.1962	3.1180	2.2744	0.3709	0.3511	±0.3168
12	0.3011	108°24′	125°48′	0.3225	4.6523	4.3162	3.3297	0.4941	0.6879	±0.4661
	0.4500	162°00′	99°00′	−0.0523	3.8320	3.7536	2.8843	0.3104	0.2917	±0.2620
15	0.3151	113°26′	123°17′	0.3128	5.7075	5.4014	4.3947	0.3699	0.4920	±0.3612
	0.5000	180°00′	90°00′	−0.1063	4.8109	4.8097	3.9172	0.2010	0.2220	±0.2217
18	0.3247	116°52′	121°34′	0.3061	6.7659	6.4794	5.4598	0.2953	0.3825	±0.2947
	0.5000	180°00′	90°00′	−0.0882	5.7594	5.7588	4.8476	0.1699	0.1817	±0.1816

表 11-6-15　$i=-1$ 中位匀速的行星齿轮槽轮组合机构的主要参数值

z	τ	2α	ϕ_0	b	a	R	$R_{\min}$	$\frac{\omega_{3\max}}{\omega_1}$	$\frac{\varepsilon_{3\max}}{\omega_1^2}$	$\frac{\varepsilon_{30}}{\omega_1^2}$	匀速区间
3	0.3574	128°40′	115°40′	−0.2852	1.0031	0.7836	0.2884	1.4893	2.2100	±1.2732	174°～186°
4	0.4083	147°00′	106°30′	−0.2439	1.3145	1.1681	0.5584	0.9175	1.2205	±0.9259	172°～188°
5	0.4395	158°14′	100°53′	−0.2189	1.6320	1.5325	0.8509	0.6608	0.8496	±0.7312	168°～192°
6	0.4609	165°56′	97°02′	−0.2028	1.9528	1.8863	1.1557	0.5143	0.6592	±0.6062	166°～194°
8	0.4882	175°46′	92°07′	−0.1833	2.5996	2.5758	1.7830	0.3553	0.4648	±0.4531	165°～195°
10	0.5047	181°42′	89°09′	−0.1715	3.2496	3.2521	2.4212	0.2714	0.3643	±0.3621	164°～196°
12	0.5158	185°42′	87°09′	−0.1638	3.9014	3.9217	3.0652	0.2194	0.3019	±0.3017	162°～198°
15	0.5275	189°54′	85°03′	−0.1571	4.8826	4.9217	4.0397	0.1698	0.2420	±0.2420	160°～200°
18	0.5350	192°36′	83°42′	−0.1520	5.8637	5.9149	5.0157	0.1388	0.2018	±0.2018	158°～202°

表 11-6-16　$i=\pm n$ 的行星齿轮槽轮组合机构主要参数计算式

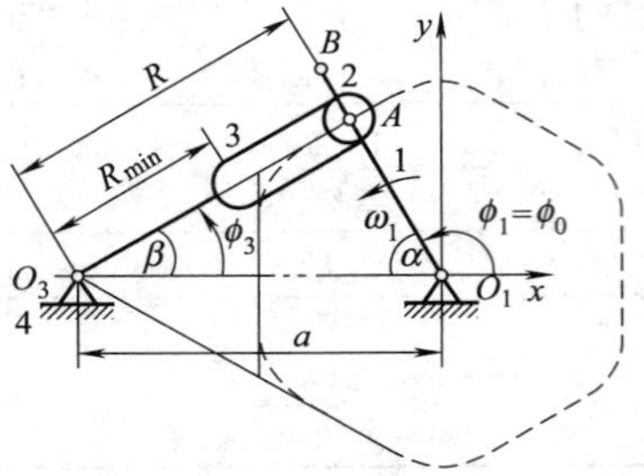

图(a)

A 型：当相对传动比 $i=i_{24}^1=\pm z_4/z_2=\pm n$，$n$ 为正整数，连杆相对长度 $b=(1-i)^{-2}$ 时，摆线为图(a)中虚线所示的正 n 边形。以边的中点(连杆 AB 与系杆 O_1B 重叠共线位置)为圆销的入、出槽位置可以得到无初始冲击的槽轮机构。当 $\phi_1=0$ 时，行星轮上连杆 AB 的位置角 ϕ_{20} 称为初始安装角

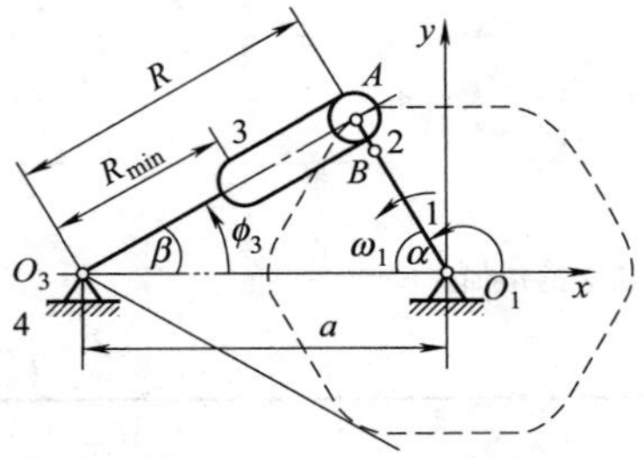

图(b)

B 型：相对传动比 $i=i_{24}^1=\pm z_4/z_2=\pm n$，$n$ 为正整数，以连杆 AB 与系杆 O_1B 拉直共线位置为圆销的入、出槽位置。适当选择机构参数可降低槽轮最大角速度、最大角加速度及最大跃度，但圆销入、出槽时刻的槽轮角加速度(初始冲击)会变大

续表

序号	参数	符号	A 型	B 型
1	多边形边数	n	$n=\frac{2z}{z-2}p$　p 为槽轮运动范围即 2α 内包括的边数。选择 p 使 n 为整数。本例中 $z=6$，$p=2$。$p\geqslant 2$ 时，加速度和跃度曲线出现多峰，运动不平稳	
2	相对传动比	i	$i=i_{24}^{1}=\pm n$，$i=n$ 的槽轮最大角速度和角加速度均大于 $i=-n$，推荐使用 $i=-n$	$i=i_{24}^{1}=\pm n$，$i=-n$ 的槽轮最大角速度和角加速度远大于 $i=n$，推荐使用 $i=n$
3	连杆 BA 的相对长度	b	$b=\frac{1}{(1-i)^2}$	$b_{\max}=\frac{1}{\lvert 1-i\rvert}$
4	初始安装角	ϕ_{20}	$\phi_{20}=\pi$　$n-p$ 为偶数 $\phi_{20}=0$　$n-p$ 为奇数	$\phi_{20}=0$　$n-p$ 为偶数 $\phi_{20}=\pi$　$n-p$ 为奇数
5	槽间角	2β	$2\beta=\frac{2\pi}{z}$	
6	中心距	a	$a=\frac{1-b}{\sin\beta}$	$a=\frac{1+b}{\sin\beta}$
7	圆销入槽点槽轮半径	R	$R=\frac{1-b}{\tan\beta}$	$R=\frac{1+b}{\tan\beta}$
8	槽轮槽最小半径	$R_{\min}$	$R_{\min}=a-(1-b)$　p 为偶数 $R_{\min}=a-(1+b)$　p 为奇数	$R_{\min}=a-(1+b)$　p 为偶数 $R_{\min}=a-(1-b)$　p 为奇数
9	A 点坐标	x y	$\begin{cases}x=\cos\phi_1+b\cos[(1-i)\phi_1+\phi_{20}]\\y=\sin\phi_1+b\sin[(1-i)\phi_1+\phi_{20}]\end{cases}$，系杆 O_1B 长度为 1	
10	槽轮 3 的角位移	ϕ_3	$\phi_3=\arctan\frac{y}{x+a}$	
11	槽轮 3 的角速度	ω_3	$\omega_3=\frac{y'(x+a)-yx'}{(x+a)^2+y^2}\omega_1$　$\begin{cases}x'=-\sin\phi_1-b(1-i)\sin[(1-i)\phi_1+\phi_{20}]\\y'=\cos\phi_1+(1-i)b\cos[(1-i)\phi_1+\phi_{20}]\end{cases}$	
12	槽轮 3 的角加速度	ε_3	$\varepsilon_3=\frac{[y''(x+a)-yx'']\omega_1^2-2[x'(x+a)+yy']\omega_3\omega_1}{(x+a)^2+y^2}$ $\begin{cases}x''=-\cos\phi_1-b(1-i)^2\cos[(1-i)\phi_1+\phi_{20}]\\y''=-\sin\phi_1-b(1-i)^2\sin[(1-i)\phi_1+\phi_{20}]\end{cases}$	

表 11-6-17　无冲击摆线曲柄槽轮组合机构的主要参数值

z	p	n	i	ϕ_{20}	b	a	R	$R_{\min}$	$\frac{\omega_{3\max}}{\omega_1}$	$\frac{\varepsilon_{3\max}}{\omega_1^2}$
3	1	6	−6	0°	0.0204	1.1311	0.5656	0.1107	10.3214	81.653
			6	0°	0.0400	1.1085	0.5543	0.0685	11.6767	104.85
4	1	4	−4	0°	0.0400	1.3576	0.9600	0.3176	3.7778	13.725
			4	0°	0.1111	1.2571	0.8889	0.1460	4.5672	20.394
	2	8	−8	180°	0.0123	1.3968	0.9877	0.4091	2.1728	6.2714
			8	180°	0.0204	1.3854	0.9796	0.4058	2.8166	7.2694
5	3	10	−10	0°	0.0083	1.6872	1.3650	0.6790	1.6067	3.4233
6	1	3	−3	180°	0.0625	1.8750	1.6238	0.8125	1.5385	3.3242
	2	6	−6	180°	0.0204	1.9592	1.6967	0.9796	0.9347	2.2446
	3	9	−9	180°	0.0100	1.9800	1.7147	0.9700	1.1340	2.0583
8	3	8	−8	0°	0.0123	2.5809	2.3844	1.5685	0.7084	1.1481
10	2	5	−5	0°	0.0278	3.1462	2.9922	2.1740	0.4442	0.9275
	4	10	−10	180°	0.0083	3.2093	3.0522	2.2176	0.4579	0.8621
12	5	12	−12	0	0.0059	3.8408	3.7100	2.8349	0.3799	0.6689
18	4	9	−9	0	0.0100	5.7012	5.6146	4.7112	0.2195	0.3897

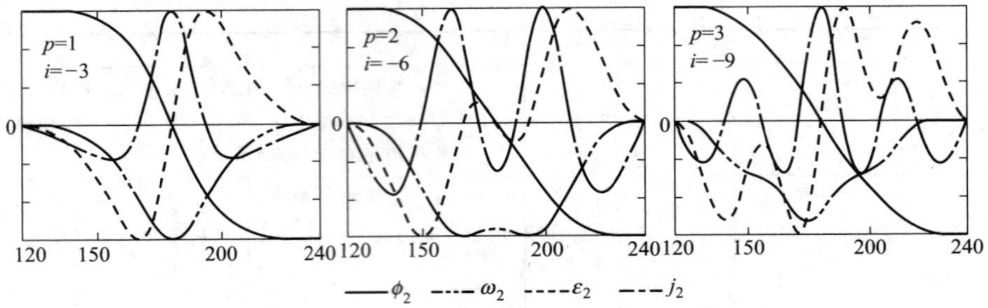

图 11-6-2　$z=6$ 无冲击摆线曲柄槽轮机构运动曲线

表 11-6-18　　　B 型摆线曲柄槽轮组合机构的主要参数值

z	p	$i=n$	ϕ_{20}	b_{max}	b	a	R	R_{min}	$\frac{\omega_{3max}}{\omega_1}$	$\frac{\varepsilon_{3max}}{\omega_1^2}$	$\frac{j_{3max}}{\omega_1^3}$	$\frac{\varepsilon_{30}}{\omega_1^2}$
3	1	6	180°	0.2000	0	1.1547	0.5774	0.1547	6.4641	31.3906	672.02	±1.7321
					0.0300	1.1893	0.5947	0.2193	5.2430	19.6912	327.83	±2.9428
					0.0400	1.2009	0.6004	0.2409	4.9816	17.5036	272.15	±3.3309
					0.0500	1.2124	0.6062	0.2624	4.7631	15.7513	230.13	±3.7115
4	1	4	180°	0.3333	0	1.4142	1.0000	0.4142	2.4142	5.4053	48.042	±1.0000
					0.0500	1.4849	1.0500	0.5349	2.1498	4.1482	30.897	±1.3810
					0.1111	1.5713	1.1111	0.6825	1.9537	3.3435	20.776	±1.8000
					0.1500	1.6263	1.1500	0.7763	1.8677	3.0405	17.010	±2.0435
6	1	3	0°	0.5	0	2.0000	1.7321	1.0000	1.0000	1.3496	6.0000	±0.5774
					0.1500	2.3000	1.9919	1.4500	0.8966	1.0977	3.7005	±0.8033
					0.2500	2.5000	2.1651	1.7500	0.8571	1.0478	2.9738	±0.9238
					0.3500	2.7000	2.3383	2.0500	0.8293	1.0603	2.5088	±1.0264

注：$b=0$ 是普通槽轮机构。

6.3　不完全齿轮机构设计

不完全齿轮机构是轮齿没有布满整个圆周的渐开线齿轮机构，如图 11-6-3 所示。主动齿轮 1 做连续回转运动，从动齿轮 2 做间歇转动。齿轮 1 的凸锁止弧和齿轮 2 的凹锁止弧所在的齿称为厚齿，是从动齿轮每段齿中首先参与啮合的齿。主动齿轮转一周，从动齿轮间歇运动的次数 N 等于主动齿轮上分布的轮齿段数。图 11-6-3 所示为 $N=1$，主动齿轮转一周，从动齿轮间歇运动一次。不完全齿轮机构的每次间歇运动，可以由多对齿进行啮合来完成，如图 11-6-3（a）所示，段齿数 $z_1=3$；也可以只由一对齿来完成，如图 11-6-3（b）所示，段齿数 $z_1=1$。

主动齿轮每段齿中首先进入啮合的齿，称为首齿，最后进入啮合的齿称为末齿。主动齿轮首末两对齿的啮合过程与普通齿轮机构不同，而中间各对齿的啮合过程则完全相同。当 N 不为 1 时，通常各段齿数相等，且各齿段在主、从动齿轮圆周上均匀分布。有时主动齿轮各齿段不均匀分布，各段齿数也可不相等，以满足特定的运动要求。从动齿轮各段齿槽数与主动齿轮相应段的齿数必相等；从动齿轮各齿段必是均布的。

不完全齿轮机构结构简单，动停比不受机构的限制。但从动齿轮在转动的始末存在速度突变，从而会引起较大的冲击，故只能用在低速、轻载和冲击不影响正常工作的场合。如果在机构中加一对带瞬心线的附加板 L 和 K，使速度渐变，可改善机构的动力特性，如图 11-6-4 所示。

不完全齿轮机构的设计计算主要应考虑以下四方面问题。

① 动停比 k。从动齿轮运动时间和静止时间之比，即动停比应满足设计要求。

② 主动齿轮首、末两齿齿顶高系数 h_{as}^*、h_{am}^* 的确定。主动齿轮中间齿和从动齿轮的齿顶高与普通齿轮相同。一般取齿顶高系数 $h_{a1}^*=h_{a2}^*=1$，但主动齿轮首、末两齿齿顶高系数 h_{as}^*、h_{am}^* 却不相同。为了保证从动齿轮在每次转位前、后都有相同的对称静止位置，从动齿轮的锁止弧中应包含有 K 个整数齿。一般情况下 $h_{am}^*<1$，但 K 如取得不合适，h_{am}^* 可能大于 1。h_{as}^* 的选取原则应避免首齿进入啮合时发生齿顶干涉。理论上可使 $h_{as}^*=h_{am}^*$，实际上考虑加工精度的影响，常取 $h_{as}^*>h_{am}^*$。

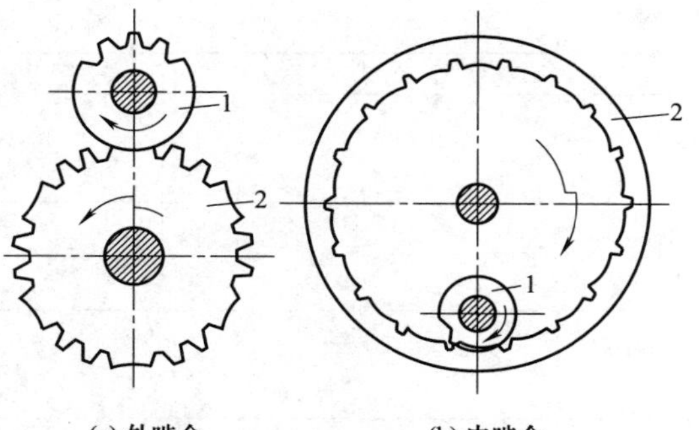

图 11-6-3　不完全齿轮机构

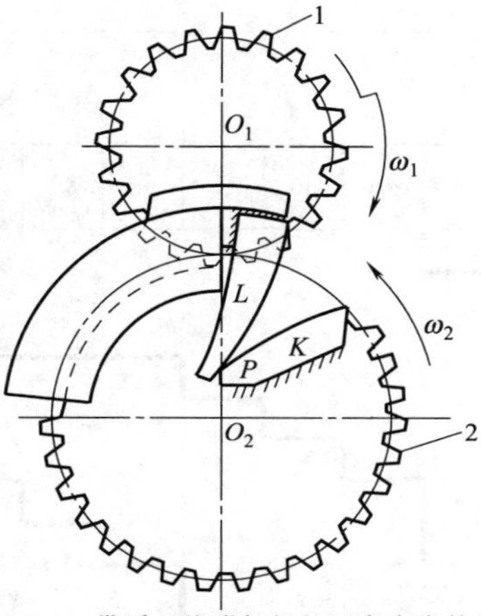

图 11-6-4　带瞬心线附加板的不完全齿轮机构

③ 连续传动性能。因首齿的齿顶高系数 h_{as}^* 有所减小，为使首齿齿顶高降低后的重合度 $\varepsilon>1$，当首齿离开等速比传动的实际啮合线 $\overline{B_1B_2}$ 上的 B_1 点前，如图 11-6-5（a）所示，第二对齿应进入 B_2 点啮合，否则就会产生第二冲击。

④ 锁止弧配置问题。主动齿轮首次进入啮合时，锁止弧终点 E 应在两轮中心线上，如图 11-6-5 所示；末齿脱离啮合时，锁止弧起点 S 也应在两轮中心线上，如图 11-6-6 所示。E 点和 S 点分别与首齿和末齿齿根用过渡曲线（直线或凹弧）相连。从动齿轮在静止位置的锁止凹弧应对称于中心线。为了保证始啮合点 C 不至于因磨损变动，建议锁止凹弧两侧留有 $\Delta s=0.5$mm 的齿顶厚。

如表 11-6-19 所示为外啮合不完全齿轮机构主要参数的计算公式。

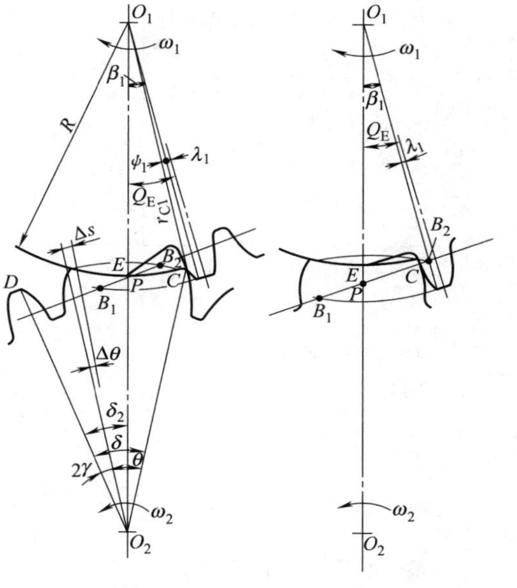

图 11-6-5　首齿进入啮合位置

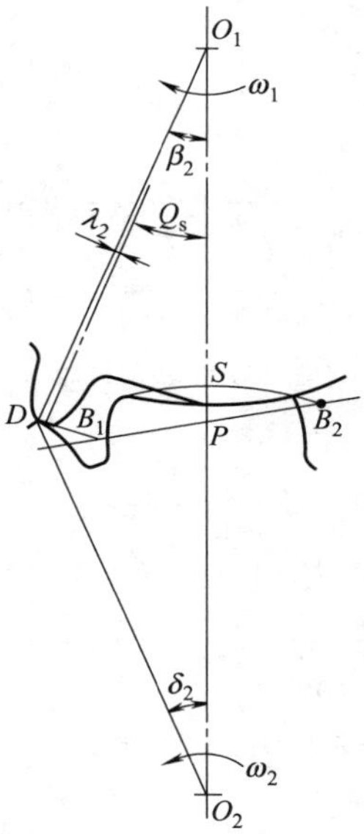

图 11-6-6　末齿脱离啮合位置

第 11 篇

表 11-6-19　　外啮合不完全齿轮机构主要参数的计算公式

序号	参　　数	符号	计算公式
1	假想主、从动齿轮布满齿时的齿数	z_1' z_2'	按工作条件确定
2	模数	m	按工作条件确定
3	压力角	α	$\alpha=20°$
4	齿顶高系数	h_{a1}^* h_{a2}^*	$h_{a1}^*=h_{a2}^*=1$
5	中心距	a	$a=\frac{m}{2}(z_1'+z_2')$

续表

序号	参 数	符号	计算公式
6	主动齿轮转一周，从动齿轮间歇运动的次数	N	按设计要求确定
7	主动齿轮齿顶压力角	α_{a1}	$\alpha_{a1}=\arccos\dfrac{z_1'\cos\alpha}{z_1'+2}$
8	从动齿轮齿顶压力角	α_{a2}	$\alpha_{a2}=\arccos\dfrac{z_2'\cos\alpha}{z_2'+2}$
9	从动齿轮齿顶圆齿间所对应的中心角	2γ	$2\gamma=\dfrac{\pi}{z_2'}+2(\text{inv}\alpha_{a2}-\text{inv}\alpha)$
10	在一次间歇运动中，从动齿轮转角内所包含的周节数	z_2	按设计要求确定
11	在一次间歇运动中，主动齿轮仅有一个齿时，从动齿轮转角内所包含的周节数	K	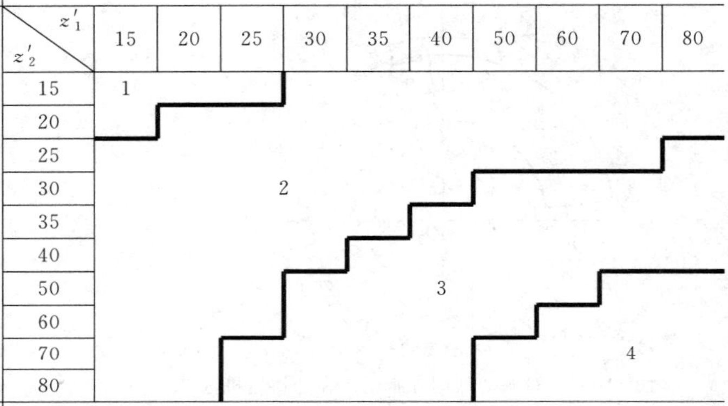z_1' z_2' 15 20 25 30 35 40 50 60 70 80 15 20 25 30 35 40 50 60 70 80 1 2 3 4
12	主动齿轮相邻两锁止弧间的齿数	z_1	$z_1=z_2+1-K$
13	在一次间歇运动中，从动齿轮的转角	δ δ'	$\delta=\dfrac{2\pi}{z_2'}K$ （当 $z_1=1$ 时） $\delta'=\dfrac{2\pi}{z_2'}z_2$ （当 $z_1>1$ 时）
14	主动齿轮末齿脱离啮合位置时从动齿轮齿顶点所在的位置角	δ_2	$\delta_2=\dfrac{\pi}{z_2'}K+\gamma$
15	主动齿轮末齿齿顶高系数	h_{am}^*	$h_{am}^*=\dfrac{-z_1'+\sqrt{z_1'^2+4L}}{2}$ $L=\dfrac{z_2'(z_1'+z_2')+2(1+z_2')-(z_1'+z_2')(2+z_2')\cos\delta_2}{2}$
16	主动齿轮首齿齿顶高系数	h_{as}^*	$h_{as}^*<h_{am}^*$（当 $z_1=1$ 时，$h_{as}^*=h_{am}^*$）
17	主动齿轮首齿的齿顶压力角	α_{as}	$\alpha_{as}=\arccos\dfrac{z_1'\cos\alpha}{z_1'+2h_{as}^*}$
18	主动齿轮末齿的齿顶压力角	α_{am}	$\alpha_{am}=\arccos\dfrac{z_1'\cos\alpha}{z_1'+2h_{am}^*}$
19	首齿重合度	ε	$\varepsilon=\dfrac{z_1'}{2\pi}(\tan\alpha_{as}-\tan\alpha)+\dfrac{z_2'}{2\pi}(\tan\alpha_{a2}-\tan\alpha)$

续表

序号	参　数	符号	计算公式
20	从动齿轮锁止弧两侧齿顶点对应的中心角	θ	$\theta=\delta-2\gamma$
21	从动齿轮锁止弧上对应顶圆齿厚 Δs 的中心角	$\Delta\theta$	$\Delta\theta=\dfrac{1}{z_2'+2}$ $(\Delta s=0.5m)$
22	锁止弧半径	R	$R=\dfrac{m}{2}\sqrt{(z_2'+2)^2+(z_1'+z_2')^2-2(z_2'+2)(z_1'+z_2')\cos\left(\dfrac{\theta}{2}-\Delta\theta\right)}$
23	主动齿轮首齿进入啮合位置时，齿顶点所在位置角	β_1	① $\dfrac{\theta}{2}>\alpha_{a2}-\alpha$，此时初始啮合点 C 在齿轮 2 顶圆上 $\beta_1=\arctan\dfrac{(z_2'+2)\sin\dfrac{\theta}{2}}{z_1'+z_2'-(z_2'+2)\cos\dfrac{\theta}{2}}+\psi_1$ $\psi_1=\mathrm{inv}\alpha_{as}-\mathrm{inv}\alpha_{C1}$ $\alpha_{C1}=\arccos\dfrac{mz_1'\cos\alpha}{2r_{C1}}$ $r_{C1}=\dfrac{m}{2}\sqrt{(z_2'+2)^2+(z_1'+z_2')^2-2(z_2'+2)(z_1'+z_2')\cos\dfrac{\theta}{2}}$ ② $\dfrac{\theta}{2}<\alpha_{a2}-\alpha$，此时初始啮合点 C 在啮合线$\overline{B_1B_2}$上 $\beta_1=(K-0.5)\dfrac{\pi}{z_1'}+\mathrm{inv}\alpha_{as}-\mathrm{inv}\alpha$
24	主动齿轮末齿脱离啮合位置时，齿顶点所在位置角	β_2	$\beta_2=\arcsin\dfrac{(z_2'+2)\sin\delta_2}{z_2'+2h_{am}^*}$
25	主动齿轮凸弧终点 E 的向径$\overrightarrow{O_1E}$与首齿中线的夹角	Q_E	$Q_E=\beta_1+\lambda_1$ $\lambda_1=\dfrac{\pi}{2z_1'}-\mathrm{inv}\alpha_{as}+\mathrm{inv}\alpha$
26	主动齿轮凸弧起点 S 的向径$\overrightarrow{O_1S}$与末齿中线的夹角	Q_S	$Q_S=\beta_2+\lambda_2$ $\lambda_2=\dfrac{\pi}{2z_1'}-\mathrm{inv}\alpha_{am}+\mathrm{inv}\alpha$
27	主动齿轮的运动角	β	$\beta=Q_E+Q_S$（当 $z_1=1$ 时） $\beta=Q_E+Q_S+2\pi\dfrac{z_1-1}{z_1'}$（当 $z_1>1$ 时）
28	动停比	k	$k=\dfrac{\beta N}{2\pi-\beta N}$
29	运动系数	τ	$\tau=\dfrac{\beta N}{2\pi}$

例　设计一对外啮合不完全齿轮机构，要求主动齿轮每转一周，从动齿轮转 1/4 周并停歇一次（$N=1$）。

解　根据表 11-6-19 按以下步骤进行选取计算。

① 确定模数 m、齿数 z 和中心距 a。因从动齿轮每次转 1/4 周，选 $z_2=13$，$z_2'=52$，再取 $z_1'=z_2'=52$，则由表 11-6-19 可查得 $K=3$，于是主动齿轮相邻两锁止弧间的齿数：

$$z_1=z_2+1-K=13+1-3=11$$

取模数 $m=5$，得中心距：

$$a=\frac{m}{2}(z_1'+z_2')=\frac{5}{2}\times(52+52)=260(\mathrm{mm})$$

② 压力角 α 和齿顶高系数 h_a^* 取：

$$\alpha=20^\circ\quad h_{a1}^*=h_{a2}^*=1$$

③ 计算齿顶压力角 α_a。

$$\alpha_{a1}=\arccos\frac{z_1'\cos\alpha}{z_1'+2}=\arccos\frac{52\cos20^\circ}{52+2}=25^\circ11'$$

$$\alpha_{a2}=\arccos\frac{z_2'\cos\alpha}{z_2'+2}=\arccos\frac{52\cos20^\circ}{52+2}=25^\circ11'$$

④ 计算在一次间歇运动中，从动齿轮的转角 δ'。

$$\delta=\frac{2\pi}{z_2'}K=\frac{360^\circ}{52}\times3=20^\circ46'\ (\text{当 } z_1=1 \text{ 时})$$

$$\delta'=\frac{2\pi}{z_2'}z_2=\frac{360^\circ}{52}\times13=90^\circ\ (\text{当 } z_1=11>1 \text{ 时})$$

⑤ 计算主动齿轮末齿脱离啮合位置时从动齿轮齿顶点

所在的位置角 δ_2。

因为

$$2\gamma=\frac{\pi}{z_2'}+2(\mathrm{inv}\alpha_{a2}-\mathrm{inv}\alpha)=\frac{\pi}{52}+2\times(\mathrm{inv}25°11'-\mathrm{inv}20)=5°16'$$

所以

$$\delta_2=\frac{\pi}{z_2'}K+\gamma=\frac{180°}{52}\times3+2°38'=13°1'$$

⑥ 计算主动齿轮首齿和末齿的齿顶压力角 α_{as} 和 α_{am}。

因为

$$L=\frac{z_2'(z_1'+z_2')+2(1+z_2')-(z_1'+z_2')(2+z_2')\cos\delta_2}{2}=\frac{52\times104+2\times53-104\times54\times\cos13°1'}{2}=21.1997$$

$$h_{am}^*=\frac{-z_1'+\sqrt{z'^2_1+4L}}{2}=\frac{-52+\sqrt{52^2+4\times21.1997}}{2}=0.4045$$

取 $h_{as}^*=0.35$（应使 $h_{as}^*<h_{am}^*$），得到：

$$\alpha_{as}=\arccos\frac{z_1'\cos\alpha}{z_1'+2h_{as}^*}=\arccos\frac{52\times\cos20°}{52+2\times0.35}=22°$$

$$\alpha_{am}=\arccos\frac{z_1'\cos\alpha}{z_1'+2h_{am}^*}=\arccos\frac{52\times\cos20°}{52+2\times0.4045}=22°17'$$

⑦ 计算首齿重合度 ε。

$$\varepsilon=\frac{z_1'}{2\pi}(\tan\alpha_{as}-\tan\alpha)+\frac{z_2'}{2\pi}(\tan\alpha_{a2}-\tan\alpha)=\frac{52}{2\pi}\times(\tan22°-\tan20°)+\frac{52}{2\pi}\times(\tan25°11'-\tan20°)=1.2115>1$$

⑧ 计算从动齿轮锁止弧上的两个角度 θ 和 $\Delta\theta$。

$$\theta=\delta-2\gamma=20°46'-2\times2°38'=15°30'$$

$$\Delta\theta=\frac{1}{z_2'+2}=\frac{1}{52+2}=1°4'$$

⑨ 计算锁止弧半径 R。

$$R=\frac{m}{2}\sqrt{(z'_2+2)^2+(z'_1+z'_2)^2-2(z'_2+2)(z'_1+z'_2)\cos\left(\frac{\theta}{2}-\Delta\theta\right)}$$

$$=\frac{5}{2}\sqrt{(52+2)^2+(52+52)^2-2\times(52+2)\times(52+52)\times\cos\left(\frac{15°30'}{2}-1°4'\right)}$$

$$=126.8960(\mathrm{mm})$$

⑩ 计算主动齿轮首齿进入啮合位置时，齿顶点所在位置角 β_1。

由于

$$\frac{\theta}{2}=7°45'>\alpha_{a2}-\alpha=5°11'$$

故初始啮合点 C 在从动齿轮顶圆上，计算 β_1 时采用方案 a。

因为

$$r_{C1}=\frac{m}{2}\sqrt{(z'_2+2)^2+(z'_1+z'_2)^2-2(z'_2+2)(z'_1+z'_2)\cos\frac{\theta}{2}}$$

$$=\frac{5}{2}\sqrt{(52+2)^2+(52+52)^2-2\times(52+2)\times(52+52)\times\cos\frac{15°30'}{2}}$$

$$=127.5380(\mathrm{mm})$$

$$\alpha_{C1}=\arccos\frac{mz_1'\cos\alpha}{2r_{C1}}=\arccos\frac{5\times52\times\cos20°}{2\times127.54}=16°42'$$

$$\psi_1=\mathrm{inv}\alpha_{as}-\mathrm{inv}\alpha_{C1}=\mathrm{inv}22°-\mathrm{inv}16°42'=40'$$

所以

$$\beta_1=\arctan\frac{(z_2'+2)\sin\frac{\theta}{2}}{z_1'+z_2'-(z_2'+2)\cos\frac{\theta}{2}}+\psi_1=\arctan\frac{(52+2)\times\sin\frac{15°30'}{2}}{52+52-(52+2)\times\cos\frac{15°30'}{2}}+40'=9°52'$$

⑪ 计算主动齿轮末齿脱离啮合位置时，齿顶点所在位置角 β_2

$$\beta_2=\arcsin\frac{(z_2'+2)\sin\delta_2}{z_2'+2h_{am}^*}=\arcsin\frac{(52+2)\times\sin13°1'}{52+2\times0.404}=13°19'$$

⑫ 计算过主动齿轮凸弧终点 E 的向径 $\overrightarrow{O_1E}$ 与首齿中线间的夹角 Q_E。

$$\lambda_1=\frac{\pi}{2z_1'}-\mathrm{inv}\alpha_{as}+\mathrm{inv}\alpha=\frac{180°}{2\times52}-\mathrm{inv}22°+\mathrm{inv}20°=1°26'$$

$$Q_E=\beta_1+\lambda_1=8°52'+1°26'=10°18'$$

⑬ 计算过主动齿轮凸弧起始点 S 的向径 $\overrightarrow{O_1S}$ 与末齿中线的夹角 Q_S。

$$\lambda_2=\frac{\pi}{2z_1'}-\mathrm{inv}\alpha_{am}+\mathrm{inv}\alpha=\frac{180°}{2\times52}-\mathrm{inv}22°17'+\mathrm{inv}20°=1°6'$$

$$Q_S=\beta_2+\lambda_2=13°19'-1°6'=12°13'$$

⑭ 计算主动齿轮的运动角 β。

$$\beta=Q_E+Q_S+2\pi\frac{z_1-1}{z_1'}=10°18'+12°13'+360°\times\frac{11-1}{52}=91°45'$$

⑮ 计算动停比 k 与运动系数 τ。

$$k=\frac{\beta N}{2\pi-\beta N}=\frac{91°45'\times1}{360°-91°45'\times1}=0.3421$$

$$\tau=\frac{\beta N}{2\pi}=\frac{91°45'\times1}{360°}=0.2549$$

第11篇

第7章　空间机构设计

7.1　空间机构基础知识

空间机构是指机构中至少有一构件不在相互平行的平面内运动，或者至少有一构件能在三维空间中运动。

7.1.1　空间机构的组成原理

空间机构由若干构件和运动副组成，具有一定的自由度。构件数目、运动副的数目以及运动副的类型不同，则构件的形式、所具有的自由度以及运动空间也各不相同。在第 1 章已对各运动副做了说明，如表 11-1-2 所示，空间机构常以它所含的全部运动副的代号来命名。例如，由 1 个转动副、3 个圆柱副连接而成的机构称为 RCCC 机构。

两个以上的构件通过运动副的连接而构成的系统称为运动链。如果运动链的构件未构成首尾封闭的系统，则称为开式运动链，简称开链；如果运动链的各构件构成首尾封闭的结构，则称为闭式运动链，简称闭链。多于一个闭链的机构称为多闭链机构，或称多闭环机构；只有一个闭链的机构称为单闭链机构或称单闭环机构。运动链图例如表 11-7-1 所示。在运动链中，如果每一个构件都在同一平面或相互平行的平面内运动，则称为平面运动链；否则称为空间运动链。空间机构的自由度计算参考本篇 1.3.4 节及 1.3.5 节。

表 11-7-1　　运动链分类及图例

分类			图例	说明
开式运动链	平面开式运动链		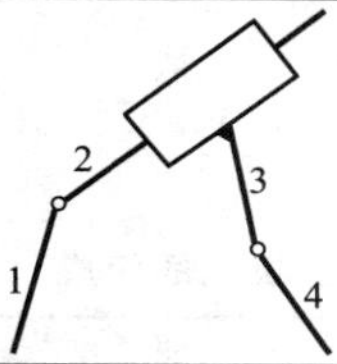	由两个转动副和一个移动副组成
	空间开式运动链		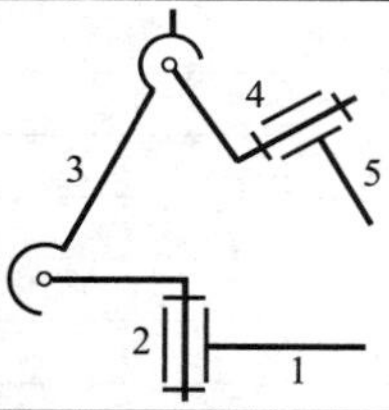	由两个转动副和两个球面副组成
闭式运动链	单环闭链	平面闭式运动链	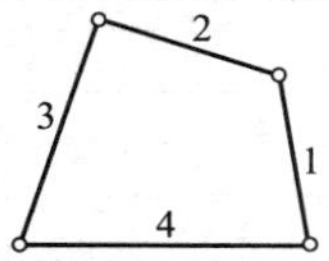	由四个转动副组成的平面四杆机构
		空间闭式运动链	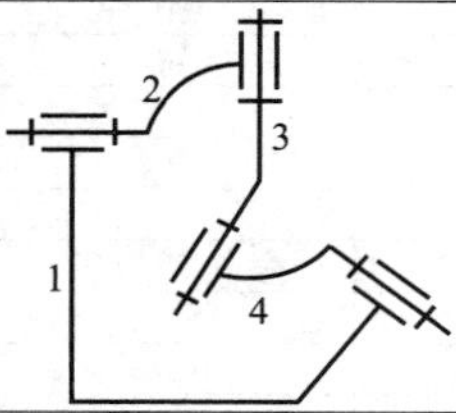	由四个转动副组成的空间四杆机构
	多环闭链		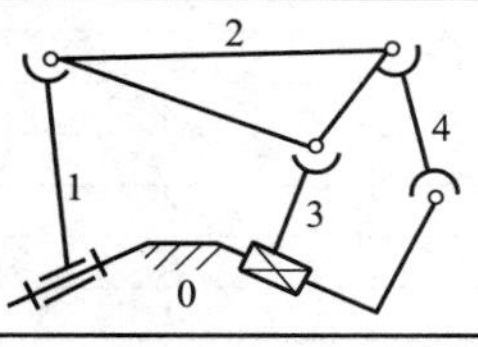	构件 0-1-2-3 和构件 0-2-3-4 构成两个闭链

空间机构构件数目、运动副数目以及运动副的类型不同，则机构的形式、所具有的自由度以及运动空间也各不相同。

（1）空间单闭链机构的组成

对于单闭链机构或 M 相同的单闭环组成的多闭环机构，机构的自由度 F 和运动空间维数 λ 及运动副数目 P 满足关系式

$$F = \sum_{i=1}^{5}(6-i)P_i - \lambda \qquad (11\text{-}7\text{-}1)$$

式中　λ——运动空间维数；

P_i——运动副数目。

当 $F=1$ 时，$\lambda=6$ 时，式（11-7-1）可写为 $5P_1+4P_2+3P_3+2P_4+P_5=7$，由此可知其杆件数目 $N\leqslant7$，要形成单封闭形，其杆件数目 $N=P=P_1+P_2+P_3+P_4+P_5\geqslant3$，综上其杆件数目 N 应满足：$3\leqslant N\leqslant7$。

同理，可研究 $\lambda<6$ 的情况。表 11-7-2 列出 $F=1$ 时单闭链机构的数综合结果，如表 11-7-2 所示，可以得到大量由各种不同运动副组成的机构。

由表 11-7-2 可得到如下结论：

① 在闭合约束数相同的机构中，所含运动副的类别越高，组成机构所需的构件数越少；

② 相同个数的构件或运动副，只有满足某些特殊的几何条件，才能组成闭合约束数不同的机构。

（2）空间多闭链机构的组成

设机构中含有 i 个运动副元素的构件数目为 n_i，对于具有 L 个封闭形、含有 3 个以上运动副元素的多闭链机构，构件数目与封闭形个数之间必须遵循以下关系：

$$\sum_{i=3}^{i_{\max}} n_i(i-2) = 2(L-1) \qquad (11\text{-}7\text{-}2)$$

构件所含运动副元素数目的最大值为：

$$i_{\max}\leqslant L+1 \qquad (11\text{-}7\text{-}3)$$

对于自由度 $F=1$ 的多闭链机构，应满足的条件如下：

$$\sum_{i=1}^{5} iP_i = 1 + \sum_{i=1}^{L}\lambda_i \qquad (11\text{-}7\text{-}4)$$

式中　λ_i——运动空间维数。

① 假设多封闭形中只存在Ⅰ类副，且各封闭形的运动空间维数相同，构件数目 N、封闭形个数 L、运动空间维数 λ 及各构件所含运动副元素最大数目 $i_{\max}$ 之间应满足以下关系：

$$L=\frac{N-2}{\lambda-1} \qquad (11\text{-}7\text{-}5)$$

$$i_{\max}\leqslant\frac{N+\lambda-3}{\lambda-1} \qquad (11\text{-}7\text{-}6)$$

表 11-7-2　　$F=1$ 时单闭链机构的组成

构件数目 N（$N=P$）	Ⅰ类副数 P_1	Ⅱ类副数 P_2	Ⅲ类副数 P_3	Ⅳ类副数 P_4	Ⅴ类副数 P_5
7	0	0	0	0	7
6	0	0	0	0	6
	0	0	0	1	5
5	0	0	0	0	5
	0	0	0	1	4
	0	0	1	0	4
	0	0	0	2	3
4	0	0	0	0	4
	0	0	0	1	3
	0	0	1	0	3
	0	1	0	0	3
	0	0	0	2	2
	0	0	1	1	2
	0	0	0	3	1
3	0	0	0	0	3
	0	0	0	1	2
	0	0	1	0	2
	0	1	0	0	2
	1	0	0	0	2
	0	0	0	2	1
	0	0	2	0	1
	0	0	1	1	1
	0	1	0	1	1
	0	0	0	3	0
	0	0	1	2	0

若取 $\lambda=3$，$N=6$，则有 $L=2$，$i_{\max}=3$，并且可以得出：$n_2=4$，$n_3=2$。

② 假设各封闭形的运动空间维数 λ 相同，已知构件数 N 和封闭形个数 L，多闭链机构中各运动副与构件数及闭链数的关系如下：

$$P=\sum_{i=1}^{5}P_i=N+L-1 \tag{11-7-7}$$

因为

$$\sum_{i=1}^{5}iP_i=1+\lambda L \tag{11-7-8}$$

将式（11-7-7）与式（11-7-8）相减，得：

$$\sum_{i=1}^{5}(i-1)P_i=2+(\lambda-1)L-N \tag{11-7-9}$$

当取 $\lambda=6$，$L=2$，$N=3$ 时，有 $i_{\max}=3$，$n_2=1$，$n_3=2$，根据式（11-7-7）和式（11-7-9），有：

$$\left.\begin{aligned}P_1+P_2+P_3+P_4+P_5=4\\P_2+2P_3+3P_4+4P_5=9\end{aligned}\right\} \tag{11-7-10}$$

根据式（11-7-10），对于 $\lambda=6$，$L=2$，$F=1$ 的空间三杆机构，可得出如表 11-7-3 所示的各种组成方案。

当取 $\lambda=6$，$L=2$，$N=4$ 时，有 $i_{\max}=3$，$n_3=2$，$n_2=2$，根据式（11-7-7）和式（11-7-9），有：

$$\left.\begin{aligned}P_1+P_2+P_3+P_4+P_5=5\\P_2+2P_3+3P_4+4P_5=8\end{aligned}\right\} \tag{11-7-11}$$

根据式（11-7-11），对于 $\lambda=6$，$L=2$，$F=1$ 的空间四杆机构，可得出如表 11-7-4 所示的各种组成方案。

当取 $\lambda=6$，$L=2$，$N=5$ 时，有 $i_{\max}=3$，$n_3=2$，$n_2=3$，根据式（11-7-7）和式（11-7-9），有

$$\left.\begin{aligned}P_1+P_2+P_3+P_4+P_5=6\\P_2+2P_3+3P_4+4P_5=7\end{aligned}\right\} \tag{11-7-12}$$

根据式（11-7-12），对于 $\lambda=6$，$L=2$，$F=1$ 的空间五杆机构，可得出如表 11-7-5 所示的各种组成方案。

（3）空间开链机构的组成

空间开链机构是从机架开始依次用运动副连接各杆组成的，末杆与机架不产生连接。由于空间开链机构的用途主要是实现末杆在空间的位置和方向，因此开链机构的组成问题主要是研究各运动副的类型，以及各杆相互位置关系对实现末杆位置和方向的影响。

开链机构的末杆在空间中最多可有 6 个自由度，其中 3 个为移动自由度，另 3 个为转动自由度。末杆位置的实现方式如表 11-7-6 所示。

表 11-7-3　组成方案（一）

	$n=3,n_3=2,n_2=1$						
P_2	2	1	1	1	0	0	0
P_3	0	2	1	0	3	1	0
P_4	1	0	2	0	1	1	3
P_5	1	1	0	2	0	1	0
P_1	0	0	0	1	0	1	1
Σ	4						

表 11-7-4　组成方案（二）

	$n=4,n_3=2,n_2=2$										
P_2	4	3	2	2	2	1	1	0	0	0	0
P_3	0	1	3	1	0	2	0	4	2	1	0
P_4	0	1	0	0	2	1	1	0	0	2	0
P_5	1	0	0	1	0	0	1	0	1	0	2
P_1	0	0	0	1	1	1	2	1	2	2	3
Σ	5										

表 11-7-5　组成方案（三）

	$n=5,n_3=2,n_2=3$								
P_2	5	4	3	3	2	1	1	0	0
P_3	1	0	2	0	1	3	1	2	0
P_4	0	1	0	0	1	0	0	1	1
P_5	0	0	0	1	0	0	1	0	1
P_1	0	1	1	2	2	2	3	3	4
Σ	6								

表 11-7-6　　开链机构的末杆位置和方向

末杆运动	运动副类型	末杆位置和方向	图例	说明
3个转动自由度	3个转动副	实现末杆在空间任意方向转动	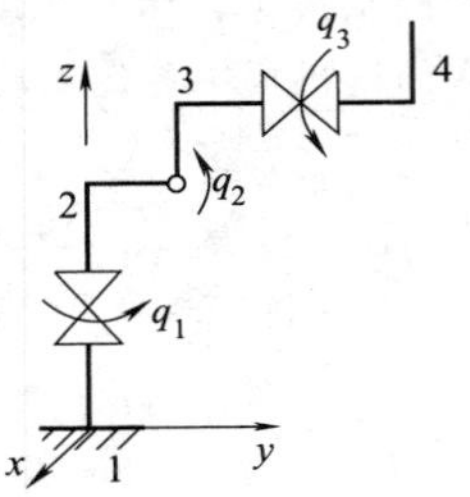	三个相互独立的转动副可实现末杆4的任意转动
末杆位移	3个移动副	实现末杆的任意位置	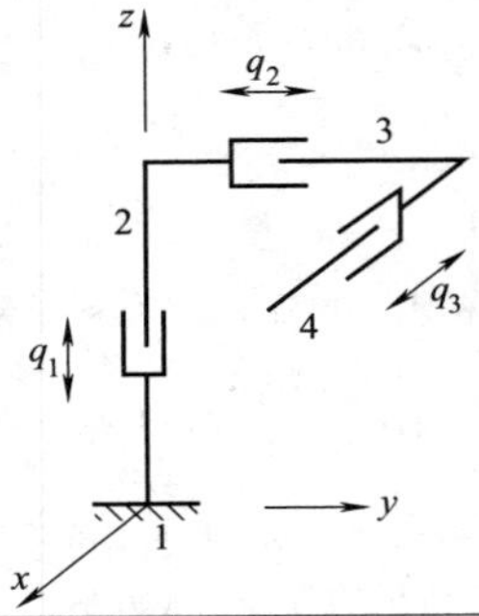	三个移动副轴线相互垂直，可以实现末杆4的任意位置
	1个转动副和2个移动副	实现末杆的任意位置	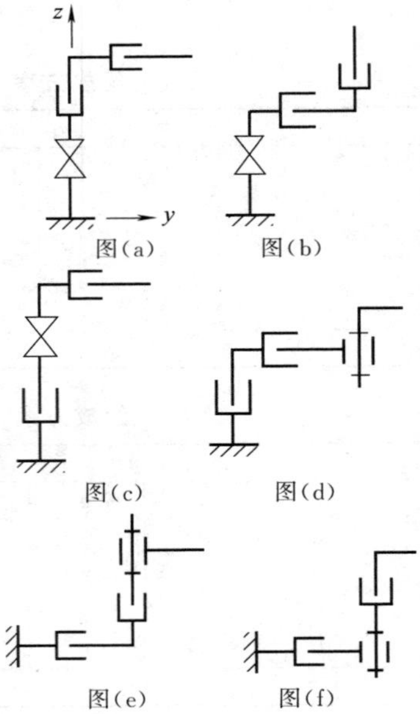 图(a)　图(b)　图(c)　图(d)　图(e)　图(f)	由转动副产生的末杆移动必定在垂直于转轴的平面上，例如，由1个转动副、2个移动副组成的机构，如果移动副的方向分别选为 y、z 轴方向，则转动副轴线不能垂直于两个移动副轴线所确定的平面，才能产生 x 轴方向的移动量。如左图(a)所示转动副的轴线与其中一个移动副的轴线重合，可使末杆产生 x 轴方向的移动。左图(b)～图(f)所示的5种结构形式，均可实现末杆的任意位置
			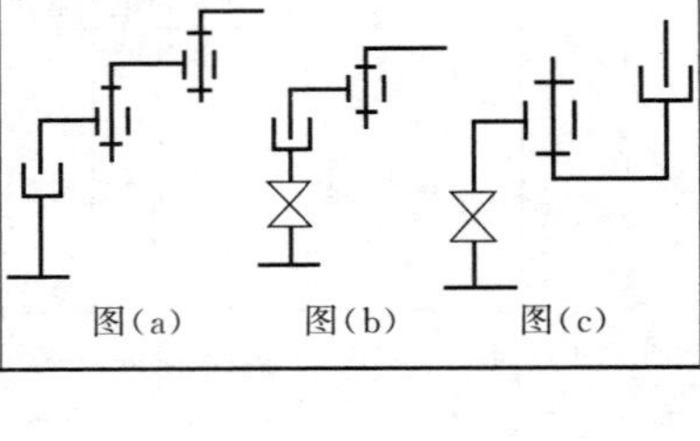 图(a)　图(b)　图(c)	两个转动副轴线平行，可实现末杆的任意位置

续表

末杆运动	运动副类型	末杆位置和方向	图例	说明
末杆位移	1 个移动副和 2 个转动副	实现末杆的任意位置	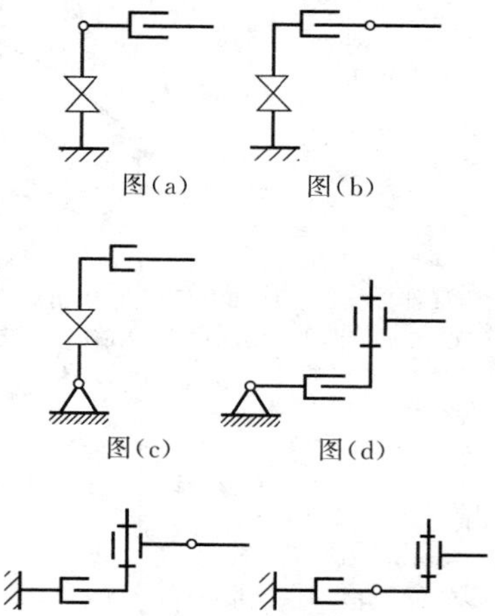 图(a) 图(b) 图(c) 图(d) 图(e) 图(f)	两个转动副轴线垂直，可实现末杆的任意位置
末杆位移 末杆方向	3 个转动副	实现末杆的任意位置和方向	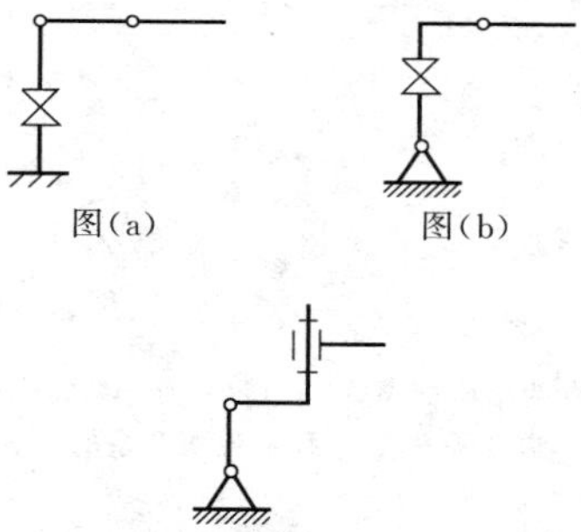 图(a) 图(b) 图(c)	通常其中 2 个转动副的轴线相互垂直，以产生不同平面上的独立位移，组成机构如本表第一栏所示，不仅可以实现末杆的任意方向，也可实现末杆的任意位置。若采取其中两轴平行的方式，可组成左图所示机构形式

以上分别讨论了实现末杆方向和位置的开链机构，如果要同时实现末杆的 6 个自由度，可将这些开链组合起来，得到实现末杆 6 个自由度的开链机构，如图 11-7-1 所示。

7.1.2　空间机构的数学基础

在进行空间机构的运动分析、力分析及设计计算之前，必须先熟悉有关的数学方法。要对空间机构运动进行研究，首先要在各构件上固连一坐标系（称为杆件坐标系），然后通过坐标变换的方法，列出有关构件坐标系之间的关系式；最后通过消元方法消去某些中间变量，以求得所关心的未知量。对于自由度为 1 的机构，未知量的求解最终归结为求解形如 $f(x)=0$ 的高阶代数方程；对于多自由度机构，未知量的求解归结为求解多元非线性方程组。

7.1.2.1　回转变换矩阵

回转变化矩阵的求法如表 11-7-7 所示。

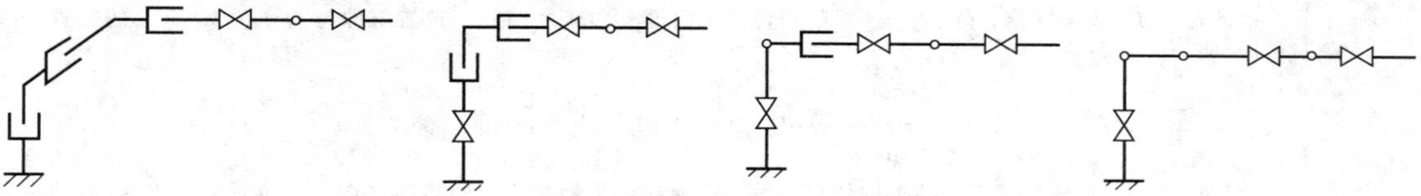

图 11-7-1　实现末杆的位置和方向

表 11-7-7 **回转变换矩阵**

名称	图例及计算说明
点的位置在坐标系中的表示	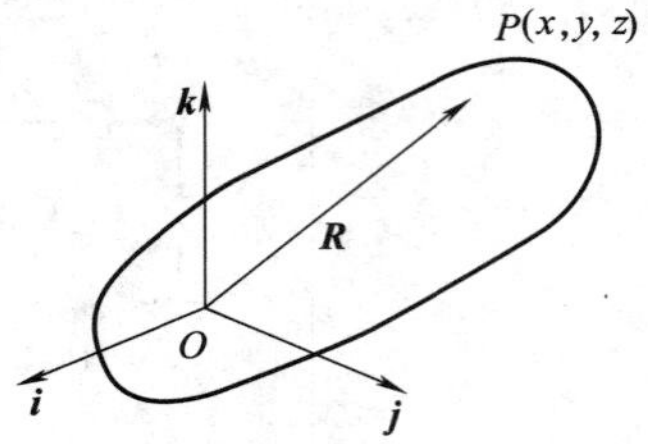 图(a) 如图(a)所示为杆件坐标系。杆件上任一点 P 相对于杆件坐标系的位置，可以用它在三根坐标轴上的坐标来决定，表示为 $P(x,y,z)$，也可以用从原点 O 指向 P 的位置向量 $\boldsymbol{R}$ 来表示，即 $\boldsymbol{R}=x\boldsymbol{i}+y\boldsymbol{j}+z\boldsymbol{k}$ (11-7-13) 上式可写为矩阵形式 $\boldsymbol{R}=[\boldsymbol{i}\quad \boldsymbol{j}\quad \boldsymbol{k}]\begin{bmatrix}x\\y\\z\end{bmatrix}=\begin{bmatrix}1&0&0\\0&1&0\\0&0&1\end{bmatrix}\begin{bmatrix}x\\y\\z\end{bmatrix}=[\boldsymbol{I}]\begin{bmatrix}x\\y\\z\end{bmatrix}=\begin{bmatrix}x\\y\\z\end{bmatrix}$ (11-7-14) 式中 $[\boldsymbol{I}]$——3×3 单位矩阵 由于坐标系是固连于杆件的，因此，杆件上某点相应于该杆件的坐标与该杆件的运动无关，是常数
绕坐标轴回转的变换矩阵	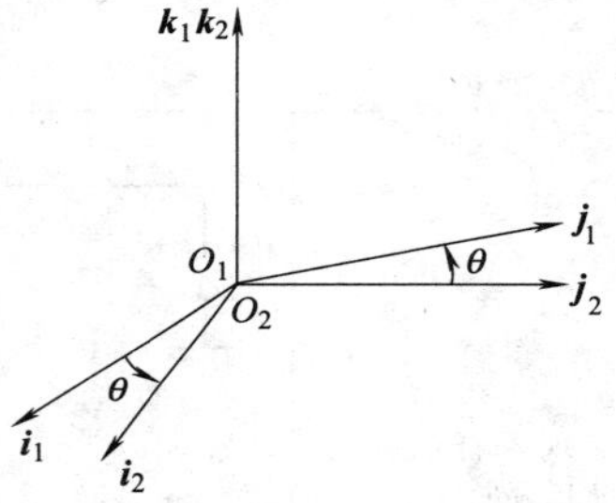 图(b) 如图(b)所示有两个坐标系，$O_1\boldsymbol{i}_1\boldsymbol{j}_1\boldsymbol{k}_1$ 为 1 系，$O_2\boldsymbol{i}_2\boldsymbol{j}_2\boldsymbol{k}_2$ 为 2 系。设在没有转动之前两系的各轴重合。2 系绕 k_1 轴旋转 θ 角后，以 1 系为参考系来观察 2 系的位置，有 $\boldsymbol{i}_2=\begin{bmatrix}\cos\theta\\\sin\theta\\0\end{bmatrix}\quad \boldsymbol{j}_2=\begin{bmatrix}-\sin\theta\\\cos\theta\\0\end{bmatrix}\quad \boldsymbol{k}_2=\begin{bmatrix}0\\0\\1\end{bmatrix}$ (11-7-15) 它们等于单位向量 $\boldsymbol{i}_2$、$\boldsymbol{j}_2$、$\boldsymbol{k}_2$ 分别与 $\boldsymbol{i}_1$、$\boldsymbol{j}_1$、$\boldsymbol{k}_1$ 的点积，即 $\boldsymbol{i}_2=\begin{bmatrix}\boldsymbol{i}_2\cdot\boldsymbol{i}_1\\\boldsymbol{i}_2\cdot\boldsymbol{j}_1\\\boldsymbol{i}_2\cdot\boldsymbol{k}_1\end{bmatrix}\quad \boldsymbol{j}_2=\begin{bmatrix}\boldsymbol{j}_2\cdot\boldsymbol{i}_1\\\boldsymbol{j}_2\cdot\boldsymbol{j}_1\\\boldsymbol{j}_2\cdot\boldsymbol{k}_1\end{bmatrix}\quad \boldsymbol{k}_2=\begin{bmatrix}\boldsymbol{k}_2\cdot\boldsymbol{i}_1\\\boldsymbol{k}_2\cdot\boldsymbol{j}_1\\\boldsymbol{k}_2\cdot\boldsymbol{k}_1\end{bmatrix}$ (11-7-16) 将式 (11-7-16) 写成矩阵 $[\boldsymbol{i}_2\quad \boldsymbol{j}_2\quad \boldsymbol{k}_2]=\begin{bmatrix}\cos\theta&-\sin\theta&0\\\sin\theta&\cos\theta&0\\0&0&1\end{bmatrix}$ (11-7-17) 上式右边为 3×3 方阵，各元素是运动参数 θ 的函数，表示 2 系绕参考系（1 系）的轴 $\boldsymbol{k}_1$ 旋转 θ 角后的新位置。这个矩阵称为回转变换矩阵，记为 $\boldsymbol{E}^{k\theta}$，即 $\boldsymbol{E}^{k\theta}=\begin{bmatrix}\cos\theta&-\sin\theta&0\\\sin\theta&\cos\theta&0\\0&0&1\end{bmatrix}$ (11-7-18) 从 $O_1\boldsymbol{i}_1\boldsymbol{j}_1\boldsymbol{k}_1$ 系上观察，$O_2\boldsymbol{i}_2\boldsymbol{j}_2\boldsymbol{k}_2$ 系的新位置是由没有回转之前的旧位置（即与 $O_1\boldsymbol{i}_1\boldsymbol{j}_1\boldsymbol{k}_1$ 重合的位置）乘以回转变换矩阵得到，即 $[\boldsymbol{i}_2\quad \boldsymbol{j}_2\quad \boldsymbol{k}_2]=\begin{bmatrix}\cos\theta&-\sin\theta&0\\\sin\theta&\cos\theta&0\\0&0&1\end{bmatrix}\begin{bmatrix}1&0&0\\0&1&0\\0&0&1\end{bmatrix}=\begin{bmatrix}\cos\theta&-\sin\theta&0\\\sin\theta&\cos\theta&0\\0&0&1\end{bmatrix}[\boldsymbol{i}_1\quad \boldsymbol{j}_1\quad \boldsymbol{k}_1]$ (11-7-19) 此结论适用于固连于运动坐标上的任何向量。跟随杆件坐标系一起回转的某点 P（位置向量 $\boldsymbol{R}$），运动后到达新的位置 P'（从 1 系上观察，位置向量为 $\boldsymbol{R}'$）则

续表

<table>
<tr><th>名称</th><th>图例及计算说明</th></tr>
<tr><td>绕坐标轴回转的变换矩阵</td><td>

$$[\boldsymbol{R}']=\boldsymbol{E}^{k\theta}[\boldsymbol{R}] \qquad (11\text{-}7\text{-}20)$$

即

$$\begin{bmatrix}x'\\y'\\z'\end{bmatrix}=\boldsymbol{E}^{k\theta}\begin{bmatrix}x\\y\\z\end{bmatrix} \qquad (11\text{-}7\text{-}21)$$

于是可导出绕 $\boldsymbol{j}_1$ 轴旋转的回转变换矩阵 $\boldsymbol{E}^{j\theta}$ 和绕 $\boldsymbol{i}_1$ 轴旋转的回转变换矩阵 $\boldsymbol{E}^{i\theta}$，即

$$\boldsymbol{E}^{j\theta}=\begin{bmatrix}\cos\theta & 0 & \sin\theta\\0 & 1 & 0\\-\sin\theta & 0 & \cos\theta\end{bmatrix} \qquad (11\text{-}7\text{-}22)$$

$$\boldsymbol{E}^{i\theta}=\begin{bmatrix}1 & 0 & 0\\0 & \cos\theta & -\sin\theta\\0 & \sin\theta & \cos\theta\end{bmatrix} \qquad (11\text{-}7\text{-}23)$$

</td></tr>
<tr><td rowspan="4">绕任意轴回转的变换矩阵</td><td>绕通过原点的任意轴回转的变换矩阵</td></tr>
<tr><td>

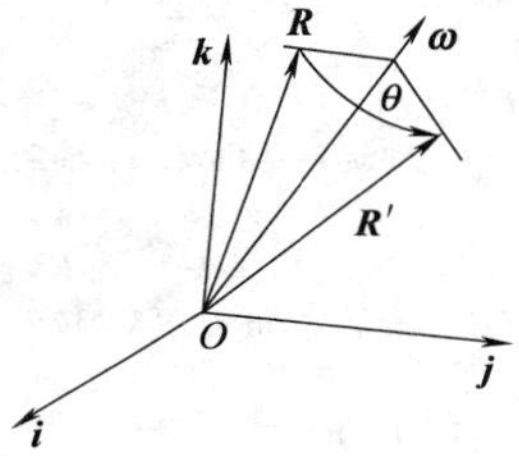

图(c)

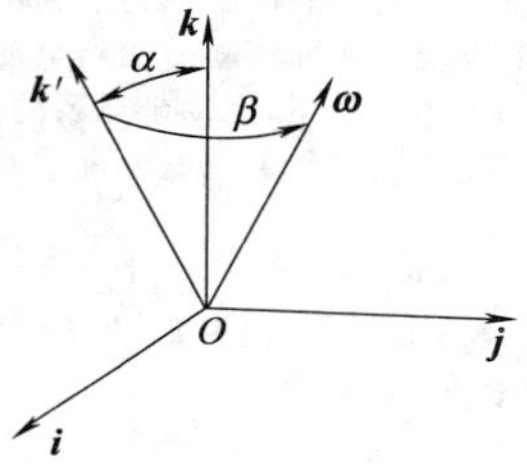

图(d)

如图(c)所示，参考坐标系 $Oijk$，有一通过原点的任意轴 $\boldsymbol{\omega}$，其单位向量 $\boldsymbol{\omega}=(\boldsymbol{\lambda},\boldsymbol{\mu},\boldsymbol{\nu})$，$\boldsymbol{\lambda}=\boldsymbol{\omega}\cdot\boldsymbol{i}$，$\boldsymbol{\mu}=\boldsymbol{\omega}\cdot\boldsymbol{j}$，$\boldsymbol{\nu}=\boldsymbol{\omega}\cdot\boldsymbol{k}$。向量 $\boldsymbol{R}$ 的初始位置为 (x,y,z)，绕 $\boldsymbol{\omega}$ 轴旋转 θ 角后到达新位置 $\boldsymbol{R}'=(x',y',z')$。根据式(11-7-20)有

$$\boldsymbol{R}'=\begin{bmatrix}x'\\y'\\z'\end{bmatrix}=\boldsymbol{E}^{\omega\theta}\begin{bmatrix}x\\y\\z\end{bmatrix}=\boldsymbol{E}^{\omega\theta}(\boldsymbol{R}) \qquad (11\text{-}7\text{-}24)$$

轴 $\boldsymbol{\omega}$ 的位置可以看作由 $\boldsymbol{k}$ 轴的位置经两次绕坐标轴的转动而获得。如图(d)所示，将 $\boldsymbol{k}$ 轴绕 $\boldsymbol{j}$ 轴转 α 角至 $\boldsymbol{k}'$ 位置，此时 $\boldsymbol{k}'$ 仍在 Oki 平面上；再使 $\boldsymbol{k}'$ 轴绕 $\boldsymbol{k}$ 轴转 β 角即可到达 $\boldsymbol{\omega}$ 轴位置。用回转变换矩阵表达这一过程，有

$$\boldsymbol{\omega}=\begin{bmatrix}\boldsymbol{\lambda}\\\boldsymbol{\mu}\\\boldsymbol{\nu}\end{bmatrix}=\boldsymbol{E}^{k\beta}\boldsymbol{E}^{j\alpha}(\boldsymbol{k})=\begin{bmatrix}\cos\beta & -\sin\beta & 0\\\sin\beta & \cos\beta & 0\\0 & 0 & 1\end{bmatrix}\begin{bmatrix}\cos\alpha & 0 & \sin\alpha\\0 & 1 & 0\\-\sin\alpha & 0 & \cos\alpha\end{bmatrix}\begin{bmatrix}0\\0\\1\end{bmatrix}$$

$$=\begin{bmatrix}\cos\alpha & & \sin\alpha\\\cos\alpha & & \sin\alpha\\ & \cos\alpha & \end{bmatrix} \qquad (11\text{-}7\text{-}25)$$

按对应元素相等的原则可解得

$$\begin{cases}\beta=\arctan\left(\dfrac{\boldsymbol{\mu}}{\boldsymbol{\lambda}}\right)\\\alpha=\arccos(\boldsymbol{\nu})\end{cases} \qquad (11\text{-}7\text{-}26)$$

</td></tr>
<tr><td>绕空间任意轴回转的变换矩阵</td></tr>
<tr><td>

向量 $\boldsymbol{R}$ 绕 $\boldsymbol{\omega}$ 轴转到新位置 $\boldsymbol{R}'$，首先固定 $\boldsymbol{R}$ 与 $\boldsymbol{\omega}$ 的相对位置，将它们一起绕 $\boldsymbol{k}$ 轴转 $-\boldsymbol{\beta}$ 角使 $\boldsymbol{\omega}$ 到达 $\boldsymbol{k}'$ 的位置，再绕 $\boldsymbol{j}$ 轴转 $-\alpha$ 角使 $\boldsymbol{\omega}$ 到达与 $\boldsymbol{k}$ 轴重合的位置。然后将 $\boldsymbol{R}$ 绕 $\boldsymbol{\omega}$ 轴即 $\boldsymbol{k}$ 轴转 θ 角到达 $\boldsymbol{R}''$，再将 $\boldsymbol{R}''$ 与 $\boldsymbol{\omega}$ 的相对位置固定，将它们一起先绕 $\boldsymbol{j}$ 轴转 α 角，再绕 $\boldsymbol{k}$ 轴转 β 角，使 $\boldsymbol{\omega}$ 回到原来的位置，此时 $\boldsymbol{R}''$ 也到达 $\boldsymbol{R}'$ 的位置。这一系列旋转可用绕坐标轴回转的变换矩阵表示即

$$\boldsymbol{R}'=\boldsymbol{E}^{\omega\theta}(\boldsymbol{R})=\boldsymbol{E}^{k\beta}\boldsymbol{E}^{j\alpha}\boldsymbol{E}^{k\theta}\boldsymbol{E}^{j(-\alpha)}\boldsymbol{E}^{k(-\beta)}(\boldsymbol{R})$$

有

$$\boldsymbol{E}^{\omega\theta}=\boldsymbol{E}^{k\beta}\boldsymbol{E}^{j\alpha}\boldsymbol{E}^{k\theta}\boldsymbol{E}^{j(-\alpha)}\boldsymbol{E}^{k(-\beta)} \qquad (11\text{-}7\text{-}27)$$

把式(11-7-27)右边的 5 个回转矩阵相乘，得绕任意轴 $\boldsymbol{\omega}$ 旋转的回转变换矩阵

$$\boldsymbol{E\omega}^{\omega\theta}=\begin{bmatrix}\cos\theta+\lambda^2(1-\cos\theta) & \lambda\mu(1-\cos\theta)-\nu\sin\theta & \lambda\mu(1-\cos\theta)-\nu\sin\theta\\\lambda\mu(1-\cos\theta)+\nu\sin\theta & \cos\theta+\mu^2(1-\cos\theta) & \nu\lambda(1-\cos\theta)-\lambda\sin\theta\\\nu\lambda(1-\cos\theta)-\mu\sin\theta & \mu\nu(1-\cos\theta)+\lambda\sin\theta & \cos\theta+\nu^2(1-\cos\theta)\end{bmatrix} \qquad (11\text{-}7\text{-}28)$$

</td></tr>
</table>

续表

名称	图例及计算说明
绕定点回转的变换矩阵	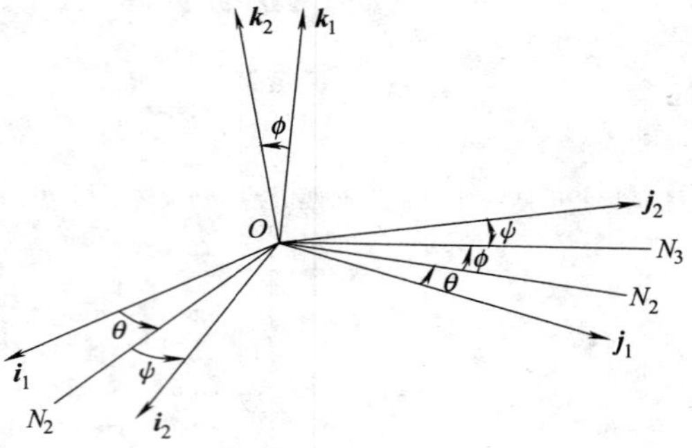 图(e) 如图(e)所示为两坐标系绕公共原点作定点任意转动的情况。2系 $O\boldsymbol{i}_2\boldsymbol{j}_2\boldsymbol{k}_2$ 是1系 $O\boldsymbol{i}_1\boldsymbol{j}_1\boldsymbol{k}_1$ 绕公共原点 O 作定点任意转动后到达的位置。为了利用前述绕坐标轴回转的变换矩阵来表示绕定点转动的坐标变换，可使坐标系1经若干次绕坐标轴转动而达到坐标系2的位置 以 $O\boldsymbol{i}_1\boldsymbol{j}_1\boldsymbol{k}_1$ 为参考系，运动坐标系的初始位置为 $\boldsymbol{i}^{(0)}=[1\quad 0\quad 0]^{\mathrm{T}}$、$\boldsymbol{j}^{(0)}=[0\quad 1\quad 0]^{\mathrm{T}}$、$\boldsymbol{k}^{(0)}=[0\quad 0\quad 1]^{\mathrm{T}}$ 第一次转动：设 $\boldsymbol{k}_1$ 与 $\boldsymbol{k}_2$ 的公垂线为 ON_1。1系绕 $\boldsymbol{k}_1$ 轴旋转 θ 角，使 $\boldsymbol{i}_1$ 轴到达 ON_1 位置，此时 $\boldsymbol{j}_1$ 到达 N_2 位置。有 $$[\boldsymbol{i}^{(1)}\quad \boldsymbol{j}^{(1)}\quad \boldsymbol{k}^{(1)}]=\boldsymbol{E}^{k\theta}[\boldsymbol{i}^{(0)}\quad \boldsymbol{j}^{(0)}\quad \boldsymbol{k}^{(0)}]=\boldsymbol{E}^{k\theta}[\boldsymbol{I}]$$ 第二次转动：由于 ON_1 为 $\boldsymbol{k}_1$ 与 $\boldsymbol{k}_2$ 的公垂线，绕 ON_1 旋转 ϕ 角可达 $\boldsymbol{k}_2$ 位置，此时 $\boldsymbol{j}_1$ 到达 N_3 位置。根据式(11-7-27)有 $$\boldsymbol{E}^{i(1)\theta}=\boldsymbol{E}^{k\theta}\boldsymbol{E}^{i\phi}\boldsymbol{E}^{k(-\theta)}$$ 故有 $$\begin{aligned}[\boldsymbol{i}^{(2)}\quad \boldsymbol{j}^{(2)}\quad \boldsymbol{k}^{(2)}]&=\boldsymbol{E}^{k\theta}\boldsymbol{E}^{i\phi}\boldsymbol{E}^{k(-\theta)}[\boldsymbol{i}^{(1)}\quad \boldsymbol{j}^{(1)}\quad \boldsymbol{k}^{(1)}]\\&=\boldsymbol{E}^{k\theta}\boldsymbol{E}^{i\phi}\boldsymbol{E}^{k(-\theta)}\boldsymbol{E}^{k\theta}[\boldsymbol{I}]\end{aligned}$$ 式中 $\boldsymbol{E}^{k(-\theta)}\boldsymbol{E}^{k\theta}$——先后两次相反方向的转动，转角相同，转动效果抵消，因此 $$[\boldsymbol{i}^{(2)}\quad \boldsymbol{j}^{(2)}\quad \boldsymbol{k}^{(2)}]=\boldsymbol{E}^{k\theta}\boldsymbol{E}^{i\phi}[\boldsymbol{I}]$$ 第三次转动：绕 $\boldsymbol{k}_2$ 轴旋转 ψ 角最终使 $\boldsymbol{i}_1$ 轴从 N_1 位置到达 $\boldsymbol{i}_2$ 轴位置，此时 $\boldsymbol{j}_1$ 轴到达 $\boldsymbol{j}_2$ 轴位置。有 $$\begin{aligned}[\boldsymbol{i}^{(3)}\quad \boldsymbol{j}^{(3)}\quad \boldsymbol{k}^{(3)}]&=\boldsymbol{E}^{k\theta}\boldsymbol{E}^{i\phi}\boldsymbol{E}^{k\psi}\boldsymbol{E}^{i(-\phi)}\boldsymbol{E}^{k(-\theta)}[\boldsymbol{i}^{(2)}\quad \boldsymbol{j}^{(2)}\quad \boldsymbol{k}^{(2)}]\\&=\boldsymbol{E}^{k\theta}\boldsymbol{E}^{i\phi}\boldsymbol{E}^{k\psi}\boldsymbol{E}^{k(-\phi)}\boldsymbol{E}^{i(-\theta)}\boldsymbol{E}^{k(-\theta)}\boldsymbol{E}^{i\phi}[\boldsymbol{I}]\end{aligned}$$ 上式最右边的四个转动相互抵消，故有 $$[\boldsymbol{i}^{(3)}\quad \boldsymbol{j}^{(3)}\quad \boldsymbol{k}^{(3)}]=\boldsymbol{E}^{k\theta}\boldsymbol{E}^{i\phi}\boldsymbol{E}^{k\psi}[\boldsymbol{I}]$$ 即 $$[\boldsymbol{i}_2\quad \boldsymbol{j}_2\quad \boldsymbol{k}_2]=\boldsymbol{E}^{k\theta}\boldsymbol{E}^{i\phi}\boldsymbol{E}^{k\psi}[\boldsymbol{i}_1\quad \boldsymbol{j}_1\quad \boldsymbol{k}_1]$$ 令 E 表示绕定点转动的回转变换矩阵，有 $$\boldsymbol{E}=\boldsymbol{E}^{k\theta}\boldsymbol{E}^{i\phi}\boldsymbol{E}^{k\psi} \tag{11-7-29}$$ 式中 θ,ϕ,ψ——定点转动的三个欧拉角
不共原点的坐标变换	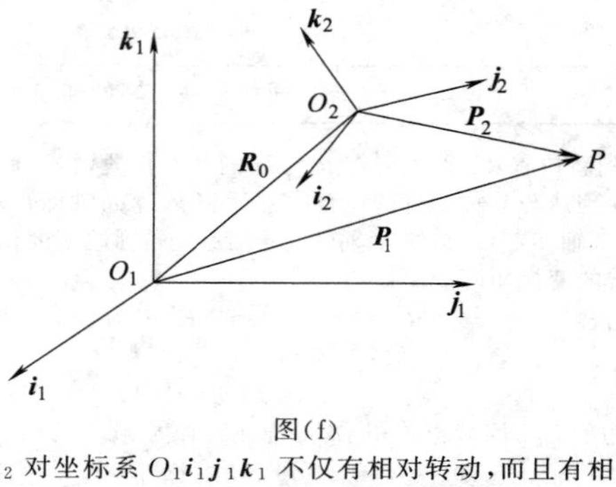 图(f) 如图(f)所示，坐标系 $O_2\boldsymbol{i}_2\boldsymbol{j}_2\boldsymbol{k}_2$ 对坐标系 $O_1\boldsymbol{i}_1\boldsymbol{j}_1\boldsymbol{k}_1$ 不仅有相对转动，而且有相互移动。用 $\boldsymbol{R}_0$ 表示由 O_1 指向 O_2 的向量，$\boldsymbol{R}_0=\overrightarrow{O_1O_2}=[x_0y_0z_0]^{\mathrm{T}}$。对于空间点 P，它在1系中的坐标为 (x_1,y_1,z_1)，在2系中的坐标为 (x_2,y_2,z_2)，有

续表

名称	图例及计算说明
不共原点的坐标变换	$\boldsymbol{P}_1=\begin{bmatrix}x_1\\y_1\\z_1\end{bmatrix}=\boldsymbol{R}_0+\boldsymbol{E}\begin{bmatrix}x_2\\y_2\\z_2\end{bmatrix}=\boldsymbol{R}_0+\boldsymbol{E}(\boldsymbol{P}_2)$　(11-7-30) 式中　$\boldsymbol{E}$——相对转动的变换矩阵 $\boldsymbol{R}_0$——相对移动向量
齐次变换	在某些场合,可用一个 4×4 变换矩阵来表达不共原点的坐标变换。设在式(11-7-30)中 $\boldsymbol{E}=\begin{bmatrix}e_{11}&e_{12}&e_{13}\\e_{21}&e_{22}&e_{23}\\e_{31}&e_{32}&e_{33}\end{bmatrix}$ 展开式(11-7-30)得 $\begin{cases}x_1=x_0+e_{11}x_2+e_{12}y_2+e_{13}z_2\\y_1=y_0+e_{21}x_2+e_{22}y_2+e_{23}z_2\\z_1=z_0+e_{31}x_2+e_{32}y_2+e_{33}z_2\end{cases}$　(11-7-31) 将式 (11-7-31) 写成矩阵，有 $\begin{bmatrix}x_1\\y_1\\z\\1\end{bmatrix}\begin{bmatrix}e_{11}&e_{12}&e_{13}&x_2\\e_{21}&e_{22}&e_{23}&y_2\\e_{31}&e_{32}&e_{33}&z_2\\0&0&0&1\end{bmatrix}=\boldsymbol{M}_{12}\begin{bmatrix}x_2\\y_2\\z_2\\1\end{bmatrix}$　(11-7-32) 展开式 (11-7-32) 可得式 (11-7-31) 的三个式子及恒等式 1=1，因而式 (11-7-32) 与式 (11-7-30) 是完全等价的。式 (11-7-32) 称为齐次变换，变换矩阵 M_{12} 为 4×4 矩阵，结构为 $\boldsymbol{M}_{12}=\begin{bmatrix}[\boldsymbol{E}]&[\boldsymbol{R}_0]\\0\quad0\quad0&1\end{bmatrix}$　(11-7-33) 式中　$[\boldsymbol{E}]$——3×3 回转变换矩阵 $[\boldsymbol{R}_0]$——平移向量坐标列阵

7.1.2.2　多项式方程解法

表 11-7-8　　多项式方程解法

基本概念	空间机构的分析与综合通常归结为求解形如 $f(x)=0$ 的多项式方程,为 x 的 n 次多项式,即 $f(x)=a_0x^n+a_1x^{n-1}+a_2x^{n-2}+\cdots+a_{n-1}+a_n=\sum_{i=0}^{n}a_ix^{(n-1)}$　(11-7-34) 式中　$a_i(i=0、1、\cdots、n)$——常数,n 是正整数 使 $f(x)=0$ 成立的 x 值称为 $f(x)$ 的根 对 $n\leqslant4$ 的多项式方程可用公式求根;对 $n>4$ 的高次方程,可用以下方法求解
对分区间法	根据连续函数的形式,若 $f(x)$ 在区间 $[a,b]$ 的两端点处函数值异号,即 $f(a)f(b)<0$,则 (a,b) 是 $f(x)$ 的有根区间,在 (a,b) 中至少有一个根。用 $x^*=1/2(a+b)$ 平分 (a,b) 为两个区间,若 $f(x^*)=0$,则 x^* 是 $f(x)$ 的一个根。否则,若 $f(x^*)f(a)<0$,则 (a,x^*) 为有根区间,反之 (x^*,b) 为有根区间。新得有根区间长度为原来的一半。取新区间的中点重复上述过程 n 次,如果还没有找到根,则有根区间已为开始的 $\left(\frac{1}{2}\right)^n$。当 n 充分大时,可取最后区间的中点 x_n^* 作为根的近似值,其误差小于 $\frac{b-a}{2^{n+1}}$
迭代法	设法将方程 $f(x)=0$ 化为便于迭代的形式 $g(x)=\phi(x)$　(11-7-35) 作迭代序列 $g(x_{n+1})=\phi(x_n)$　(11-7-36) 设两导数的比值 $\alpha=\left.\frac{\phi'(x)}{g'(x)}\right\vert_{x=x^n}$　(11-7-37) 如果 $\vert\alpha\vert<1$,则式(11-7-36)序列收敛于 $f(x)$ 的根

续表

牛顿法	将 $f(x)$ 在 x^* 附近线性展开为 $$f(x)=f(x^*)+f'(x^*)(x-x^*) \quad (11\text{-}7\text{-}38)$$ $f(x)=0$ 在 x^* 附近的近似方程为 $$f(x^*)+f'(x^*)(x-x^*)=0 \quad (11\text{-}7\text{-}39)$$ 式中　x^*——根的某个近似值 设 $f'(x^*)\neq 0$，则式(11-7-39)的解为 $$x=x^*-\frac{f(x^*)}{f'(x^*)} \quad (11\text{-}7\text{-}40)$$ 迭代公式为 $$x_{n+1}=x_n-\frac{f(x_n)}{f'(x_n)} \quad (11\text{-}7\text{-}41)$$ 如果 $$\lvert f'(x^*)\rvert^2>\left\lvert\frac{f''(x^*)}{2}\right\rvert \lvert f(x^*)\rvert \quad (11\text{-}7\text{-}42)$$ 则式(11-7-41)的迭代序列收敛

7.1.2.3　非线性方程组解法（牛顿法）

设各方程为二元函数

$$\begin{cases}\mu(x,y)=0\\ \nu(x,y)=0\end{cases} \quad (11\text{-}7\text{-}43)$$

使式（11-7-43）成立的 x、y 值称为该方程组的解。牛顿法的基本思路是将非线性问题线性化而形成迭代序列。将式（11-7-43）在 P^*（x^*，y^*）附近线性展开，有：

$$\mu(x,y)=\mu(x^*,y^*)+\frac{\partial\mu}{\partial x}(x-x^*)+\frac{\partial\mu}{\partial y}(y-y^*)$$

$$\nu(x,y)=\nu(x^*,y^*)+\frac{\partial\mu}{\partial x}(x-x^*)+\frac{\partial\nu}{\partial y}(y-y^*)$$

式（11-7-43）的近似方程组为：

$$\begin{cases}\dfrac{\partial\mu}{\partial x}(x-x^*)+\dfrac{\partial\mu}{\partial y}(y-y^*)+\mu(x^*,y^*)=0\\[2ex] \dfrac{\partial\nu}{\partial x}(x-x^*)+\dfrac{\partial\nu}{\partial y}(y-y^*)+\nu(x^*,y^*)=0\end{cases}$$

设系数行列式

$$J^*=\begin{vmatrix}\dfrac{\partial\mu}{\partial x} & \dfrac{\partial\mu}{\partial y}\\[2ex] \dfrac{\partial\nu}{\partial x} & \dfrac{\partial\nu}{\partial y}\end{vmatrix}\neq 0$$

按线性方程组的解法，有：

$$\begin{cases}x-x^*=\dfrac{1}{J^*}\begin{vmatrix}-\mu^* & \dfrac{\partial\mu}{\partial y}\\[2ex] -\nu^* & \dfrac{\partial\nu}{\partial y}\end{vmatrix}\\[6ex] y-y^*=\dfrac{1}{J^*}\begin{vmatrix}\dfrac{\partial\mu}{\partial x} & -\mu^*\\[2ex] \dfrac{\partial\nu}{\partial x} & -\nu^*\end{vmatrix}\end{cases}$$

各偏导数取（x^*，y^*）处的值。迭代公式为

$$\begin{cases}x_{n+1}=x_n+\dfrac{1}{J_n}\begin{vmatrix}\dfrac{\partial\mu}{\partial y} & \mu_n\\[2ex] \dfrac{\partial\nu}{\partial y} & \nu_n\end{vmatrix}=x_n+\dfrac{J_n^x}{J_n}\\[6ex] y_{n+1}=y_n+\dfrac{1}{J_n}\begin{vmatrix}\mu_n & \dfrac{\partial\mu}{\partial x}\\[2ex] \nu_n & \dfrac{\partial\nu}{\partial x}\end{vmatrix}=y_n+\dfrac{J_n^y}{J_n}\end{cases} \quad (11\text{-}7\text{-}44)$$

7.2　空间机构的运动分析

运动分析主要包括位移分析、速度分析和加速度分析，它们分别对应主动件、从动件的位移、速度和加速度关系求解。主、从动件的运动关系包含两个问题：一个是已知原动件的运动规律，求解未知从动件运动规律，主要见于对现有机构的运动分析；另一个是已知从动件的运动规律，求解实现这些运动规律所需的原动件运动规律，主要见于机构的运动设计。

7.2.1　运动分析基础

空间机构学中广泛应用 D-H（Denavit-Hartenberg）坐标系，借此可将相邻杆件坐标系的回转变换用两个绕坐标轴回转变换矩阵来表示。用坐标变换方法得到的机构主、从动件之间的位移关系式，称为机构的一般位形方程。它含有机构中所有运动参数和结构参数，对一般位形方程进行整理，以便用多项式方程和非线性方程组的方法求解构件的运动规律。

D-H 坐标系及位姿方程概念如表 11-7-9 所示。

表 11-7-9　**D-H 坐标系和位姿方程**

<table>
<tr><th>名称</th><th>图例及说明</th></tr>
<tr><td>D-H
坐标系</td><td>

D-H 坐标系，适于分析用运动副特别是Ⅰ、Ⅱ类副连接起来的各杆件之间的运动关系。D-H 坐标系规定，各系 k 轴与各运动副轴线重合。如图(a)所示，A、B 为两相邻运动副，A 连接构件 $n-1$ 和构件 n，B 连接构件 n 和构件 $n+1$。选取 $\boldsymbol{k}_{n-1}$ 与 $\boldsymbol{k}_n$ 的公垂线规定为 $\boldsymbol{i}_n$ 轴，$\boldsymbol{i}_n$ 从 $\boldsymbol{k}_{n-1}$ 指向 $\boldsymbol{k}_n$。公垂线 $\boldsymbol{i}_n$ 在 $\boldsymbol{k}_n$ 轴上的垂足为坐标系 $\boldsymbol{i}_n\boldsymbol{k}_n\boldsymbol{j}_n$ 的原点 O_n。当杆件坐标系确定后，相邻两系之间有如下四个参数：

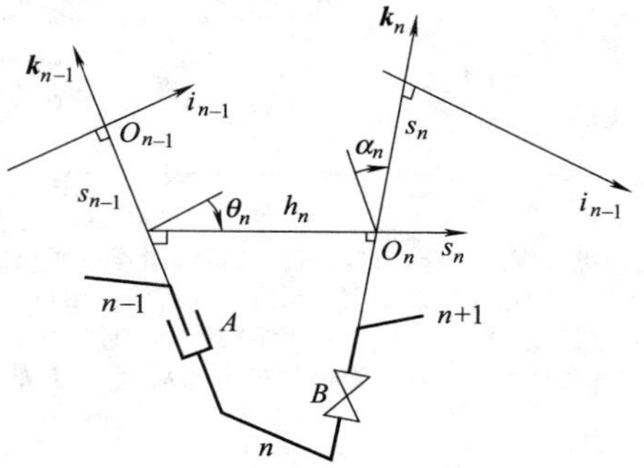

图(a)　D-H 坐标系

①相邻两 $\boldsymbol{k}$ 轴的公垂线长度 $\boldsymbol{h}_n$，沿 $\boldsymbol{i}_n$ 方向为正

②相邻两 $\boldsymbol{i}$ 轴的偏距 $\boldsymbol{s}_{n-1}$，沿 $\boldsymbol{k}_{n-1}$ 方向为正

③相邻两 $\boldsymbol{k}$ 轴正向的夹角 $\alpha_{n-1,n}$（简写为 α_n），以绕 $\boldsymbol{i}_n$ 轴按右手法则从 $\boldsymbol{k}_{n-1}$ 转到 $\boldsymbol{k}_n$ 为正

④相邻两 $\boldsymbol{i}$ 轴正向的夹角 $\theta_{n-1,n}$（简写成 θ_n），以绕轴 $\boldsymbol{k}_{n-1}$ 轴按右手法则从 $\boldsymbol{i}_{n-1}$ 转到 $\boldsymbol{i}_n$ 为正

</td></tr>
<tr><td>相邻坐标
系变换</td><td>

如图(b)所示，表示相邻杆件坐标系的变换关系。假想有一运动坐标系的初始位置与 $n-1$ 系相同，通过一系列的旋转和平移到达 n 系位置。变换过程分如下四个步骤：

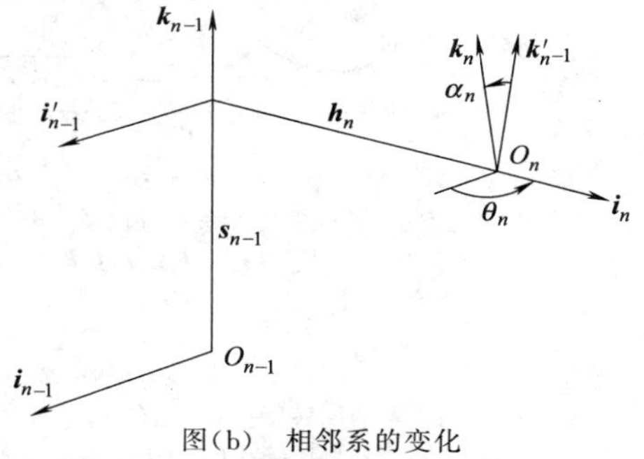

图(b)　相邻系的变化

①沿 $\boldsymbol{k}_{n-1}$ 轴平移 $\boldsymbol{s}_{n-1}$ 到达 $\boldsymbol{i}_{n-1}$ 和 $\boldsymbol{k}_{n-1}$ 位置，此时 $\boldsymbol{i}'_{n-1}$ 与 $\boldsymbol{i}_n$ 在同一平面上，夹角为 θ_n

②绕 $\boldsymbol{k}_{n-1}$ 轴旋转 θ_n 角使 $\boldsymbol{i}'_{n-1}$ 到达 $\boldsymbol{i}_n$ 轴上

③沿 $\boldsymbol{i}_n$ 轴平移 $\boldsymbol{h}_n$ 到达 $\boldsymbol{i}_n$ 和 $\boldsymbol{k}'_{n-1}$ 位置，此时 $\boldsymbol{k}'_{n-1}$ 与 $\boldsymbol{k}_n$ 位于垂直于 $\boldsymbol{i}_n$ 的平面上，夹角为 α_n

④绕 $\boldsymbol{i}_n$ 轴旋转 α_n 角最终到达 $\boldsymbol{i}_n\boldsymbol{k}_n$ 位置

以上变换可表示为不共原点的坐标变化。对固连于 n 系的某点 P，可将它在 $n-1$ 系中的坐标表示为：

$$\begin{aligned}\boldsymbol{P}_{n-1}&=\boldsymbol{s}_{n-1}+\boldsymbol{E}^{k\theta n}(\boldsymbol{h}_n)+\boldsymbol{E}^{k\theta n}\boldsymbol{E}^{i\alpha n}(\boldsymbol{P}_n)\\&=\boldsymbol{s}_{n-1}+\boldsymbol{E}^{k\theta n}[\boldsymbol{h}_n+\boldsymbol{E}^{i\alpha n}(\boldsymbol{P}_n)]\end{aligned}$$

式中　$\boldsymbol{s}_{n-1}$——沿 $\boldsymbol{k}_{n-1}$ 轴方向长度为 s_{n-1} 的向量

　　h_n——沿 $\boldsymbol{i}_n$ 轴方向长度为 $\boldsymbol{h}_n$ 的向量

由于

$$\boldsymbol{E}^{k\theta}\boldsymbol{E}^{i\alpha}=\begin{bmatrix}\cos\theta & -\sin\theta & 0\\ \sin\theta & \cos\theta & 0\\ 0 & 0 & 1\end{bmatrix}\begin{bmatrix}1 & 0 & 0\\ 0 & \cos\alpha & -\sin\alpha\\ 0 & \sin\alpha & \cos\alpha\end{bmatrix}$$

$$=\begin{bmatrix}\cos\theta & -\sin\theta\cos\alpha & \sin\theta\sin\alpha\\ \sin\theta & \cos\theta\cos\alpha & -\cos\theta\sin\alpha\\ 0 & \sin\alpha & \cos\alpha\end{bmatrix}$$

</td></tr>
</table>

第 11 篇

续表

<table>
<tr><th>名称</th><th colspan="2">图例及说明</th></tr>
<tr><td>相邻坐标系变换</td><td colspan="2">

以及

$$E^{k\theta}(\boldsymbol{h}_n)=\begin{bmatrix}\cos\theta & -\sin\theta & 0\\ \sin\theta & \cos\theta & 0\\ 0 & 0 & 1\end{bmatrix}\begin{bmatrix}h_n\\0\\0\end{bmatrix}=\begin{bmatrix}h_n\cos\theta\\ h_n\sin\theta\\ 0\end{bmatrix}$$

如果用齐次变换矩阵 $\boldsymbol{M}_{n-1,n}$ 来表示上述变换过程根据式(11-7-33)有

$$\boldsymbol{M}_{n-1,n}=\begin{bmatrix}\cos\theta & -\sin\theta\cos\alpha & \sin\theta\sin\alpha & h_n\cos\theta\\ \sin\theta & \cos\theta\cos\alpha & -\cos\theta\sin\alpha & h_n\sin\theta\\ 0 & \sin\alpha & \cos\alpha & s_{n-1}\\ 0 & 0 & 0 & 1\end{bmatrix} \tag{11-7-45}$$

</td></tr>
<tr><td>位姿方程</td><td>空间闭链机构</td><td>

闭链机构可看作是开链机构的末杆与机架固连后而成的机构。设空间单闭链机构由 m 个构件组成,基础坐标系固连在机架 1 上。从机架开始依次用运动副连接构件 2 至构件 m。最后,构件 m 再用运动副与机架连接,构成一个封闭结构。机架可以认为是首杆,也可以认为是末杆 $m+1$。如图(c)所示,依次在各杆上建立杆件坐标系 $O_2\boldsymbol{i}_2\boldsymbol{j}_2\boldsymbol{k}_2$、$O_3\boldsymbol{i}_3\boldsymbol{j}_3\boldsymbol{k}_3$、…、$O_m\boldsymbol{i}_m\boldsymbol{j}_m\boldsymbol{k}_m$

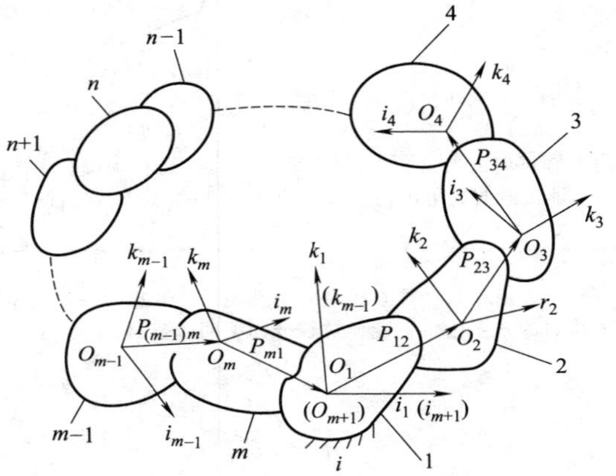

图(c) 空间闭链

按照前面的坐标变换方法,各杆件坐标系单位向量在基础坐标系中的坐标为

$$\begin{cases}[\boldsymbol{i}_2\boldsymbol{j}_2\boldsymbol{k}_2]=\boldsymbol{E}_{12}[\boldsymbol{i}_1\boldsymbol{j}_1\boldsymbol{k}_1]=\boldsymbol{E}_{12}[\boldsymbol{I}]=\boldsymbol{E}_{12}\\ [\boldsymbol{i}_3\boldsymbol{j}_3\boldsymbol{k}_3]=\boldsymbol{E}_{12}\boldsymbol{E}_{23}\\ \cdots\\ [\boldsymbol{i}_m\boldsymbol{j}_m\boldsymbol{k}_m]=\boldsymbol{E}_{12}\boldsymbol{E}_{23}\cdots\boldsymbol{E}_{(m-1)m}\end{cases}$$

用 $\boldsymbol{E}_{m1}$ 表示从 m 系到 1 系的回转变换矩阵,有

$$\boldsymbol{E}_{12}\boldsymbol{E}_{23}\cdots\boldsymbol{E}_{(m-1)m}\boldsymbol{E}_{m1}=[\boldsymbol{I}] \tag{11-7-46}$$

式(11-7-46)表示沿闭链各相邻杆件坐标系变换一周,最后回到机架上。由于变换前后相对同一构件,因而变换的结果为单位阵。式(11-7-46)称为空间闭链机构的坐标变换方程。它表示闭链机构中各坐标系之间的回转变换关系

设各坐标系的原点在其前一坐标系中的位置向量为 $\boldsymbol{P}_{(n-1)n}$,有 $\boldsymbol{P}_{12}=\boldsymbol{s}_1+E^{k\theta_2}(\boldsymbol{h}_2)$,$\boldsymbol{P}_{23}=\boldsymbol{s}_2+E^{k\theta_2}(\boldsymbol{h}_3)$,…,$\boldsymbol{P}_{(m-1)m}=\boldsymbol{s}_{(m-1)}+E^{k\theta_m}(\boldsymbol{h}_m)$,$\boldsymbol{P}_{m1}=\boldsymbol{s}_m+E^{k\theta_1}(\boldsymbol{h}_1)$。根据不共原点的坐标变换方法,可得第 n 杆件坐标系原点在基础系中的坐标 $\boldsymbol{P}_{1n}$ 为

$$\boldsymbol{P}_{13}=\boldsymbol{P}_{12}+\boldsymbol{E}_{12}(\boldsymbol{s}_2+E^{k\theta_2}(\boldsymbol{h}_3))=\boldsymbol{P}_{12}+\boldsymbol{E}_{13}(\boldsymbol{P}_{23})$$
$$\boldsymbol{P}_{14}=\boldsymbol{P}_{12}+\boldsymbol{E}_{12}(\boldsymbol{P}_{23}+\boldsymbol{E}_{23}(\boldsymbol{P}_{34}))$$
$$\cdots$$
$$\boldsymbol{P}_{1m}=\boldsymbol{P}_{12}+\boldsymbol{E}_{12}(\boldsymbol{P}_{23}+\boldsymbol{E}_{23}(\boldsymbol{P}_{34}+\cdots+\boldsymbol{E}_{(m-2)(m-1)}(\boldsymbol{P}_{(m-1)m})\cdots))$$

沿闭链各杆件坐标系变换一周,得

$$\boldsymbol{P}_{11}=\boldsymbol{P}_{1(m+1)}=\boldsymbol{P}_{12}+\boldsymbol{E}_{12}(\boldsymbol{P}_{23}+\boldsymbol{E}_{23}(\boldsymbol{P}_{34}+\cdots+\boldsymbol{E}_{(m-2)(m-1)}(\boldsymbol{P}_{(m-1)m}+\boldsymbol{E}_{(m-1)m}(\boldsymbol{P}_{m1})\cdots)))=0 \tag{11-7-47}$$

式(11-7-47)表明各杆件坐标系的原点形成一头尾相接的封闭形。式(11-7-47)称为空间闭链机构的位姿方程。式(11-7-46)和式(11-7-47)统称为空间闭链机构的一般位形方程

</td></tr>
</table>

第11篇

续表

名称		图例及说明
位姿方程	空间开链机构	如图(d)所示为空间开链机构。设机构由机架 O 开始至第 m 个杆件依次用运动副连接。在机架和各杆件上设置坐标系，机架坐标系为 $O\boldsymbol{ijk}$，各杆件坐标系相应为 $O_n\boldsymbol{i}_n\boldsymbol{j}_n\boldsymbol{k}_n$，$n=1、2、\cdots、m$。各坐标系原点在其前一坐标系中表示为 $\boldsymbol{P}_{(n-1)n}$，并相应在固定坐标系中表示为 $\boldsymbol{P}_n$，各相邻坐标系的回转变换矩阵为 $\boldsymbol{E}_{(n-1)n}$ 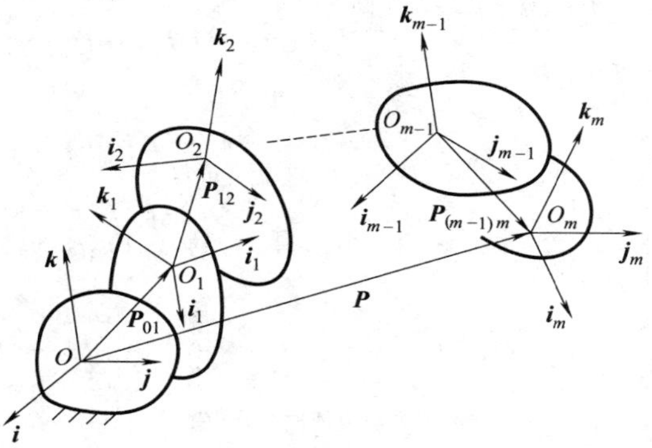 图(d)　空间开链机构 根据坐标变换公式，可写出空间开链位置方程为 $\boldsymbol{P}=\boldsymbol{P}_{01}+\boldsymbol{E}_{01}(\boldsymbol{P}_{12}+\boldsymbol{E}_{12}(\boldsymbol{P}_{23}+\cdots+\boldsymbol{P}_{(m-2)(m-1)})+\boldsymbol{E}_{(m-2)(m-1)}(\boldsymbol{P}_{(m-1)m})\cdots)$ $=\boldsymbol{P}_{01}+\boldsymbol{E}_{01}(\boldsymbol{P}_{12})+\boldsymbol{E}_{01}\boldsymbol{E}_{12}(\boldsymbol{P}_{23})+\cdots+\boldsymbol{E}_{01}\boldsymbol{E}_{12}\cdots\boldsymbol{E}_{(m-2)(m-1)}(\boldsymbol{P}_{(m-1)m})$　(11-7-48) $=\boldsymbol{P}_1+\boldsymbol{P}_2+\cdots+\boldsymbol{P}_m$ 开链机构末杆坐标系与机架坐标系之间的回转变换方程为 $\boldsymbol{E}=[\boldsymbol{i}_m\quad \boldsymbol{j}_m\quad \boldsymbol{k}_m]=\boldsymbol{E}_{01}E_{12}E_{23}\cdots E_{(m-2)(m-1)}E_{(m-1)}\begin{bmatrix}1&0&0\\0&1&0\\0&0&1\end{bmatrix}$　(11-7-49) $=\boldsymbol{E}_{01}\boldsymbol{E}_{12}\boldsymbol{E}_{23}\cdots\boldsymbol{E}_{(m-2)(m-1)}\boldsymbol{E}_{(m-1)m}$ 式(11-7-48)和式(11-7-49)合称为空间开链机构的位姿方程

7.2.2　空间机构的位移分析

表 11-7-10　　空间机构的位移分析方法及实例

空间闭链机构	解题步骤	①写出机构的位姿方程 ②求解各运动参数
	计算示例	如图(a)所示为空间 RSSR 机构，要求通过运动分析求出机构的输入输出方程 分析：该机构的 A、D 两个转动副与机架连接，连杆两端通过 B、C 两个球面副分别与两连架杆连接。按照 D-H 坐标系规定，选取 $\boldsymbol{k}_1$、$\boldsymbol{k}_4$ 轴分别与 A、D 转动副的轴线重合，$\boldsymbol{k}_2$ 与 $\boldsymbol{k}_1$ 平行且通过球面副 B 的中心($\alpha_2=0$)，$\boldsymbol{k}_3$ 轴通过球面副 B 和 C 的中心($s_2=0$) 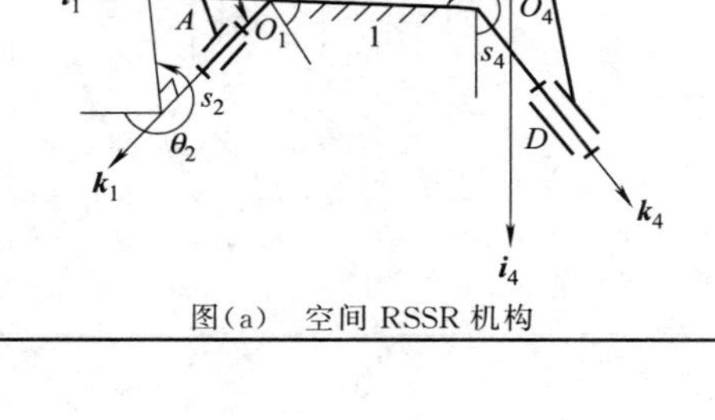 图(a)　空间 RSSR 机构

续表

空间闭链机构	计算示例	取 $\boldsymbol{k}_4$ 与 $\boldsymbol{k}_1$ 的公垂线为 $\boldsymbol{i}_1$。过球心 B 垂直于 $\boldsymbol{k}_1$ 的直线为 $\boldsymbol{i}_2$。由于 $\boldsymbol{k}_2$ 与 $\boldsymbol{k}_3$ 在 B 的中心相交，$h_3=0$，$\boldsymbol{i}_3$ 可在通过球心 B 且以 $\boldsymbol{k}_3$ 为法线的平面上任取 该机构的结构参数为 h_1、h_2、h_4、s_1、$s_3(=l)$、s_4 和 α_1，运动参数为输入运动角 θ_2、输出运动角 θ_1 和关于球面副 B、C 的两个欧拉变换中的 6 个欧拉角 解：机构的位姿方程为 $\boldsymbol{E}_{12}\boldsymbol{E}_{23}\boldsymbol{E}_{34}\boldsymbol{E}_{41}=[\boldsymbol{I}]$ 式中　$\boldsymbol{E}_{23}$、$\boldsymbol{E}_{34}$——欧拉变换 上式可写成 $\boldsymbol{E}^{k\theta_2}\boldsymbol{E}^{i\alpha_2}\boldsymbol{E}_{23}\boldsymbol{E}_{34}\boldsymbol{E}^{k\theta_1}\boldsymbol{E}^{i\alpha_1}=[\boldsymbol{I}]$ 由于 $\alpha_2=0$，有 $\boldsymbol{E}^{k\alpha_1}=[\boldsymbol{I}]$，上式又可写成 $\boldsymbol{E}^{k\theta_2}\boldsymbol{E}_{23}\boldsymbol{E}_{34}\boldsymbol{E}^{k\theta_1}\boldsymbol{E}^{i\alpha_1}=[\boldsymbol{I}]$　(11-7-50) $\boldsymbol{P}=h_1\boldsymbol{i}_1+s_1\boldsymbol{k}_1+h_2\boldsymbol{i}_2+l\boldsymbol{k}_3+h_4\boldsymbol{i}_4-s_4\boldsymbol{k}_4=0$　(11-7-51) 式中 $\boldsymbol{i}_1=\begin{bmatrix}1\\0\\0\end{bmatrix}$　$\boldsymbol{k}_1=\begin{bmatrix}0\\0\\1\end{bmatrix}$　$\boldsymbol{i}_2=\boldsymbol{E}^{k\theta_2}\begin{bmatrix}1\\0\\0\end{bmatrix}=\begin{bmatrix}\cos\theta_2\\\sin\theta_2\\0\end{bmatrix}$　$\boldsymbol{k}_3=\boldsymbol{E}^{k\theta_2}\boldsymbol{E}_{23}\begin{bmatrix}0\\0\\1\end{bmatrix}$　$\boldsymbol{i}_4=\boldsymbol{F}^{k\theta_2}\boldsymbol{E}_{21}\boldsymbol{E}_{34}\begin{bmatrix}1\\0\\0\end{bmatrix}$ 在式(11-7-50)等号两边依次右乘$(E^{i\alpha_1})^{-1}$、$(E^{i\theta_1})^{-1}$得 $\boldsymbol{E}^{-k\theta_2}\boldsymbol{E}_{23}\boldsymbol{E}_{34}=(\boldsymbol{E}^{i\alpha_1})^{-1}(\boldsymbol{E}^{k\theta_1})^{-1}=\boldsymbol{E}^{i(-\alpha_1)}\boldsymbol{E}^{i(-\theta_1)}$ 因此 $\boldsymbol{i}_4=\boldsymbol{E}^{k\theta_2}\boldsymbol{E}_{23}\boldsymbol{E}_{34}\begin{bmatrix}1\\0\\0\end{bmatrix}=\boldsymbol{E}^{i(-\alpha_1)}\boldsymbol{E}^{k(-\theta_1)}\begin{bmatrix}1\\0\\0\end{bmatrix}=\begin{bmatrix}\cos\theta_1\\-\cos\alpha_1\sin\theta_1\\\sin\alpha_1\sin\theta_1\end{bmatrix}$ 同理 $\boldsymbol{k}_4=\boldsymbol{E}^{k\theta_2}\boldsymbol{E}_{23}\boldsymbol{E}_{34}\begin{bmatrix}0\\0\\1\end{bmatrix}=\boldsymbol{E}^{i(-\alpha_1)}\boldsymbol{E}^{k(-\theta_1)}\begin{bmatrix}0\\0\\1\end{bmatrix}=\begin{bmatrix}0\\\sin\alpha_1\\\cos\alpha_1\end{bmatrix}$ 上述各式中，$\boldsymbol{k}_3$ 含有欧拉变换 $\boldsymbol{E}_{23}$，应设法将其消去。式(11-7-51)改成 $l\boldsymbol{k}_3=s_4\boldsymbol{k}_4-h_1\boldsymbol{i}_1-s_1\boldsymbol{k}_1-h_2\boldsymbol{i}_2-h_4\boldsymbol{i}_4$ 上式两边平方得 $(l\boldsymbol{k}_3)^2=(s_4\boldsymbol{k}_4-h_1\boldsymbol{i}_1-s_1\boldsymbol{k}_1-h_2\boldsymbol{i}_2-h_4\boldsymbol{i}_4)^2$ $=s_4^2+h_1^2+s_1^2+h_2^2+h_4^2-2s_4h_1(\boldsymbol{k}_4\cdot\boldsymbol{i}_1)$ $-2s_4s_1(\boldsymbol{k}_4\cdot\boldsymbol{k}_1)-2s_4h_2(\boldsymbol{k}_4\cdot\boldsymbol{i}_2)-2s_4h_4(\boldsymbol{k}_4\cdot\boldsymbol{i}_4)+2h_1s_1(\boldsymbol{i}_1\cdot\boldsymbol{k}_1)$ $+2h_1h_2(\boldsymbol{i}_1\cdot\boldsymbol{i}_2)+2h_1h_4(\boldsymbol{i}_1\cdot\boldsymbol{i}_4)+2s_1h_2(\boldsymbol{k}_1\cdot\boldsymbol{i}_2)+2s_1h_4(\boldsymbol{k}_1\cdot\boldsymbol{i}_4)$ $+2h_2h_4(\boldsymbol{i}_2\cdot\boldsymbol{i}_4)$ 式中 $(l\boldsymbol{k}_3)^2=l^2(\boldsymbol{k}_3\cdot\boldsymbol{i}_4)=l^2$ $\boldsymbol{k}_4\cdot\boldsymbol{i}_1=\boldsymbol{k}_4\cdot\boldsymbol{i}_4=\boldsymbol{k}_1\cdot\boldsymbol{i}_1=\boldsymbol{k}_1\cdot\boldsymbol{i}_2=0$ $\boldsymbol{k}_4\cdot\boldsymbol{k}_1=\cos\alpha_1$ $\boldsymbol{k}_4\cdot\boldsymbol{i}_2=\left(\begin{bmatrix}0\\\sin\alpha_1\\\cos\alpha_1\end{bmatrix}\right)^{\mathrm{T}}=\left(\begin{bmatrix}\cos\theta_2\\\sin\theta_2\\0\end{bmatrix}\right)=\sin\alpha_1\sin\theta_2$ $\boldsymbol{i}_1\cdot\boldsymbol{i}_2=\cos\theta_2$ $\boldsymbol{i}_1\cdot\boldsymbol{i}_4=\cos\theta_1$ $\boldsymbol{k}_1\cdot\boldsymbol{i}_4=\left(\begin{bmatrix}0\\0\\1\end{bmatrix}\right)^{\mathrm{T}}=\left(\begin{bmatrix}\cos\theta_1\\-\cos\alpha_1\sin\theta_1\\\sin\alpha_1\sin\theta_1\end{bmatrix}\right)=\sin\alpha_1\sin\theta_1$ $\boldsymbol{i}_2\cdot\boldsymbol{i}_4=\left(\begin{bmatrix}\cos\theta_2\\\sin\theta_2\\0\end{bmatrix}\right)^{\mathrm{T}}=\left(\begin{bmatrix}\cos\theta_1\\-\cos\alpha_1\sin\theta_1\\\sin\alpha_1\sin\theta_1\end{bmatrix}\right)=\cos\theta_2\cos\theta_1-\sin\theta_2\cos\alpha_1\sin\theta_1$ 所以 $l^2=s_4^2+h_1^2+s_1^2+h_2^2+h_4^2-2s_4s_1\cos\alpha_1-2s_4h_2\sin\alpha_1\sin\theta_2$ $+2h_1h_2\cos\theta_2+2h_1h_4\cos\theta_1+2s_1h_4\sin\alpha_1\sin\theta_1$ $+2h_2h_4(\cos\theta_2\cos\theta_1-\sin\theta_2\cos\alpha_1\sin\theta_1)$ 将上式整理为

续表

<table>
<tr><td>空间闭链机构</td><td>计算示例</td><td>

$$A\sin\theta_1+B\cos\theta_1+C=0 \tag{11-7-52}$$

式中

$$A=s_1h_4\sin\alpha_1-h_2h_4\sin\theta_2\cos\alpha_1$$
$$B=h_1h_4+h_2h_4\cos\theta_1$$
$$C=\frac{1}{2}(s_4^2+h_1^2+s_1^2+h_2^2+h_4^2-l^2)-s_4s_1\cos\alpha_1+h_1h_2\cos\theta_2-s_4h_2\sin\alpha_1\sin\theta_2$$

上述 A、B、C 含有输入运动角 θ_2 及各结构参数，式(11-7-52)反映了机构的输入输出关系，是所求的输入输出方程式。做几何代换，令

$$x=\tan(\theta/2) \tag{11-7-53}$$

则

$$\sin\theta_1=\frac{2x}{1+x^2}\quad \cos\theta_1=\frac{1-x^2}{1+x^2}$$

式(11-7-52)化为

$$(C-B)x^2+2Ax+(B+C)=0$$

得

$$x=\frac{A\pm\sqrt{A^2+B^2-C^2}}{B-C}$$

代入式(11-7-53)得

$$\theta_1=2\arctan x=2\arctan\left(\frac{A\pm\sqrt{A^2+B^2-C^2}}{B-C}\right) \tag{11-7-54}$$

</td></tr>
<tr><td rowspan="2">空间开链机构的工作空间</td><td>基本概念</td><td>如图(b)所示的 ASEA 机器人机构，其末杆上某点 P 在空间所能达到的位置的集合称为机器人机构的工作空间。它是衡量机器人工作特性的一个重要指标</td></tr>
<tr><td>研究方法</td><td>

①从研究手腕点至基础关节中心之间极限距离出发，提出了机器人机构工作空间的边界点是腕点运动时一系列处于极限距离的点的集合。这类研究方法的最大特点是需要解决一系列非线性方程求极值的问题

②应用各种不同的数学解析法来描述点绕轴旋转所形成的曲线方程、曲线绕轴旋转所形成的曲面方程以及曲面绕轴旋转所形成的曲面族包络方程，以此来表示机器人机构的工作空间。这类研究方法的缺点是计算量大

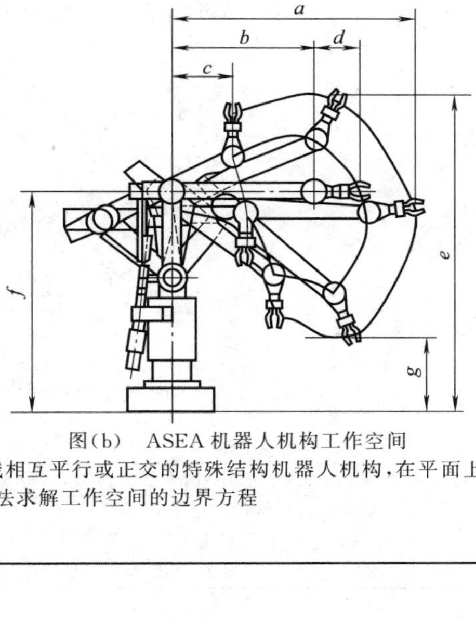

图(b)　ASEA 机器人机构工作空间

③对最常见的关节轴线相互平行或正交的特殊结构机器人机构，在平面上用参数方程求解工作空间截面，或用其他数学方法求解工作空间的边界方程

</td></tr>
</table>

第 11 篇

7.2.3 空间机构的速度、加速度分析

表 11-7-11 **空间机构的速度、加速度分析**

<table>
<tr><td rowspan="3">空间闭链机构</td><td>求解方法</td><td>空间机构的速度、加速度通过对位形方程的求导得到</td></tr>
<tr><td>计算公式</td><td>设 p 为输入运动参数，q 为输出运动参数，机构的输入输出方程为
$$F(p,q)=0 \tag{11-7-55}$$
式(11-7-55)对时间求导，有
$$\frac{\partial F}{\partial p}\dot{p}+\frac{\partial F}{\partial q}\dot{q}=0 \tag{11-7-56}$$
再对式(11-7-56)求导得
$$\frac{\partial^2 F}{\partial p^2}\dot{p}^2+\frac{\partial F}{\partial p}\ddot{p}+2\frac{\partial^2 F}{\partial p\partial q}\dot{p}\dot{q}+\frac{\partial^2 F}{\partial q^2}\dot{q}^2+\frac{\partial F}{\partial q}\ddot{q}=0 \tag{11-7-57}$$
则
$$\ddot{q}=\frac{\dfrac{\partial^2 F}{\partial p^2}\dot{p}^2+\dfrac{\partial F}{\partial p}\ddot{p}+2\dfrac{\partial^2 F}{\partial p\partial q}\dot{p}\dot{q}+\dfrac{\partial^2 F}{\partial q^2}\dot{q}^2}{\left(-\dfrac{\partial F}{\partial q}\right)} \tag{11-7-58}$$</td></tr>
<tr><td>计算示例</td><td>对表 11-7-10 中的 RSSR 机构进行速度、加速度分析
对式(11-7-52)求导得
$$\frac{\partial A}{\partial\theta_2}\sin\theta_1\dot{\theta}_2+\frac{\partial B}{\partial\theta_2}\cos\theta_1\dot{\theta}_2+\frac{\partial C}{\partial\theta_2}\dot{\theta}_2+A\cos\theta_1\dot{\theta}_1-B\sin\theta_1\dot{\theta}_1=0 \tag{11-7-59}$$
式中
$$\frac{\partial A}{\partial\theta_2}=-h_2h_4\cos\alpha_1\cos\theta_2$$
$$\frac{\partial B}{\partial\theta_2}=-h_2h_4\sin\theta_2$$
$$\frac{\partial C}{\partial\theta_2}=-h_1h_2\sin\theta_2-s_4h_2\sin\alpha_1\cos\theta_2$$
因而有
$$\dot{\theta}_1=\frac{(h_2h_4\cos\alpha_1\sin\theta_1+s_2h_2\sin\alpha_1)\cos\theta_2+(h_2h_4\cos\theta_1+h_1h_2)\sin\theta_2}{A\cos\theta_1-B\sin\theta_1} \tag{11-7-60}$$
对式(11-7-59)再求导，得
$$\begin{aligned}&\frac{\partial^2 A}{\partial\theta_2^2}\sin\theta_1\dot{\theta}_2^2+\frac{\partial A}{\partial\theta_2}\sin\theta_1\ddot{\theta}_2+\frac{\partial^2 B}{\partial\theta_2^2}\cos\theta_1\dot{\theta}_2^2+\frac{\partial B}{\partial\theta_2}\cos\theta_1\ddot{\theta}_2\\&+\frac{\partial^2 C}{\partial\theta_2^2}\dot{\theta}_2^2+\frac{\partial C}{\partial\theta_2}\ddot{\theta}_2+\frac{\partial A}{\partial\theta_2}\dot{\theta}_2\cos\theta_1\dot{\theta}_1^2-\frac{\partial B}{\partial\theta_2}\dot{\theta}_2\sin\theta_1\dot{\theta}_1\\&-A\sin\theta_1\dot{\theta}_1^2+A\cos\theta_1\ddot{\theta}_1-B\cos\theta_1\dot{\theta}_1^2-B\sin\theta_1\ddot{\theta}_1=0\end{aligned} \tag{11-7-61}$$
式中
$$\frac{\partial^2 A}{\partial\theta_2^2}=h_2h_4\cos\alpha_1\sin\theta_2$$
$$\frac{\partial^2 B}{\partial\theta_2^2}=-h_2h_4\cos\theta_2$$
$$\frac{\partial^2 C}{\partial\theta_2^2}=-h_1h_2\cos\theta_2+s_4h_2\sin\alpha_1\sin\theta_2$$
因而有
$$\ddot{\theta}_1=\frac{D\ddot{\theta}_2+E\dot{\theta}_2^2+F\dot{\theta}_2\dot{\theta}_1+G\dot{\theta}_1^2}{A\sin\theta_1-B\sin\theta_1} \tag{11-7-62}$$
式中
$$D=-h_2(h_4\cos\alpha_1\sin\theta_1\cos\theta_2+h_4\cos\theta_1\sin\theta_2+h_1\sin\theta_2+s_4\sin\alpha_1\cos\theta_2)$$
$$E=h_2(h_4\cos\alpha_1\sin\theta_1\sin\theta_2-h_4\cos\theta_1\cos\theta_2-h_1\cos\theta_2+s_4\sin\alpha_1\sin\theta_2)$$
$$F=h_2h_4(-\cos\alpha_1\cos\theta_1\cos\theta_2+\sin\theta_1\sin\theta_2)$$
$$G=h_4[\sin\theta_1(-s_1\sin\alpha_1+h_2\cos\alpha_1\sin\theta_2)-\cos\theta_1(h_1+h_2\cos\theta_2)]$$</td></tr>
<tr><td rowspan="2">空间开链机构</td><td>求解方法</td><td>将位置向量 $\boldsymbol{P}$ 对时间进行一次和二次微分，可分别得到机器人的速度和加速度</td></tr>
<tr><td>计算示例</td><td>东芝关节型机器人机构的位姿方程为
$$\begin{aligned}\boldsymbol{P}=&\boldsymbol{C}_1^k+\boldsymbol{C}_2^k+E^{k\theta_1}E^{j\theta_2}(\boldsymbol{C}_3^k)+E^{k\theta_1}E^{j(\theta_2+\theta_3)}(\boldsymbol{C}_4^k+\boldsymbol{C}_5^k)\\&+E^{k\theta_1}E^{j(\theta_2+\theta_3)}E^{i\theta_4}E^{j\theta_5}(\boldsymbol{C}_6^i+\boldsymbol{C}_7^i)\end{aligned} \tag{11-7-63}$$</td></tr>
</table>

续表

空间开链机构	速度和加速度分析	见下

(1)速度分析

由式(11-7-63)对时间求导得

$$\dot{\boldsymbol{P}}=\dot{\boldsymbol{P}}_{12}+\dot{\boldsymbol{P}}_{34}+\dot{\boldsymbol{P}}_{56} \tag{11-7-64}$$

式中

$$\dot{\boldsymbol{P}}_{12}=\dot{\boldsymbol{C}}_1^k+\boldsymbol{C}_2^k=0$$

$$\begin{aligned}\dot{\boldsymbol{P}}_{34}&=\frac{\mathrm{d}}{\mathrm{d}t}(E^{k\theta_1}E^{j\theta_2}(\boldsymbol{L}_3^i+\boldsymbol{C}_4^i))\\&=\dot{E}^{k\theta_1}E^{j\theta_2}(\boldsymbol{L}_3^i+\boldsymbol{C}_4^i)+E^{k\theta_1}\frac{\mathrm{d}}{\mathrm{d}t}(E^{j\theta_2}(\boldsymbol{L}_3^i+\boldsymbol{C}_4^i))\\&=\dot{\theta}_1J_3^kE^{k\theta_1}E^{v\theta_2}(\boldsymbol{L}_3^i+\boldsymbol{C}_4^i)+\dot{\theta}_2E^{k\theta_1}J_3^iE^{j\theta_2}(\boldsymbol{L}_3^i+\boldsymbol{C}_4^i)+i_3E^{k\theta_1}E^{j\theta_2}(\boldsymbol{i})\\\dot{\boldsymbol{P}}_{56}&=\dot{E}(\boldsymbol{C}_5^i+\boldsymbol{C}_6^i)\end{aligned}$$

$$\dot{\boldsymbol{E}}=\begin{bmatrix}\frac{\partial E}{\partial\theta_1}&\frac{\partial E}{\partial\theta_2}&\frac{\partial E}{\partial\theta_3}&\frac{\partial E}{\partial\theta_4}&\frac{\partial E}{\partial\theta_5}\end{bmatrix}\begin{bmatrix}\dot{\theta}_1\\\dot{\theta}_2\\\dot{\theta}_3\\\dot{\theta}_4\\\dot{\theta}_5\end{bmatrix} \tag{11-7-65}$$

式中

$$\frac{\partial E}{\partial\theta_1}=J_3^kE^{k\theta_1}E^{j\theta_2}E^{i\theta_3}E^{j\theta_4}E^{i\theta_5}=J_3^kE$$

$$\frac{\partial E}{\partial\theta_2}=E^{k\theta_1}J_3^jE^{k(-\theta_1)}E$$

$$\frac{\partial E}{\partial\theta_3}=E^{k\theta_1}E^{j\theta_2}J_3^iE^{i\theta_3}E^{i\theta_4}E^{i\theta_5}$$

$$\frac{\partial E}{\partial\theta_4}=EE^{i(-\theta_5)}J_3^jE^{i\theta_5}$$

(2)加速度分析

对式(11-7-64)再一次求导得

$$\ddot{\boldsymbol{P}}=\ddot{\boldsymbol{P}}_{34}+\ddot{\boldsymbol{P}}_{56} \tag{11-7-66}$$

式中

$$\begin{aligned}\ddot{\boldsymbol{P}}_{34}=&\ddot{\theta}_1J_3^kE^{k\theta_1}E^{j\theta_2}(\boldsymbol{L}_3^i+\boldsymbol{C}_4^i)+\ddot{\theta}_2E^{k\theta_1}J_3^jE^{j\theta_2}(\boldsymbol{L}_3^i+\boldsymbol{C}_4^i)\\&+\ddot{l}_3E^{k\theta_1}E^{j\theta_2}(i)-\dot{\theta}_2^kJ_2^kE^{k\theta_1}E^{j\theta_2}(\boldsymbol{L}_3^i+\boldsymbol{C}_4^i)\\&-\dot{\theta}_2^2E^{k\theta_1}J_2^iE^{j\theta_2}(\boldsymbol{L}_3^i+\boldsymbol{C}_4^i)+2\dot{\theta}_1\dot{\theta}_2E^{k\theta_1}J_3^iE^{j\theta_2}(\boldsymbol{L}_3^i+\boldsymbol{C}_4^i)\\&+2\dot{\theta}_1\dot{l}_3J_3^kE^{k\theta_1}E^{j\theta_2}(i)+2\dot{\theta}_2\dot{l}_3E^{k\theta_1}J_3^iE^{j\theta_2}(i)\end{aligned}$$

$$\ddot{P}_{56}=\ddot{E}(C_5^i+C_6^i)$$

$$\ddot{\boldsymbol{E}}=\begin{bmatrix}\frac{\partial E}{\partial\theta_1}&\frac{\partial E}{\partial\theta_2}&\frac{\partial E}{\partial\theta_3}&\frac{\partial E}{\partial\theta_4}&\frac{\partial E}{\partial\theta_5}\end{bmatrix}\begin{bmatrix}\ddot{\theta}_1\\\ddot{\theta}_2\\\ddot{\theta}_3\\\ddot{\theta}_4\\\ddot{\theta}_5\end{bmatrix}+$$

$$\begin{bmatrix}\dot{\theta}_1&\dot{\theta}_2&\dot{\theta}_3&\dot{\theta}_4&\dot{\theta}_5\end{bmatrix}\begin{bmatrix}\frac{\partial^2E}{\partial\theta_1^2}&\frac{\partial^2E}{\partial\theta_1\partial\theta_2}&\frac{\partial^2E}{\partial\theta_1\partial\theta_3}&\frac{\partial^2E}{\partial\theta_1\partial\theta_4}&\frac{\partial^2E}{\partial\theta_1\partial\theta_5}\\\frac{\partial^2E}{\partial\theta_2\partial\theta_1}&\frac{\partial^2E}{\partial\theta_2^2}&\frac{\partial^2E}{\partial\theta_2\partial\theta_3}&\frac{\partial^2E}{\partial\theta_2\partial\theta_4}&\frac{\partial^2E}{\partial\theta_2\partial\theta_5}\\\frac{\partial^2E}{\partial\theta_3\partial\theta_1}&\frac{\partial^2E}{\partial\theta_3\partial\theta_2}&\frac{\partial^2E}{\partial\theta_3^2}&\frac{\partial^2E}{\partial\theta_3\partial\theta_4}&\frac{\partial^2E}{\partial\theta_3\partial\theta_5}\\\frac{\partial^2E}{\partial\theta_4\partial\theta_1}&\frac{\partial^2E}{\partial\theta_4\partial\theta_2}&\frac{\partial^2E}{\partial\theta_4\partial\theta_3}&\frac{\partial^2E}{\partial\theta_4^2}&\frac{\partial^2E}{\partial\theta_4\partial\theta_5}\\\frac{\partial^2E}{\partial\theta_5\partial\theta_1}&\frac{\partial^2E}{\partial\theta_5\partial\theta_2}&\frac{\partial^2E}{\partial\theta_5\partial\theta_3}&\frac{\partial^2E}{\partial\theta_5\partial\theta_4}&\frac{\partial^2E}{\partial\theta_5^2}\end{bmatrix}\begin{bmatrix}\dot{\theta}_1\\\dot{\theta}_2\\\dot{\theta}_3\\\dot{\theta}_4\\\dot{\theta}_5\end{bmatrix}$$

第 11 篇

续表

空间开链机构	速度和加速度分析	$\frac{\partial^2 E}{\partial\theta_1^2}=J_3^k\frac{\partial E}{\partial\theta_1}=-J_2^k E$ $\frac{\partial^2 E}{\partial\theta_1\partial\theta_2}=\frac{\partial^2 E}{\partial\theta_2\partial\theta_1}=J_3^k E^{k\theta_1}J_3^j E^{k(-\theta_1)}E$ $\frac{\partial^2 E}{\partial\theta_1\partial\theta_3}=\frac{\partial^2 E}{\partial\theta_3\partial\theta_1}=J_3^k E^{k\theta_1}E^{k\theta_2}J_3^i E^{i\theta_3}E^{j\theta_4}E^{i\theta_5}$ $\frac{\partial^2 E}{\partial\theta_1\partial\theta_4}=\frac{\partial^2 E}{\partial\theta_4\partial\theta_1}=J_3^k EE^{i(-\theta_5)}J_3^j E^{i\theta_5}$ $\frac{\partial^2 E}{\partial\theta_1\partial\theta_5}=\frac{\partial^2 E}{\partial\theta_5\partial\theta_1}=J_3^k EJ_3^i$ $\frac{\partial^2 E}{\partial\theta_2^2}=-E^{k\theta_1}J_2^j E^{k(-\theta_1)}E$ $\frac{\partial^2 E}{\partial\theta_2\partial\theta_3}=\frac{\partial^2 E}{\partial\theta_3\partial\theta_2}=E^{k\theta_1}J_3^j E^{j\theta_2}J_3^i E^{i\theta_3}E^{j\theta_4}E^{j\theta_5}$ $\frac{\partial^2 E}{\partial\theta_2\partial\theta_4}=\frac{\partial^2 E}{\partial\theta_4\partial\theta_2}=E^{k\theta_1}J_3^j E^{j(-\theta_1)}EE^{j(-\theta_5)}J_3^j E^{i\theta_5}$ $\frac{\partial^2 E}{\partial\theta_2\partial\theta_5}=\frac{\partial^2 E}{\partial\theta_5\partial\theta_2}=E^{k\theta_1}J_3^j E^{k(-\theta_1)}EJ_3^i$ $\frac{\partial^2 E}{\partial\theta_3^2}=-E^{k\theta_1}E^{j\theta_2}J_2^j E^{i\theta_3}E^{j\theta_4}E^{i\theta_5}$ $\frac{\partial^2 E}{\partial\theta_3\partial\theta_4}=\frac{\partial^2 E}{\partial\theta_4\partial\theta_3}=E^{k\theta_1}E^{j\theta_2}J_3^i E^{i\theta_3}J_3^j E^{i\theta_4}E^{i\theta_5}$ $\frac{\partial^2 E}{\partial\theta_3\partial\theta_5}=\frac{\partial^2 E}{\partial\theta_5\partial\theta_3}=E^{k\theta_1}E^{j\theta_2}J_3^i E^{i\theta_3}E^{i\theta_4}E^{i\theta_5}$ $\frac{\partial^2 E}{\partial\theta_4^2}=-EE^{i(-\theta_5)}J_3^j E^{i\theta_5}$ $\frac{\partial^2 E}{\partial\theta_4\partial\theta_5}=\frac{\partial^2 E}{\partial\theta_5\partial\theta_4}=EE^{i(-\theta_5)}J_3^i E^{i\theta_5}J_3^i$ $\frac{\partial^2 E}{\partial\theta_5^2}=-EJ_2^j$

7.3 空间机构的受力分析

空间机构的受力分析包括静力分析和动力分析两个方面。在机构运动速度较小时，如果各构件的惯性力与其他力相比可以忽略，则可只作静力分析。对于高速运转的机构，则必须考虑惯性力的影响，需对机构进行动力分析。本节主要论述静力分析。

7.3.1 空间闭链机构的受力分析

7.3.1.1 空间闭链机构的静力分析

空间闭链机构静力分析主要从三个方面进行，首先介绍虚功原理，然后利用虚功原理求解运动副中约束反力，最后分析空间闭链机构的静定条件，如表 11-7-12 所示。

第 11 篇

表 11-7-12 空间闭链机构的静力分析

基本概念及原理	虚功原理	一个原为静止的质点系，如果约束是理想双面定常约束，则系统继续保持静止的条件是所有作用于该系统的主动力对作用点的虚位移所做的功的和为零。在力学中常用虚功原理求解质点系统的静力平衡问题
	运动副约束反力	运动副的约束反力属于机构的内力，求解时必须把相连接的构件沿运动副拆开，用约束反力的约束反力矩取代原来运动副的约束。拆开后，约束反力就成了外力。再用力平衡方程式进行求解。被拆开的运动副称为示力副。用力平衡方程式进行求解不仅可以求出各约束反力，还可求出平衡力
	空间闭链机构的静定条件	单闭链机构中，如所取的示力副约束反力是静定的，则整个机构各运动副中的约束反力也是静定的

续表

运动副中约束反力求解

如图(a)所示为一由 m 个构件组成的空间闭链机构，在各构件上作用有外力 $\boldsymbol{F}$ 和外力矩 $\boldsymbol{Q}$。设在 n($n=1$、2、…、m)系中度量的作用于 n 构件的外力 $\boldsymbol{F}_n$、外力矩为 $\boldsymbol{Q}_n$，外力作用点为 $\boldsymbol{r}_n$，它们分别表示为

$$\boldsymbol{F}_n=\begin{bmatrix}\boldsymbol{F}_{xn}\\ \boldsymbol{F}_{yn}\\ \boldsymbol{F}_{zn}\end{bmatrix}\quad \boldsymbol{Q}_n=\begin{bmatrix}\boldsymbol{Q}_{xn}\\ \boldsymbol{Q}_{yn}\\ \boldsymbol{Q}_{zn}\end{bmatrix}\quad \boldsymbol{r}_n=\begin{bmatrix}x_{rn}\\ y_{rn}\\ z_{rn}\end{bmatrix} \tag{11-7-67}$$

取图(a)中以 $\boldsymbol{k}_n$ 为轴线的运动副为示力副，把闭链机构拆成两个开链机构，如图(b)所示为右侧开链机构。构件 $n+1$ 给构件 n 的约束反力作为开链机构的外力。设在 n($n=1$、2、…、m)系中度量的约束反力为 $\boldsymbol{R}_{(n+1)n}$、约束反力矩为 $\boldsymbol{M}_{(n+1)n}$、约束反力的作用点为 $\boldsymbol{d}_n$，则有

$$\left.\begin{array}{l}\boldsymbol{R}_{(n+1)n}=-\boldsymbol{R}_{n(n+1)}=\begin{bmatrix}\boldsymbol{R}_{xn}\\ \boldsymbol{R}_{yn}\\ \boldsymbol{R}_{zn}\end{bmatrix}\\ \boldsymbol{M}_{(n+1)n}=-\boldsymbol{M}_{n(n+1)}=\begin{bmatrix}\boldsymbol{M}_{xn}\\ \boldsymbol{M}_{yn}\\ \boldsymbol{M}_{zn}\end{bmatrix}\\ \boldsymbol{d}_n=\begin{bmatrix}x_{dn}\\ y_{dn}\\ z_{dn}\end{bmatrix}\end{array}\right\} \tag{11-7-68}$$

对具有 f 个自由度的运动副，其约束反力和约束反力矩的分量总数为 $6-f$

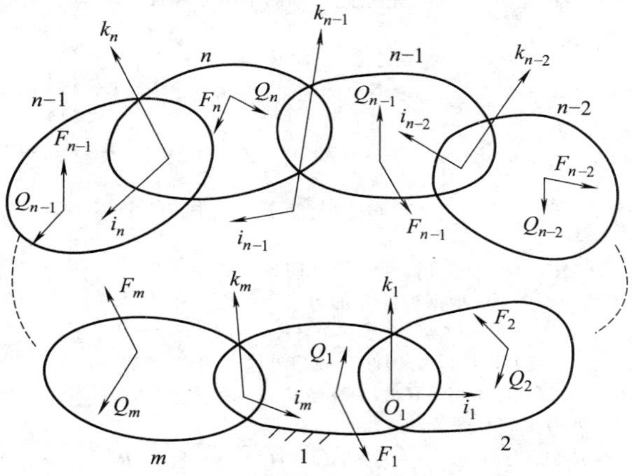

图(a)　空间闭链机构的外力

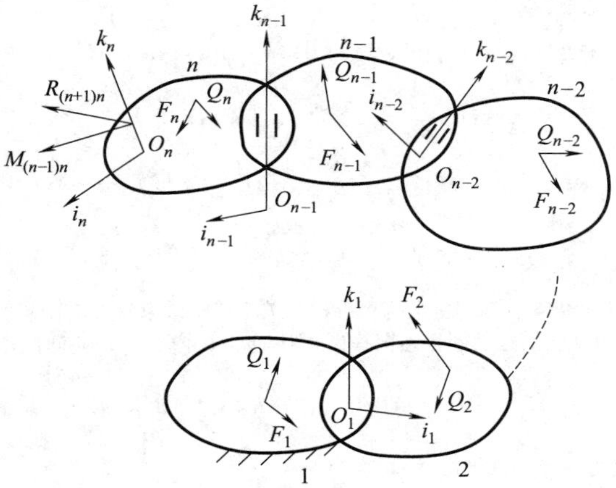

图(b)　右侧开链机构

续表

运动副中约束反力求解

假设连接构件 n 与 $n-1$、构件 $n-1$ 与 $n-2$ 的运动副均为圆柱副，由于构件 n 有沿 $\boldsymbol{k}_{n-1}$ 轴移动的自由度，所以在平衡时作用在构件 n 上的所有外力沿 $\boldsymbol{k}_{n-1}$ 方向的分量之和应为零，即

$$(\boldsymbol{K}_{(n+1)n}+\boldsymbol{F}_n)\cdot\boldsymbol{K}_{(n-1)n}=0 \tag{11-7-69}$$

式中 $\boldsymbol{K}_{(n-1)n}$——在 n 系中度量的轴线 $\boldsymbol{k}_{n-1}$

同理，在 $n-1$ 系中有

$$[\boldsymbol{E}_{(n-1)n}(\boldsymbol{R}_{(n+1)n}+\boldsymbol{F}_n)]\begin{bmatrix}0\\0\\1\end{bmatrix}=0 \tag{11-7-70}$$

由于构件 n 具有绕 k_{n-1} 轴转动的自由度，所以在计算时可知，作用于 n 构件上的所有外力矩沿 k_{n-1} 方向的分量之和应为零，即

$$\{\boldsymbol{E}_{(n-1)n}\{\boldsymbol{M}_{(n+1)n}+\boldsymbol{Q}_n+[\boldsymbol{d}_n+(\overrightarrow{O_{n-1}O_n})_n]\times\boldsymbol{R}_{(n+1)n}+\boldsymbol{r}_n\times\boldsymbol{F}_n\}\}\cdot\begin{bmatrix}0\\0\\1\end{bmatrix}=0 \tag{11-7-71}$$

式中 $(\overrightarrow{O_{n-1}O_n})_n$——在 n 系中度量的从 O_{n-1} 指向 O_n 的向量，$(\overrightarrow{O_{n-1}O_n})_n=\boldsymbol{E}_{(n-1)n}[(\overrightarrow{O_{n-1}O_n})_{n-1}]$

根据回转变换矩阵的性质及矩阵运算法则，有

$$\boldsymbol{E}_{(n-1)n}=[\boldsymbol{E}_{(n-1)n}]^{-1}=[\boldsymbol{E}^{k\theta_n}\boldsymbol{E}^{i\alpha_n}]^{-1}=[\boldsymbol{E}^{i\alpha_n}]^{-1}[\boldsymbol{E}^{k\theta_n}]^{-1}=\boldsymbol{E}^{i(-\alpha_n)}\boldsymbol{E}^{k(-\theta_n)}$$

所以

$$(\overrightarrow{O_{n-1}O_n})_n=\boldsymbol{E}^{i(-\alpha_n)}\boldsymbol{E}^{k(-\theta_n)}[\boldsymbol{s}^k_{n-1}+\boldsymbol{E}^{k\theta_n}(\boldsymbol{h}^i_n)]=\boldsymbol{h}^i_n+\boldsymbol{E}^{i(-\alpha_n)}(\boldsymbol{s}^k_{n-1}) \tag{11-7-72}$$

在式(11-7-70)和式(11-7-71)中，$\boldsymbol{r}_n$、$\boldsymbol{F}_n$、$\boldsymbol{Q}_n$ 为已知参数，$\boldsymbol{M}_{(n+1)n}$、$\boldsymbol{R}_{(n+1)n}$ 为待求参数。参照式(11-7-70)和式(11-7-71)可写出关于 $n-1$ 构件对 $\boldsymbol{k}_{n-2}$ 轴的平衡方程式，只需把下标 $n+1$、n、$n-1$ 分别换成 n、$n-1$、$n-2$即可。故有

$$[\boldsymbol{E}_{(n-2)(n-1)}(\boldsymbol{R}_{n(n-1)}+\boldsymbol{F}_{n-1})]\begin{bmatrix}0\\0\\1\end{bmatrix}=0 \tag{11-7-73}$$

$$\{\boldsymbol{E}_{(n-2)(n-1)}\{\boldsymbol{M}_{n(n-1)}+\boldsymbol{Q}_{n-1}+[\boldsymbol{d}_{n-1}+(\overrightarrow{O_{n-2}O_{n-1}})_{n-1}]\times$$
$$\boldsymbol{R}_{n(n-1)}+\boldsymbol{r}_{n-1}\times\boldsymbol{F}_{n-1}\}\}\cdot\begin{bmatrix}0\\0\\1\end{bmatrix}=0 \tag{11-7-74}$$

式中，$\boldsymbol{M}_{n(n-1)}$、$\boldsymbol{R}_{n(n-1)}$ 可通过构件 n 的平衡条件得到

以 $n-1$ 系为参考系，根据构件 n 的力平衡条件，有

$$\boldsymbol{E}_{(n-1)n}(\boldsymbol{R}_{(n+1)n}+\boldsymbol{F}_n)+\boldsymbol{R}_{(n-1)n}=0$$

式中 $\boldsymbol{R}_{(n-1)n}$——构件 $n-1$ 给构件 n 的约束反力，且

$$\boldsymbol{R}_{n(n-1)}=-\boldsymbol{R}_{n(n-1)}=\boldsymbol{E}_{(n-1)n}(\boldsymbol{R}_{(n+1)n}+\boldsymbol{F}_n) \tag{11-7-75}$$

根据对 $O_{(n-1)}$ 取力矩的平衡条件，有

$$\boldsymbol{E}_{(n-1)n}\{\boldsymbol{M}_{(n+1)n}+\boldsymbol{Q}_n+[\boldsymbol{d}_n+(\overrightarrow{O_{n-1}O_n})_n]\times\boldsymbol{R}_{(n+1)n}+\boldsymbol{r}_n\times\boldsymbol{F}_n\}+\boldsymbol{M}_{(n-1)n}=0 \tag{11-7-76}$$

式中，$M_{(n-1)n}$ 是构件 $n-1$ 给构件 n 的约束反力矩，有

$$\boldsymbol{M}_{n(n-1)}=-\boldsymbol{M}_{(n-1)n}=\boldsymbol{E}_{(n-1)n}\{\boldsymbol{M}_{(n+1)n}+\boldsymbol{Q}_n+[\boldsymbol{d}_n+(\overrightarrow{O_{n-1}O_n})_n]$$
$$\times\boldsymbol{R}_{(n+1)n}+\boldsymbol{r}_n\times\boldsymbol{F}_n\} \tag{11-7-77}$$

将式(11-7-76)、式(11-7-77)代入式(11-7-74)、式(11-7-75)得

$$\{\boldsymbol{E}_{(n-2)(n-1)}[\boldsymbol{E}_{(n-1)n}(\boldsymbol{R}_{(n+1)n}+\boldsymbol{F}_n)+\boldsymbol{F}_{n-1}]\}\cdot\begin{bmatrix}0\\0\\1\end{bmatrix}=0 \tag{11-7-78}$$

$$\{\boldsymbol{E}_{(n-2)(n-1)}\{\boldsymbol{E}_{(n-1)n}\{\boldsymbol{M}_{(n+1)n}+\boldsymbol{Q}_n+[\boldsymbol{d}_n+(\overrightarrow{O_{n-1}O_n})_n]\times\boldsymbol{R}_{(n+1)n}+\boldsymbol{r}_n\times\boldsymbol{F}_n\}+$$
$$\{\boldsymbol{Q}_{n-1}+[\boldsymbol{d}_{n-1}+(\overrightarrow{O_{n-2}O_{n-1}})_{n-1}]\times\boldsymbol{R}_{n(n-1)}+\boldsymbol{r}_{n-1}\times\boldsymbol{F}_{n-1}\}\}\}\cdot\begin{bmatrix}0\\0\\1\end{bmatrix}=0 \tag{11-7-79}$$

依照上述方法可建立右侧开链机构中各构件关于待求约束反力与已知外力的方程式

如若以 $\boldsymbol{k}_{n+1}$ 为轴线的运动副也是圆柱副，则以 $n+1$ 系为参考系，式(11-7-70)变为

$$[-\boldsymbol{E}_{(n+1)n}(\boldsymbol{R}_{(n+1)n}+\boldsymbol{F}_{n+1})]\cdot\begin{bmatrix}0\\0\\1\end{bmatrix}=0 \tag{11-7-80}$$

则以 $n+1$ 系为参考系，式(11-7-71)变为

$$\{-\boldsymbol{E}_{(n+1)n}[\boldsymbol{M}_{(n+1)n}+(\boldsymbol{d}_n-\overrightarrow{O_nO_{n+1}})\times\boldsymbol{R}_{(n+1)n}]+\boldsymbol{Q}_{n+1}+\boldsymbol{r}_{n+1}\times\boldsymbol{F}_{n+1}\}\cdot\begin{bmatrix}0\\0\\1\end{bmatrix}=0 \tag{11-7-81}$$

7.3.1.2　空间闭链机构的动力分析

根据力学的性质，机构的动力分析可以通过质量替代法，转换为动态静力的分析，如表 11-7-13 所示。

表 11-7-13　空间闭链机构的动力分析

<table>
<tr><td rowspan="2">基本概念及原理</td><td>质量替代法</td><td>对空间运动的构件，计算时用有限个集中质量来替代原构件的质量，从而避开构件的绝对角速度、绝对角加速度和惯性力矩的计算方法</td></tr>
<tr><td>机构的静态动力分析</td><td>根据力学中的达朗贝尔原理，只将惯性力和惯性力矩当作假想外力加于质点系中，就可按静力平衡条件求解机构的动力。按这种方法进行机构的动力分析，称为机构的动态静力分析</td></tr>
<tr><td>确定构件惯性力</td><td colspan="2">设构件 n 的质心在固定参考系中的坐标为 $\boldsymbol{r}_n$，构件的质量为 m，构件的绝对角速度为 $\boldsymbol{\omega}_n$，绝对角加速度为 $\boldsymbol{\varepsilon}_n$，且
$$\boldsymbol{r}_n=\begin{bmatrix}x_n\\y_n\\z_n\end{bmatrix}\quad \boldsymbol{\omega}_n=\begin{bmatrix}\omega_{xn}\\\omega_{yn}\\\omega_{zn}\end{bmatrix}\quad \boldsymbol{\varepsilon}_n=\begin{bmatrix}\varepsilon_{xn}\\\varepsilon_{yn}\\\varepsilon_{zn}\end{bmatrix}$$
作用于构件的惯性力系可简化为一个通过质心的惯性力 $\boldsymbol{P}_n$ 和主惯性力矩 $\boldsymbol{G}_n$，则有
$$\boldsymbol{P}_n=\begin{bmatrix}P_{xn}\\P_{yn}\\P_{zn}\end{bmatrix}=-m_n\begin{bmatrix}\ddot{x}_n\\\ddot{y}_n\\\ddot{z}_n\end{bmatrix}$$
$$\boldsymbol{G}_n=\boldsymbol{E}_{1n}[G_{xn}\quad G_{yn}\quad G_{zn}]^{\mathrm{T}}$$
式中　$G_{xn}=-J_x\varepsilon_x+(J_y-J_z)\omega_y\omega_z+J_{xy}(\varepsilon_y-\omega_x\omega_z)+J_{xz}(\varepsilon_z+\omega_x\omega_y)+J_{yz}(\omega_y^2-\omega_z^2)$
$G_{yn}=-J_y\varepsilon_y+(J_z-J_x)\omega_z\omega_x+J_{yz}(\varepsilon_z-\omega_y\omega_x)+J_{yx}(\varepsilon_x+\omega_y\omega_z)+J_{zx}(\omega_z^2-\omega_x^2)$
$G_{zn}=-J_z\varepsilon_z+(J_x-J_y)\omega_x\omega_y+J_{zx}(\varepsilon_x-\omega_z\omega_y)+J_{zy}(\varepsilon_y+\omega_z\omega_x)+J_{xy}(\omega_x^2-\omega_y^2)$
其中，J_x、J_y、J_z 为构件的惯性矩，J_{xy}、J_{yz}、J_{zx} 为惯性积，均在以质心为原点且各轴平行于杆件坐标系对应轴的坐标系中度量</td></tr>
<tr><td>质量替代法替代条件</td><td colspan="2">设 k 个集中质量分别为 m_1、m_2、…、m_k，在上述以质心为原点的坐标系中度量，替代质量所在点的坐标分别为 (x_1,y_1,z_1)、(x_2,y_2,z_2)、…、(x_k,y_k,z_k)
替代条件为：
①k 个集中质量之和与原构件的质量相同，即
$$\sum_{i=1}^{k}m_i=m \tag{11-7-82}$$
②k 个集中质量的质心与原构件的质心重合，即
$$\sum_{i=1}^{k}m_ix_i=0\quad\sum_{i=1}^{k}m_iy_i=0\quad\sum_{i=1}^{k}m_iz_i=0 \tag{11-7-83}$$
③k 个集中质量相对质心的惯性矩与原构件相同，即
$$\left.\begin{aligned}\sum_{i=1}^{k}m_i(y_i^2+z_i^2)&=J_x\\\sum_{i=1}^{k}m_i(z_i^2+x_i^2)&=J_y\\\sum_{i=1}^{k}m_i(x_i^2+y_i^2)&=J_z\end{aligned}\right\} \tag{11-7-84}$$
④k 个集中质量相对质心的惯性积与原构件相同，即
$$\left.\begin{aligned}\sum_{i=1}^{k}m_iy_iz_i&=J_{yz}\\\sum_{i=1}^{k}m_iz_ix_i&=J_{zx}\\\sum_{i=1}^{k}m_ix_iy_i&=J_{xy}\end{aligned}\right\} \tag{11-7-85}$$</td></tr>
</table>

续表

空间机构的动态静力分析	考虑了惯性力后，前面的分析式(11-7-70)、式(11-7-71)、式(11-7-80)和式(11-7-81)变为相应的如下形式 $$\{\boldsymbol{E}_{(n-1)n}[\boldsymbol{R}_{(n+1)n}+\boldsymbol{F}_n+\boldsymbol{E}_{n1}(\boldsymbol{P}_n)]\}\cdot\begin{bmatrix}0\\0\\1\end{bmatrix}=0 \quad (11\text{-}7\text{-}86)$$ $$\boldsymbol{E}_{(n-1)n}\{\boldsymbol{M}_{(n+1)n}+\boldsymbol{Q}_n+[\boldsymbol{d}_n+(\overline{O_{n-1}O_n})_n]\times\boldsymbol{R}_{(n+1)n}+\boldsymbol{r}_n\times\boldsymbol{F}_n+\boldsymbol{E}_{n1}(\boldsymbol{G}_n)+\boldsymbol{l}_n\times\boldsymbol{E}_{n1}(\boldsymbol{P}_n)\}\cdot\begin{bmatrix}0\\0\\1\end{bmatrix}=0 \quad (11\text{-}7\text{-}87)$$ $$[-\boldsymbol{E}_{(n+1)n}(\boldsymbol{R}_{(n+1)n})+\boldsymbol{F}_{n+1}+\boldsymbol{E}_{(n+1)n}(\boldsymbol{P}_{n+1})]\cdot\begin{bmatrix}0\\0\\1\end{bmatrix}=0 \quad (11\text{-}7\text{-}88)$$ $$\{-\boldsymbol{E}_{(n+1)n}[\boldsymbol{M}_{(n+1)n}+(\boldsymbol{d}_n-\overline{O_nO_{n+1}})\times\boldsymbol{R}_{(n+1)n}]+\boldsymbol{Q}_{n+1}+\boldsymbol{r}_{n+1}\times\boldsymbol{F}_{n+1}+\boldsymbol{E}_{(n+1)n}(\boldsymbol{G}_{n+1})+\boldsymbol{l}_{n+1}\times\boldsymbol{E}_{(n+1)n}(\boldsymbol{P}_{n+1})\}\cdot\begin{bmatrix}0\\0\\1\end{bmatrix}=0 \quad (11\text{-}7\text{-}89)$$ 式中 $\boldsymbol{l}_n,\boldsymbol{l}_{n+1}$——构件 n 和 $n+1$ 的质心在各自杆件坐标系中的位置向量

7.3.2 空间开链机构的受力分析

7.3.2.1 空间开链机构的静力分析

表 11-7-14 空间开链机构的静力分析

坐标系间等效力的变换	在被研究的物体上固连坐标系 $O_n i_n j_n k_n$，而基础坐标系为 $Oxyz$。设在 $Oxyz$ 系中的力向量 $\boldsymbol{F}$ 为 $$\boldsymbol{F}=[f_x \quad f_y \quad f_z \quad m_x \quad m_y \quad m_z]^T$$ 对应 $\boldsymbol{F}$，物体的虚位移为 $$\boldsymbol{D}=[d_x \quad d_y \quad d_z \quad \delta_x \quad \delta_y \quad \delta_z]^T$$ 根据运动学分析，若坐标系 $O_n i_n j_n k_n$ 三轴单位向量为 $\boldsymbol{i}$、$\boldsymbol{j}$、$\boldsymbol{k}$，两系原点之间的距离用 P 表示，相同虚位移在不同坐标系中描述的 $\boldsymbol{D}$ 和 $\boldsymbol{D}_n$ 有下述关系： $$\begin{bmatrix}d_{nx}\\d_{ny}\\d_{nz}\\\delta_{nx}\\\delta_{ny}\\\delta_{nz}\end{bmatrix}=\begin{bmatrix}i_x & i_y & i_z & (\boldsymbol{P}\times\boldsymbol{i})_x & (\boldsymbol{P}\times\boldsymbol{i})_y & (\boldsymbol{P}\times\boldsymbol{i})_z\\ j_x & j_y & j_z & (\boldsymbol{P}\times\boldsymbol{j})_x & (\boldsymbol{P}\times\boldsymbol{j})_y & (\boldsymbol{P}\times\boldsymbol{j})_z\\ k_x & k_y & k_z & (\boldsymbol{P}\times\boldsymbol{k})_x & (\boldsymbol{P}\times\boldsymbol{k})_y & (\boldsymbol{P}\times\boldsymbol{k})_z\\ 0&0&0&i_x&i_y&i_z\\0&0&0&j_x&j_y&j_z\\0&0&0&k_x&k_y&k_z\end{bmatrix}\begin{bmatrix}d_x\\d_y\\d_z\\\delta_x\\\delta_y\\\delta_z\end{bmatrix} \quad (11\text{-}7\text{-}90)$$ 根据式(11-7-90)，可求得不同坐标系中等效力和等效力矩的大小
等效关节力矩	对机器人机构来说，末杆在基础坐标系中位置和姿态的微变化，是由关节坐标系中关节位移的微变化 dq_i 所引起的。对转动关节 dq_i 相应于微转动 $d\theta_i$，对移动关节 dq_i 相应于关节距离微变化 dd_i。对具有 6 个关节的机器人来说，雅克比矩阵 $\boldsymbol{J}$ 是 6×6 矩阵，可表示为 $$\boldsymbol{J}=\begin{bmatrix}a_{1x}&a_{2x}&a_{3x}&a_{4x}&a_{5x}&a_{6x}\\a_{1y}&a_{2y}&a_{3y}&a_{4y}&a_{5y}&a_{6y}\\a_{1z}&a_{2z}&a_{3z}&a_{4z}&a_{5z}&a_{6z}\\e_{1x}&e_{2x}&e_{3x}&e_{4x}&e_{5x}&e_{6x}\\e_{1y}&e_{2y}&e_{3y}&e_{4y}&e_{5y}&e_{6y}\\e_{1z}&e_{2z}&e_{3z}&e_{4z}&e_{5z}&e_{6z}\end{bmatrix} \quad (11\text{-}7\text{-}91)$$ 若 q_i 是转动关节，则 $$\left.\begin{aligned}a_i&=(-i_xp_y+i_yp_z)i+(-j_xp_y+j_yp_z)j+(-k_zp_y+k_yp_x)k\\e_i&=i_zi+j_zj+k_zk\end{aligned}\right\} \quad (11\text{-}7\text{-}92)$$ 若 q_i 是移动关节，则 $$\left.\begin{aligned}a_i&=i_zi+j_zj+k_zk\\e_i&=oi+oj+ok\end{aligned}\right\} \quad (11\text{-}7\text{-}93)$$

7.3.2.2　空间开链机构的动力分析

表 11-7-15　空间开链机构的动力分析

机器人动力学方程		$$\boldsymbol{M}\ddot{q}=\boldsymbol{P}+\boldsymbol{U} \quad (11\text{-}7\text{-}94)$$ 式中　$\boldsymbol{M}$——广义质量矩阵，代表了机器人机构与质量有关的性质 $\boldsymbol{P}$——驱动力 $$\boldsymbol{U}=\boldsymbol{Y}+\frac{1}{2}\dot{q}^{\mathrm{T}}\frac{\partial \boldsymbol{M}}{\partial q}\dot{q}+\dot{\boldsymbol{M}}\dot{q}$$
机器人动力学方程的计算	机器人机构动能及 M 矩阵	机器人多杆系统总动能等于各杆件动能的总和，系统中第 i 杆件的动能表达式为： $$\boldsymbol{T}_i=\frac{1}{2}\dot{q}^{\mathrm{T}}\boldsymbol{M}_i\dot{q} \quad (11\text{-}7\text{-}95)$$ 整个系统的动能表达式为： $$T=\sum_{i=1}^{n}T_i \quad (11\text{-}7\text{-}96)$$ 系统的广义质量矩阵为： $$\boldsymbol{M}=\sum_{i=1}^{n}M_i \quad (11\text{-}7\text{-}97)$$ 它代表了整个系统的质量特性 整个系统的动能表示为： $$\boldsymbol{T}=\frac{1}{2}\dot{q}^{\mathrm{T}}\boldsymbol{M}\dot{q} \quad (11\text{-}7\text{-}98)$$

7.4　空间闭链机构设计

7.4.1　空间闭链机构设计基本问题

7.4.1.1　设计空间与约束条件

表 11-7-16　设计空间与约束条件

基本概念	设计变量	在一项设计中，有些参数往往根据工艺、安装和使用要求可以预先确定，而另一些则需要按给定的工作要求进行选择，后者称为设计变量，设计变量必须是相互独立的。假设某设计有 m 个相互独立的设计变量，可用 m 维矢量 $\boldsymbol{X}$ 来表示 $$\boldsymbol{X}=[x_1 \quad x_2 \quad \cdots \quad x_m]^{\mathrm{T}} \quad (11\text{-}7\text{-}99)$$ 式中　$x_i(i=1、2、\cdots、m)$——m 维矢量 $\boldsymbol{X}$ 的第 i 个分量
	设计空间	以 m 个设计变量为坐标轴构成一个实空间 R^m，称为设计空间。设计空间是 R^m 的一个区域，它的体积受工艺、安装和使用等条件的限制
	约束条件	根据工艺和安装空间，把 x_i 限制在某种取值范围内，即 $$x_{i\min}\leqslant x_i\leqslant x_{i\max} \quad i=1、2、\cdots m \quad (11\text{-}7\text{-}100)$$ 这样，$(x_{i\min},x_{i\max})$ 构成了设计空间的边界，类似式(11-7-100)的限制称为边界约束。其他满足机构工作要求的限制称为性能约束，满足性能约束的设计变量往往位于一个更小的空间内 约束条件反映了对设计变量的限制。在一项设计中，约束条件必须合理，相互之间能够相容。否则，设计空间将成为空集，综合命题无解

续表

<table>
<tr>
<td>示例</td>
<td>空间RSSR机构</td>
<td>
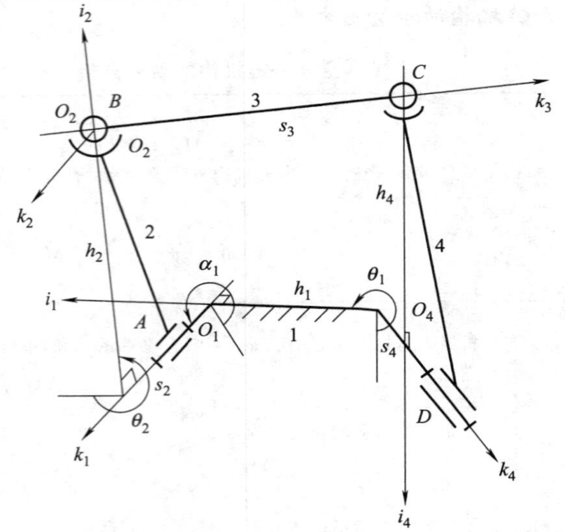

如图所示，该机构的 A、D 两个转动副与机架连接，连杆两端通过 B、C 两个球面副分别与两连架杆连接。结构参数共有 7 个，h_1、s_1、h_2、$s_3(=l)$、h_4、s_4、α_1，7 个参数之间是相互独立的，设计时，每个参数都可取不同的值，由它们构成设计空间 R^7。R^7 中的一个点 $\boldsymbol{X}$ 表示为

$$\boldsymbol{X}=\begin{pmatrix}x_1\\x_2\\x_3\\x_4\\x_5\\x_6\\x_7\end{pmatrix}=\begin{pmatrix}h_1\\s_1\\h_2\\s_3\\h_4\\s_4\\\alpha_1\end{pmatrix} \quad (11\text{-}7\text{-}101)$$

在 RSSR 机构中必须满足压力角关系 $\alpha_{\max}\leqslant[\alpha]$，$[\alpha]$为许用压力角，则有

$$|\boldsymbol{k}_3\cdot\boldsymbol{j}_4|\geqslant\cos[\alpha] \quad (11\text{-}7\text{-}102)$$

式中，$\boldsymbol{k}_3$ 与 $\boldsymbol{j}_4$ 的表达式含有若干设计变量。类似式(11-7-102)的限制称为性能约束
</td>
</tr>
</table>

7.4.1.2 设计要求与可行方案数目

机构设计的过程就是在设计空间中求得满足设计要求的一个点 $\boldsymbol{X}^*=[x_1^* \quad x_2^* \quad \cdots \quad x_m^*]$。例如，设计一 RSSR 空间闭链机构，使其输入运动角 θ_2 与输出运动角 θ_1 满足表 11-7-17 所列的工作要求。

表 11-7-17 主、从动件转角要求

位置	对应转角	
	θ_2	θ_1
1	$\theta_2^{(1)}$	$\theta_1^{(1)}$
2	$\theta_2^{(2)}$	$\theta_1^{(2)}$
3	$\theta_2^{(3)}$	$\theta_1^{(3)}$
4	$\theta_2^{(4)}$	$\theta_1^{(4)}$
5	$\theta_2^{(5)}$	$\theta_1^{(5)}$
6	$\theta_2^{(6)}$	$\theta_1^{(6)}$
7	$\theta_2^{(7)}$	$\theta_1^{(7)}$

表 11-7-17 中 $\theta_1^{(i)}$、$\theta_2^{(i)}$（$i=1$、2、…、7）有确定的值。将表中每一行分别代入机构的位姿方程，得到含 7 个变量的 7 个代数方程，称为设计方程组。

解设计方程组可得 7 个设计变量的值。在上述问题中，设计变量完全由设计方程组确定，综合命题有确定解，满足设计要求的可行性方案为有限个。

7.4.1.3 型综合与尺寸综合

设计机构时首先确定采用何种机构，即确定机构运动副的类型、杆件的数目和机构的自由度，这些称为型综合。确定采用何种机构之后，确定机构结构参数的问题称为尺寸综合。例如，表 11-7-17 所列的工作要求除了可用 RSSR 机构来实现外，还可采用其他一些两连杆与机架用转动副连接的单自由度空间闭链机构来实现。机构的型综合就是根据所给的工作要求选择适当的机构形式。空间闭链机构的型综合目前仍缺乏十分有效的方法，主要依赖设计者的经验、直觉以及对相仿机构进行类比。如设计过程中，如果在尺寸综合中某些参数的取值已达到或超出设计空间的边界而设计要求仍未得到较好的满足，此时应考虑型综合问题。

7.4.2 空间闭链机构的设计方法

主、从动轴垂直交错的 RSSR 机构是应用最广泛的一种空间机构，以此为例设计这种空间机构，设计方法如表 11-7-18 所示。

表 11-7-18　　RSSR 机构的设计

<table>
<tr><th>方法</th><th colspan="2">说明</th></tr>
<tr><td rowspan="2">按主、从动杆三组对应位置设计 RSSR 机构</td><td>基本原理</td><td>已知主动轴 O_1 和从动轴 O_3 垂直交错，见图(a)，两轴中心距 d、从动杆 O_3B 长度 L_3 及主动杆 O_1A 和从动杆 O_3B 的三个对应位置间的角位移 ϕ_{12}、ψ_{12} 和 ϕ_{13}、ψ_{13}。求空间机构 RSSR 机构的主动杆 O_1A 长度 L_1、连杆长度 L_2，O_1 和 O_3 至 ZZ 轴的距离 h、f
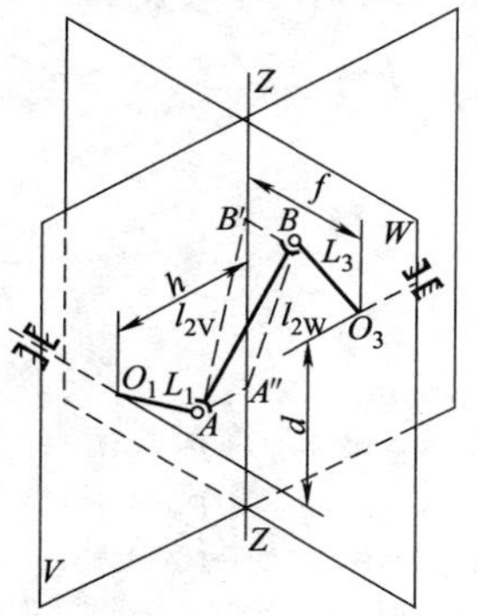

图(a)
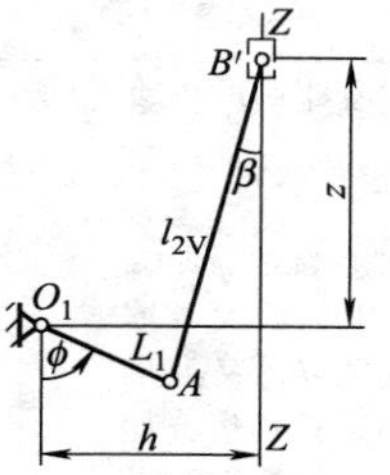

图(b)
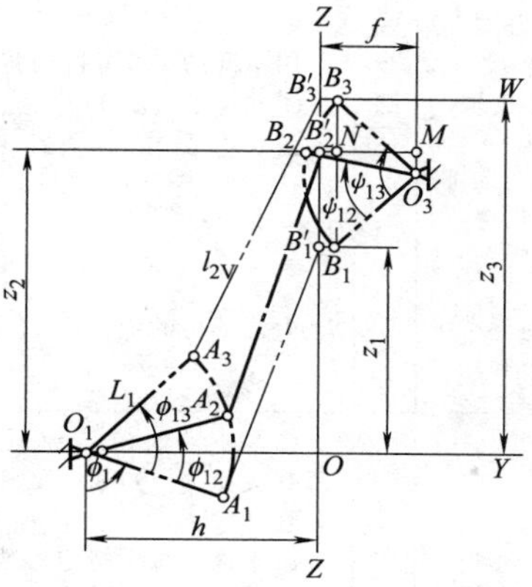

图(c)
通过图(a)所示球面副的球心 A、B 各作平面 V 和平面 W 分别垂直于主动轴 O_1 和从动轴 O_3，这两个平面交线为 ZZ。A 点在平面 W 上的投影为 A''，B 点在平面 V 上的投影为 B'，它们都在直线 ZZ 上
该空间 RSSR 机构在平面 V 上的投影可视作一个假想的平面四杆机构，故其可简化为按主动杆 O_1A 及滑块 B' 三个对应位置设计该机构，见图(b)。将折线 O_1AB' 分别在水平方向和垂直方向投影得
$$\left.\begin{aligned}l_{2V}\sin\beta=h-L_1\sin\phi\\ l_{2V}\cos\beta=z+L_1\cos\phi\end{aligned}\right\}$$
将上两式各自平方后相加得
$$P_1z\cos\phi+P_2\sin\phi+P_3=z^2 \qquad (11\text{-}7\text{-}103)$$
其中
$$\begin{cases}P_1=-2L_1\\ P_2=2L_1h\\ P_3=l_{2V}^2-L_1^2-h^2\end{cases} \qquad (11\text{-}7\text{-}104)$$
或
$$\begin{cases}L_1=-\dfrac{P_1}{2}\\ h=\dfrac{P_2}{2L_1}\\ l_{2V}=\sqrt{L_1^2+h^2+P_3}\end{cases} \qquad (11\text{-}7\text{-}105)$$</td></tr>
<tr><td>设计步骤</td><td>①选择平面 V 和平面 W 的交线 ZZ，如图(c) 所示。可以过 B_2 作 B_1B_3 的垂线得垂足 N，将 B_2N 的中垂线定为 ZZ，则点 B_1、B_2、B_3 至 ZZ 的垂距必各相等，即
$$B_1B_1'=B_2B_2'=B_3B_3'=B_V$$
此时连杆 AB 的三个位置 A_1B_1、A_2B_2、A_3B_3 在平面 V 上的投影长度也必分别相等，即
$$A_1B_1'=A_2B_2'=A_3B_3'=l_{2V}$$
②计算 B_V、f、z_1、z_2、z_3
$$B_V=\frac{1}{2}\overline{B_2N}=\frac{1}{2}(\overline{B_2M}-\overline{NM})=L_3\sin[(\psi_{13}-\psi_{12})/2]\sin\frac{\psi_{12}}{2}$$
$$f=L_3\cos[(\psi_{13}-\psi_{12})/2]\cos\frac{\psi_{12}}{2}$$</td></tr>
</table>

第 11 篇

续表

方　法		说　明
按主、从动杆三组对应位置设计RSSR机构	设计步骤	$z_1=d-L_3\sin\frac{\psi_{13}}{2}$ $z_2=d+L_3\sin\left(\psi_{12}-\frac{\psi_{13}}{2}\right)$ $z_3=d+L_3\sin\frac{\psi_{13}}{2}$ ③假定 ϕ_1，求 ϕ_2、ϕ_3 $\phi_2=\phi_1+\phi_{12}$ $\phi_3=\phi_1+\phi_{13}$ 用不同的 ϕ_1，可得到若干个方案，择优取一个 ④确定 L_1、L_2和 h 依次将 ϕ_1、z_1，ϕ_2、z_2，ϕ_3、z_3代入式(11-7-103)得 $P_1z_1\cos\phi_1+P_2\sin\phi_1+P_3=z_1^2$ $P_1z_2\cos\phi_2+P_2\sin\phi_2+P_3=z_2^2$ $P_1z_3\cos\phi_3+P_2\sin\phi_3+P_3=z_3^2$ 由此解得的 P_1、P_2、P_3就可确定 L_1、h、l_{2V}。而 $L_2=\sqrt{l_{2V}^2+B_V^2}$
按给定函数关系设计RSSR机构	基本原理	已知主动轴 O_1与从动轴 O_3垂直交错，两轴中心距 d，给定函数关系 $\psi=f(\phi)$，如图(d)所示，求 L_1、L_2、L_3、f、h、ϕ_1六个参数 由于该机构中待定参数为六个，因此可用插值法确定 ψ 和 ϕ 关系的六个插值结点。由于当机构尺寸按同一比例放大或缩小时实现函数 $\psi=\psi(\phi)$不受影响，因此可任意设定 d。又如果主、从动杆的初始角分别为 ϕ_1、ψ_1，由连杆 AB 的定长约束方程式得 $(A_{jx}-B_{jx})^2+(A_{jy}-B_{jy})^2+(A_{jz}-B_{jz})^2=L_2^2$　(11-7-106) 其中 $j=1、2、\cdots、6$；$A_{jx}=h-L_1\sin\phi_j$；$A_{jy}=0$；$A_{jz}=-L_1\cos\phi_j$；$B_{jx}=0$；$B_{jy}=f-L_3\sin\psi_j$；$B_{jz}=d-L_3\cos\psi_j$ 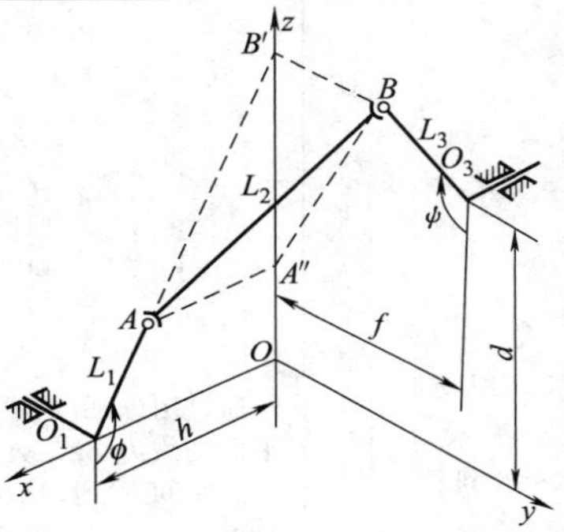 图(d) 若将 $\phi_j=\phi_1+\phi_{1j}$代入式(11-7-106)，可得一组非线性方程式 $P_1\cos\phi_{1j}+P_2\sin\phi_{1j}+P_3\cos\psi_j+P_4\sin\psi_j+P_5\cos\psi_j\sin\phi_{1j}+P_6=\cos\psi_j\cos\phi_{1j}$　(11-7-107) 式中，$P_1=\frac{d-h\tan\phi_1}{L_1}$；$P_2=-\frac{d\tan\phi_1+h}{L_1}$；$P_3=-\frac{d}{L_1\cos\phi_1}$；$P_4=-\frac{f}{L_1\cos\phi_1}$；$P_5=\tan\phi_1$；$P_6=\frac{(h^2+L_1^2+L_3^2+f^2+d^2-L_2^2)}{2L_1L_2\cos\phi_1}$
	设计步骤	①由插值逼近法确定六个插值结点 ②假定 ψ_1，求 ψ_j $\psi_j=\psi_1+\psi_{1j}$，$j=1、2、\cdots、6$ ③确定 P_1、P_2、$\cdots$、P_6 以 $\phi_{11}(=0)$、ψ_1、ϕ_{12}、ψ_2、$\cdots$、ϕ_{16}、ψ_6代入式(11-7-107)，并用矩阵表示为 $\begin{bmatrix}1 & 0 & \cos\psi_1 & \sin\psi_1 & 0 & 1\\ \cos\phi_{12} & \sin\phi_{12} & \cos\psi_2 & \sin\psi_2 & \cos\psi_2\sin\psi_{12} & 1\\ \vdots & \vdots & \vdots & \vdots & \vdots & \vdots\\ \cos\phi_{16} & \sin\phi_{16} & \cos\psi_6 & \sin\psi_6 & \cos\psi_6\sin\psi_{16} & 1\end{bmatrix}\begin{bmatrix}P_1\\ P_2\\ \vdots\\ P_6\end{bmatrix}=\begin{bmatrix}\cos\psi_1\\ \cos\psi_2\cos\phi_{12}\\ \vdots\\ \cos\psi_6\cos\phi_{16}\end{bmatrix}$ 可解出 P_1、P_2、$\cdots$、P_6 ④计算 ϕ_1、L_1、f、h、L_3和 L_2 $\phi_1=\arctan(P_5)$ $L_1=-\frac{d}{P_3\cos\phi_1}$ $f=-P_4L_1\cos\phi_1$

续表

方　法		说　明
按给定函数关系设计RSSR机构	设计步骤	$h=\dfrac{d(P_1\tan\phi_1+P_2)}{P_2\tan\phi_1-P_1}$ $L_3=\dfrac{d-h\tan\phi_1}{P_1}$ $L_2=\sqrt{h^2+L_1^2+L_3^2+f^2+d^2-2L_1L_3P_6\cos\phi_1}$
按从动杆摆角和急回特性设计RSSR机构	基本原理	已知主动轴O_1与从动轴O_3垂直交错[见图(e)]，两轴中心距d、摆杆摆角ψ_0及行程速比系数$K=1$。求此空间曲柄摇杆机构的曲柄长度L_1、连杆长度L_2、摇杆长度L_3、O_1至ZZ的距离h及O_3至ZZ的距离f 按行程速比系数$K=1$的要求，可使摇杆上B点的两极限位置B_1、B_2连线的延长线ZZ通过曲柄轴心O_1。这个方案有利于机构运转平稳，受力状态良好，也简化了设计过程，因为此时$h=0$，连杆AB的两极限位置A_1B_1、A_2B_2位于平面V和平面W的交线ZZ上，且$L_2=\overline{A_1B_1}=\overline{A_2B_2}=\overline{A_1O_1}+\overline{O_1B'}-\overline{B_1B'}=\overline{O_1B'}=d$ 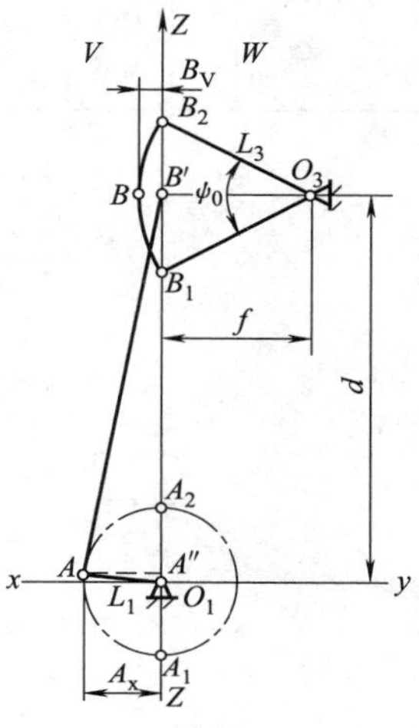 图(e)
	设计步骤	①选择曲柄长度L_1 $L_1=\dfrac{L_2}{3}$，L_1小对传动平稳有利 ②计算L_3和f $L_3=\dfrac{\overline{B_1B_2}}{2\sin\dfrac{\psi_0}{2}}=\dfrac{L_1}{\sin\dfrac{\psi_0}{2}}$ $f=L_1\cot\dfrac{\psi_0}{2}$ ③$L_2=d$，$h=0$
按主、从动杆三组对应位置设计RSSP机构	基本原理	已知从动滑块的移动导路与主动轴垂直交错[见图(f)]，又给定主、从动杆三组对应位置θ_1、θ_2、θ_3和s_{D1}、s_{D2}、s_{D3}。求此空间曲柄滑块机构的设计参数h_1、h_4和s_A(选定l时)或l(选定s_A时) 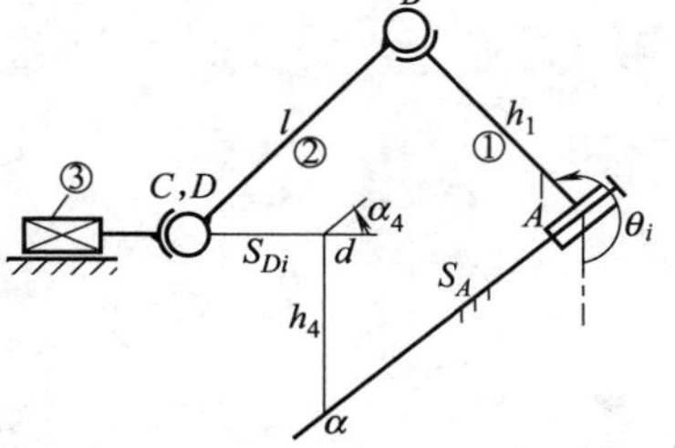 图(f) 此空间曲柄滑块机构的设计方程式为 $s_{Di}^2+2(s_A\cos\alpha_4+h_1\sin\theta_i\sin\alpha_4)s_{Di}+h_1^2-l^2+h_4^2+s_A^2+2h_1h_4\cos\theta_i=0$ 由已知条件$\alpha_4=90°$，上式可简化为 $R_1\cos\theta_i-R_2s_{Di}\sin\theta_i+R_3=0.5s_{Di}^2$ 式中，$R_1=-h_1h_4$，$R_2=h_1$，$R_3=0.5(l^2-h_1^2-h_4^2-s_A^2)$

第11篇

续表

方 法		说 明
按主、从动杆三组对应位置设计RSSP机构	设计步骤	①将主、从动杆的三组对应位置 θ_1、θ_2、θ_3 和 s_{D1}、s_{D2}、s_{D3} 代入设计计算公式得三个线性方程式 $R_1\cos\theta_1-R_2 s_{D1}\sin\theta_1+R_3=0.5s_{D1}^2$ $R_1\cos\theta_2-R_2 s_{D2}\sin\theta_2+R_3=0.5s_{D2}^2$ $R_1\cos\theta_3-R_2 s_{D3}\sin\theta_3+R_3=0.5s_{D3}^2$ ②由上述三个线性方程式可解出 R_1、R_2 和 R_3 ③再由 R_1、R_2 和 R_3 等式，在选定 l 后解得机构设计参数 h_1、h_4 和 s_A；或者在选定 s_A 后，解得机构设计参数 h_1、h_4 和 l

第 8 章　组合机构设计

许多机械设备中，特别是自动机械中，由于需要执行多种多样的运动，而且各种动作之间又有一定的配合要求，如采用单一的基本机构往往无法完成工作要求，为了扩大基本机构的应用范围，可将几种基本机构组合起来使用。这种组合机构能够综合各种基本机构的优点，从而得到基本机构实现不了的新运动以满足生产上的多种需要和提高自动化程度。

8.1　组合机构的组合方式及其特性

表 11-8-1　组合机构的组合方式及其特性

<table>
<tr><th>序号</th><th colspan="2">组合方式</th><th>实　例</th><th>传动框图</th><th>运动特性</th><th>典型传动函数</th><th>设计要点</th></tr>
<tr><td>1</td><td rowspan="4">串联组合</td><td rowspan="4">固接式串联</td><td>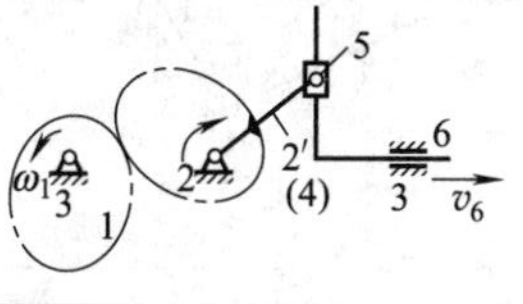</td><td rowspan="4">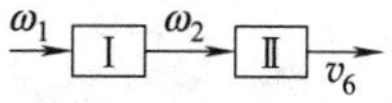</td><td rowspan="3">改变构件 2 和 2′串接的相位角可获得急回特性、近似等速段和特殊的加速度变化等运动特性</td><td rowspan="3">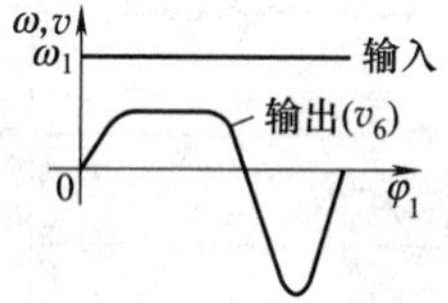</td><td rowspan="3">第一个机构选择有改变等速转动为变速转动功能的机构；第二个机构选择有往复运动功能的机构。作尺度设计时先根据使用要求决定一个机构的全部参数，再设计另外一个机构的参数</td></tr>
<tr><td>2</td><td rowspan="2">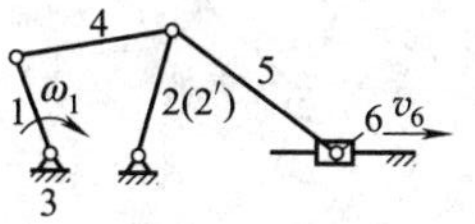</td></tr>
<tr><td>3</td></tr>
<tr><td>4</td><td>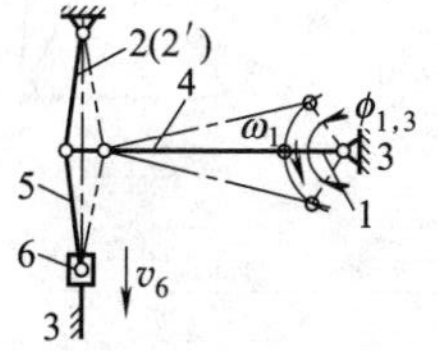</td><td>改变机构尺寸和两机构的相对位置，可使机构具有增力和瞬时停歇功能，或使从动件做二次往复摆动或移动</td><td>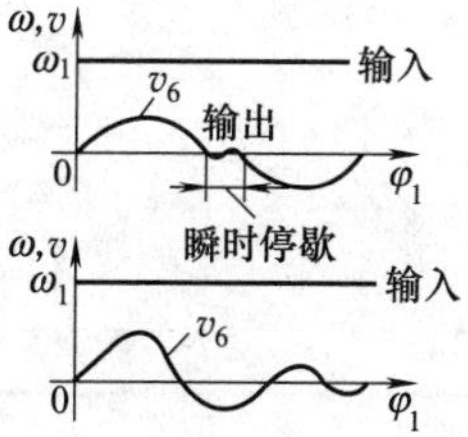</td><td>选择合适的机构和相对位置如图所示，在 $\phi_{1,3}$ 范围内有瞬时停歇和增力功能</td></tr>
</table>

续表

序号	组合方式		实　例	传动框图	运动特性	典型传动函数	设计要点
5	串联组合	轨迹点 M 串联	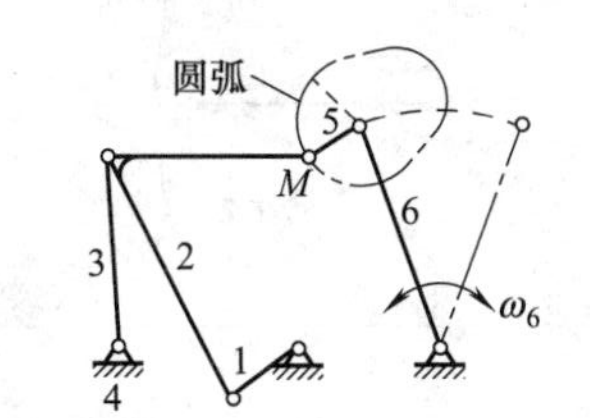	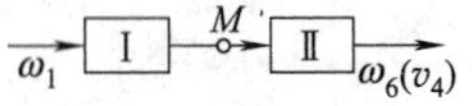	ω_6 或 v_4 与点 M 的轨迹特性有关，具有往复摆动（移动）和在摆幅的一端或两端具有停歇的功能	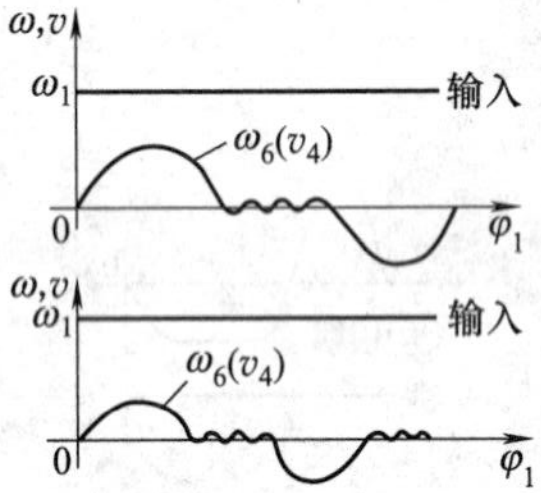	主要设计能实现一具有圆弧或直线轨迹的机构。对近似“8”字形轨迹，有可能实现摆幅的两端均具有停歇功能
6			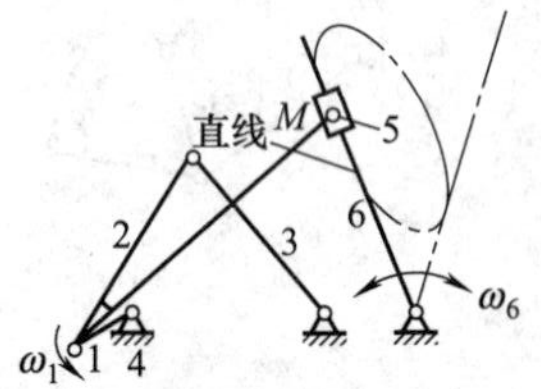				
7			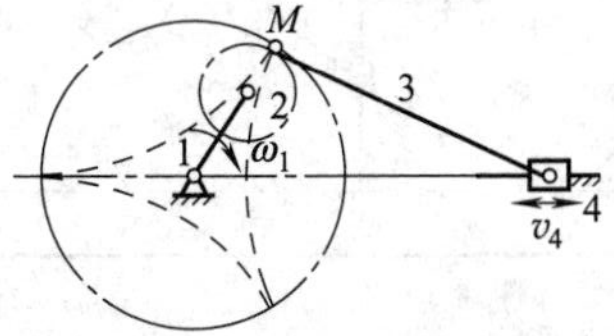				行星轮的轨迹形状与两齿轮的齿数比有关
8			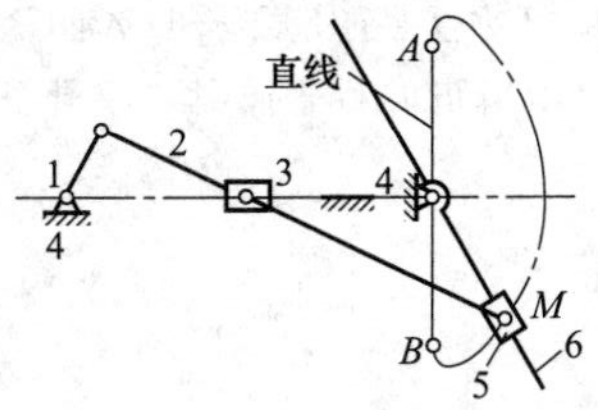		具有单向转动或兼有停歇的功能	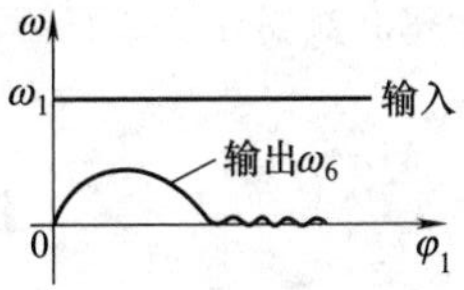	当杆 6 的转动副在近似直线轨迹中时，可得有停歇功能的单向转动机构

续表

序号	组合方式		实　例	传动框图	运动特性	典型传动函数	设计要点
9	并联组合	以差动轮系为基础机构	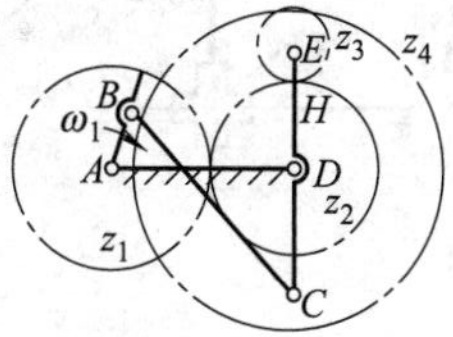	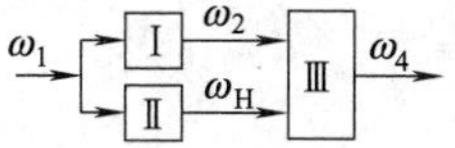	具有单向转动并瞬时停歇的功能，输出运动为两输入运动函数之和 $\omega_4=\left(1+\dfrac{z_2}{z_4}\right)\omega_H+\dfrac{z_1}{z_4}\omega_1$ 或 $\Delta\varphi_4=\left(1+\dfrac{z_2}{z_4}\right)\Delta\varphi_H+\dfrac{z_1}{z_4}\Delta\varphi_1$	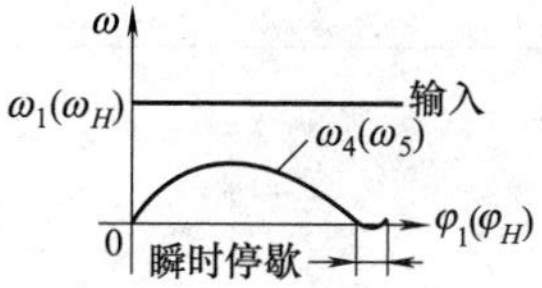	选择合适的差动轮系齿轮齿数 z_1、z_2、z_3、z_4，在停歇段四杆机构满足 $\Delta\varphi_H=-\dfrac{z_1}{z_2+z_4}\times\Delta\varphi_1$，当要求一周期齿轮 4 转过 φ_4 时满足 $\varphi_4=2\pi\dfrac{z_1}{z_4}$
10			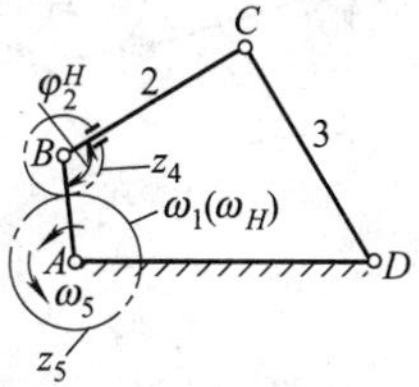	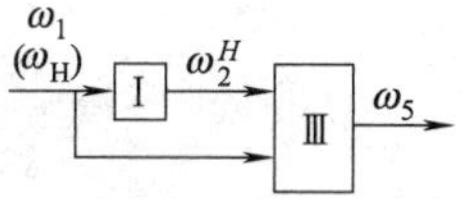	$\omega_5=\omega_H+i_{52}^H\omega_2^H$（序号 9）或 $\Delta\varphi_5=\Delta\varphi_H+i_{52}^H\Delta\varphi_2^H$（序号 10）		选择合适的齿数 z_4、z_5，在停歇段四杆机构满足 $\Delta\varphi_H=-i_{52}^H\Delta\varphi_2^H$ $i_{52}^H=-z_4/z_5$
11		以五连杆机构为基础机构	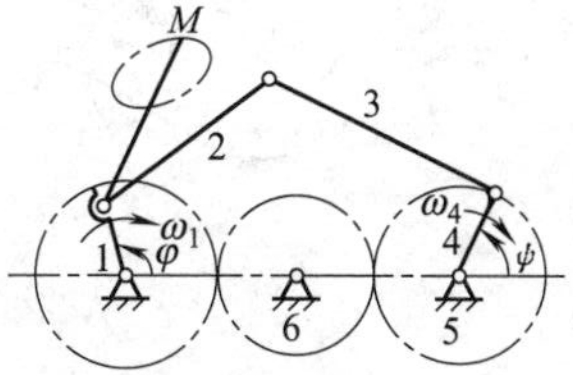	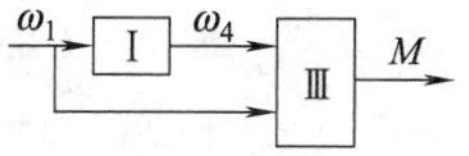	输出点 M 的轨迹为基础机构两主动构件 1、4 分别驱动时点 M 轨迹 M_1' 及 M_1'' 按某种规律的叠加 具有精确或近似的重演给定轨迹（或其中一段轨迹）的功能	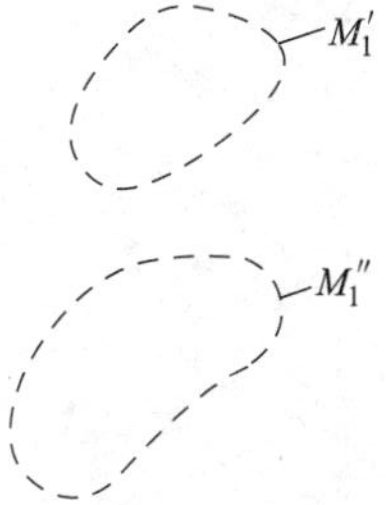	在给定轨迹段上选 5 个点，在 5 个对应角 $\Delta\varphi_i=\Delta\psi_i$ 条件下，求解五连杆机构各构件的参数，并验算主动构件在 360°运动中是否连续

续表

序号	组合方式		实 例	传动框图	运动特性	典型传动函数	设计要点
12	并联组合	以五连杆机构为基础机构	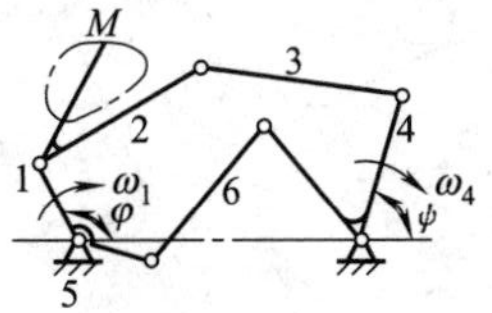	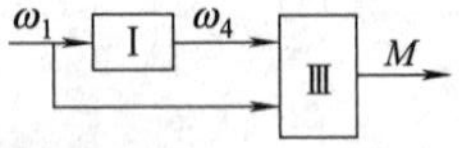	输出点 M 的轨迹为基础机构两主动构件 1、4 分别驱动时点 M 轨迹 M_1' 及 M_1'' 按某种规律的叠加 具有精确或近似的重演给定轨迹（或其中一段轨迹）的功能	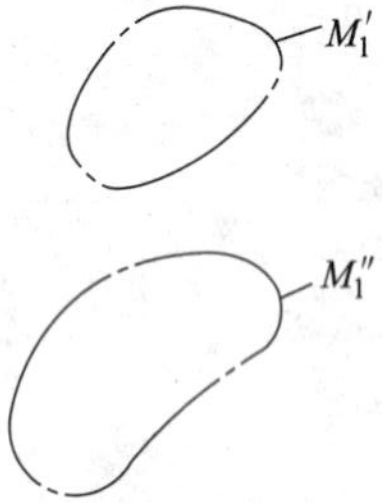	任选五连杆机构各参数，求出给定轨迹上五个点位置相应的 φ_i、ψ_i，并以此要求设计四连杆机构 5-1-6-4，并验算曲柄是否存在
13			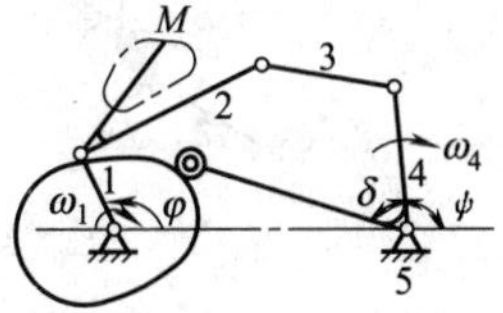				任选五连杆机构各参数，求得完成重演轨迹时的 φ-ψ 曲线，按此曲线设计凸轮轮廓
14		全移动副差动机构为基础机构	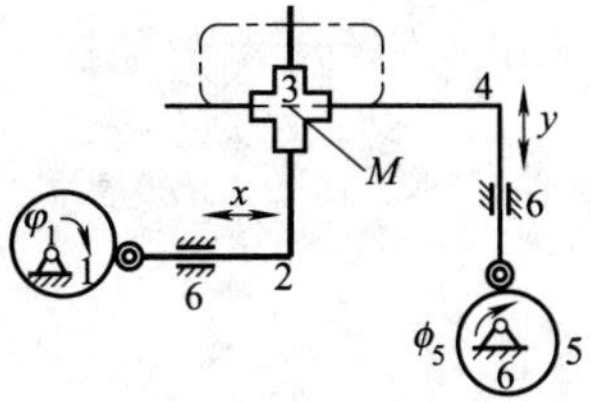	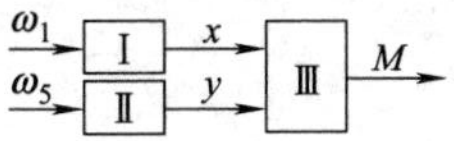	构件 3 上点 M 的轨迹受凸轮 1、5 廓线所控制，具有重演复杂轨迹的功能		根据给定的轨迹曲线，求得 φ_1-x 及 φ_5-y 曲线，按此曲线绘制凸轮 1、5 的轮廓

续表

序号	组合方式		实　例	传动框图	运动特性	典型传动函数	设计要点
15	并联组合	以差动凸轮机构为基础机构	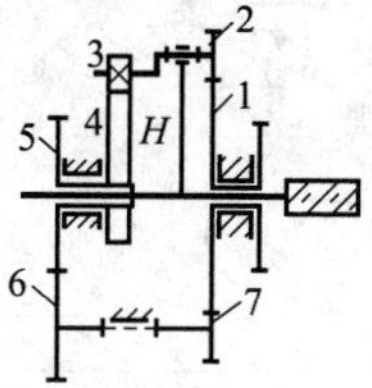	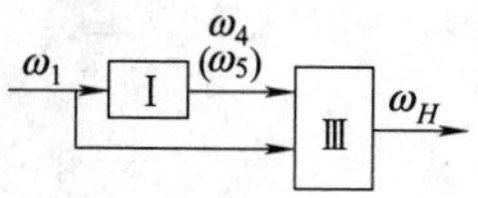	ω_H 的运动受凸轮 4 的廓线控制 本机构为滚齿机的误差补偿机构，使凸轮在滚齿机工作台旋转一周时比齿轮 1 多转或少转一整周，从而通过摆杆 3 使行星轮 2 获得附加转动而改变系杆 H 的运动	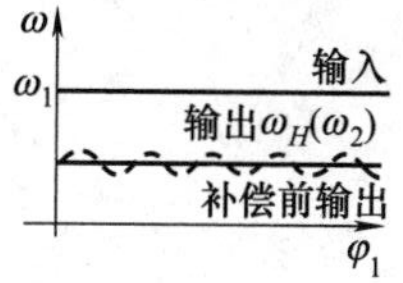	设计定轴轮系 1、7、6、5，使凸轮 4(与齿轮 5 固接)在一个周期中比齿轮 1 多转或少转一整圈 实测滚齿机蜗杆蜗轮副一周的误差，按此误差，考虑到差动轮系的传动比绘制凸轮轮廓
16	反馈组合	二自由度蜗杆蜗轮机构为基础机构	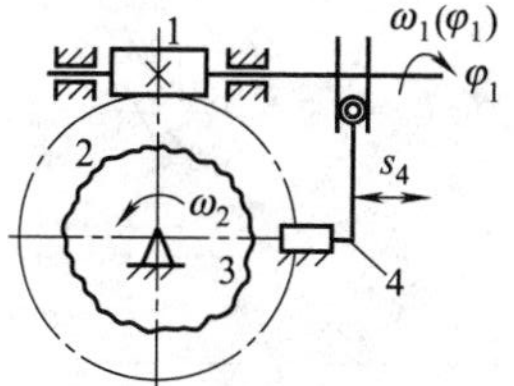	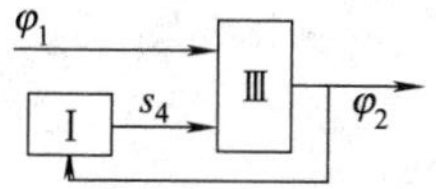	蜗杆的轴向运动受到与蜗轮 2 固接的凸轮 3 的控制 本机构是齿轮加工机床的误差补偿装置		实测蜗杆蜗轮副一个周期的运动误差，以此误差绘制凸轮轮廓
17		差动轮系为基础机构	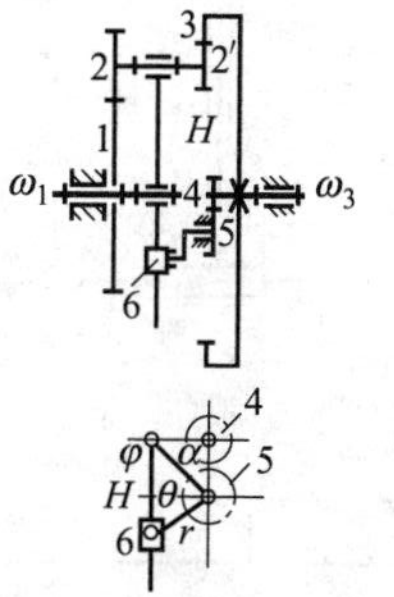	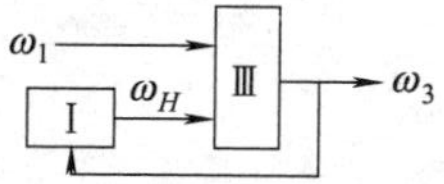	该机构的输出速度 ω_3，与导杆机构函数成倒数关系。其近似等速段可达 200°，行程速比系数 K 可接近 6	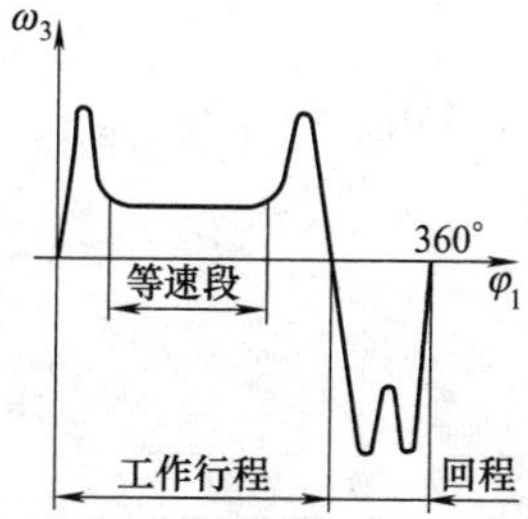	求出该机构的运动方程式为 $\omega_1=\left[i_{13}^H\dfrac{\lambda(\cos\theta-\lambda)}{1-2\lambda\cos\theta+\lambda^2}\times i_{s3}(i_{13}^H-1)\right]\omega_3$ $\lambda=r/l$ 选择合适的反馈系数 λ，求解 ω_3

续表

序号	组合方式		实例	传动框图	运动特性	典型传动函数	设计要点
18	运载组合	圆柱坐标式	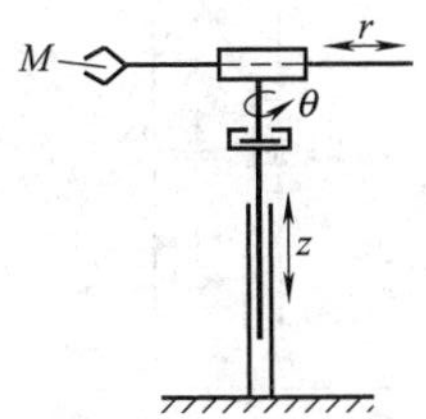	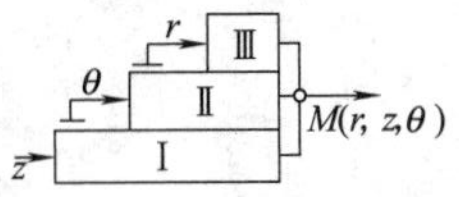	点 M 的运动为 3 个独立运动参数 z、θ、r 的叠加	实现空间某一点位置及该点在空间的运动轨迹	将给定的运动和位置按 3 个坐标分解，然后分别设计各构件的运动
19		单自由度式	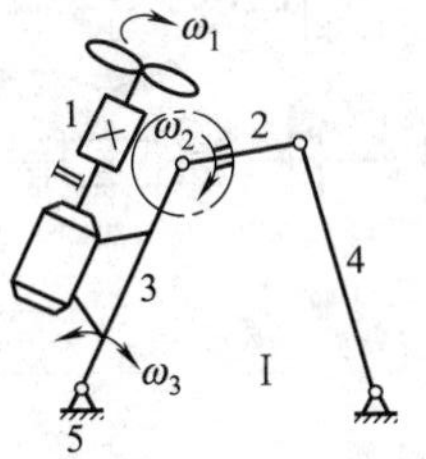	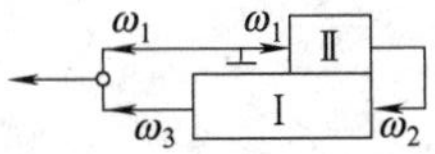	用一个驱动源得到风扇的旋转运动和风扇座的摇摆运动	实现两运动的合成	合适选择蜗杆蜗轮传动比，以得到适当的摆动速度 选择合理的四杆长度以得到需要的摆角
20	时序组合	自动机	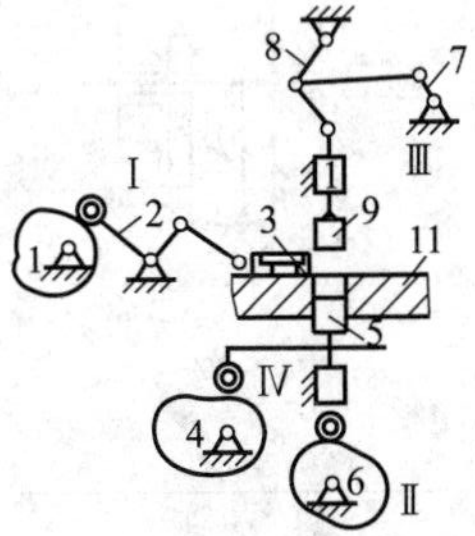	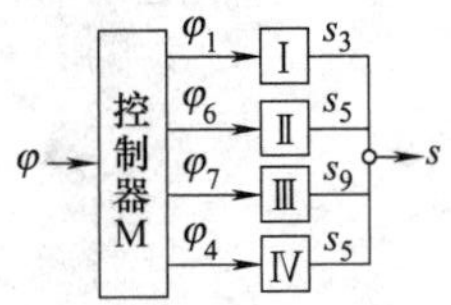	执行机件，按时间的顺序与被加工零件做相对运动 时间顺序由控制器 M 控制，本例 M 是分配轴	加工自动化的各种机械运动	各机构按运动要求分别独立设计，并按运动循环图规定的相位要求安装在分配轴上

8.2　凸轮连杆组合机构

凸轮-连杆组合机构是由连杆机构和凸轮机构按一定工作要求组合而成的，它综合了这两种机构各自的优点。这种组合机构中，多数是以连杆机构为基础，而凸轮起调节和补偿作用，以执行单纯连杆机构无法实现或难以设计的运动要求。但有时也以凸轮机构为主体，通过连杆机构的运动变换使输出的从动件能满足各种工作要求。

8.2.1　固定凸轮-连杆机构

（1）实现给定轨迹的固定凸轮-连杆组合机构（表 11-8-2）

表 11-8-2　实现给定轨迹的固定凸轮-连杆组合机构设计

固定凸轮-连杆组合机构	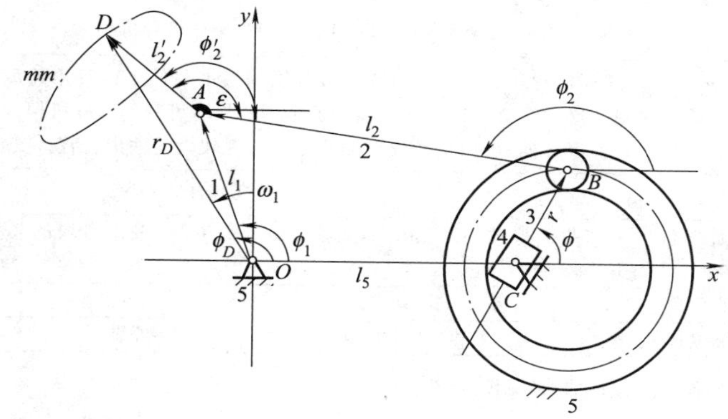
已知条件	图示为由连杆机构 1-2-3-4-5 和固定凸轮 5 所组成的组合机构，主动件 1 以 ω_1 转动时，连杆 2 上 D 点执行给定轨迹 mm。这种组合机构的运动相当于杆长 BC 可变的四杆铰链机构 $OABC$，因而克服了一般四杆铰链机构的连杆曲线无法精确实现给定轨迹的问题。其设计步骤和方法如下
步骤	方　法
1	建立坐标系 Oxy。一般取原点 O 为输入轴轴心，x 轴为连心线 OC 方向
2	将给定的轨迹 mm 分成若干分点，定出一系列的向径 r_D 和 ϕ_D
3	选定杆长 l_1、l_2 和 l_5，以及执行点 D 在连杆 2 上的位置 l_2' 和 ε 角
4	确定 A 点的一系列分度位置，以 O 为中心、l_1 为半径作曲柄圆，以一系列 D 为中心、l_2' 为半径作圆弧，它与曲柄圆的交点即得一系列的 A 点
5	确定 B 点的一系列位置。连 AD，在此基础上按角 ε 和杆长 l_2 定出一系列的 B 点相应位置
6	画出凸轮 5 的廓线，把一系列的 B 点连成曲线即凸轮的理论廓线。在理论廓线上作一系列的滚子圆，其内、外包络线即固定凸轮 5 的曲线槽
7	凸轮理论廓线的极坐标方程式（以 C 为极坐标中心，ϕ 角由 x 轴起逆时针量度）。凸轮的理论廓线方程式为 $\left.\begin{array}{l} r=\left[(r_D\cos\phi_D-l_2\cos\phi_2-l_2'\cos\phi_2'-l_5)^2+(r_D\sin\phi_D-l_2\sin\phi_2-l_2'\sin\phi_2')^2\right]^{\frac{1}{2}} \\ \phi=\arctan\left(\dfrac{r_D\sin\phi_D-l_2\sin\phi_2-l_2'\sin\phi_2'}{r_D\cos\phi_D-l_2\cos\phi_2-l_2'\cos\phi_2'-l_5}\right) \end{array}\right\}$　(11-8-1) 其中　$\phi_2'=\phi_D\pm\arccos\left(\dfrac{r_D{}^2+l_2'{}^2-l_1{}^2}{2r_Dl_2'}\right)$　(11-8-2) $\phi_2=\pi+\phi_2'-\varepsilon$　(11-8-3) $\phi_1=\phi_D-\left[\pm\arccos\left(\dfrac{r_D{}^2+l_1{}^2-l_2'{}^2}{2r_Dl_1}\right)\right]$　(11-8-4) 式中，± 号按机构的位置连续性取定

(2) 实现给定运动规律的固定凸轮-连杆组合机构（表 11-8-3）

表 11-8-3　　实现给定运动规律的固定凸轮-连杆组合机构设计

<table>
<tr><td>图示</td><td>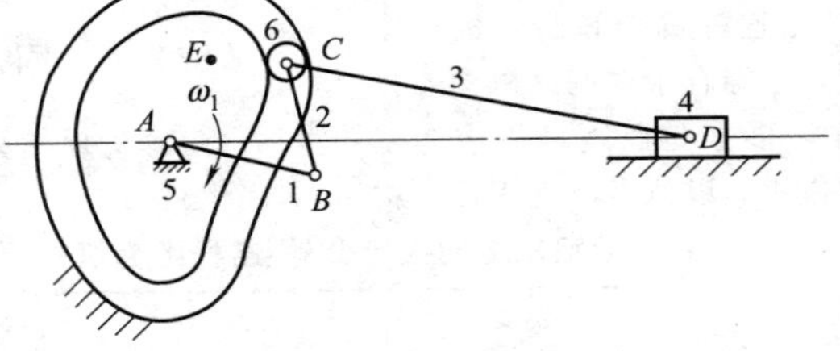

图(a)　固定凸轮-连杆组合机构</td></tr>
<tr><td>已知条件</td><td>图(a)所示为一由连杆机构和固定凸轮组成的组合机构。主动件 1 以等角速度 ω_1 连续旋转，通过连杆 2 和 3 带动滑块 4 往复移动。这种组合机构相当于从动曲柄 CE 长度可变的六杆机构 $ABCDE$（E 为凸轮理论轮廓曲线的曲率中心），具有较长停歇期，可用尺寸较小的凸轮来实现较大的输出行程。其设计步骤和方法如下</td></tr>
<tr><td>步骤</td><td>内　容</td></tr>
<tr><td>1</td><td>给定设计条件。主动曲柄长度 $l_1=20$mm，角速度 $\omega_1=10s^{-1}$，输出滑块的起始位置 $H_0=88$mm，行程 $H=36$mm，运动规律如下
<table>
<tr><td>曲柄转角 ϕ_1</td><td>0°～150°</td><td>150°～270°</td><td>270°～360°</td></tr>
<tr><td>滑块位移 s_D</td><td>等速向左 36mm</td><td>停歇</td><td>等速向右 36mm</td></tr>
</table></td></tr>
<tr><td>2</td><td>画出输出滑块的位移曲线，见图(b)中(ⅰ)
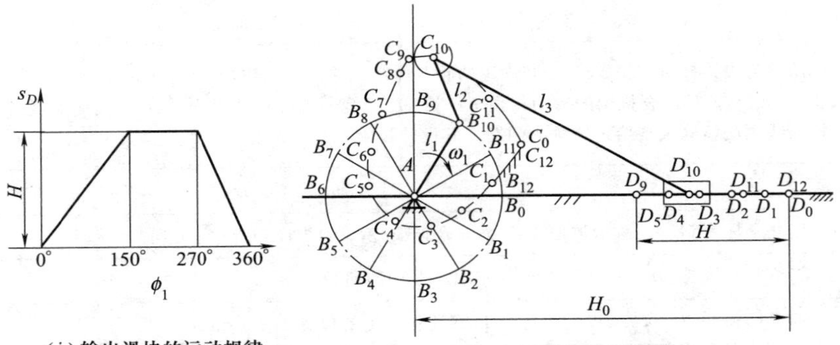

(ⅰ) 输出滑块的运动规律　　(ⅱ) 组合机构的设计
图(b)　糖果包装机中应用的固定凸轮-连杆组合机构</td></tr>
<tr><td>3</td><td>以 A 为中心、l_1 为半径作曲柄圆，顺 ω_1 取 12 等份，得 B_0、B_1、…、B_{12}。同时将行程 H 按图(a)所示运动规律求得滑块相应的分点 D_0、D_1、…、D_{12}，见图(b)中(ⅱ)</td></tr>
<tr><td>4</td><td>选定连杆 BC 和 CD 的长度 l_2 和 l_3，由相应的 B 和 D 分点中求得变长 BD 的最大和最小距离
$$(l_{BD})_{\max}=72\text{mm},(l_{BD})_{\min}=56\text{mm}$$
一般可按下列条件求 l_2 和 l_3
$$l_2+l_3\geqslant(l_{BD})_{\max}\quad l_3-l_2\leqslant(l_{BD})_{\min}$$
图(b)的(ⅱ)中取：$l_3=68$mm，$l_2=16$mm</td></tr>
<tr><td>5</td><td>凸轮廓线设计，以 B_0 为中心、l_2 为半径作圆弧，再以 D_0 为中心、l_3 为半径作圆弧，两圆弧的交点为 C_0，它就是主动曲柄转角 $\phi_1=0$ 时凸轮理论廓线上的点。同理，分别作出 12 个 C 点，各个 C 点连接起来即固定凸轮的理论廓线。在理论廓线上作一系列滚子圆，其内外包络线即凸轮的工作廓线（图中未画出）</td></tr>
</table>

8.2.2　转动凸轮-连杆机构

这种组合机构是以一个二自由度的五杆机构为基础，利用和主动件一起转动的凸轮来控制五杆机构的两个输入运动间的关系，从而使输出的运动实现给定的工作要求。这种组合机构主要有以下两种形式。

(1) 用凸轮来控制从动曲柄（或摇杆）的运动（表 11-8-4）

表 11-8-4　　用凸轮来控制从动曲柄（或摇杆）运动的机构设计

转动凸轮-五杆组合机构	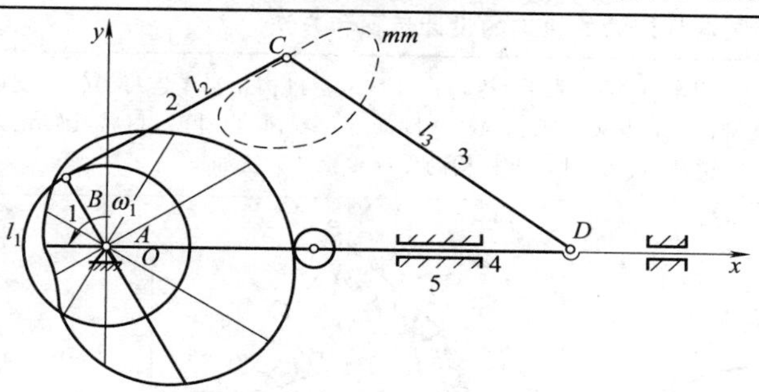图(a) 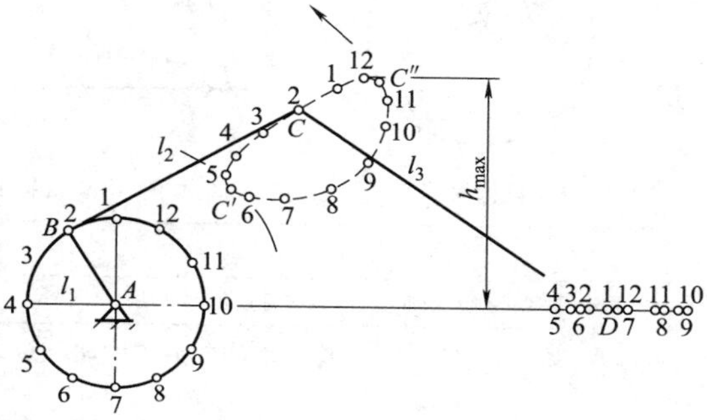图(b) 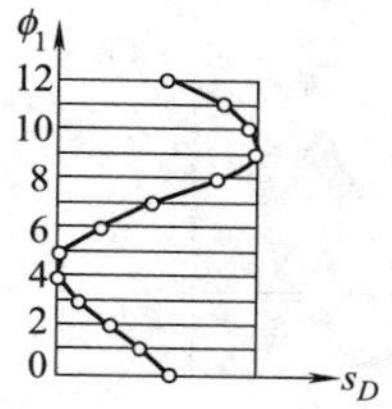图(c)
已知条件	图(a)所示为一由五杆机构 1-2-3-4-5 和凸轮机构 1-4-5 所组成的相当于机架铰链点 D 的位置可变动的四杆铰链机构 $ABCD$，其设计步骤和方法如下。这种组合机构的另外一种常见形式是将凸轮机构中的移动从动件 4 改为摆动从动件
步骤	方　　法
1	建立坐标系 Oxy。一般原点 O 与输入轴 A 重合，x 与从动件 4 的移动导路方向平行或重合
2	选定曲柄 AB 和连杆 BC、CD 的长度 l_1、l_2 和 l_3： $$l_1=\frac{1}{2}(l_{AC''}-l_{AC'}),\ l_2=\frac{1}{2}(l_{AC''}-l_{AC'}),\ l_3>h_{max}$$ $l_{AC'}$ 和 $l_{AC''}$ 是 A 到 mm 曲线的最近和最远距离。h_{max} 是 mm 曲线与构件 4 导路线之间的最远距离
3	作曲柄圆[图(b)]，并顺 ω_1 方向取 12 等份，得 B 点。以各个 B 点为中心、l_2 为半径，与 mm 曲线的交点即得 12 个相应的 C 点，再以各个 C 点为中心、l_3 为半径，与杆 4 导路线的交点即为 12 个相应的分点 D
4	作出从动件 4 的位移曲线 s_D-ϕ_1，根据构件 1 各个等分角 ϕ_1 时的 D 点位置，画出其位移曲线[图(c)]，注意 $\phi_1=0°$时，不一定就是从动件 4 的左极限或右极限位置
5	画出凸轮廓线：根据此位移曲线，用移动从动件盘形凸轮廓线的绘制方法作出凸轮的理论廓线和工作廓线
6	mm 曲线的参数方程式 $$\left.\begin{aligned}x_C&=l_1\cos\phi_1+l_2\cos\phi_2\\y_C&=l_1\sin\phi_1+l_2\sin\phi_2\end{aligned}\right\}\qquad(11\text{-}8\text{-}5)$$ 设计时选定 mm 曲线上各个 C 点的坐标(x_C,y_C)，选定 l_1 和 l_2，按上式求出相应的 ϕ_1 和 ϕ_2
7	求 D 点的位置($AD=h_4$)以及从动件 4 的位移规律 $s_D=f(\phi_1)$ $$\tan\phi_2=(M\pm\sqrt{M^2+N^2-P^2})/(N+P)\qquad(11\text{-}8\text{-}6)$$ $$M=2l_1l_2\sin\phi_1\qquad(11\text{-}8\text{-}7)$$ $$N=2l_1l_2\cos\phi_1-2l_2h_4\qquad(11\text{-}8\text{-}8)$$ $$P=l_3^2-l_1^2-l_2^2-h_4^2+2l_1h_4\cos\phi_1\qquad(11\text{-}8\text{-}9)$$ 将选定的 l_1、l_2 和 l_3 以及由式(11-8-5)求得的 ϕ_1 和 ϕ_2 代入以上四式，便可求得和 ϕ_1 相对应的一系列 h_4，从而得出从动件 4 的位移规律 $s_D=f(\phi_1)$
8	按 $s_D=f(\phi_1)$ 用解析法求解移动从动件盘形凸轮的理论廓线和工作廓线方程式

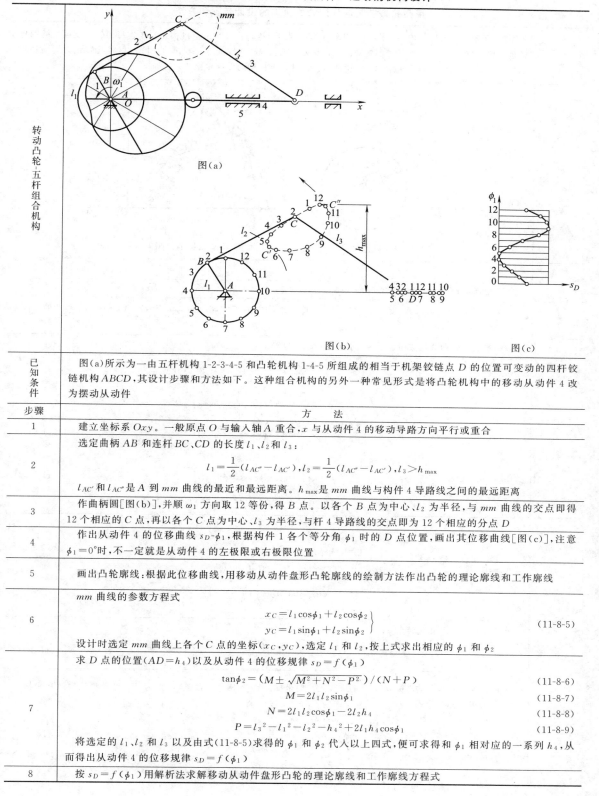

（2）用凸轮来控制连杆的运动（表 11-8-5）

表 11-8-5　　用凸轮来控制连杆运动的机构的设计步骤和方法

已知条件	图(a)所示为一五杆机构 1-2-3-4-5 和凸轮 1 组成的组合机构。这种组合机构相当于连杆 AC 长度可变的四杆铰接机构 $OACD$，只要改变凸轮的轮廓曲线形状就可控制 AC 长度的变化规律，设计时，可将其转化为运动相当的连杆机构，用封闭矢量法求解，如图(b)所示。这种组合机构的设计步骤和方法如下
凸轮-五杆组合机构	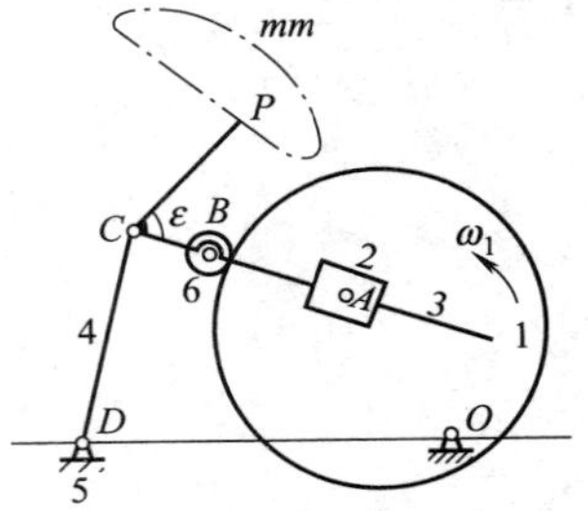 图(a)　机构简图 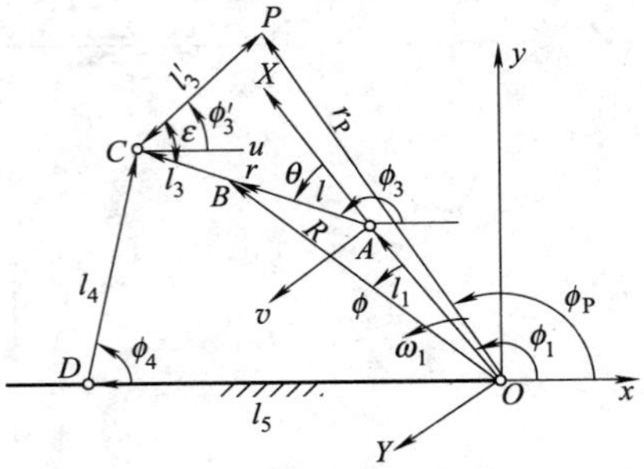 图(b)　机构的封闭矢量图
步骤	方　　法
1	建立坐标系 Oxy。一般取原点与输入轴重合，Ox 为连心线 OD 方向
2	选定连杆机构中各杆的尺度。$l_1=OA$，$l_3=BC$，$l'_3=CP$，$l_4=DC$，$l_5=OD$，$\angle PCB=\varepsilon$，这些都是不变的尺度。变量 $r=AB$
3	将给定的 mm 曲线用矢量表示为：向径 $r_P=OP$，位置角 ϕ_P
4	求出杆 ABC、杆 CP 和杆 DC 的位置角 ϕ_3、ϕ'_3 和 ϕ_4 由机构位置的封闭矢量方程式可解出 $\phi_4=\phi_P-\left[\pm\arccos\left(\frac{F^2+l_4^2-l'^2_3}{2Fl_4}\right)\right]$　(11-8-10) $\phi'_3=\phi_P\pm\arccos\left(\frac{F^2+l'^2_3-l_4^2}{2Fl'_3}\right)$　(11-8-11) $\phi_3=\pi+\phi'_3-\varepsilon$ 式中　$F=(r_P^2+l_5^2-2r_Pl_5\cos\phi_P)^{\frac{1}{2}}$　(11-8-12) $\phi_P=\arctan\left(\frac{r_P\sin\phi_P}{l_5+r_P\cos\phi_P}\right)$
5	求出可变长度 r $r=G\cos(\phi_G-\phi_3)-l_1\cos(\phi_1-\phi_3)-l_3$　(11-8-13) 式中　$G=(l_4^2+l_5^2-2l_4l_5\cos\phi_4)^{\frac{1}{2}}$ $\phi_G=\arctan\left(\frac{l_4\sin\phi_4}{l_4\cos\phi_4-l_5}\right)$
6	求出主动件 1 的相应转角 ϕ_1 $\phi_1=\phi_3+\arcsin\left[\frac{G\sin(\phi_G-\phi_3)}{l_1}\right]$　(11-8-14)
7	求凸轮理论廓线在动坐标 uAv 上的方程式。动坐标 uAv 和构件 1 固连，原点为 A。凸轮理论廓线在坐标系 uAv 上的极坐标方程式 $\left.\begin{array}{l} r=G\cos(\phi_G-\phi_3)-l_1\cos(\phi_1-\phi_3)-l_2 \\ \theta=\phi_3-\phi_1 \end{array}\right\}$　(11-8-15) 直角坐标方程式　$\left.\begin{array}{l} u=r\cos\theta \\ v=r\sin\theta \end{array}\right\}$　(11-8-16)

8.2.3　联动凸轮-连杆机构

表 11-8-6　　**联动凸轮-连杆机构设计**

已知条件	这种组合机构是以联动凸轮机构为主体，连杆机构作为实现复杂工作要求的执行部分 图(a)所示联动凸轮-连杆组合机构中，主动件是两个固连在一起的盘形槽凸轮 1 和 1′，当凸轮 1 和 1′转动时，根据这两个凸轮的不同轮廓形状和相互间的位置配合关系，可使 E 点准确地实现工作所需要的预定轨迹。这种组合的设计步骤和方法如下
图示	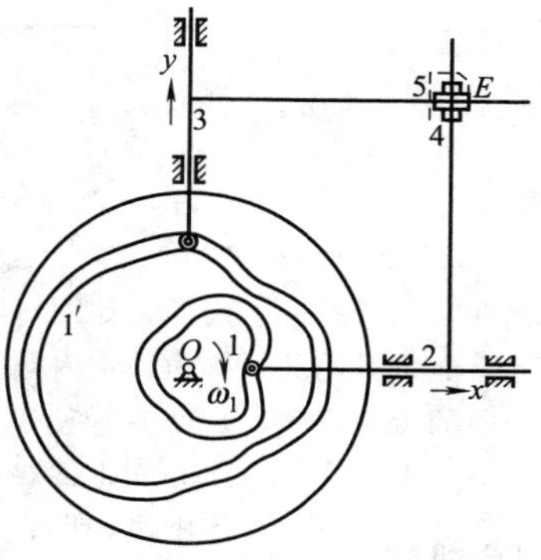 图(a)　联动凸轮-连杆组合机构 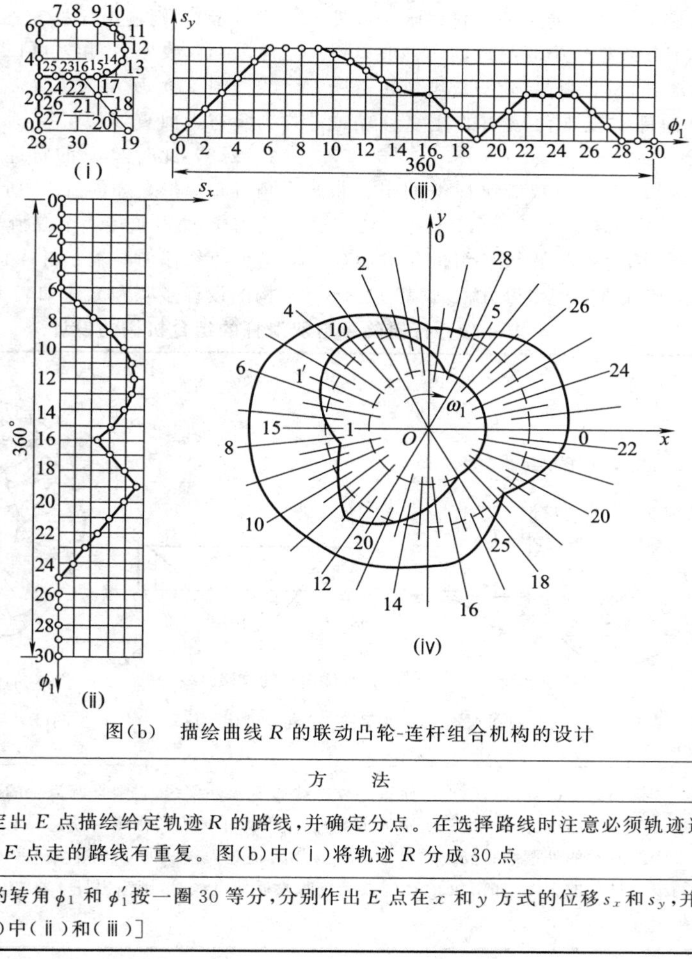 图(b)　描绘曲线 R 的联动凸轮-连杆组合机构的设计
步骤	方　法
1	按工作要求拟定出 E 点描绘给定轨迹 R 的路线，并确定分点。在选择路线时注意必须轨迹连续，首末衔接，为了轨迹连续，允许 E 点走的路线有重复。图(b)中(ⅰ)将轨迹 R 分成 30 点
2	将凸轮 1 和 1′的转角 ϕ_1 和 ϕ_1' 按一圈 30 等分，分别作出 E 点在 x 和 y 方式的位移 s_x 和 s_y，并连成位移曲线 s_x-ϕ_1 和 s_y-ϕ_1'[图(b)中(ⅱ)和(ⅲ)]

续表

步骤	方 法
3	选定凸轮 1 和 1′的起始位置并作出其一圈中的各等分角。如图(b)中(ⅳ)所示，取凸轮 1 的起始位置 ϕ_{10} 为 Ox 方向，取凸轮 1′的起始位置 ϕ'_{10} 为 Oy 方向。逆凸轮 ω_1 方向各取一圈 30 个等分角线
4	作出凸轮的理论廓线和工作廓线。按凸轮轮廓设计的反转法原理，根据位移曲线 s_x-ϕ_1 和 s_y-ϕ'_1 分别作出移动从动件盘形凸轮 1 和 1′的理论廓线[图(b)中(ⅳ)]。然后在理论廓线上作一系列滚子圆，其内外包络线即凸轮的工作廓线(图中未画出)

8.3 齿轮-连杆组合机构

凸轮-连杆组合机构虽然能完成多种运动要求，但其承载能力和加工要求均有限制，因此在某些情况下，使用齿轮-连杆组合机构也可以达到所要的运动要求，只是设计较为困难，这种组合机构中的齿轮机构，多数采用周转轮系。

8.3.1 行星轮系与Ⅱ级杆的组合机构

这种组合机构是由一个最简单的单排内啮合或外啮合行星轮系与一个Ⅱ级杆组串联组成的，一般以行星轮系的转臂为主动件，利用行星轮与杆组铰接点所走的轨迹，使输出构件实现带停歇期的往复移动或摆动。

① 单排外啮合行星轮系与双滑块杆组的组合机构，其设计步骤和方法如表 11-8-7 所示。

② 单排内啮合行星轮系与Ⅱ级杆组的组合（实现近似停歇运动），其设计步骤和方法如表 11-8-8 所示。

表 11-8-8 中图（a）所示为这种组合机构 $K=r_1/r_2=3$、$\lambda=r_1/r_2=1$ 时 C 点的轨迹 mm，当 $\lambda=1/2$ 时，则 C 点的轨迹为具有近似直线段的带圆角三角形，如图（b）所示；当 $\lambda=1.5$ 时，则 C 点的轨迹为长幅内摆线（图中未示出）。若选取适当的连杆长度 l_3，使以 D 为中心、l_3 为半径的圆弧通过内摆线 mm 上的 C、C'、C''点，则输出滑块 4 将出现近似停歇段，且有相应于主动转臂转角为 $\pm\phi$ 的停歇时间。如果将图（a）所示的滑块 4 改为摇杆 5（如虚线所示），则输出摇杆 5 在摆动到其右极限时将具有停歇期。改变 K 和 λ 可以得到不同形状的变幅内摆线。图（c）所示为 $K=4$、$\lambda=1/3$ 时，C 点的轨迹为具有近似直线段的带圆角正方形；如取 $K=2.5$、$\lambda=2/3$，此时 C 点的轨迹为具有近似直线段的带圆角五角星形，如图（d）所示。图（b）、图（c）所示为 C 点处再铰接一个双滑块杆组 34，则当 C 点轨迹近似直线段时，输出杆 4 将出现停歇期，这种组合机构的设计步骤和方法如表 11-8-8 所示。

表 11-8-7　　单排外啮合行星轮系与双滑杆的组合机构的设计

<table>
<tr><td>图示</td><td>
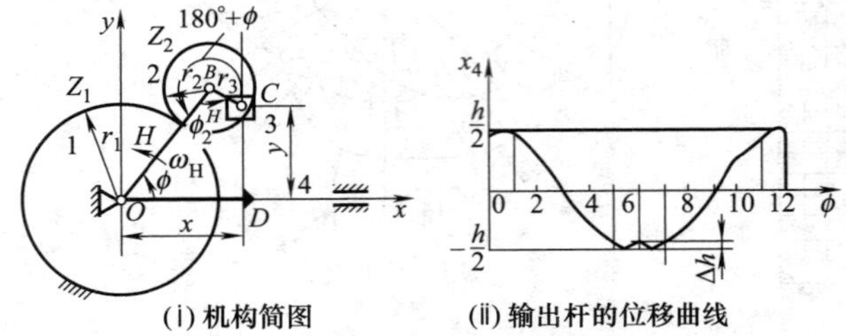

(ⅰ) 机构简图　(ⅱ) 输出杆的位移曲线
图(a)　单排外啮合行星轮系-连杆组合机构
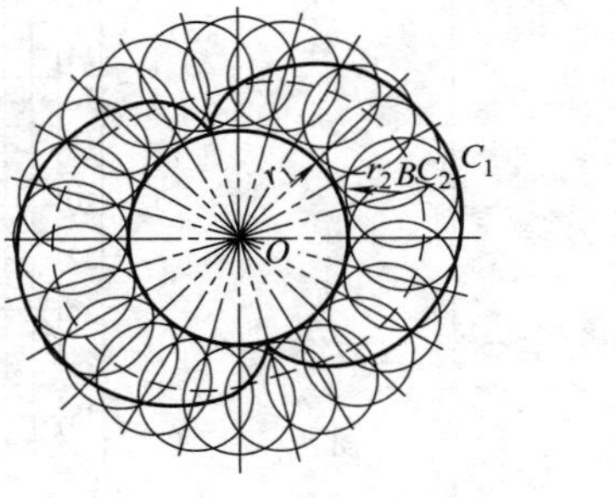

K=2 实线：λ=1　虚线：λ=1/3
图(b)　外摆线和变幅外摆线
</td></tr>
<tr><td>已知条件</td><td>这种组合机构如图(a)所示，C 点的轨迹为外摆线或变幅外摆线，它根据两齿轮的节圆半径 r_1、r_2 以及 BC 长度 r_3 的不同，而有不同的轨迹。图(b)所示为 $K=r_1/r_2=2$ 时 C 点所画出的轨迹，当 $\lambda=r_1/r_2=1$ 时，则 C_1 点的轨迹为图中实线所示的外摆线；当 $\lambda=1/3$ 时，则 C_2 点的轨迹为虚线所示的短幅外摆线。由图中可见，此短幅外摆线上有两段为近似的直线，如滑块 3 上 C 点经此两段近似直线时，则输出杆 4 将产生近似的停歇。这种组合机构的设计步骤和方法如下</td></tr>
</table>

续表

步骤	方法
1	行星轮系 12H 中各构件间的角速比和转角关系 $$i_{2H}=\omega_2/\omega_H=1+K \quad (11\text{-}8\text{-}17)$$ 轮 2 的转角 $$\phi_2=(1+K)\phi \quad (11\text{-}8\text{-}18)$$ 轮 2 相对 H 的转角 $$\phi_2^H=\phi_2-\phi=K\phi \quad (11\text{-}8\text{-}19)$$ 式中 ϕ——主动转臂 H 的转角 K——齿数比，$K=z_1/z_2$
2	行星齿轮 2 上的 C 点的轨迹方程式 $$\left.\begin{aligned}x_C&=(r_1+r_2)\cos\phi-r_3\cos(1+K)\phi\\y_C&=(r_1+r_2)\sin\phi-r_3\sin(1+K)\phi\end{aligned}\right\} \quad (11\text{-}8\text{-}20)$$ 式中 r_1,r_2——齿轮 1 与 2 的节圆半径 r_3——BC 的长度
3	输出杆 4 的位置和行程 h $$\left.\begin{aligned}x_4&=H\cos\phi-r_3\cos(1+K)\phi\\y_4&=0\end{aligned}\right\} \quad (11\text{-}8\text{-}21)$$ 式中 H——转臂的长度 当 $\phi=0$ 时，$x_4=H-r_3$；$\phi=\pi$ 时，$x_4=-(H-r_3)$ 行程 $$h=(H-r_3)+(H-r_3)=2(H-r_3) \quad (11\text{-}8\text{-}22)$$ 图(a)中(ⅱ)所示为转臂 H 转一周中输出杆 4 的位移曲线 $x_4=f(\phi)$，此机构取 $K=2$
4	输出杆 4 的速度 v_4 和加速度 a_4 $$v_4=\dot{x}_4=-\omega_H\left[H\sin\phi-(1+K)r_3\sin(1+K)\phi\right] \quad (11\text{-}8\text{-}23)$$ $$a_4=\ddot{x}_4=-\varepsilon_H\left[H\sin\phi-(1+K)r_3\sin(1+K)\phi\right]-(\omega_H)^2\left[H\cos\phi-(1+K)^2r_3\cos(1+K)\phi\right] \quad (11\text{-}8\text{-}24)$$ 式中 ω_H——转臂 H 的角速度 ε_H——转臂 H 的角加速度，当 ω_H 为常数时，$\varepsilon_H=0$
5	如工作要求输出杆 4 在其行程两端具有近似停歇区，并给定转臂 H 的相应转角，计算转臂长度 H 与 r_3 的比值 σ 和 r_3 与 r_2 的比值 λ。本例中取 $K=2$，并给定输出杆 4 在行程两端近似停歇时转臂 H 的相应转角各为 60°。设计时，假定输出杆在行程两端停歇时的位置为对称分布，即按 $\phi=0°$ 和 $\phi=30°$ 时的 x_4 值相等的条件求解(同理，按 $\phi=150°$ 和 $\phi=180°$ 时 x_4 值相等的条件)，可得 $$H-r_3=H\cos30°$$ $$\sigma=\frac{H}{r_3}=7.4627$$ $$\lambda=\frac{r_3}{r_2}=\frac{1+K}{\sigma}=\frac{1+2}{7.4627}=0.402$$
6	行程 h 及其微动值 Δh。输出杆 4 在极限位置时转臂 H 相应的位置角 ϕ 可按下法求得：令式(11-8-23)中 $\dot{x}_4=0$，并将 σ 值代入可得 $\phi=0°$ 及 $\phi=20.96°$，然后以 $\phi=20.96°$ 及 $x_4=0.5h$ 代入式(11-8-21)求得 $h=1.74549H$，$\Delta h=0.5h-(H-r_3)=-0.00673H=-0.00386h$，这表示微动值 Δh 仅占行程 h 的 0.4%左右，所以实际上由于运动副中间隙等因素存在，在输出杆 4 的行程两端，相应于主动件 H 的转角 60°范围内，将出现有一段时间的停歇期

表 11-8-8 单排内啮合行星轮系-连杆组合机构大的计算

机构简图

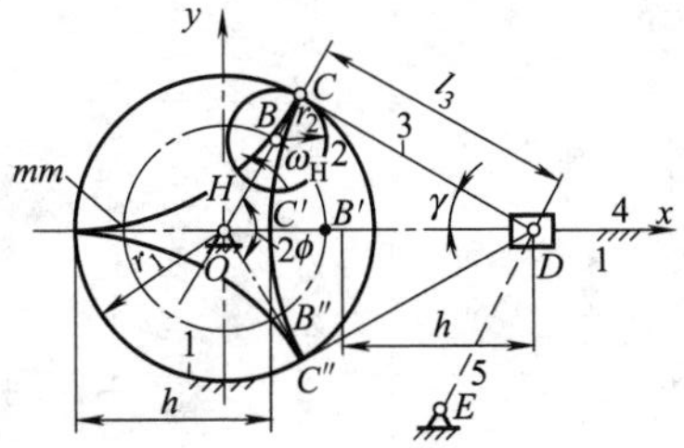

图(a) $K=\frac{r_1}{r_2}=3, \lambda=\frac{r_3}{r_2}=1$

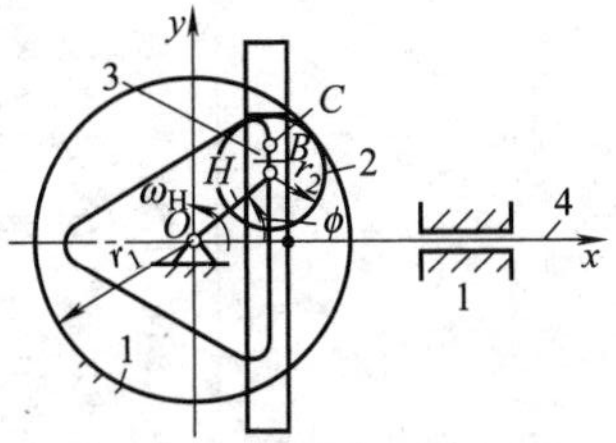

图(b) $K=\frac{r_1}{r_2}=3, \lambda=\frac{r_3}{r_2}=\frac{1}{2}$

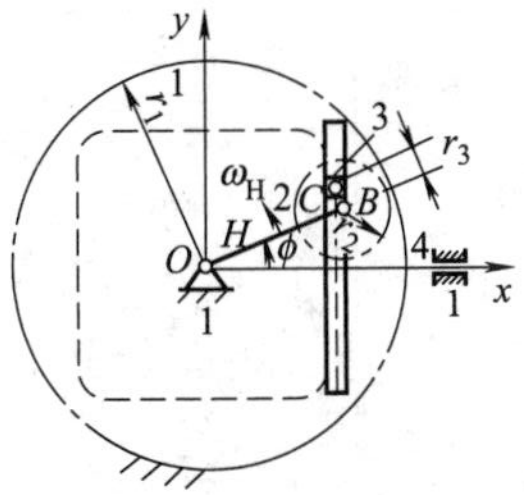

图(c) $K=\frac{r_1}{r_2}=4, \lambda=\frac{r_3}{r_2}=1/3$

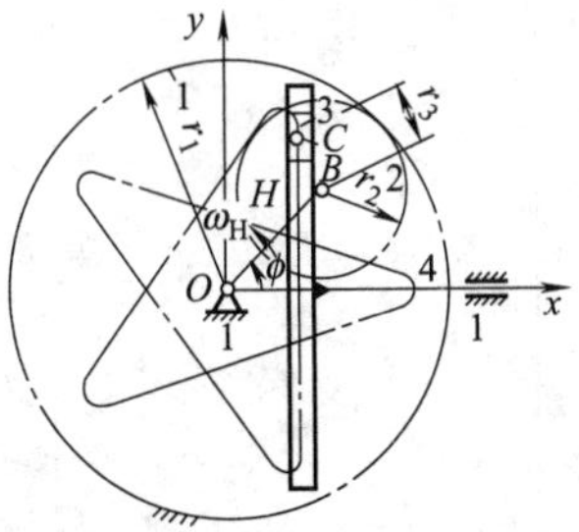

图(d) $K=\frac{r_1}{r_2}=2.5, \lambda=\frac{r_3}{r_2}=\frac{2}{3}$

已知条件	$K=r_1/r_2=z_1/z_2, \omega_H$ $l_1=l_{OB}=(K-1)r_2$、$l_2=l_{BC}=r_3=\lambda r_2$，$l_3$ 由结构取定	构件 4 的行程	$h=x_0-x_{min}$
构件的角速比与转角关系	$i_{2H}=\omega_2/\omega_H=1-K, \phi_2=(1-K)\phi$ 相对转角：$\phi_2^H=\phi_2-\phi=-K\phi$ 式中 ϕ——主动臂 H 的转角	构件 4 的位移	$s=x-x_{min}+l_3(\cos\gamma-1), \sin\gamma=\gamma/l_3$ 图(b)、图(d)：$\gamma=0, l_3=\infty$
C 点坐标	$x=l_1\cos\phi-l_2\cos\phi(K-1)\phi$ $=r_2[(K-1)\cos\phi-\lambda\cos(K-1)\phi]$ $y=l_1\sin\phi+l_2\sin(K-1)\phi$ $=r_2[(K-1)\sin\phi+\lambda\sin(K-1)\phi]$	x、y 对 ϕ 的导数	$dx/d\phi=(K-1)r_2[-\sin\phi+\lambda\sin(K-1)\phi]$ $dy/d\phi=(K-1)r_2[\cos\phi+\lambda\cos(K-1)\phi]$
当 $\phi=0$ 时，$x=x_0$	$x_0=l_1-l_2=r_2(K-1-\lambda)$	构件 4 的速度	$v_4=ds/dt=\omega_H\left(\frac{dx}{d\phi}-\frac{y}{l_3\cos\gamma}\times\frac{d\gamma}{d\phi}\right)$
当 $\phi=180°$ 时，$x=x_{min}$	$x_{min}=-(l_1+l_2)=-r_2(K-1+\lambda)$	和构件 4 停歇期相对应的转臂 H 的转角 ϕ	$\phi=\pm\frac{\pi}{K}$

注：1. 当在 $\phi=0$ 的起始位置，铰链 C 在 OB 的延长线上时，λ 以负值代入。

2. 单排行星轮系尚可与其他双杆组合成五杆齿轮连杆机构，获得具有连续输出运动、往复摆动及具有停歇、中间停歇和部分逆移的往复移动。

8.3.2　四杆机构与周转轮系的组合机构

（1）主动曲柄上固连有齿轮（表 11-8-9）

表 11-8-9　　主动曲柄上固连有齿轮的组合机构设计

<table>
<tr><td>图示</td><td>
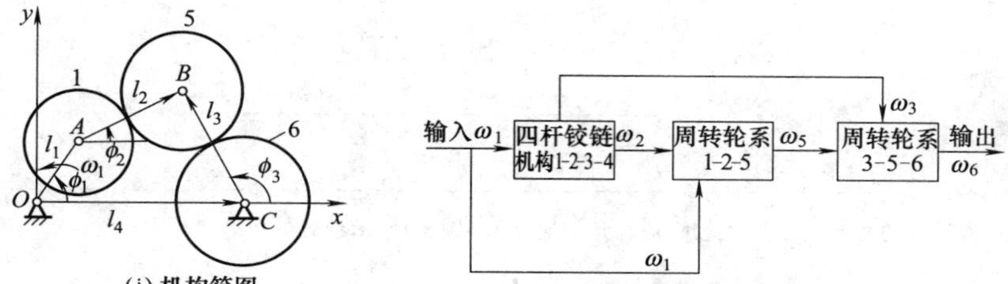

(i) 机构简图　　(ii) 组成分析框图
图(a)　四杆铰链机构与周转轮系复联组合机构
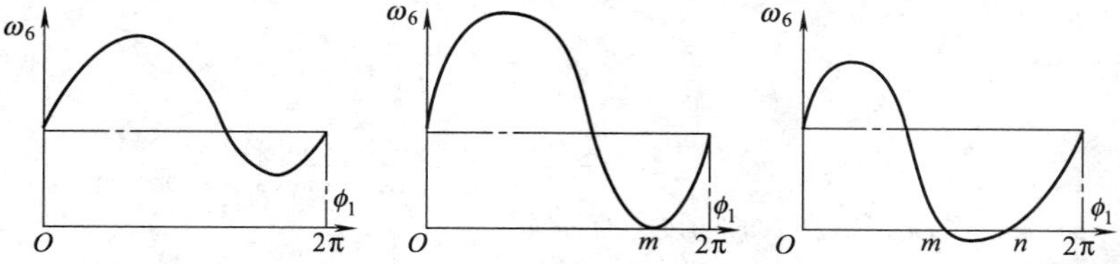

(i)　(ii)　(iii)
图(b)　四杆铰链-周转轮系组合机构的运动规律
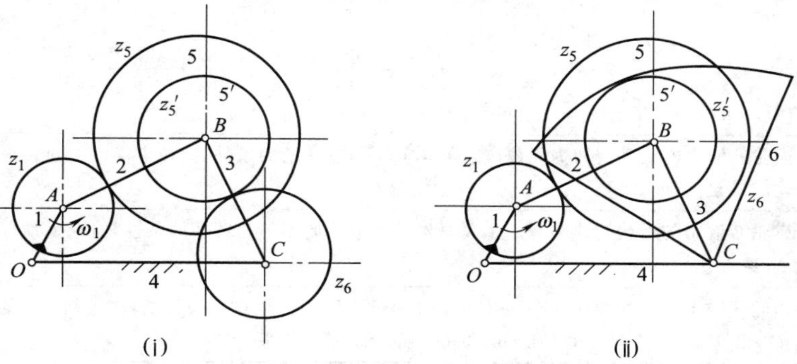

(i)　(ii)
图(c)　四杆铰链-周转轮系组合机构
</td></tr>
<tr><td>已知条件</td><td>图(a)所示为四杆铰链机构与周转轮系复联组成的组合机构，主动件为曲柄 1，其上固连有齿轮 z_1，其节圆半径为 r_1（r_1有时也可大于曲柄长度 l_1）。齿轮 5 空套在铰链 B 上，输出轮 6 空套在轴 C 上，当主动曲柄以等角速度 ω_1连续旋转时，根据四杆机构各杆尺度和齿轮齿数的不同配置，输出齿轮 6 可能得到下列三种不同类型的运动规律：①无停歇点的单向不匀速转动[图(b)中(ⅰ)]；②有瞬时停歇（m 点）的单向不匀速转动[图(b)中(ⅱ)]；③有两个瞬时停歇点（m 和 n）的不匀速转动[图(b)中(ⅲ)]。根据结构需要，齿轮 5 也可以做成双联的形式，如图(c)中所示 5 和 5′，而图(ⅱ)中所示输出齿轮 6 为内齿轮。四杆铰链机构与周转轮系复联组合机构的设计步骤和方法如下</td></tr>
<tr><td>步骤</td><td>方　　法</td></tr>
<tr><td>1</td><td>杆 2 的角位置 ϕ_2、角速度 ω_2和角加速度 ε_2

$$\phi_2=2\arctan\frac{F\pm\sqrt{E^2+F^2-G^2}}{E-G}\qquad(11\text{-}8\text{-}25)$$

$$\omega_2=-\omega_1\frac{l_1\sin(\phi_1-\phi_3)}{l_2\sin(\phi_2-\phi_3)}\qquad(11\text{-}8\text{-}26)$$

$$\varepsilon_2=\frac{l_3\omega_3^2-l_1\varepsilon_1\sin(\phi_1-\phi_3)-l_1\omega_1^2\cos(\phi_1-\phi_3)-l_2\omega_2^2\cos(\phi_2-\phi_3)}{l_2\sin(\phi_2-\phi_3)}\qquad(11\text{-}8\text{-}27)$$

$$E=l_4-l_1\cos\phi_1$$

$$F=-l_1\sin\phi_1$$

$$G=-\left(\frac{E^2+F^2+l_2^2-l_3^2}{2l_2}\right)$$
</td></tr>
</table>

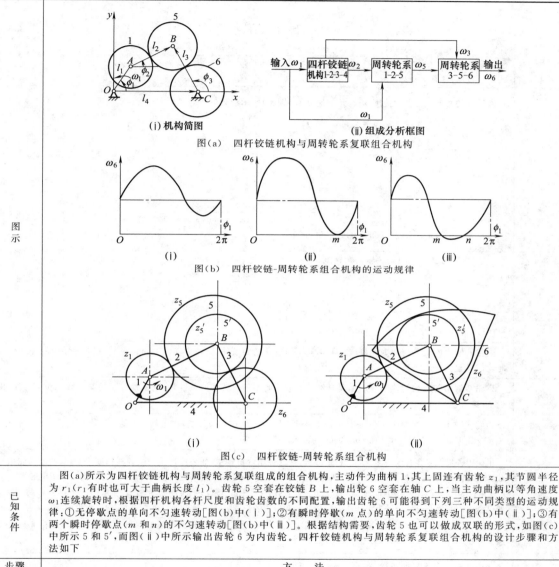

第 11 篇

续表

步骤	方法
2	杆 3 的角位置 ϕ_3、角速度 ω_3 和角加速度 ε_3 $\phi_3=2\arctan\dfrac{F\pm\sqrt{E^2+F^2-H^2}}{E-H}$ (11-8-28) $\omega_3=\omega_1\dfrac{l_1\sin(\phi_1-\phi_2)}{l_3\sin(\phi_3-\phi_2)}$ (11-8-29) $\varepsilon_3=\dfrac{l_2\omega_2{}^2+l_1\varepsilon_1\sin(\phi_1-\phi_2)+l_1\omega_1^2\cos(\phi_1-\phi_2)-l_3\omega_3^2\cos(\phi_3-\phi_2)}{l_3\sin(\phi_3-\phi_2)}$ (11-8-30) 式中 $H=E^2+F^2+l_3^2-l_2^2/2l_3$
3	齿轮 6 的角位置 ϕ_6、角速度 ω_6 和角加速度 ε_6[图(a)所示形式的组合机构] $\phi_6=\phi_{30}+\dfrac{r_1}{r_6}(\phi_1-\phi_{10})-\dfrac{l_2}{r_6}(\phi_2-\phi_{20})+\dfrac{l_3}{r_6}(\phi_3-\phi_{30})$ (11-8-31) $\omega_6=\omega_1\Delta\dfrac{r_1}{r_6}$ (11-8-32) $\varepsilon_6=\dfrac{l_3}{r_6}\varepsilon_3-\dfrac{l_2}{r_6}\varepsilon_2$ (11-8-33) $\Delta=1+\dfrac{l_1\sin(\phi_3-\phi_1)}{r_1\sin(\phi_3-\phi_2)}+\dfrac{l_1\sin(\phi_2-\phi_1)}{r_1\sin(\phi_2-\phi_3)}$ (11-8-34) 式中 $\phi_{10},\phi_{20},\phi_{30}$——杆 1、2、3 的起始位置
4	图(c)所示形式组合机构的输出角速度 ω_6 $\omega_6=\omega_1\Delta'\dfrac{r_1r_5'}{r_5r_6}$ (11-8-35) $\Delta'=\pm1\pm\dfrac{l_1\sin(\phi_3-\phi_1)}{r_1\sin(\phi_3-\phi_2)}+\dfrac{r_5l_1\sin(\phi_2-\phi_1)}{r_5'r_1\sin(\phi_2-\phi_3)}$ (11-8-36) 图(c)中(ⅰ)所示的外啮合用正号,图(c)中(ⅱ)所示的内啮合用负号
5	齿轮 6 输出的运动规律为无停歇点的单向不匀速转动的条件是:在主动件 1 的转角 ϕ_1 为 0→2π 中的任一位置时均应满足 Δ(或 Δ')>0
6	齿轮 6 输出的运动规律为有一个瞬时停歇点的单向不匀速转动的条件是:在主动件 1 的某一转角位置 ϕ_1 时出现 Δ(或 Δ')=0
7	齿轮 6 输出的运动规律为在 m 和 n 处出现两个瞬时停歇点的条件是:在主动件 1 的某两个转角位置时(对应 m 和 n),出现 Δ(或 Δ')=0,且在 mn 区间内满足 Δ(或 Δ')<0
8	机构中各尺度参数对运动的影响。根据分析,在这种组合机构中,如果连杆机构的各杆长度不变,只改变齿轮的齿数,则输出齿轮的运动规律变动不大。但杆 2 和 3 的长度与齿轮的节圆半径间有一定几何关系,即图(a)所示形式:$l_2=r_1+r_5$,$l_3=r_5+r_6$;图(c)中(ⅰ)所示形式:$l_2=r_1+r_5$,$l_3=r_5'+r_6$;图(c)中(ⅱ)所示形式:$l_2=r_1+r_5$,$l_3=r_6-r_5'$。故这种组合机构的主要设计变量为主动曲柄的长度 l_1 和机架的长度 l_4。一般设计时可先定 l_1,然后再求 l_4 $l_4=l_{4\min}$ 时,轮 6 出现一个瞬时停歇点;$l_4>l_{4\min}$ 时,轮 6 有可能出现两个瞬时停歇点;$l_4<l_{4\min}$ 时,轮 6 只是变速无停歇
9	能出现瞬时停歇点的条件是 $l_4=l_{4\min}$ $l_{4\min}=\{[(r_1+2r_5+r_6)\cos\lambda-(r_1^2\cos^2\lambda-r_1^2+l_1^2)^{1/2}]^2+r_6^2\sin^2\lambda\}^{1/2}$ (11-8-37) 式中的 λ 需满足下列方程式 $K\cos^4\lambda-L\cos^2\lambda-M=0$ (11-8-38) $K=[(r_6^2-r_1^2)^2-2(r_6^2+r_1^2)(r_1+2r_5+r_6)^2+(r_1+2r_5+r_6)^4]r_1^2$ (11-8-39) $L=[(r_6^2-r_1^2)^2-2(r_6^2+r_1^2)(r_1+2r_5+r_6)^2+(r_1+2r_5+r_6)^4](r_1^2-l_1^2)$ (11-8-40) $M=(r_1+2r_5+r_6)^2(r_1^2-l_1^2)^2$ (11-8-41)
10	出现瞬时停歇点时的相应主动件角位置 ϕ_1 $\phi_1=\arcsin\left(\dfrac{r_1}{l_1}\sin\lambda\right)+\arctan\left(\dfrac{r_6}{l_4}\sin\lambda\right)+180^\circ$ (11-8-42)

(2) 连杆上固连有齿轮（表 11-8-10）

表 11-8-10　　连杆上固连有齿轮的组合机构设计

四杆铰链-周转轮系组合机构	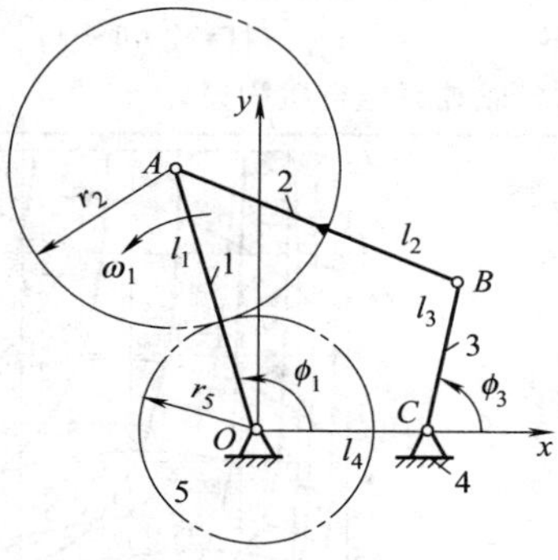 图(a)　回归式 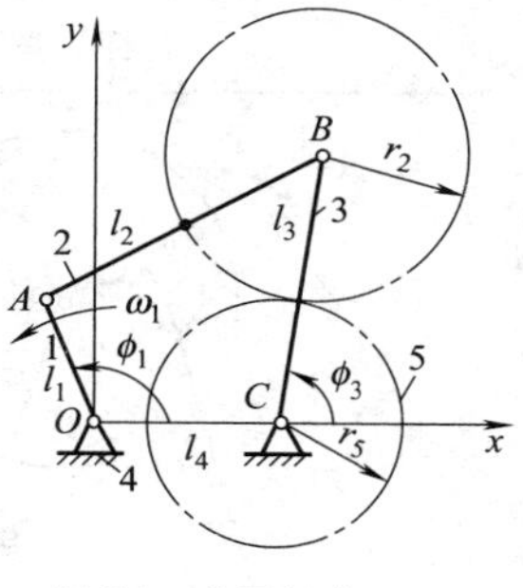 图(b)　非回归式
已知条件	图示为四杆铰链机构与周转轮系组成的组合机构，主动件为曲柄 1，连杆 2 上固连有齿轮 2，输出件为齿轮 5。这种组合机构有两种形式：①回归式（输出轮 5 与主动件 1 共轴线）；②非回归式（输出轮 5 与杆 3 共轴线）。根据四杆机构各杆的尺度和齿轮齿数的不同配合，当主动曲柄以等角速度 ω_1 连续旋转时，输出轮 5 可获得如表 11-8-9 中图(b)所示的不同运动规律。这种组合机构的设计步骤和方法如下
步骤	方　法
1	由周转轮系的角速比公式及其对时间的积分和微分可求得输出齿轮 5 的角位置 ϕ_5、角速度 ω_5 和角加速度 ε_5 回归式[图(a)]： $\phi_5=\phi_{50}+(1+i)(\phi_1-\phi_{10})-i(\phi_2-\phi_{20})$　(11-8-43) $\omega_5=(1+i)\omega_1-i\omega_2$　(11-8-44) $\varepsilon_5=(1+i)\varepsilon_1-i\varepsilon_2$　(11-8-45) 非回归式[图(b)]： $\phi_5=\phi_{50}+(1+i)(\phi_3-\phi_{30})-i(\phi_2-\phi_{20})$　(11-8-46) $\omega_5=(1+i)\omega_3-i\omega_2$　(11-8-47) $\varepsilon_6=(1+i)\varepsilon_3-i\varepsilon_2$　(11-8-48) 式中　i——齿数比，$i=\pm\frac{z_2}{z_5}$，外啮合 i 为正，内啮合 i 为负 $\phi_{10},\phi_{20},\phi_{30},\phi_{50}$——杆 1、2、3 和轮 5 的起始位置角 $\phi_2,\phi_3,\omega_2,\omega_3,\varepsilon_2,\varepsilon_3$——杆 2 和 3 的位置角、角速度和角加速度，由四杆铰链机构 $OABC$ 求得，可按式(11-8-25)～式(11-8-30)计算
2	输出齿轮 5 具有瞬时停歇特性时的条件，根据机构各构件间的运动关系，以及瞬时停歇时 $\omega_5=0$、$\varepsilon_5=0$ 的条件，可由下列非线性方程组联立求解 回归式 $\left.\begin{array}{l} l_1^2-l_2^2+l_3^2+l_4^2-2l_1l_4\cos\phi_{10}+2l_3l_4\cos\phi_{30}-2l_1l_3\cos(\phi_{10}-\phi_{30})=0 \\ \frac{l_1}{l_4}\sin(\phi_{10}-\phi_{30})+(1+i)\sin\phi_{30}=0 \\ [l_1l_3\sin(\phi_{10}-\phi_{30})+l_1l_4\sin\phi_{10}]\sin\phi_{10}-[l_1l_3\sin(\phi_{10}-\phi_{30})+l_3l_4\sin\phi_{30}]\sin\phi_{30}=\cos(\phi_{10}-\phi_{30}) \end{array}\right\}$　(11-8-49) 非回归式 $\left.\begin{array}{l} l_1^2-l_2^2+l_3^2+l_4^2-2l_3l_4\cos\phi_{10}-2l_3l_4\cos\phi_{30}-2l_1l_3\cos(\phi_{10}-\phi_{30})=0 \\ \frac{l_3}{l_4}\sin(\phi_{10}-\phi_{30})+(1+i)\sin\phi_{10}=0 \\ [l_1l_3\sin(\phi_{10}-\phi_{30})+l_3l_4\sin\phi_{30}]\sin\phi_{30}-[l_1l_3\sin(\phi_{10}-\phi_{30})+l_1l_4\sin\phi_{10}]\sin\phi_{10}=\cos(\phi_{10}-\phi_{30}) \end{array}\right\}$　(11-8-50) 上列方程式均含有六个未知数，即 l_1/l_4、l_2/l_4、l_3/l_4、i、ϕ_{10} 和 ϕ_{30}。设计时一般可先选定四杆铰链机构的杆长比 l_1/l_4、l_2/l_4、l_3/l_4，然后按照上列方程组求出 i、ϕ_{10} 和 ϕ_{30}

第 11 篇

8.3.3　五杆机构与齿轮机构的组合机构

这种组合机构是以一个二自由度的五杆铰链机构为基础，利用装在不同杆件上的定轴轮系或周转轮系，使两个输入运动之间发生联系，以达到只用一个主动件就能使机构实现工作需要的各种运动要求。这种组合机构多用来执行给定的轨迹。

（1）五杆铰链机构与定轴轮系的组合（表11-8-11）

表 11-8-11　　五杆铰链机构与定轴轮系组合机构设计

具有瞬时停歇特性的非回归式双曲柄-内啮合齿轮组合机构的设计线图	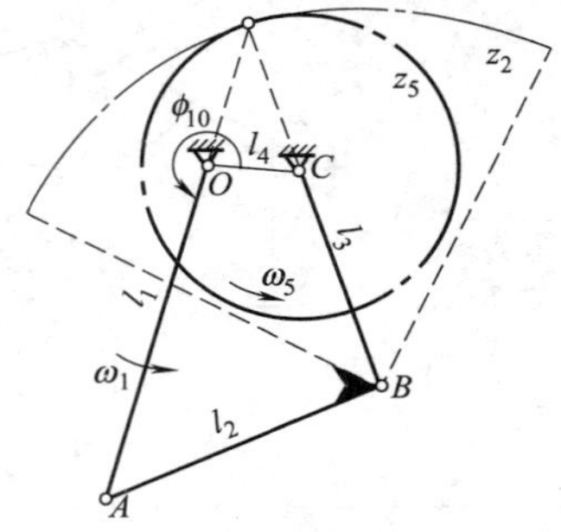 图(a)　机构简图 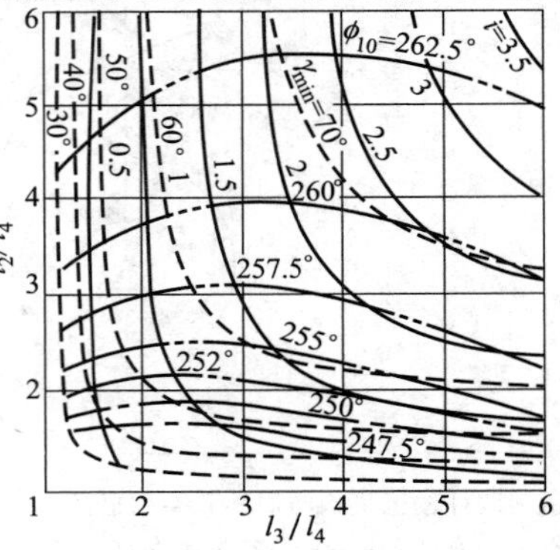 图(b)　设计线图 实线—i；点画线—ϕ_{10}；虚线—γ_{min}
五杆铰链-定轴轮系组合机构	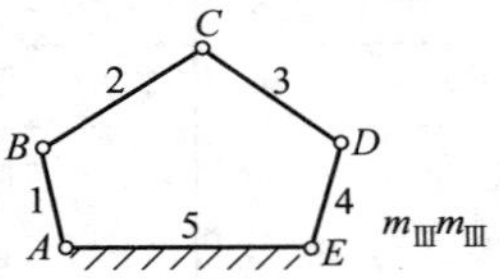 图(c) 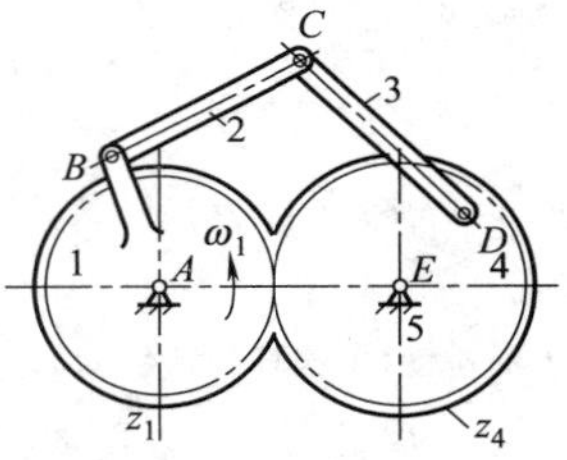 图(d) 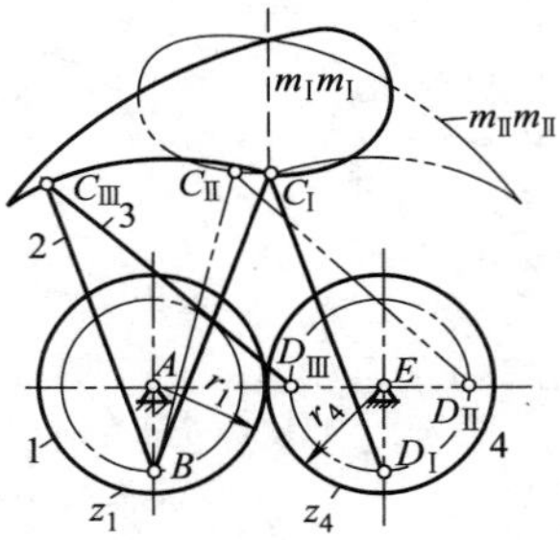 图(e)
已知条件	图(d)所示为五杆铰链-定轴轮系组合机构，它是在二自由度五杆铰链机构[图(e)]的基础上组成的。当主动件 1 的运动给定时，机构中其他构件的运动均能确定。一般这种组合机构多用作使连杆 2 或 3 上的某一点执行工作需要的运动轨迹。调节曲柄 1 和 4 的相位角 ϕ_1 和 ϕ_4，可改变 M 点的轨迹及相应的包络线形状，以满足不同的轧钢工艺要求。五杆铰链-定轴轮系组合机构的设计步骤和方法如下
步骤	方　　法
1	五杆铰链机构[图(f)]中各杆尺度间的关系式 $$K_1\cos(\phi_4-\phi_3)-K_2\cos(\phi_3-\phi_1)-K_3\cos\phi_1+K_4=\cos(\phi_4-\phi_1)-K_5\cos\phi_3-K_6\cos\phi_4 \quad (11\text{-}8\text{-}51)$$ 式中，$K_1=l_3/l_1$，$K_2=l_3/l_4$，$K_3=l_5/l_4$，$K_4=\dfrac{l_1^2-l_2^2+l_3^2+l_4^2+l_5^2}{2l_1l_4}$，$K_5=\dfrac{l_3l_5}{l_1l_4}$，$K_6=\dfrac{l_5}{l_1}$ 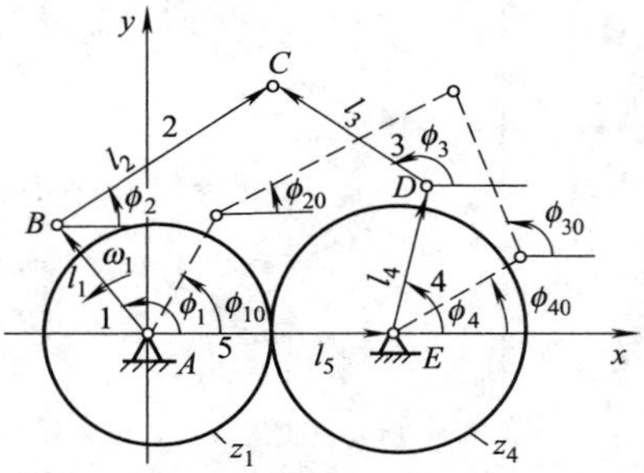 图(f)　五杆铰链-定轴轮系组合机构简图

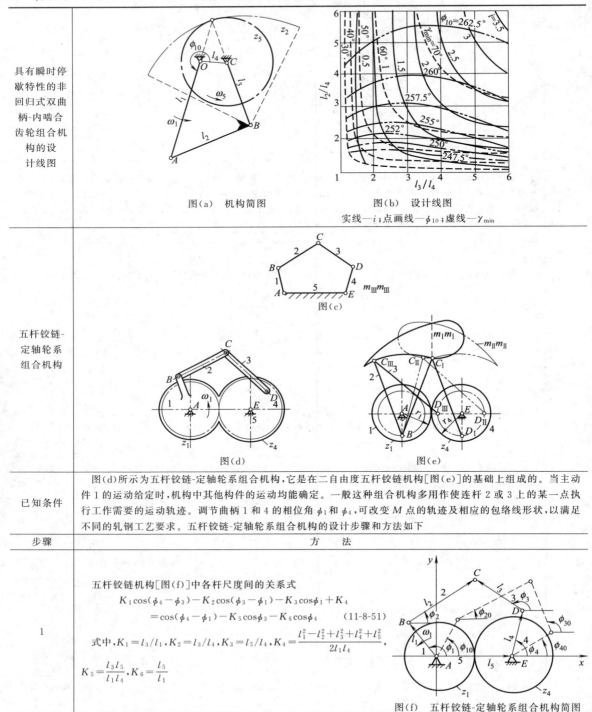

续表

步骤	方　法
2	主、从动曲柄 1 和 4 间的位置关系式 $$\frac{\phi_1-\phi_{10}}{\phi_4-\phi_{40}}=-\frac{z_4}{z_1} \qquad (11\text{-}8\text{-}52)$$ 式中　ϕ_{10}，ϕ_{40}——杆 1 和 4 的起始位置角 选定五杆铰链机构的各杆尺寸及有关的起始位置角。在根据工作要求的轨迹或位置导引进行设计时，需确定五个杆长 l_1、l_2、l_3、l_4 和 l_5。如按主、从动曲柄的输出、输入角设计时，则可设定某一杆长为 1，再确定其他四个杆长比。主、从动曲柄的起始位置角 ϕ_{10} 和 ϕ_{40} 可任意选定，调节此起始位置角可获得不同的连杆点轨迹。如图(e)所示，主动曲柄 1 在同一位置 AB 时，从动曲柄 4 在三个不同的位置，当分别在 ED_{I}、ED_{II} 和 ED_{III} 位置时，则连杆 2 上的 C 点将有三种不同的运动轨迹 $m_{\mathrm{I}}m_{\mathrm{I}}$、$m_{\mathrm{II}}m_{\mathrm{II}}$ 和 $m_{\mathrm{III}}m_{\mathrm{III}}$
3	选定齿轮 1 和 4 的齿轮 z_1 和 z_4 $$i_{14}=(-1)^n\frac{z_4}{z_1}=(-1)^n\frac{K}{Q} \qquad (11\text{-}8\text{-}53)$$ 式中　n——齿轮外啮合的次数 K，Q——不可通约的整数 当 $\lvert i_{14}\rvert=1$ 时，主动曲柄 1 转过一周，连杆 2 上的 C 点的轨迹完成一个循环。如 $\lvert i_{14}\rvert\neq1$，则主动曲柄 1 需转过 K 周(此时从动曲柄相应转过 Q 周)，C 点的轨迹才完成一个循环，且轨迹形状较复杂，有时会出现多次自交叉
4	确定连杆点 C 的方程式 $$\left.\begin{array}{l}x_C=l_5+l_4\cos\phi_4+l_3\cos\phi_3(\text{或}=l_5+l_1\cos\phi_1+l_2\cos\phi_2)\\ y_C=l_4\sin\phi_4+l_3\sin\phi_3(\text{或}=l_1\sin\phi_1+l_2\sin\phi_2)\end{array}\right\} \qquad (11\text{-}8\text{-}54)$$
5	验算主、从动曲柄 1 和 4 的存在条件 $$\lvert l_2-l_3\rvert\leqslant l_{BD}\leqslant l_2+l_3$$ 即 $$\left.\begin{array}{l}(l_{BD}^2)_{\max}\leqslant(l_2+l_3)^2\\ (l_{BD}^2)_{\min}\geqslant(l_2-l_3)^2\end{array}\right\} \qquad (11\text{-}8\text{-}55)$$ 而 $$l_{BD}^2=l_1^2+l_4^2+l_5^2-2l_1l_5\cos\phi_1+2l_4l_5\cos\left[(-1)^n\frac{z_4}{z_1}\phi_1+\phi_P\right]-2l_1l_4\cos\left\{\left[(-1)^n\frac{z_4}{z_1}-1\right]\phi_1+\phi_P\right\} \qquad (11\text{-}8\text{-}56)$$ 式中　ϕ_P——$\phi_1=0$ 时的 ϕ_4 值 将式(11-8-56)对 ϕ_1 求导即可求得 $(l_{BD}^2)_{\max}$ 和 $(l_{BD}^2)_{\min}$

(2) 五杆铰链机构与周转轮系的复联组合机构（表 11-8-12）

表 11-8-12　　五杆铰链机构与周转轮系的复联组合机构设计

分类	设计说明	图　示
五杆铰链-行星轮系组合机构	图(a)所示为一由五杆铰链机构 1-2-3-4-5 和行星轮系 z_3-z_5-4 复联组成的组合机构。其设计步骤、方法和有关计算公式，除式(11-8-52)改用式(11-8-57)外，其余完全与表 11-8-11 相同 $$\frac{\phi_3-\phi_{30}}{\phi_4-\phi_{40}}=1+\frac{z_5}{z_3} \qquad (11\text{-}8\text{-}57)$$	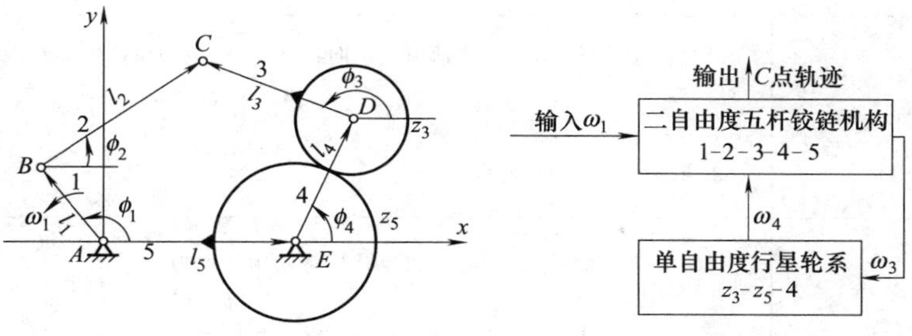 (i) 机构简图　　(ii) 组成分析框图 图(a)　五杆铰链-行星轮系组合机构

续表

分类	设计说明	图示
五杆铰链-差动轮系组合机构	图(b)所示为一由五杆铰链机构 1-2-3-4-5 和差动轮系 z_1-z_3-2 复联组成的组合机构。其设计步骤、方法和有关计算公式，除式(11-8-52)改用式(11-8-58)外，其余也完全与上述(1)相同 $$\frac{(\phi_3-\phi_{30})-(\phi_2-\phi_{20})}{(\phi_1-\phi_{10})-(\phi_2-\phi_{20})}=-\frac{z_1}{z_3}$$ (11-8-58)	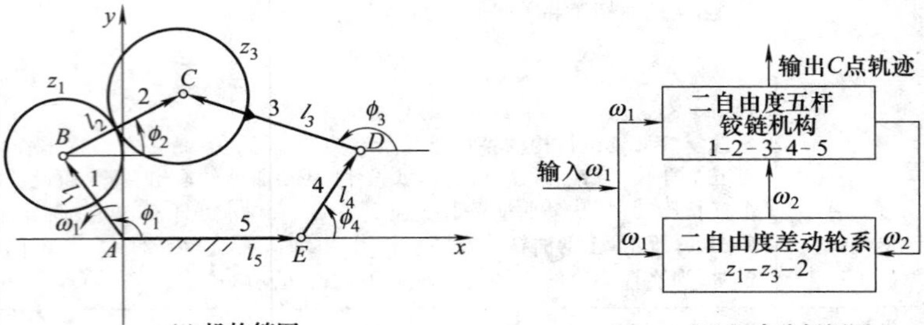 (ⅰ)机构简图 (ⅱ)组成分析框图 图(b) 五杆铰链-差动轮系组合机构

8.4 凸轮-齿轮组合机构

凸轮-齿轮组合机构是由各种类型的齿轮机构(包括定轴轮系、周转轮系、蜗杆蜗轮等）和凸轮机构组成的。这种组合机构一般均以齿轮机构为主题，凸轮机构起控制、调节与补偿作用，以实现单纯齿轮机构无法实现的特殊运动要求。

8.4.1 周期变速运动的凸轮-齿轮机构

表 11-8-13 周期变速运动的凸轮-齿轮机构设计

圆柱凸轮-蜗杆蜗轮组合机构	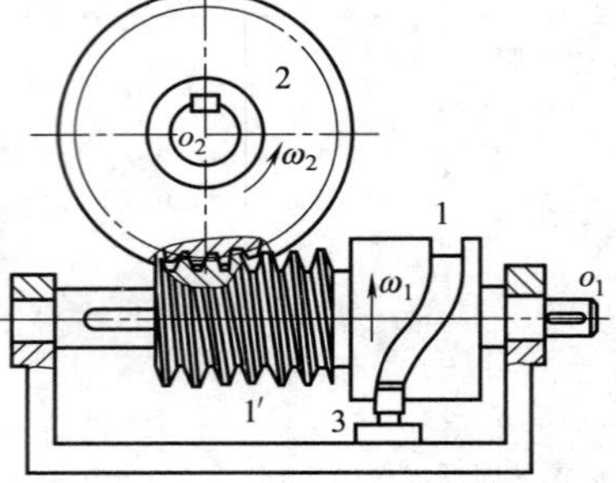
已知条件	上图所示为由蜗杆蜗轮机构和圆柱凸轮机构串联组成的组合机构，它常用作纺丝机的卷绕机构和包装机中的周期性变速机构。主动件为圆柱凸轮 1，当输入轴 o_1o_1 以等角速度 ω_1 连续旋转时，凸轮与蜗杆固连在一起(用导向键装在轴 o_1o_1 上)，以 ω_1 转动的同时沿 o_1o_1 轴向做一定规律的往复移动，其移动规律由凸轮的曲线槽来控制，从而驱动蜗轮以一定规律的变角速度 ω_2 转动。这种组合机构的设计步骤和方法如下
步骤	方法
1	设蜗杆 1′只绕 o_1o_1 轴转动而无轴向移动时，蜗轮的角速度为 ω_2' $$\omega_2'=\omega_1 z_1/z_2 \quad (11\text{-}8\text{-}59)$$ 式中 z_1——蜗杆的螺旋头数 z_2——蜗轮的齿数
2	设蜗杆 1′不转动而只有轴向移动时，蜗轮角速度为 ω_2'' $$\omega_2''=v_1/r_2=\omega_1 R_0\tan\alpha/r_2 \quad (11\text{-}8\text{-}60)$$ 式中 v_1——蜗杆(与凸轮)的轴向移动速度 r_2——蜗轮的节圆半径 R_0——凸轮的平均半径 α——凸轮廓线的瞬时压力角

续表

步骤	方　法
3	蜗轮的实际角速度 ω_2 $$\omega_2=\omega_2'+\omega_2'' \quad (11\text{-}8\text{-}61)$$
4	蜗杆以等角速度 ω_1 连续转动时，蜗轮能产生瞬时停歇或具有一定时间停歇的条件如下 由 $\omega_2=0$ 得 $\omega_2'=-\omega_2''$，即 $$\left\|\frac{z_1}{z_2}\omega_1\right\|=\left\|\frac{\omega_1 R_0\tan\alpha}{r_2}\right\|$$ 可求得 $$\tan\alpha=\frac{r_1\tan\lambda}{R_0} \quad (11\text{-}8\text{-}62)$$ 式中　r_1——蜗杆的节圆半径 λ——蜗杆的螺旋升角
5	圆柱凸轮的廓线设计，先选定 z_1、z_2 和 r_2，再根据工作要求确定的输出轴角速度 ω_2 变化规律，由式(11-8-60)～式(11-8-62)求出 $v_1=f(\phi_1)$，然后用积分法作图或计算出凸轮设计时所需要的位移规律，并据此设计圆柱凸轮以其平均半径 R_0 展开的轮廓曲线。如需要输出轴有瞬时停歇或一定区间的停歇，则在凸轮廓线设计时，应在此瞬时位置或一定区间内使凸轮廓线的压力角 α 满足式(11-8-62)

8.4.2　按预定轨迹运动的凸轮-齿轮机构

表 11-8-14　　按预定轨迹运动的凸轮-齿轮机构的设计

实现轨迹要求的凸轮-齿轮组合机构	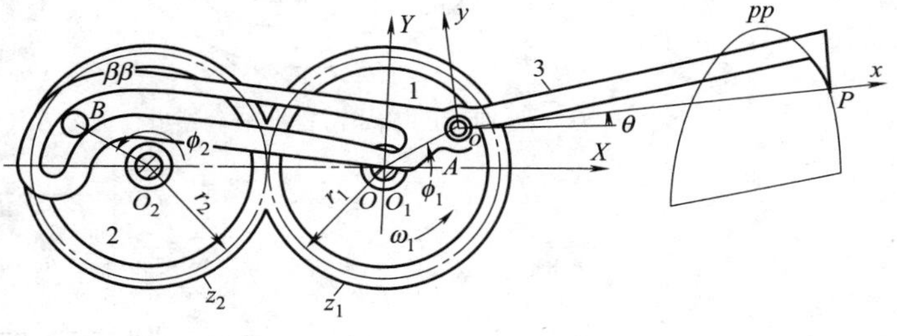
已知条件	图示为一对齿数相同的定轴齿轮机构 1、2 和凸轮 3 所组成的组合机构，槽凸轮 3 与齿轮 1 在 A 点铰接，齿轮 2 上装有柱销 B，它在凸轮 3 的曲线槽中运动。当主动齿轮 1 以等角速度 ω_1 连续转动时，做平面复合运动的凸轮 3 上某一点 P 沿轨迹 pp 运动。设计这种组合机构时，主要是设计凸轮槽的廓线形状，其设计的步骤和方法如下
步骤	方　法
1	在机架上建立定坐标系 OXY，按工作要求画出轨迹 pp，并列出 pp 在 OXY 中的方程式或离散坐标数据(X_P,Y_P)。一般取定坐标的原点 O 与主动齿轮轴心 O_1 重合，X 轴沿连心线 O_2O_1
2	在凸轮 3 上建立动坐标系 oxy，取动坐标系 oxy 的原点 o 与 A 点重合，x 轴沿 AP
3	两坐标系中 x 轴与 X 轴间的夹角 θ $$\theta=\arctan\left(\frac{Y_P-r_1\sin\phi_1}{X_P-r_1\cos\phi_1}\right) \quad (11\text{-}8\text{-}63)$$ 式中　ϕ_1——齿轮 1 的转角，从 OX 起逆时针向量度
4	圆柱销中心 B 在定坐标系 OXY 中的坐标 取 $\phi_2=180°-\phi_1$，得 $$\left.\begin{aligned}X_B&=-C+r_2\cos\phi_2=-(C+r_2\cos\phi_1)\\Y_B&=r_2\sin\phi_2=r_2\sin\phi_1\end{aligned}\right\} \quad (11\text{-}8\text{-}64)$$

续表

步骤	方 法
5	两坐标系间的坐标变换关系 $\left.\begin{aligned}x&=X\cos\theta+Y\sin\theta-r_1\cos(\phi_1-\theta)\\y&=-X\sin\theta+Y\cos\theta-r_1\sin(\phi_1-\theta)\end{aligned}\right\}$ (11-8-65)
6	凸轮理论廓线(即凸轮槽的中心线)$\beta\beta$ 的方程式 $\left.\begin{aligned}x_B&=-(C+r_2\cos\phi_1)\cos\theta+r_2\sin\phi_1\sin\theta-r_1\cos(\phi_1-\theta)\\y_B&=(C+r_2\cos\phi_1)\sin\theta+r_2\sin\phi_1\cos\theta-r_1\sin(\phi_1-\theta)\end{aligned}\right\}$ (11-8-66)

8.4.3 周期停歇运动的凸轮-齿轮机构

表 11-8-15　　周期停歇运动的凸轮-齿轮机构设计

图示

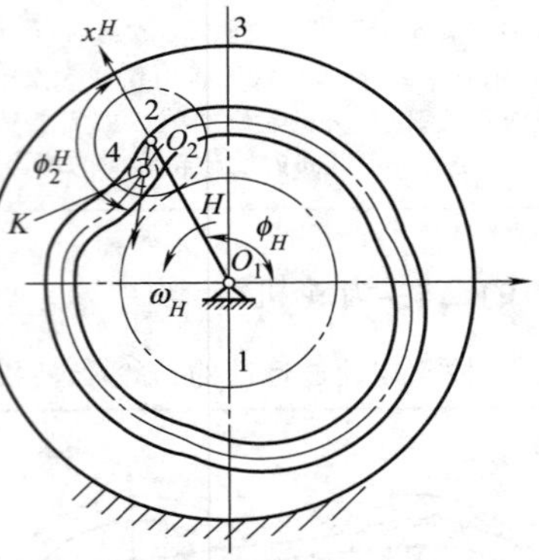

图(a)　固定凸轮-周转轮系组合机构

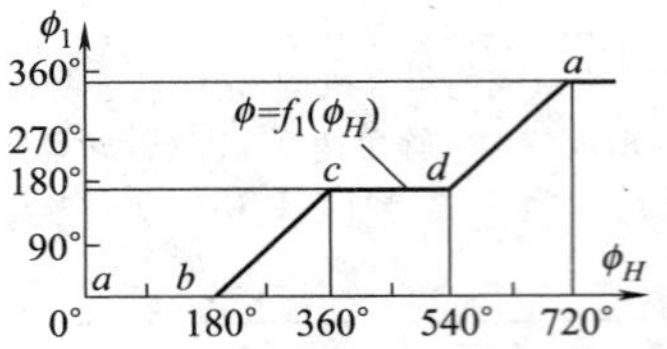

图(b)　设计给定的输出轴运动规律

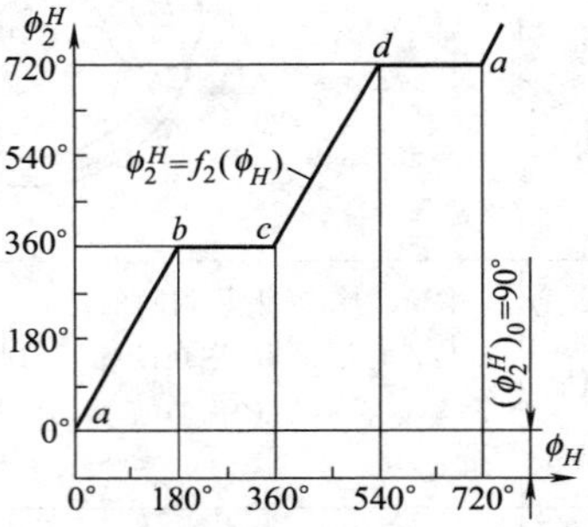

图(c)　相对转臂 H 转化后的运动规律

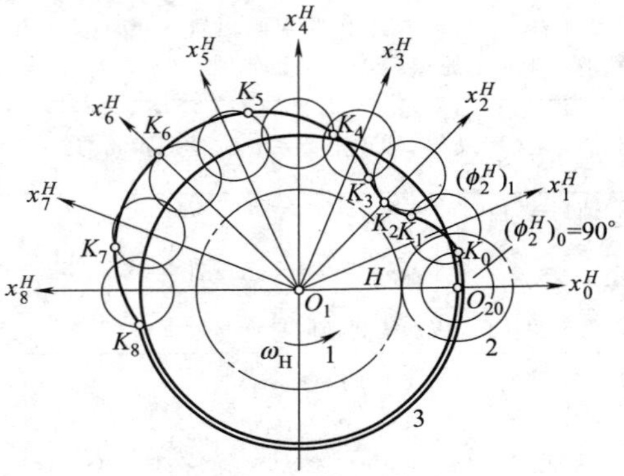

图(d)　凸轮廓线设计

续表

<table>
<tr><td>已知条件</td><td>图(a)所示为一由周转轮系和固定凸轮组成的组合机构。周转轮系中的转臂 H 为主动件,输出齿轮为中心轮1,1与 H 共轴线 O_1。在行星轮2上固连有滚子4,它在固定凸轮3的曲线槽中运动。当主动件 H 以等角速度 ω_1 连续旋转时输出齿轮1能实现周期性的具有长区间停歇的步进运动。这种组合机构中,由于凸轮可控制行星轮的运动,对输出轴有一定的运动补偿,因此在许多机械中,常采用这种固定凸轮-周转轮系组合机构的原理来设计校正装置。这种组合机构的设计步骤和方法如下</td></tr>
<tr><td>步骤</td><td>方　法</td></tr>
<tr><td>1</td><td>给定工作所需要的输出轮1的运动规律 $\phi_1=f_1(\phi_H)$。如图(b)所示,主动转臂 H 转两周,输出轮1按"停—等速转动—停—等速转动"的规律转过一周</td></tr>
<tr><td>2</td><td>画出行星轮2相对转臂 H 的角位移规律 $\phi_2{}^H=f_2(\phi_H)$
$$\phi_2{}^H=\phi_2-\phi_H=-\frac{z_2}{z_1}(\phi_1-\phi_H) \qquad (11\text{-}8\text{-}67)$$
如取 $z_1=2z_2$,按式(11-8-67)画出 $\phi_2{}^H=f_2(\phi_H)$ 曲线,如图(c)所示</td></tr>
<tr><td>3</td><td>盘形槽凸轮机构2-3-4H 相当于假想转臂 H 不动,而凸轮3绕 O_1 以 $-\omega_H$ 转动从而推动带滚子4的从动件(齿轮2)按给定规律 $\phi_2{}^H=f_2(\phi_H)$ 运动(本例中它可做360°转动)的凸轮机构</td></tr>
<tr><td>4</td><td>凸轮的廓线设计
①以 O_1 为中心、O_1O_2 为半径作圆,并将它逆公共运动 $-\omega_H$ 的方向(即顺 ω_H 方向)等分,如图(d)所示为每个分度22.5°,并分别作分度线 x_0^H、x_1^H、…、x_8^H。②以 O_2 为中心、凸轮从动件 O_2K 为半径作小圆,分别在各小圆上按下表中所列数据截取 K 的相应位置。设取 O_2K 的起始位置 O_2K_0 与 x_0^H 间的夹角 $(\phi_2^H)_0=90°$。③把 K_1、K_2、K_3、…、K_8 等连接起来即为凸轮的理论廓线,其中 K_1、K_2、K_3、…、K_8 部分所对应的 $\phi_H=0°\sim180°$,$\phi_2^H=90°\sim(360°+90°)$,而输出轴 $\phi_1=0$,即输出轴为停歇期。当 $\phi_H=180°\sim360°$时,ϕ_2^H 为360°+90°不变化,而输出轴1按等速规律由0°转过180°。当主动转臂转过第二圈时,输出轴1以和前半圈相同的停-转规律再转完一圈,完成一个工作循环,见下表
<table>
<tr><td>i</td><td>0</td><td>1</td><td>2</td><td>3</td><td>4</td><td>5</td><td>6</td><td>7</td><td>8</td></tr>
<tr><td>ϕ_H</td><td>0°</td><td>22.5°</td><td>45°</td><td>67.5°</td><td>90°</td><td>112.5°</td><td>135°</td><td>157.5°</td><td>180°</td></tr>
<tr><td>ϕ_2^H</td><td>90°</td><td>135°</td><td>180°</td><td>225°</td><td>270°</td><td>315°</td><td>360°</td><td>45°+360°</td><td>90°+360°</td></tr>
</table></td></tr>
</table>

8.5　链-连杆组合机构

表 11-8-16　　链-连杆组合机构设计

<table>
<tr><td>分类</td><td>设计说明</td><td>图　示</td></tr>
<tr><td>同步带-连杆组合机构</td><td>图(a)所示为一由同步带传动和连杆组成的组合机构。当主动轮1以等角速度 ω_1 连续转动时根据机构不同的尺度关系,杆5可能输出下列三种不同的运动规律:①输出杆做单纯的匀速-非匀速转动;②输出杆做匀速-具有瞬时停歇的非匀速转动;③输出杆做匀速-具有逆转或一定区间近似停歇的非匀速转动
当连杆 AB 的长度增大时,从动摇杆5出现近似停歇区间缓慢递增的现象。而增大摇杆 O_1A 的长度,则从动摇杆5产生近似停歇区间的可能迅速减小</td><td>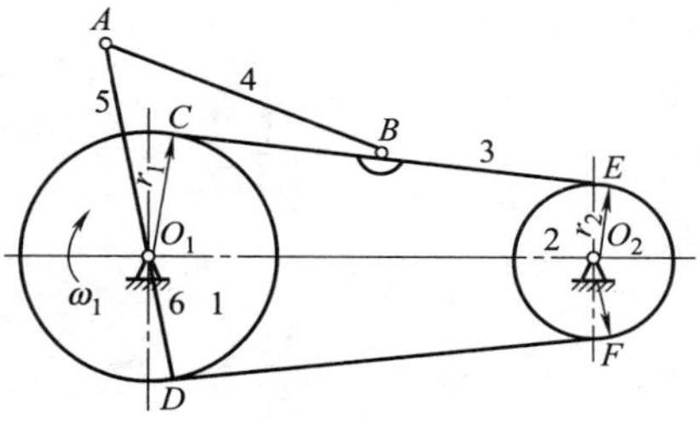

图(a)　同步带-连杆组合机构</td></tr>
</table>

续表

分类	设计说明	图示
带、链-连杆组合机构	图(b)中(ⅰ)所示为剑杆织机中应用的差动式同步带-连杆组合机构。表 11-8-17 中列出了这种组合机构中各构件间的运动关系	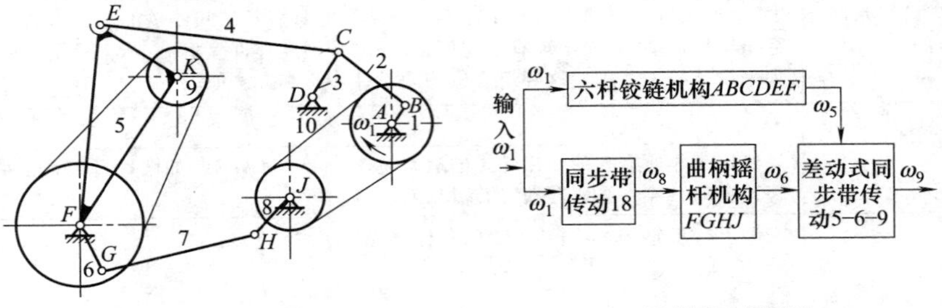 (ⅰ)机构简图 (ⅱ)组成分析框图 图(b) 差动式同步带-连杆组合机构

表 11-8-17 差动式同步带-连杆组合机构中各构件间的运动关系

构件	主动带轮 1(曲柄 AB)	摇杆 5	同步带轮 6(摇杆 FG)	输出带轮 9
位置角及起始位置角	位置角 ϕ_1 及起始位置角 ϕ_{10}	位置角 ϕ_5 及起始位置角 ϕ_{50} 按六杆机构 $ABCDEF$ 求得	位置角 ϕ_6 及起始位置角 ϕ_{60} 按同步带传动 1-8 及曲柄摇杆机构 $FGHJ$ 求得	$\phi_9=\phi_{60}+\frac{z_6}{z_9}(\phi_6-\phi_{60})+\left(1-\frac{z_6}{z_9}\right)(\phi_5-\phi_{50})$ 式中 z_6、z_9——轮 6 和 9 的齿数
角速度	ω_1=常数	$\omega_5=\dot{\phi}_5$	$\omega_6=\dot{\phi}_6$	按差动机构 5-6-9 求得 $\omega_9=\omega_6\frac{z_6}{z_9}+\omega_5\left(1-\frac{z_6}{z_9}\right)$
角加速度	$\varepsilon_1=0$	$\varepsilon_5=\ddot{\phi}_5$	$\varepsilon_6=\ddot{\phi}_6$	$\varepsilon_9=\varepsilon_6\frac{z_6}{z_9}+\varepsilon_5\left(1-\frac{z_6}{z_9}\right)$

第 9 章　机构选型范例

9.1　匀速转动机构

9.1.1　定传动比匀速转动机构

表 11-9-1　　定传动比匀速转动机构

机构	机　构　图	说　　明
滚轮减速机构	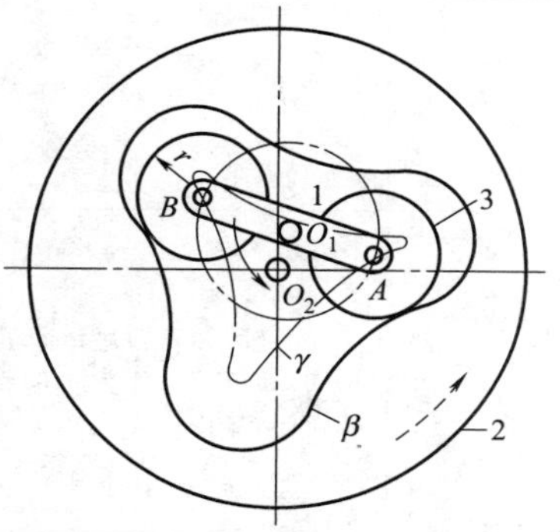	两端带滚子 3（分别绕 A、B 轴转动）的双臂主动曲柄 1 绕固定轴 O_1 转动，通过滚子 3 带动从动盘 2 绕固定轴 O_2 同向转动，滚子 3 的中心 A 和 B 相对于圆盘 2 的运动轨迹为摆线 γ，圆盘 2 的内缘曲线为 γ 的等距曲线 β（距离等于滚子半径 r）。这种机构中心距 O_1O_2 不能太大，否则 γ 曲线将出现交叉，O_1O_2 的最大值为 $O_1A/2$，这时，曲柄 1 转一周，盘 2 转 2/3 周
大传动比行星传动机构	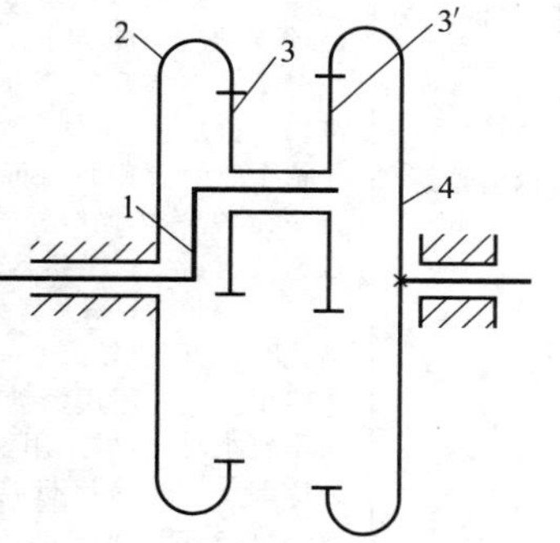	各轮齿数为 z_2、z_3、z'_3 和 z_4，其传动比 $i_{41}=\frac{n_4}{n_1}=1-\frac{z_2z'_3}{z_3z_4}$。若 i_{41} 得正值，则 4 与 1 转向相同；得负值，则转向相反。例如，$z_3=z'_3$，$z_2=z_4+1$（或 $z_2=z_4-1$），则可获得 $i_{41}<0$（或 $i_{41}>0$）的大传动比，用作机床的示数机构等
开口齿轮传动机构	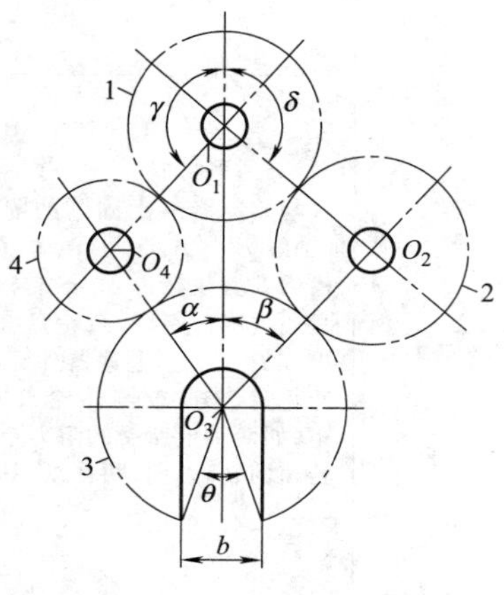	主动齿轮 1 经惰轮 2、4 带动从动轮 3，这种机构由于采用了功率分流传动，可以减小机构体积和重量。此外，在某些机械中，生产上要求从动轮 3 上开有宽度为 b 的钳口槽（如石油钻井旋扣器）。采用这种机构能保证从动轮 3 做整周回转。设计时应注意以下各点 ①保证正确的安装条件 $\alpha(z_3-z_4)+\gamma(z_4-z_1)+\beta(z_3-z_2)+\delta(z_2-z_1)=2\pi k$　(11-9-1) 式中　k——应为正整数 z_1,z_2,z_3,z_4——各齿轮齿数 ②$O_1O_3>(d_1+d_3)/2$；$O_2O_4>(d_2+d_4)/2$　(11-9-2) 式中　d_1,d_2,d_3,d_4——各轮的齿顶圆直径 ③槽宽 b 所对中心角 $\theta<\alpha+\beta$

续表

机构	机构图	说明
用于车床电动卡盘上的 3K 型行星传动机构	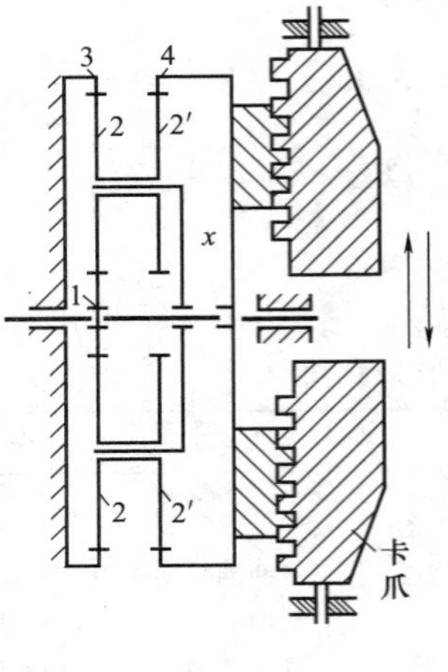	当电动机带动主动齿轮 1 旋转时，通过行星架使齿轮 4 低速转动，通过轮 4 右端的阿基米德螺旋槽驱使卡爪卡紧或松开工件。这种行星机构结构紧凑、体积小、传动比范围大，但制造安装较复杂，常用于短期工作、中小功率的传动，如工厂内车间之间运输的悬链式输送机等。传动比为 $$i_{14}^{3}=\left(1+\frac{z_3}{z_4}\right)\Big/\left(1-\frac{z_2'z_3}{z_4z_2}\right)\quad(11\text{-}9\text{-}3)$$
少齿差行星减速机构	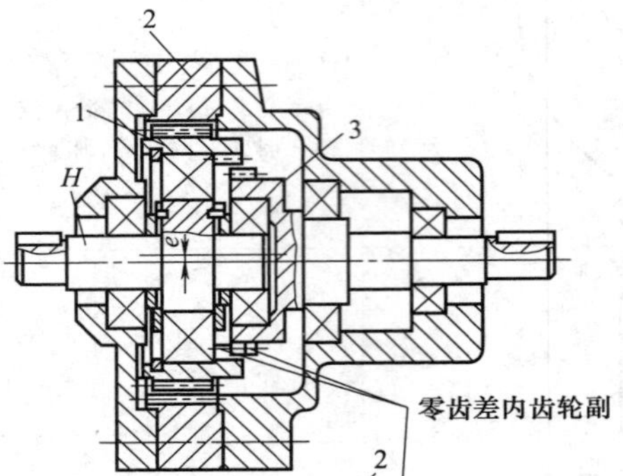图(a) 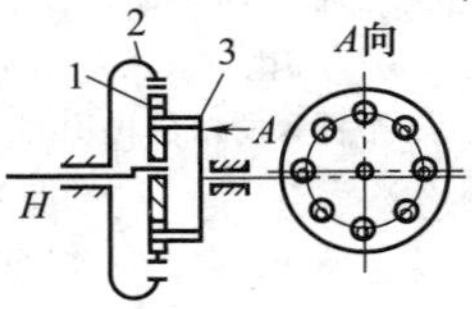图(b) 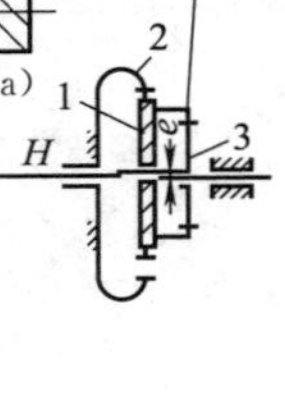图(c)	偏心轴(转臂)H 主动，内齿轮 2 固定，行星轮 1 从动，通过传动比为 1 的输出机构将行星轮的运动输出，总传动比 $$i_{H3}=\frac{n_H}{n_3}=-\frac{z_1}{z_2-z_1}\quad(11\text{-}9\text{-}4)$$ (z_2-z_1)点数差一般取得很小(常用差为 1～4)，可获得大的传动比，如 z_1 和 z_2 相差一个齿，则 $i_{H3}=-z_1$(负号表示主、从动件转向相反)，因此机构有传动比大、结构紧凑的优点 轮 1、2 的齿廓曲线可为摆线和针齿；也可为渐开线，前者称为摆线针轮减速器，后者称为少齿差行星减速器。这类机构的主动轴转速一般可达到 1500～1800r/min。若采用摆线针轮，则效率较高，功率范围也较大 输出机构一般用销盘和孔盘组成[图(b)]；传动功率较小时，也可采用一对齿数相等的内、外齿轮组成的零齿差输出机构[图(c)]，为避免齿形干涉，该齿轮除径向变位外，还要切向负变位
活齿减速机构	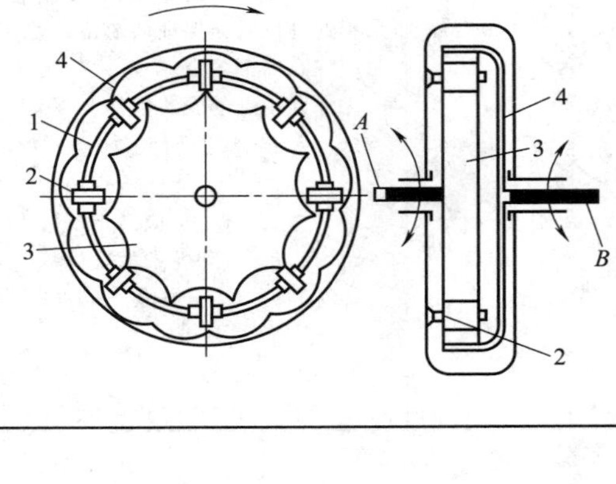	与差速器外壳固结的隔离罩 1 绕固定轴线 B(轴线 B 与 A 重合)转动，在该隔离罩的均布径向槽内安置块状齿 2，分别与凸轮盘 3 外缘齿和凸轮盘 4 内缘齿啮合，凸轮盘 3 和 4 分别固定在半轴 A 和 B 上。当差速器外壳及隔离罩转动时，将给凸轮盘 3、轴 A 与凸轮盘 4、轴 B 相应的驱动力矩；如两轴上所受的阻力矩相同，则它们以相同的转速回转，否则，两轴以不同的转速回转

续表

机构	机　构　图	说　　明
谐波传动机构	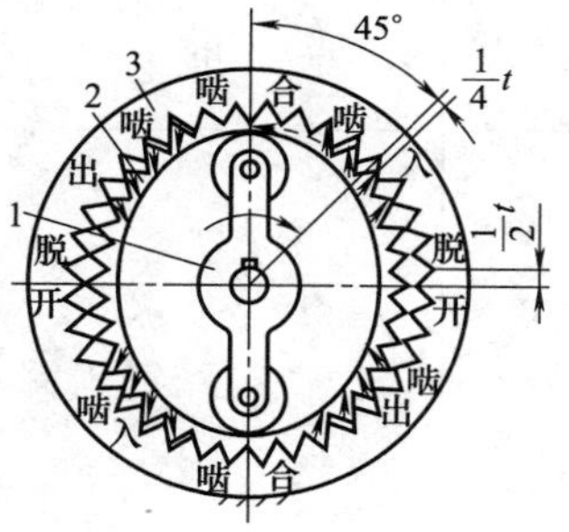 图(a) 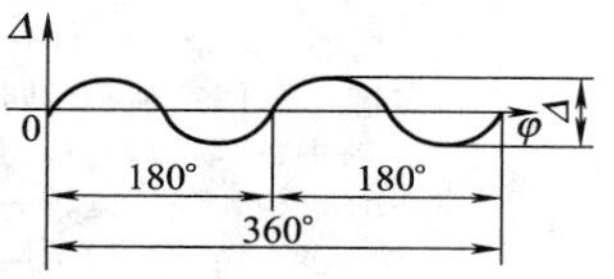 图(b) 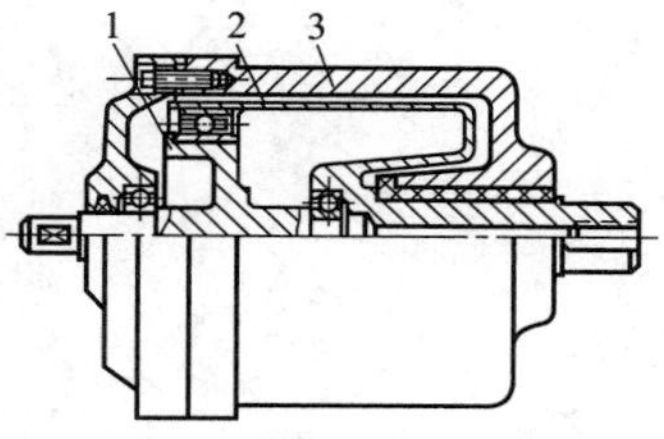 图(c) 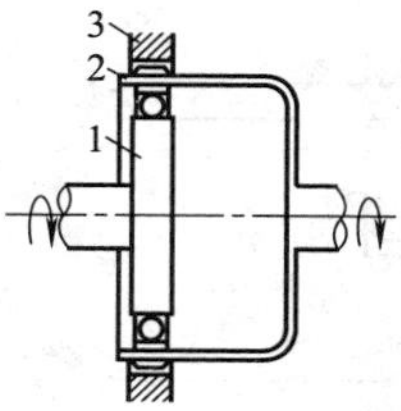 图(d)	谐波传动机构由谐波发生器 1、柔性齿轮 2(为一容易变形的环状薄壁零件)和刚性齿轮 3 组成。三构件中任何一个皆可为主动,其余一为固定、一为从动。这种机构运动的传递是在发生器的作用下迫使柔轮产生弹性变形并与刚轮相互作用达到传动目的。如图(a)所示,当刚轮固定,发生器主动并连续转动时,则从动柔轮各处依次发生啮入、啮合、啮出及脱开四种连续工作状态,这种错齿运动使柔轮反向转动。发生器转动一周时,柔轮转过$(z_3-z_2)/z_2$周 柔轮的变形过程形如一个基本对称的和谐波[图(b)]。在传动中发生器转一周,柔轮某一点变形的循环次数叫波数(等于发生器的滚轮数),一般常应用双波和三波。图(b)所示是双波变形波。谐波传动机构的刚轮和柔轮的周节 t 相等,但齿数不等,齿数差一般等于波数(或波数的整数倍)。谐波高 Δ 等于刚轮与柔轮的分度圆直径之差,即 $\Delta=d_3-d_2=\frac{t(z_3-z_2)}{\pi}$　(11-9-5) 图(c)所示为应用较普通的单级双波的谐波减速器结构,刚轮固定、发生器主动,柔轮输出。图(d)为其示意图。其传动比为 $i_{12}^{3}=-\frac{z_2}{z_3-z_2}$　(11-9-6) 当 2 固定、1 主动、3 从动时 $i_{13}^{3}=-\frac{z_3}{z_3-z_2}$　(11-9-7) 当 1 固定、2(或 3)主动、3(或 2)从动时 $i_{23}^{1}=\frac{z_3}{z_2}\left(或\ i_{32}^{1}=\frac{z_2}{z_3}\right)$　(11-9-8) 此时传动比接近于 1 谐波传动的传动比范围大,单级传动比为 1～500,体积小,重量轻,承载能力强,运转平稳,传动效率较高,结构简单,输出轴与输入轴位于同一轴心线上。由于这些优点,该机构目前在生产中应用渐广。其缺点是柔轮需用疲劳强度很高的材料,散热性差。所以该机构目前只用于较小功率(由不足 1W 到几十千瓦)。谐波传动也可做成摩擦式的,用于无级变速
传动带行星传动机构	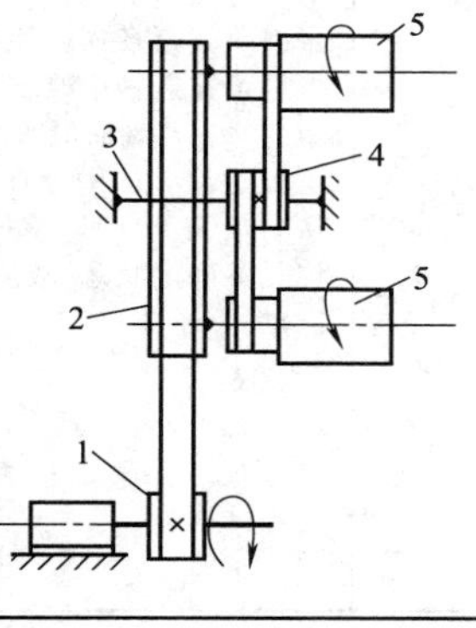	轴 3 和轮 4 固定不动,大轮 2 空套在轴 3 上可自由转动,轮 2 上相隔 180°对称地装有两个在销轴上可自由转动的滚筒 5,5 与轮 4 又通过传动带相连,当主动轮 1 通过传动带带动轮 2 旋转时,则滚筒 5 绕固定轮 4 公转并绕销轴自转,称为行星滚筒。这种机构常用于抛光机上 行星滚筒 5 的转速按下式计算 $n_5=n_1\frac{r_1}{r_2}\left(1-\frac{r_4}{r_5}\right)$　(11-9-9) 式中　r_1,r_2,r_4,r_5——各带轮的半径

第 11 篇

续表

机构	机　构　图	说　　明
平行四边形机构	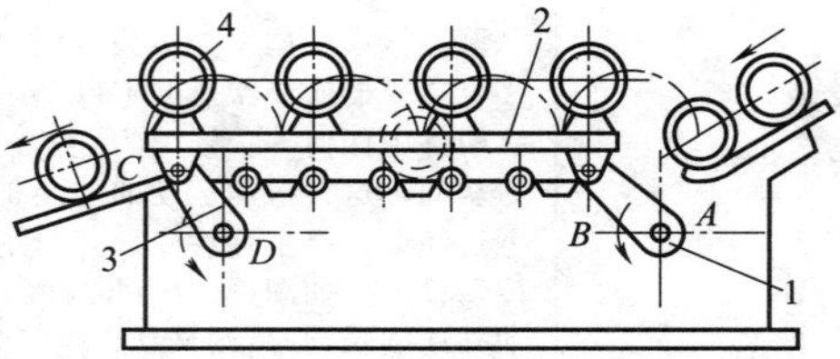	左图所示为平行四边形机构 $ABCD$，其两对面杆具有运动规律相同的特点。主动曲柄 1 逆时针方向转动时，带动从动杆 3 做同向同速转动，而送料杆 2 做平移运动，可将物料 4 一步一步地向前搬动。平行四边形机构使用广泛，如火车轮联动机构、多组平行四边形联轴器、绘图仪器、缩放机构等均有应用
多输出轴平行四边形机构	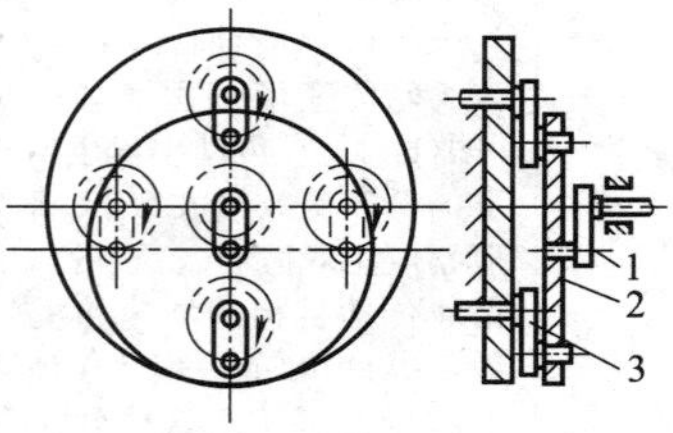 图(a) 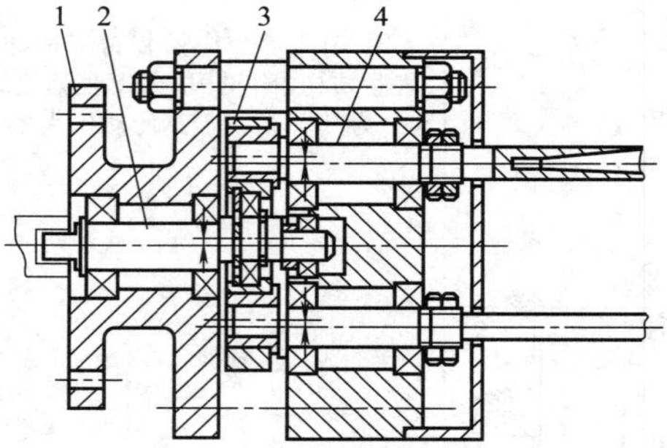 图(b)	图(a)所示为机构图主动曲柄 1 转动时，带动盘 2 做平移运动，从而同时带动四个等长曲柄 3 各绕自己的固定轴心做同速转动。此机构允许有较小的主、从动轴轴距。多头钻、多头铣等均可应用这种机构。当转速较高时应注意平衡。图(b)所示为多头钻的结构实例。主动偏心轴 2 通过圆盘 3 带动与 2 有相同偏心距 e 的钻杆 4 转动
两轴距可变的平行四边形机构	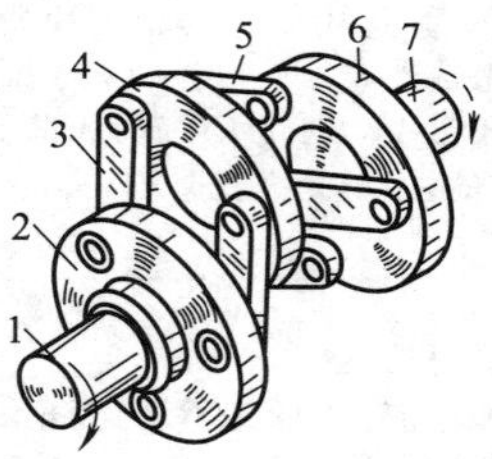 图(a) 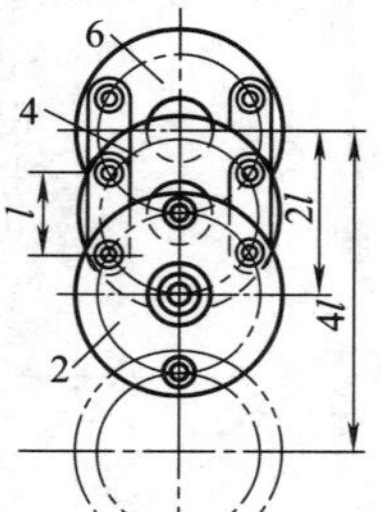 图(b) 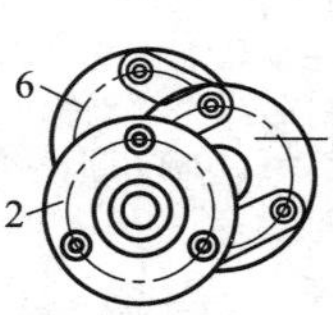 0<位移<2l 图(c) 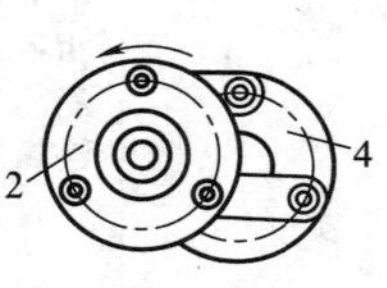 零位移 图(d)	圆盘 2、4、6 的等径圆周上各有三个等间隔的销轴，分别以三个长度为 l 的连杆相互铰接，形成多个平行四边形机构[图(a)]。主动轴 1 的转动通过中间圆盘及连杆使从动轴 7 做同速转动。这种机构可在运转中改变主、从动轴间的距离[最大轴距为 $2l$，从动轴最大位移为 $4l$，图(b)～图(d)]。运转时盘 4 的中心具有不变的确定位置，仅在主、从动轴线重合时[零位移位置，图(d)]，盘 4 处于位置不确定状态，故应避免使用这个位置

续表

机构	机 构 图	说 明
双转块机构	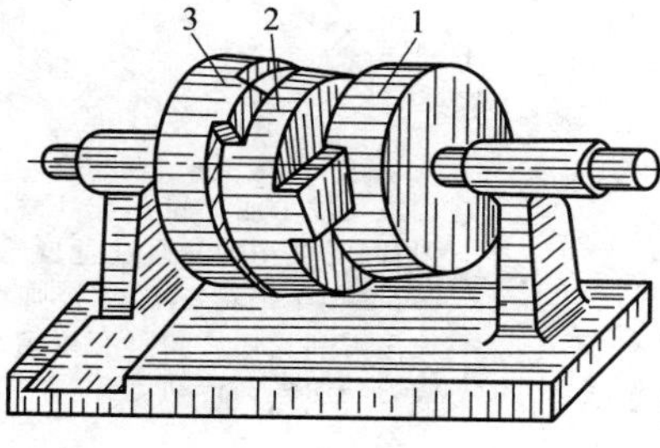 图(a) 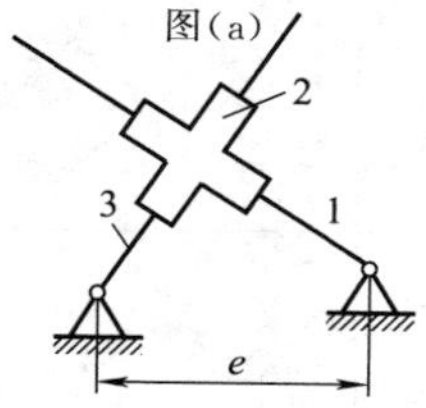 图(b)	图(a)所示为双转块机构作为十字滑块联轴器应用，而图(b)是其运动简图。主动转块1匀速转动时，通过连杆2驱动从动转块3做同向同速转动。这种联轴器常用于两轴线不易重合的平行轴的连接
用于电力机车的平行四边形机构	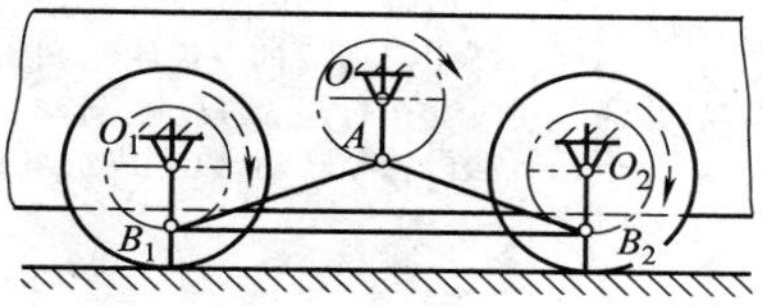 图(a) 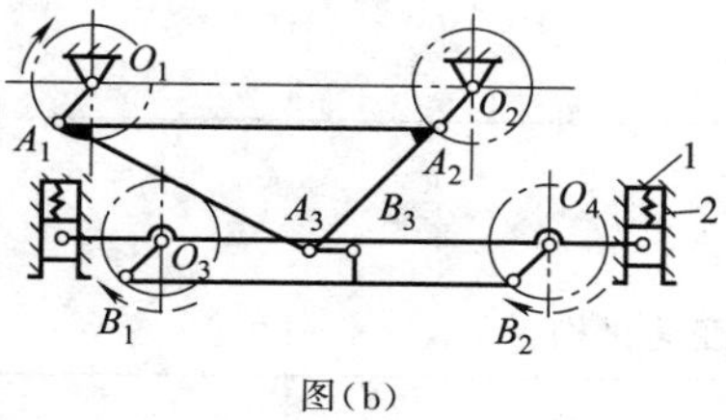 图(b)	图(a)所示电动机带动的主动轴 O 与两从动轴 O_1、O_2 均在同一车架上，且 $OO_1=OO_2$；曲柄 $OA=O_1B_1=O_2B_2$，连杆 $AB_1=AB_2=OO_1$ 图(b)，$O_1O_2=A_1A_2$、$O_3O_4=B_1B_2$、$O_1A_1=O_2A_2=O_3B_1=O_4B_2$，电动机带动的主动轴 O_1（或 O_2）与车架1为一体，并支承在弹簧2上，使车架有减振缓冲作用，随着运行中的振动，引起 O_1O_2 与 O_3O_4 间的距离发生变化。如图(b)所示在两个平行四边形机构中增加杆 A_3B_3 可补偿主、从动轴间距离的变化
钟表传动结构	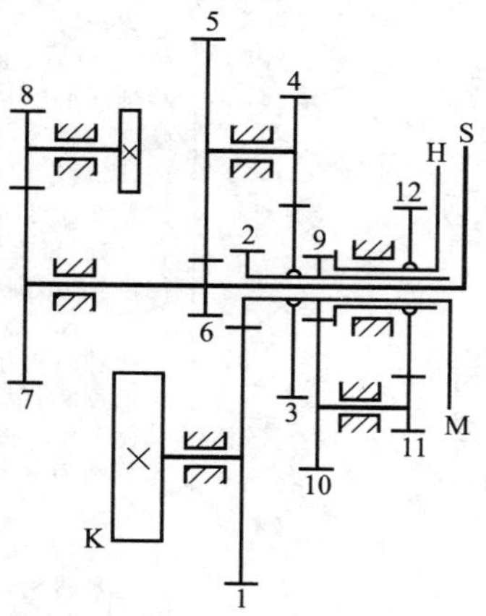 	由发条K驱动齿轮1转动时，通过齿轮1与2相啮合使分针M转动；由齿轮1～6组成的轮系可使秒针S获得一种转速；由齿轮1、2、9、10～12组成的轮系可使时针H获得另一种转速。利用轮系可将主动轴的转速同时传到几根从动轴上，获得所需的各种转速

续表

机构	机 构 图	说 明
滚齿机工作台传动机构	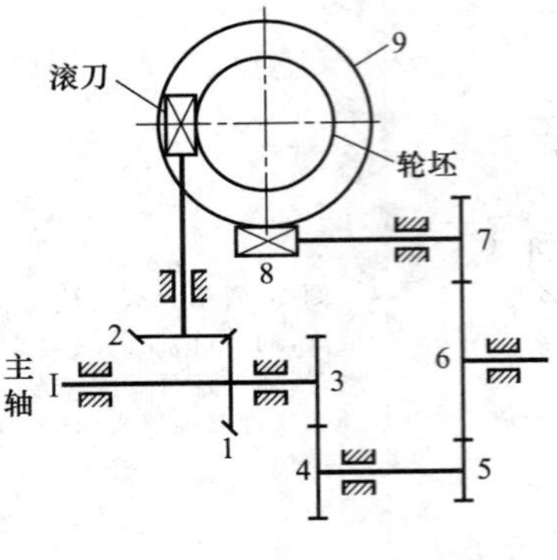	主动轴Ⅰ通过锥齿轮 1、齿轮 2 将运动传给滚刀；同时主动轴又通过直齿轮 1 和 3 经齿轮 4-5、6、7-8 传至蜗轮 9，带动被加工的轮坯转动，从而使滚刀和轮坯之间具有确定的对滚关系，以满足滚刀与轮坯的传动比要求
纺织机中的差动轮系	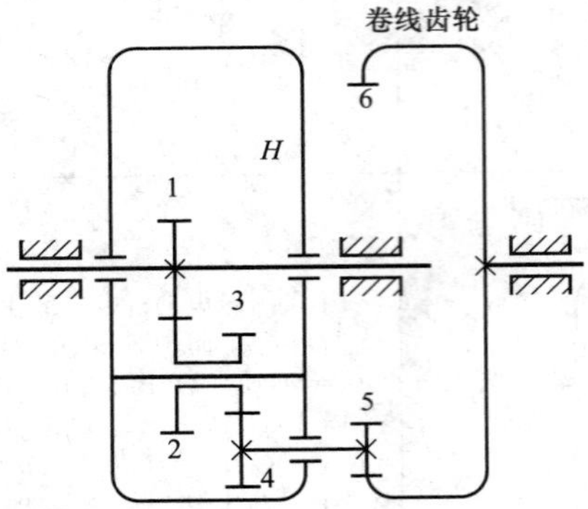	该轮系是由差动轮系 1～4、H 和差动轮系 5、6、H 组合而成的。齿轮 4 和齿轮 5 是双联齿轮，同时套在行星架 H 上，转动行星架 H，带动齿轮 5 和齿轮 6 转动，以完成纺织机卷线的工作

9.1.2 有级变速机构

表 11-9-2 有级变速机构

机构	机 构 图	说 明
三轴滑移公用齿轮机构	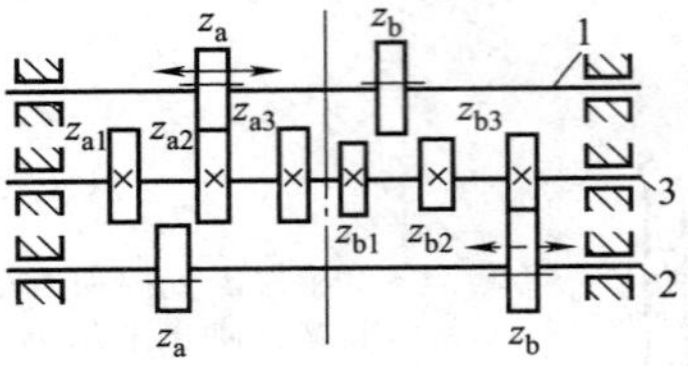 图(a) 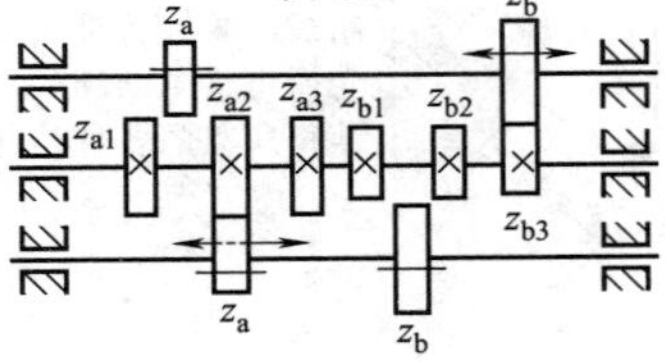 图(b)	其三轴平行，轴 1、3 和轴 2、3 的中心距相等。轴 1、2 上各有两个滑移齿轮 z_a 和 z_b，其参数完全相同，可分别与轴 3 上 a、b 两组固定的公用齿轮相啮合。轴 3 上 a、b 两组齿轮模数相同，齿数不同(一般齿差 $\Delta z<4$)，利用齿轮变位凑中心距可达到无侧隙啮合，以获得多种有级变速。设 N 为公用齿轮数，则变速级数 K 为 $K=N(N-1)+1$ (11-9-10) 此种机构用于机床上切削公制、英制螺纹时，很容易得到互为倒数的传动比关系。图(a)和图(b)所示的传动比分别为 $\frac{z_b z_{b3}}{z_{a2} z_b}$ 和 $\frac{z_b z_{a2}}{z_{b3} z_2}$ 这种机构的结构简单紧凑，操作简便，多用于普通车床的进给箱中

续表

机构	机　构　图	说　　明
带轮行星齿轮两级变速机构	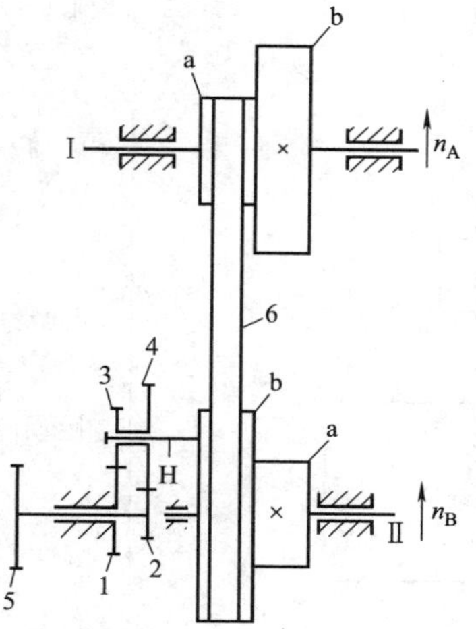	主动二联带轮 a、b 绕固定轴Ⅰ转动，从动二联带轮 a、b 绕固定轴Ⅱ转动，系杆 H 与二联带轮固联，齿轮 1～4、H 组成行星轮系，齿轮 5 为输出从动轮。主、从动带轮间用平带 6 传动，从动带轮转速 n_B 和输出齿轮 5 转速 n_5 之间的关系为 $$n_5=n_B\frac{z_2z_3-z_4z_1}{z_2z_3}$$ (11-9-11) 式中　z_1,z_2,z_3,z_4——齿轮 1、2、3、4 的齿数 从动带轮转速 n_B 有两级，由主动带轮转速 n_A 求得：当主动带轮上的 a 轮经带 6 传动从动带轮上的 b 轮时 $$n_B=n_A\times\frac{r_a}{r_b}$$ (11-9-12) 当主动带轮上的 b 轮经带 6 传动从动带轮上的 a 轮时 $$n_B=n_A\times\frac{r_b}{r_a}$$ (11-9-13) 式中　r_b,r_a——带轮 b、a 的半径
单齿轮滑移锥齿轮组多级变速机构	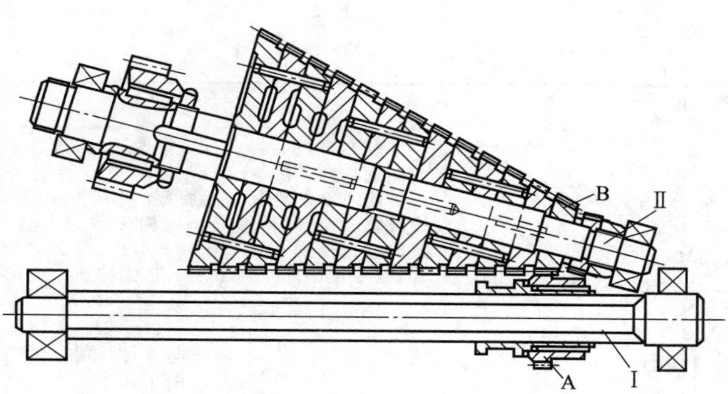	花键轴Ⅰ上装有一个可滑动的直齿轮 A，它可与轴Ⅱ上任一个等高齿锥齿轮 B 啮合，这些锥齿轮的齿数按等差级数变化。连接各锥齿轮的销子如左图所示，必须使所有齿轮均有一个齿槽保持成一直线。每片齿轮上的一半齿相对另一半齿沿轴向错过一定距离，使直齿轮 A 能迅速和原来啮合的齿轮脱开，并滑向另一片锥齿轮 这种机构能在运转中完成变速；变速级数多而齿轮数目较少，故结构简单、紧凑、刚性好。其缺点是齿不沿全齿宽啮合，磨损不均匀 设锥齿轮片数为 m，输出轴转速分别为 n_1、n_2、…、n_m，公差数为 a，则 $$n_m=n_1+(m-1)a$$ 或　$$a=\frac{n_m-n_1}{m-1};m=1+\frac{n_m-n_1}{a}$$ (11-9-14) 如轴Ⅱ主动、转速为 $n_{Ⅱ}$，则各锥齿轮齿数 $$(z_B)_i=\frac{n_i}{n_{Ⅱ}}z_A$$ (11-9-15) 式中　$i=1,2,\cdots,m$ 如轴Ⅰ主动、转速为 n_1，则各锥齿轮齿数 $$(z_B)_i=\frac{n_1}{n_i}z_A$$ (11-9-16)

续表

机构	机构图	说明
双电动机行星减速机构	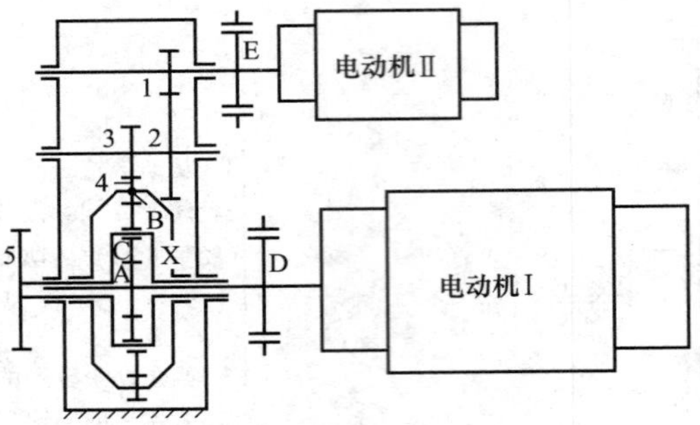	机构由电动机Ⅰ、Ⅱ带动，由与行星架X相连的齿轮5输出，其中构件4以齿数z_4与z_3外啮合，以z_B与z_C内啮合，通过控制制动轮D、E，可使行星架得到以下四种速度 ①电动机Ⅱ被制动时，行星架的转速 $$n_X^B=\frac{n_A^B}{i_{AX}^B} \quad (11\text{-}9\text{-}17)$$ 式中 n_A^B——电动机Ⅱ制动时A轮(电动机Ⅰ)的转速 i_{AX}^B——电动机Ⅱ制动时的传动比 $$i_{AX}^B=1+z_B/z_A \quad (11\text{-}9\text{-}18)$$ ②电动机Ⅰ被制动时，行星架的转速 $$n_X^A=\frac{n_B^A}{i_{BX}^A} \quad (11\text{-}9\text{-}19)$$ 式中 n_B^A——电动机Ⅰ被制动时，B轮的转速$n_B^A=\frac{n_{Ⅱ}}{i}$($n_{Ⅱ}$为电动机Ⅱ的转速，$i=i_{12}i_{34}=\frac{z_2z_4}{z_1z_3}$) i_{BX}^A——电动机Ⅰ制动时，B轮与行星架X间的传动比，$i_{BX}=1+z_A/z_B$ ③电动机Ⅰ、Ⅱ皆运转，A、B轮以同方向旋转时，行星架的转速$n_X=n_X^B+n_X^A$ ④电动机Ⅰ、Ⅱ皆运转，A、B轮以反方向旋转时，行星架的转速$n_X=n_X^B-n_X^A$ 这种机构广泛应用于小型连轧机、铸造吊车和氧气顶吹转炉的倾翻机构等。如果Ⅱ采用较小功率的直流电动机，可实现以小功率控制大功率的无级变速

9.1.3 无级变速机构

表 11-9-3 无级变速机构

机构	机构图	说明
内锥输出行星式无级变速机构	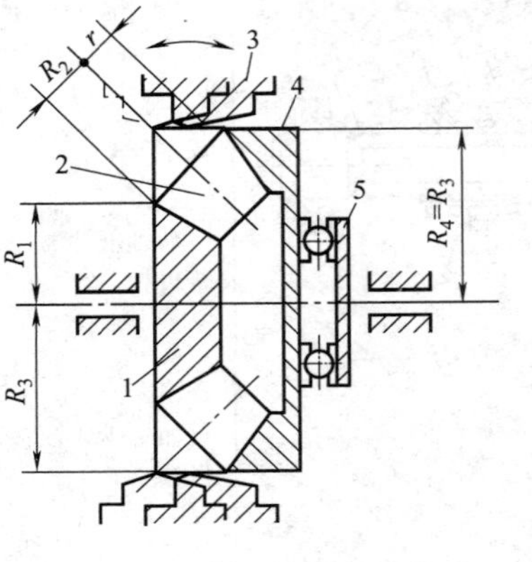	主动摩擦盘1带动行星锥2转动，锥2一般为5个，沿圆周均布，并置于保持架中，既自转又公转，锥2的正锥与不动的外环3相接触，其截锥靠摩擦力使输出摩擦盘4旋转，再经加压机构带动输出轴5转动。调速时通过调速机构(图中未示出)使外环3做轴向移动，改变正锥的工作半径r达到调速。传动比为 $$i=\frac{n_1}{n_5}=\frac{r+(R_3/R_1)R_2}{r-(R_3/R_4)R_2} \quad (11\text{-}9\text{-}20)$$ 式中 r——行星锥与外环接触处的半径 R_3——外环3的工作半径 R_1,R_2,R_4——主动盘1、行星锥2和输出盘4的大头半径 由式(11-9-20)可知，当r变小趋于零时，输出转速n_5最高，并与输入轴转向相反；当r逐渐增大，使$r=(R_3/R_1)R_2$时，输出轴转速$n_5=0$，为了保证输出力矩稳定，一般$i=-80\sim-100$。使用变速范围$R_{b5}\leqslant38.5$；传递功率$N\leqslant2.2$kW，效率$\eta=0.6\sim0.7$。此机构具有体积小、传递力矩大、调速范围大的特点，是属于恒转矩输出的减速型变速机构，可在停车情况下进行调速

续表

机构	机　构　图	说　　明
钢球外锥轮式无级变速机构	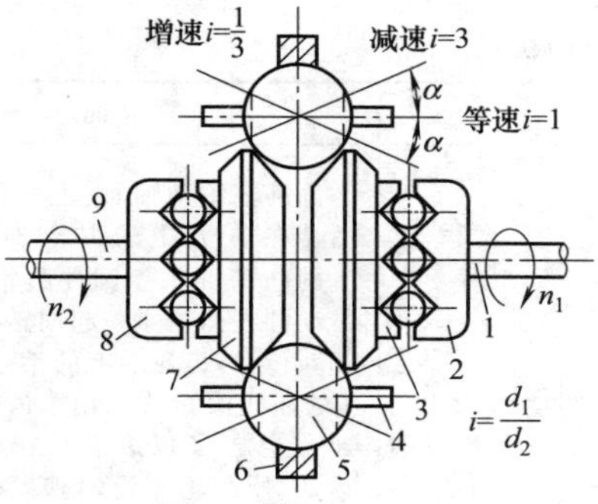 图(a) 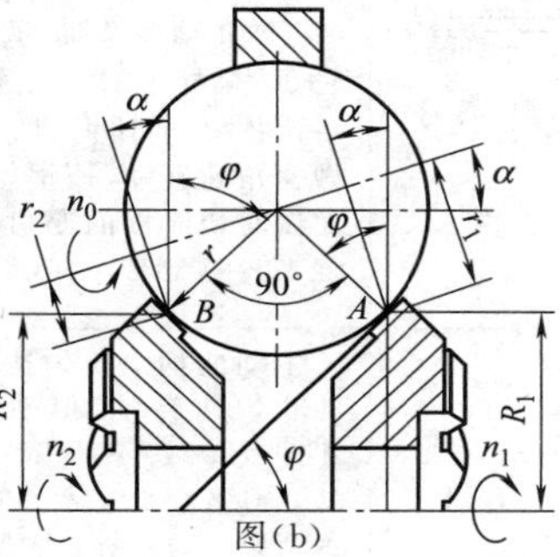 图(b)	该机构是利用摩擦传递动力，通过改变中间钢球的工作半径进行变速。主动轴 1 通过加压盘 2 经钢球带动摩擦盘 3 同速转动，再经过一组钢球 5(3～8 个)驱动从动摩擦盘 7 和输出轴 9。调速通过蜗杆、带有槽凸轮的蜗轮(图中未画出)使钢球 5 的轴 4 转动 α 角来实现。主、从动轴上的加压机构能自动地施加与载荷成正比的压紧力，使摩擦盘与传动钢球 5 相互压紧，确保在没有滑动的情况下传递动力。传动比为 $$i=\frac{n_1}{n_2}=\frac{r_1}{r_2}=\frac{1\mp\tan\varphi\tan\alpha}{1\pm\tan\varphi\tan\alpha} \quad (11\text{-}9\text{-}21)$$ 目前一般使用传动比 $i_B=1/3\sim3$，使用变速范围 $R_{b8}\leqslant9$，功率 $N\leqslant0.2\sim11\text{kW}$，效率 $\eta=0.8\sim0.9$。其特点为体积小、结构紧凑、可增速或减速，但制造精度要求较高。输出传递动力特性基本上为恒功率。在纺织、电影及机床等行业中均有应用
连杆式脉动无级变速机构	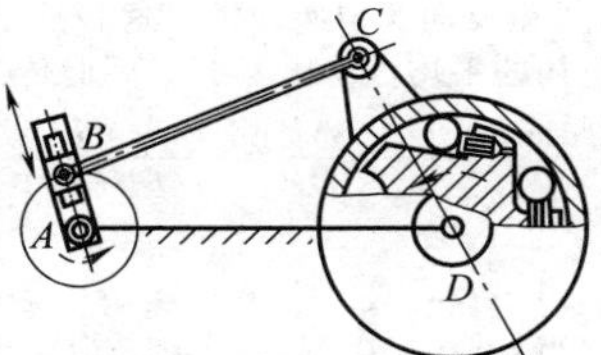 图(a) 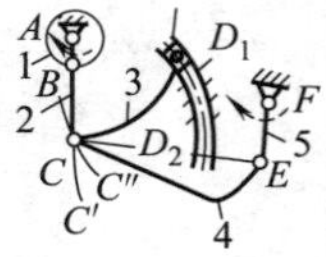 图(b) 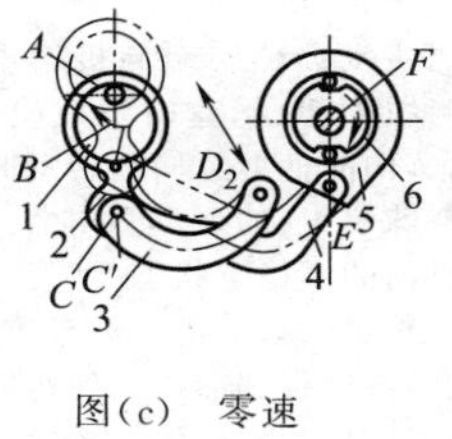 图(c)　零速 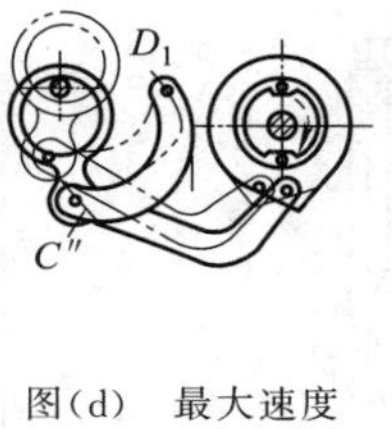 图(d)　最大速度	机构是由连杆机构与单向超越离合器组成的。通过改变连杆机构中某一构件的长度，使摇杆(即超越离合器的外环)得到不同的摆角来达到无级变速的目的 图(a)所示曲柄 AB 上的曲柄销 B 可滑动，以改变曲柄长度，曲柄每转一周，带动摇杆 CD 摆动一个角度。改变 AB 的长度，则摇杆 CD 的摆角也相应改变，以实现变速。输出端做单向间歇脉动回转 图(b)所示是一个多杆铰链机构，图中圆弧 C'' 和 C' 表示 CD 分别以 D_1、D_2 为圆心时的圆弧。当主动曲柄 1 匀速转动时，通过改变杆 3 右端滑块 7 在弧形槽中的位置(在 D_1、D_2 之间)，即改变机架 AD 的长度，使输出杆 5 实现变速。图(c)是上述机构与单向超越离合器组成的机构的结构简图，可实现单向脉动输出。图示位置表示滑块 7 固定于 D_2 点，此时铰接点 C 沿圆弧 C' 运动，此位置时，由于 C、D_2、E 在一直线上[见图(b)]，故 E 点近似保持不动，杆 5 与输出轴 6 接近零速。图(d)表示滑块固定于 D_1 点，此时 C 点沿圆弧 C'' 运动，输出轴 6 以最大的角速度转动 图中两机构各仅有一曲柄摇杆机构带动一个单向超越离合器，其输出是间隙脉动回转，输出极不平稳，为减小脉动不均匀性，常采用多相(3～5 相)并列，几个曲柄-单向超越离合器交替重叠地带动一根输出轴，使输出的均匀性提高。这种机构简单可靠，变速性能稳定，停止和运行时均可调速。适用于中、小功率(约 10 kW 以下)，中、低速(40～1000r/min)的减速变速，以及对输出轴旋转均匀性要求不严的场合，如一些轻工包装、食品等行业的机械中均有应用

9.2　非匀速转动机构

表 11-9-4　　**非匀速转动机构**

机构	机　构　图	说　　明
用于纺织机的齿轮凸轮组合卷绕机构	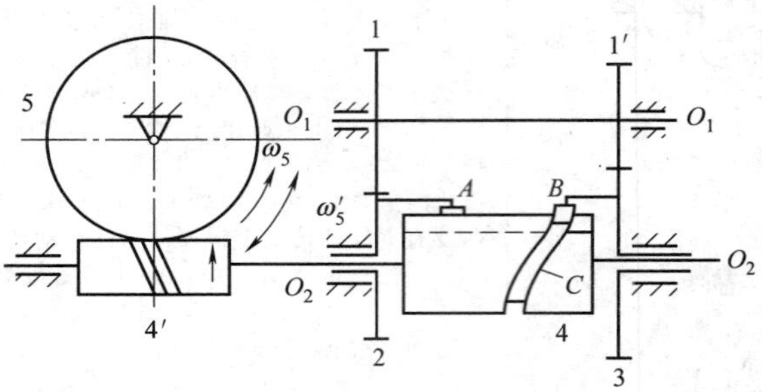	固连在主动轴 O_1 上的齿轮 1 和 1′分别与活套在轴 O_2 上的齿轮 2 和 3 啮合。齿轮 2 上的凸销 A 嵌于圆柱凸轮 4 的纵向直槽中，带动圆柱凸轮 4 一起回转并允许其沿轴向有相对位移，齿轮 3 上的滚子 B 装在圆柱凸轮 4 的曲线槽 C 中。由于齿轮 2 和齿轮 3 的转速有差异，所以滚子 B 在槽 C 内将发生相对运动，使凸轮 4 沿轴 O_2 移动。当主动轴 O_1 连续回转时，圆柱凸轮 4 及与其固结的蜗杆 4′将做转动兼移动的复合运动，从而传动蜗轮 5。蜗杆 4′的等角速转动使蜗轮 5 亦做等角速转动，蜗杆 4′的变速移动使蜗轮 5 以 ω_5 做变角速转动，该蜗轮的运动为两者的合成而做时快时慢的变角速转动，以满足纺丝卷绕工艺的要求
用于惯性筛的双曲柄机构	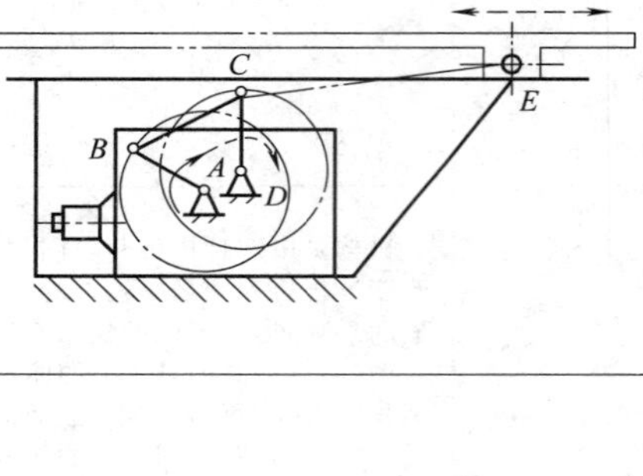	主动曲柄 AB 匀速转动，转换为曲柄 CD 的非匀速转动，但平均传动比等于 1。若 $AD+CD<AB+BC$，且 $AD<AB<BC<CD$（或 $AD<BC<AB<CD$），则机构没有死点位置。双点划线表示在此双曲柄机构上再相连一偏置曲柄滑块机构 DCE，这是惯性筛的具体应用。由于双曲柄机构和偏置曲柄滑块机构均有急回特性，两者并用加强了急回效果，使筛子从右往左运动时，有较大的加速度，依靠物料惯性而达到筛分的目的
反平行四边形机构	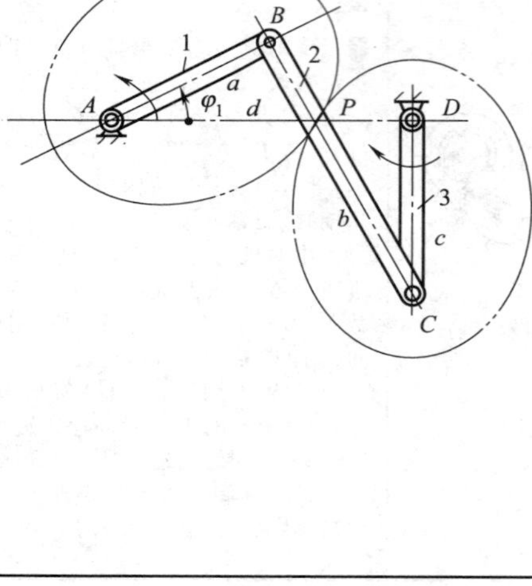	两短杆为曲柄，且 $a=c$，机架 d 和连杆 b 相等，当主动曲柄 a 做匀速转动时，从动曲柄 c 做反向非匀速转动。这种反平行四边形机构的平均传动比等于 1，瞬时传动比为 $$i_{31}=\frac{\omega_3}{\omega_1}=\frac{AP}{DP}=\frac{b^2-a^2}{-(b^2+a^2)+2ab\cos\varphi_1} \qquad (11\text{-}9\text{-}22)$$ 当 $\varphi_1=0°$ 时，$i_{31}=(i_{31})_{\max}=-(b+a)/(b-a)$ 当 $\varphi_1=180°$ 时，$\varphi_1=180°\ i_{31}=(i_{31})_{\min}=-(b-a)/(b+a)$ 当主动曲柄转至与机架重合时，从动曲柄也与机架重合，这时形成机构运动的不确定状态，即曲柄继续向前转动时，从动曲柄必须用特殊装置（如死点引出器）或杆件惯性来渡过机构的不稳定状态 反平行四边形机构通过改变 $a(c)$、$b(d)$ 的长度，可以得到需要的变传动比的运动规律。当运动精度要求不高时，此机构可用来代替椭圆齿传动（如双点画线所示），椭圆齿轮的回转轴分别在焦点 A 和 D，椭圆长轴为连杆长 b，焦距为曲柄长 a，而制造比椭圆齿轮简单得多。反平行四边形机构也常用于机构的联动，使机构中的两个工作构件获得大小相同、方向相反的角位移，如车门启闭机构等

续表

机构	机　构　图	说　　明
实现两相交轴间传动的万向联轴器	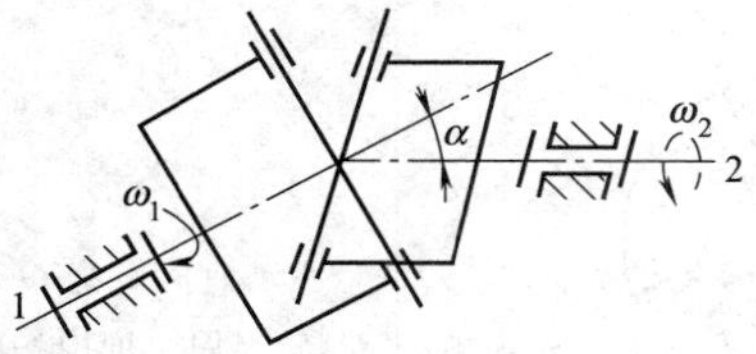 图(a) 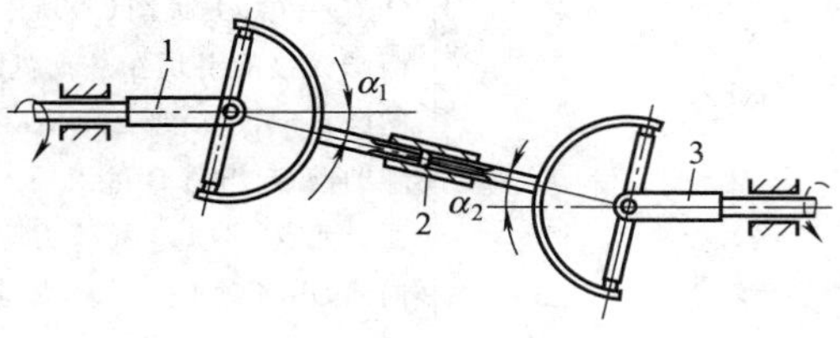 图(b)	图(a)所示为单万向联轴器，主动轴 1 以 ω_1 匀速转动，从动轴 2 以 ω_2 变速转动，平均传动比为 1，瞬时传动比为 $$i_{21}=\frac{\omega_2}{\omega_1}=\frac{\cos\alpha}{1-\sin^2\alpha\cos^2\varphi_1} \quad (11\text{-}9\text{-}23)$$ 式中　φ_1——主动轴上叉头从轴面(两轴所决定的平面)开始计算的转角 由于瞬时传动比的变化，传动中将产生附加动载荷，并引起振动。为了消除这一缺点，一般多采用双万向联轴器 图(b)所示为双万向联轴器，在主、从动轴 1、3 之间用一个中间轴 2(即用花键套连接的轴)和两个万向联轴器连接，它可以传递任意位置的两轴间的回转运动。当中间轴 2 两端的叉面位于同一平面内且 $\alpha_1=\alpha_2$ 时，可以得到主、从动轴间传动比恒等于 1 的匀速传动
用于联轴器的转动导杆机构	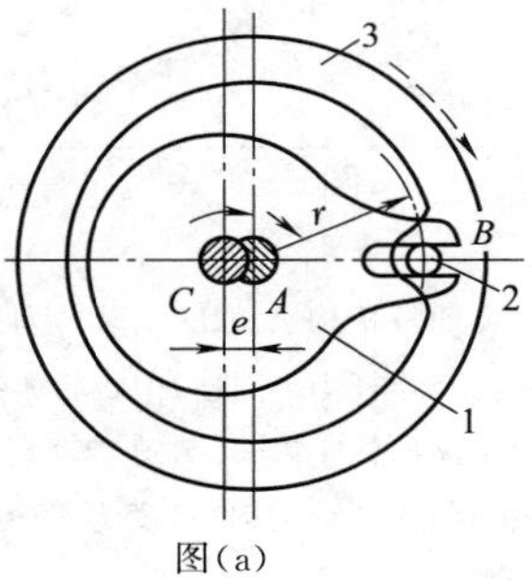 图(a) 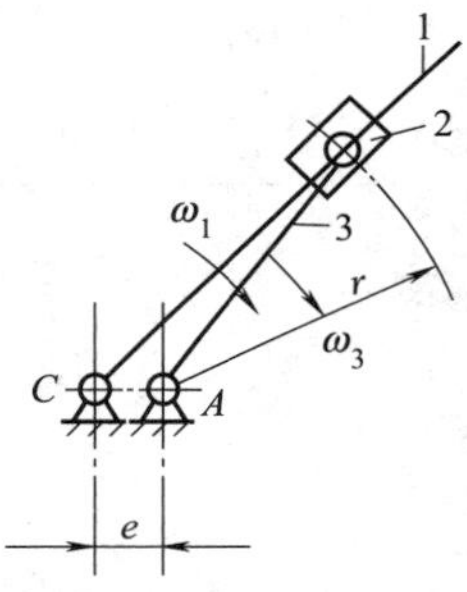 图(b)	该机构[图(a)]是轴心线不重合的联轴器结构。当盘 1 绕轴 C 转动时，通过圆盘 1 上的滑槽拨动盘 3 绕轴心 A 同向转动，同时销 2 将相对于滑槽滑动。图(b)是运动简图。导杆 1 做等速转动带动从动盘 3 做变速转动。当偏距 e 很小时，从动盘 3 的角速度变化平缓 转动导杆机构在回转柱塞泵、叶片泵及旋转式发动机等机器中也有应用
用于刨床的转动导杆机构	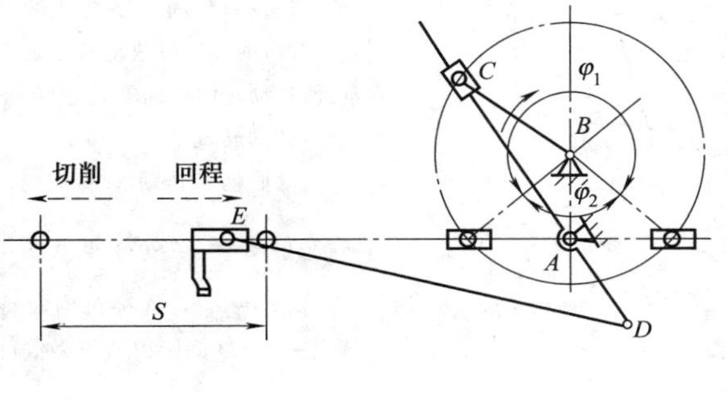	机架 $AB<$ 曲柄 BC，主动曲柄 BC 匀速转动，转换为旋转导杆 CD 的非匀速转动。平均传动比为 1，其急回特性常用于刨床，使切削行程较慢、回程较快(BC 顺时针方向转动 φ_1 时，滑块 E 以较慢的近于等速切削，而 BC 继续转动 φ_2 角时，E 快速返回)。行程 $S=2AD$。比值 $\frac{BC}{AB}$ 较小时，机构的动力性能变坏，一般推荐 $\frac{BC}{AB}>2$

第 11 篇

续表

机构	机 构 图	说 明
传动刀杆减速机构	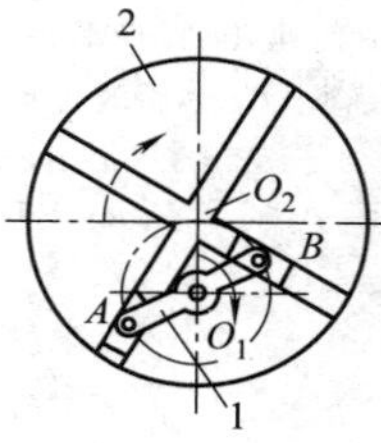 图(a) 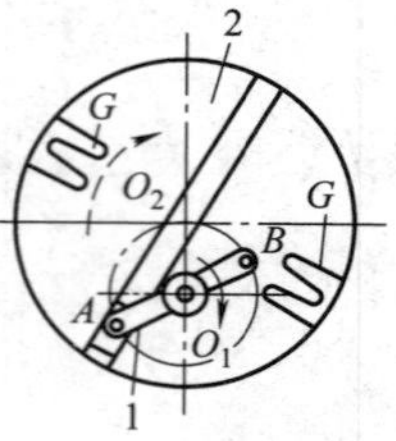 图(b) 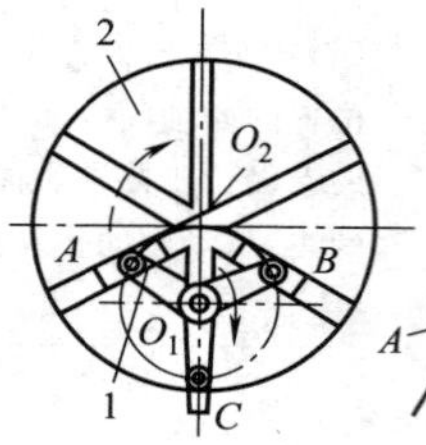 图(c) 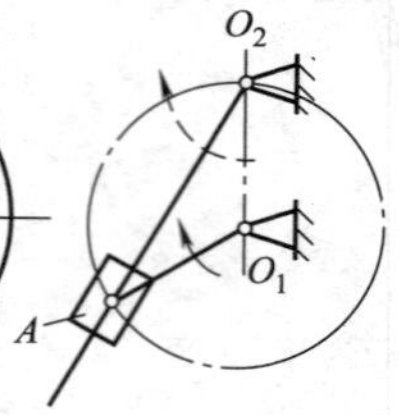 图(d)	主动曲柄1绕 O_1 转一周，从动圆盘2绕 O_2 转半周。机构各构件的尺寸应有下列关系：曲柄长度等于中心距，即 $O_1A(=O_1B=O_1C)=O_1O_2$。图(a)所示主动双臂曲柄1两端铰接的滑块在从动盘的十字槽中滑动。图(b)所示从动盘2上有一个径向槽和两个辅助槽 G，当销 B 进入辅助槽时使机构顺利通过死点。图(c)所示从动盘2上有三个径向槽，用三臂曲柄传动，传递力矩较均匀。图(d)为这种导杆减速机构的结构简图。这种机构结构简单，并可将曲柄做成圆盘形以传递较大的载荷
两齿轮连杆组合机构	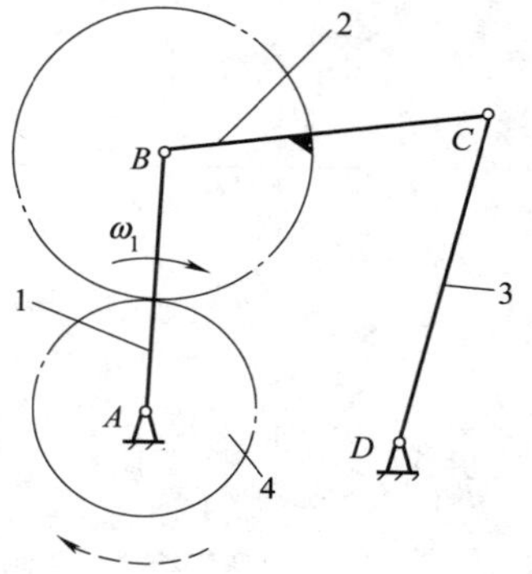	在四杆机构 $ABCD$ 上装一对齿轮，行星齿轮2与连杆 BC 固连，中心轮4绕 A 轴转动。当主动曲柄1以 ω_1 匀速转动时，从动齿轮4做非匀速转动，其角速度为 $$\omega_4=\omega_1\left(1+\frac{z_2}{z_4}\right)-\omega_2\frac{z_2}{z_4} \quad (11\text{-}9\text{-}24)$$ 式中 ω_2——连杆 BC 的角速度 z_2，z_4——齿轮2、4的齿数 由式(11-9-24)可知，轮4的速度是由等速部分(第一项)和周期性变化的变速部分(第二项)合成的。通过改变杆长和齿轮节圆半径，可使从动轮做单向非匀速转动或做瞬时停歇带逆转的转动。如 $ABCD$ 为曲柄摇杆机构，当主动曲柄1转动 n_1 整周时，从动曲柄转动 $n_4=\left(1+\frac{z_2}{z_4}\right)n_1$ 周；如 $ABCD$ 为双曲柄机构，则 $n_4=n_1$。这种机构的特点是主、从动轴共线，AD 间距离便于做成可调的

第11篇

9.3　往复运动机构

表 11-9-5　**往复运动机构**

机构	机构图	说明
往复移动从动件凸轮机构	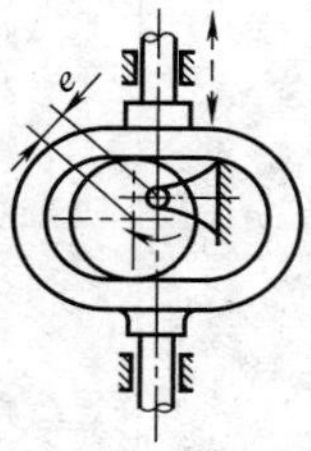 图(a) 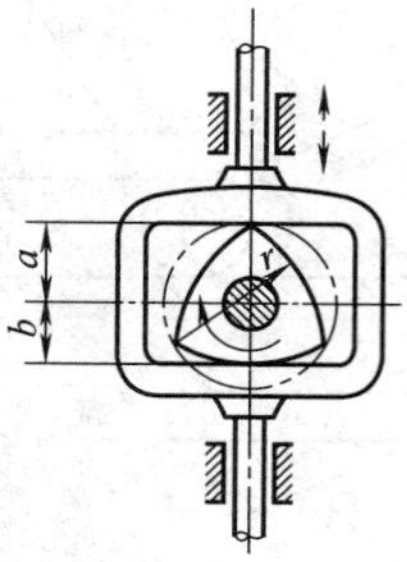 图(b) 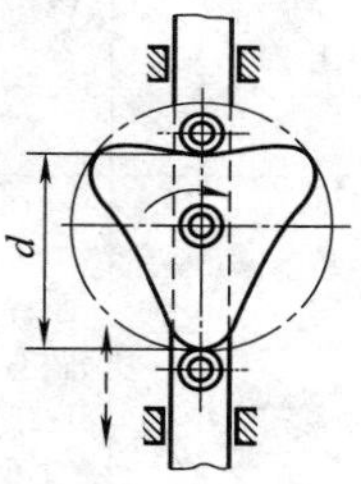 图(c) 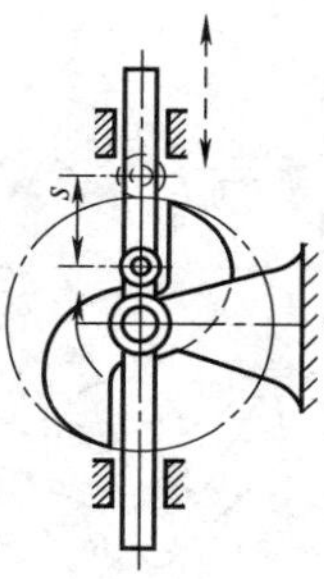 图(d)	图(a)所示为偏心圆凸轮，从动杆做往复简谐运动，其行程为偏心距 e 的两倍。图(b)所示为等宽三角凸轮，棱边半径为 r，$r=a+b$，从动杆行程为 $a-b$。图(c)所示为等径凸轮，凸轮对径长等于两滚子间距离 d，并保持不变，凸轮转一圈从动杆往复一次。图(d)所示为抛物线凸轮，从动杆上升动作平稳，推力较小，下降时有冲击作用。该机构可用于粉碎机中
增大循环转数的沟槽凸轮机构	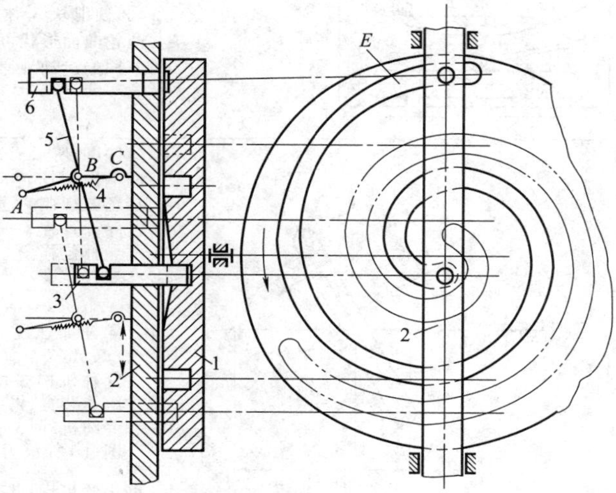	主动凸轮 1 表面刻有螺旋沟槽，在接近槽尾 E 的一段长度内，槽的底部逐渐变浅，从动部件上的 A 、B 、C 三点在一直线上时为杠杆 5 的平衡位置。当凸轮转动到销 6 进入槽的尾部时(实线位置)，A 点被迫向下越过平衡位置，使销 3 在弹簧 4 的作用下进入凸轮槽的头部，从动杆 2 开始向下运动，凸轮转过一周半后，销 3 到达槽尾并脱出(双点划线位置表示尚未到达槽尾的中间位置)，A 点被迫向上越过平衡位置，销 3 脱出，销 6 进入凸轮槽头部，杆 2 开始向上运动。凸轮每转 3 转，从动杆 2 完成一个往复循环

续表

机构	机　构　图	说　　明
可倾翻卸包装箱的运输小车	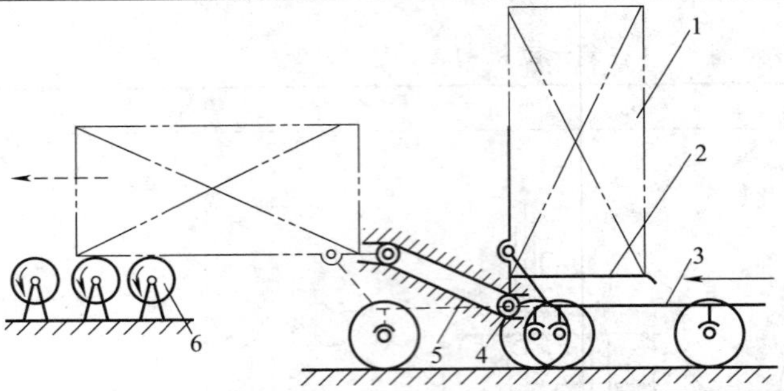	小车 3 向前推进时，铲斗 2 上的滚子 4 沿固定凸轮槽 5 运动，使铲斗逐渐倾斜，将包装箱 1 卸于输出辊道 6 上
自动走刀圆柱凸轮机构	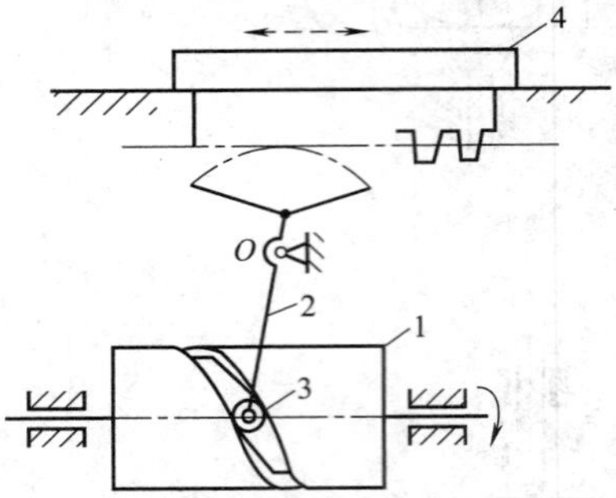	凸轮 1 匀速转动，其曲线凹槽带动滚子 3 使摆杆 2 绕固定轴 O 往复摆动，再通过扇形齿轮齿条机构，使刀架 4 按一定运动规律运动，实现自动走刀。该机构用于自动车床
凸轮-连杆组合机构	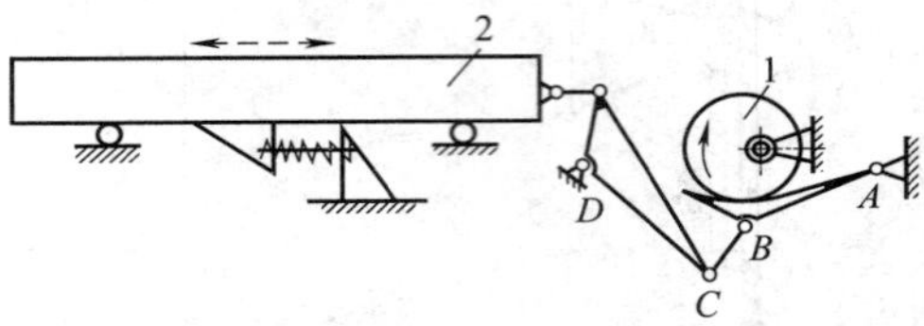	主动偏心凸轮 1 回转，通过四杆机构 $ABCD$ 带动从动件 2 做有急回特性的往复运动，实现细粒物料分层与运输。该机构可用于选矿机械的摇床中
移动凸轮-连杆组合机构	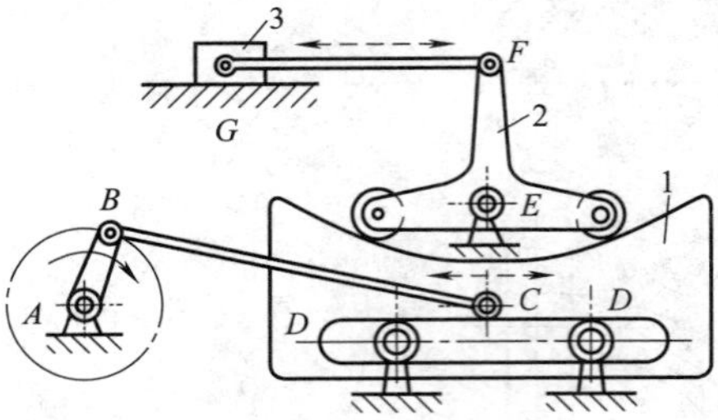	凸轮 1 由曲柄滑块机构 ABC 带动做往复移动，与凸轮曲面接触的从动杆 2 绕 E 摆动，使滑块 3 往复移动。改变凸轮曲面形状可使滑块 3 得到不同的运动规律
曲柄移动导杆机构	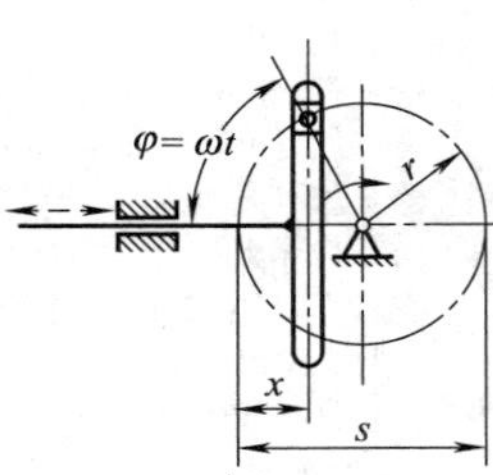图(a) 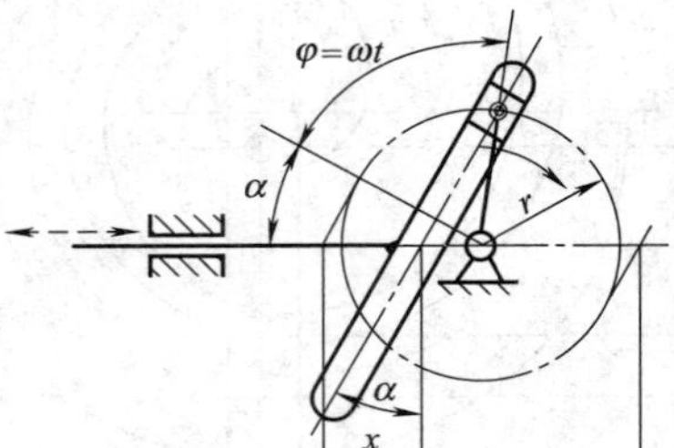图(b)	图(a)所示为正弦机构，主动曲柄做匀速转动时，从动导杆按正弦规律的速度做往复运动 导杆行程 $s=2r$ 导杆位移 $x=r(1-\cos\varphi)$ 导杆速度 $v=r\omega\sin\varphi$ $=\omega\sqrt{2rx-x^2}$ 导杆加速度 $a=r\omega^2\cos\varphi=(r-x)\omega^2$ 这种机构多用于振动台、数字解算装置、操纵机构、印刷机和缝纫机等 图(b)所示为具有倾斜导杆的正弦机构，此时，以 $\frac{r}{\cos\alpha}$ 代替上述各式中 r，得到相应的公式，此机构可获得较大的行程

续表

<table>
<tr><th>机构</th><th>机构图</th><th>说明</th></tr>
<tr><td>斜面凸轮往复机构</td><td>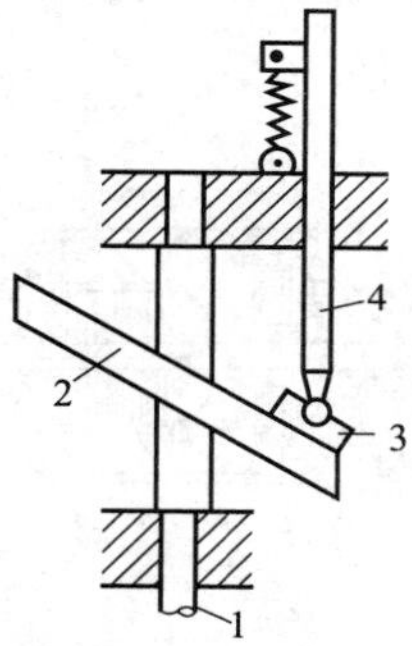
</td><td>斜面凸轮 2 与主动轴 1 固连，滑块 3 以球面铰与从动杆 4 连接，并通过弹簧与凸轮 2 接触。当主动轴旋转时，从动杆做往复简谐运动</td></tr>
<tr><td>带挠性构件的往复运动机构</td><td>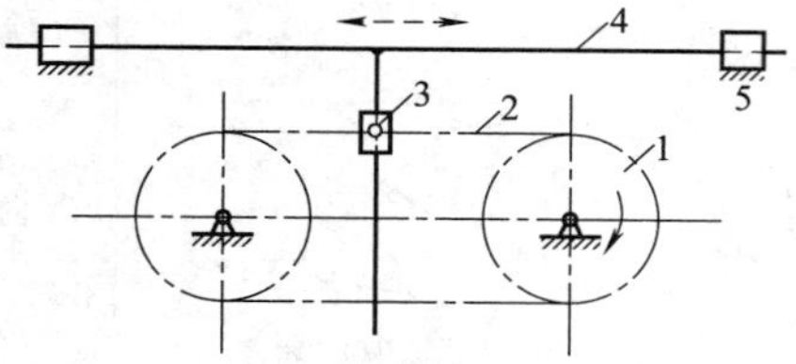

图(a)
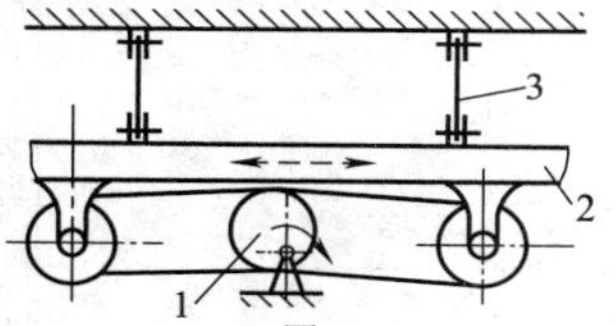

图(b)</td><td>如图(a)所示，滑块 3 铰接在链条 2 上，T 形导杆 4 可在滑块 3 中滑动，链轮 1 转动时，链条带着滑块 3 运动，从而带动导杆 4 在导轨 5 中做往复移动。当 3 在直线段时，4 为等速运动；当 3 在圆弧段时，4 做简谐运动。这种机构换向较平稳
如图(b)所示，主动偏心轮 1 转动，通过左右带轮带动筛体 2 往复摆动。筛体是挂在平板弹簧 3 上的。这种机构以两个挠性体代替曲柄摇杆机构中的连杆，同时悬挂采用板簧，能吸收一部分能量，动力性能较好</td></tr>
<tr><td>不完全齿轮传动的往复移动机构</td><td>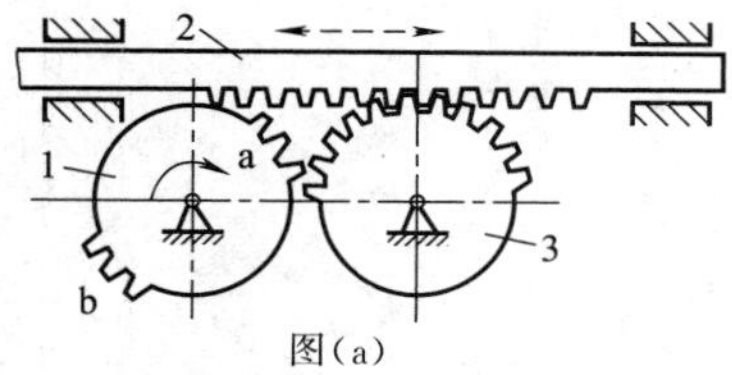

图(a)
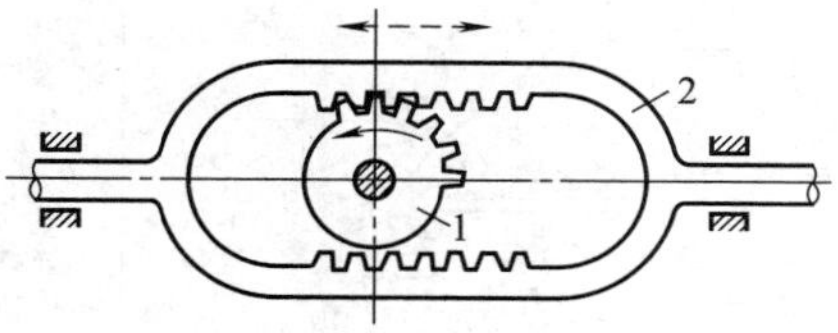

图(b)</td><td>如图(a)所示，不完全齿轮 1 顺时针方向旋转时，与不完全齿轮 3 啮合，齿轮 3 又与齿条 2 相啮合，并带动其向左移动，当齿轮 1 的轮齿与齿轮 3 脱开时，轮齿 b 与齿条 2 啮合，从而带动齿条右移。改变齿轮 1 的齿数可调节齿条在两端的停歇时间
如图(b)所示，不完全齿轮 1 旋转时交替与上下齿条啮合，从而使构件 2 往复移动，并在两端有停歇
不完全齿轮机构由于开始啮合和脱离啮合时都有严重冲击，只能用于低速、轻载，如印刷机等</td></tr>
<tr><td>渣口堵塞机构</td><td>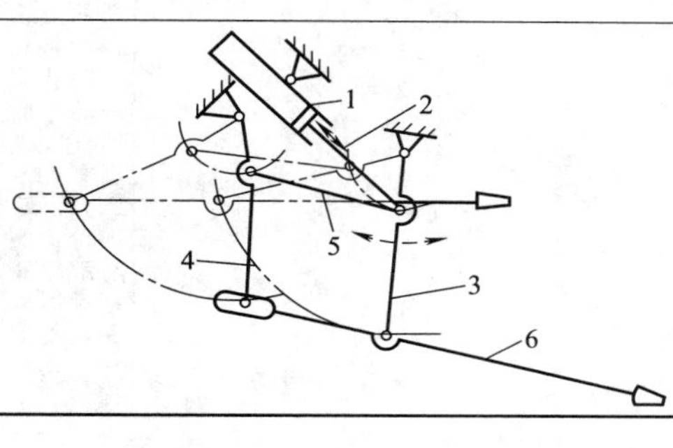
</td><td>活塞杆 2 在摆动气缸 1 中运动，带动杆 3 摆动，通过连杆 5 又使杆 4 摆动，从而带动活塞杆 6 启闭高炉的出渣口</td></tr>
</table>

续表

机构	机 构 图	说 明
汽车风窗刮水板机构	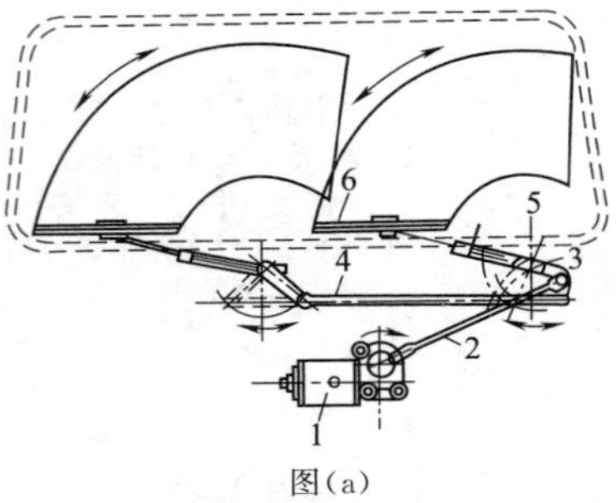 图(a) 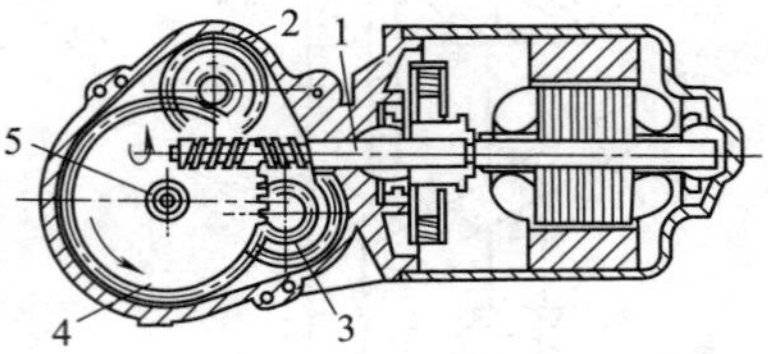 图(b)	图(a)所示为刮水器结构，它由电动机 1、连杆 2、枢轴 3、传动机构 4、刮臂 5 和刮片 6 组成。为了确保规定的刮刷面积，通常采用两个刮片同时工作。电动机的旋转运动变成摇摆往复运动是通过电动机输出轴的蜗轮蜗杆和曲柄摇杆机构实现的 图(b)所示为驱动电动机及其蜗轮蜗杆机构。电动机轴上的蜗杆 1 由左、右相反的两段螺旋组成，分别带动位于蜗杆轴两侧的双联齿轮 2、3 中的大齿轮同向转动。双联齿轮中的小齿轮与输出齿轮 4 啮合，输出齿轮 4 与输出轴 5 一起转动。输出轴 5 上连接有曲柄摇杆机构的曲柄
矿山井下坑道气动碰杆风门装置	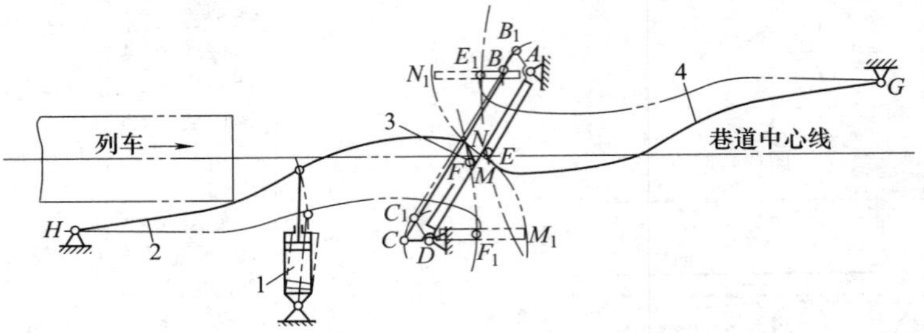	当井下列车通过风门时，通过行程开关使气缸 1 动作，将碰杆 2 拉向双点画线位置，杆 2 端部有小轮 3 可在门 DM 的导槽中滑动，使 DM 绕 D 转动到 DM_1 位置，再通过平行四边形机构 $DCBA$ 推动另一扇门 AN 绕 A 转动到 AN_1 位置。此时，两扇门打开，列车通过。列车通过以后，在电气系统作用下，风门重新关闭。如果电气系统有故障，经减速的列车可直接推动碰杆 2(右行时)或 4(左行时)将门打开
矿山罐笼摇台稳罐联动装置	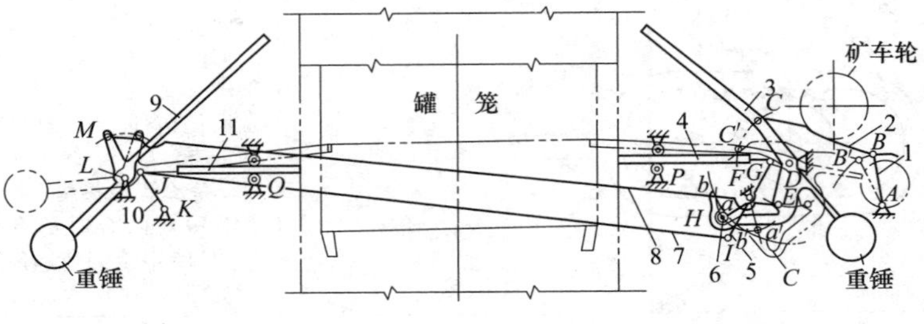	当罐笼停于井口时，为了使矿车平稳地进入罐笼，可采用摇台稳罐联动装置 。摇台 3、9，可搭在罐笼上，使矿车经其上进入罐笼，稳罐器 4、11 从两侧顶住罐笼，不使其摇晃。当矿车进罐时，车轮压下杆 2，带动摇台 3 绕 D 转动，同时摇台 3 的下部弯杆通过开口槽中的滚轮 6 带动杆 5 绕 F 点转动，使稳罐器 4 伸出，并稳住罐笼。杆 3、5 分别通过与其上 K、I 点铰接的杆 8、7 带动罐笼另一侧的摇台，与稳罐器 11 动作。当摇台 3 转动到使稳罐器 4、11 全部伸出时(即已从两边顶住罐笼)，滚轮 6 正好离开弯杆上的开口槽 C，到达弯杆的圆弧面 $a'b'$ 上(圆弧面 ab、$a'b'$ 的圆心为 D)，摇台 3 继续绕 D 转动到双点画线位置，此时稳罐器 4、11 不再跟随摇台 3 动作，处于不动位置。矿车进入罐笼以后，摇台 3、9 在重锤作用下复位，同时稳罐器的滚轮 6 重新进入槽 C 被摇台 3 带动复位 此装置是由多个产生往复摇动的平面连杆机构组成的，即由四杆铰链机构 $ABCD$ 带动两个反平行四边形机构 $DEML$ 和 $FIJK$ 实现两侧同时动作。通过摇台 3 延长体的弯杆部分 DH 与滚轮 6 及摇杆 5 实现摇台 3 与稳罐器 4 联动或脱离。往复移动和往复摆动的机构，还可通过各种自动换向装置实现，这里不予列举

续表

机构	机　构　图	说　明
曲柄摇杆机构	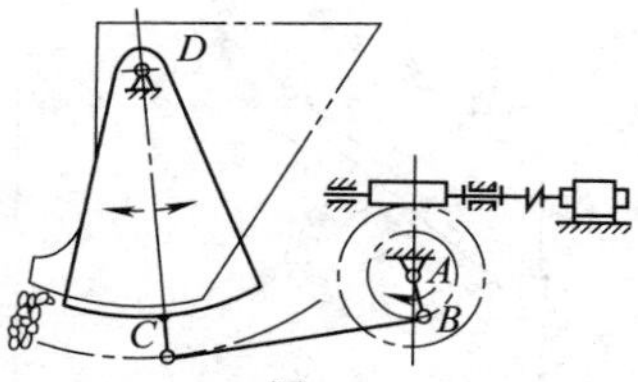 图(a) 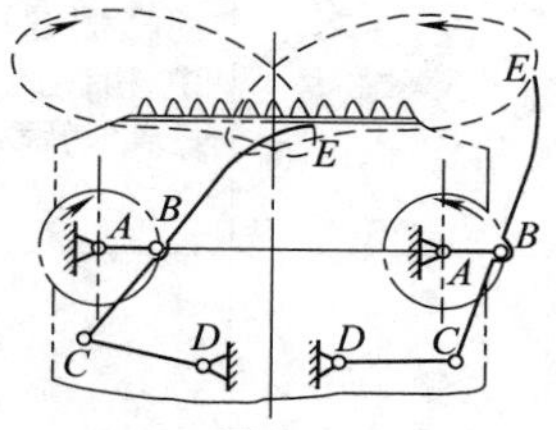 图(b) 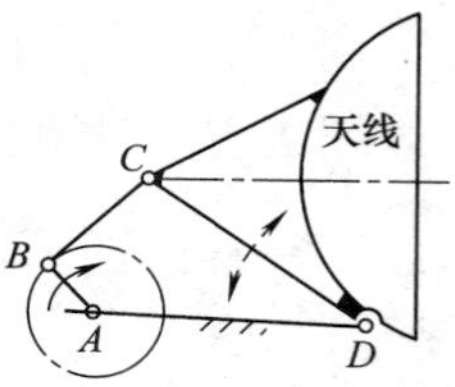 图(c)	图(a)所示为摆动式给矿机构，蜗轮减速机通过曲柄摇杆机构 $ABCD$ 带动闸门(与 CD 固连)往复摆动，实现间歇放矿。图(b)所示为装岩机扒矿机构，利用曲柄摇杆机构 $ABCD$ 中连杆端部 E 点(扒爪)的环形轨迹扒取矿石。图(c)所示为用来调整雷达天线俯仰角度的曲柄摇杆机构
翻板机构	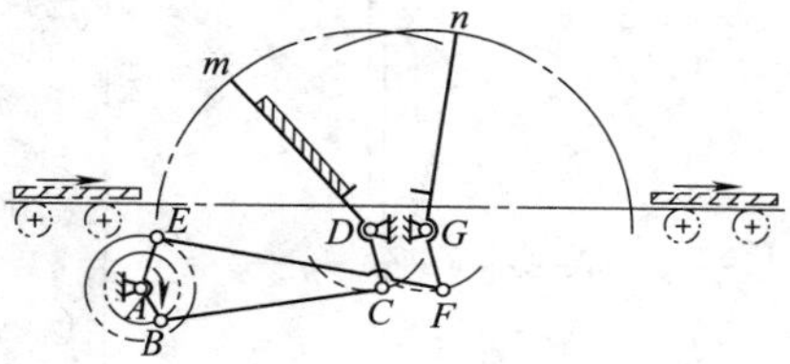 图(a) 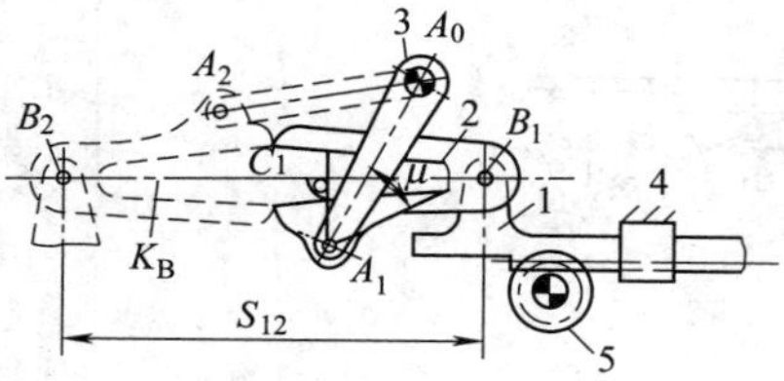 图(b)	图(a)所示是利用两个曲柄摇杆机构 $ABCD$ 和 $AEFG$ 组合而成的翻板机构。金属板(双点画线所示)先由左端进入摇杆 Dm 再过渡到摇杆 Gn，使金属板翻转 180°由右端运走。该机构应用于有色金属轧机后端用来翻转金属板 图(b)所示是用于将薄片零件翻转 180°的机构，构件 1～4 组成摇杆滑块机构，主动杆滑块(齿条)1、连杆 2 为夹持薄片零件的弯杆。当主动齿轮 5 逆时针方向转动，使齿条 1 向左移动距离 S_{12}，滑块与连杆 2 铰接点由位置 B_1 移至位置 B_2 时，连杆 2 与摇杆 3 的铰接点由位置 A_1 转至位置 A_2，此时连杆 2 由位置 A_1B_1 移至 A_2B_2，它在图示平面内转动 180°，相应地使夹持的薄片也随之翻转 180°
汽车前轮转向机构	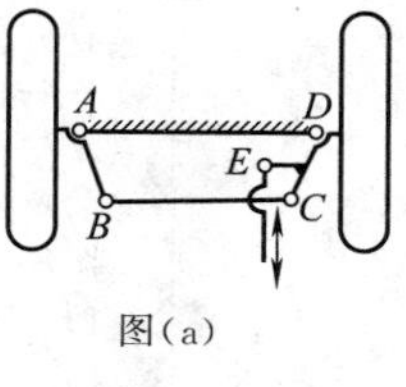 图(a) 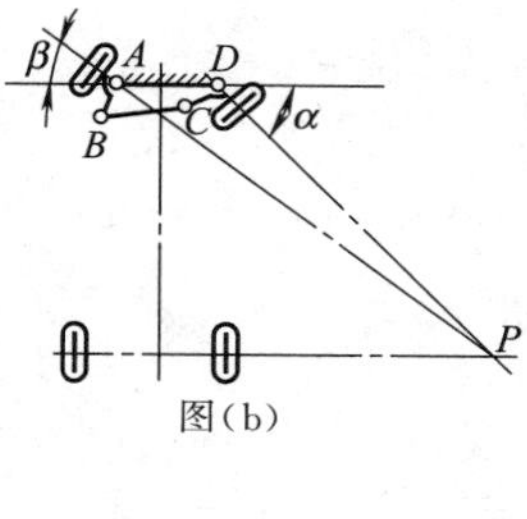 图(b)	图(a)所示为该机构，$ABCD$ 为等腰梯形的双摇杆机构，CD 上带一拐臂，在 E 点与操纵杆相连。操纵杆使双摇杆摆动，并使两车轮转向。如图(b)所示，其转向特点是双摇杆控制的两车轮转角不等，即 $\alpha \neq \beta$，使汽车在转弯时两前轮的轴线交点 P 能落在后轮轴线的延长线附近，尽可能实现轮胎与地面做纯滚动

第 11 篇

续表

<table>
<tr><th>机构</th><th>机 构 图</th><th>说　明</th></tr>
<tr><td>飞机起落架机构</td><td>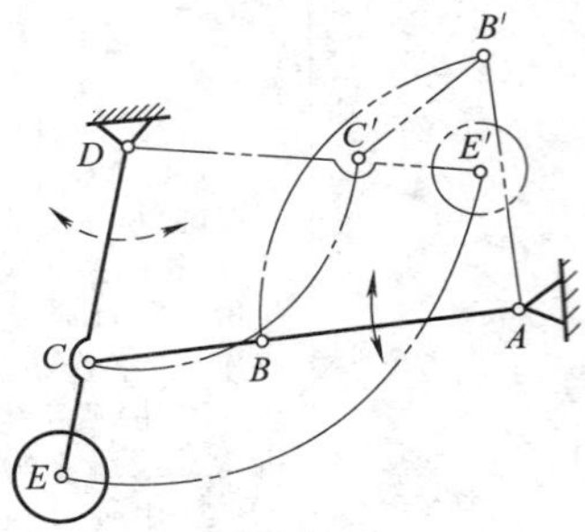

图(a)
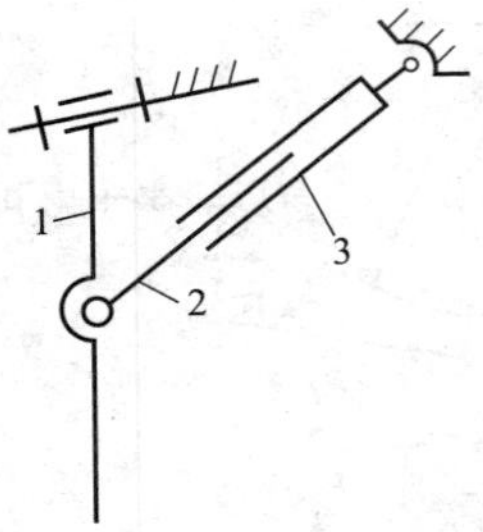

图(b)</td><td>图(a)中的实线位置是轮子落地时的情况，飞机起飞后双摇杆机构 $ABCD$ 运动到双点画线 $AB'C'D$ 位置使轮子收藏起来，减小空气阻力
图(b)所示为构件 2、3 组成的液压缸在压力油作用下伸缩时，轮轴支柱 1 绕斜轴摆动，达到收放飞机起落架的目的。其中，构件 2、3 各有一个绕圆柱副轴线转动的局部自由度</td></tr>
<tr><td>门的开闭机构</td><td>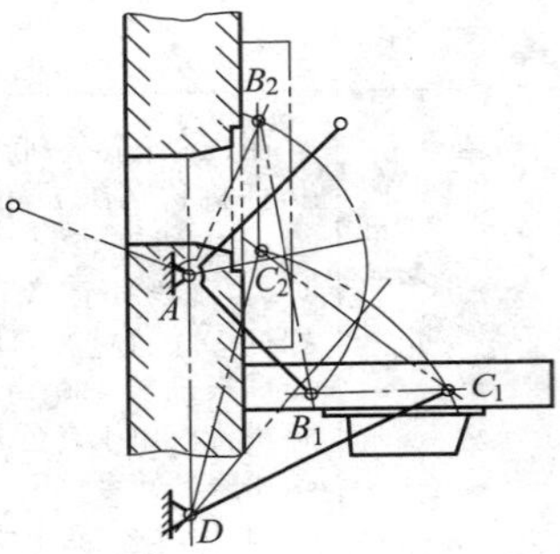

图(a)
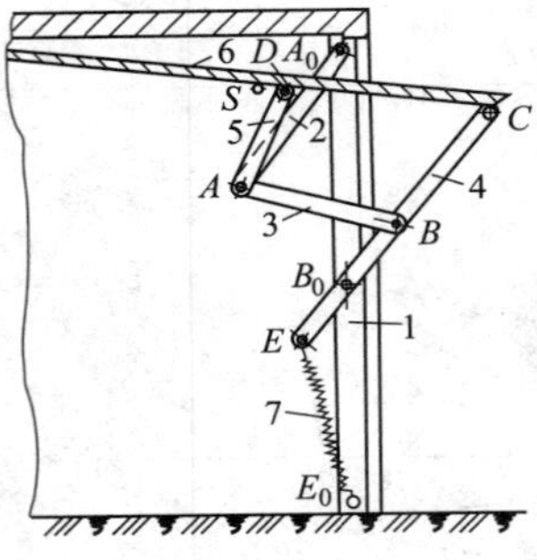

图(b)
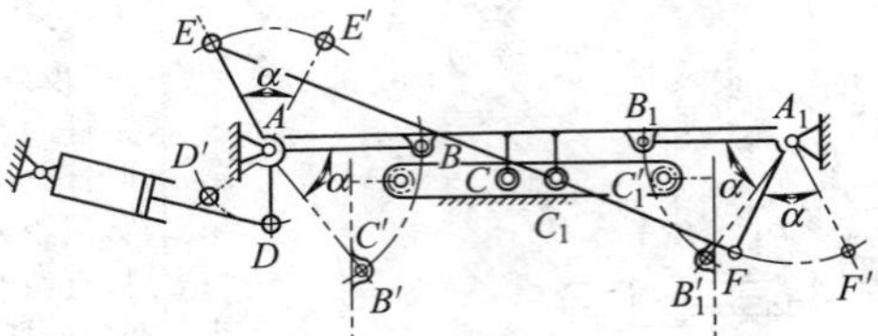

图(c)
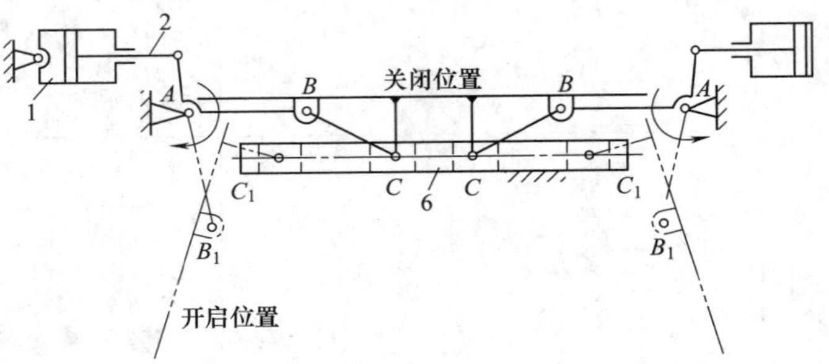

图(d)</td><td>图(a)所示为加热炉炉门的开闭机构。炉门在双摇杆机构的实线位置时(AB_1C_1D)是开启位置，在双点画线位置(AB_2C_2D)表示关闭位置。这种炉门机构有如下特点
①多铰接点位置应经过适当选择，使炉门在运动过程中不应发生轨迹干涉，即启闭过程中，炉门不应与炉壁相碰
②开启时炉门呈水平位置，有利于操作
③开启时炉门的热面朝下、冷面朝上，操作条件较好
图(b)所示为汽车库门的启闭机构，库门在由关闭到开启时或由开启到关闭时都应不与车库顶部或库内汽车相碰。此图为车库门启闭机构的结构简图，它是由铰链四杆机构 A_0ABB_0 和两杆组 CDA 组成的。杆 6 本身即为车库大门。当用手推拉杆 4 时，即能使库门启闭，弹簧 E_0E 用以平衡库门重量，并能使库门在任一位置时均保持静止状态。此外，库门在启闭过程中所占的空间较小
图(c)所示为车门开闭机构，ABC 为摇杆滑块机构，当气缸带动摇杆 AB 转动到 AB' 位置时，左车门 BC(机构中的连杆)被打开到 $B'C$ 的位置。通过反平行四边形机构 $AEFA_1$ 使右车门实现联动，反向转动相等的角度
图(d)所示为两个驱动缸的车门开闭机构</td></tr>
</table>

续表

机构	机构图	说　明
电风扇的摇头机构	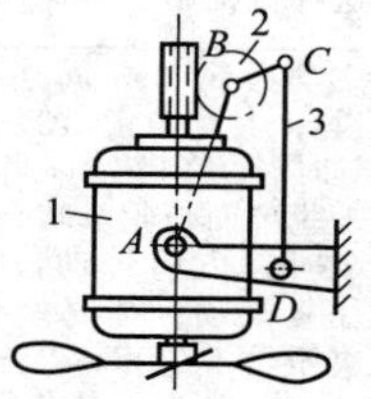 图(a) 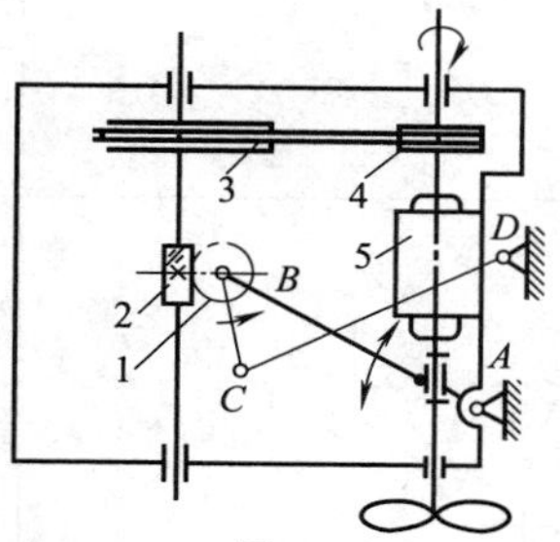 图(b) 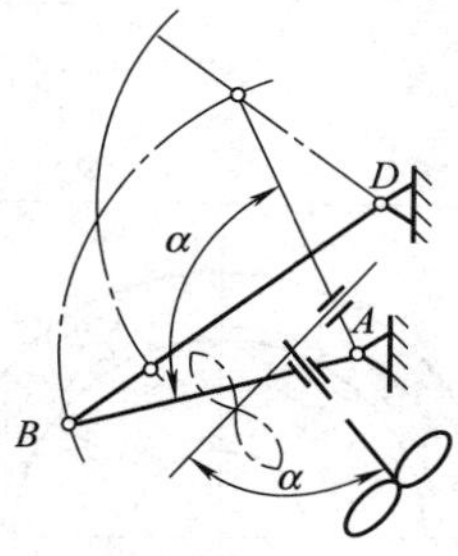 图(c)	图(a)所示是一双摇杆机构 $ABCD$，电动机 1 与摇杆 AB 固连，蜗轮 2 与连杆 BC 固连，AD 为机架，当风扇工作时，通过电动机 1 端部的蜗杆带动蜗轮 2 转动，从而使风扇(AB)绕 A 往复摆动。四杆长度应满足最短杆 BC 长度加最长杆 CD 长度之和小于其他两杆长度之和的条件，则杆 AB、CD 相对机架 AD 只能做一定角度的摆动，连杆 BC 相对机架 AD 能做整周转动 图(b)所示是另一种双摇杆摇头机构，带风扇的电动机 5，带轮 3、4 和蜗杆 2、蜗轮 1 均装于连架杆 AB 上，而 1 又与连杆 BC 固连。电动机转动时使摇杆 AB、DC 往复摆动 图(c)为图(b)的机构简图，风扇摆动角度为 α
缫丝机导丝机构	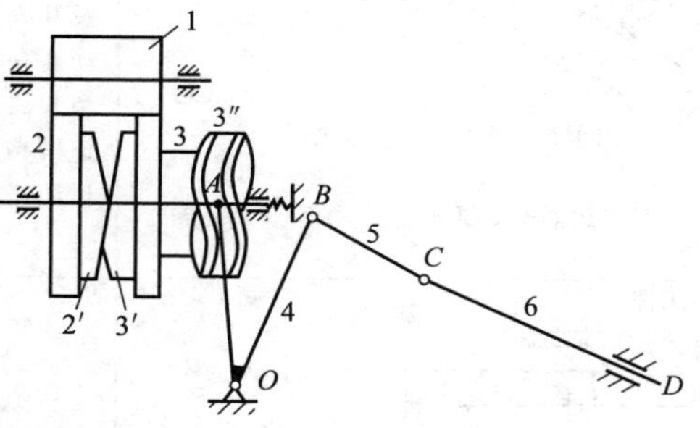	主动件为齿轮 1，从动件为导丝器 6，由 6 带动丝杠做往复移动，工艺要求往复行程始末位置周期性变化。齿轮 1 与齿轮 2($z_2=60$)及齿轮 3($z_3=61$)同时啮合，齿轮 3、端面凸轮 3′及圆柱凸轮 3″固结为一体，可沿轴向移动；端面凸轮 2′与齿轮 2 固结，轴向位置固定。齿轮 3 及凸轮 3′转 1 周，齿轮 2 转 $1\frac{1}{60}$周，摆杆 4 及导丝器 6 做往复运动一次，由于齿轮 2、3 有相对转动，因此两端面凸轮 2′及 3′的接触点变化，使圆柱凸轮 3′随同端面凸轮 3′做微小的轴向位移，改变导丝器 6 往复行程始末位置。当齿轮 3 转 60 周时，齿轮 2 转 61 周，两轮的相对位置及导丝器 6 的轨迹恢复到初始位置，所以一个循环中导丝器 6 往复 60 次
往复螺旋槽圆柱凸轮机构	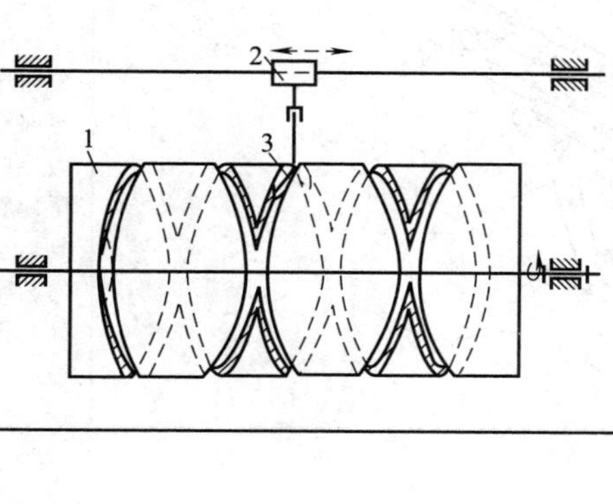	圆柱凸轮 1 上刻有往复螺旋槽，两螺旋槽的头尾均用圆滑圆弧相接，槽中有一与从动杆 2 的下端相连的船形导向块 3，凸轮旋转时，从动杆 2 即被带动做往复移动。凸轮转过的转数为两条螺旋槽的总导程数时，从动杆完成一次往复循环。此机构效率较低，宜用于慢速运动。该机构在卷筒的导绳机构和纺纱机械中均有应用

续表

<table>
<tr><th>机构</th><th>机构图</th><th>说明</th></tr>
<tr><td>行星齿轮简谐运动机构</td><td>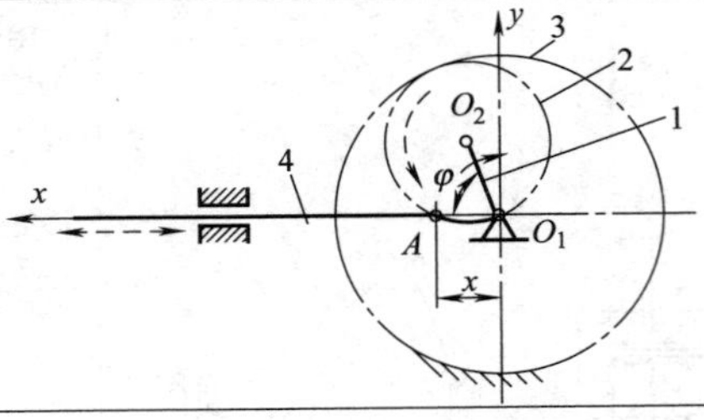</td><td>内齿轮 3(半径为 r_3)固定,行星齿轮 2 的半径为 r_2,$r_3=2r_2$,杆 4 用铰链 A 连接在行星轮 2 的节圆上,当系杆 1 转动时,杆 4 沿 O_1x 做往复移动,其运动规律为
$$x=2r_2\cos\varphi \quad (11\text{-}9\text{-}25)$$
这种机构用于快速印刷机中</td></tr>
<tr><td>不完全齿轮带动的往复摆动机构</td><td>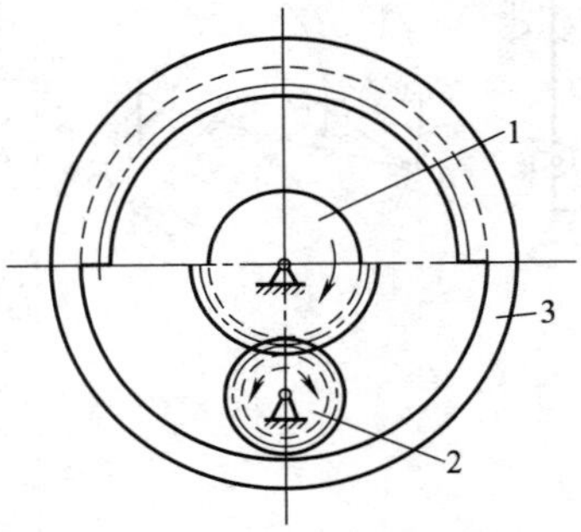</td><td>主动齿轮 1、3 固连,1 上有外齿,3 上有内齿,图示位置轮 2 逆时针方向转动,当轮 2 与轮 1 脱离而与轮 3 啮合时,轮 2 按顺时针方向转动,所以轮 2 做往复摆动。往复摆角不等,取决于轮 1、2 和轮 2、3 的齿数比,因此,轮 2 不是在固定的区间内摆动,而是以顺时针方向进 n_1 步、逆时针方向退 n_2 步的方式运动($n_1>n_2$)
不完全齿轮机构由于交替啮合时冲击较大,只用于轻载、低速的场合</td></tr>
<tr><td>大行程传动机构</td><td>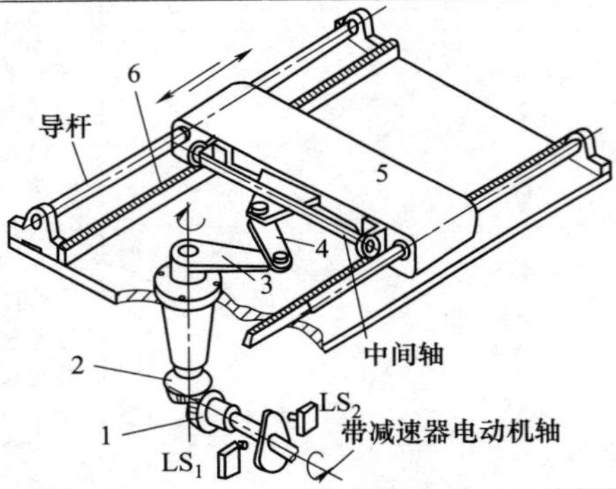</td><td>机构由圆锥齿轮机构、连杆机构及齿轮齿条机构组成,主体机构为圆锥齿轮机构。圆锥齿轮 1 为主动件,通过齿轮 2 及其固连的曲柄 3、连杆 4 可推动装有齿轮的推板 5 沿固定齿条 6 往复移动,实现传送动作。该机构可以实现较大行程的运动</td></tr>
<tr><td>圆柱凸轮切削机构</td><td>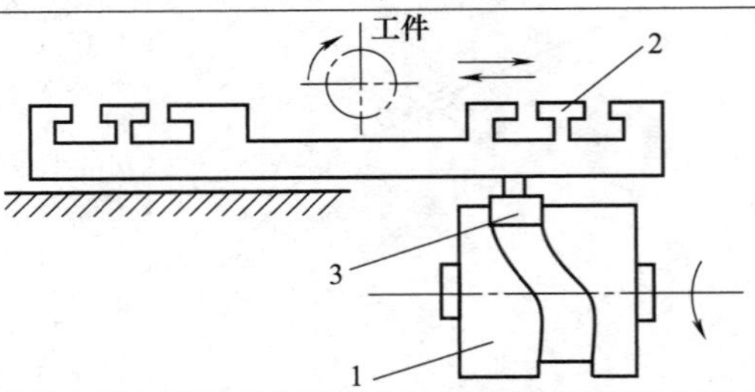</td><td>切削利用带沟槽的凸轮机构完成。凸轮 1 带动与从动件 3 固连的刀架 2 做往复运动,对工件进行切削</td></tr>
<tr><td>自动装配机械手</td><td>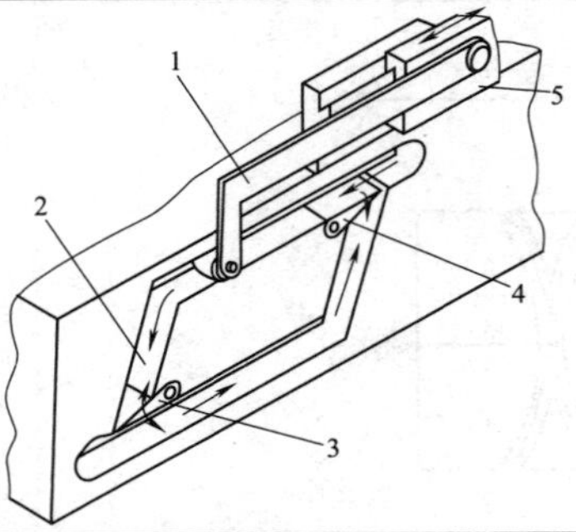</td><td>图中 1 为从动件,2 为固定导向凸轮,3 为导向叶片 B,4 为导向叶片 A ,5 为从动件燕尾导轨。如图所示,为使做往复运动的从动件 1 得以通过导向凸轮 2 的死点,可以在死点处装设导向叶片 3 和 4</td></tr>
</table>

9.4　急回运动机构

表 11-9-6　**急回运动机构**

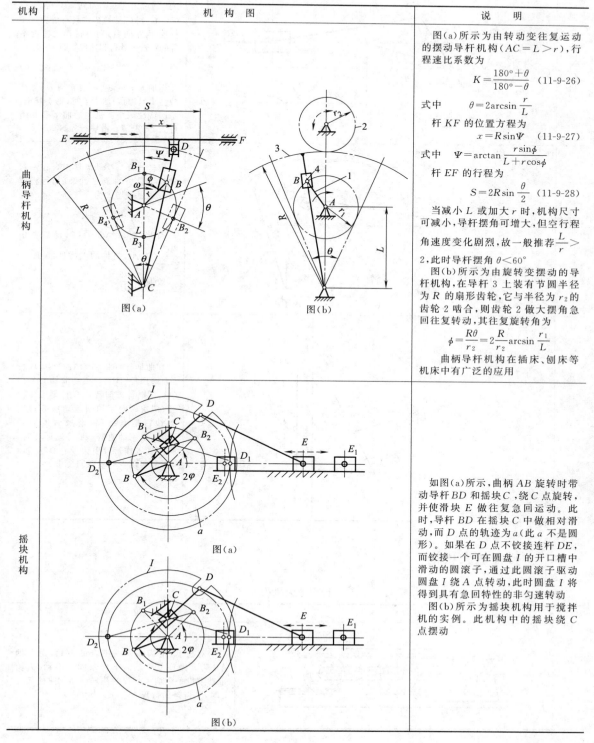

机构	机　构　图	说　明
曲柄导杆机构	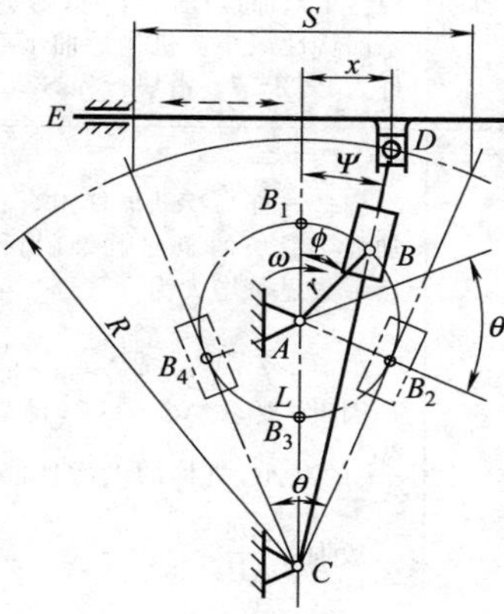 图(a) 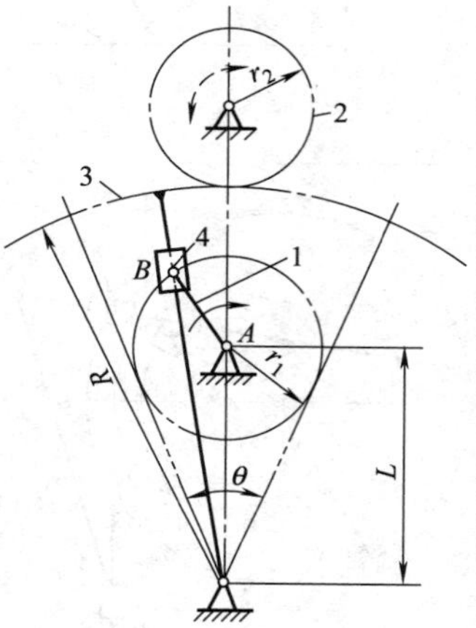 图(b)	图(a)所示为由转动变往复运动的摆动导杆机构($AC=L>r$),行程速比系数为 $$K=\frac{180°+\theta}{180°-\theta} \quad (11\text{-}9\text{-}26)$$ 式中　$\theta=2\arcsin\frac{r}{L}$ 杆 KF 的位置方程为 $$x=R\sin\Psi \quad (11\text{-}9\text{-}27)$$ 式中　$\Psi=\arctan\frac{r\sin\phi}{L+r\cos\phi}$ 杆 EF 的行程为 $$S=2R\sin\frac{\theta}{2} \quad (11\text{-}9\text{-}28)$$ 当减小 L 或加大 r 时,机构尺寸可减小,导杆摆角可增大,但空行程角速度变化剧烈,故一般推荐$\frac{L}{r}>2$,此时导杆摆角 $\theta<60°$ 图(b)所示为由旋转变摆动的导杆机构,在导杆 3 上装有节圆半径为 R 的扇形齿轮,它与半径为 r_2 的齿轮 2 啮合,则齿轮 2 做大摆角急回往复转动,其往复旋转角为 $$\phi=\frac{R\theta}{r_2}=2\frac{R}{r_2}\arcsin\frac{r_1}{L}$$ 曲柄导杆机构在插床、刨床等机床中有广泛的应用
摇块机构	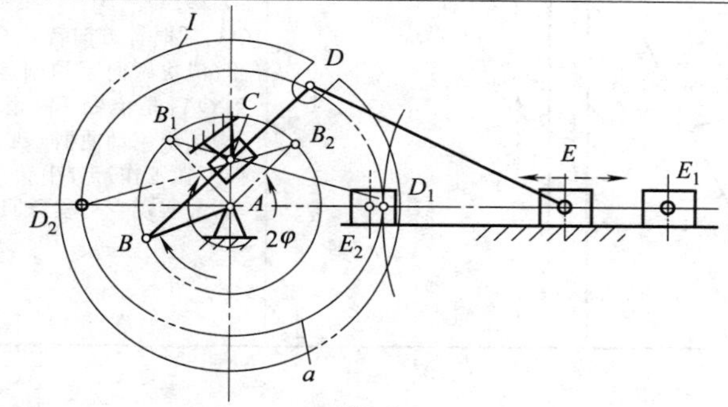 图(a) 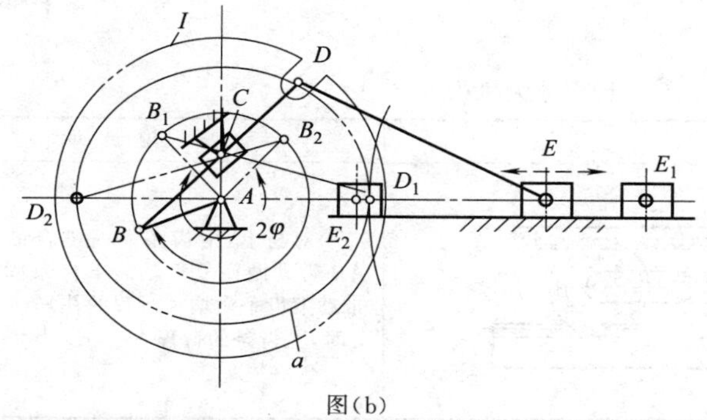 图(b)	如图(a)所示,曲柄 AB 旋转时带动导杆 BD 和摇块 C,绕 C 点旋转,并使滑块 E 做往复急回运动。此时,导杆 BD 在摇块 C 中做相对滑动,而 D 点的轨迹为 a(此 a 不是圆形)。如果在 D 点不铰接连杆 DE,而铰接一个可在圆盘 I 的开口槽中滑动的圆滚子,通过此圆滚子驱动圆盘 I 绕 A 点转动,此时圆盘 I 将得到具有急回特性的非匀速转动 图(b)所示为摇块机构用于搅拌机的实例。此机构中的摇块绕 C 点摆动

续表

机构	机　构　图	说　明
偏置的曲柄滑块机构	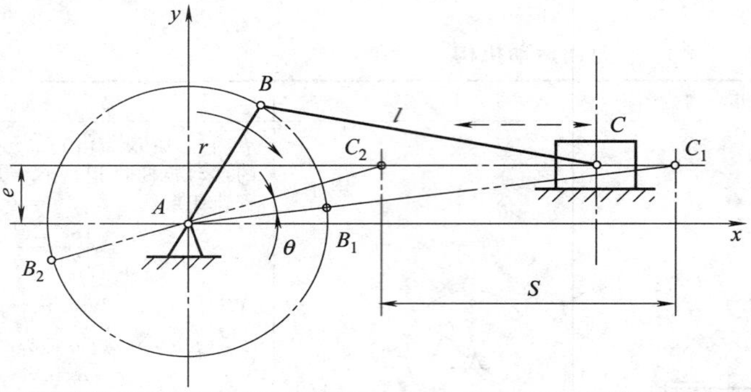	曲柄 AB 从 AB_1 转过角度$(\pi-\theta)$到 AB_2 时，滑块 C 由 C_1 到 C_2；AB 由 AB_2 转过角度$(\pi+\theta)$到 AB_1 时，滑块 C 由 C_2 到 C_1。该机构具有滑块工作行程(由左向右)和空行程的速度不等的特性。其行程速比系数为 $K=\frac{\pi+\theta}{\pi-\theta}$　(11-9-29) 当加大 r 或 e 时，则 θ 增大，急回特性也增加；当加大 l 时，则 θ 减小，急回特性减小。机构的曲柄存在条件为 $r+e\leqslant l$。滑块行程 $S\geqslant 2r$
双导杆滑块机构	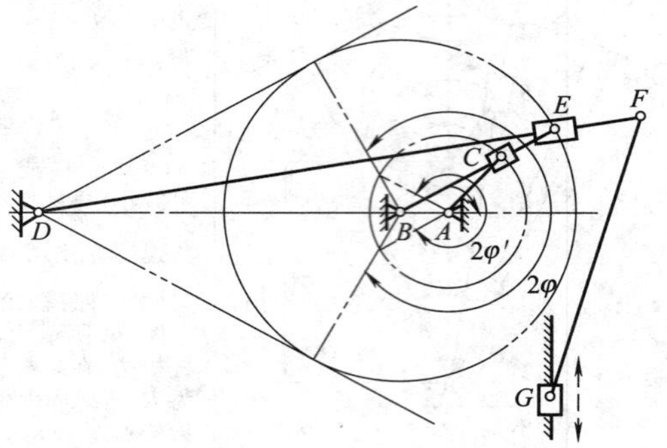	旋转导杆与摆动导杆组合在一起加强了滑块的急回效果，其行程速比系数显著增大为 $K'=\frac{\varphi'}{\pi-\varphi'}>K=\frac{\varphi}{\pi-\varphi}$ 因此，要求 $AC>AB$，随着比值$\frac{AC}{AB}$的减小，机构的动力性能变坏，一般推荐$\frac{AC}{AB}>2$
用于重型插床的六杆急回机构	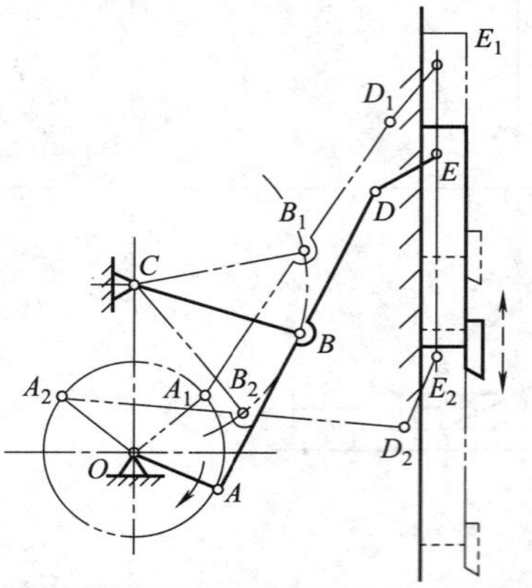	在曲柄摇杆机构 $OABC$ 中，杆长 $AB=BC=BD$。主动曲柄 OA 由 OA_1 顺时针方向转到 OA_2 是工作行程(滑块做向下切削运动)，由 OA_2 到 OA_1 是空行程(滑块做退刀运动)。当主动曲柄 OA 等速回转时，插刀在工作行程中获得近似等速运动，并实现空行程急回要求

9.5　行程放大机构

表 11-9-7　　行程放大机构

机构	机　构　图	说　明
齿轮齿条行程放大机构	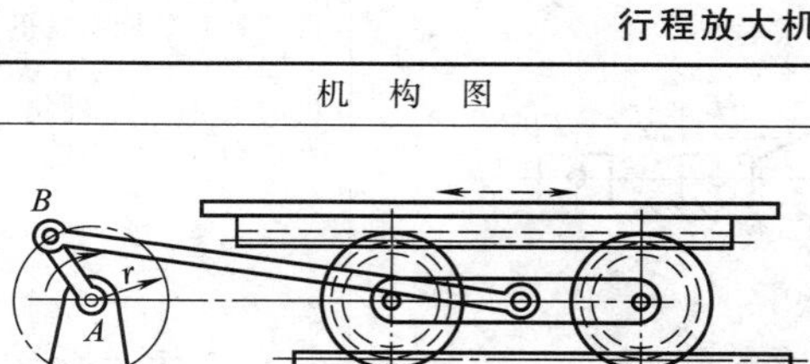	一对与上、下齿条同时啮合的齿轮，由曲柄 AB 带动做往复运动。下齿条固定不动，齿轮带动上齿条做增大行程的往复移动。曲柄长为 r 时，上齿条的行程 $S=4r$

续表

机构	机构图	说明
齿轮-连杆行程放大机构	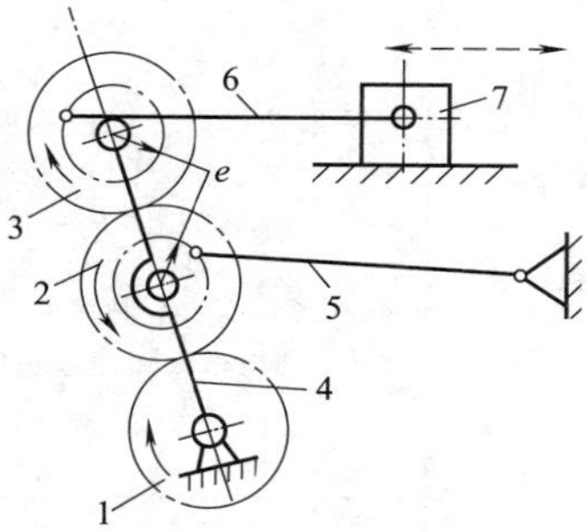	杆4上铰接有三个齿数相同的齿轮1、2、3，齿轮1和杆4下端铰接在机架上。齿轮2、3分别以偏心距e和杆5、6铰接，其偏心方位相对杆4对称。杆5、6分别与机架及滑块7铰接。主动轮1转动时，杆6带动滑块7做往复移动，行程$S=6e$
扩大行程的六杆机构	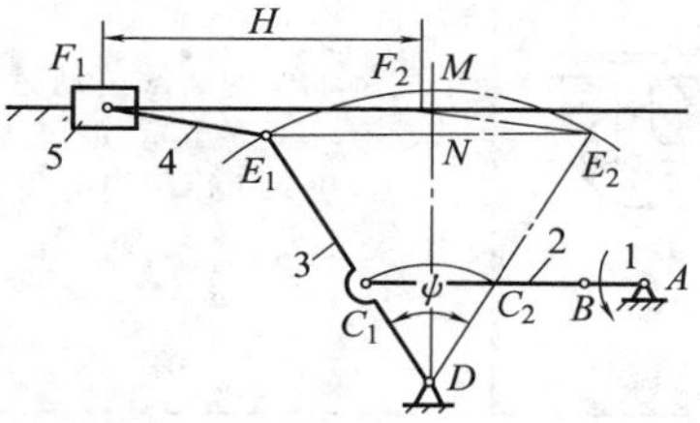图(a)	图(a)所示六杆机构是由一个行程速比系数$K=1$的曲柄摇杆机构$ABCD$和在其摇杆E处添加连杆4和滑块5组成的Ⅱ级杆组构成，并使滑块导路中心线通过线段MN的中点。行程H为 $H=E_1E_2=2ED\sin\frac{\psi}{2}$　(11-9-30) 因$K=1$，故$C_1C_2=2AB$，则$\sin\frac{\psi}{2}=\frac{AB}{CD}$，将其代入上式得 $H=2AB\frac{ED}{CD}$　(11-9-31)
	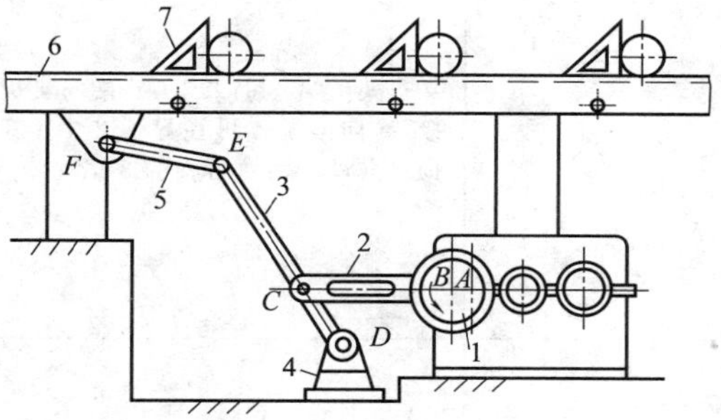图(b)	缩小尺寸CD或加大尺寸ED均可使行程H扩大，而机构的横向尺寸要比行程H相同的对心曲柄滑块机构小得多 图(b)所示是扩大行程的六杆机构在冷床运输机上的应用。该运输机能使热轧钢料在运输过程中逐渐冷却。动力源通过减速箱驱动偏心轮1转动，通过连杆2、摇杆3、连杆5使拨杆(相当于滑块)6做往返速度相同的往复移动。前移时，拨杆6上的单向摆动的拨块7推动导轨上钢料前移一段距离，然后返回原位置
压缩机机构	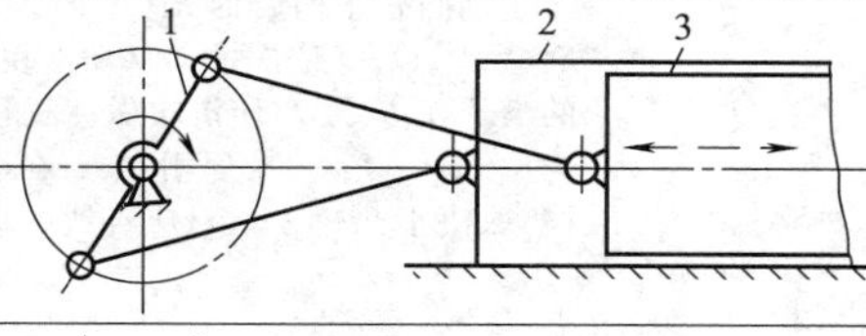	主动曲柄1转动时，通过对称铰接的两个连杆带动缸体2和活塞3做相对运动，其相对行程为曲柄长度的4倍
带轮增大行程机构	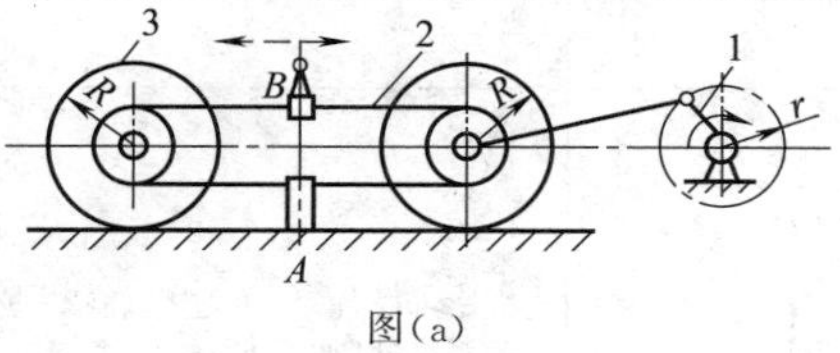图(a) 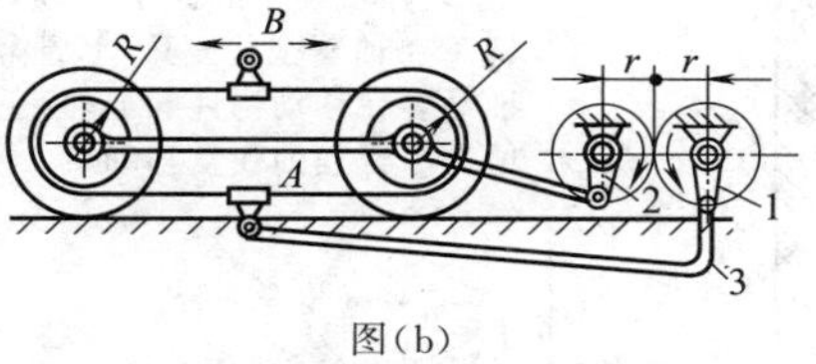图(b)	如图(a)所示，曲杆1转动，通过连杆带动小车往复移动。两车轮轴上各套有可在轴上自由旋转的轮3。两轮间用带2环绕并拉紧，带的下边在A点固定。当小车往复移动时，连于带上的B亦做往复运动，行程为曲柄长度的4倍 图(b)所示小车部分与图(a)所示相同，但固定点A不与机架相连而与另一连杆3相连，曲柄1、2分别装在一对反向旋转的齿轮上，此时B的行程为曲柄长度的8倍

续表

机构	机构图	说明
摇杆齿轮机构	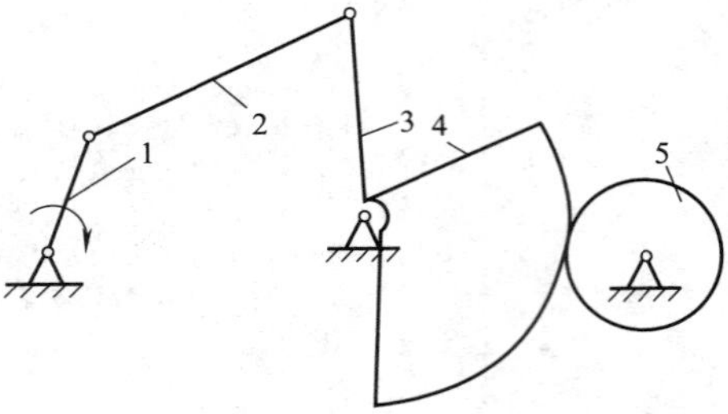	一般曲柄摇杆机构的摇杆摆角不超过120°，如图所示，将摇杆3与扇形齿轮4固连，可用4、5的啮合传动增大从动件的输出摆角。按图所示比例，从动件5摆角可增大2.5倍。如果增大扇形齿轮的节圆半径、减小输出齿轮的节圆半径，则将增大输出齿轮的摆角
复式滑轮组增大行程机构	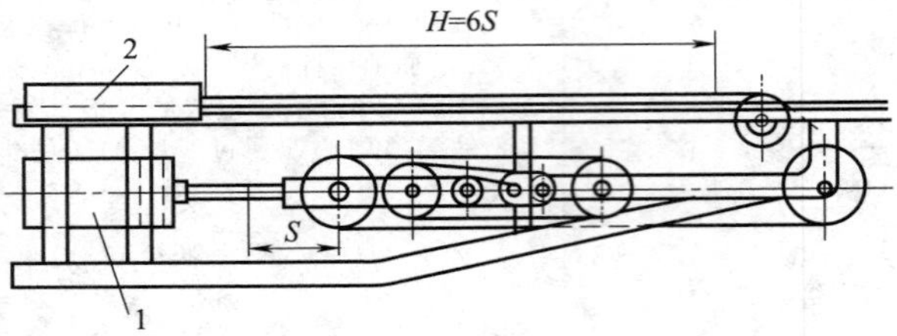	气缸1中的活塞运动时，通过绳索滑轮组使从动滑块2的运动距离为活塞运动距离的6倍。该机构可用于弹射装置
叉车门架提升机构	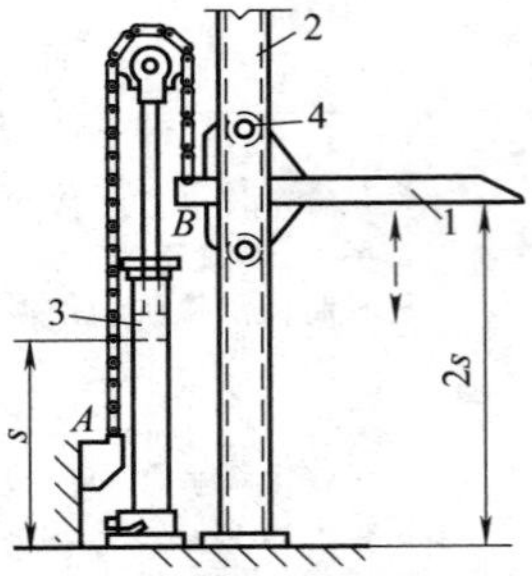	活塞3端部装一链轮，链条一端绕过链轮与叉车架上A点连接，另一端与叉板1在B点连接，导向滚子4可在导板2中上下移动。叉板提升高度为活塞行程的2倍
凸轮增大行程机构	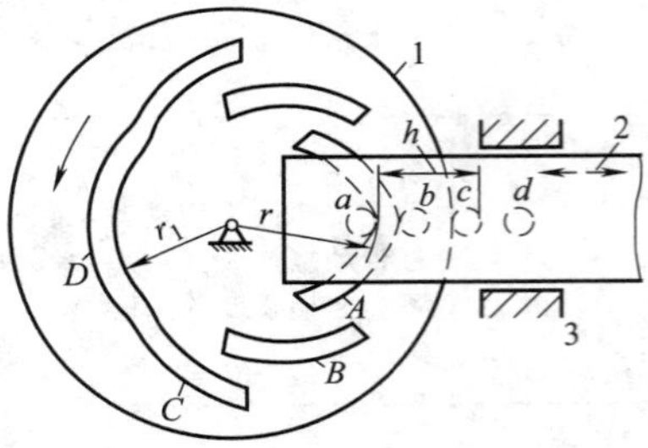	主动凸轮1回转时，其上四条凸起的对称轮廓A、B、C、D依次推动从动滑块2上四个对应的滚子a、b、c、d，使滑块做往复移动，其总行程为$s=(r-r_1)+h$。滑块2在各段的运动规律，取决于凸轮1上对应廓线的形状
双面凸轮增大行程机构	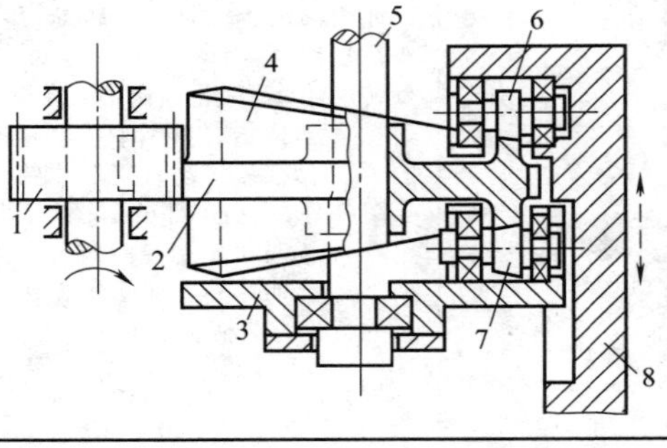	主动齿轮1通过齿轮2使双端面凸轮4转动，装在机架上的滚子7通过下端面凸轮使凸轮4在轴5上往复移动，凸轮4的上端面轮廓推动装在移动构件8上的滚子6，使构件8得到增大了行程的往复移动

续表

机构	机　构　图	说　明
滑块增大行程机构	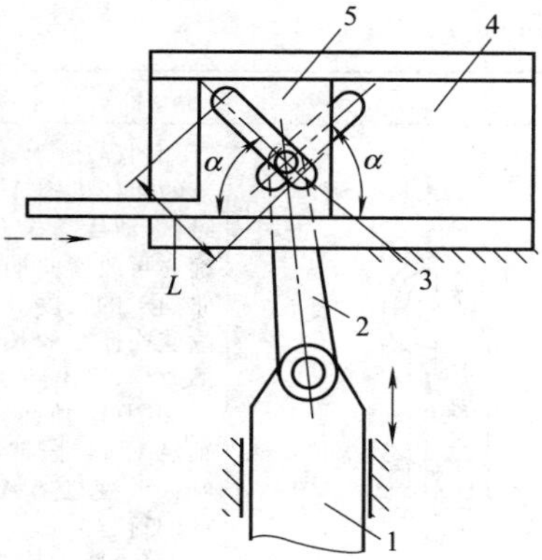	连杆 2 上的滚子 3 同时插入在构件 4、5 上相互交叉的两条斜槽中。滑块 1 上下运动时，杆 2 上的滚子在两个斜槽中滑动，迫使从动滑块 5 在机架的导轨 4 中左右移动，移动行程：$s=2L\cos\alpha$
摆动角增大机构	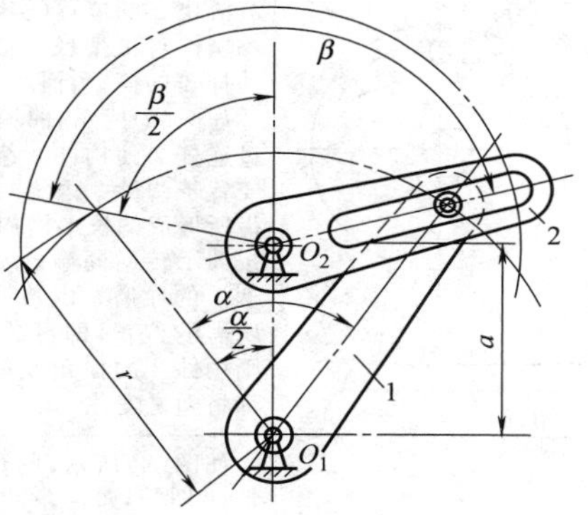	主动摆杆 1 端部的滚子插入从动杆 2 的槽中，杆 1 摆动 α 角时，从动杆 2 摆动一个增大了的 β 角。增大距离 α（但 $\alpha<\gamma$）可以增大杆 2 的摆角。α、β、γ 与 a 间的关系为 $$\beta=2\arctan\left[\frac{r}{a}\tan\frac{\alpha}{2}\Big/\left(\frac{r}{a}-\sec\frac{\alpha}{2}\right)\right] \quad (11\text{-}9\text{-}32)$$
宽摆角机构	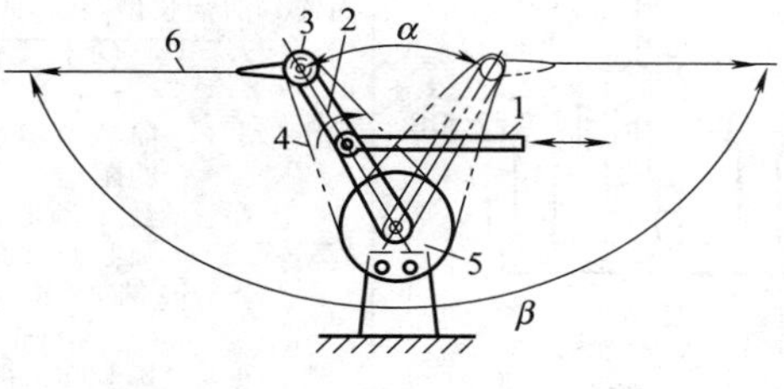	杆 2 两端各有一链轮 3 和 5（齿数各为 z_3 和 z_5），链轮 5 固定不动，链轮 3 是行星轮，两者间用链条 4 连接，杆 1 带动摆杆 2 摆动一较小角度 α，固定在链轮 3 上的从动杆 6 可得到一个放大了的宽摆角 β。摆角的放大比率取决于两链轮的齿数比 $$\frac{\beta}{\alpha}=1-\frac{z_5}{z_2} \quad (11\text{-}9\text{-}33)$$
凸轮和齿轮组成的行程放大机构	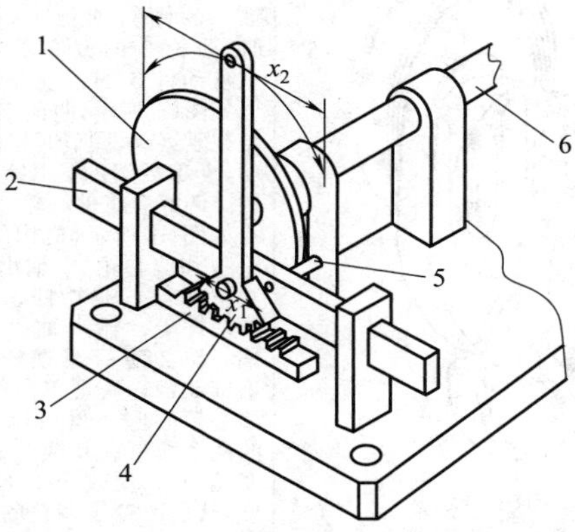	与平板凸轮 1 相关的轴销 5 带动滑杆 2 左右移动，移动距离为凸轮升程 x，滑杆上装有可摆动的扇形齿轮 4，扇形齿轮与齿条 3 相啮合，由于滑杆的移动将使扇形齿轮摆动，因此，凸轮引起的移动将使扇形齿轮另一侧的臂杆摆动，摆动距离将依杆长与齿轮半径之比而放大

9.6　可调行程机构

表 11-9-8　　　　可调行程机构

机构	机构图	说明
螺旋调节机构	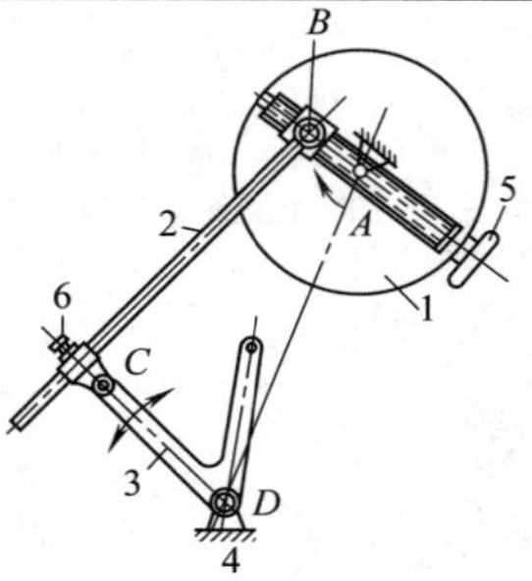 图(a) 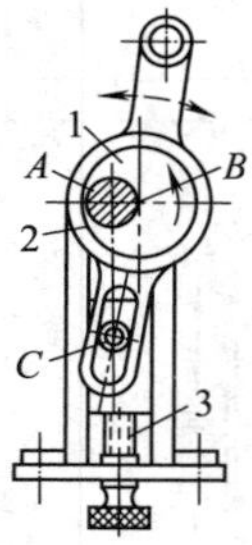 图(b) 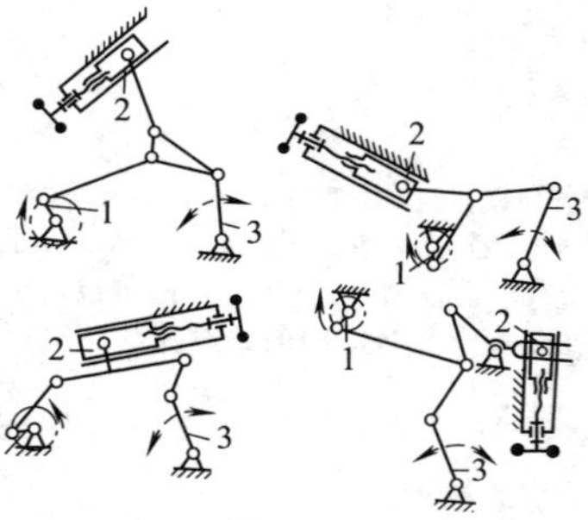 图(c) 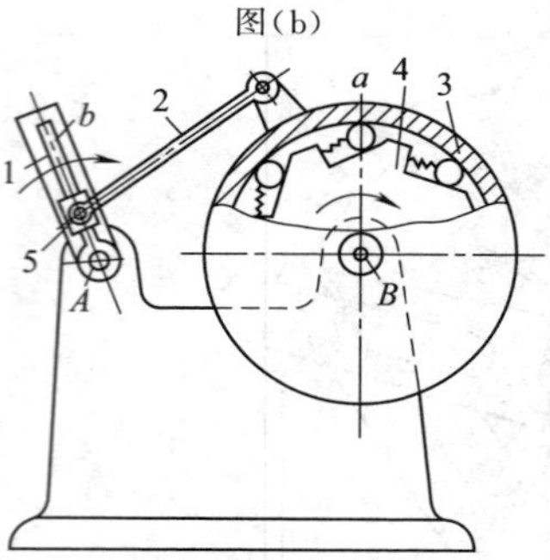 图(d)	如图(a)所示，曲柄及连杆长度均可调节的四杆机构 $ABCD$ 的主动圆盘 1 回转时，带动从动摇杆 3 往复运动。调节螺旋 5 可改变曲柄销 B 的位置，从而改变曲柄 1 的长度 AB。调节紧定螺钉 6 可改变连杆 2 的长度 BC。由于构件长度的改变，输出件 3 的摆角行程相应改变 如图(b)所示，主动偏心轮 1 绕固定轴 A 回转时，带动导杆 2 运动。调节螺旋 3 改变机架 AC 长度，从而改变输出杆的行程 图(c)所示均为多杆机构。主动曲柄 1 回转时，从动摇杆 3 做往复摆动。调节滑块 2 的位置(实际为改变机构中某一构件与机架铰接点位置)，可改变从动杆 3 的摆动行程 如图(d)所示，曲柄 1 绕 A 轴回转，通过连杆 2 使构件 3 绕 B 轴摆动；滚子 a 安置于构件 3 内缘与棘轮 4(星形轮)轮齿所形成的楔形槽内，从而带动该棘轮按图示转向间歇转动。导块 5 可在曲柄 1 的导槽 b 内移动，并紧固在某第一所需的位置，即可改变曲柄 1 的长度，则构件 3 的摆角及棘轮 4 每次的转角都将随之变化
偏心调节机构	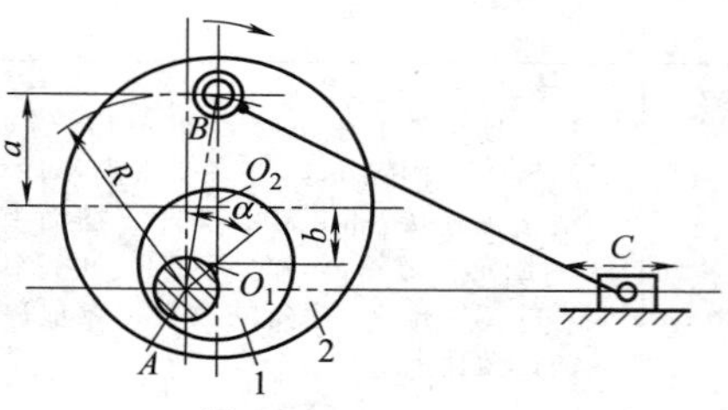 图(a) 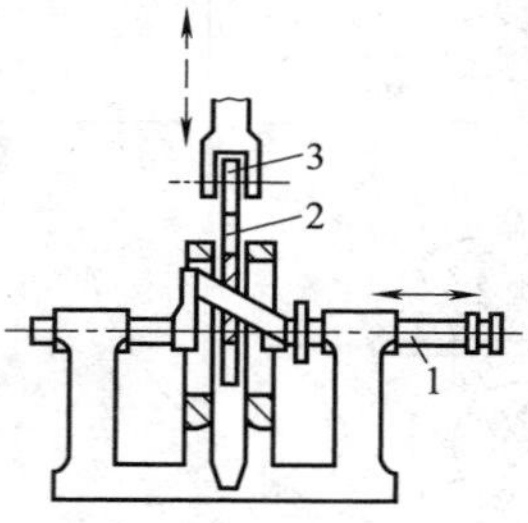 图(b) 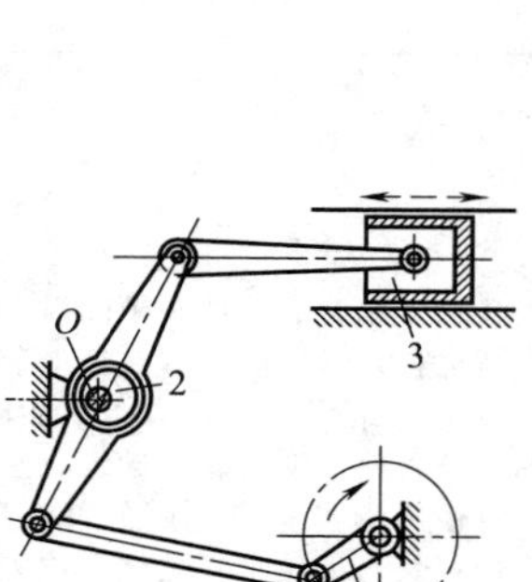 图(c) 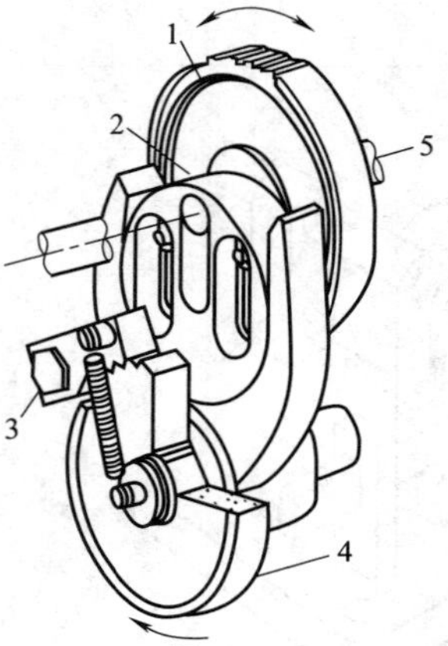 图(d)	如图(a)所示，圆盘 2 上曲柄 AB 绕轴 A 回转，带动滑块 C 做往复运动，曲柄 AB 的长度 R 是可调的，调节时将偏心轮 1 绕 A 转动 α 角后，将轮 1 和盘 2 固连。曲柄长度为 $R=\sqrt{(a+b)^2+r^2+2(a+b)r\cos\alpha}$　(11-9-34) 式中　a——曲柄销 B 到盘 2 圆心 O_2 的距离 b——盘 2 圆心 O_2 到偏心轮 1 圆心 O_1 的距离 r——偏心轮 1 的偏心距，$r=AO_1$ α——偏心轮 1 的回转角度 如图(b)所示，凸轮 2 用滑键连接于轴 1 的倾斜轴颈上，当轴 1 轴向移动时，凸轮 2 的偏心发生变化，从而改变了从动件 3 的行程 如图(c)所示，曲柄 1 回转时带动活塞 3 做往复运动，调节时将偏心轮 2 绕 O 轴转动，改变机架的长度达到调节行程的目的。调好后将偏心轮 2 固定于此位置 如图(d)所示，机构的输入轴上装有齿轮 1 和偏心轮 2，输出轴上装有棘轮 4，并空套有 U 形摆杆 5，棘爪 3 安装在 U 形摆杆上。输入轴由齿轮带动转动时，偏心轮 2 使 U 形摆杆 5 往复摆动，由棘爪推动棘轮实现单向间歇运动。该机构偏心轮的偏心量可以调整，是通过图中的两个腰形孔和两个螺栓来实现的。改变偏心量，便改变了 U 形摆杆的摆动角度，从而改变了棘轮的转角大小

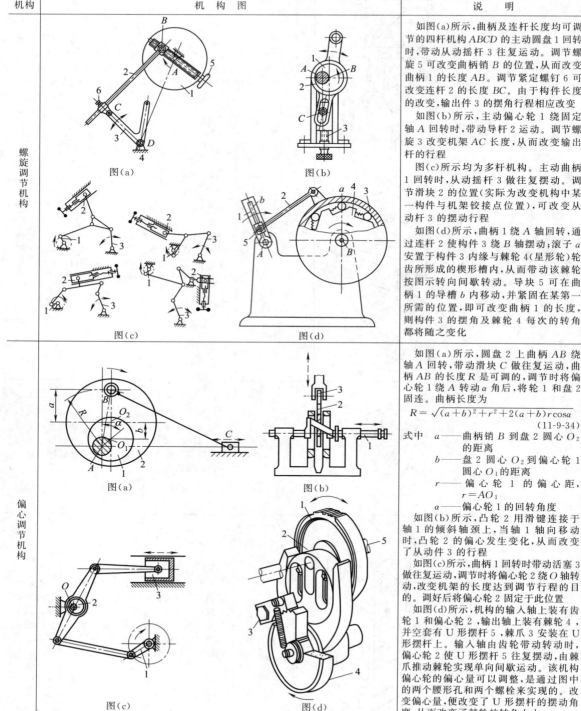

续表

机构	机　构　图	说　　明
连杆调节机构	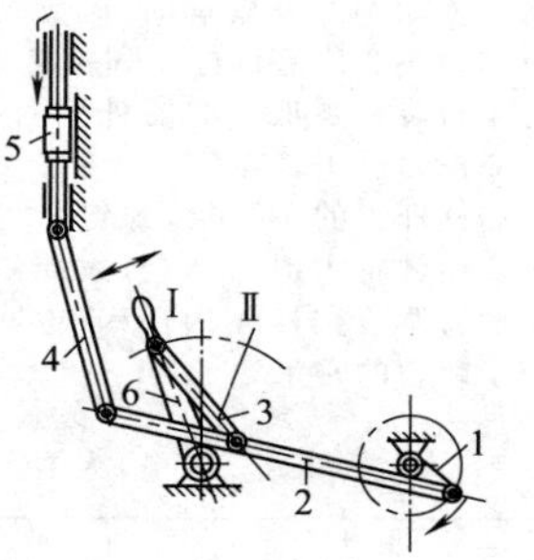 图(a) 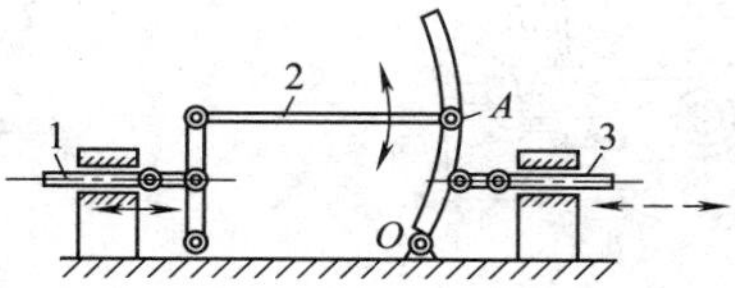 图(b) 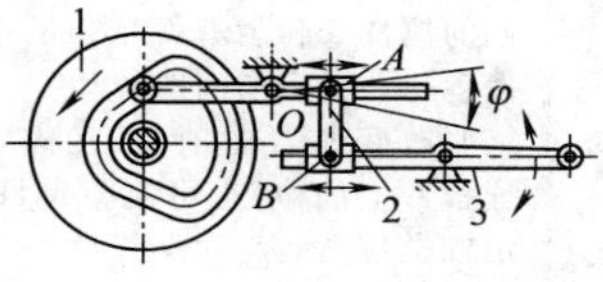 图(c) 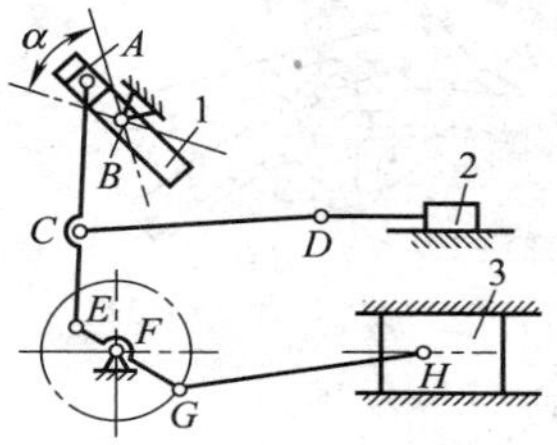 图(d) 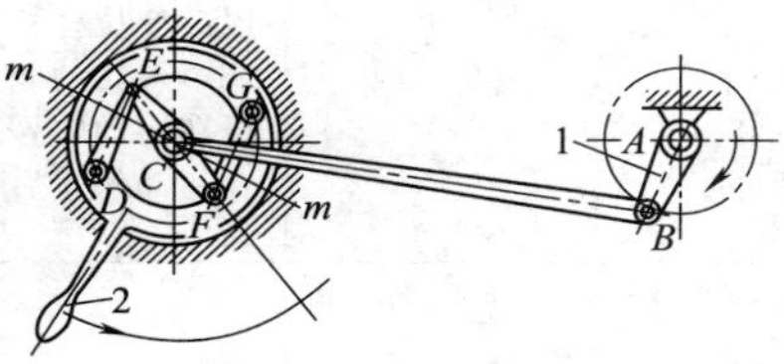 图(e)	要求机构有两个自由度(个别有三个自由度),即要求有两个主动件(其中一个输入主运动,另一个输入调节运动),当调节主动件到需要的位置之后,将它固定,则机构就成为一个自由度的机构 如图(a)所示,通过改变构件6的位置(如Ⅰ、Ⅱ之间的位置)来改变机架的长度,实现调节从动件5的行程。构件6调节好以后,固定于某一位置。该机构常用于换向配气机构 图(b)、图(c)所示都是通过改变构件2的位置而改变某一构件长度,实现调节从动件3的行程。图(b)所示机构在运转时可调节连杆2的转角,从而改变杆OA长度,实现调节从动件3的往复移动行程。图(c)所示机构在运转时调节杆2(实为同时调节A、B的相互位置),以实现调节从动件3的摆动行程 图(d)、图(e)所示都是通过改变曲柄滑块机构中滑块的导向方位实现调节。图(d)中所示机构,杆1可在角度α的范围内绕B转动,调节到某一所需位置,从而控制阀门2的行程或换向,使活塞3的气体受到控制。杆1调好以后固定于所需位置,活塞3通过连杆、曲柄等杆件与阀门2联动。图(e)所示机构表示用直线机构$DEFG$上C点轨迹的直线段(图示位置此直线段与直线mm重合)代替导杆的机构。将构件2转动到某一位置,C点直线段方位(即mm直线)发生变化,C点行程也相应发生变化。构件2调好后应予固定,此时D、G即是在机架上的铰接点
棘轮调节机构	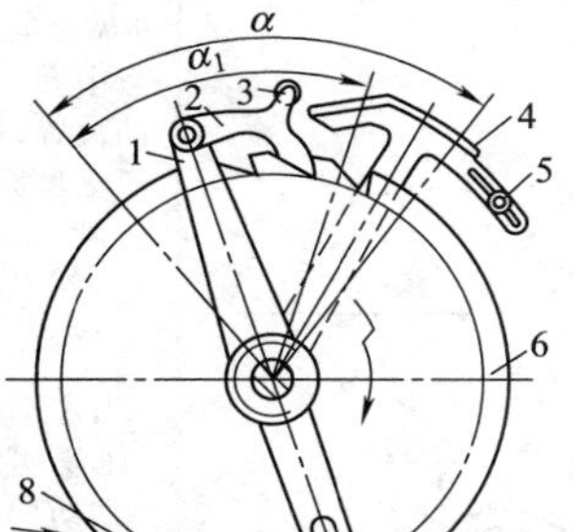 图(a)	图(a)所示为T形固定板棘轮调节机构。摇杆1在驱动杆8作用下摆动,当其顺时针摆动时,通过棘爪2推动棘轮6同向转动。当棘爪上的滚轮3和T形固定板4接触时,滚子沿其上斜面抬起棘爪,使棘爪与棘轮脱离啮合。T形固定板位置用该板上的沟槽中紧固螺钉5来调节,当把固定板逆棘爪工作转向移动时将减小棘轮转动角度,顺棘爪工作转向移动则增加棘轮转角 摇杆的摆角由推杆8和摇杆1间的可调连接销7予以调整,可伸长或缩短驱动摇杆的工作半径

续表

机构	机　构　图	说　　明
棘轮调节机构	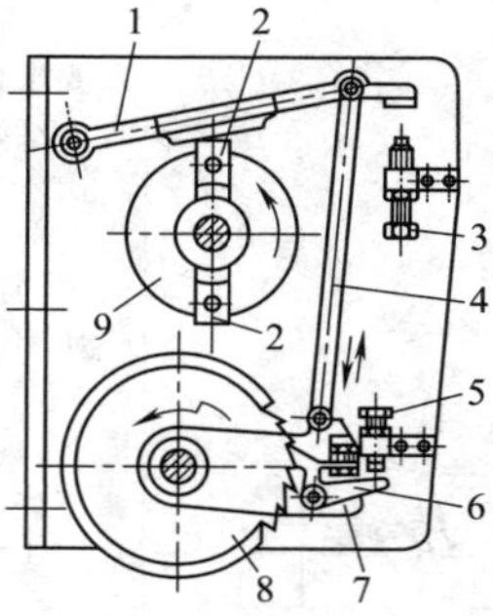 图(b)	图(b)所示为螺钉限位棘轮调节机构。主动圆盘 9 转动时，圆盘上可调节的凸块 2 顶起杠杆 1 和拉杆 4。拉杆 4 与装有棘爪 6 的摇杆 7 铰接，棘爪 6 被弹簧压紧在棘轮 8 上。螺钉 3 限制杠杆 1 的下降量，螺钉 5 可使棘爪 6 由棘轮中退出啮合，故此用这两个螺钉调节拉杆 4 的行程，也同时调节了棘轮的转角
	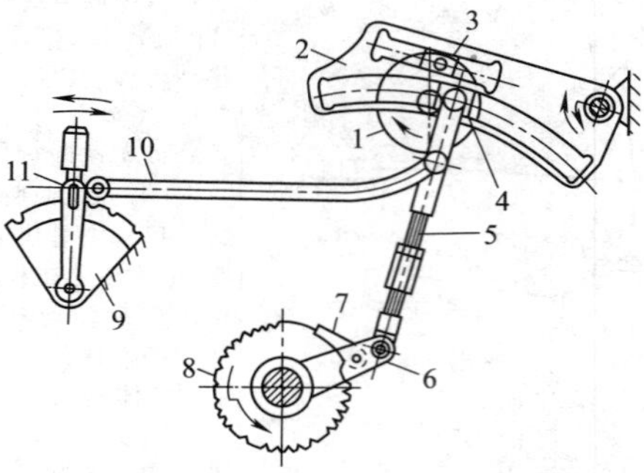 图(c)	图(c)所示为牙板式棘轮调节机构。主动曲柄 1 以滑块 3 带动复导板 2 绕固定轴摆动，再通过滑块 4 带动长度可调的拉杆 5 和装有棘爪 7 的摇杆 6，驱使棘轮 8 做定向间歇转动 当改变弹力插销 11 在固定的扇形牙板 9 上的位置，可调整摆杆 10 的固定铰链位置，从而改变滑块 4 在导槽中的位置，借以实现调节拉杆 5 的行程；另外，还可旋转杆 5 上的调整螺母以改变拉杆长度。以上两种方法均可调节棘轮的间歇转角，但弹力插销 11 可在运动中调节，而杆 5 上的螺母只在运动停止后方可调节
	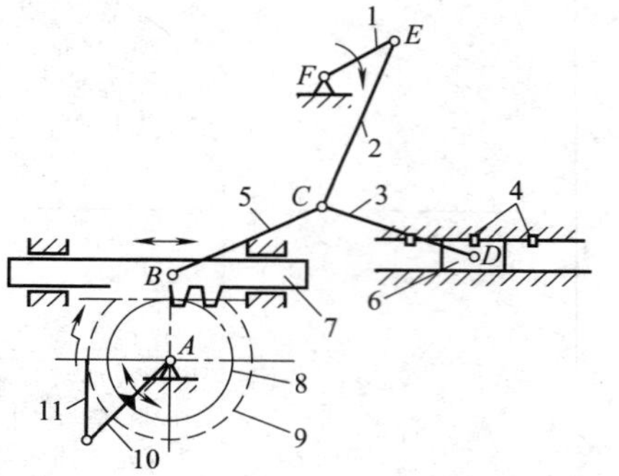 图(d)	图(d)所示为定位销式棘轮调节机构。主动曲柄 1 通过连杆 2 带动杆 3、5。杆 3 铰接定滑块 6，定滑块 6 由定位销 4 固定在所需位置上。杆 5 通过齿条 7 使啮合齿轮 8 往复转动一定角度。摆杆 10 与齿轮 8 固连，齿轮 8 往复转动时通过固连杆 10 带动棘爪 11，用棘爪 11 推动空套在 A 轴上的棘轮 9 做定向间歇转动。这种机构可在运行中调节定位销 4，从而改变定滑块 6 的位置，使棘轮 9 的转角获得调节，以此来控制机床的进给运动
回转角可调的机构	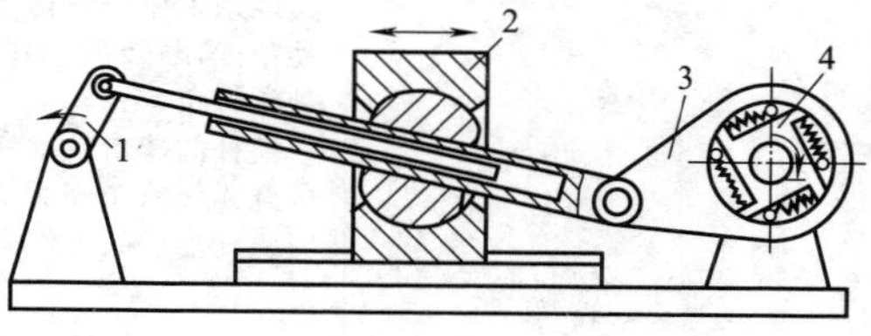	当主动件 1 匀速转动时，带动从动件 3 往复摆动，并使输出件 4 脉动转动。当移动构件 2 用以改变机架长度时，从动件 3 得到不同的摆角，从而使输出件 4 得到不同的转角或脉动角速度。构件 2 调整好后应予固定。这种机构用于脉动无级变速机构。此外，可调的棘轮机构也是回转角可调的应用实例

续表

机构	机构图	说明
转位角可调的间歇转动机构	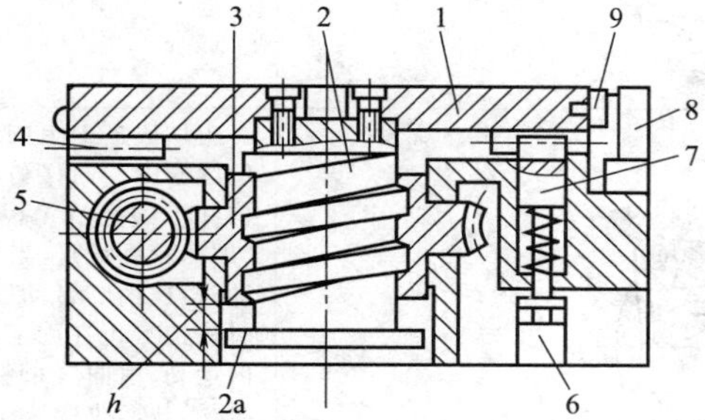	机构的工作台 1 用齿牙盘(鼠齿盘)4 定位,其间歇转动的转位角(分度角)可以按工作要求进行调整,等分或不等分均可实现,其单位调整量为齿盘一个齿的分度角。工作台开始转位前需先上升,使其底面的上齿盘与定位齿盘分离;工作台转位完毕后下降复位。因此,在每个转位运动中工作台有“升—转位—降”的运动过程 工作台 1 与螺杆 2 连接为一体,蜗轮 3 的内孔为螺母,从图示位置开始,蜗杆 5 转动,经蜗轮、螺母及螺杆使工作台上升一个距离 h。此时两齿盘分离,螺杆下端凸缘 2a 与蜗轮接触,使螺母与螺杆停止相对转动。于是,在蜗杆继续转动时工作台随蜗轮转动,直到工作台周边上的撞块 9 接触电路开关 8,电磁铁 6 控制的预定位销 7 上升,使工作台停止转动并获得初步定位。与此同时,电动机反向转动,蜗杆换向反转,经蜗轮、螺母及螺杆使工作台下降,齿盘重新啮合,工作台获得准确定位 工作台转动的角度取决于撞块 9 的位置,只要适当布置若干撞块,工作台就可按要求的若干个角度转动。因此本机构改变转位角的操作十分简便,容易适应内容多变的工作

9.7 间歇运动机构

表 11-9-9　　间歇运动机构

机构	机构图	说明
平面凸轮间歇机构	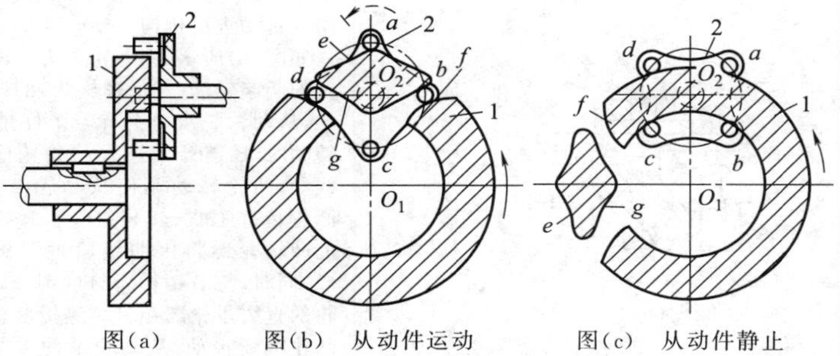图(a)　图(b)　从动件运动　图(c)　从动件静止	主动凸轮 1 绕 O_1 匀速转动,带动从动销轮 2 绕 O_2 做间歇运动。凸轮 1 旋转时由侧面 e 推动销 a,继而又以沟槽侧面 f、g 推动销 b、d,使从动销轮 2 转动,直到 b、d 被推出凸轮沟槽,轮 2 被锁住,如图(c)所示。凸轮转 1 圈,销轮 2 转 90°。设计凸轮工作面的廓线时,应使从动轮 2 转动时的加速度连续、不突变,这样运转平稳、冲击小。这种机构能用于高速环境,如电影放映机

续表

机构	机构图	说明
齿轮槽轮机构	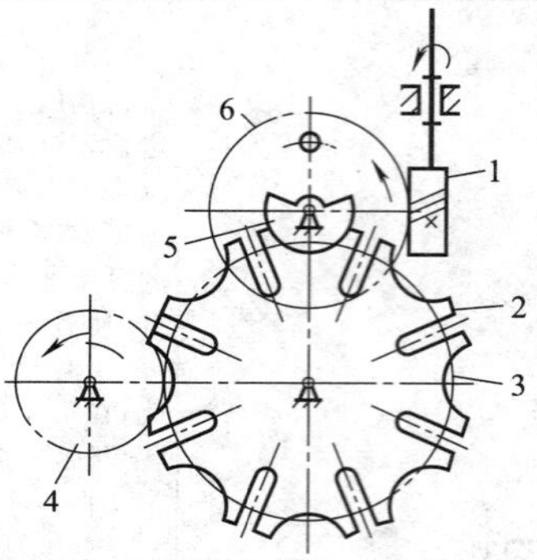	销轮5与蜗轮6固连，由蜗杆1带动，槽轮2与齿轮3固连，齿轮4由齿轮3带动。图示机构满足分度角为定值(齿轮4每次转90°)，有较好的动力特性，槽轮槽数较多，动力性能较好，但会导致机构尺寸增大
凸轮槽轮机构	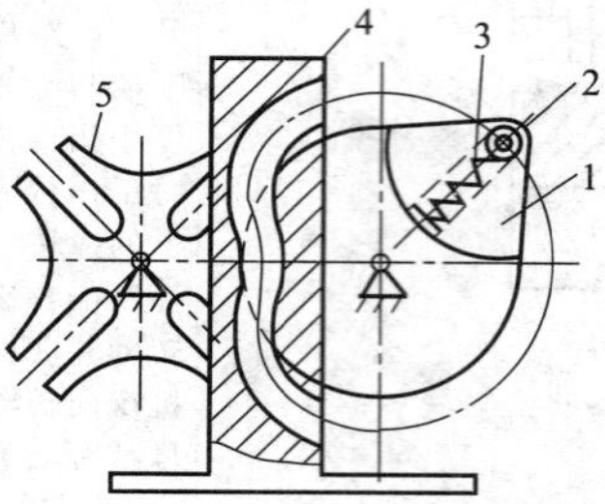	主动拨盘1上的柱销2可在拨盘上的滑槽中径向移动，并由弹簧3支撑，构件4固定凸轮板，其上开有曲线槽(即凸轮廓线)。当主动拨盘1匀速转动时，柱销2带动槽轮5间歇转动，同时柱销2也在固定凸轮板4的曲线槽内运动，由曲线槽控制柱销2的驱动半径，从而改变从动槽轮的运动规律，以期得到较好的动力特性。凸轮板的曲线槽根据工艺要求选择相应的运动规律(如等速运动规律等)进行设计
球面槽轮机构	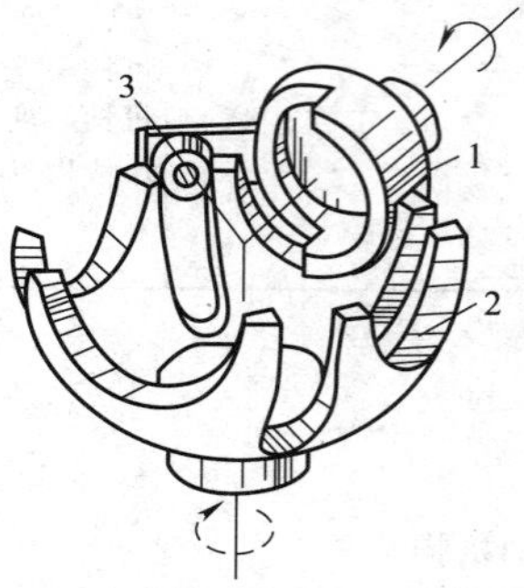	机构的工作过程和平面槽轮机构相似，但主、从动轴线垂直相交。槽轮2呈半球形，主动销轮1的轴线和拨销3的轴线均通过球心。槽轮的槽数不少于3。机构的动力性能比外槽轮机构好，槽数愈多，动力性能愈好。槽数大于7时，槽轮的角速度和角加速度变化很小。主动轴拨销数通常只有一个，所以，槽轮的停、动时间是相等的。如用两个拨销，槽轮就连续转动。这种机构结构简单，运动平稳，设计、制造也不困难。近年来在多工位鼓轮式组合机床上应用渐广
蜗旋凸轮间歇机构	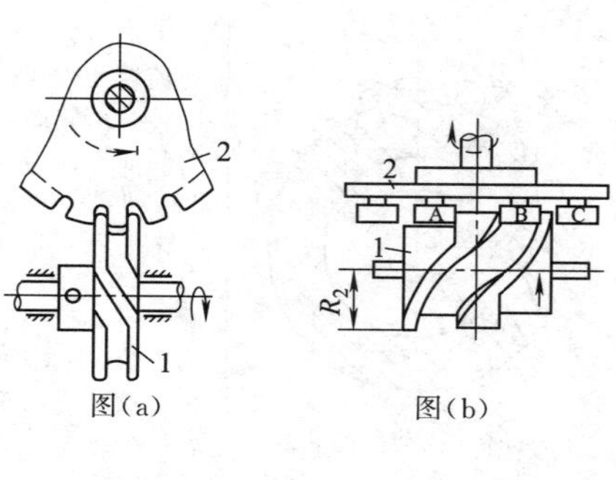图(a) 图(b)	如图(a)所示，主动轮1上有槽，槽的两端有斜形开口，当主动轮1转动时，槽的斜面推动从动轮2转动。由于相对滑动较大，适用于低速轻载，多用于自动进给机构 如图(b)所示，主动轮1为一两端有头的凸起轮廓(类似螺旋状)的圆柱凸轮，从动轮2端面上有若干柱销，轮1转动时，B销开始进入凸轮轮廓的曲线段，凸轮转动驱使从动轮2转位。凸轮转过180°，转位终了。B销接触的凸轮轮廓将由曲线段过渡到直线段，同时，与B销相邻的C销开始和凸轮的直线段轮廓在另一侧接触，此时，凸轮继续转动，从动轮不动。在间歇阶段，B销和C销同时贴在凸轮直线轮廓的两侧实现定位。凸轮轮廓直线段的宽度为(见凸轮轮廓展开图)

续表

机构	机构图	说　明
蜗旋凸轮间歇机构	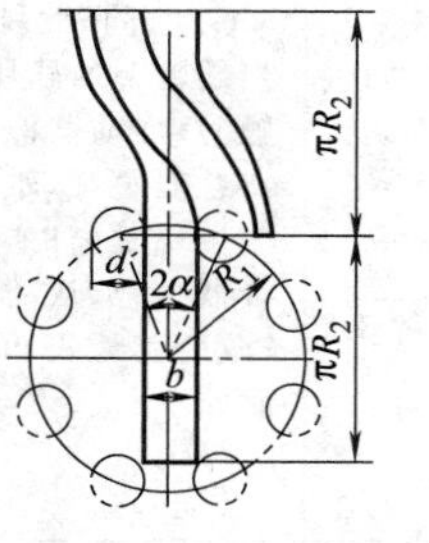 图(c)　图(b)的展开图 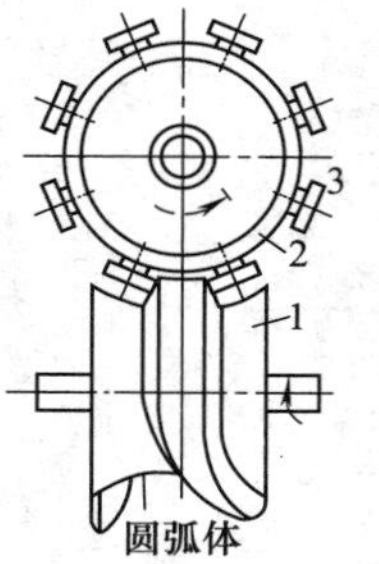 图(d)	$b=2R_1\sin\alpha-d$　(11-9-35) 如图(d)所示，主动凸轮 1 上的凸轮曲面(突脊的工作面)是变升角螺旋，当升角为零的那一段曲面与从动轮 2 上的滚子 3 接触时，从动轮停歇。从动轮上滚子沿径向呈辐射状配置，故主动凸轮在轴向截面内突脊的截面应是梯形，且突脊是包绕在圆弧体表面上的。这样可以通过调节中心距来消除滚子与突脊间的间隙。当从动轮停歇时，主动凸轮的突脊廓线和凸轮轴线垂直且处于凸轮中部，当从动轮转位时，主动凸轮突脊廓线的选择通常要保证从动轮转动时，其加速度按正弦规律变化。这样，机构具有良好的动力性能，运转平稳，噪声和振动较小，可用于较大载荷和高速，停歇频率每分钟最高可达 1200 次，柱销数一般大于 6 。在高速冲床、多色印刷机、包装机和折叠机中均有应用
偏心轮分度定位机构	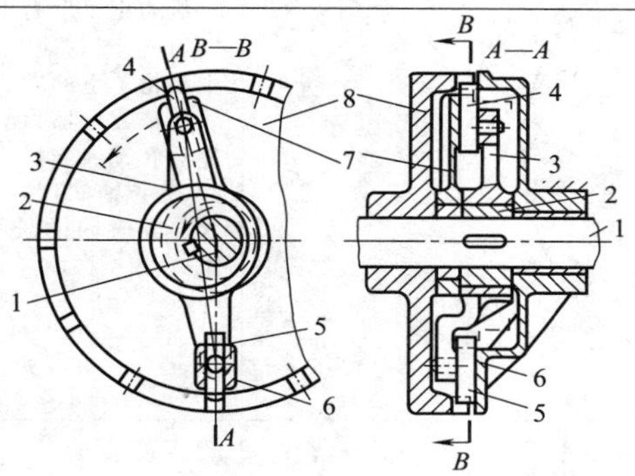 图(a) 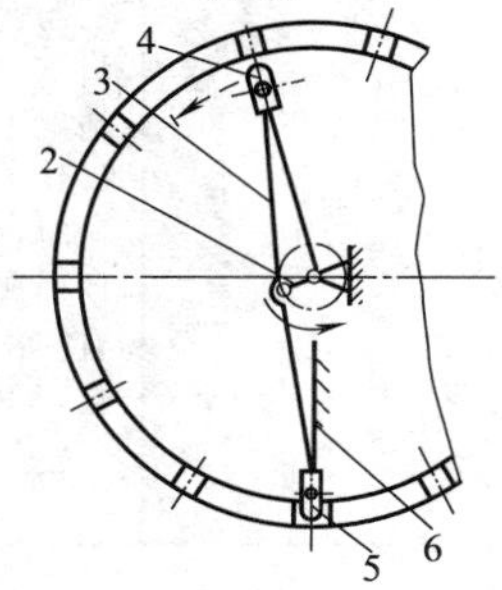 图(b)	图(a)所示为偏心轮分度定位机构，滑块 4、5 铰接于杆 3 上可分别在杆 7 与固定盘 6 的滑槽中滑动。当主动轴 1 回转时通过偏心轮 2 使杆 3 绕滑块 5 上的铰销做往复摆动，此时，杆 3 带动滑块 4、5 交替插入抽出盘 8 的周边孔中，当滑块 4 脱出周边孔而滑块 5 插入时，盘 8 固定不动；反之，滑块 5 脱出而滑块 4 插入周边孔，则盘 8 被带动，做单向间歇运动。盘 8 工作平稳，可用于较高转速。图(b)为其机构简图
凸轮控制的定时脱啮间歇机构	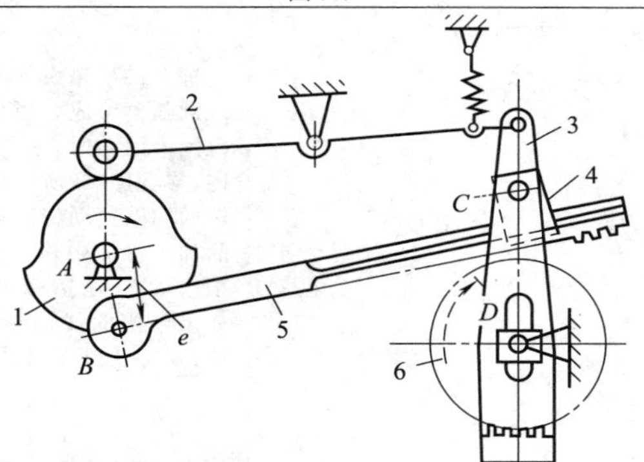	摇块 4 和带齿条的连杆 5 组成移动副，件 4 与件 3 组成转动副，件 3 以导槽和齿轮 6 的转轴(在固定支座 D 内)组成移动副。主动凸轮 1 通过从动摆杆 2 使件 3 向下运动时，件 3 下部的齿条和齿轮 6 脱啮，而齿条 5 与齿轮 6 啮合，因而齿轮 6 被齿条 5 带动。件 3 向上运动时，齿轮 6 与齿条 5 脱离，而与件 3 的下部齿条啮合，故被锁住。这样，齿轮 6 被凸轮 1 控制着做周期间歇运动

第 11 篇

续表

机构	机构图	说　明
凸轮和离合器控制的间歇机构	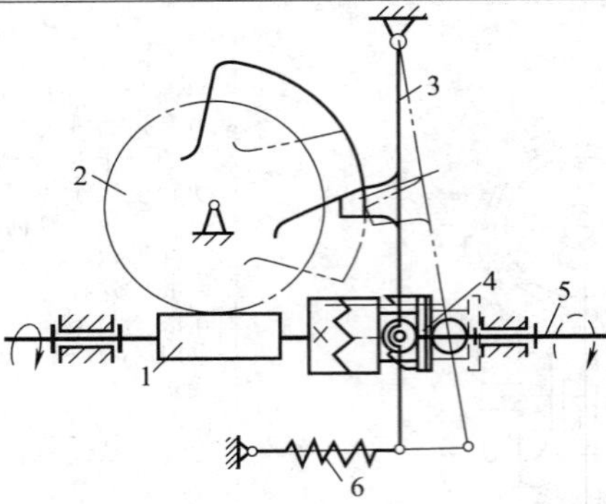	主动蜗杆 1 通过离合器带动从动轴 5 转动，同时蜗杆又带动蜗轮 2 转动，当蜗轮上的凸块与摆杆 3 上的挡块接触时，推动摆杆 3 逆时针方向摆动，使离合器脱开，轴 5 停止转动。当凸块与挡块脱离时，在弹簧 6 的作用下离合器啮合，从动轴开始转动，更换凸块（改变其弧长）可调整从动轴的停、动时间
停歇时间不等的间歇运动机构	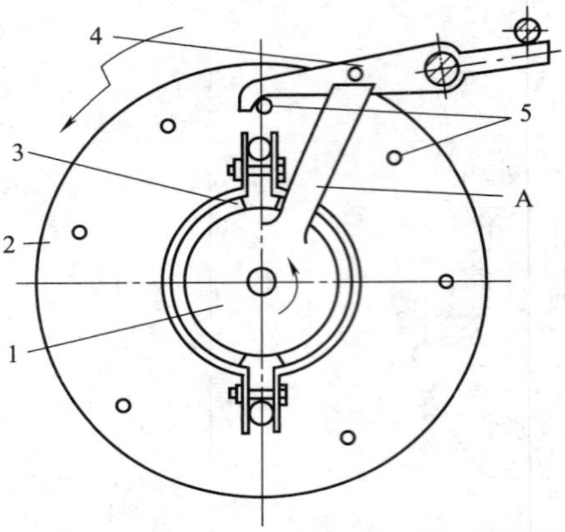	从动轮 2 上有七个柱销 5，它们不均匀地分布在同一圆周上。当固结于主动轮 1 上的臂 A 使挂钩 4 抬起时，轮 1 依靠摩擦力（通过摩擦环 3）带动轮 2 转动。当挂钩落下并钩住柱销 5 时，摩擦面间打滑，轮 2 不转。轮 2 每次停歇时间的长短取决于柱销间的距离
不等停歇时间的浮动棘轮机构	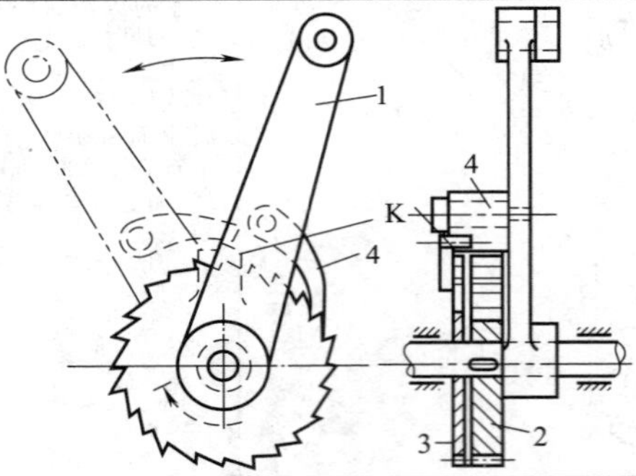	与棘轮 2 大小、齿数相同而附有犬齿 K 的浮动棘轮 3 空套在轴上，一般情况下主动摆杆 1 通过棘爪同时推动棘轮 2、3 做间歇转动，当犬齿进入啮合时，棘爪不与棘轮 2 接触，棘轮 3 转动而棘轮 2 静止，轮 3 每转一周，轮 2 有一次较长时间的停歇。改变犬齿齿数，可以调整停歇时间的长短
单侧停歇的曲线槽导杆机构	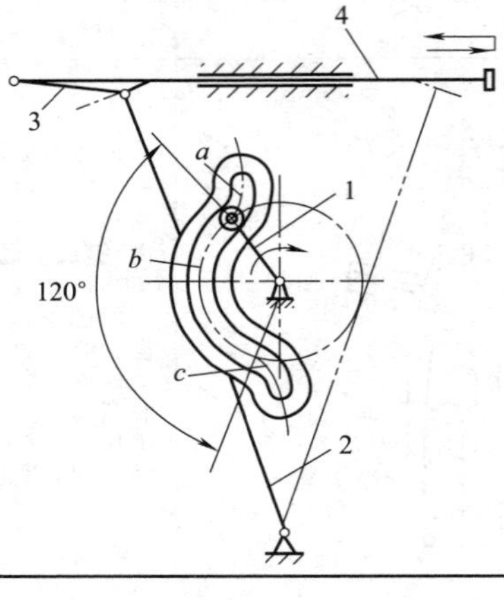	杆 2 的导槽由如图所示的 a、b、c 三段圆弧槽组成。当主动曲柄 1 在 120° 范围内运动时，滚子位于 b 段圆弧槽内，导杆停歇，所以从动杆具有单侧停歇的间歇运动特性。该机构可用于食品加工机械中作为物料的推送机构，结构紧凑、制造简单、运动性能较好。如果导槽曲线由两段相对的圆弧构成，则可获得双侧停歇的间歇运动

续表

机构	机构图	说明
短暂停歇机构	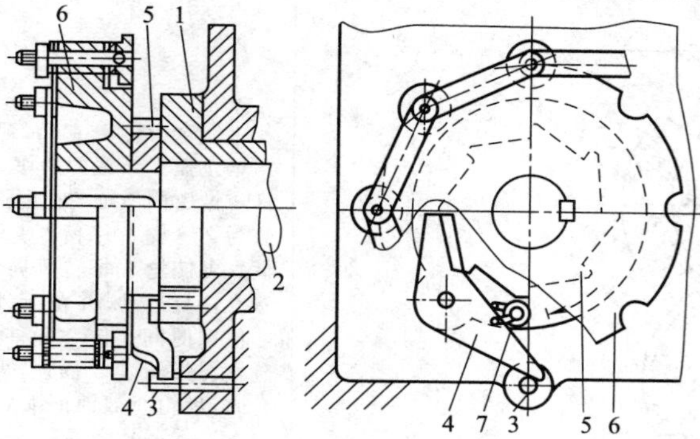	链轮 6 和棘轮 5 固连于轴 2 上，而主动套筒 1 空套在轴 2 上，主动套筒 1 上铰接有推爪 4。主动套筒 1 顺时针方向转动时，件 4～6 一起转动，当推爪 4 的端部与固定于机架上的杆 3 接触时，推爪 4 与棘轮 5 脱离，链轮 6 停歇，主动套筒 1 继续转动到推爪 4 脱离杆 3 时，在扭簧 7 作用下再与棘轮啮合并带动链轮 6。此机构用于印染烘干机上
摩擦式间歇机构	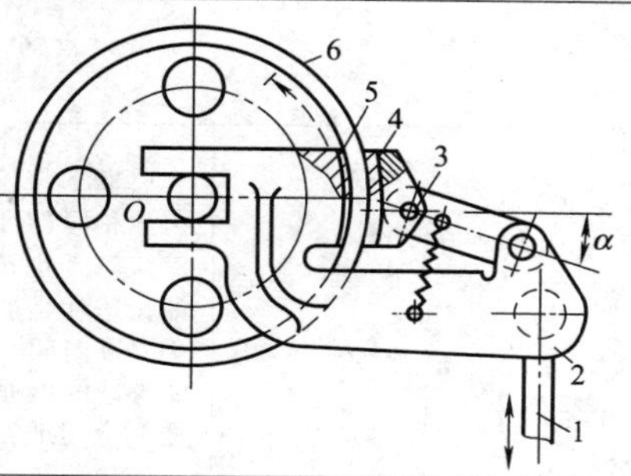	主动杆 1 拉摇臂 2 绕 O 向下转动时，作用在摩擦片 4 上的摩擦力使杆 3 向上摆。摩擦片 5、4 在轮 6 的轮缘内、外两面滑动而轮 6 静止。杆 1 推摇臂 2 向上转动，摩擦片 4 上的摩擦力使杆 3 向下摆，使摩擦片 4 紧贴轮 6 的外缘，此时杆 2 继续被推向上转动，带着摩擦片 5 紧贴轮 6 的内缘，这样，摩擦片 5、4 夹紧轮 6 的轮缘使轮 6 转动。其优点是摩擦面大，可用于大载荷。角 α 过大将减弱夹紧力；角 α 过小在回程时摩擦片不易分离，设计时一般取 $\alpha \leqslant 7°$
棘爪销轮分度机构	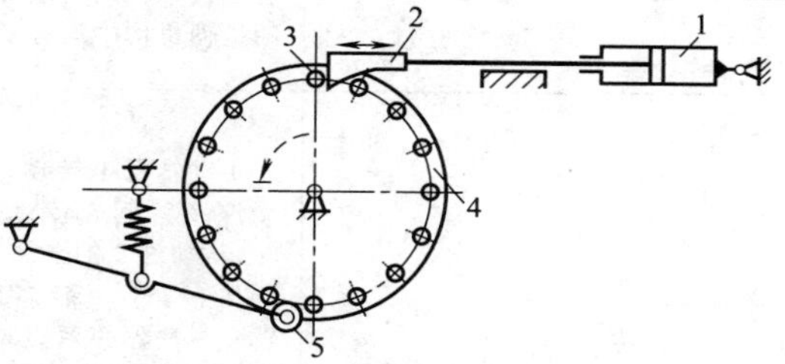	与机架铰接的主动气缸 1 的活塞带着棘爪 2 推动分度销 3，使分度盘 4 转动，滚子 5 起止动定位作用
单侧停歇摆动机构	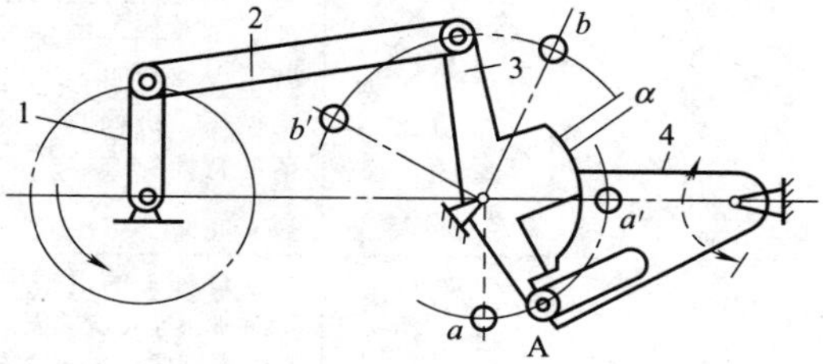	当主动曲柄 1 做连续转动时，摇杆 3 做往复摆动，摇杆 3 一端的滚子 A 将在 aa' 范围内摆动，当滚子与从动杆 4 的沟槽脱离时，从动杆停歇不动，由锁止弧 α 保证停歇位置不变
双侧停歇摆动机构	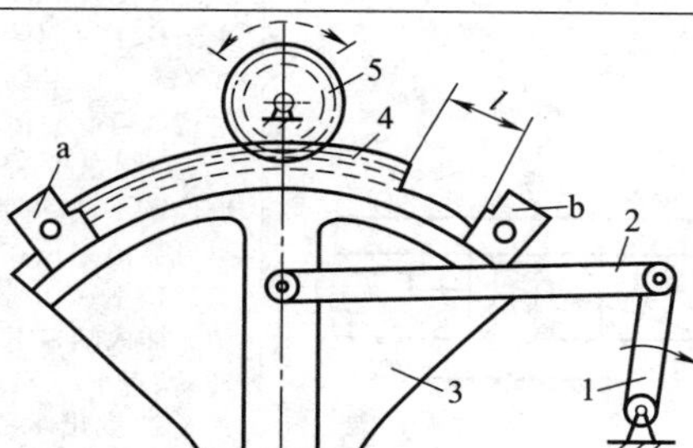	主动曲柄 1 转动时使扇形板 3 摆动，扇形板 3 上有可滑移的齿圈 4，在图示位置，扇形板 3 顺时针方向转动时，挡块 a 推动齿圈 4 使齿轮 5 逆时针方向转动。当扇形板 3 逆时针方向转动时，挡块 b 经过空程 l 后才推动齿圈 4 使齿轮 5 顺时针方向转动，调节挡块 a、b 的位置以改变空程 l，便可改变齿轮 5 的停歇时间。这种往复运动机构在停、动开始点有冲击

第11篇

续表

机构	机 构 图	说 明
不完全齿轮移动导杆机构	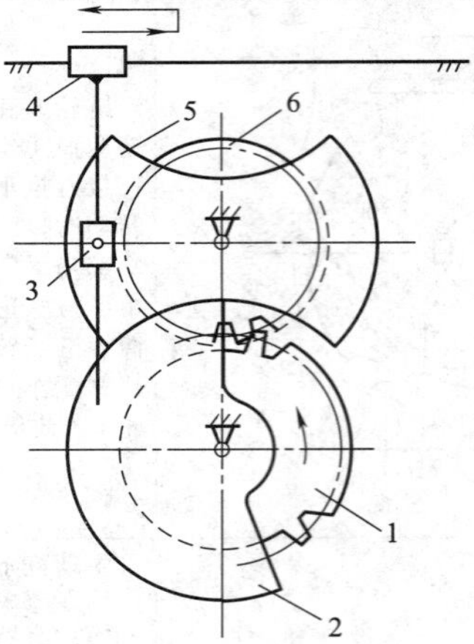	不完全齿轮 1 主动，通过齿轮 6 及与锁止弧 5 铰接的滑块 3 推动移动导杆 4 做两侧停歇的往复运动。轮 6 齿数为 20，轮 1 保留 9 只齿（末齿高修低），可使轮 1 每转两周，导杆 4 完成一次往复运动，并在行程的两端各有一停歇时间。件 2 和件 5 是锁止弧，分别与齿轮 1、6 固连，齿轮 1、6 不啮合时，齿轮 6 被锁止弧 2、5 锁住
齿轮-连杆组合停歇机构	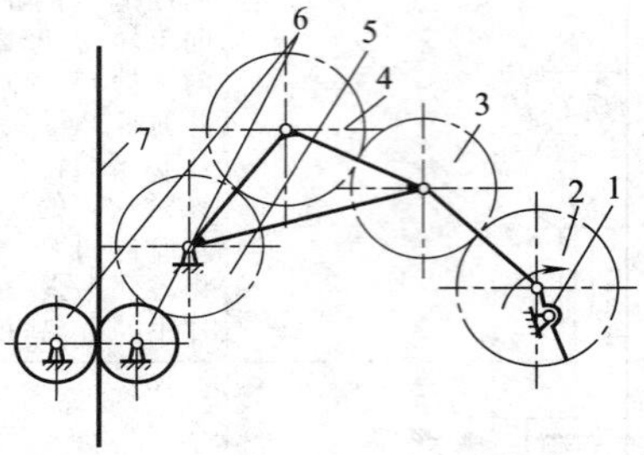	曲柄 1 与齿轮 2 固连，齿轮 2～5 的齿数相同，所以当曲柄 1 转一圈时，从动齿轮 5 也转第一圈。但从动齿轮 5 的角速度是非匀速的，其中有一段片刻停歇时间。与齿轮 5 啮合的送纸辊 6 送进的纸张 7 也有片刻的停歇，以便配合切纸刀的切纸动作。此机构在香烟包装机的送纸机构与软糖包装机的送糖机构中均有采用
有急回作用的间歇移动机构	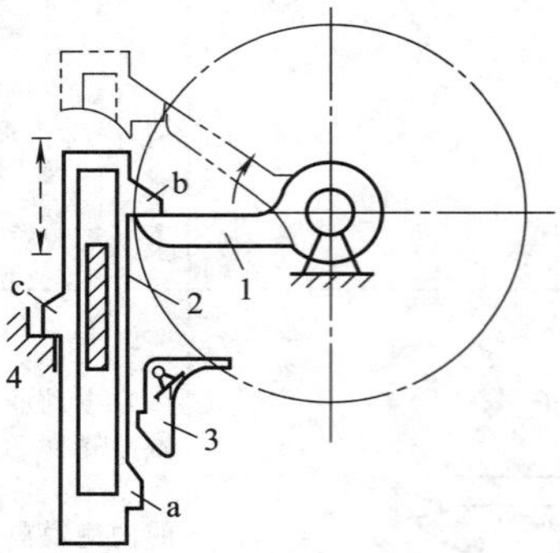	主动转臂 1 转动，通过凸耳 b 将从动件 2 升起。转臂 1 与 b 脱离接触时，从动件 2 的下凸耳 a 被摆动挡块 3 钩住（构件 3 能靠自重保持图示位置），滑块停在双点划线位置。转臂 1 继续转动时，先拨动挡块 3 脱钩，从动件 2 下落搁在固定挡块 4 上，然后转臂 1 又推动凸耳 b 上升，继续下一运动循环。机构具有两端停歇、快速下落的特性
斜面拨销间歇移动机构	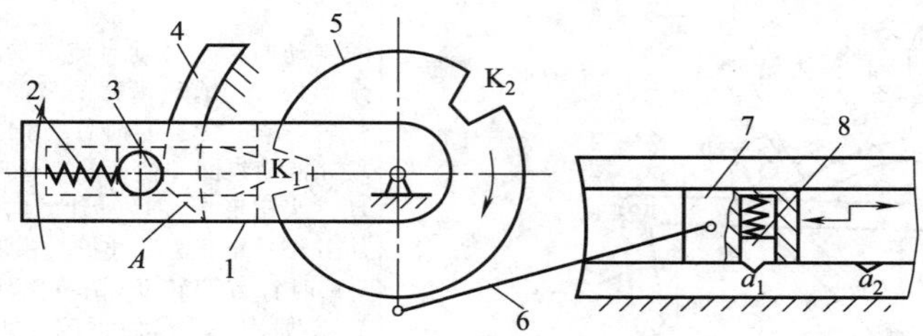	主动杆 1 的滑槽中置有一个可移动的插销 3，其顶部安装一滚子。当插销 3 插入圆盘 5 的 K_1 槽中时，圆盘 5 随同主动杆 1 一起转动，经连杆 6 推动滑块 7 移动。当主动杆 1 转经固定挡块 4 时，其斜面 A 顶起滚子使插销 3 脱开 K_1 槽，圆盘 5 停歇不动。相应滑块 7 也停歇不动，并在弹簧定位销 8 的作用下可靠地定位在 a_1 处。杆 1 转至圆盘上缺口 K_2 处时，在弹簧 2 的作用下，插销 3 插入缺口 K_2 中，圆盘 5 又随着杆 1 转动，直至杆 1 再转经至挡块 4 处，插销 3 被拨出 K_2 槽，出现第二次停歇。这样，主动杆 1 每转两周，圆盘 5 转一周，滑块 7 在 a_1、a_2 处各停歇一次。弹簧定位销 8 使停歇更为可靠

续表

机构	机构图	说明
等宽凸轮间歇移动机构	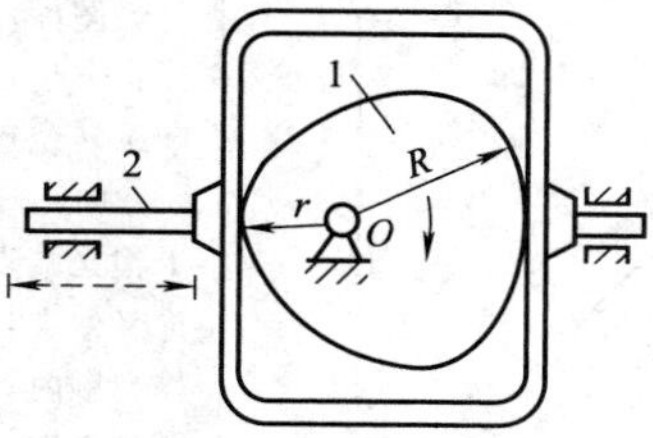	主动凸轮 1 由半径为 R 的三段圆弧组成，三角形凸轮的顶点做成半径为 r 的圆角。当凸轮绕 O 点转动时，使框架 2 在行程的两端停歇，框架的行程为 $R-r$
有三角形槽的移动凸轮间歇运动机构	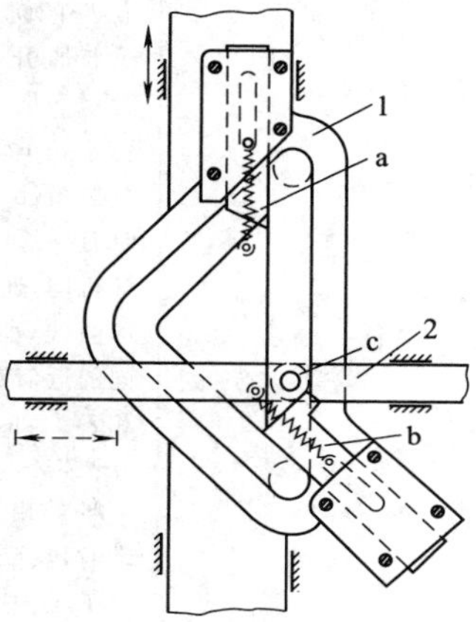	主动凸轮 1 沿固定导轨向上移动时，凸轮右下方的活动挡块 b 被从动杆 2 上的滚子 c 推开，滚子 c 到达垂直槽底部后，活动挡块 b 在弹簧作用下复位。凸轮 1 下移时，滚子 c 只能在凸轮的斜槽内运动，使从动杆 2 先向左、后向右移动，然后滚子 c 推开凸轮上方活动挡块 a 进入直槽。凸轮上移时，从动杆 2 停歇。所以凸轮往复移动时，从动杆 2 做一端停歇的往复移动
利用摆线轨迹的间歇移动机构	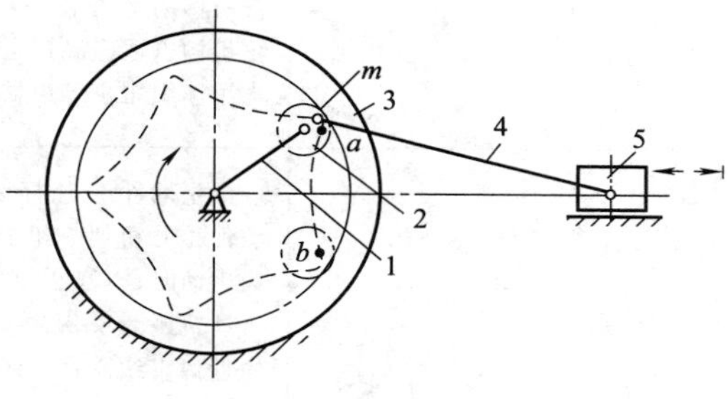	主动转臂 1 带着行星齿轮 2 沿固定内齿轮 3 做行星运动时，2 上 m 点的轨迹为短幅内摆线，若连杆 4 的长度近似等于摆线 ab 曲率半径，则滑块 5 近似停歇
利用连杆轨迹的直线段实现间歇运动机构	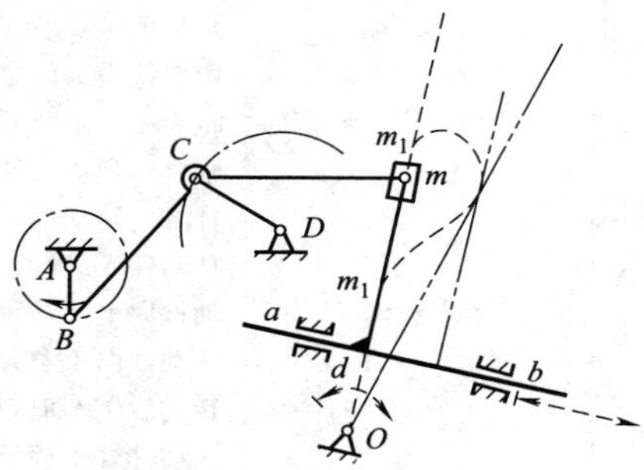	主动曲柄 AB 回转时，连杆上 m 点的轨迹有一段为直线 m_1m_1，利用此直线段实现间歇运动，有如下两种情况 ①在 m 点铰接一移动导杆 $abdm$，使 ab 垂直于 m_1m_1，当 m 点运动到直线段 m_1m_1 时，移动导杆停歇 ②在 m 点铰接一转动导杆面 Om，使其回转中心 O 在直线 m_1m_1 的延长线上，当 m 点运动到直线段 m_1m_1 时，转动导杆停歇

续表

机构	机　构　图	说　　明
利用连杆某点的曲线轨迹实现间歇运动机构	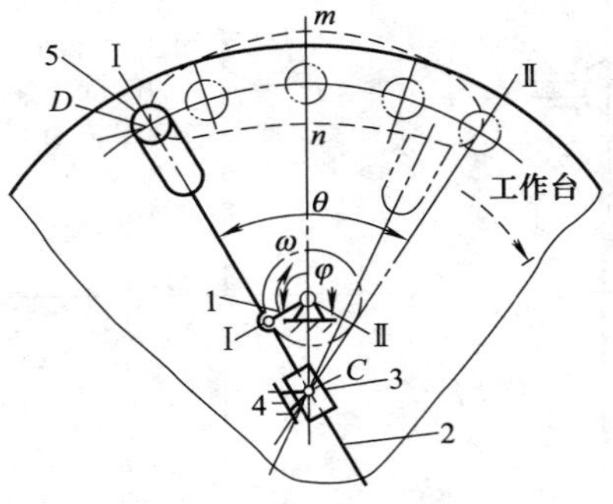图(a) 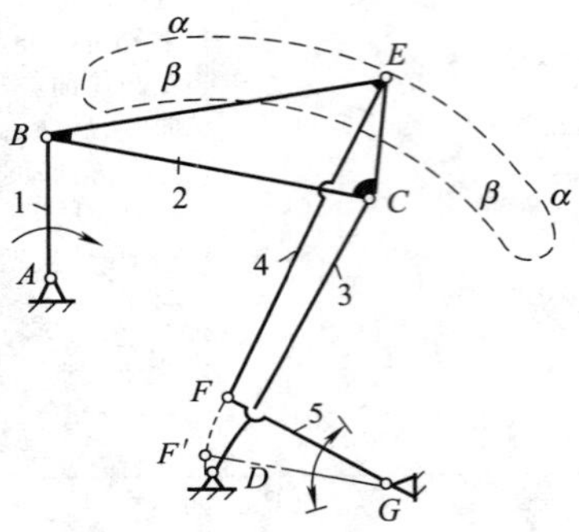图(b)	如图(a)所示，利用摇块机构中导杆 2 上一点 D 的轨迹实现工作台的单向间歇转位运动。当主动曲柄 1 以图示 ω 方向由Ⅰ到Ⅱ转过 φ 角时，导杆 2 上抱叉端点 D 的轨迹为曲线 m，于是抱叉便夹持着工作台上的滚子 5 使工作台顺时针方向绕 C 点转过 θ 角。当曲柄 1 顺 ω 方向由位置Ⅱ回到位置Ⅰ转过$(360°-\varphi)$角时，导杆 2 上抱叉端点 D 的轨迹为曲线 n，这时，抱叉与滚子 5 脱开(如图中双点画线所示的位置)，于是工作台便停歇不动。此机构用于立车转位机构 如图(b)所示，从动杆 5 在极限位置时有一短时的停歇，$ABCD$ 为曲柄摇杆机构，连杆 2 上 E 点的轨迹为一腰形曲线，曲线的 $\alpha\alpha$ 段和 $\beta\beta$ 段为两相同的近似圆弧，它们的圆心分别在 F 和 F'。如在 E、F、G 处铰接构件 4、5，并使构件 4 的长度 EF 和圆弧段的曲率半径相等。当 E 点在圆弧 $\alpha\alpha$ 上运动时，从动杆 5 在 FG 位置近于停歇；当 E 点在圆弧 $\beta\beta$ 上运动时，杆 5 在位置 $F'G$ 近于停歇。这样就实现了从动杆做具有停歇的摆动。由于这种连杆机构的冲击和噪声较小，常代替凸轮机构以适应高速运转的要求。此机构用于织布机等机械中
连杆型间歇移动机构	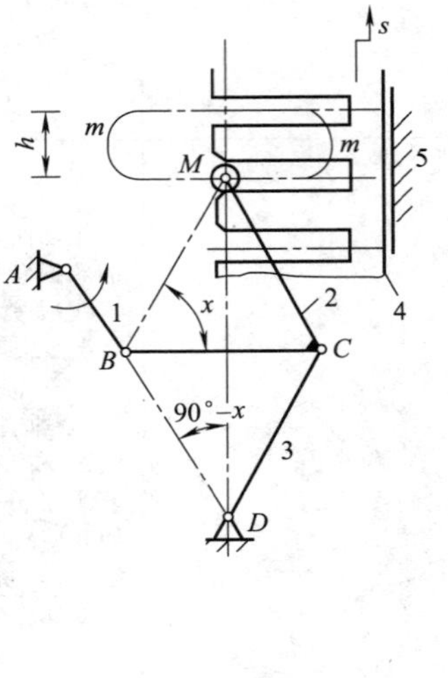	由主动件 1、连杆 2、摇杆 3、移动从动件 4 和机架 5 组成的五杆机构。机构运动时，连杆 2 上的 M 点描绘出的运动轨迹为 mm，它是具有两段平行的近似直线段且相距为 h 的对称连杆曲线，其对称轴线与机架 A、D 连合线间的夹角为 $90°-x$。在连杆 2 上的 M 点处安装一柱销，并在移动从动件 4 上开有多条互相平行的直线槽，槽中心线为 mm 轨迹直线段方向，其槽距为 h。如图所示，让柱销与直线槽啮合。当主动件 1 由图示位置按逆时针方向转动时，柱销顺着直线槽进入从动件 4，随着主动件 1 转动，驱使从动件向上移动，主动件 1 转过 180°时，从动件向上移动距离 h；主动件继续转过后 180°时，柱销由直线槽中脱出，从动件处于停歇状态，主动件连续转动，从动件 4 做间歇单向步进移动

续表

机构	机构图	说明
停歇时间可调的八杆机构	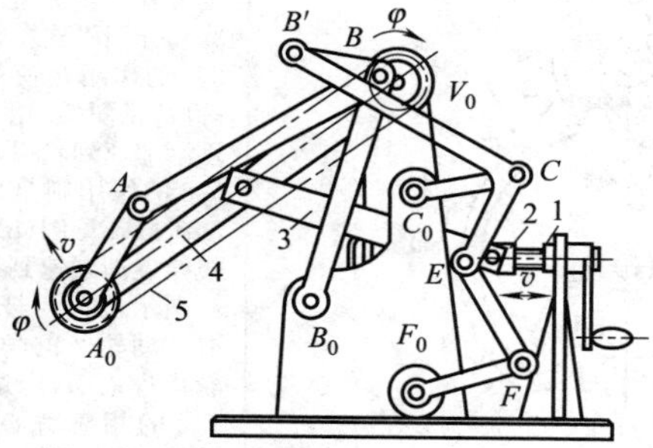	由曲柄摇杆机构 A_0ABB_0 和后接四杆机构 $B_0B'CC_0$ 以及双杆组 EF-FF_0 所组成的八杆机构，曲柄 A_0A 的机架铰链 A_0 位置可调；当转动螺杆 1 时，螺母 2 做轴向移动，从而通过连杆 3 使摆杆 4 及其上的机架铰链 A_0 绕固定中心 V_0 转动，使曲柄摇杆机构的机架长 $\overline{A_0B_0}$ 无级可调
棘轮电磁式上条机构	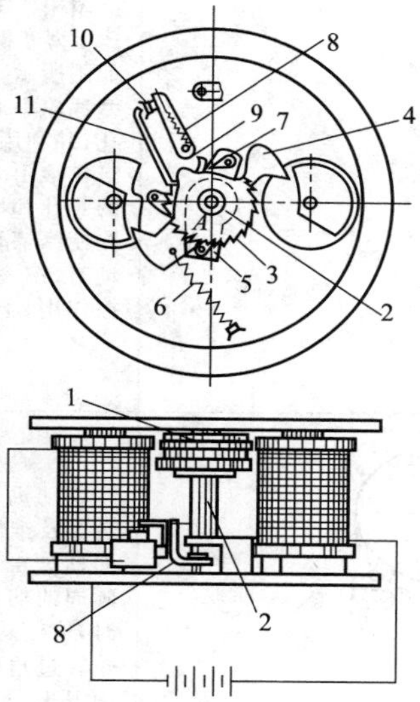	时钟发条一端固定在条盒 1 上，另一端固定在棘轮 3 的轮毂 2 上。在时钟发条未被卷起的时候，弹簧 6 使转子 4 和月牙板 5 绕轴心 A 沿反时针方向转动。与此同时，月牙板上的棘爪 7 使棘轮沿反时针方向转动，从而将时钟发条卷起。当转子 4 继续沿反时针方向转动时，杆 8 受弹簧 9 的作用使触点 10 闭合，于是电磁铁的线圈励磁，转子 4 受磁力吸引沿顺时针方向转动而复位，同时固定在转子上的杆 11 弹开杆 8 将电路断开。如上反复动作，条盒里的时钟发条就被连续地卷紧
杠杆棘轮电磁式送带机构	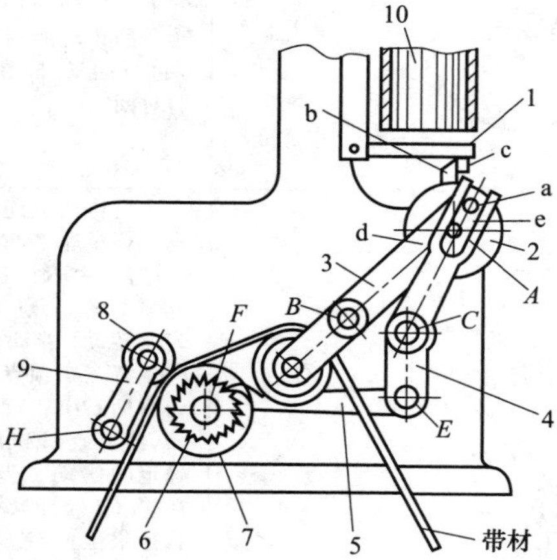	在绕固定轴心 A 转动的圆盘 2 上设置着凸缘 b 和拨销 a，凸缘 b 与控制杆 1 上的凸缘 c 接触，拨销 a 可沿开设在杠杆 3 和 4 上的槽 d、e 滑动，杠杆 3、4 分别绕固定轴心 B、C 转动。棘爪 5 通过回转副 E 与杠杆 4 连接，且与绕固定轴心 F 转动的棘轮 6 啮合。滚子 7 与棘轮 6 固连在同一轴上，滚子 8 安装在绕固定轴心 H 转动的杆 9 上。若电磁铁 10 工作，将控制杆 1 吸起，当圆盘 2 顺时针转动，经拨销 a 带动杠杆 3、4 以及棘爪 5，使棘轮 6 和滚子 7 转动，从而将夹在滚子 7 和 8 之间的带材向左传送

续表

机构	机 构 图	说　　明
带瞬心线附加杆的不完全齿轮机构	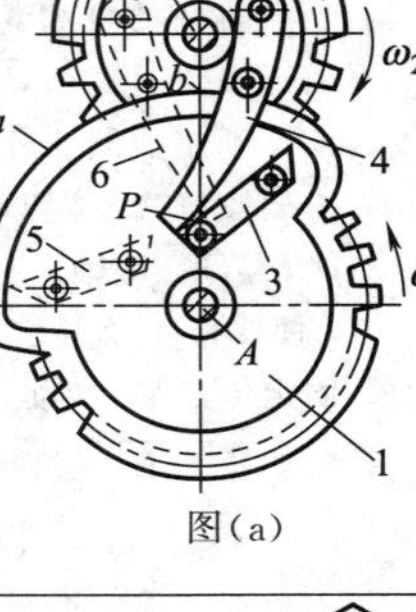 图(a) 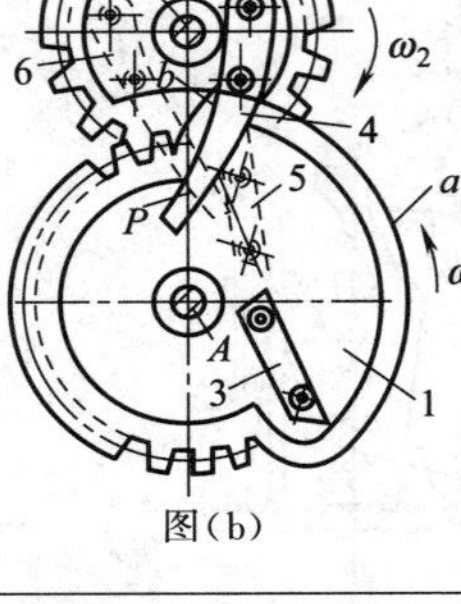 图(b)	主动轮 1 为不完全齿轮，其上带有外凸锁止弧 a。从动轮 2 为完全齿轮，其上带有内凹锁止弧 b。瞬心线附加杆 3～6分别固连在轮 1 和轮 2 上，其中杆 3、4 的作用是使从动轮 2 在开始运动阶段[见图(a)]由静止状态按一定规律逐渐加速到轮齿啮合的正常速度；而杆 5、6 的作用则是使从动轮 2 在终止运动阶段，[见图(b)]，由正常速度按一定规律逐渐减速到静止 图示位置为杆 3、4 传动的情形，此时从动轮 2 的角速度逐渐增大，直到轮齿进入啮合，达到正常速度(P 为轮 1、2 的相对瞬心)。附加杆可实现从动轮 2 在间歇转动过程中没有冲击。
利用摩擦作用的间歇回转机构	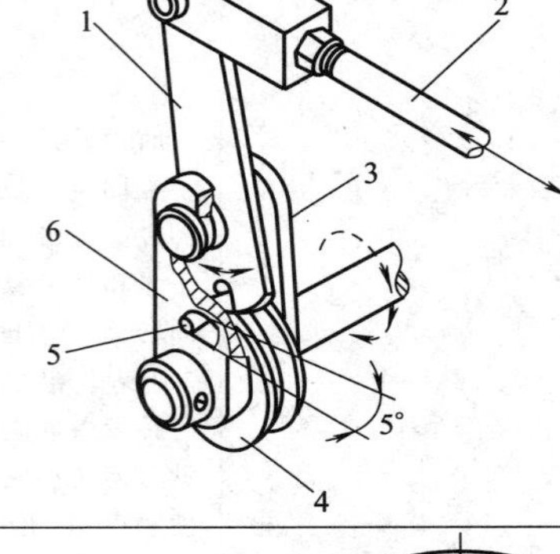 	图中 1 为摆杆，2 为连杆，3 为侧板 B，4 为摩擦轮，5 为楔滚，6 为侧板 A。如图所示，在侧板 A 和 B 上设有弯向摩擦轮中心的长弯孔，楔滚穿过长弯孔，并利用一个摆杆使楔滚左右摆动。当楔滚由右向左运动时，楔滚在侧板的长孔和摩擦轮之间起到楔的作用，而使摩擦轮旋转。当楔滚由左向右运动时，楔滚从摩擦轮上脱开，不产生摩擦作用，于是没有旋转力
制灯泡机多工位间歇转位机构	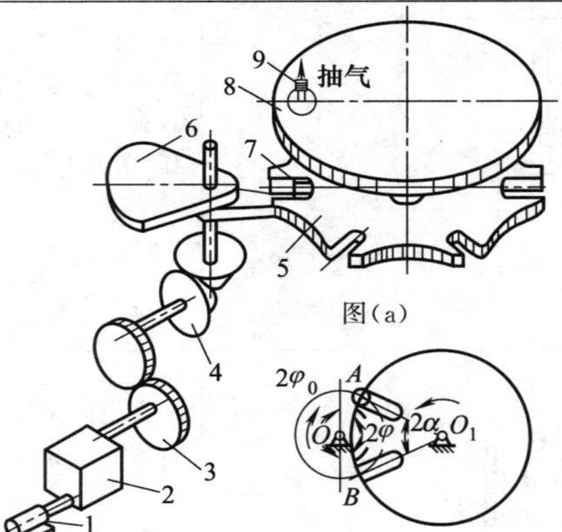 图(a) 图(b)	电动机 1 经减速装置 2、一对椭圆齿轮 3 及锥齿轮 4 将运动传到曲柄盘 6。曲柄盘 6 上装有圆销 7，当圆销 7 沿其圆周的切线方向进入槽轮 5 的槽内时，迫使从动槽轮 5 反向转动，直到槽轮转过角度 2α 圆销才从槽轮 5 的槽内退出，槽轮 5 和与其相连的转台 8 才处于静止状态。直到圆销 7 继续转过角度 $2\varphi_0$ 后，圆销 7 又进入槽轮 5 的下一个槽内，开始下一个动作循环。转台静止时间为置于转台 8 上的灯泡 9 进行抽气(抽真空)和其他加工工序的时间
连杆齿轮单侧停歇机构	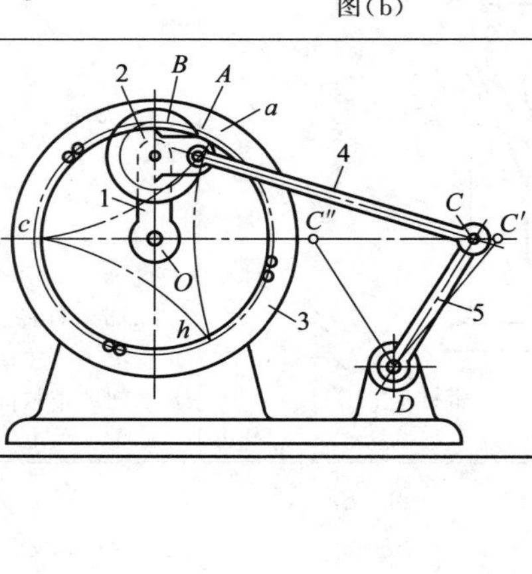 	该机构由五连杆机构和行星轮系组成。行星轮 2 与固定中心轮 3 的节圆半径比 $r:R=1:3$，连杆 4 与轮 2 在节圆上的 A 点铰接。主动曲柄连续匀速转动，带动行星轮系运动，点 A 产生有三个顶点 a、b、c 的内摆线。主动曲柄 OB 和行星轮 2 的两个运动输入，使五连杆机构的从动摆杆 CD 有确定的摆动。当主动杆 1 对应 A 点在$\angle aOb=120°$范围内运动时，摆杆在右极限位置 $C'D$ 时近似停歇，而在左极限位置 $C''D$ 时有瞬时停歇

9.8　超越止动及单向机构

表 11-9-10　超越止动及单向机构

机构	机构图	说明
无声棘轮超越止动机构	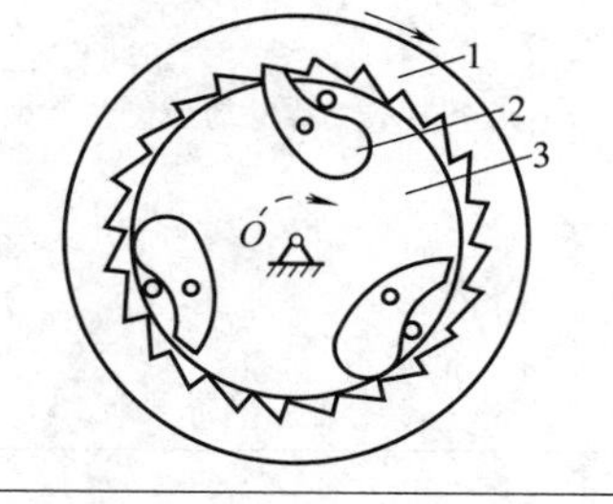	当主动棘轮 1 顺时针方向转动时，通过爪 2 带动轴 3 转动，轴 3 可超越轮 1 做顺时针方向转动，在超越时由于离心力(转速足够时)的作用能使爪 2 不与轮 1 接触，实现无声超越。如果轮 1 固定，当轴 3 反转时被止动，此机构在棘爪 2 开始与棘轮 1 啮合时，要利用棘爪 2 大头的重力，因此机构的回转轴 O 必须水平放置。如起重机吊起重物悬空停留时，重物不能使轴 3 反转
弹簧摩擦式超越止动机构	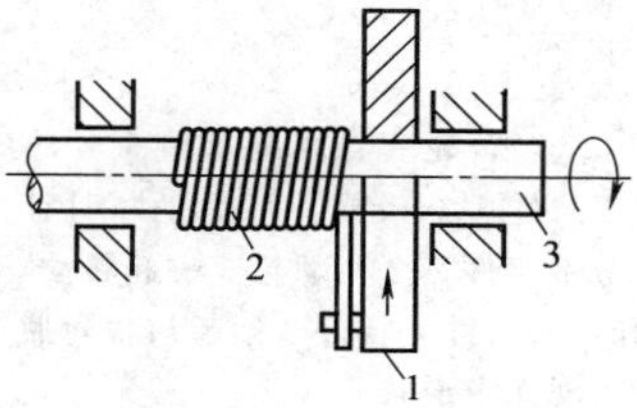	左旋弹簧 2 的内径稍小于轴 3 的外径，使结合面间略有预压紧力，弹簧的右端与轮 1 上的销接触，左端为自由端，主动轮 1 顺时针方向转动时，弹簧内径缩小，结合面间的压紧力和摩擦力越来越大，带着轴 3 转动，轮 1 逆时针方向转动时，弹簧内径增大，结合面间的压紧力消失，轴 3 可做超越转动。若轮 1(或轴 3)固定时，则轴 3 与图示方向反向转动(或轮 1 与图示相同方向转动)时被止动
螺旋摩擦式超越止动机构	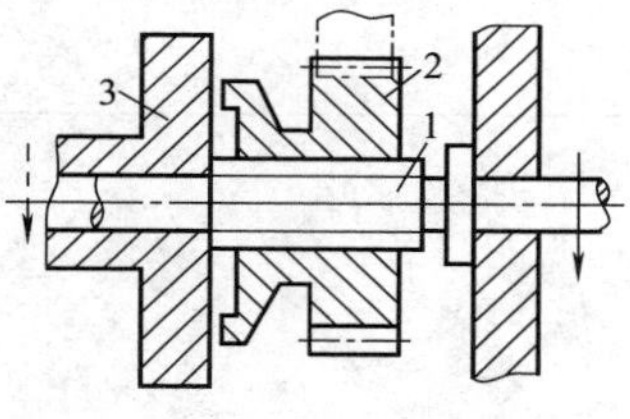	轮 2 装在有右螺旋的轴 1 上，启动电动机与轴 1 相连，被启动的发动机的启动曲轴与盘 3 相连，启动时电动机逆时针方向转动，则轮 2 左移(开始限制件 2 转动，而当件 3 启动后，件 2 又脱离限制装置，图中未示出)。其端面与盘 3 压紧，靠摩擦力带动曲轴，当发动机转速高于轴 1 时，盘 3 与轮 2 脱开，发动机曲轴做超越转动。当轴 1 回转时，限制轮 2 转动的装置未在图中示出
双动式单向转动机构	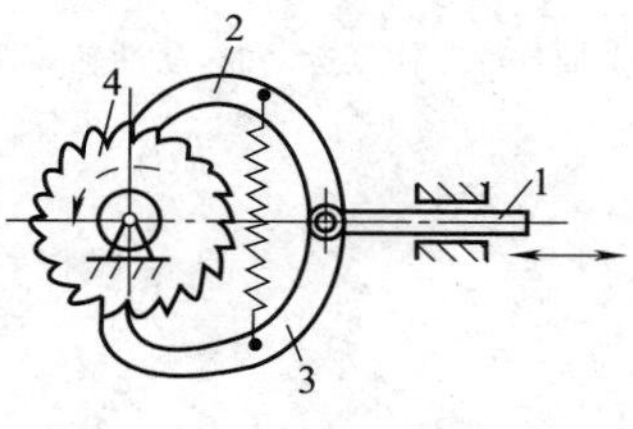图(a) 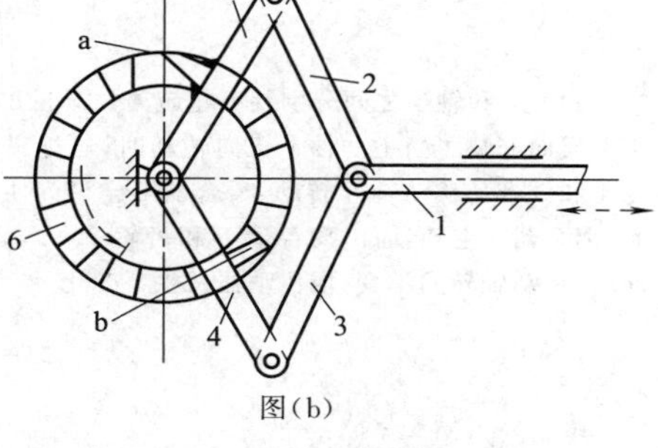图(b)	如图(a)所示，杆 1 左右移动时，均使棘轮 4 单向旋转。此机构已用于脉冲计数器作计数装置。如图(b)所示，轮 6 为端面棘轮，杆 2、3(或 4、5)等长，当主动杆 1 往复移动时，固结在杆 4、5 上的棘爪 a、b 交替推动端面棘轮 6 单向转动

续表

机构	机构图	说明
双动式棘齿条单向机构	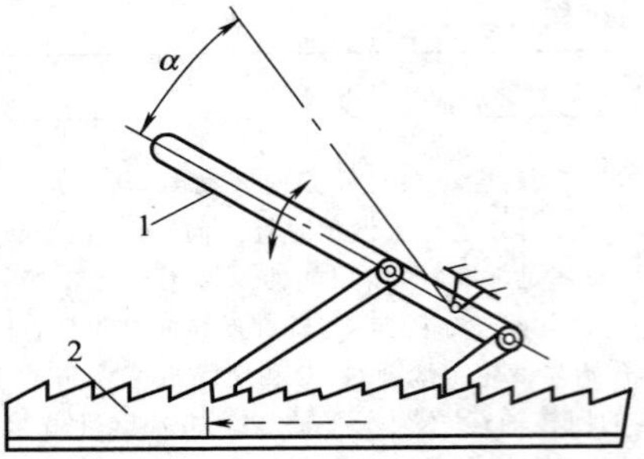	摇杆1上两个棘爪交替推动棘齿条2做单向移动
无声棘轮单向机构	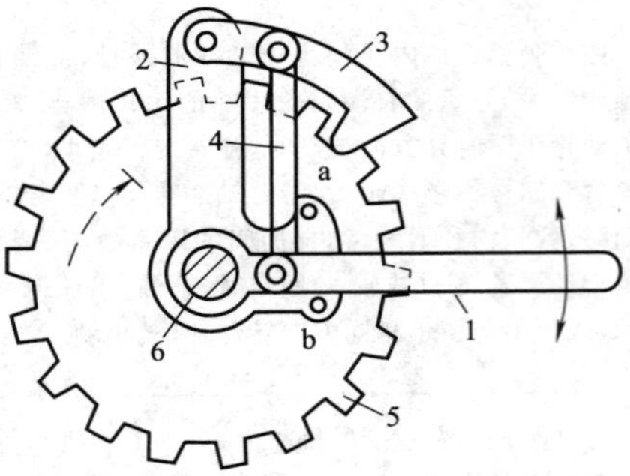	构件1、2与棘轮5自由装在轴6上，构件2上固定有销a、b，件4与件1、3铰接。当件1顺时针方向转动时，件1通过销b带着件2、3和棘轮5一起转动。当件1逆时针方向转动时，通过件4将件3抬起与棘轮脱离，通过销a带着棘爪3实现无声逆转
钢球式单向机构(超越离合器)	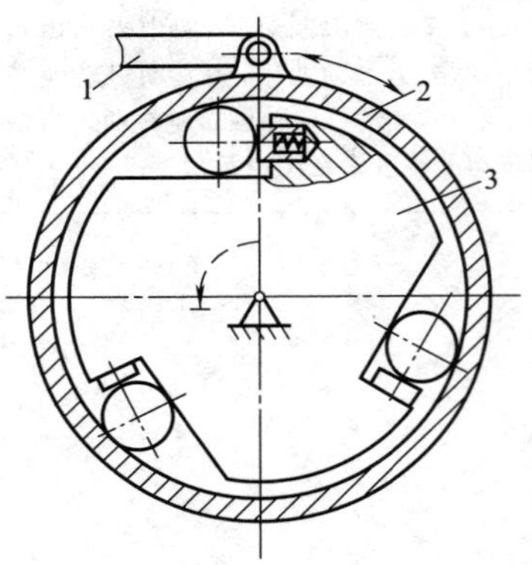	主动杆1带着件2往复运动时，从动轴3做单向转动
超越离合器-齿轮式单向机构	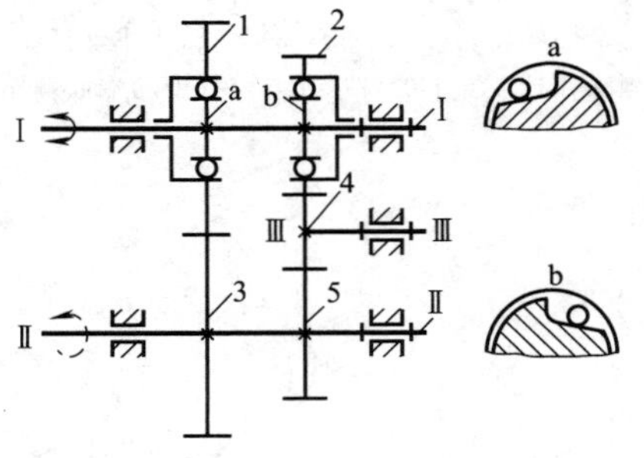	齿轮1、2和轴Ⅰ之间分别装有超越离合器a、b，它们在轴Ⅰ上反向安装。当主动轴Ⅰ正向转动时，通过离合器a，齿轮1和3带动从动轴Ⅱ转动，离合器b空转。主动轴换向时，离合器a空转，而由离合器b和齿轮2、4、5带动轴Ⅱ，此时，从动轴转向不变，但传动比发生了变化

续表

机构	机　构　图	说　　明
单向定长送料机构	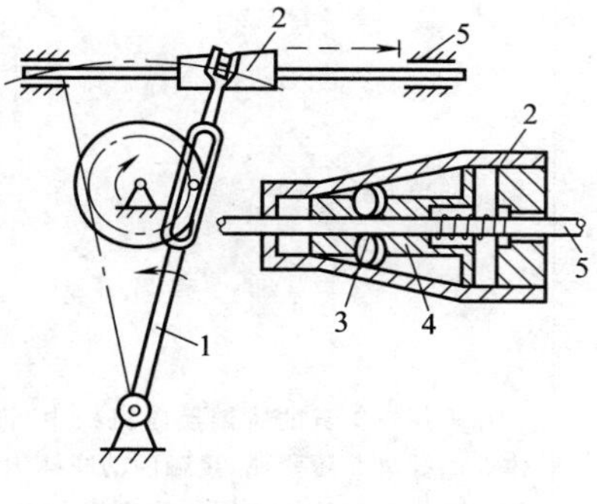	夹头外壳 2 的内侧有圆锥面，两端有大小不同的圆柱面可作导路来导引嵌着钢球 3 的滑块 4，弹簧将滑块 4 压向左边，滑块中心有金属线 5 通过。当摆杆 1 逆时针方向摆动时，钢球 3 将金属线 5 夹紧并带动其向右移动，摆杆 1 顺时针方向摆动时，钢球 3 放松金属线，摆杆仅带动夹头 2 回程，金属线 5 不动

9.9　换向机构

表 11-9-11　　　　**换向机构**

机构	机　构　图	说　　明
三星轮换向机构	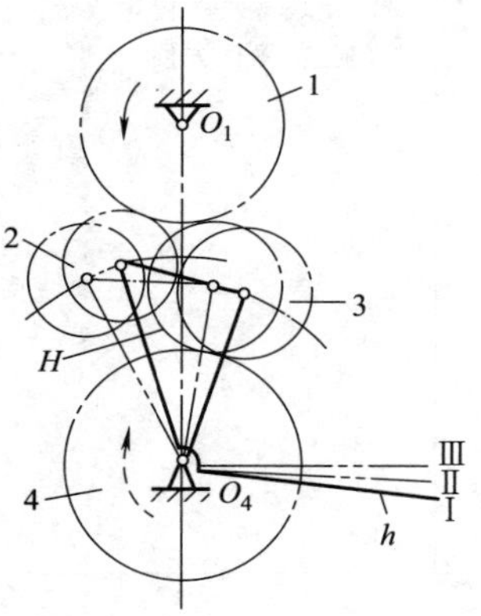	主动轮 1 与从动轮 4 间装有惰轮 2 和 3，2 与 3 装在三角形支承架 H 上，H 可绕轴 O_4 转动。H 位于Ⅰ时（图中实线所示，1 与 2，2 与 3，3 与 4 啮合），各轮转向如图所示；H 位于Ⅲ时（图中双点画线所示，1 与 3，3 与 4 啮合），轮 4 换向；H 位于Ⅱ时（2、3 均不与 1、4 啮合），轮 4 不转。换向杆 h 必须有良好的固定，因 H 上受的力矩有使其转变方向的趋势
三惰轮换向机构	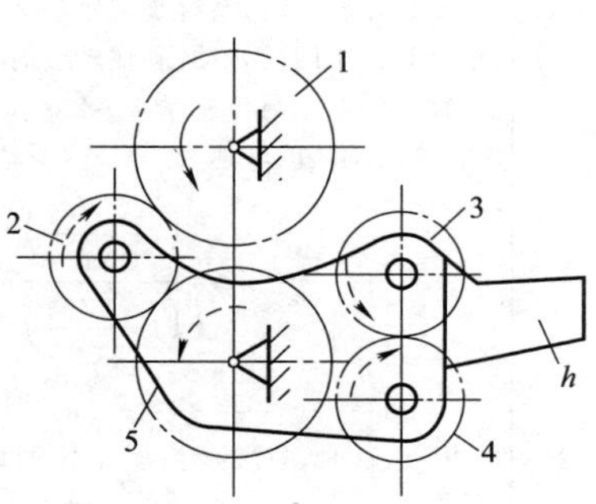	其原理与上图所示的三星轮换向机构相同，但多一个惰轮，可减小主、从动轮的中心距，没有使换向杆 h 改变方向的力矩

续表

机构	机 构 图	说 明
拨销换向机构	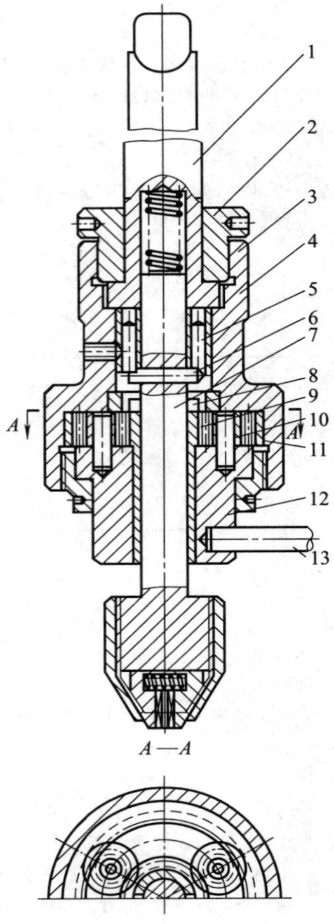	在攻螺纹工具的拨销换向机构中，锥柄 1 和套筒体 3 用螺母 2 压紧，靠接触面的摩擦力带动 3 转动。带有拨销 5 的套筒 4 用紧定螺钉与 3 固接。锥柄 1 向下移动到丝锥接触工件时，攻螺纹头轴 7 上的销子 6 插入销子 5 之间，攻螺纹头与锥柄同速转动。攻螺纹完毕时，6 自动与销子 5 脱离接触，若将锥柄 1 向上抬起，则 7 借压缩弹簧的作用力使销 6 进入中心齿轮 9 上的销槽 8 中；此时，若使 13 被挡住不动，则固接在 3 上的内齿轮 11 通过三个小齿轮 10 和齿轮 9 带动轴 7 快速反向转动，将丝锥退出工件。这种装置的特点是整个工作过程中，锥柄既不需反转，又能使攻螺纹头慢速攻螺纹、快速退出，并且结构简单，制造、操作方便
行星式换向变速机构	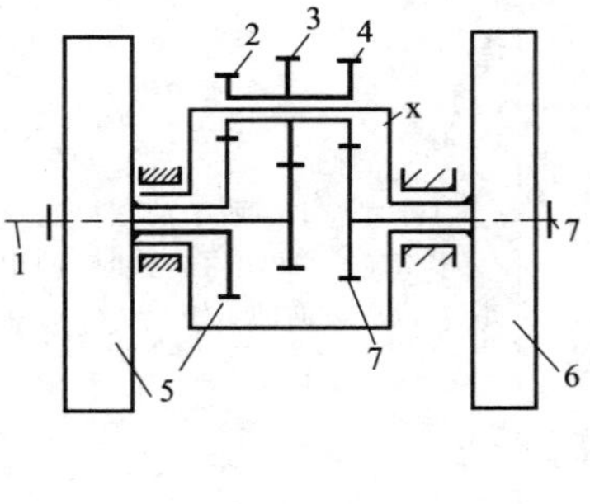	主动轴 1 和从动轴 7 上分别空套有刹车轮 5 和 6，齿轮 2～4 为三联齿轮，套在和轮 6 固连的系杆 x 上。刹住轮 6 时，系统是定轴轮系，按 1-3-4-7 传动，轴 7 与轴 1 同向转动；刹住轮 5 时，轴 1 通过有同一转臂 x 的两个行星轮系 1-3-2-5 和 5-2-4-7 使轴 7 转动，这时轴 7 的转速为 $$n_7=\frac{\left(1-\frac{z_5z_4}{z_1z_2}\right)}{\left(1-\frac{z_5z_3}{z_1z_2}\right)}n_1 \quad (11\text{-}9\text{-}36)$$ 当 $z_5z_3>z_1z_2$ 或 $z_5z_4>z_1z_2$ 时，轴 7 的转向与轴 1 相反，这时，只要变换刹车轮即可换向变速，而不需停车

续表

机构	机构图	说　明
行星齿轮换向机构	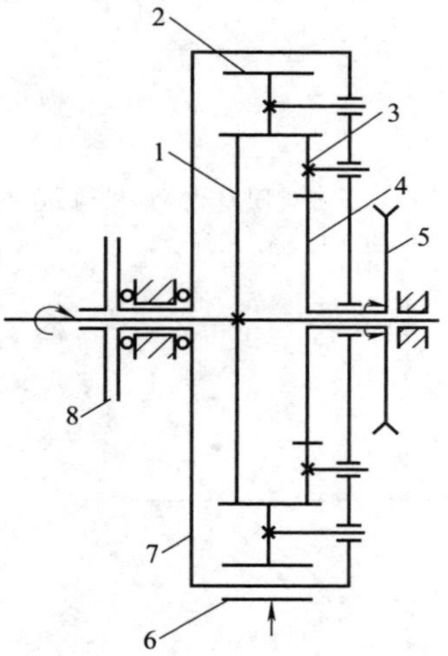	应用于履带式水箱收割机的转向装置。1 为主动齿轮，5 为从动链轮，6 是制动器，7 为可转动架体，8 为摩擦离合器。当离合器 8 接通($n_1=n_7$)，制动器 6 松开时，5 与 1 等速同向转动
差动换向机构	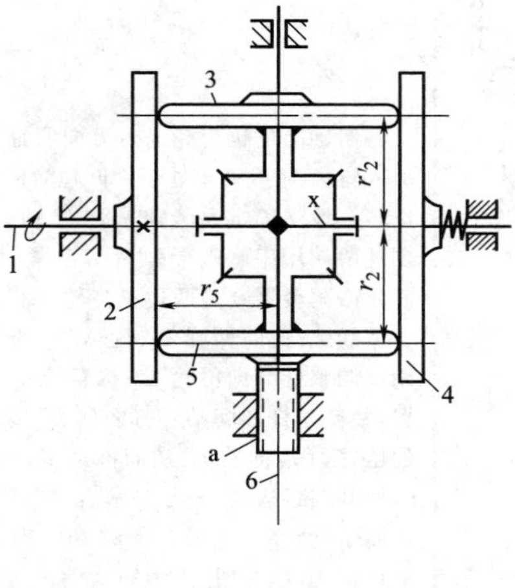	固连于主动轮 1 的摩擦盘 2，使摩擦盘 3 和 5 以相反的方向转动，再通过锥齿轮差动轮系使轴 6 转动(轴 6 与差动轮系的系杆 x 固连)，轴 6 的转速为 $$n_6=\frac{1}{2}\left(\frac{r_2-r'_2}{r_5}\right)n_1 \qquad (11\text{-}9\text{-}37)$$ 调节螺杆 a 使整个锥齿轮差动轮系上升或下降，以改变 r_2 和 r'_2 的尺寸，如上式中 $r_2>r'_2$，则轴 6 与盘 5 转向相同，否则相反
往复转动自动换向机构	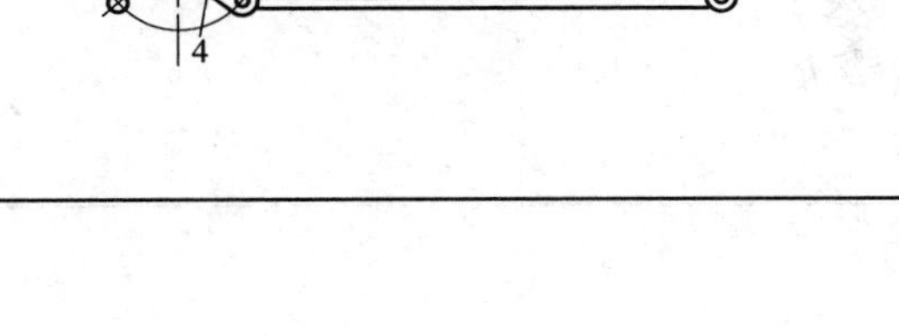	主动锥齿轮 1 与空套在轴 6 上的锥齿轮 2、5 啮合，通过离合器 3(用滑键和轴 6 连接)将运动传递到从动锥齿轮 8。当离合器 3 在右边时，按 1-5-3-6-8 传动，锥齿轮 8 做顺时针方向转动。当 8 上的销子 a 到达虚线位置时，推动杆 7(空套在轮 8 的轴上)并使杆 4 顺时针方向转动，当杆 4 偏移至 O 点左侧时，弹簧拉动离合器 3 至左边，此时，按 1-2-3-6-8 传动，轮 8 做逆时针方向转动，销子 a 从左边推动杆 7，实现周期性自动换向

续表

<table>
<tr><th>机构</th><th>机 构 图</th><th>说　　明</th></tr>
<tr><td>换向变速机构</td><td>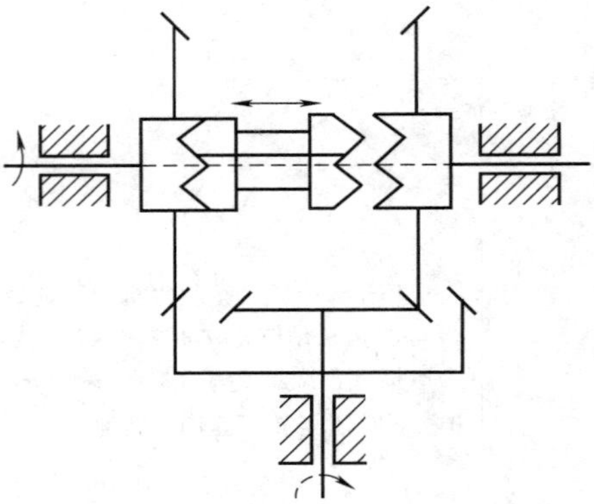</td><td>其原理同差动换向机构，但换向的同时，速比也发生变化</td></tr>
<tr><td>卷筒多层缠绕导绳机构</td><td>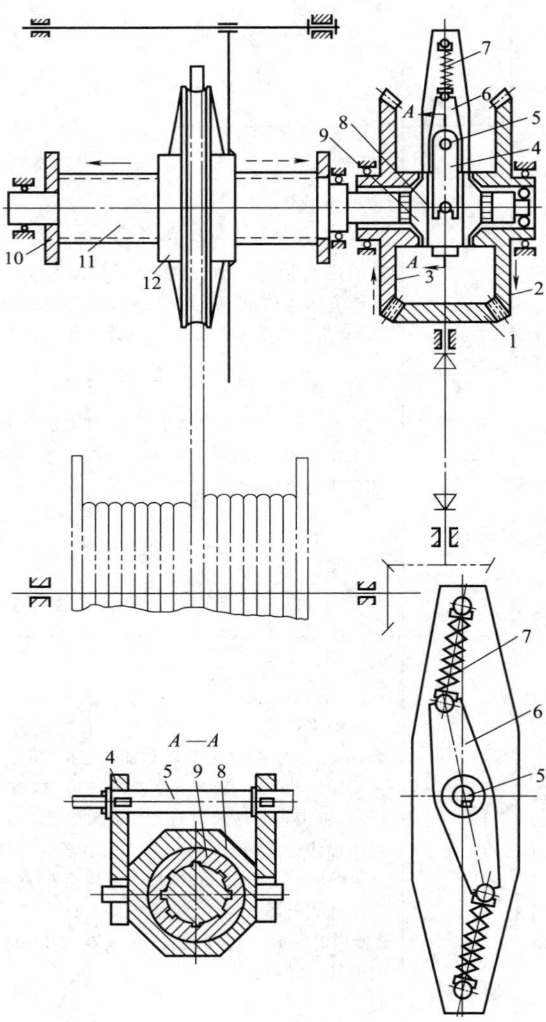
</td><td>卷筒轴上的锥齿轮通过万向联轴器带动导绳装置输入锥齿 1，拨叉 4 处于中间位置时锥齿轮 2、3 反向空转。拨叉固定在竖轴 5 上，竖轴 5 与摆杆 6 固连，摆杆两端用串联碟形弹簧 7 压紧，拨叉在中间位置时牙嵌离合器 9 与两边锥齿轮 2 和 3 之间有相等的少量间隙，此时两弹簧和摆杆 6 处于一直线上。使用前调整好导向滑轮 12 与卷筒上钢丝绳的相互位置，并使摆杆 6 朝某一方向偏离（按图示滑轮与钢绳的位置，4 应向右偏）从而推动拨环 8 并带动离合器 9，使其与锥齿轮 2（或 3）啮合，螺杆 11 被带动旋转，从而带动滑轮 12 做轴向移动。当滑轮到达左端并被挡板 10 挡住时，阻力矩增大。通过锥齿轮 2 与离合器间的啮合斜面相互作用，克服弹簧反力矩使摆杆 6（或 4）向左摆动，离合器脱开并自动与对面锥齿轮 3 啮合，螺杆 11 反向旋转，导轮 12 反向移动，如此自动往复完成钢绳多层缠绕</td></tr>
</table>

续表

机构	机　构　图	说　　明
棘轮换向机构	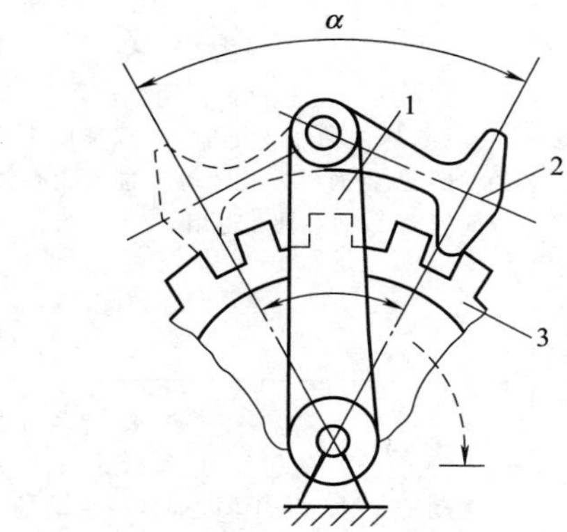	棘爪 2 在实线位置时，摆杆 1 带动棘轮 3 沿顺时针方向转动；棘爪在虚线位置时，棘轮沿逆时针方向转动
摆动自动换向机构	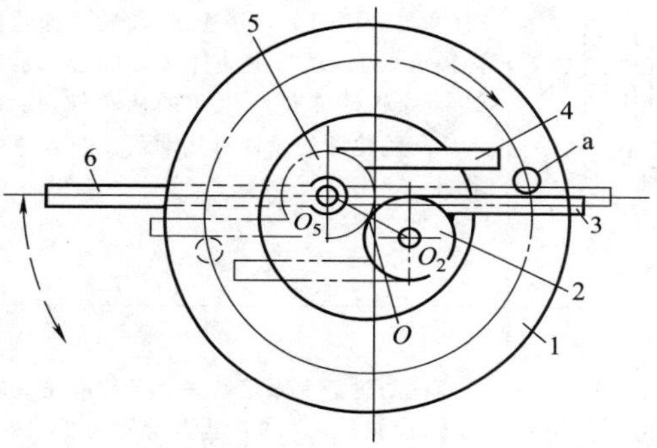	杆 4、6 与齿轮 5 固连，杆 3 与齿轮 2 固连，两齿轮啮合，当轮 1 绕固定中心 O 顺时针方向转动时，轮 1 上的销 a 推动杆 3 转动，并带动两齿轮 2、5 绕各自的固定中心 O_2、O_5 转动，使 3、4、6 分别转动到双点划线位置。接着销 a 推动杆 4，使从动杆 6 换向。这样循环下去，轮 1 每转一圈，从动杆 6 往复摆动 180°

9.10　差动补偿机构

表 11-9-12　　**差动补偿机构**

机构	机　构　图	说　　明
增力差速滑轮	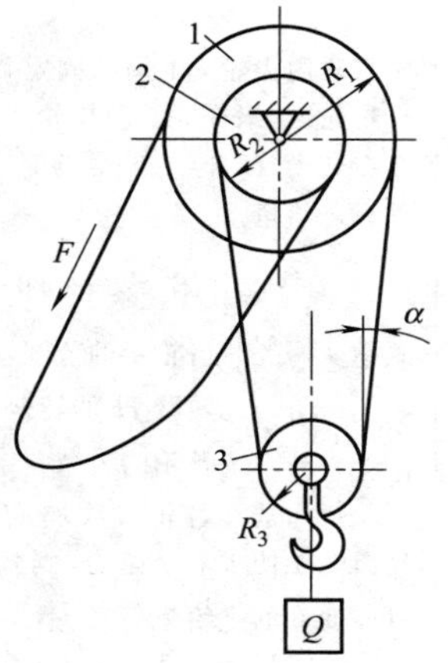	双联定滑轮 1、2 受拉力 F 作用时，通过动滑轮 3 吊起重物 Q，拉力 F 为 $F=\dfrac{(R_1-R_2)Q}{2R_1\cos\alpha}$　(11-9-38) 所以，两定滑轮半径差愈小，增力效果愈大；若使动滑轮 3 离定滑轮中心愈远，或使 $R_3=\dfrac{R_1+R_2}{2}$，也可提高增力效果

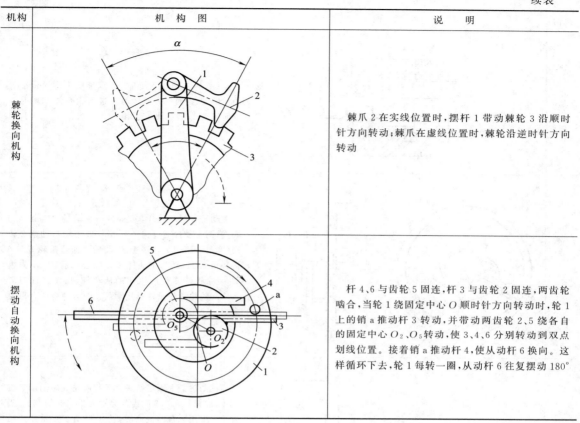

续表

机构	机 构 图	说　　明
铣刀心轴紧固机构	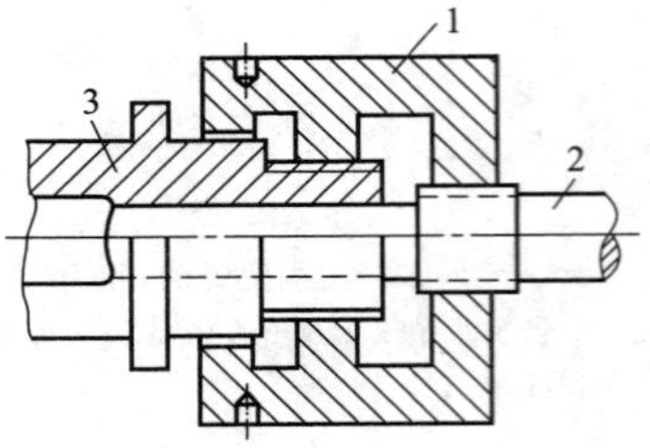	3 为铣床主轴，2 为心轴，若双螺旋 1 为导程不等的左螺旋，逆时针方向转动 1，能紧固心轴 2；顺时针方向转动 1，则心轴 2 退出
凸轮连杆差动机构	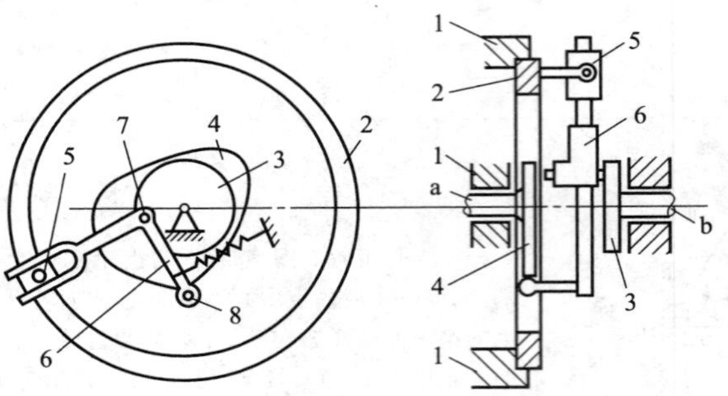	主动轴 a 与凸轮 4 固连，另一主动轴 b 与圆盘 3 固连，两主动件通过构件 6、滑块 5 带动从动盘 2 转动（圆盘 3 用销 7 与 6 连接，凸轮 4 通过滚轮 8 与 6 接触），2 的运动为主动件 3、4 的合成运动。1 为机架，复杂构件 6 是凸轮 4 的从动件，用作连杆与滑叉。凸轮轮廓的设计对从动盘 2 的运动规律有重要影响
差速凸轮机构	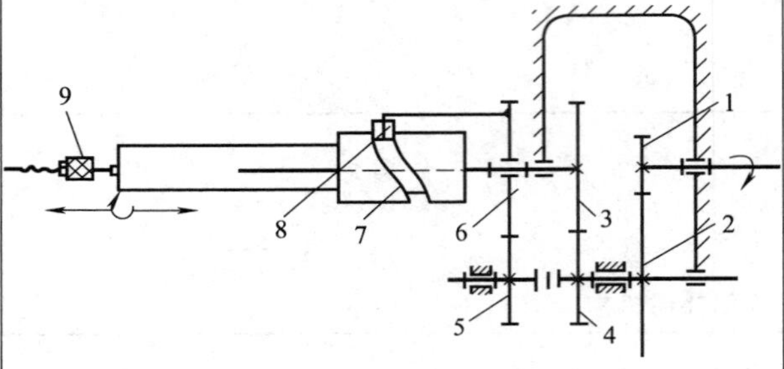	圆柱凸轮 7 上固定钻头 9，7 与齿轮 3 的轴用导键连接，齿轮 4、5、6、3 的齿数分别为 23、21、31、34。当齿轮 4、5 用离合器接通时，轮 1 带动 3、6 做差速运动，钻头实现自动慢速进刀。轮 6 相对于轮 3 差一转所需时间为 $$t=\frac{z_3z_6}{n_4(z_5z_3-z_4z_6)}=\frac{1054}{n_4}$$ 式中　n_4——齿轮 4 的转速，r/min
镗刀头自动径向进给行星轮机构	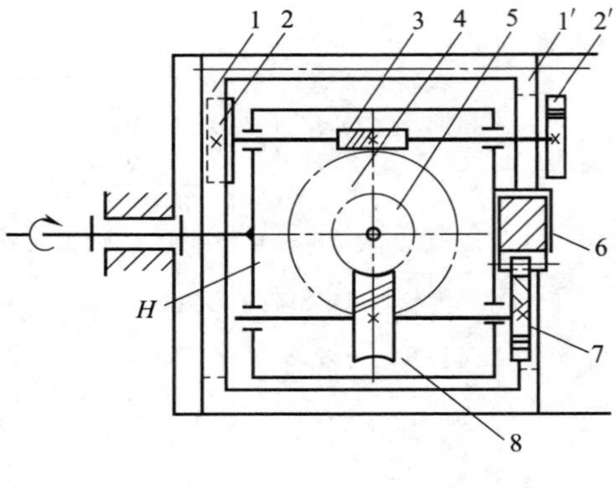	双联内齿轮 1-1′周向固定，轴向可移，1-2-H 组成行星轮系，蜗杆 3、5 和蜗轮 4、8，齿轮 7 和齿条 6 均装在转臂 H 上。H 主动时，齿条 6 做径向进刀运动。进给量 $$S_6=2\pi r_7 n_H\frac{z_1z_3z_5}{z_2z_4z_8} \qquad (11\text{-}9\text{-}39)$$ 式中　r_7——齿轮 7 的节圆半径 n_H——转臂 H 的转速，r/min $z_1\sim z_5$，z_8——各轮的齿数 适当选择各轮齿数，6 可做微量进给运动。移动齿轮 1 使 1′和 2′啮合，则式中 z_1、z_2 换成 z_1'、z_2'，可改变 6 的进给量

续表

机构	机构图	说明
棘轮式差动装置	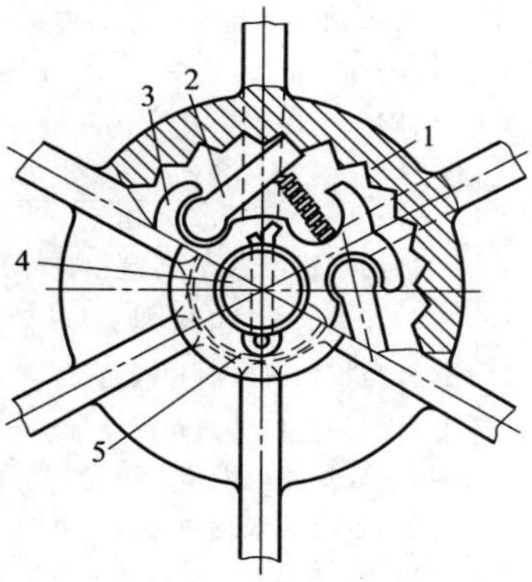	行走轮 1(内棘轮)空套在轮轴 4 上,六槽圆盘 3 用销 5 与轮轴连接,并用棘爪 2 与行走轮 1 连接,当行走轮逆时针方向转动时,带动轮轴转动;当行走轮顺时针方向转动时,轮在棘爪上滑过。轴 4 上有左右两轮,在转弯时,两轮转速不等形成差动。该装置应用于以行走轮为主动的畜力割草机中
汽车差速器	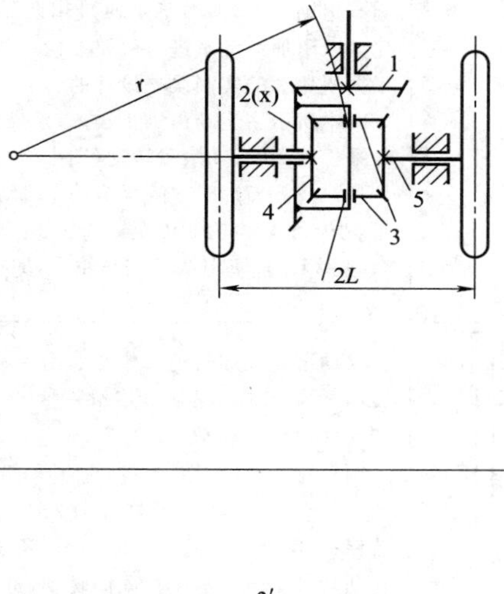	汽车差速器是差动轮系将一个转动分解为两个转动的应用实例。汽车转弯时,为了保持左右两后轮在地上做纯滚动,两轮转速应不同,n_4、n_5与各自所走弯道的半径成正比,即 $$\frac{n_4}{n_5}=\frac{r-L}{r+L} \quad (11\text{-}9\text{-}40)$$ 式中　r——转弯半径 　　　L——两后轮轮距之半 同时,差动轮系 n_4、n_5必须满足下式 $$n_x=\frac{n_4+n_5}{2},n_x=\frac{z_1}{z_2}n_1 \quad (11\text{-}9\text{-}41)$$ 当汽车直行时 $n_4=n_5=n_x$,此时,轮系 3-4-5-x 间无相对运动。当左轮在粗硬的路面上,而后轮陷于泥泞中时,左轮阻力甚大,相当于被刹住($n_4=0$),右轮几乎没有阻力,可以自由转动,转速 $n_5=2n_x$
卷染机卷布辊用差动机构	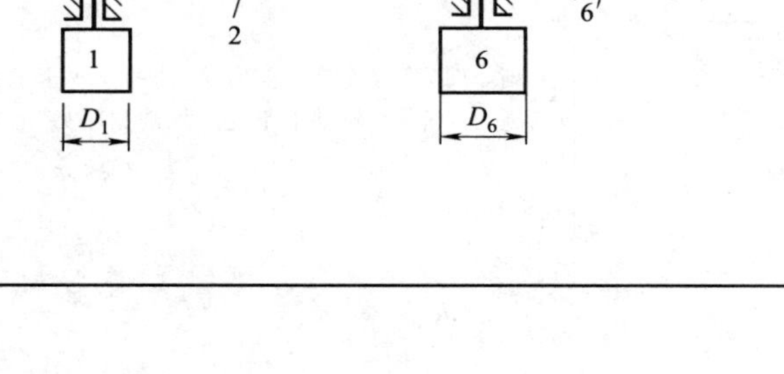	太阳轮 2、5,行星轮 3、3′、4 和系杆 H 组成差动轮系。轮 2 与卷布辊 1 之间通过锥齿轮 2′、1′直接传动,轮 5 与卷布辊 6 之间通过锥齿轮 5′、6′直接传动。各轮齿数为 $z'_1=z'_6=42$,$z'_2=z'_5=13$,$z_2=z_3=z'_3=z_4=z_5=24$。系杆 H 为主动件,太阳轮 2、5 为从动件,主、从动件之间转速 n_H、n_2、n_5的关系为:$n_5+n_2=2n_H$。两卷布辊表面线速度相等,附加张力约束条件,则该机构运动确定,织物以近似恒速、恒张力通过染槽,使织物染色深浅尽可能一致

第 11 篇

续表

机构	机 构 图	说 明
同步转速仪	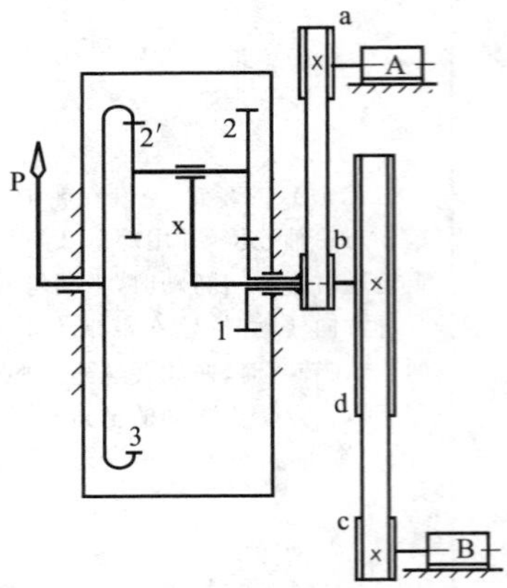	如图所示是差动轮系将两个转动合成一个转动的应用实例。若带轮直径 $D_a=D_b=D_c=100\text{mm}$，$D_d=500\text{mm}$，齿数 $z_1=18$，$z_2=24$，$z'_2=21$，$z_3=63$，则 $$n_3=\frac{5n_x-n_1}{4}=\frac{n_B-n_A}{4} \quad (11\text{-}9\text{-}42)$$ 当两蜗轮机 A、B 转速相等(同步)时，$n_3=0$，固定在轮 3 上的指针 P 不动；当 $n_B>n_A$ 时，n_3 值为"+"，指针与蜗轮机转向相同；当 $n_B<n_A$ 时，n_3 值为"－"，指针与蜗轮机转向相反。知道转差后就可调整给汽量，实现蜗轮机同步。可见，差动轮系既可进行运动分解，也可实现运动合成。在 Y38 滚齿机等齿轮机床中，广泛地应用着运动合成的差动轮系
凸轮分度误差补偿机构	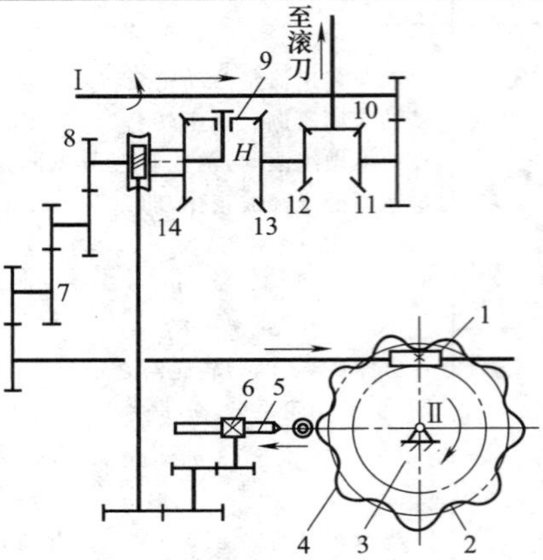	如图所示是滚齿机工作台的运动误差补偿机构。工作台 2、蜗轮 3、凸轮 4 固连在轴Ⅱ上。加工时，工作台 2 和滚刀(未示出)间应保持严格的运动关系。但由于蜗轮 3 的制造、安装误差，而使工作台与滚刀间有运动误差，图中所示通过用凸轮 4 的廓线给蜗轮 3 以附加运动来进行误差补偿。凸轮 4 的廓线是根据蜗轮 3 的实测误差设计的 图中所示主运动由轴Ⅰ输入，然后分成两路：一路经锥齿轮 10 带动滚刀转动(图中略)；一路经锥齿轮 10、12、13、9、H、8、7 传至蜗轮 3。附加运动则由凸轮 4、齿条 5、齿轮 6 传至锥齿轮 14，再经锥齿轮 13、9、14 及转臂 H 组成的差动轮系，加到轴Ⅱ上
快慢速进退的差动螺旋机构	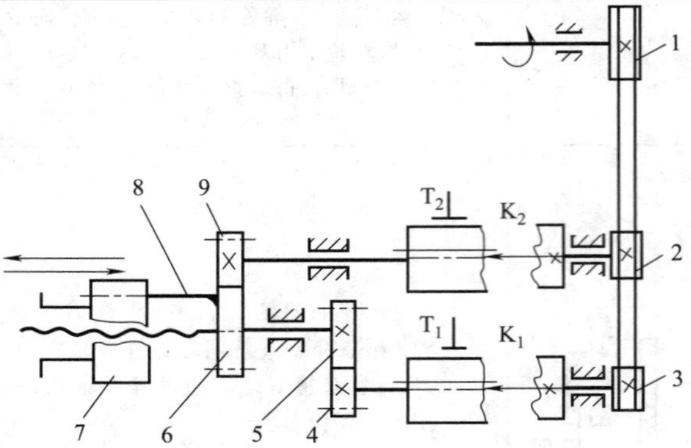	主动带轮 1 和从动带轮 2、3 用一条带张紧做同向转动。齿轮 6 和螺母 7 用滑键 8 相连，两者可同时转动又做相对移动 制动器 T_2 制动，离合器 K_2 断开，T_1 松开，K_1 接通，即 9 不动、4 转动，则丝杠推动 7 快速进给(7 不转)；若保持 T_1 开、K_1 通，再使 T_2 开、K_2 通(即 9、4 同时转动)，则螺母 7 与丝杠同向转动，得到慢速进给；然后保持 T_2 开，K_2 通，而使 T_1 制动、K_1 开，则丝杠不动，螺母转动并快速退回。若使电动机反转，T_2 制动、T_1 开，K_2 开、K_1 通，则螺母可不转而达到快速退回
单轮刹车装置	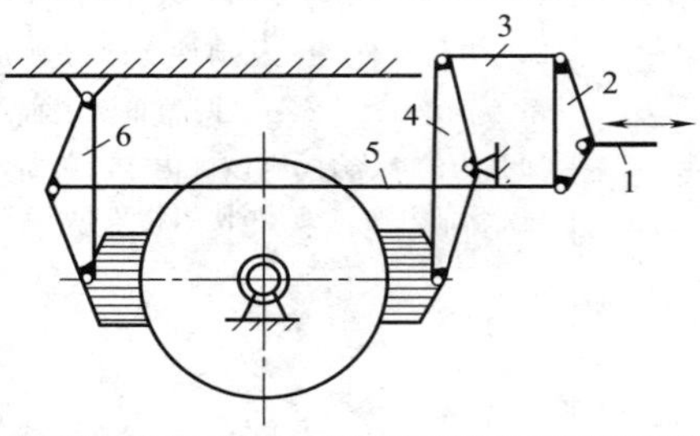	刹车时，将操作杆 1 向右拉，使杆 4、6 上的闸瓦均衡施力于车轮，轮轴上不受附加的刹车力

续表

机构	机　构　图	说　　明
多工件夹紧装置	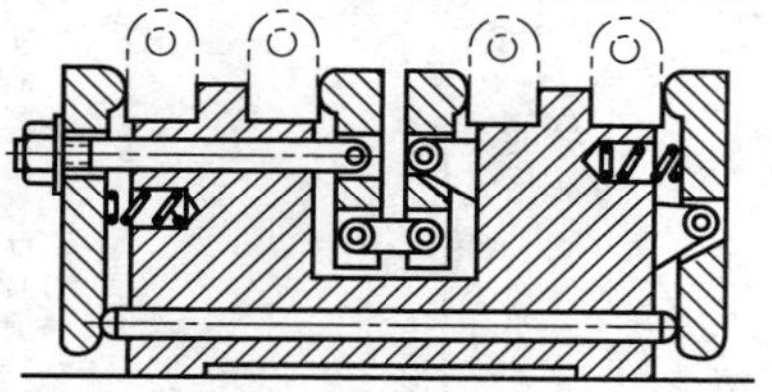	通过拧紧或松开左边螺母，可实现多工件的夹紧或松开
位置偏差补偿机构	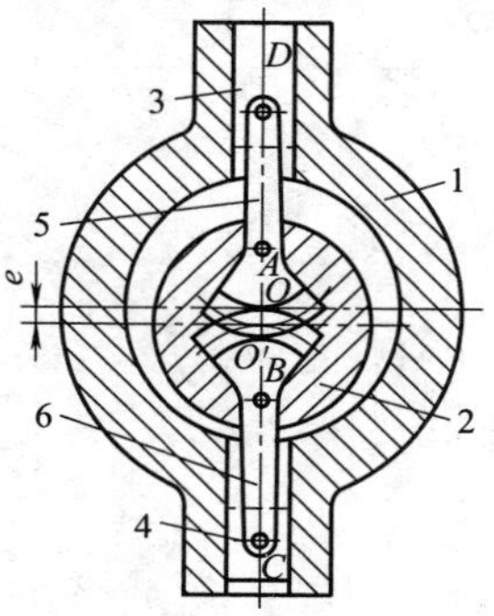	主动轴 1 的轴心为 O，从动轴 2 的轴心为 O'，连杆 5、6 和从动轴 2 及滑块 3、4 分别铰接于 A、B、C、D，组成差动机构，再用齿轮啮合封闭，工作中当 O 与 O' 的相对位置发生变化时（即偏心距 e 发生变化），可自动补偿，不影响运动的传递

9.11　气、液驱动机构

表 11-9-13　　气、液驱动机构

机构	机　构　图	说　　明
凿岩台车液压托架（叠形架）摆动机构	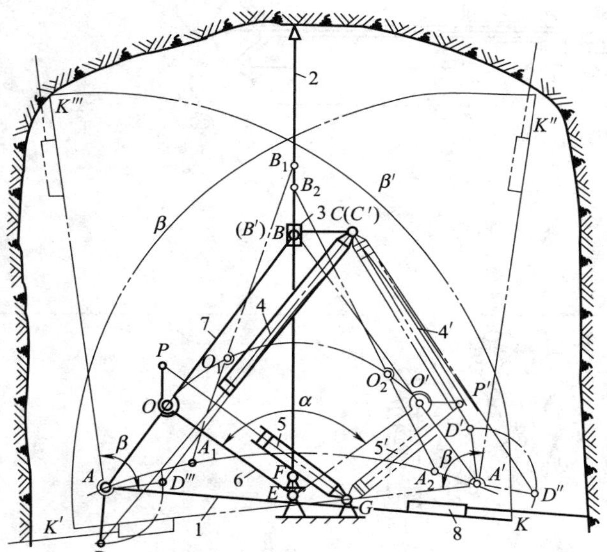	为使凿岩机 8 在巷道断面的各个方位均能打眼，采用了由两个油缸控制的托架摆动机构 凿岩机 8 打眼时，先将立柱 2 固定（通过气压千斤顶顶在坑道顶板上），当油缸 5 的活塞杆伸缩时，可使摇臂 6 绕 E 转动，并可停在 α 角内的任一位置，摆臂 7 上 A、B 点分别在轨迹 AA_1A_2A' 与立柱 2 上占有相应位置（如 $A_1O_1B_1$，$A_2O_2B_2$），AB 位置固定后，油缸 4 的活塞杆可使托架 1 绕 A 点转动，并可在 β 角范围内任一位置停住（如 AK 或 AK'''，$A'K'$ 或 $A'K''$），使凿岩机 8 进行打眼。通过油缸 4、5 配合动作，可使凿岩机在坑道横断面内的三向任意方位进行打眼

续表

机构	机构图	说明
铸锭供料机构	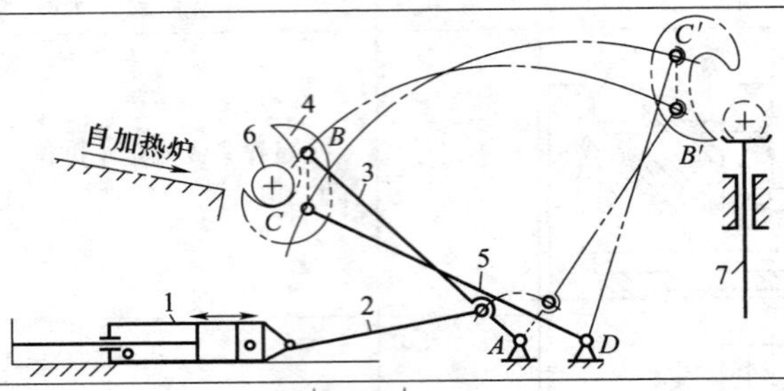	当供料机构处于实线位置时，铸锭 6 自加热炉进入盛料器 4，由于水压缸 1 的推动，机构转至位置 $A'B'C'D$，盛料器 4 翻转 180°，铸锭被卸在升降台 7 上。此双摇杆机构也用于振动造型机的翻台机构
造型机的顶箱机构	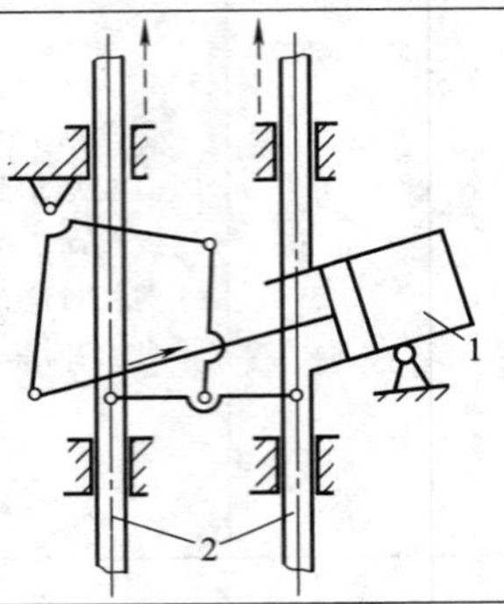	摆动气缸 1 的活塞杆通过连杆带动杆 2 上下运动，完成顶箱动作
卷筒胀缩机构	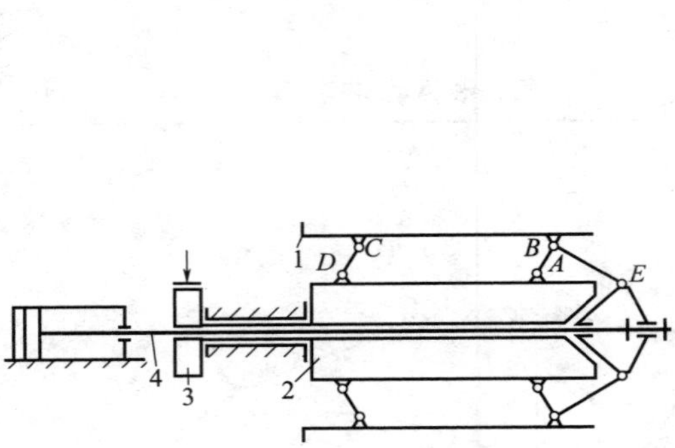	卷筒 1 是由数个围绕筒体 2 圆周的平行四边形机构 $ABCD$ 的连杆 BC 组成的，这些平行四边形机构的 A、D 与筒体 2 铰接。当活塞杆 4 向右运动时，通过连杆 BE 使 AB、DC 向右摆动，此时，卷筒 1 外径缩小，装上金属带卷；当活塞杆 4 向左运动时，AB、DC 向左摆动，卷筒 1 外径胀大，将已装上的带卷张紧，以便松带。松带时，为使带材保持一定的拉力，利用制动器 3 造成一定的滑动摩擦阻力（松带时，金属带由其他装置拖动，图中未示出）。此机构在金属轧材厂的退火电炉上有应用
平板式气动闸门机构	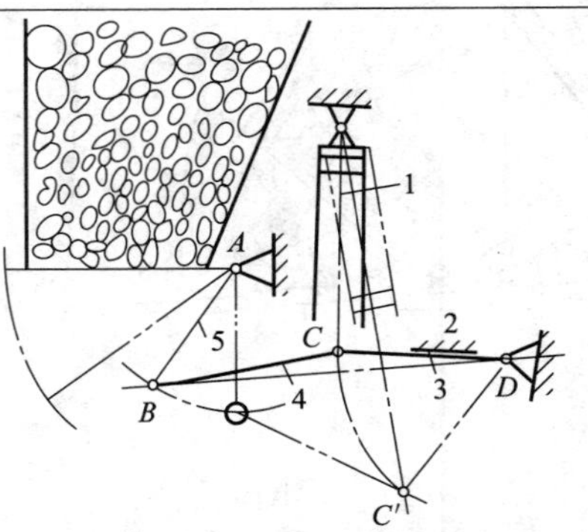	气缸的活塞杆 1 通过连杆 4 带动闸门 5 开或关。实线所示位置为闸门关闭状态，此时，C 点稍越过 BD 连线，处于上方位置，使其具有自锁作用。即将关闭时，杆 3、4 趋近直线，有很大的增力作用，使闸门关紧。2 为限位挡块。双点画线表示闸门开启状态

续表

机构	机 构 图	说 明
多油缸驱动的机械手抓取机构	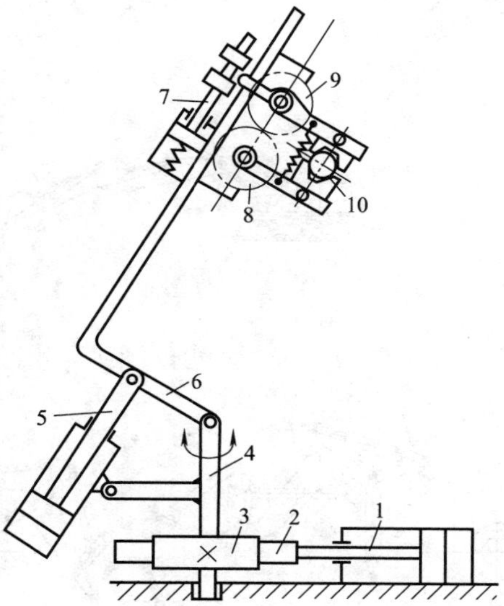	油缸的活塞杆1带动齿条2和齿轮3，使立轴4转动。活塞杆5使弯臂6抬起或下降。活塞杆7使互相啮合的齿轮8、9反向转动，以夹紧或松开工件10
装料槽的升降摆动机构	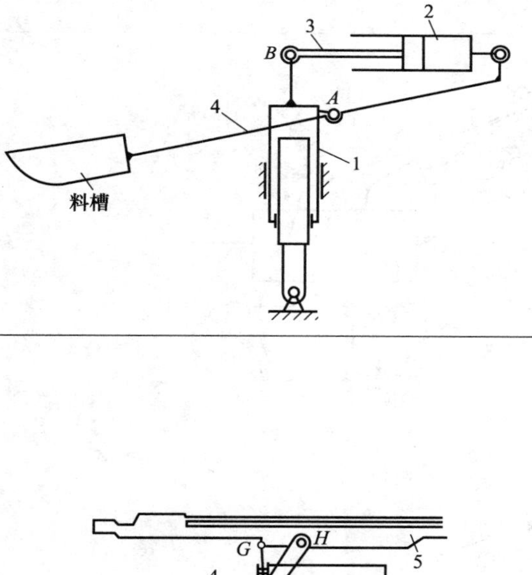	料槽杆4与油缸1的A点铰接，当油缸1不动，油缸2动作时，可使料槽绕A点摆动；当油缸2不动，而油缸1动作时，则料槽平行升降。两油缸协调动作，可使料槽得到所需的复合运动
凿岩机推进器支架平行升降机构	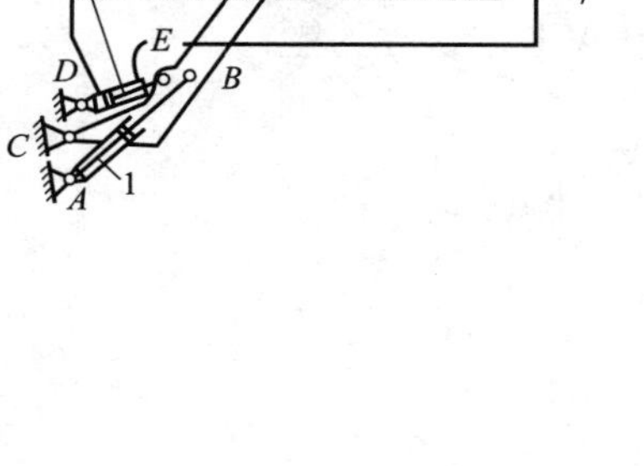	推进器支架5与摆臂3在H处铰接，摆臂3用油缸1驱动使其绕C转动。油缸2、4直径相等并分别在E、F、G处与3、5铰接，两者充满油，用油管6、7连通。当油缸1使3向下转动时，油缸2中的油经油管6流入油缸4的上方，使支架5绕H逆时针方向转动，保持5的水平位置。3向上转动时，油缸2中的油经油管7流入油缸4的下方，使支架5顺时针方向转动仍保持5的水平位置。为了使3转动时5能保持水平，铰接点C、D、K间和F、C、H间的位置关系应计算确定

续表

机构	机构图	说明
动臂屈伸液压驱动机构	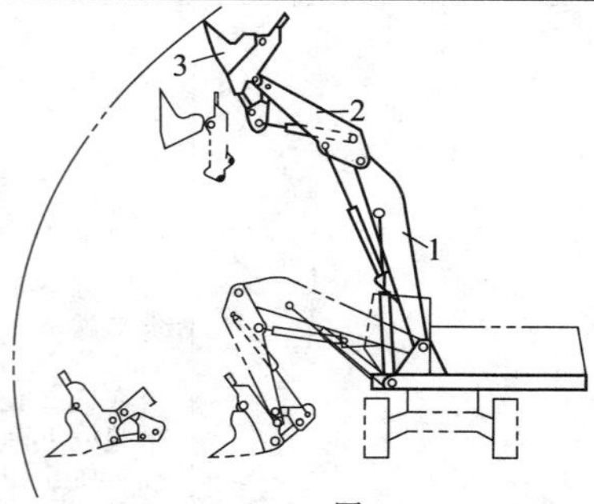图(a) 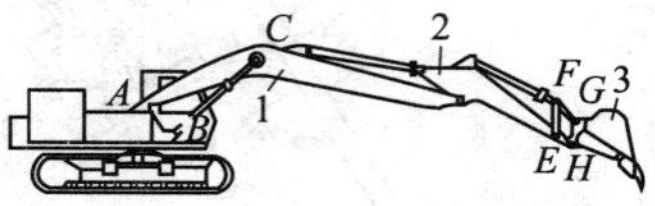图(b) 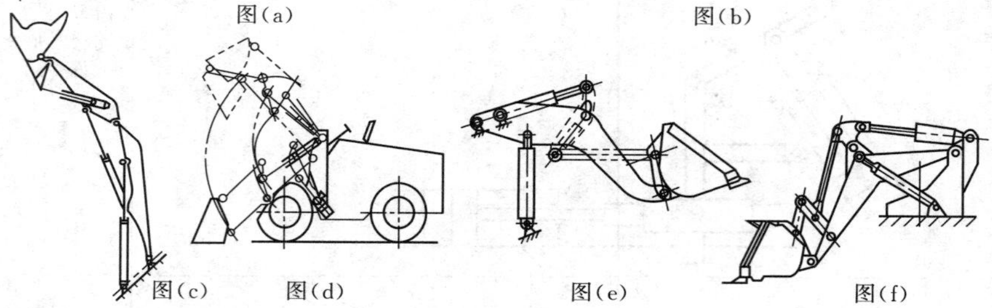图(c) 图(d) 图(e) 图(f)	图(a)所示为正铲挖掘机的挖掘机构。图(b)所示为反铲挖掘机的挖掘机构。上两个机构分别由大臂 1、小臂 2 和铲斗 3 组成,由三个油缸驱动,能自由伸屈,便于向不同高度挖掘和卸载。图(c)为图(a)的机构简图。图(d)、图(e)、图(f)所示为装载机的装载机构,分别用两个油缸驱动
锻造操作机的钳杆升降机构	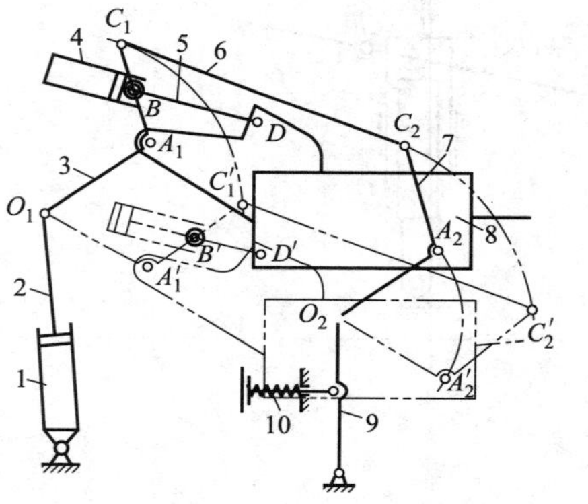图(a) 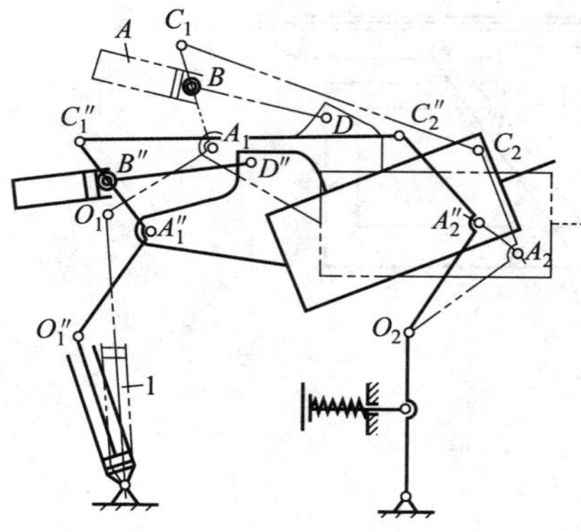图(b)	弯杆 3、7 的下端分别和活塞杆 2、支承 9 铰接,而上端和连杆 6 铰接,两弯杆上的 A_1、A_2 与钳杆装置 8 铰接,弯杆 3 上 B 点与油缸 4 铰接,8 上的 D 点与活塞杆 5 铰接。支杆 9 通过撑杆 10 保持图示位置(弹簧起缓冲作用)。分析机构运动时,O_2 可看成与机架的铰接点。动作从以下两种情况分别说明 如图(a)所示,当油缸 1 的活塞杆 2 不动(停止进排油),即 O_1 点固定时,若油缸 4 进油,使活塞杆 5 缩回,则机构位置相应运动到双点画线位置。即钳杆装置平行地下降到 $A_1'D'A_2'$ 位置 如图(b)所示,当油缸 4 停止进排油,即 BD 长度保持不变时,$A_1C_1C_2A_2$ 是固定的平行四边形,$O_1A_1C_1C_2A_2O_2$ 相当于一个构件,油缸 1 进油其活塞杆缩回时(设原来活塞杆是伸出状态),则钳杆装置绕 O_2 转动一个角度,如转到实线位置 $A_1''D''A_2''$。工作中可通过两个油缸同时进排油来达到具体需要的位置

续表

机构	机　构　图	说　　明
液压柱塞铰接式步行机构	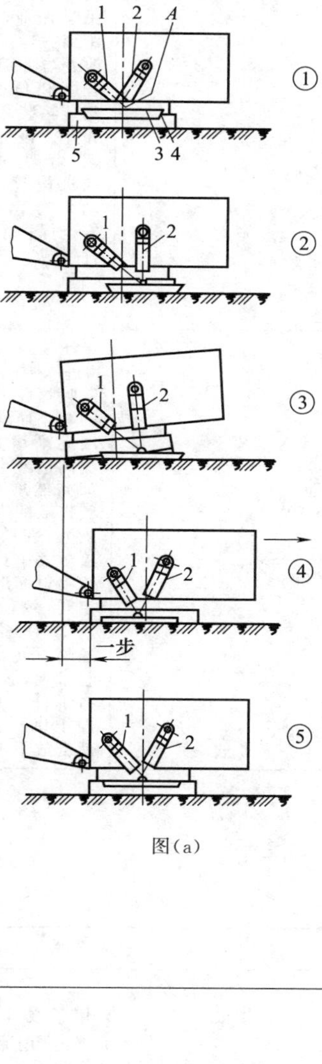 图(a) 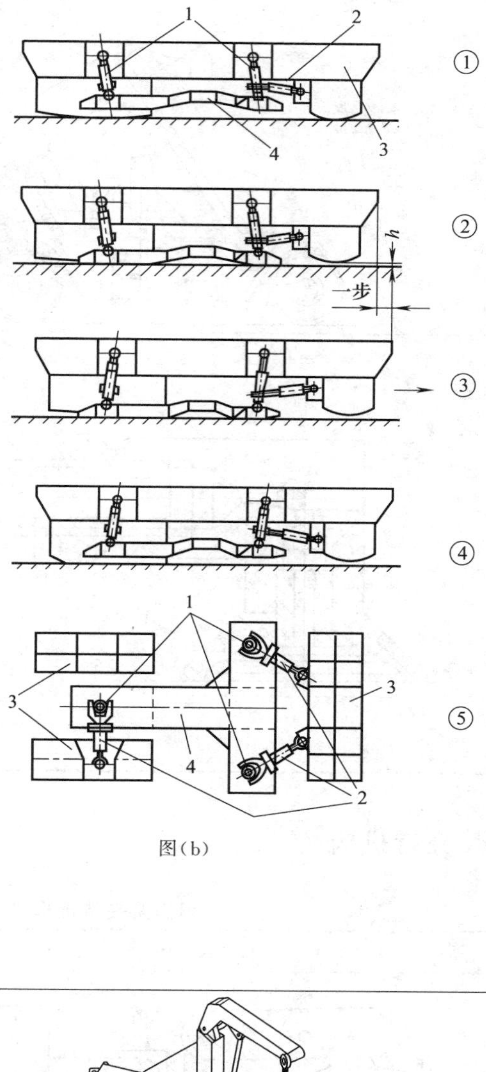 图(b)	图(a)所示为大型挖掘机步行机构，由推进油缸1、升举油缸2和靴座3共同铰接于A处组成。步行动作如下：①两油缸柱塞杆缩回，将靴座3悬起；②推进油缸1柱塞杆伸出，使靴座右移并放下；③升举油缸2柱塞杆伸出使靴座紧压土壤，并迫使挖掘机机体升起斜支在土壤上；④推进油缸1柱塞杆缩回，从而拉动挖掘机向右移动一步。至此，完成一个循环，往后，重复上述循环 图(b)所示为巨型移动式设备的步行机构。步行机构由三个竖向油缸1和三个横向油缸2与T形履板4、机座3铰接而成。步行动作如下：①右端两个油缸2的柱塞杆缩回，将悬挂的履板4向右拉；②三个油缸1的柱塞杆伸出，将履板4放下，并将机座3举高离地；③右端两个油缸2柱塞杆伸出，将升举的机座向右推移一步；④三个油缸1的柱塞杆缩回，放下机座并提起履板，至此，完成一个循环。往后，重复上述循环。如需转向，由三个横向油缸协同动作，使T形履板在平面上转动一个角度即可。这一步行机构应用于移动式破碎机组等巨型设备上，移动总重可达250t或更大
侧装式整体自装卸车起重装置	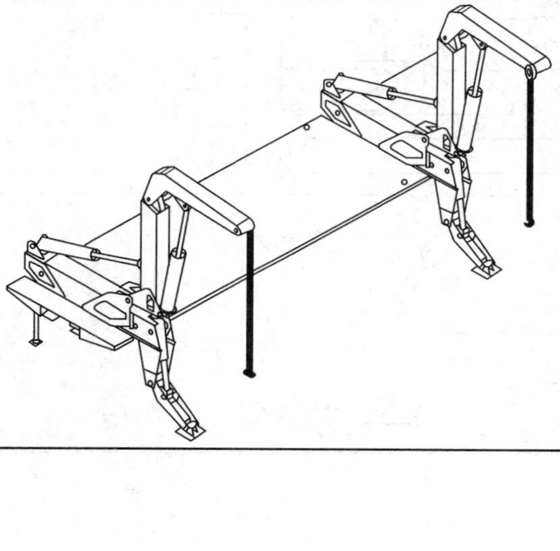	起重装置的动力源由底盘提供。装卸作业时，底盘发动机的动力经取力器驱动双联齿轮油泵旋转，油泵从油箱吸入液压油，因旋转运动在出油口产生的压力油分别流向前、后电液比例控制阀。拨动遥控盒上的控制手柄，改变压力油的流动方向，控制各执行油缸的伸缩动作，带动各执行机构展开或收回

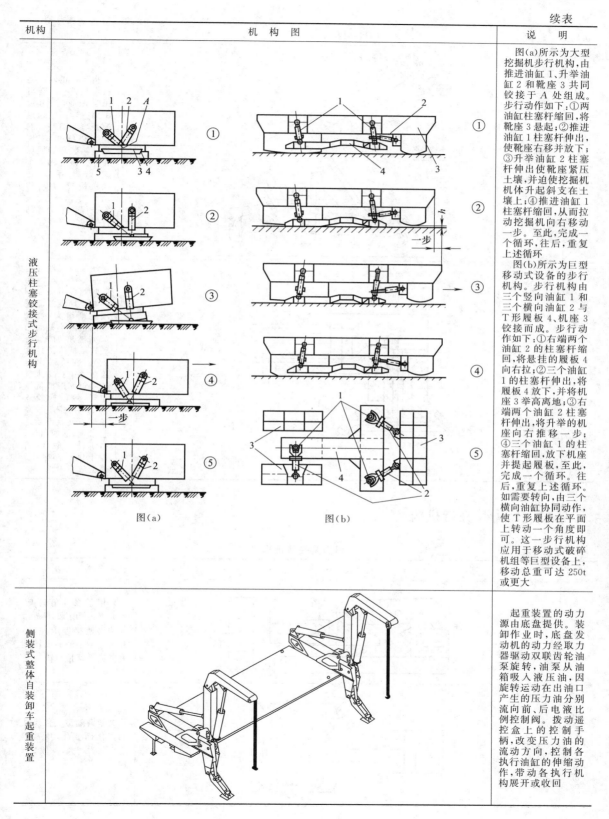

第11篇

续表

机构	机构图	说明
集装箱正面吊运机	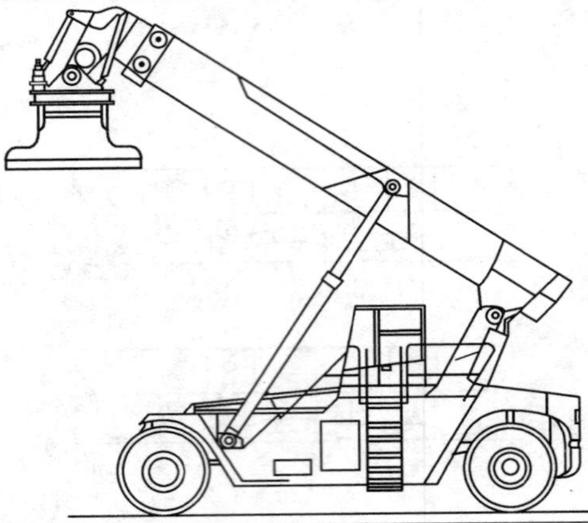	集装箱正面吊运机一机多用，既可吊装作业，又可短距离搬运。它通过改变可伸缩动臂的长度和角度，实现集装箱装卸和堆垛作业。该机构由车架、臂架、吊具、转向机构、动力与传动系统、液压系统、安全保护系统等部件组成
压缩空气吸式抓取机构	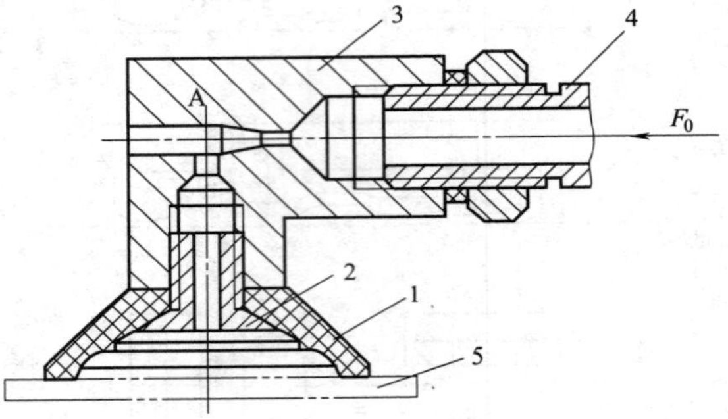	压缩空气经管道 4 进入喷嘴体 3，随着喷嘴孔道截面积的减小而使气流速度逐渐增大；当气流到达最小截面而又突然增加时，空气扩散的气流速度最大；在喷嘴出口 A 处，由于高速气流喷射而形成低压空间，致使橡胶皮碗 1 内的空气被高速喷射气流不断地卷带走，形成负压，将工件 5 吸住；若停止供气，则吸盘就会放下工件 5

9.12 增力及夹持机构

表 11-9-14 增力及夹持机构

机构	机构图	说明
斜面杠杆式增力机构	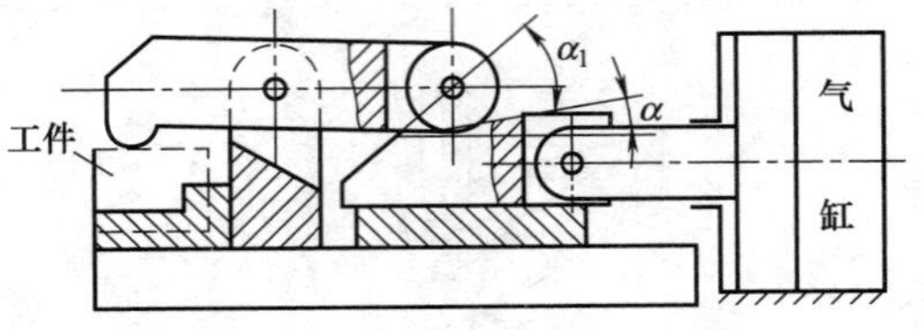	采用了双升角斜楔，大升角 α_1 用来使夹紧构件迅速接近工件，小升角 α 用来使夹紧构件夹紧工件保持自锁
铰链杠杆式夹紧机构	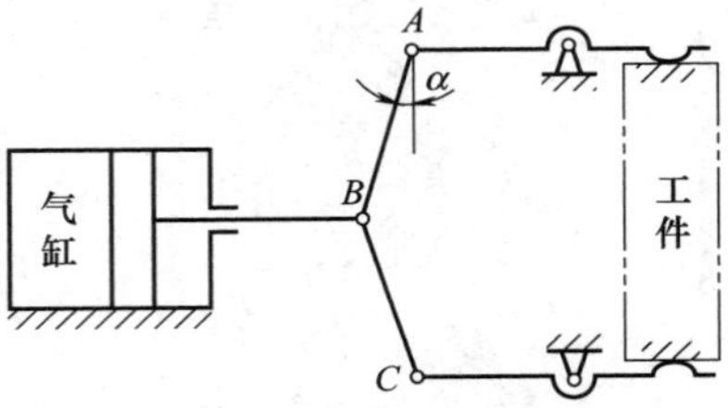	夹紧力随被夹件尺寸的变化而变化，角 α 越小夹紧力越大，一般 α = 10°～25°

续表

机构	机　构　图	说　　明
冲压增力机构	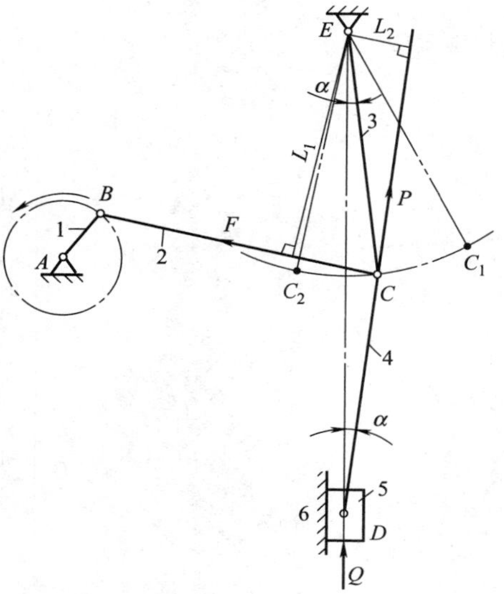	如图所示冲压增力机构为六杆曲柄肘杆机构，是利用机构接近死点位置所具有的传力特性实现增力的实例。如果肘杆 3 的两极限位置 EC_1 和 EC_2 在 ED 线的两侧，当曲柄 1 回转一周时，滑块 5 可上下两次(可用于铆钉机)。如果杆 3 的两极限位置取在 ED 线的一侧，则滑块 5 上下一次(如冲床)。设滑块产生的压力为 Q，杆 2、4 受力为 F、P，两肘杆 3、4 长度相等时，曲柄 1 施加于连杆 2 的力为 $$F=\frac{QL_2}{L_1\cos\alpha}\quad(11\text{-}9\text{-}43)$$ 式中　α——肘杆 3、4 与 ED 线的夹角 L_1,L_2——力 F 和 P 的作用线至轴心 E 的垂直距离 在加压工作开始时，角 α 和线段 L_2 很小，因此曲柄 1 施加于杆 2 上的力 F 很小，达到增压效果。在精压机、冲床等锻压设备中，为了获得短行程和高压力，常采用这种机构
破碎机构	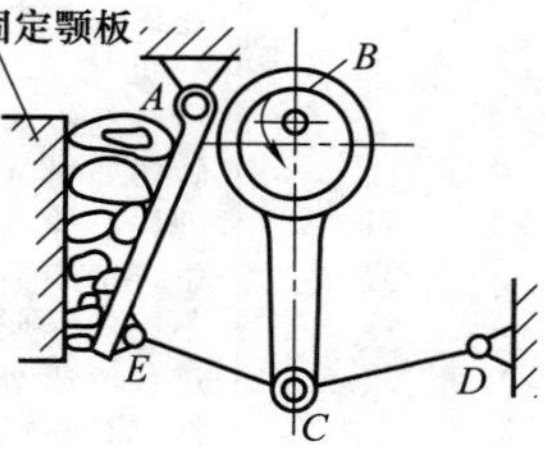 图(a)　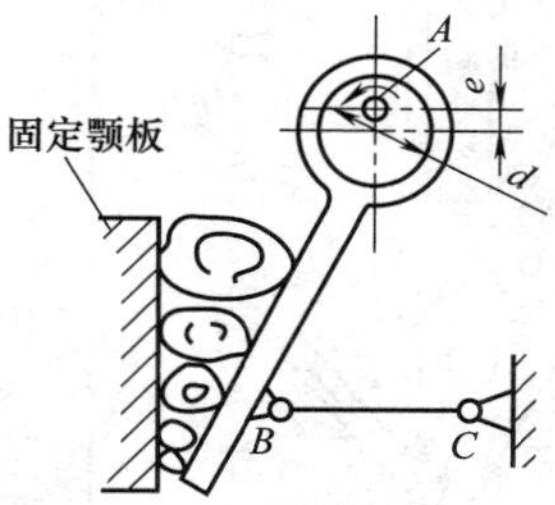 图(b)	图(a)所示偏心轮绕固定点 B 转动时，带动活动颚板 AE 摆动，产生增力作用。但动颚板仅做绕轴心 A 的简单摆动，两颚板的靠近量下大上小，因此，上部不能获得较大的破碎功 图(b)所示这种机构的动颚板装于连杆上，当偏心轮绕固定点 A 转动时，动颚板做平面复合运动。动颚板和固定颚板的靠近量上大下小，这样能在破碎机的上部获得很大的破碎功，破碎效果好；而下部因行程小，能得到较细较均匀的矿块。偏心距 e 越小，破碎力越大，但过小的偏心距将降低效率。偏心距可近似由下式确定 $$e=\frac{fd}{\frac{1}{\eta}-1}=\frac{fd\eta}{1-\eta}\quad(11\text{-}9\text{-}44)$$ 式中　f——轴承的滑动摩擦因数 d——偏心轮轴颈直径 η——效率

续表

机构	机构图	说明
卸载式压砖机	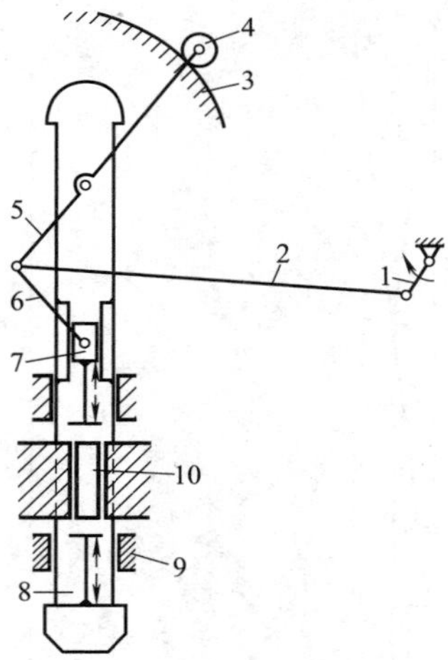	为保证砖坯10上下密度一致，需上下压头同时移动，进行双向等量加压，滑块7在拉杆架8的导轨中滑动，下压头装在8的下部，8的上部与杆5铰接，5的上端有一滚轮4可沿固定凸轮3滚动，凸轮3的曲线应能满足双向等量加压的要求。此机构可使压砖时的压力（最大可达1200t）不作用于机架上
双肘杆机构	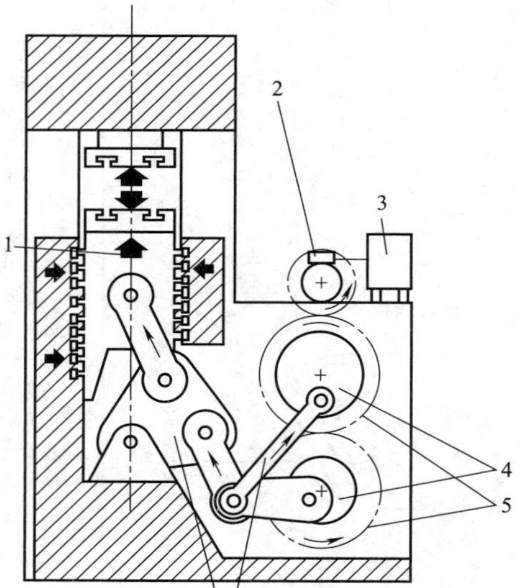 1—滑块；2—蜗杆机构；3—带有无级变速机构的电动机； 4—曲轴；5—齿轮；6—双肘杆	电动机3通过无级变速机构和离合器带动蜗杆机构2，在经过一对齿轮5传动两个同步旋转的曲轴4。两个曲轴的偏心率不同，从而产生一个频率相同但振幅不同的运动，实现加工过程慢速回程较快的特性，能提高生产率

续表

机构	机构图	说明
单线架空索道抱索器机构	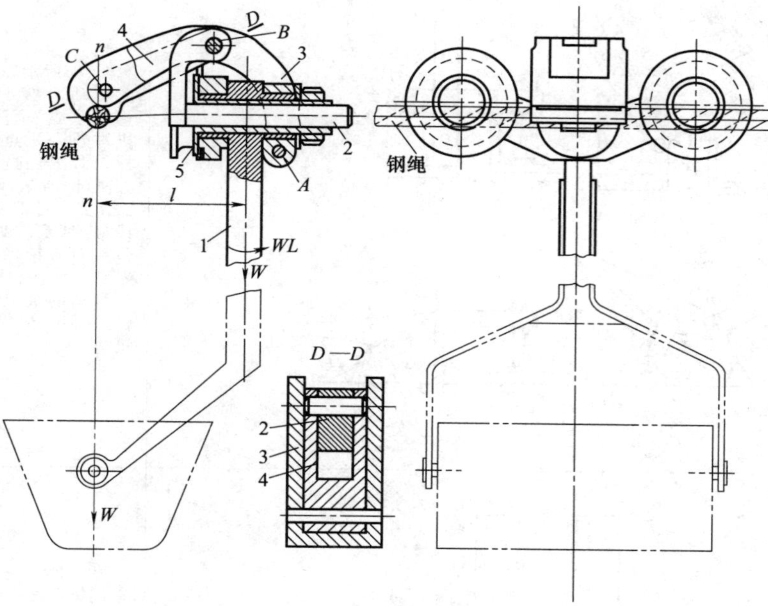	货车的重力 W 作用在通过钢绳芯的 $n—n$ 线上，弯杆 3 可绕 A 转动，杆 3、4 在 C 处铰接，4 与弯杆 2 在 B 处铰接，弯杆 2 可在支座 5 中左右滑动，矿斗作用于 nn 线的重力 W 相当于在杆 1 上作用有力 W 和力矩 WL，这两力使杆 3、4 分别绕 C 反向转动，并对钢绳进行剪刀式夹紧
压铸机合模机构	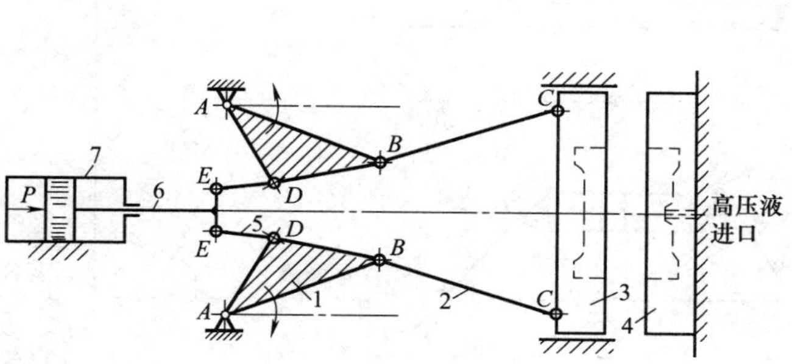	由两个摆杆滑块机构对称安装组成。当高压油进入油缸 7 推动活塞右移时，驱动力 P 通过连杆 5 夹在曲柄 1 上的 D 点处，迫使杆 1 绕轴心 A 摆动，并通过连杆 2 使活动压模 3 向固定压模 4 靠近，当活塞推至右端位置时，两压模 3 和 4 正好合拢，而曲柄 1 的 AB 线刚好与连杆 2 的 BC 共线，机构处于死点。这时，高压油的驱动力 P 撤出，并使金属液进入两模板间。因上下两曲柄滑块机构同时处于自锁状态，当注入金属液而产生几百吨的压力时，压模 3 也不会移动
能自锁的快速夹紧机构	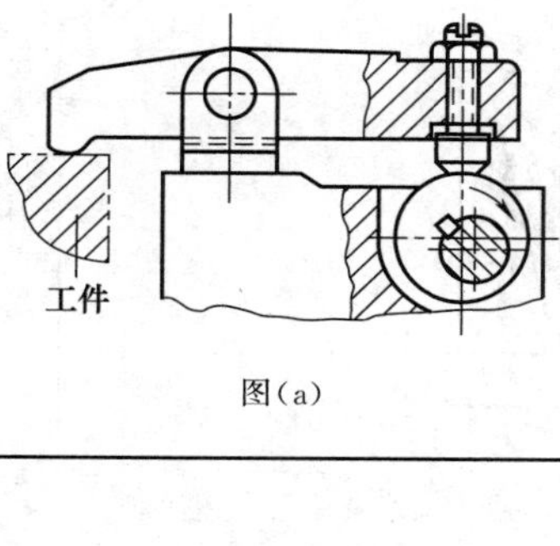 图(a) 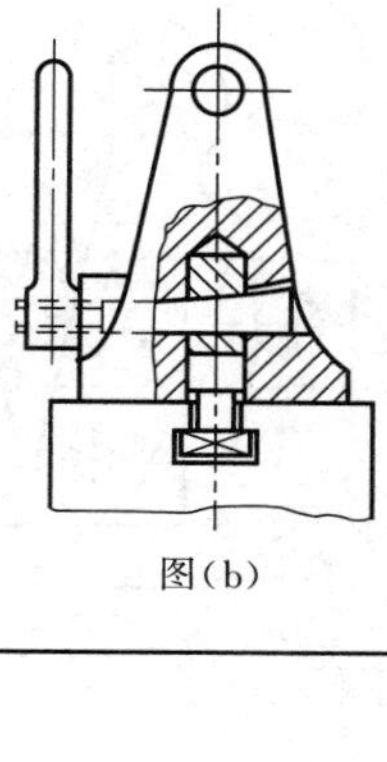 图(b)	图(a)所示为利用偏心凸轮的夹紧机构，适用于夹紧行程小、振动小的场合，工作时转动偏心轮。图(b)所示为利用斜面快速固定机构，工作时转动左边手柄

续表

机构	机构图	说　明
利用死点的自锁夹紧机构	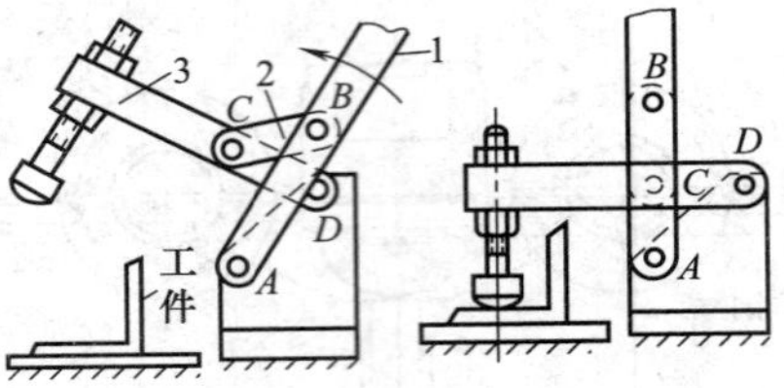 图(a) 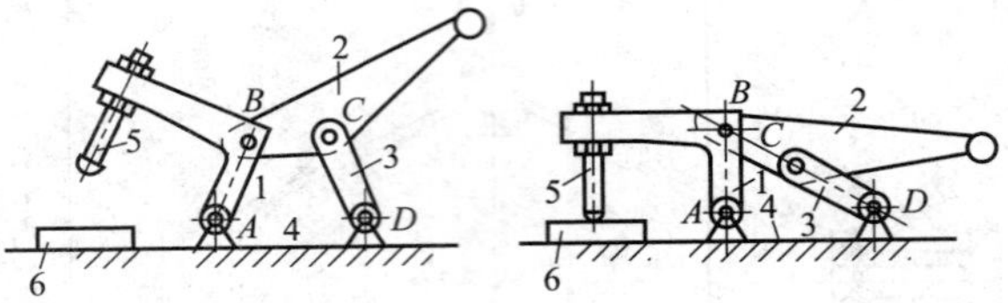 图(b)	图(a)所示，逆时针方向转动手柄 1，使其与连杆 2 成一直线，这时机构处于死点位置，摇杆 3 对工件进行夹紧。如图(b)所示，转动手柄 2，使其与摇杆 3 成一直线，此时机构处于死点位置而自锁，并使工件夹紧。这种利用死点达到自锁的夹具，虽自锁性差，但结构简单，运作迅速
摆动夹紧机构	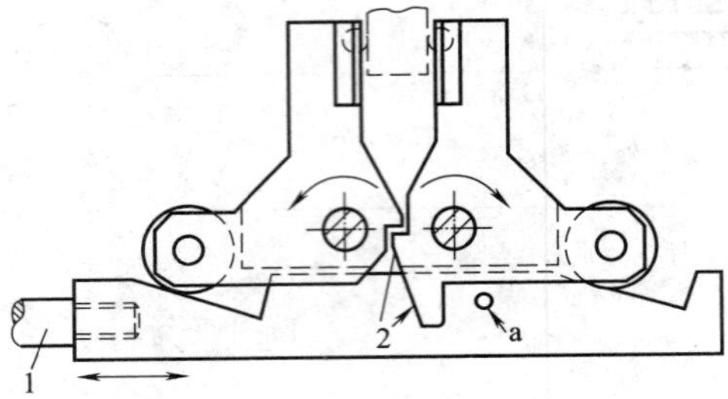	操作杆 1 左移时，销 a 通过块 2 使夹爪沿图示箭头方向移动，放松工件；操作杆 1 右移时，借斜面及滚轮的作用使夹爪反向移动夹紧工件
气动夹紧机构	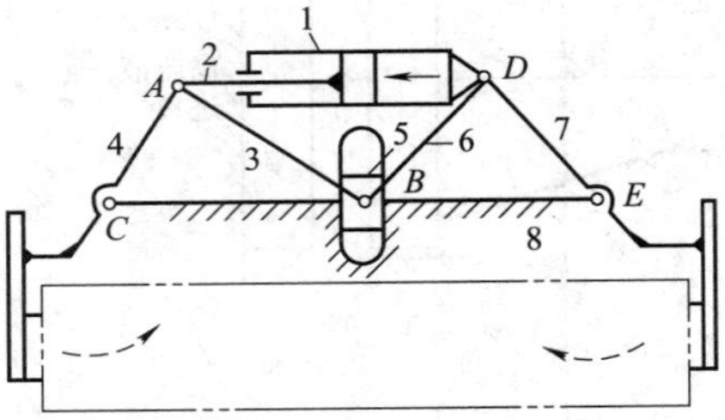	气缸两侧机构的构件尺寸对应相等，气缸及活塞杆 1、2 反向伸开（或相向收拢）带动杆 4、7 动作，滑块 5 可上下滑动，使 4、7 同时动作并夹紧（或放松）物料
浮动拉压夹紧机构	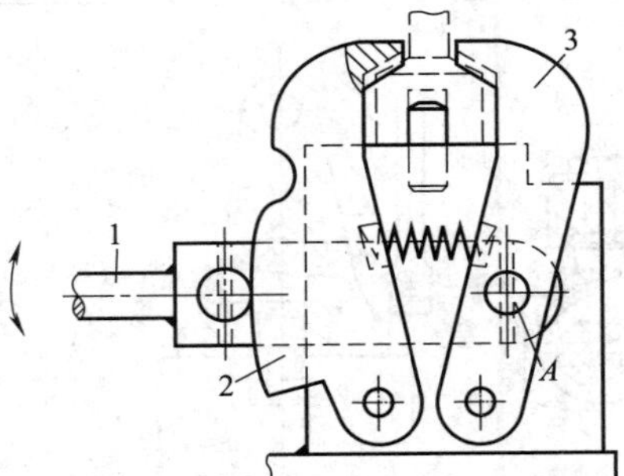	操作杆 1 与右爪 3 铰接于 A，爪 2、3 间以压簧相连，当 1 绕 A 下摆时，通过爪 2 上的凸块使夹爪夹紧；杆 1 上摆时，在压簧的作用下夹爪松开

续表

机构	机　构　图	说　　明
轨道夹持机构	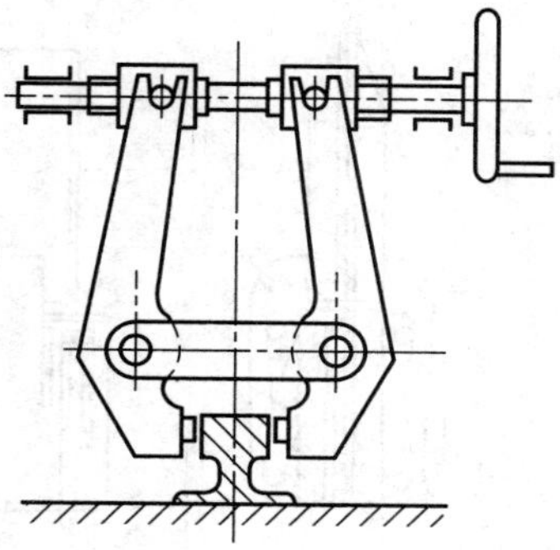	可用螺旋手动夹持机构将设备固定在轨道上，常用于轨道起重机上
斜压式双颚抓斗机构	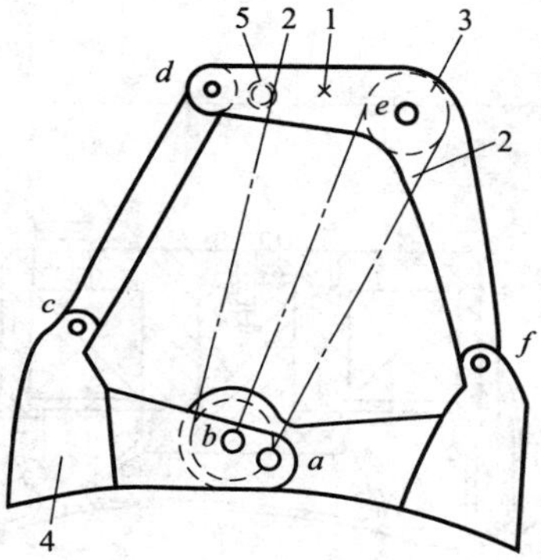	1 为吊挂抓斗绳，抓斗开闭时通过控制绳 2 操纵使颚铲 4 开闭。轮 3 为增力滑轮，轮 5 为导向轮
几种机械手的夹持器	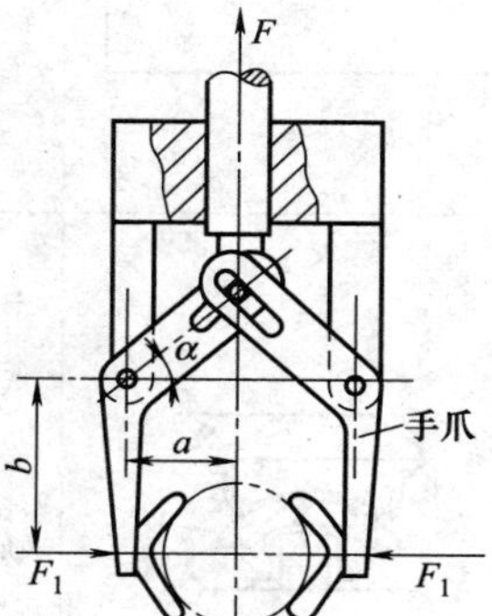 图(a) 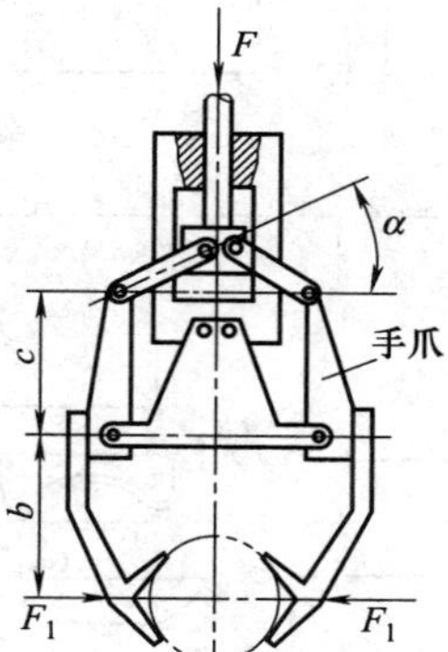 图(b) 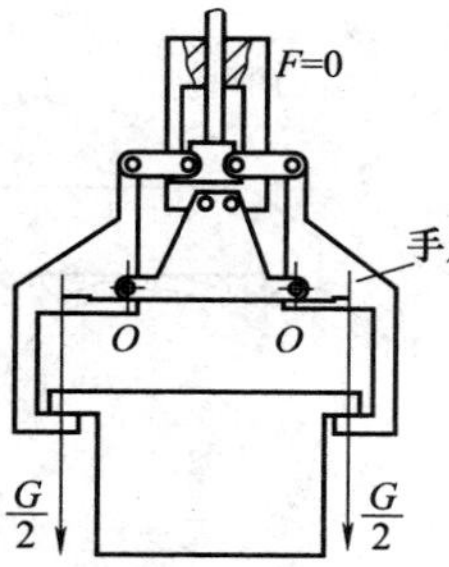 图(c)	图(a)所示为杠杆滑槽式夹持器，结构简单，动作灵活，手爪开闭角度大。若尺寸 a、b 和拉力 F 一定时，增大 α 角可使夹紧力 F_1 增大，但 α 过大会导致气缸行程太大，一般选取 $\alpha=30°\sim40°$ 图(b)所示为连杆式夹持器，可产生较大的夹紧力，均为铰链连接，磨损较小，但结构较复杂，适用于抓取重量较大的工件。若尺寸 b、c 和推力 F 一定时，减小 α 角可增大夹紧力 F_1。当 $\alpha=0°$时，利用死点能自锁，此时去掉外力 F，重物不会把手爪推开而脱落 图(c)所示为自锁式夹持器，由于手爪回转中心 O 在重力作用线 $G/2$ 的内侧，手爪挂上工件后，工件自重对 O 点产生的力矩使手爪自动夹紧工件而不会脱开。该夹持器用于搬运较大工件

续表

机构	机构图	说明
开口度大的夹紧机构	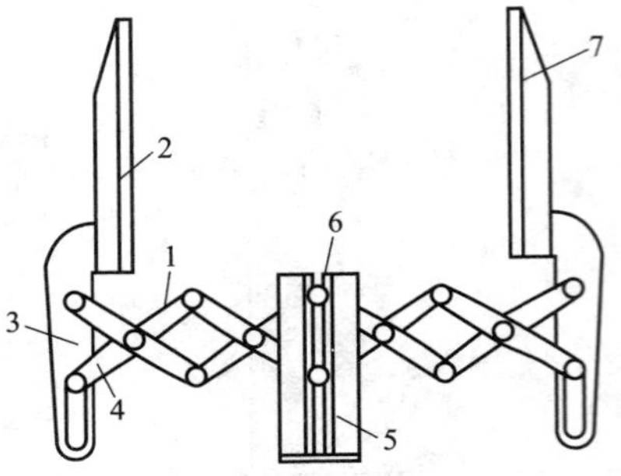 图(a) 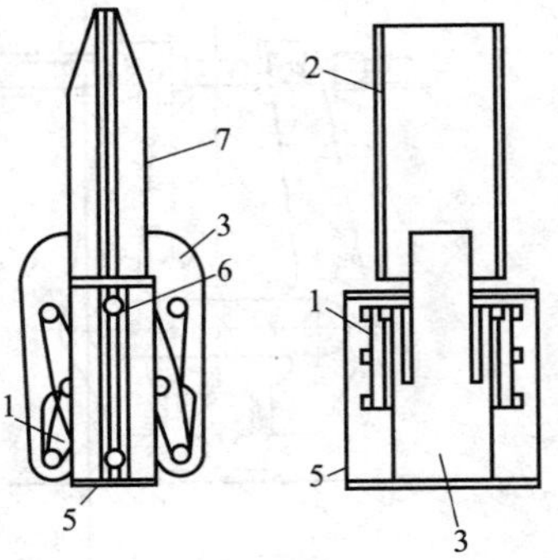 图(b)	伸缩机构 1 一端和手爪的基部 3 铰接，另一端用铰销插在基部的滑动槽中滑动。伸缩机构的中间有一铰链 6 固定在固定基体 5 上，而对称的另一铰销则可在固定基体的槽中滑动，此铰销为驱动轴。当驱动轴向上运动时，伸缩机构张开，爪 7 便获得很大的开口度，如图(a)所示。当驱动轴向下运动时，则各连杆收缩，二爪闭合，如图(b)所示
电磁抓取机构	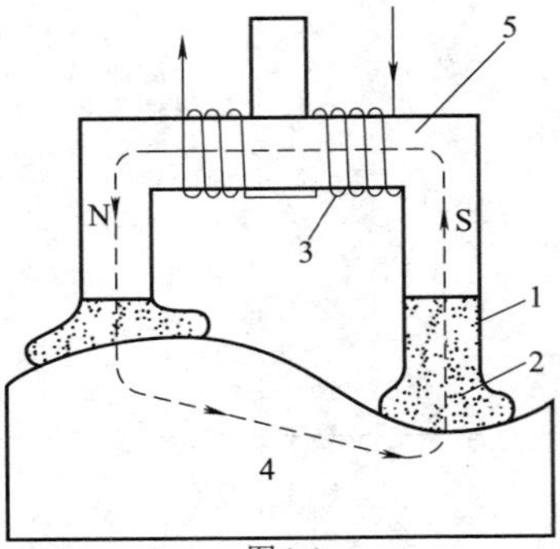 图(a) 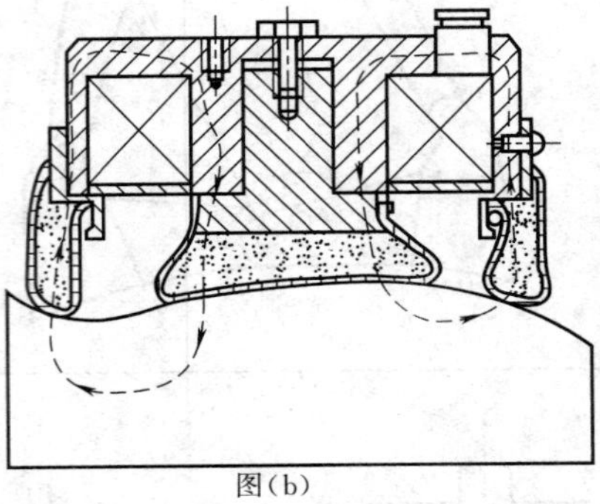 图(b)	如图(a)所示，电磁铁 5 的两极上均安装可变形的袋 1，袋中装有磁粉体 2，当袋与被吸着物 4 接触时，袋的外形可随被吸物外形改变。线圈 3 通电时，具有磁性的被吸物 4 就会被电磁爪 1 抓住。断电时，物体被释放 图(b)所示为被吸物较大时的结构
弹性手爪抓取机构	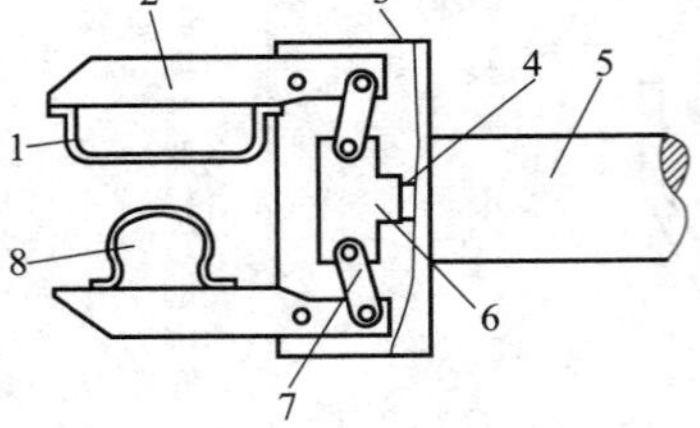 图(a) 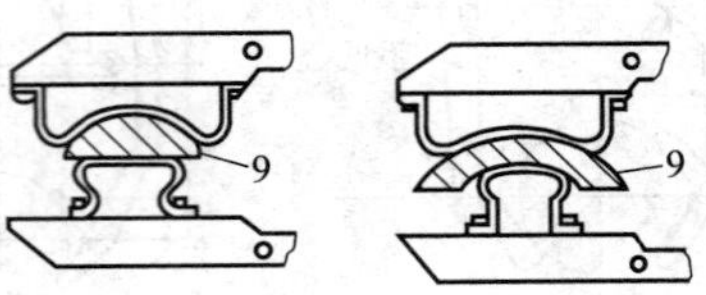 图(b) 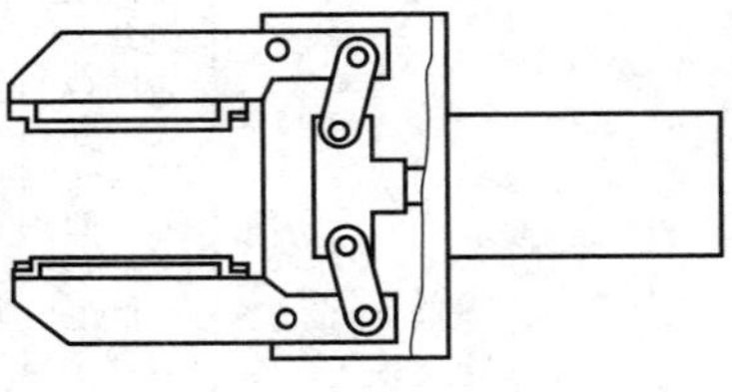 图(c) 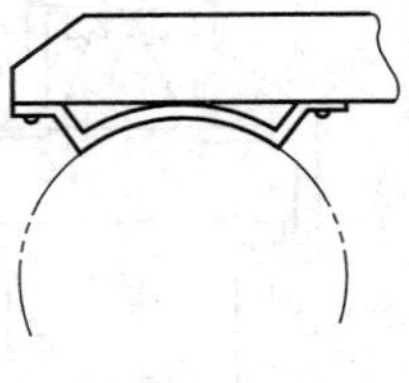 图(d)	图(a)所示，抓取机构中两手爪上，一爪装有平面弹性材料 1，另一爪装有凸面弹性材料 8，其形状必须保证有足够的变形空间。当活塞杆 4 右移时，接头 6 带动连杆 7 使两手爪 2 相向运动，弹性材料与工件 9 接触后，即随工件的外形而变形，并用其弹性力夹紧工件 图(b)所示为抓取两种不同形状的工件时，弹性材料变形的情况。它既保证了有足够的夹紧力，又避免了夹紧力过于集中而损坏由易碎材料制成的工件 图(c)、图(d)所示是另一种结构形式的抓取机构。这类机构可抓取特殊形状的工件，也可抓取由易碎材料制成的工件

续表

机构	机　构　图	说　明
台虎钳定心夹紧机构	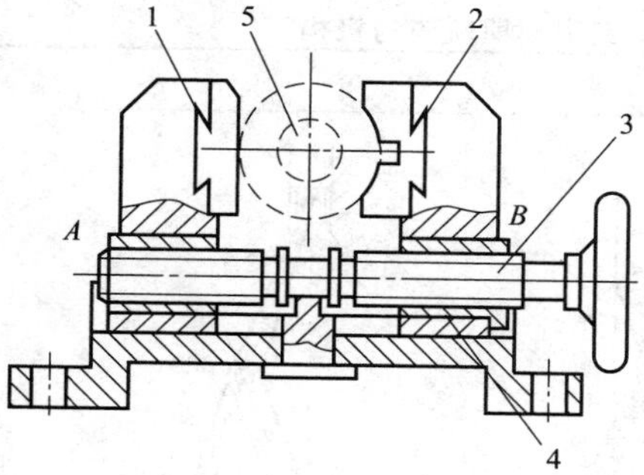	由平面钳口夹爪1和V型夹爪2组成定心机构。螺杆3和*A*端是右旋螺纹；*B*端为左旋螺纹，采用导程不同的复式螺旋。当转动螺杆3时，钳口夹爪1与2通过左、右螺旋的作用，夹紧工件5
凸轮控制手爪开闭的抓取机构	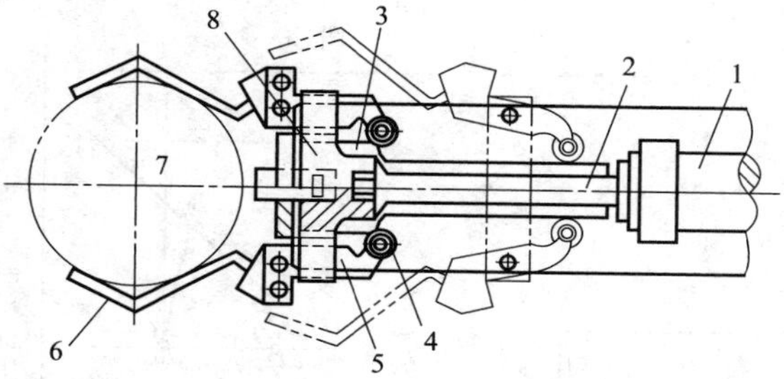	当活塞杆在气缸1的作用下移动时，它带着保持板8和手爪杠杆5一起移动，而滚子4在凸轮3的表面滚动，由凸轮廓线控制手爪的开闭。活塞杆2的端部安装一保持板8；在保持板8的两侧铰接一对手爪杠杆5；杠杆5的左端固接爪片6，右端铰接滚子4。杠杆5的右端装有弹簧片（图中未表示）以保证滚子4和凸轮3接触
一次夹紧多个零件的夹具	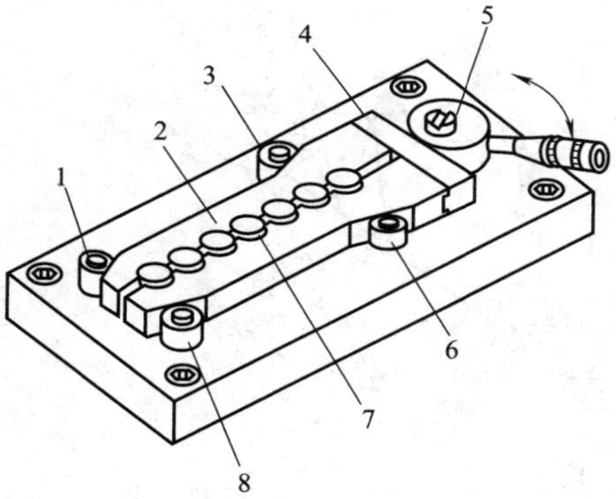	图中1为夹紧滚轮A，2为压板A，3为夹紧滚轮B，4为连接块，5为夹压偏心凸轮，6为夹紧滚轮C，7为压板B，8为夹紧滚轮D。如图所示，压板A、B的两个斜面与滚轮接触，且压板之间做成与被夹压零件截面相同形状的孔，并在这些孔中夹持零件，用偏心凸轮完成零件的夹紧和松开
凸轮式手部机构	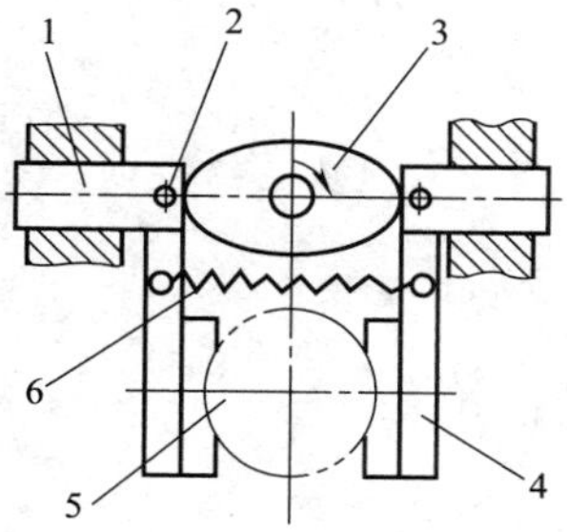	滑块1和手指4及滚子2相连接，手指4的动作是依靠凸轮3的转动和弹簧6的抗力来实现的。弹簧6用于夹紧工件5，而工件的松开则是由凸轮3的转动推动滑块1来达到的

9.13 实现预期轨迹的机构

表 11-9-15 **实现预期轨迹的机构**

机构	机 构 图	说 明
精确直线机构	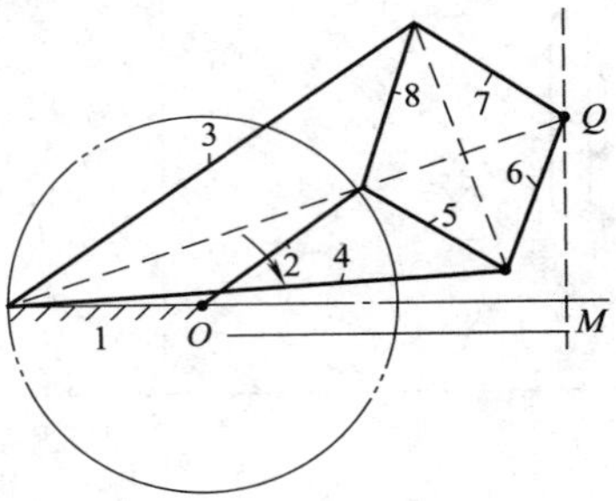 图(a) 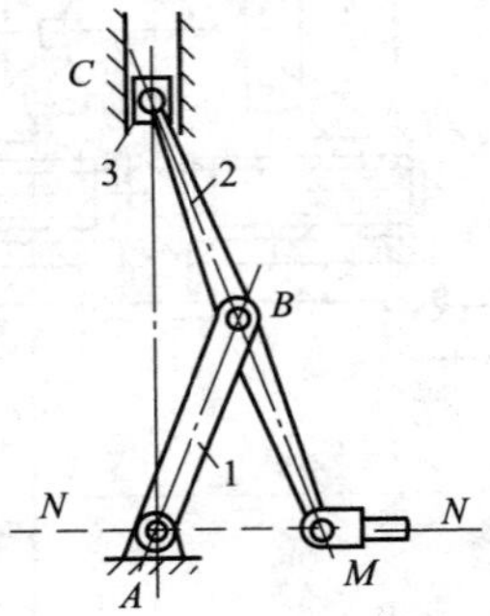 图(b)	图(a)所示，机构尺寸满足关系：$L_1=L_2$、$L_3=L_4$、$L_5=L_6=L_7=L_8$，当杆 2 转动时，Q 点的轨迹为垂直于 OA 的一条直线 QM 图(b)所示机构尺寸满足关系：$AB=BC=BM$，当滑块 3 沿垂直线上下滑动时，杆 2 端点 M 沿水平线 NN 做精确直线运动
近似直线机构	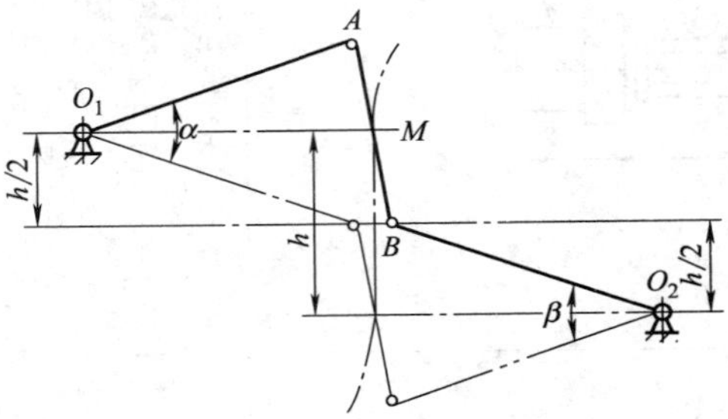 图(a) 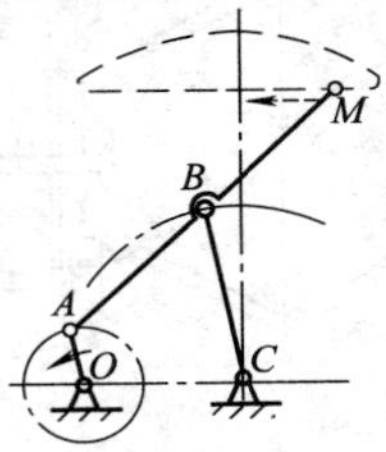 图(b) 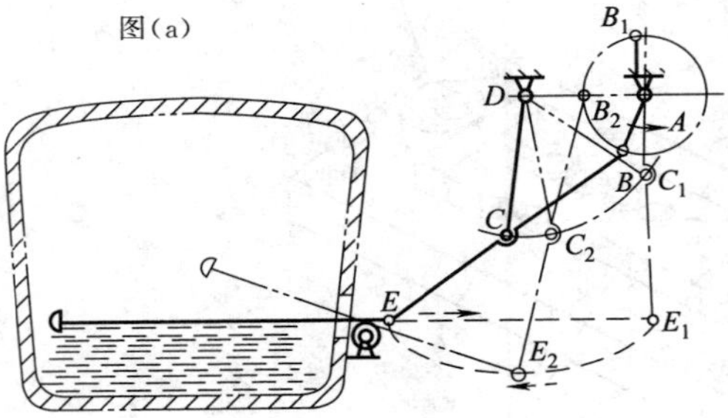 图(c)	如图(a)所示，取 $AB=0.6h$，$O_1A=O_2B=1.5h$，则 AB 中点 M 在行程为 h 范围内(相应摆角 $\alpha=\beta\approx40°$)的轨迹为近似直线。图(b)所示机构，当 $AB=BC=BM=2.5OA$，$OC=2OA$，OA 绕 O 点转动，A 点在左半圆时，M 点的轨迹为近似直线。图(c)所示是扒渣机，它是图(b)所示机构的具体应用实例 利用曲柄摇杆机构连杆曲线的直线段来实现近似平移的机构实例很多，如搅拌机、电影放映机的拉片机构等
皮革打光机的近似直线机构	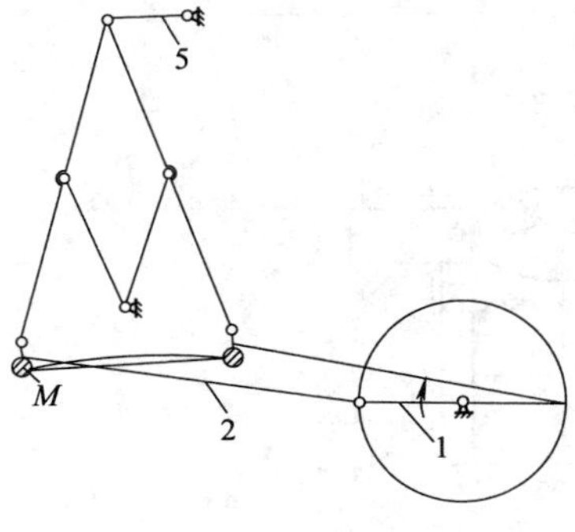	曲柄 1 转动时，连杆 2 上的 M 点沿图中点划线所示的轨迹运动，若在 M 点设计抛光轮，则可利用轨迹的近似直线段进行皮革打光工作

续表

机构	机　构　图	说　　明
以预期速度沿轨迹运动的凸轮连杆机构	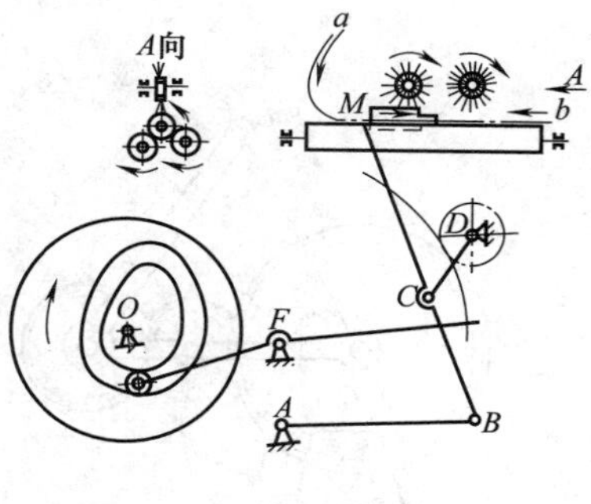	洗瓶机中的推瓶机构要求推头 M 自 a 沿轨迹以较慢的匀速推瓶并自 b 快速退回。以铰链四杆机构 $ABCD$ 实现连杆上的 M 点轨迹，而以凸轮控制 CD 杆的运动，从而实现 M 预期速度。扇形齿轮是用来减小凸轮升程的
起重铲的垂直升降机构	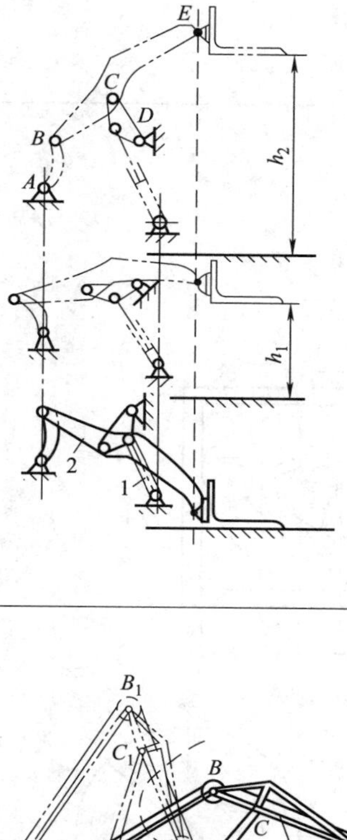	当机构各杆具有图示位置关系时，油缸 1 活塞杆的伸缩使起重臂 2 上的 E 点沿垂直线升降。图中 h_1、h_2 表示两个升高位置
起重机变幅机构	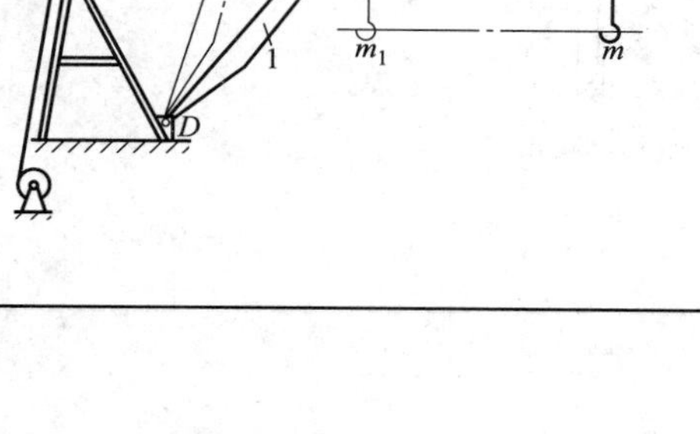	取 $BC=0.27AB$，$CM=0.83AB$，$CD=1.18AB$，$AD=0.64AB$，当主动件 AB 绕 A 转动到 AB_1 位置时，象鼻梁 3 上的 M 点做近似直线移动到 M_1 点，吊钩 m 同样移动到 m_1

续表

机构	机 构 图	说 明
齿轮转动的直线机构	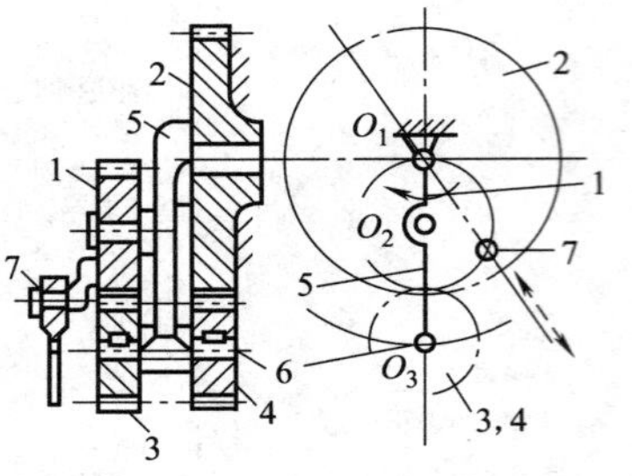 图(a) 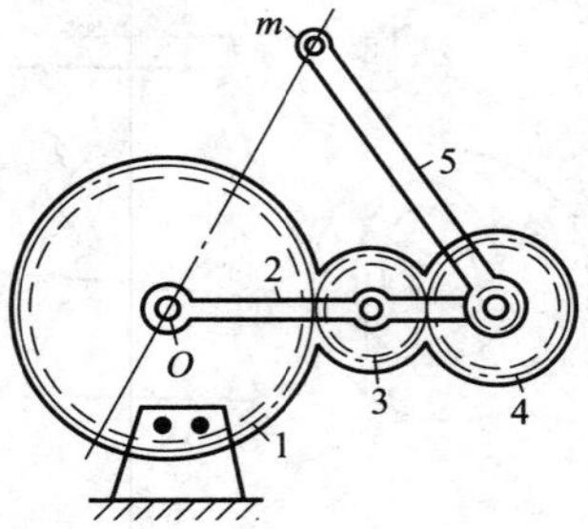 图(b)	如图(a)所示,齿轮 1 的节圆直径等于齿轮 2 的节圆半径,齿轮 2 作为固定机架,齿轮 3、4 直径相等,均与轴 6 用键连接,齿轮 1、3、4 与转臂 5 铰接。当转臂 5 绕 O_1 转动时,齿轮 1、3、4 做行星运动。铰接于齿轮 1 节圆上的销 7 沿齿轮 2 的直径做直线运动。采用固定内齿轮传动也能得到直线运动,见往复运动机构 如图(b)所示,齿轮 1 为固定机架,其中心 O 铰接转臂 2,齿轮 3、4 与转臂 2 铰接,齿轮 4 的节圆直径等于齿轮 1 节圆半径,与转臂 2 等长的摆臂 5 与齿轮 4 固连。当转臂 2 绕 O 转动时,摆臂 5 的端点 m 在齿轮 1 的直径上做往复直线运动
方形轨迹机构	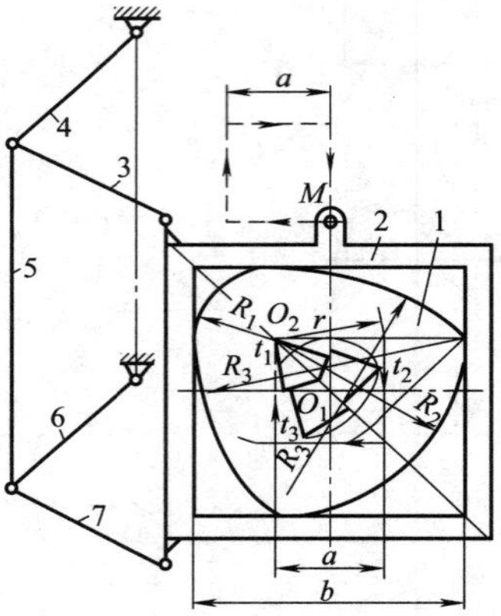 图(a) 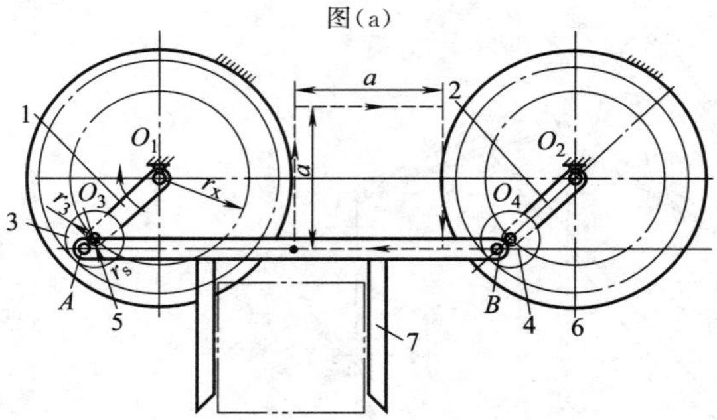 图(b)	如图(a)所示,构件 2~7 和机架组成两个平行四边形,在边长为 b 的正方形导向框架 2 内有一等宽凸轮 1(由四段圆弧组成,即 R_1、R_3、R_2、R_3),当凸轮绕固定点 O_2 顺时针方向转动时,框架 2 上的 M 点,作边长为 $a=\dfrac{b}{1+\sqrt{2}}$ 的正方形轨迹。设 t_1、t_2、t_3 为钻头的三个刀刃,它们组成一个等边三角形,其边长 $r=a$,若钻头与等宽凸轮一起固连在钻杆上并绕固定点 O_1 转动,则钻刃将在与框架 2 底板固连的工件(图中未示出)上钻出边长为 a 的正方形孔。根据所需的边长 a,可求出其他尺寸 $R_1=\dfrac{a\sqrt{2}}{2}$, $R_2=\dfrac{a(2+\sqrt{2})}{2}$, $R_3=b=a(1+\sqrt{2})$ 如图(b)所示,长 r_x 的转臂 1、2 分别绕 O_1、O_2 转动(其中一个为主动),使节圆半径均为 r_3 的行星齿轮 3、4 绕尺寸相同的固定内齿轮 5、6 做行星运动。拨杆 7 铰接于行星齿轮 3、4 上的 A、B 点,$AB=O_1O_2$,且 $O_3A=O_4B=r_s$,则拨杆上任意点都随行星齿轮做近似方形轨迹运动。实现此轨迹的机构尺寸为 $r_x=3r_3=6r_s$。正方形的边长 $\alpha=7\sqrt{2}r_s$。这种机构在送料机构中有应用

续表

机构	机　构　图	说　明
加工方孔钻的机构	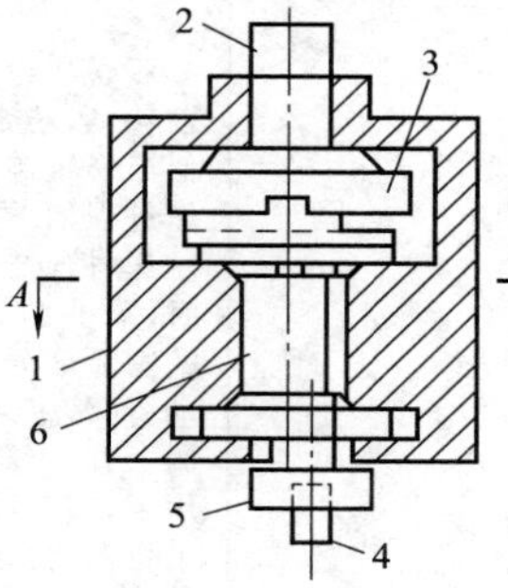图(a) 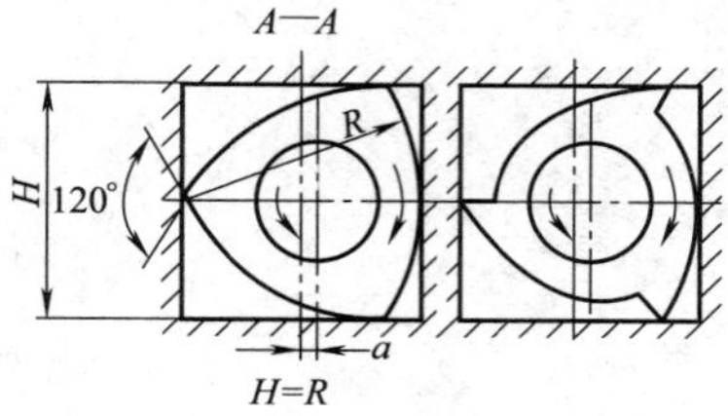图(b) 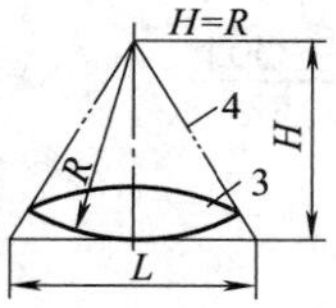图(c)	如图(a)所示，主轴 2 通过十字沟槽联轴器 3 驱使三棱柱杆 6 在机座 1 的方孔内绕方孔中心以半径 a 做圆周运动，三棱柱中心公转的方向与三棱柱沿方孔内边滚动方向相反，三棱柱 6 通过卡盘 5 带动三角钻头 4 重演三棱柱 6 与方孔之间的相对运动关系，加工出方孔。三棱柱和三角钻头的尖角均为 120°，如图(b)所示。此法加工出的正方形直角处出现一圆角，圆角半径约为正方形孔边长的 0.15 倍 如将机座 1 的方孔改做成三角形孔，钻头改成双棱弧形钻，则可加工出正三角形孔[见图(c)]；如将机座 1 的方孔改做成正六方形孔，钻头改成五边形钻，则可加工出正六方形孔
车削正多边形工件的机构	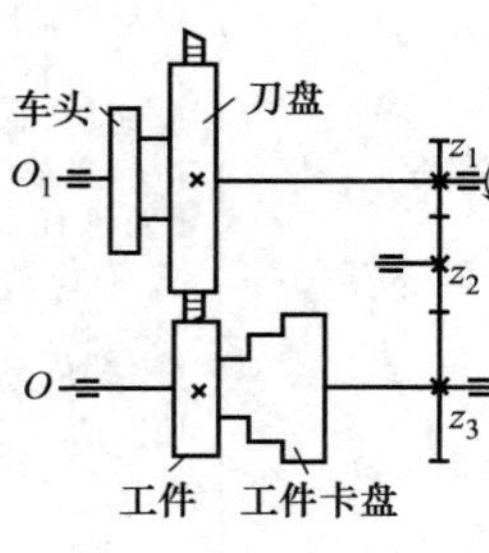图(a) 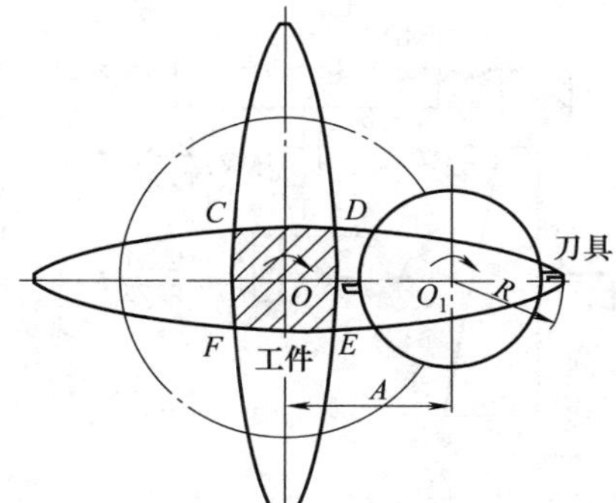图(b)	如图(a)所示，刀盘卡紧在车床的车头上，工件装在工件卡盘上，而工件卡盘装在可做纵向移动走刀的车床拖板上。如果在刀盘上对称安装两把车刀，加工时使刀盘转速比工件转速快一倍，且两者转向相同，这样刀具就能将工件切削出近似正方形的外表面 为了使刀盘与工件转向相同且转速差一倍，在两轴间增加一套齿轮，设 $z_1=z_2=24$，$z_3=48$，则 $i_{13}=\frac{n_{刀}}{n_{工}}=(-1)^2\frac{z_2z_3}{z_1z_2}=\frac{48}{24}=2$ 如图(b)所示，若把工件和刀具间的相对运动看成工件固定不动，而刀盘中心 O_1 以工件的转速绕工件中心 O 反方向转动，同时刀盘还绕自己的中心 O_1 以比工件快一倍的转速转动，那么刀盘上刀具的刀尖就在工件表面上形成椭圆轨迹，两把车刀的刀尖在工件表面上切出两个轴线互相垂直的椭圆，其长轴为 $A+R$，短轴为 $A-R$。切削后的工件轮廓 $CDEF$ 就是由四段椭圆弧线所组成的近似正方形。当加大刀盘半径并减小刀尖与工件中心 O 的距离时，则椭圆越扁，$CDEF$ 就越接近正方形 如果在刀盘上安装三把车刀，彼此夹角为 120°，就能切削出正六边形的工件

续表

机构	机构图	说明
近似矩形送料机构	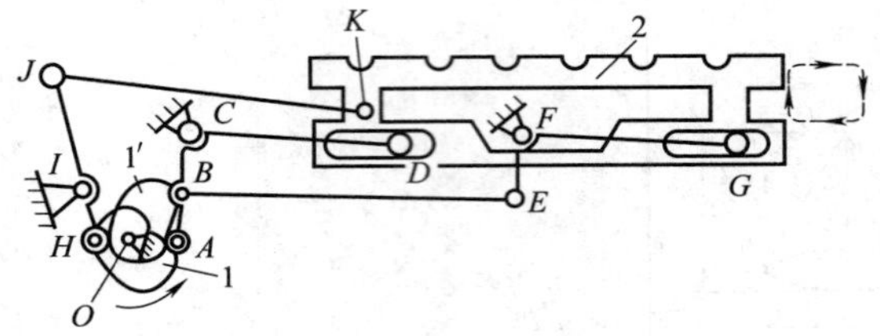	双联凸轮1和1′绕O轴转动，送料台2沿近似矩形轨迹运动。其动作过程如下 送料台2上升（下降）时，滚子H处于凸轮1′的圆弧部分，杆HIJ不动，而滚子A在凸轮1的上升（下降）曲线的作用下，向右（左）摆，通过平行四边形机构BCEF及其延伸杆CD和FG将2举起（放下），这时，杆KJ绕J点上摆（下摆），因此送料台2运动轨迹的上升（下降）部分是一圆弧。送料台2水平向右（左）移动时，滚子A处于凸轮1的圆弧部分，机构ABCDEFG静止不动，而滚子H处于凸轮1′的上升（下降）曲线部分，杆HIJ绕I点做顺（逆）时针方向摆动，杆JK推（拉）2向右（左）移动
双凸轮联动步进送进机构	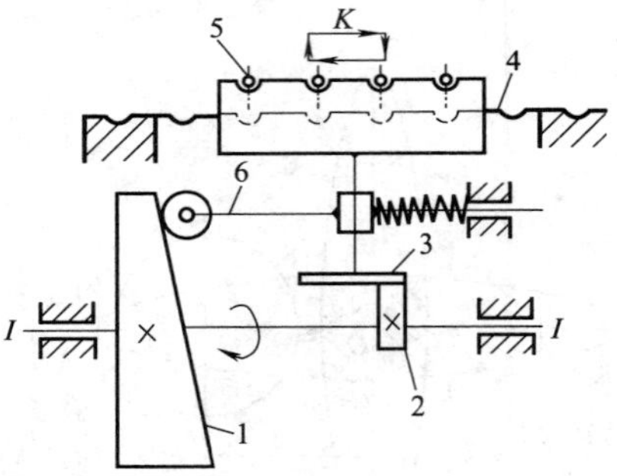	双凸轮联动步进送进机构用于圆珠笔装配线上的自动送进机构中。主动轴II上的盘状凸轮2控制托架3上、下运动，从而将圆珠笔5抬起和放下，端面凸轮1及推杆6控制拖架3左、右往复移动，从而使圆珠笔5沿着矩形轨迹K运动，将笔杆步进式地向前送进
凸轮-连杆组合推包机构	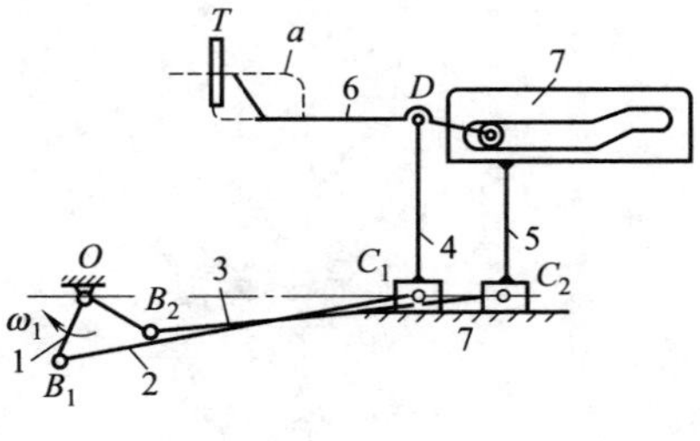	滑块4与推杆6铰接，滑块5上固连导槽7，杆6端部的滚子可在导槽中运动。当曲柄OB_1、OB_2绕O回转时，推杆6端部的推板T的轨迹a为近似矩形。此机构在饼干包装机的推包机中有应用

续表

<table>
<tr><th>机构</th><th>机构图</th><th>说明</th></tr>
<tr><td>磨削非圆零件机构</td><td>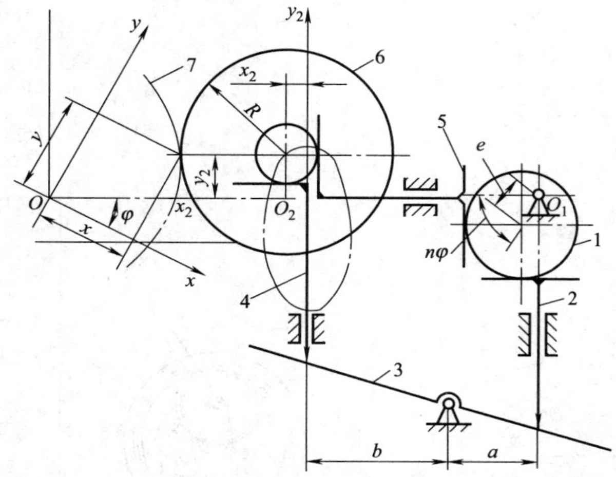
</td><td>主动偏心轮 1 通过推杆 2、杠杆 3、推杆 4 和推杆 5 来控制砂轮 6 的轴心位置，使其按椭圆轨迹运动，其轴心方程为
$$x_2=e\cos n\varphi$$
$$y_2=\frac{b}{a}e\sin n\varphi$$
(11-9-45)</td></tr>
<tr><td>油缸驱动步进送料机构</td><td>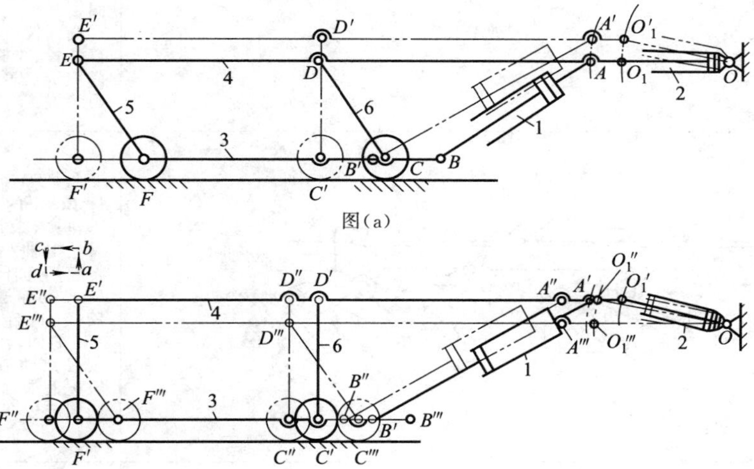

图(a)
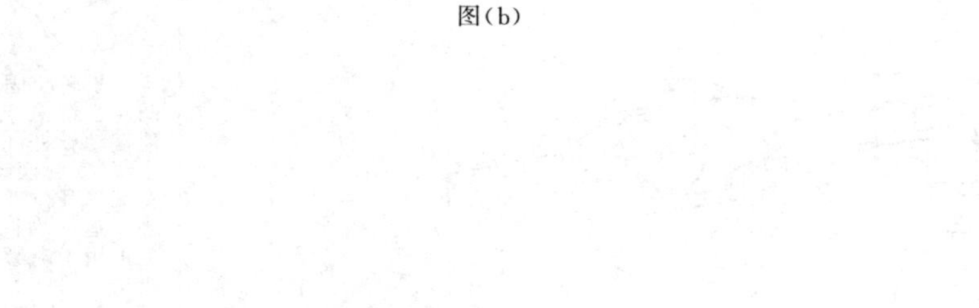

图(b)</td><td>其动作如下：①油缸 2 的活塞杆不动，油缸 1 的活塞杆外伸时，使油缸 2 绕 O 点上摆，横梁 4 沿弧线 $\overset{\frown}{O_1O_1'}$（轨迹线 ab）上升，底盘 3 及车轮向左水平移动，油缸 1 及连杆 5、6 均做包含有顺时针方向转动的平面复合运动，使机构到达 $O_1O'_1A'B'C'D'E'F'$ 位置[图(a)]；②油缸 1 的活塞杆不动，油缸 2 的活塞杆外伸，使横梁 4 连同整个小车向左水平移动（轨迹线 bc），这时机构位置为 $O_1O''_1A''B''C''D''E''F''$[图(b)]；③油缸 2 的活塞杆不动，油缸 1 的活塞杆缩回，这时，缸 2 绕 O 点摆回，横梁 4 沿弧线 $\overset{\frown}{O_1''O_1'''}$（轨迹线 cd）下降，底盘 3 及车轮向右水平移动，缸 1 及连杆 5、6 均做包含有逆时针方向转动的平面复合运动，这时，机构到达 $OO'''_1A'''B'''C'''D'''E'''F'''$ 位置[图(b)]；④油缸 1 的活塞杆不动，油缸 2 的活塞杆缩回，横梁 4 连同整个小车向右水平返回原位（轨迹线 da），即回到 $OO_1ABCDEF$ 位置[图(a)]，完成一次运动循环

这样利用两个油缸交替动作使横梁按 $abcd$ 的轨迹运动，以便运送物料。轧钢厂运送钢卷的步进梁采用了这种机构</td></tr>
</table>

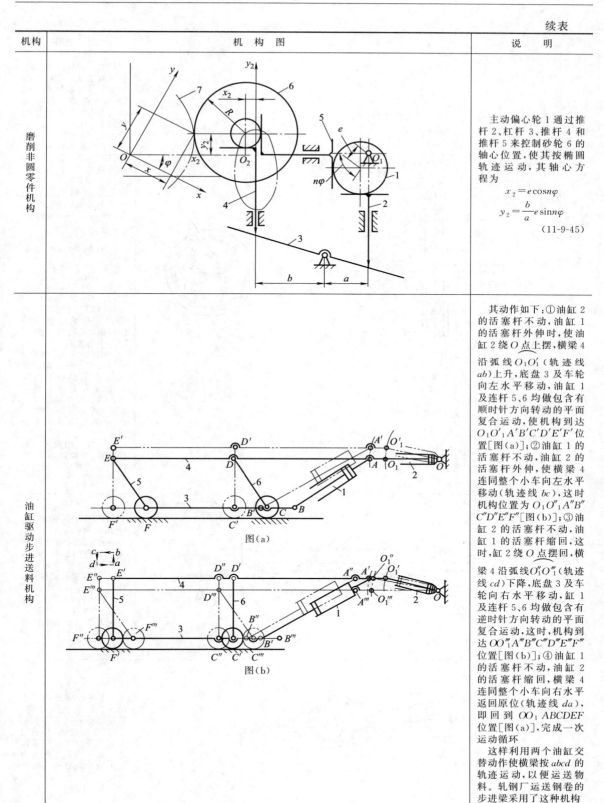

续表

机构	机构图	说明
椭圆仪机构	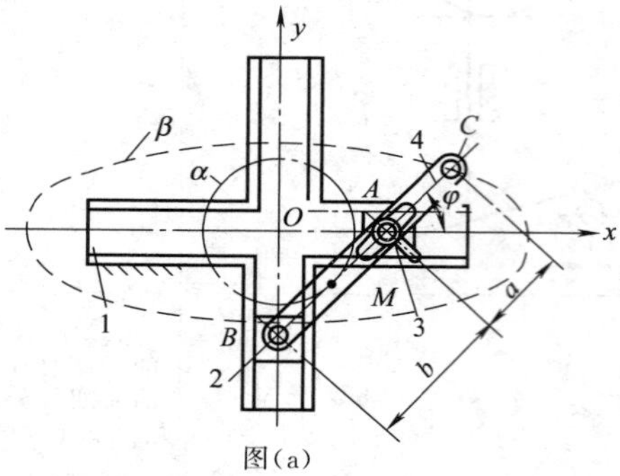 图(a) 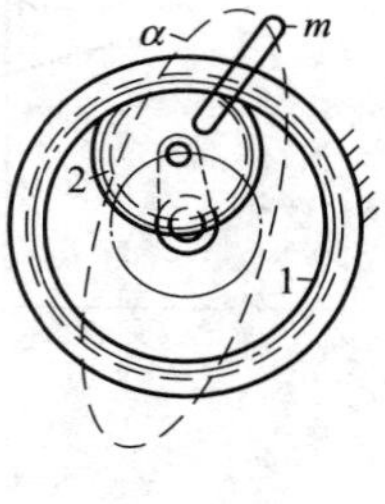 图(b)	如图(a)所示，机架 1 上有直交的沟槽，其内滑块 2、3 分别组成移动副，滑块分别与杆 4 铰接。当滑块 2、3 在槽内移动时，杆 4 上除 AB 中点 M 画出以 O 为圆心，OM 为半径的圆 α 外，杆上其余各点均为椭圆轨迹 β。设杆 4 上 $AC=a$，$AB=b$，杆的倾斜角为 φ，则 C 点在坐标系中的坐标为 $x=b\cos\varphi+a\cos\varphi$ $y=a\sin\varphi$ (11-9-46) C 点轨迹的椭圆方程为 $\frac{x^2}{(a+b)^2}+\frac{y^2}{a^2}=1$ (11-9-47) 销 A、B 间的距离可调节，以变更长、短半轴的长度，因而可得到不同大小的椭圆 如图(b)所示，齿轮 2 沿固定内齿轮 1 做行星运动，齿轮 2 节圆直径等于齿轮 1 的节圆半径。当齿轮 2 做行星运动时，其上节圆外的一点 m 的运动轨迹为椭圆 α 椭圆仪机构除用于解算装置、绘椭圆曲线外，尚用于仪表及夹具的增力装置
连杆送料机构	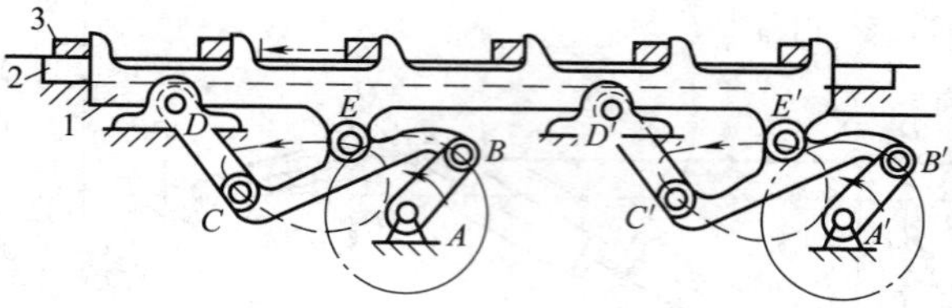	曲柄 AB 回转时，连杆 BC 上的 E 点形成图示轨迹，采用两套相同尺寸的曲柄摇杆机构，将它们连杆上的相应点 E、E' 与输送机的推杆 1 铰接，这样，主动曲柄 AB 的回转可带动推杆按 E 点轨迹平动，利用轨迹上部近似水平段推送固定导杆 2 上的工件
偏心凸轮与连杆组合送料机构	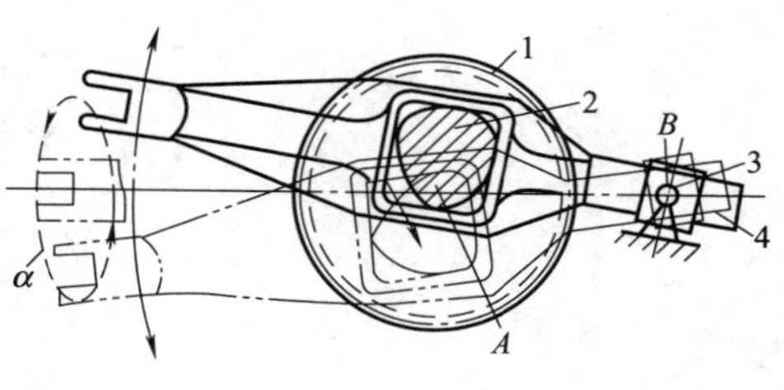	与齿轮 1 固连的偏心凸轮 2 绕 A 点转动时，使摆动导杆 4 在摇块 3 中绕 B 点摆动，导杆 4 左端的开口叉按图示轨迹 α 运送物料。此机构也可用于电影机的抓片机构

续表

机构	机　构　图	说　　明
振摆式轧钢机构	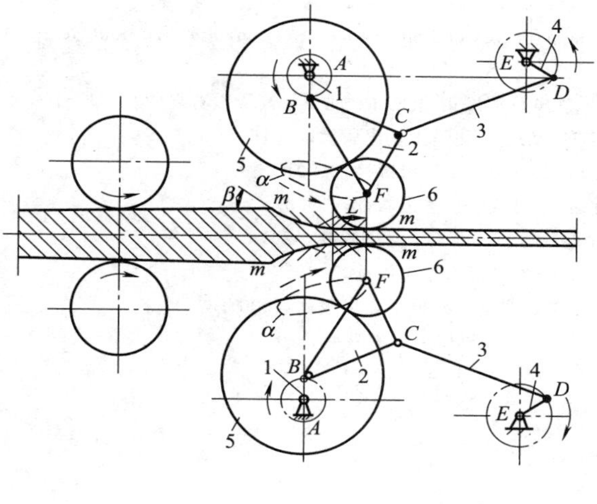	由上下对称的两个五杆机构组成，1、4为主动曲柄，5为支承辊，6为工作辊。当1、4转动时，工作辊的中心F按轨迹α做曲线运动，并对钢材进行轧制。工作辊在不同位置时的包络线即为钢坯开口处的形状mm。轧辊与钢坯开始接触点处的咬入角β宜小，以减轻送料辊的载荷，直线段L宜长，使钢材表面平整。当机构各构件长度不变时，仅改变两主动曲柄的转速，即可使杆2上点F的轨迹α及工作辊的包络线mm发生变化，使轧制钢坯的开口度相应地增加或减小。这样，当无专门的压下装置时，可用它轧制规格范围变化不大的各种轧件
和面机用齿轮连杆机构	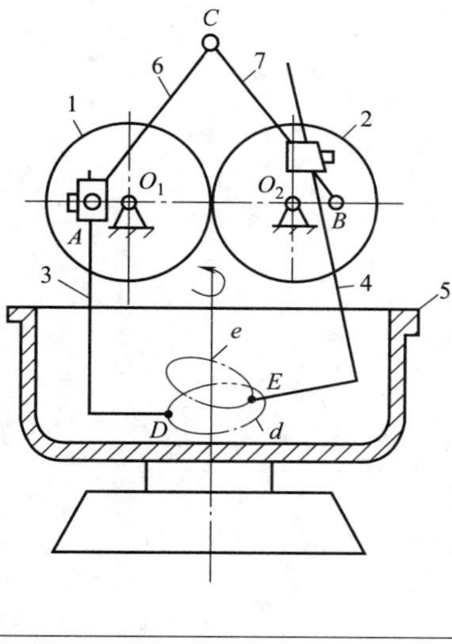	齿轮1、2分别绕定轴O_1、O_2转动，两轮相互啮合，齿轮1与连杆6组成回转副A，齿轮2与连杆7组成回转副B，连杆6、7组成回转副C。在连杆6、7上分别固接有和面爪3、4，其伸出长度可以调节。各构件间尺寸关系为：两齿轮的尺寸相同；$AC=BC$；$O_1A=O_2B$。在机构初始位置，O_1A、O_2B和O_1O_2共线，且在相反方向转动。和面爪4相对于连杆7可以固定在不同位置，构件5为盛面缸，可绕自身轴线转动。当齿轮1绕定轴O_1转动时，和面爪3、4上的D、E点分别描绘出轨迹曲线d和e，可满足和面要求
水稻插秧机构	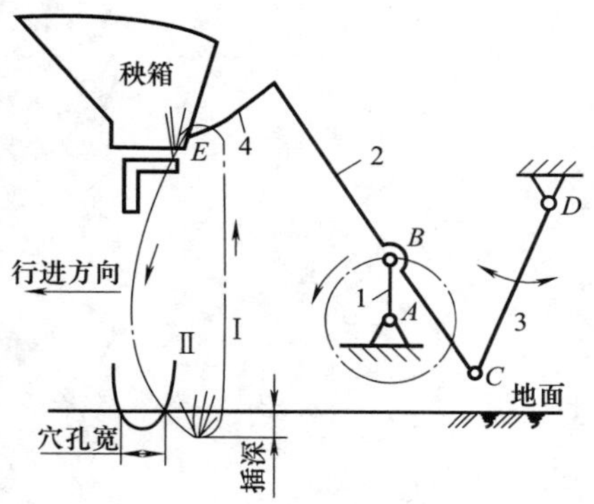	连杆2上固接着插秧爪4，工作时要求插秧爪模拟人手动作，从秧箱中取出秧后插入土中。插秧爪4从秧箱中分秧时走的轨迹要近似于圆弧，以便插秧爪顺利分秧和取秧可靠；要求插秧爪入土后到插深位置时稍向后运动，出土时，渐成垂直走向，以保证不将插好的秧苗重新带出

参考文献

[1] 王知行. 机械原理. 北京：高等教育出版社，2000.

[2] 李瑰贤. 空间几何建模及工程应用. 北京：高等教育出版社，2007.

[3] Li Guixian，Wen Jianmin，et al. Meshing Theory and Simulation of Noninvolute Beveloid Gears. Mechanism and Machine Theory，2004，39 (8)：883-892.

[4] 清华大学等十所院校编写组编. 机械原理电算程序集-第四章. 北京：高等教育出版社，1987.

[5] 成大先. 机械设计手册. 第六版. 第1卷. 北京：化学工业出版社，2016.

[6] 邹慧君等. 凸轮机构的现代设计. 上海：上海交通大学出版社，1991.

[7] 石永刚，徐振华. 凸轮机构设计. 上海：上海科学技术出版社，1995.

[8] 闻邦椿. 机械设计手册. 第六版. 第2卷. 北京：机械工业出版社，2018.

[9] 郑文纬，吴克坚，郑星河. 机械原理. 北京：高等教育出版社，1997.

[10] 谢存禧，李琳. 空间机构设计与应用创新. 北京：机械工业出版社，2007.

[11] 李华敏. 李瑰贤. 齿轮机构设计与应用. 北京：机械工业出版社，2007.